中ロの石油・ガス協力

その実際と影響

パイク・グンウク
【著】

西村 可明／環日本海経済研究所
【訳】

文眞堂

Sino-Russian Oil and Gas Cooperation
The Reality and Implications
By
Keun-Wook Paik
© Oxford Institute for Energy Studies 2012

Sino-Russian Oil and Gas Cooperation: The Reality and Implications, First Edition was originally published in English in 2012.
This translation is published by arrangement with Oxford University Press.
Japanese translation copyright
© 2016 Yoshiaki Nishimura and the Economic Research Institute for Northeast Asia

謝　辞

　私が1983年3月に，中ロの石油・ガスに関する研究で，私自身の長い道のりにおける前進の一歩を踏み出したとき，私はそれが30年も続くとは夢にも思わなかった。私は，オックスフォード・エネルギー研究所（OIES）に加わった2007年1月に，この，私の第2の著書に取り組み始めた。それは，1995年に王立国際問題研究所（チャタムハウス）により出版された私の最初の著書『北東アジアにおけるガスと石油：政策，プロジェクトおよび展望』（*Gas and Oil in Northeast Asia: Policies, Projects and Prospects*）の完全な改訂版である。この本の作成に要した5年間は，私の30年の研究生涯の頂点であるかも知れない。私は，近い将来もう1冊の大著のプロジェクトにあえて着手するかどうか，疑わしい。本書は，第2のPhdプロジェクトのようであった。しかし，それを執筆することができたのは，最終的には喜びであったし，しかも私は光栄と名誉に感じている。

　この本の出発点は，オックスフォード・エネルギー研究所のクリス・アルソップ所長および同研究所ガスプログラムのジョナサン・スターン議長がこのプロジェクトに取り組むように招待して下さった，2006年秋のある会合であった。彼らが私に与えてくれた鼓舞，導き，激励は，最も重要な刺激であり，そして私は，ご両人に心からの感謝を申し上げる適切な言葉を見つけるのに途方に暮れている次第である。とくにスターン教授は，その長い編集の期間，この本の改善のために多大な努力を投じていただいた。私の特別の感謝は，本書の草案の選りすぐりの校閲者にも捧げられるべきである。その中には，クリス・アルソップ，ジョナサン・スターン，シモン・ピラーニ，ボボ・ロー，夏義善，徐以和，本村真澄，イヴァン・サンドレア，ケント・カルダー，およびミッカル・ヘルバーグが含まれる。彼らの意見は，私の誤りを指摘してくれる重要なものであった。

　この主題について知識を有する，多くの学者，専門家および官吏が，彼らの

貴重な知識と専門的技術を私に分け与えて下さったのであり，それ故，このプロジェクトは彼らに負うところが大である．私はまた，オックスフォード・エネルギー研究所，チャタムハウス，中国国際問題研究所，米国アジア研究所，国連開発計画（UNDP）大図們江イニシアチブ，日本国際協力銀行（JBIC），北東アジア・ガスパイプラインフォーラム，ドイツ銀行，エナジー・インテリジェンス・グループ社，CWCグループ社およびヴォストーク・キャピタルによって組織された，会議・ワークショップ・セミナーから得られた豊富な情報と分析からも利益を得た．著者は，ライブラリアン，すなわちエネルギー研究所（クリス・ベーカー），チャタムハウス（マルコルム・マッドゥン，スュー・フランクス，リンダ・ベッドフォード）および日本のエネルギー経済研究所のライブラリアンに対しても，深い感謝の意を表明したい．彼らの協力は計り知れないほど貴重であった．

　私はTNK-BPから与えられた資金面での支援に，喜んで，謝辞を述べ，私の特別な個人的感謝の意を，アラステア・ファーグソン，当時TNK-BPのガス事業に責任を負っていた副社長に，伝えたい．私はまた，石油天然ガス・金属鉱物資源機構（JOGMEC），ロンドンの日本貿易振興機構（ジェトロ），韓国エネルギー経済研究所（KEEI），および韓国開発研究院（KDI）から私が受け取った寛大な資金的ならびに物質的支援に感謝する次第である．

　オックスフォード・エネルギー研究所では，本書の出版過程を調整するあらゆる困難に耐えて下さったケイト・ティースデイルに，また編集段階で援助をしてくれたボブ・サットクリフに負うところが大きい．私はさらに，彼の作業が地図の質を改善してくれたデイヴィッド・サンソムに特別に感謝している．もちろん，結果はもっぱら私の責任である．

　最後になるが，私はどんな言葉でも言い表せないほど愛している，2人の最も重要な婦人に，私の特別の感謝の気持ちを表したい．すなわち私に忍耐の知恵を教え，2回の発作を克服して，このプロジェクトの完成を見とどけてくれた私の母イ・キヒと，この5年半の間多くの難儀（彼女が「老人の気むずかしさ」と呼ぶものも含めて）をじっと我慢してくれた私の妻キム・スヒョンである．

まえがき

　本書は，中ロエネルギー関係の研究，なかでも石油およびガスの関係についての研究を収録したものである。これは，これまで綿密な研究がほとんど行われてこなかった論題である。中ロ関係については，質も高く入手しやすい研究が多数公表されてきているが，しかしそのほとんどは，石油・ガス協力関係にとくに焦点を当てたものではない。この研究の目的は，中ロ関係の将来にとってだけではなく，世界の石油・ガス市場および世界の気候変動にとっても，きわめて大きな意義を持つ主題における，この相対的な不均衡の改善に端緒を開こうとすることにある。まず第1に，過去20年間にエネルギー協力がどのように進展したのかに関して，そして第2に，今後数十年間の予測に関して，重点が置かれるであろう。全般的中ロエネルギー関係の枠内で，いかにして，また何故に，石油とガスが様相の異なる発展を遂げてきたのかについて，光が当てられるであろう。われわれは最近の20年間に，中ロ間の協力が北東アジア地域にとってなぜこのような落胆すべき結果に陥ったのか，この点は2010年代には改善しそうなのか否か，そしてエネルギー協力の成功や失敗の影響はどのようなものなのかを，問うことにしよう。

　上記の問いかけに答えるために，本書は8つの章から構成される。第1章は，中ロ関係の概観を，最初は一般的に，それからエネルギー要因にとくに力点を置いて，論述する。第2章から第5章では，ロシア連邦の東シベリアおよびサハリン島における石油・ガス開発と，中国の石油・天然ガス産業の急速な拡大とを回顧する。中ロの石油・ガス協力は，中国・中央アジア諸共和国間の石油・ガス協力と並んで，中国の多国間パイプライン開発戦略およびそのエネルギー供給多様化戦略の上で，最重要項目となってきたのだから，第6章と第7章では，国外の石油・ガス開発に対する中国のアプローチにとくに注意を払うが，その際中央アジア諸共和国に焦点を合わせ，また過去20年間の中ロ石油・ガス協力の幾度も繰り返される盛衰を記述し，説明する。第8章では，今

日までの中ロ石油・ガス協力に関する著者の判断を要約し，そしてその将来を予測する．

　第1章は，この20年間の中ロ関係を手短に概説した後，二国間関係のエネルギー関連の側面を重点的に取り扱う．1990年代のエネルギー協力の主要動向の要約では，東シベリアとロシア極東における石油・ガスの巨大な潜在力と東シベリアに向けられた中国の大胆なイニシアチブとが強調されているが，この要約はこの数十年間のエネルギー協力の現実についての最初の観察の糸口となる．1970年代から2000年にかけての事の顛末をいえば，それはパイプライン・インフラストラクチャ開発を目指す構想が履行されなかった一例に他ならない．この地域の巨大な潜在力と期待はずれの開発実績との間には，大きな隔たりがあるのである．

　第2章はロシアに集中する．本章では経済における石油・ガスの役割を概観した後で，東シベリアや極東の辺境地帯における主要な石油戦略について検討する．これには，東シベリアの探査プログラムと，同地域の石油・ガス確定埋蔵量の正確な規模の推定における連邦地下資源利用庁（Rosnedra）の役割とが含まれている．この章では続けて，東シベリア・太平洋石油パイプライン（ESPO）の主要生産拠点について記述する．すなわち，イルクーツク州，サハ共和国およびクラスノヤルスク地方（とくにヴァンコール油田）の大油田，そして最後に大規模なサハリン洋上開発（サハリン-1, 2, 3, 4および5）がそれである．この概観により，ロシア極東から中国およびその他アジアに向けた石油供給の巨大な規模の潜在力が明らかになる．

　第3章では，ロシアのガス産業とその最有力企業，ガスプロム（Gazprom）について集中的に述べる．本章は，ガスプロムの対アジア輸出政策の発展と，ガスプロムに対する2008年の世界的危機の影響を再検討する．われわれは，統一ガス供給システム（UGSS）の東部地区，東方プログラム（East Programme），および「2030年までのガス産業開発戦略」の諸計画について記述し，評価する．とくに着目するのは，ロシアのアジア地域おけるガス化プログラムおよびサハリン-ハバロフスク-ウラジオストク（SKV）パイプラインの開発である．これは結局，東部の統一ガス供給システムのための3つの主要ガス供給源―コヴィクチンスコエ（またはコヴィクタ）・ガス，サハリン

洋上ガス，およびサハ共和国ガス―の包括的で詳細な考察となるのであって，ここからわれわれは，ロシアによる対中国ガス供給の将来の発展にとってのそれらの相対的重要性ついて，一層明確な見解を獲得することができるのである。

　第4章からは，中国におけるエネルギー政策およびその変化の経緯の問題に移る。一般的な概説に続き，政府のエネルギー官僚機構の再編成および国による石油産業の再構築を詳しく見る。第3回全国石油・ガス埋蔵量調査の要約は，陸上（とくにタリム盆地）と洋上双方の生産能力を観察し，中国の石油輸入需要の急速な拡大を説明するのに，ふさわしい出発点である。次の着目点は，中国国内の石油パイプライン・ネットワークについてであり，またロシアおよびカザフスタンからのパイプライン輸入とこのネットワークとの密接な結びつきについてである。本章では石油精製産業を概観した後で，中国における将来のエネルギー安全保障の主眼点である，戦略的埋蔵量開発の重要性に光を当てる。

　第5章は，中国ガス産業の急速な拡大について，包括的な概観を提示する。そこでは，まず国産ガスから始めて，主要生産拠点であるタリム盆地，オルドス盆地，四川盆地について，次に洋上ガス田について記述し，そして炭層メタン（CBM）とシェールガスの可能性について概要を述べる。この章では，国の国内ガス需要を吟味してから，ガス価格形成の迅速な改革がこれまでなぜ不可能であったのかを説明しつつ，ガス価格形成という慎重を要する問題を詳細に分析する。都市ガス部門が今後数十年で，全国的ガス生産の拡大の最大規模の利用者となることから，当該産業における次の主要企業数社について検討する。すなわち香港中華ガス株式会社（Towngas），中国ガスホールディングス（China Gas），新奥ガス会社（Xinao Gas），および中国石油天然ガス昆侖ガス有限会社（PetroChina Kunlun Gas Co., Ltd.）がそれである。都市ガス部門の急成長が切迫していることは，中国全土のパイプライン・ネットワークの開発（とくに第1，2，3，4，5西東ガスパイプライン）と密接に結びついている。そして，西東ガスパイプライン・ネットワークは，それがまた，ロシア，中央アジア諸共和国およびミャンマーからのガス供給と連結するように設計された，多国間ガスパイプラインと緊密に結びつけられているのである。本章では次

に，液化天然ガス（LNG）の拡大について述べる。広東省，福建省の液化天然ガスに基づくその拡大の第1局面と，上海，浙江省，江蘇省，大連，山東省を拠点とする第2局面との両者が示しているのは，中国が直面する液化天然ガス供給面に関する困難である。中ロガス協力の発展の遅れが，中国における液化天然ガス消費量の増加に繋がるかもしれない。したがって，液化天然ガス産業の拡大は，パイプライン開発との関連においてのみ理解され得る。

第6章は，エネルギー部門での国際的拡張を目指す中国の政策について，2008～2010年の時期の主なM&A取引に特別の注意を払いながら，考察する。この章で検討される中心問題は，中央アジア諸共和国からの石油・ガス供給に対するアプローチであり，とくにトルクメニスタンからの天然ガス，カザフスタンからの原油に対するアプローチである。中央アジア諸共和国がもつ対中国供給の選択肢の特性によって，なぜ北京当局が中央アジアからの輸入を最大化する明確な選択を行い，他方で中ロ石油・ガス協力の点では異なる選択をしたのかが説明される。

第7章では，2000年～2010年の期間における中ロ協力の物語を述べる。このことを説明するためには，石油・ガス両部門における協力の主な前進と後退の歩み，多数のM&A取引，および戦略的連携を目指したその他の歩みを観察する必要がある。石油部門における協力の本性は，東シベリア・太平洋石油パイプラインをめぐる一連の出来事の起源のみならず，アンガルスクAngarsk－大慶Daqingパイプライン建設の夢の崩壊（第7章参照）をも説明する。前者のパイプライン・プロジェクトの第1段階の完成が現在強く示唆していることは，第2段階も前進するであろうが，しかし関連する探査業務がまだなされていない以上，最終的なパイプラインの規模は未知数だという点にある。ガス部門に注意を向けると，いかにしてコヴィクタ・ガスプロジェクトが，ロシアの対アジアガス輸出を完全に支配するガスプロムの，アジア政策の犠牲となったかが見て取れる。コヴィクタ・ガスおよびチャヤンダ・ガスと，北東アジアの潜在的顧客とくに中国および韓国との間の，資産の所有権，ヘリウムの問題および輸出価格をめぐる論争のすべてが，有意義な交渉を阻害してきた。しかし，究極の障害は，国境輸出価格をめぐるロシア・中国間交渉の麻痺状態であったし，またそうであるというのが，本研究の結論である。最後

に，一連のM&A取引や戦略的連携協定は，何がうまくいかなかったのか，またいかにして一層首尾よい取引に結局のところ到達したのかを明らかにしている。本章は，過去20年間の出来事のその分析に基づき，中ロの石油・ガスが来るべき数十年にわたり，どのように変化していくかを予想して，締めくくられる。

　第8章は，先行諸章を貫通する，相互に関連した鍵となる問題に答えることを目的としている。すなわち，

・近い将来における中ロ石油・ガス協力の強化の展望はどうか？
・より具体的にいえば，2000年代には中ロ協力はとくに芳しい成果を示さなかったのだとすると，なぜ2010年代は一層の好結果となるべきなのか？
・石油・ガス部門における協力が顕著に強化されるとしたら，それはロシアと中国の双方にどんな利益をもたらすのだろうか？
・最後に，中ロの石油・ガス協力がどのように進展するかはともかくとして，それは世界のそれ以外の国のエネルギー事情にどのような影響をもつのであろうか？

訳者まえがき（凡例）

1. 本書は KEUN-WOOK PAIK, *Sino-Russian Oil and Gas Cooperation: the reality and implications*, The Oxford University Press, London, 2012, 30+506pp，および日本語版あとがきの全訳である．ただし原著書にはある略語表など，一部が省略されている．
2. 原著の表題は，忠実に訳せば『中国・ロシアの石油およびガス協力―その実際と含意―』となるが，この訳書では『中ロの石油・ガス協力―その実際と影響―』とした．
3. 本文や原注における訳者の補足は〔　〕で挿入した．
4. 原文のイタリック体による強調部分は，訳文では傍点を付した．
5. 明らかに原文の誤記・誤植と思われるものは適宜，訂正しておいた．
6. ロシアの油・ガス田，鉱床，鉱区，構造などの名称は，その前に地名や形容詞化した地名が付けられているが，形容詞は後に来る名詞が男性，中性，女性のいずれであるかによって，語尾変化する．たとえば油・ガス田は中性，鉱床や鉱区は男性，構造は女性といった具合であり，語尾はそれぞれ「オエ」，「イイー」，「アヤ」などのようになる．ところが原著の英語表記では，地名が形容詞化されずにそのまま使用されたり，形容詞化した場合の性変化の規則が，厳格には守られていなかったりする．そこで翻訳に際しては，英語表記をそのままカタカナになおし，性変化の規則には必ずしも従っていない．何処の油・ガス田，鉱床，鉱区かなどは，当該単語冒頭の語幹部分から推察していただきたい．
7. 中国の人名・地名・組織名の邦訳にあたっては，原著の英語表記から中国語表記をたどる必要があるが，監訳者は中国語が分からないので，環日本海経済研究所の中国担当・穆（ムゥー）研究主任にすべて点検してもらった．
8. 中国人名・地名・組織名については，原則として日本語漢字表記とし，読みにくいものや，わが国でカタカナ表記が普及しているものは，日本語読み

のカタカナ表記にした。組織・職名については，原著書における英語表記を尊重し，中国名の日本語漢字表記ではなく，日本における一般的な組織名・職名に準じた。その点不正確さを許容したことになるが，原著の英語表記に従ったものである。人名・地名・組織名などには，すべて初出に際して，原著英語表記と中国名の日本語表記を付してあるので，中国名の中国語表記や日本漢字表記を推測していただきたい。

9．翻訳は，アイ・イー・エス・ピー有限会社により作成された訳文に，西村が全面的に加筆し大幅に修正することによって行われた。下訳においては，原著の英語表記から中国語表記をたどる必要があるが，この労を要する作業は，下訳者によって精力的かつ正確に行われており，大変助けられた。感謝する次第である。

西村　可明

目　次

謝　辞 ……………………………………………………………………… i
まえがき …………………………………………………………………… iii
訳者まえがき（凡例） …………………………………………………… ix

1．中国・ロシア関係におけるエネルギー要因 ………………… 1
中国・ロシア関係の概観 ………………………………………………… 1
中国・ロシア関係におけるエネルギー要因 …………………………… 9
1990年代における中国・ロシアのエネルギー協力の概観 …………… 12
　東シベリアへ向けての中国の大胆な構想：1993年および1997年 …… 12
　東シベリアおよびロシア極東における石油とガスの潜在力，1990年代初期 …………………………………………………………………… 18
　1990年代初期の中国における石油・ガスの潜在力 ………………… 19
　1970年代，80年代および90年代にパイプライン・インフラストラクチャの開発を目指したが未達成となった構想 ……………………… 21

2．東シベリアおよびロシア極東における石油産業の発展 ……… 26
ロシア経済における石油とガスの役割 ………………………………… 26
　資源の呪いとプーチンの資源ナショナリズム ……………………… 31
東シベリアおよび極東の辺境地域における石油開発に向けてのロシアの構想 ……………………………………………………………………… 36
　東シベリアの探査プログラム ………………………………………… 41
　東シベリア・太平洋石油パイプラインの主要生産拠点 …………… 47
　　イルクーツク州 ……………………………………………………… 50
　　サハ共和国（ヤクーチア） ………………………………………… 64

クラスノヤルスク地方	68
サハリンの洋上石油開発	81
結論	92
付表	96

3．東シベリアおよび極東ロシアにおけるガス産業の発展 …… 105

ロシアのガス産業：西と東で分割	105
ロシアのガス生産：主要ガス田対新規生産ガス田	110
ガスプロムの対アジア輸出政策の概観	114
統一ガス供給システム（UGSS）の東部部面	117
「東方（ガス）プログラム」（EGP）	117
承認	118
2030年に向けてのガス産業開発戦略	123
東シベリアおよびロシア極東におけるガス化プログラム	128
サハリン－ハバロフスク－ウラジオストク（SKV）ガス輸送システムの発展とその含意	133
東方統一ガス供給システムのための3つの主要なガス供給源	136
コヴィクチンスコエ（コヴィクタ）・ガス	136
サハリン海洋ガス	151
サハリン－1	151
サハリン－2	160
サハリン－3	165
サハリン－4, 5, 6	169
サハ共和国のガス	172
結論	182
付表	185

4．中国の石油産業 …… 197

中国のエネルギーバランス	197
中国のエネルギー政策	200

優先順位の変化	201
政府エネルギー官僚組織の再編	206
石油産業の再構築	210
探査と生産	213
第3次国家石油・ガス埋蔵量調査	215
陸　　上	218
大慶油田	218
大慶の代替地としてのタリム盆地	221
洋　　上	224
石油の輸入	228
パイプライン	232
精　　製	239
戦略的石油備蓄	243
結　　論	246
付　　表	248

5．中国のガス産業　260

国内ガス資源	260
中国の主要ガス生産基盤	265
炭層メタン（CBM）	267
シェールガス	271
中国の国内ガス需要	273
消費構造の変化	276
ガス価格改革	281
2006年ガス価格改革	282
実現しなかった2009年ガス価格改革と四川－東部パイプライン（SEP）のためのガス価格設定	289
価格改革の第一歩としての2010年のガス価格引上げ	296
発電用ガス価格負担	299
都市ガスの拡大	303

中国国有石油会社の都市ガス部門への参入 ················· 308
全国的ガスパイプライン網の発展 ························· 310
　第1西東ガスパイプライン・プロジェクト ················· 314
　第2西東ガスパイプライン ···························· 318
　第3，第4および第5西東ガスパイプライン ················· 323
国際ガスパイプライン ······························· 326
　2本のガスパイプラインに関する実現可能性調査 ············· 326
　西東ガスパイプラインとロシア－中央アジア・ガスパイプライン ····· 328
　ミャンマー・ガスパイプライン ························ 328
液化天然ガスの拡大 ································ 330
　広東省および福建省の液化天然ガス開発の概観 ·············· 330
　液化天然ガス拡大の第2の波 ·························· 335
　液化天然ガス供給源確保上の困難 ······················ 343
　中国の大胆な炭層メタンガス・液化天然ガス契約 ·············· 345
結　論 ·· 349
付録5.1　中国の4大ガス生産基盤 ······················· 353
　タリム盆地 ···································· 353
　オルドス盆地 ·································· 358
　四川盆地 ····································· 362
　海洋ガス ····································· 367
付録5.2　国内液化天然ガス施設 ························ 369

6．中央アジアにおける中国の石油・ガス投資 ················· 388

中国の「走出去」政策 ······························· 388
　中国の国有石油企業各社のM&A取引：2008〜2010年 ············ 391
中央アジア諸共和国の石油・ガス供給の選択肢 ················ 395
　中国－カザフスタン石油パイプラインによる原油供給 ············ 395
　　段階的パイプライン開発の構想：ケンキヤク－アティラウ地区 ····· 398
　　アタス－阿拉山口地区の開発 ························ 403
　　ケンキヤク－クムコル地区の合意 ······················ 407

アジア横断ガスパイプラインを通じた天然ガス供給 ………………… *412*
　　トルクメニスタンのガス埋蔵量 ………………………………………… *412*
　　超巨大ガス田ユージニゥィ・ヨロテンの発見 ………………………… *414*
　　トルクメニスタン …………………………………………………………… *416*
　　中国・トルクメニスタンのガス枠組み協定の調印 …………………… *417*
　　ロシアの独占に対するトルクメニスタンの立場によって報われた
　　中国 …………………………………………………………………………… *419*
　　ガス価格負担と利権ガスによる解決 …………………………………… *422*
　　ウズベキスタン ……………………………………………………………… *425*
　　カザフスタン ………………………………………………………………… *428*
　　アジア横断ガスパイプラインの優先 …………………………………… *430*
結　論 …………………………………………………………………………………… *433*

7．2000 年以降の中ロの石油・ガス協力 ………………………… *441*

石油部門 ……………………………………………………………………………… *441*
　アンガルスク−大慶パイプライン ……………………………………………… *441*
　トランスネフチの低姿勢だが大胆な戦略 …………………………………… *447*
　日本の新しい試みと中国の反応 ………………………………………………… *450*
　ユーコスの台頭と破綻 …………………………………………………………… *453*
　モスクワは，賢明にも中立の立場に留まる ………………………………… *454*
　プーチン，ロシアの立場を詳述 ………………………………………………… *456*
　ロシアの延期戦略 ………………………………………………………………… *458*
　東シベリア・太平洋石油パイプラインの承認 ………………………………… *459*
　東シベリア・太平洋石油パイプライン建設 …………………………………… *461*
　パイプライン経路の難題 ………………………………………………………… *463*
　トランスネフチ経営陣の交代 …………………………………………………… *465*
　暫定的代替案：鉄道による中国への石油 ……………………………………… *466*
　東シベリア・太平洋石油パイプラインの第 1 段階の操業と支線開発 …… *467*
　東シベリア・太平洋石油パイプラインの中国向け支線 ……………………… *469*
　東シベリア・太平洋石油パイプライン第 1 段階の完了 ……………………… *471*

東シベリア・太平洋石油パイプライン原油のアジア割増価格に対する挑戦 ……………………………………………………………………… 473
　課税と戦略的石油備蓄貯蔵 ………………………………………… 474
　東シベリア・太平洋石油パイプラインに関連する諸要因 ………… 476
　　料金問題 ……………………………………………………………… 476
　　東方製油所 …………………………………………………………… 480
　石油融資 ……………………………………………………………… 481
　　ロスネフチに対する最初の60億ドル融資 ………………………… 481
　　石油向けの第2の融資 ……………………………………………… 483
ガス部門 ………………………………………………………………… 484
　コヴィクタ・ガス輸出構想 ………………………………………… 484
　ガスプロムのアジア統一ガス供給システム構想とサハリン－1の選択肢 ……………………………………………………………… 488
　ガスプロムの2005年の北京のインタビュー ……………………… 489
　中国国有石油会社の気のない反応 ………………………………… 490
　プーチンの過剰に宣伝された中国への旅行 ……………………… 491
　2009年まで大きな進展なし ………………………………………… 493
　アルタイ・パイプライン・プロジェクト ………………………… 494
　2010年には何の妥協もなし ………………………………………… 498
　価格の教訓 …………………………………………………………… 499
中ロのM&A取引と戦略的連携：失敗と成功 ……………………… 506
　中国国有石油会社によるスラブネフチ買収の試みとロシアの粗野な対応 …………………………………………………………… 506
　中国国有石油会社のスティムル社購入という不幸な試み ……… 507
　ロスネフチの中国国有石油会社と中国石油化工会社との戦略的連携 … 508
　張国宝による中国の落胆のめったにない表明 …………………… 510
　中国石油化工会社によるウドムールトネフチでの躍進 ………… 511
　東部エネルギー社：中国国有石油会社によるロシア上流部門への参入 …………………………………………………………… 512
　中ロ東方石化会社：中国下流部門へのロスネフチの参入 ……… 515

シノペトロのユージウラルネフチとの事業……………………………………… *516*
　　　スンタルネフチェガスにおけるルスエネルギーの持ち株 ……………… *517*
　　　ノーベルオイルにおける中国投資会社の株式………………………………… *517*
　結　　論 ……………………………………………………………………………… *518*
　付　　表 ……………………………………………………………………………… *526*

8．結　　論 *544*

　石　　油 ……………………………………………………………………………… *545*
　天然ガス ……………………………………………………………………………… *549*
　2030年までの石油・ガス貿易進展の可能性 ………………………………………… *553*
　一国的，地域的および世界的帰結 …………………………………………………… *555*
　　一国的帰結 ………………………………………………………………………… *555*
　　地域的な帰結 ……………………………………………………………………… *556*
　　過去の問題，将来への疑問，世界的な帰結…………………………………… *563*

日本版あとがき ………………………………………………………………………… *567*
参考文献，その他出典 ………………………………………………………………… *571*
図表一覧 ………………………………………………………………………………… *601*
索　　引 ………………………………………………………………………………… *606*

1. 中国・ロシア関係におけるエネルギー要因

　1990年以降のソ連邦崩壊の激動は，国際関係における非常に多くの問題に対する，予想される回答の範囲を一変させたが，これらの問題の中で重要性が最も小さいとはいえないのが，エネルギーの巨大で多様な埋蔵量を持つロシアと，空前の経済成長がエネルギーに対するとてつもなく大きな欲求をすでに生み出していた中国との間の，エネルギー関係の将来である。ロシアのエネルギー供給と中国のエネルギー需要との共生は，前者から後者への大量輸出に帰結するであろうと，広く期待されていた。なるほどある意味で，そのことはこれまで進展してきた物語の一部であるが，しかしそれは，多くの思いがけない出来事やいざこざなしに，そのように進展してきた訳ではない。

中国・ロシア関係の概観

　1991年の旧ソ連邦（FSU）の崩壊は，中国にとって，重大な衝撃として現れた。ボリス・エリツィン Boris Yeltsin は，ロシア・ソヴィエト連邦社会主義共和国の新たに創設された大統領職に選出されるや否や，改革志向のゴルバチョフ Gorbachev を倒そうと試みたクーデターの失敗のあおりを受けて，一層大きな権力を獲得した。しかしながら，中国国民の反応は，中国・ソ連関係から中国・ロシア関係への転換に対して，明確な障害を何ら作り出すものではなかった。とはいえ，1990年代前半には，この2つの超大国の関係がかつての水準の戦略的連携を回復することはなかった。それにもかかわらず，たとえ2000年代になってはじめて新しい中ロ関係が実際に登場したのだとはいえ，1990年代後半には，二国間の関係は再び力を取り戻し始めていたのである。

　中ソ関係の理解は，中ロ関係を理解する上で，今でも決定的に重要である。経済的依存と軍事同盟が特徴だった中ソ関係は，1950年に中国革命後に始ま

り，そしてジェームス・ベラクァ James Bellacqua の言葉を借りれば，「1960年に結局2つの共産党の厄介な絶縁にまで至った，毛沢東 Mao Zedong とニキータ・フルシチョフ Nikita Khrushchev との間のイデオロギー論争を経て」[1] 崩壊した。その関係は，10年間しか続かなかった。それから20年足らずの後，1976年の毛沢東の逝去から1978年までの間の短期間に，中国は変貌を遂げたのである。鄧小平 Deng Xiaoping の権勢は，モスクワと北京の指導者たちの間に和解への道を開いたが，しかしこの機会の掌握は，遅々としてしか進まなかった。1982年に始まった正常化に向けての対話は，何の機運ももたらさなかった。中国における分裂と，それからソヴィエト指導者の力量不足とが，その責任の一端を担っているが，しかし双方においてイデオローグが専門家より優位に立っていたのである。1986年と1988年の間に，ミハイル・ゴルバチョフ Mikhail Gorbachev の新思考が正常化のための基盤を築いたが，しかしこれは北京での1989年の国内弾圧（第二次天安門事件：訳注）に端を発した政治的反動の以前でさえも，懐疑の念をもって取り扱われた[2]。しかしながら，この脆弱な中ソ関係は，1996年4月にロシア大統領ボリス・エリツィンと，彼の中国側の相手方江沢民 Jiang Zemin とが署名した協定により樹立された，中ロの戦略的連携へと進化した。これは，2001年7月16日に江沢民中国国家主席とロシア側の相手方ウラジーミル・プーチン Vladimir Putin との間で署名が交わされて，「中ロ善隣友好協力条約」に格上げされた[3]。この20年間に及ぶ戦略的条約は，二超大国間のより強固な関係のための，信頼できる基盤を据えるものであった。2003年以降，関係改善のペースは注目に値する程速まり，相互提携の範囲は拡大したが，このことは2006～2008年に新たな頂点に達した。ギルバート・ロズマン Gilbert Rozman は，1976～2008年の間の継続的合意が，いわばスナップ写真のようであり，そのひとつひとつが，たとえその間の数年間に機運が時々失われても，その直前のものに比べると何らかの改善を示していることを見出している[4]。

　中国とロシアがどれほど共通点を持っているかを考慮すれば，2つの主要大国間のこのような相互作用様式は，おそらく驚くべきことではないであろう。ロシア経済は1990年代に深刻な衰退を示したが，2008/2009年の世界金融危機の到来以前には，両国はその輸出によって，すなわちロシアの石油・ガス輸

出と中国のそれ以外のおおよそすべての物の輸出とによって刺激された，活発な経済成長を経験していた．それと同時に，両国は自らを「新興国」と位置づけているが，中国の主要課題は何億もの国民を貧困から救出する闘いであるのに対して，ロシアのそれは原料輸出に対する重度の依存から脱却し，その経済を多様化する試みにある．両国政府は安定的で，権威主義的であり，そして行政的に集権化されているが（中国はかなりの意思決定権を地方の省に委譲して来ているとはいえ），それにもかかわらず両政府はその遠隔地域の統制の問題をいまだに抱えている．中国とロシアはどちらも誇り高い，敏感な国であり，その世界的な位置づけ，地位および影響力の度合いを強く意識している．両者は世界的問題に対するその影響力を同様に意識しており，両国が拒否権のある常任理事国となっている国連安全保障理事会では，同じように投票することもしばしばである[5]．

　新たな中・ロ関係の性格は，近年の世界舞台における中国の重要性の増大によって，ますます影響されつつある．旧ソ連邦の崩壊以降20年間で，世界の勢力均衡の点で最も重要な変化は，米国が一時期保持していた世界の独占的な超大国としての位置を放棄し，中国との連合超大国の地位を共有せざる得なくなった段階にまで，中国が上り詰めたことである[6]．中国の急速な経済成長は，今までのところどんな減速の兆候をも全く見せていない．世界の製造業のハブ[7]ならびに世界最大の外貨保有国[8]としてのその地位は，この国に対して，近代史で過去に例を見ない位置を与えることになった（表1.1参照）．輸入した石油，ガス，および鉱物資源資産に対する中国の莫大な支出は，その成長の不可避の一部分であるが，これはエネルギーとくに石油とガスの信頼できる供給に依存する．しかしながら，中国による資本支出の最大の受益者は，アフリカの国々であり，これに中央アジア諸共和国，ラテンアメリカ諸国が続く．ロシアにおける資産買収は，中国の優先事項ではなかった，というのは，ロシアはその石油・ガス上流資産の中国による獲得に対し，頑なに反対し続けたからである．ロシア連邦は1990年代におけるポスト共産主義の暗黒の10年間を乗り越えるために，闘わなければならなかったが，しかしそれはついには，石油およびガス産業の復興と，2000年代には主要なエネルギー大国への変身とを，なんとかやり遂げたのである．

表 1.1 中国とロシアの比較（2010 年）

	中華人民共和国	ロシア連邦
面積	9,640,011km² (3,717,813 平方マイル)	17,075,400km² (6,592,800 平方マイル)
人口	1,341,150,000	143,905,200
人口密度	140/km² (363/ 平方マイル)	8.3/km² (21.5/ 平方マイル)
首都	北京	モスクワ
最大規模の都市	上海	モスクワ
政府	単一社会主義共和国	連邦制半大統領共和国
公用語	中国語	ロシア語
GDP（名目）	5.878（兆ドル）	1.479（兆ドル）
GDP（購買力平価ベース）	10.084（兆ドル）	2.812（兆ドル）
GDP（名目・人口 1 人当たり）	4,393（ドル）	10,440（ドル）
GDP（購買力平価ベース・人口 1 人当たり）	7,536（ドル）	19,840（ドル）
人間開発指数（HDI）	0.663	0.719
外貨準備高	2.622（100 万ドル）	501（10 億ドル）
軍事費	78（10 億ドル）	39.6（10 億ドル）

出所：World Bank, *World Development Indicators 2011*；United Nations Development Programme, *Human Development Report 2011*.

ヒスキ・ハウッカラ Hiski Haukkala とリンダ・ジャコブソン Linda Jakobson は次のように論じている。

　中国とロシアの同時的興隆は，ますます，西側諸国において疑念をもって，それどころか強まる恐怖をもってさえ，迎えられつつある。中国の台頭は，新しく強健な競争相手の出現として，またロシアのそれは冷戦再発の序曲になり得るものとして受けとめられている。基本的な仮説は，新勢力の勃興が既に地位の確立された勢力，とりわけ米国にとって，また欧州連合諸国にとっても，損失にしかなり得ないということである。
　…
　現行の自由主義的世界秩序を差し迫ってご破算にしそうな主な元凶としてレッテルを貼られるのは，中国とロシアを一緒にしての場合であることが，

ますます頻繁になっている…。米国とEUの疑惑の目は，東側の両大国に向けられているが，ワシントンの危惧は中国に集中されており，一方EUの主要な懸念はロシアである[9]。

ハウッカラとジャコプソンは次のように結論づけている。

　…中国とロシアに対するこの様な現時点での危惧は，中ロの課題が一様ではなく非対称なものであり，それが西側諸国にとって実在の脅威になることはかなり考えにくいのだから，誇張されたものである。中国とロシアとの間の非対称性は（彼らは結論しているのだが），両国が西側諸国に対峙する同盟において理想的なパートナーになることを困難にしている。

またこの著者達は次のように補足している。

　…中国とロシアの両国は，たとえロシアの最近の動きが中国のそれよりも西側諸国にとって一層腹立たしいものだとしても，現在の世界秩序を必要としているのである[10]。

過去10年間，中ロの協力は様々な外観を呈してきた。2001年の互恵的な「中ロ善隣友好協力条約」，6ヶ国から成る上海協力機構（Shanghai Cooperation Organization：SCO），テロリズムや分離主義と闘うための合同軍事演習の数の増加，非常に沢山の協力者的美辞麗句，そして数少ない実際の協力活動といった具合である。だがハウッカラとジャコプソンが結論づけているように，

　中ロの友好関係と戦略的連携は，少なくとも現行世界秩序に対する統一され持続した攻撃の開始ということになると，両大国の将来関係を掘り崩してしまう恐れのある緊張状態を，隠しておこうとする見せかけのものである[11]。

中国のエリート層は，自国が世界の大国となる上でロシアを主要な要因とは見ていないが，しかし米国との関係における自国の地位には一層関心を持っており，そして米国の方もまた，中国の経済改革成功の後では，中国をロシアよりも一層大きな重要性を持つと今や見ている。その上，中ロのエリート層は共に，数世紀にわたる両国間の武力衝突—その中には極めて残忍なものもあったが—の記憶を忘れないでいる。

両国間のより深い友好関係樹立を妨げているものは，ロシアの対中政策が矛盾している点にある。ハウッカラとジャコプソンは，一方で次のように主張している。

ロシアは，中国の経済的展望に惹かれているが，実際には欧州への永続的な（相互）依存の中に閉じ込められている。ロシアの炭化水素の主な埋蔵場所も，加えて既存のパイプラインやその他輸送インフラストラクチャも，西欧の方向に適合していることを考慮すると，その方向を転換するには数十年と，天文学的費用とがかかるであろう。

他方で，筆者達は次のようにも述べている。

ロシアは長年，中国にとって最大の兵器供給者であったが，しかしロシアの幕僚が備えつつある主要な脅威のシナリオは，中国からの軍事攻撃であって，そのような事件の結果として，ロシアは即時に核武装する以外に自らを防衛する他の手段はないであろうという点で，意見の一致がますます醸成されつつある[12]。

この議論は，世界の舞台でのロシアの地位の低下を明示しているが，このことは厳然たる現実である。世界的舞台における中ロの相対的地位は顕著に変化しており，両国間の不均衡は拡大しつつある。ロシアはエネルギーを，自国の地位を回復するための道具として認識している。ボボ・ロー Bobo Lo は次のように説明する。

中ロ関係は，イデオロギーによってではなく利害によって主導されているが，このことは強みであると同時に弱みでもある。一方ではそれは，モスクワと北京が過去の重荷の一部から解放され，その代わりに両者を分断するものよりもむしろ統一するものに焦点を絞ることを可能にする。しかし，他方では，国際関係の諸問題は，両大国間の新たな緊張状態と分裂の源泉にもなり得る[13]。

…

中ロ関係は，実質的利害と力の現実によって規定されている。そしてここに，その脆弱性の最大の源泉が見いだされる。次位の世界的超大国としての中国の出現は，ロシアにとって脅威となるが，これは多くが恐れる軍事的あるいは人口的な侵略によるのではなく，国際的な意思決定の辺境に次第に追いやられることによるものである。ロシアと中国を，インドやブラジルと共に，新興勢力として一括することが流行しているが，その発展の軌跡は異なる結果を予示している。総合的な—経済的，政治的，技術的，戦略的な—相互的勢力均衡は，既に北京に有利に変わっており，そしてロシアとのその格差は，時とともにますます顕著になるばかりであろう。真に緊密な連携の発展を阻害しているのは，他のどんな個々の要因よりも，不確実な世界でのこの不均衡の増長に他ならないのである[14]。

ロシアの専門家は，ロシアと中国との間の力の不均衡を十分に認識しており，中国だけではなく，全体としてのアジアを見据えた新たな戦略の必要性を理解している。外交・防衛政策評議会幹部会議長（Presidium of the Council on Foreign and Defense Policy）のセルゲイ・カラガーノフ Sergei Karaganov は，次のように指摘している。

合理的で合目的的なアジア政策の追求からわれわれを引き止めようとする主要な力は，無知，機会についての誤解，およびその地域における現実の事態についての神話である…しかし，仮に現在の経済の傾向が持続すれば，ウラル以東のロシア，そして後には国全体が，まず最初は資源の倉庫として，次に経済的および政治的に，中国の付属物と化してしまう恐れが大いに

ある。これは中国による「攻撃的な」なあるいは非友好的な努力なしにも生じるであろう。つまりそれは，成り行き任せで生じるであろう。このような進展の地政学的含意は明らかである。ロシアにとって，「中国カード」を持ち出す機会は全くないであろう。北京はモスクワを頼りにするであろうが，そのモスクワの東部領土に対する実際の主権は，事実上廃れるであろう…現代の戦略，いわゆるシベリア・プロジェクトは，その発端から国際的志向をもたなければならない。それはロシアの政治的主権と外国からの資本および技術とを結合すべきである。しかも中国からだけでなく，また米国，日本，EU 諸国，韓国および ASEAN 諸国からも，すなわちウラル以東に対する中国の排他的支配が生じないように保証することに非常に関心があるそのすべての国から［の資本および技術］…プロジェクトは，ロシア東部地域を，栄えるアジアの資源・食料基地の 1 つにすることを目標にすべきである。また，比較的高付加価値を持つ商品の供給者［にすることを目標にすべきである］[15]。

同氏の主張は，ロシアのアジア戦略の発展において何処にその優先事項があるかを間接的に示している。

2010 年 9 月も終わりに近い頃，メドヴェージェフ Medvedev 大統領の中国訪問中に，カーネギー・モスクワ・センターのドミトリー・トレーニン Dmitri Trenin 所長が，『中国日報』(*China Daily*) に寄稿して，興味深い問題を提起している。同氏は「中ロ関係が突如としてまずくなる危険はあるだろうか」と尋ねて，「両国における現在の状況と現指導部の下では無いであろう」と答えた。しかし彼は次のように補足した。

　一言注意が必要になる。両国はナショナリズム—ポストソ連のロシアでは防衛的，中国では独断的—の台頭を目撃しているが，中国は自分の新たな強さを感じつつも，それが過去に受けた屈辱を忘れ去ってはいない。この 2 つの現象は歴史的見地からみて理解できるものだが，しかしモスクワと北京の両政府は，その市民の国民感情が破壊的な外国人恐怖症よりも，むしろ建設的な愛国主義へと転化されるように保証する必要がある。ドミトリー・メド

ヴェージェフは彼の明らかな重要性にもかかわらず，毎年中国を訪れる約100万人のロシア人の1人に過ぎないであろう。現代的な中ロの結びつきを形作るのは，普通の人々，観光客，ビジネス旅行者，学術関係者，芸術家に他ならない。政党対政党で始まり，それから国家対国家となったものが，今では人対人の関係に転換されつつある。これこそが，近隣諸国間の明らかに最強の絆なのである[16]。

トレーニンの主張は，両国間の不均衡は増大しつつあるが，中ロ関係は今や真に互恵的なものになりつつあるという点にある。原油取引や石炭取引の増加，および原子力発電所の開発は，両当事者がその関係から安定した具体的な利益を導き出していることを意味する。中ロ関係に対する最大の貢献は，ガス部門での協力に由来するであろう，というのは，ガス部門での協力の含意が，二国間のエネルギー取引の域をはるかに超えるものだからである。しかし，当面の10年間に中ロのガス協力が高度化されるかどうかは，両国の指導者によって決着がつけられなければならないものである。

中国・ロシア関係におけるエネルギー要因

強固になった中・ロ関係におけるエネルギー要因の重要性は，過度に強調してはならない。しかしながら，中ロエネルギー協力における進歩の歩調は，エネルギーに対する協調した取り組みの最近の前進や，両国首脳による公開の提案にもかかわらず，ゆっくりしており，相互不信および政策課題の相違によって阻害されてきた[17]。両国は，エネルギーと電力の両方に関係する分野では，取り組みを深化させることの決定的重要性を認識している[18]（しかし本書では，石油・ガス協力と，原子力発電所の開発に基づく電力部門協力とに焦点を絞るが，ロシアから中国東北各省へ余剰電力を供給する構想を，その焦点からそらすべきではない。）。

通常，いくつかの例外はあるとしても，貿易量の増加が当事者間の関係改善を反映していると想定しても差し支えない。中ロ貿易は2000年以降劇的に増加してきた。貿易高は金額でみると2008年に588億ドルの頂点に達し，その

結果，ロシアのEUとの貿易を国対国基準で分計しない場合，2009年に中国がロシアの単独で最大の貿易相手国となった。しかしながらロシアにとって一層やっかいであったのは，2008年9月の世界石油価格暴落に始まって，中ロ貿易がドル換算で実際に減少し，2009年には388億ドルに落ち込んだという事実である。このことは，ロシアの対中国貿易において石油が主であることを考慮すると，取引量の劇的減少を示唆しているというよりは，むしろ2008年以降の1バレル当たり石油単価の劇的な下落に起因すると考えられる。事実は，とくにエネルギー資源の点からみて，中国がロシアを必要とする以上に，ロシアが対中国貿易を必要としているという点にある。2009年に，ロシアは中国の貿易相手国リストの上で第14位に過ぎず，中国の対外貿易総額のわずか1.7％にとどまった。世界石油（およびエネルギー）価格の複合的な下落が，貿易における均衡を失した関係と相まって，示唆しているのは，ロシアが中国に対する石油輸出を減らしているということではなくて，単にロシアの炭化水素の輸出価格が，ロシアのルーブルに対する中国元の増価の動向と，上述の通り，石油価格全般の派生的低下とのせいで，時の経過とともに下落してきたということである[19]。ロシア連邦国家統計局（Roskomstat）および中国税関当局両者のデータによると，2010年に，ロシアの中国との間の外国貿易高は554億4000万ドルに達し，その結果中国は同年に，ドイツを追い越してロシアの最大の貿易相手国となっている[20]。

　2010年11月22日に人民元とルーブルとの取引の開始が現実のものとなり，ルーブルは中国で公式に取引される6番目の通貨となった。ロシアは世界の金融市場におけるルーブルの一層大きな役割を要求しており，北京も，いまだに厳重に管理されている人民元の一層大きな国際的役割を追求している。ロシアのアナリストと市場参加者は，取引量と市場への影響は長期的には重要になるであろうが，短期的にはおそらく限定されたものになるだろうと見ている。大きな潜在力はあるが，現在の取引量はまだ重要な影響をもたらすほど十分には大きくない[21]。これは，おそらくもっと後の段階での巨大な影響力に先立つ，象徴的な試みである。

　中ロ関係におけるエネルギーの役割について，ボボ・ローは次のように述べている。

…エネルギーは相互関係の，より一般的には両国外交政策の主要点になった。モスクワは，石油とガス資源の管理を，その影響力を写し出す，二極時代後の最も効果的な手段とみなしている。一方，北京にとってエネルギーの探求は，包括的優先事項，中国近代化の原動力となってきた。中ロのエネルギー協力は可能性の象徴だが，しかし両国の連携の弱点の象徴でもある。それは，中ロ関係を，経済的利益だけでなく政治的，戦略的利益をも伴う次の段階に引き上げるための最も信頼できそうな達成手段として，将来像を示している。しかしながら進捗は遅い…このような困難は，ロシアが中国近代化のための資源のなる木になりつつあるというモスクワの懸念だけでなく，市場の点で中国に対し過度に依存することへのモスクワの嫌気をも反映している。北京の方としては，クレムリンの一貫性のない行動に，エネルギーの新規供給者の調査を拡大することで対応してきた[22]。

　ロシアのメドヴェージェフ大統領は，彼自身に政治家としてのその独立した存在を彫像することと，彼と第2の大統領任期との間に立つ政界実力者を疎遠にしないこととの間で，微妙な境界線を歩まねばならなかった。彼のプーチン首相に対する批判は，注意深く構成されており，また遠回しであったが，注目すべきことには，彼が継承した経済をその原料輸出に対する依存故に「原始的」と呼んでいた。プーチン首相はメドヴェージェフ大統領による経済近代化の努力を支持してきたが，同首相の支援は，管理のあらゆる梃子を掌握しておきたいという欲求によって抑制されているように見受けられた[23]。

　ボボ・ローの指摘によれば，中ロのエネルギー関係は一見したところ，ほぼ理想的な相互補完モデルに基づいているように見える。すなわち一方は世界最大の石油・ガス輸出国であり，他方は米国に次ぐ世界第2位の大量エネルギー消費国である。この繁栄する互恵的関係に，エネルギー分野の提携を発展させるという公約が加わり，それゆえ，利害の一致に基づいた，できる限り緊密な連携を阻害するものは何も存在しないように思われる。エネルギーは，1990年代の主として政治的な連携から，今日のより実利的で実務的な相互作用への両国間関係の進化を，象徴するものとなった。しかしながら，こうした望ましい背景にもかかわらず，中ロのエネルギー関係は問題に付きまとわれてきた。

最も基本的な側面は，モスクワと北京がエネルギー安全保障について著しく異なる理解を持っていることである。ロシアの計画立案者にとって，それは需要の安全確保を意味する。石油とガスは金額の点でロシアの輸出の60％を超え，連邦予算の歳入の半分を超える。したがって，海外市場の喪失は経済的繁栄と政治的安定にとって壊滅的となるであろう。対照的に，エネルギー安全保障の中国の認識は，供給の安全確保という，より従来型の理解が中心となっている。エネルギー安全保障のこのように分極化した理解は，不完全な相補状態と解釈できる。中国の計画立案者にとっては原油輸入が優先事項となってきたが，ロシアの立案者にとっては，天然ガスが中国との協力での究極の目的物となってきたのである[24]。要するに，エネルギー協力に向けてロシアと中国が採るアプローチは，大きく異なっており，だから双方の期待はかけ離れていて，うんざりするような交渉と継続的な歩み寄りが求められるほどであった。中ロ関係の強化におけるエネルギー要因の役割は，たとえエネルギーがロシアと中国それぞれの台頭における枢要な役割を果たしてきたとしても，全く限定されたものであった。中ロ関係におけるエネルギー要因は，両エネルギー大国間の共通の利益を見極めることにいまだに依存している，というのが妥当なところであろう。

1990年代における中国・ロシアのエネルギー協力の概観

厳密に言えば，1990年代における中ロの石油・ガス協力が達成したものは，継続的交渉と，ロシア連邦の東シベリアおよび極東の膨大な潜在力の確認以外には，何一つとしてない。表1.2の中国・ソ連ロシアのエネルギー協力（1989〜1999年）の要約には，協力に関する目まぐるしい報告のあったことが示されている。その大半は計画と意図であり，エネルギー生産という点からみて実際に達成されたことはほとんどない。

東シベリアへ向けての中国の大胆な構想：1993年および1997年

中国が初めて石油輸入国となったのは1993年のことであった。『中国石油・ガス・石油化学製品』*China OGP* （China Oil Gas and Petrochemicals

表1.2 中国・ソ連／ロシアの石油・ガス協力（1989～1999年）

1989年6月	油井・ガス井を6000mまで掘削する改善技術の開発についてソ連と中国の専門家が協力。
1989年7月	ソ連の石油代表団がハルビンを訪問，黒龍江省がザバイカル石油輸送基地のために技術，労務サービスおよび機器を提供することへの暫定的な要望を表明。
1990年3月	ソ連の掘削作業台が上海で徹底したオーバーホールを受ける。
1990年11月	ロシアの石油・ガス建設省が中国北西部の油田2～3ヶ所の開発のために機器と熟練術者を提供することに合意，一方中国側はシベリア西部の2ヶ所の新規油田の準備を整えるために消費財と準熟練労働者を送った。
1990年12月	河南省の「南陽」油田が，ソ連科学者が発明した電磁探査法の適用により発見された。
1991年6月	ヤクート・サハ共和国の代表団がハルビンガス会社（HGC）との予備的交渉を実施。HGCはハルビン地区向けに年間50億立方メートルのガスの購入にその興味を示した。オプションの取り決めとして，HGCは沿海開放地域Littoral Zones向けに年80億立方メートル購入することも考えられた。
1992年5月	中国地質砿物資源省（Ministry of Geology and Mineral Resources）傘下の第6次地球物理学的探査チームは，ロシアのチュメニ地域で石油探査に参画したと伝えられた。
1992年7月	中国国有石油会社（CNPC）の張永一Zhang Yongyi副社長はロシアおよび日本に対し，東シベリアの石油開発を提案した。
1993年2月	沿海地方と綏芬河市は石油液化ガス供給の合弁企業立ち上げの協定に署名した。
1993年9月	中国国有石油会社の子会社である大慶油田はカナダのマクドナルド・ペトロリアムと提携して，イルクーツク州のマルコボMarkobおよびヤロコタンYarokotan石油・ガス田探査の交渉に入った。伝えられたところによると，大慶油田はイルクーツクでの支店設立許可を取得し，2ヶ所の未開発田で試掘井を掘る掘削装置を持っていた。
1994年11月	中国国有石油会社およびロシア連邦燃料・エネルギー省は，内モンゴルと河北省を経由し山東省で終る長距離の越境天然ガスパイプラインを建設するための了解覚書に署名。
1997年6月	ヴィクトル・チェルノムィルジンViktor Chernomyldin首相の北京訪問時，ロシアと中国の間で東シベリアから中国へ天然ガスと電力を輸出するための政府間枠組み協定が調印された。ガス輸出の計画は，30年以上にわたり年間250億立方メートルのガスを中国へ輸出する想定であった。
1999年2月	第4回目の定期会談を終え，朱鎔基Zhu Rougji首相とイェヴゲーニ・プリマコーフYevgeny Primakov首相との間で以下の重要な協定が調印された。ⅰ）アンガルスクから大慶へ，容量が年2000万～3000万トンのパイプラインで原油を輸出するための予備的実行可能性調査，ⅱ）長距離パイプラインでイルクーツク州から中国の北東部の省へ天然ガスを輸出するための実行可能性調査，ⅲ）西シベリアのガスを新疆ウイグル自治区を経由する多国間パイプラインで上海へ輸出するための予備的実行可能性調査。

出所：Paik（1996），中国日報（*China Daily*）および *China OGP* の様々な号。

Biweekly）によると，中国は1990年代初期以降，API比重が30～45の範囲の石油20種類以上を輸入してきた。同国の原油輸入の約65％は，インドネシア，オマーン，マレーシアから調達されていた。残余はベトナム，イラン，ドバイ，およびロシア産であった[25]。そういう訳で中国が，まだ大規模ではないにせよ，中ロ協力を通じた東シベリアでの石油・ガス開発にも関心を持つことが分かったからといって，驚くようなことではない。表1.2で言及されたように，中国国有石油会社（China National Petroleum Corporation：中国石油天然気集団公司（CNPC））が，東シベリアにおける石油・ガス探査および開発の可能性を判断する新しい試みを行った。中国の国営石油企業には海外（ロシアを含む）での石油・ガス探査および開発の経験が事実上全くなかったことを考慮すると，1993年の試みは大胆な一歩であった（同社による初回の海外企業合併は1992年に行われた）。重要な点は，上述のとおり，1993年は中国が初めて石油純輸入国となった年であり，同国のエネルギー計画立案者へのその衝撃が顕著であったことにある。多数の中国エネルギー専門家がロシアでの経験年数を積んでいたため，同社が遠隔地東シベリアでの探査の機会を吟味することに真剣な興味を示したのは，ごく自然なことであった[26]。同じ頃，ロシアもイルクーツクIrkutsk州のガス田を開発し，中国へ電力を輸出する計画を，積極的に推進していた。1987年に発見された同州のコヴィクチンスコエKovyktinskoyeのガスコンデンセート田は，ガスの総埋蔵量が6000億～8000億立方メートル（21.2兆～28.2兆立方フィート）と見積もられた。その上，ヴェルフネチョンVerkhnechon油田は，石油6億～6億5000万トンの原始埋蔵量と推定されていた[27]。

　1993年に中国国有石油会社は，トルクメニスタンから中国経由で日本に至る長距離ガスパイプラインの開発を促進するために，同社副社長の張永一Zhang Yongyiが管理する会社，中央アジアコーポレーション（Central Asia Corporation）を設立した。1993年に採用されたこのための原計画は，陸上パイプラインをトルクメニスタンから天津近くの港，塘沽Tangguまで建設することを目的としており，そこでガスが液化され，それから日本へ出荷されることになっていた。同社が本プロジェクトに興味を抱いていたのは，それが新疆Xinjiangのガスを中国東部および南部の消費者にパイプ輸送する上で重要

な役割を担うはずであったからである[28]。同社は，それがロシアと中央アジア共和国の両方から中国にガス供給する選択肢を，同時に追求していることを認めていた。

　石油・ガスパイプライン開発のための，予備的な実現可能性調査の業務に関する3件の協定が調印された1993年から1999年2月までの間に，中ロの石油・ガス協力は，いくつかの主要な合意を経て拡大された。その最初のものは中国国有石油会社とロシア連邦燃料・エネルギー省 MINTOPENERGA との間で，1994年11月上旬に署名された了解覚書であり，それは内モンゴルと河北 Hebei 省を通り，山東 Shandong 省が終点となる，国境を越えた長距離天然ガスパイプラインの建設を想定していた。当時，前石油相王涛 Wang Tao が同社の総裁であった。この越境パイプラインは，シダンコ（Sidanco シベリア・極東石油会社《Сибирско‐Дальневосточная нефтяная компания》）により提案されたが，年間200億立方メートルのガスを東シベリアのイルクーツク州から中国東部の沿海都市へ輸送するように設計されるはずであった[29]。この1994年の了解覚書は，中ロの石油・ガス協力に関する最初の政府レベルの合意とみすことができた。

　1995年12月末の李鵬 Li Peng 首相のモスクワ訪問直前まで，中国の主な焦点は多国間パイプライン開発への参画であった。ところが，中国国有石油会社の実現可能性調査は，輸出向けと考えていた東シベリアのガス埋蔵量はロシア側による主張ほど十分なものではないと結論を下していた。同社の地質学者は，イルクーツクのガスの原始埋蔵量は2110億立方メートルに達すると推定したが，これは，少なくとも5000億立方メートルの累積ガス生産量を保証するには不十分であった。したがって，このパイプライン計画を支持するロシア側と中国側双方にとって，埋蔵量の追加が最優先事項となった。同社がイルクーツク州のガス埋蔵量とサハ Sakha 共和国のそれとを組み合わせるという選択肢を探り始めたのは，これが理由であった[30]。

　1996年12月末，中国の李鵬首相によるロシア公式訪問中に，新華社（Xinhua News Agency）の報道は，東シベリア・イルクーツクと山東省・日照 Rizhao とを結びつける全長4070キロメートルのパイプラインに光を当て，これが外交協議の最優先課題であると強調した。このプロジェクトに関する李

鵬首相とエリツィン大統領との間の予想された協議は，3年にわたる両国間の交渉の末に，最終的な契約への道を開くものだと期待された。協議の詳細は，李鵬首相の側近である同社の王涛総裁とロシア側は燃料・エネルギー省の担当者との間で計画された[31]。

　実際には，エネルギー部門における最初のロシア・中国政府間提携協定は1996年に調印された。両国は，相互協力の発展を直接監督するために，その首相同士の定期会合を準備する合同委員会を設置した。合同委員会の傘下には，経済および貿易，技術，原子力エネルギー，航空宇宙，輸送，銀行業務，情報技術に関係する8つの小委員会があった。石油とガスのプロジェクトの場合は，政府が交渉に対する最終的な決定権を握っていた。中国の国家発展計画委員会（The State Development Planning Commission（SDPC），後に国家発展改革委員会：The National Development and Reform Commission（NDRC）へ改称）とロシアエネルギー省がそれぞれの側の政府代表に指定されている。しかし，その交渉は中ロの石油・ガス会社の間で行われた。中国側では，同社が原油パイプラインと天然ガスパイプライン両方の交渉に関与している唯一の会社である[32]。

　もう1つの重要な協定は，石油の安全保障が優先課題となった1997年に調印された。湾岸地域が安定し続けると想定するよりも，むしろ中東から離れて調達先を多様化することが決断された。価格改革，海外での探鉱・生産（E&P）および中東からの輸入依存度の引き下げという3つの決断は，1997年に集約されて，大規模な海外投資を可能にするために必要な先駆けとなった。1997年6月の3週間で，中国国有石油会社はカザフスタン，ベネズエラおよびイラクと合計56億ドルの投資を伴う一連の契約を取り結んだ。同月，チェルノムィルジン Chernomyrdin 首相の北京訪問の際に，東シベリアから中国への天然ガスおよび電力の輸出を促進するために，政府枠組み協定がロシアと中国との間で署名された。両国は，全長3000キロメートルのパイプラインが建設され，ロシアは25～30年にわたって，年間250億立方メートルの供給を確約することで合意した[33]。それと同時に，中国はトルクメニスタンからウズベキスタンおよびカザフスタンを経由して，中国江蘇 Jiangsu 省連雲港 Lianyungan まで伸びて，日本の北九州を終点とする総延長8000キロメート

ルのガスパイプラインも慎重に検討していた[34]。

1997年9月下旬，李鵬首相はカザフスタンを訪問し，ウゼニ Uzen とアクチュビンスク Aktyubinsk の油田を開発し，そして2本の石油パイプライン，すなわち一方は中国に向けて3000キロメートル延び，他方は全長250キロメートルで，トルクメニスタンを経由しイランとの国境へ向かうパイプラインを建設するという，95億ドルの契約に署名した[35]。カザフスタン内の石油資産を買収するという同社の大胆な構想は，計画されていたカザフスタン－中国間の石油パイプラインに，利権原油を供給するという中国の意図を確認するものであった。この構想は，後に2000年代に，同国がトルクメニスタンのガスを自国へ輸入しようと決断した際にも，繰り返された（第6章参照）。

2ヶ月後，ロシアのボリス・ネムツォフ Boris Nemtsov 副首相と中国側で同格の李嵐清 Li Lanqing が北京で会合し，他のエネルギープロジェクトを前進させようと試み，コヴィクチンスコエ・ガスパイプラインの建設に関する技術的な覚書に署名した[36]。1997年12月末にはモスクワの会合で5ヶ国（ロシア，中国，モンゴル，韓国，日本）による多国間の覚書が交わされた。これは，埋蔵量推定の改善，ガス田のさらなる開発，開発されたガスのための市場の確定，および多国間パイプライン・プロジェクトの実現可能性調査の実施に対して，調整の取れたアプローチを要請するものであった[37]。コヴィクチンスコエ・ガスプロジェクトに関する五者のイニシアチブとは別に，ガスプロム（Gazprom）は，クラスノヤルスク Krasnoyarsk 地方およびヤマロ・ネネツ Yamal-Nenets 自治管区の鉱床から上海へ，2004年以降30年間以上ガス輸送を行うための150億ドルのパイプライン建設計画を公表した（これがアルタイ Altai・プロジェクトの出発点であった）[38]。

1997年12月末に着手された5ヶ国の実現可能性調査は，1998年12月24日のイルクーツク会合の間に，劇的に破綻した。当時，日本は実現可能性の問題で調査費用の大きな資金提供を申し出ることにより主導権を取ったが，しかしロシアと中国双方は日本がそのような調整役を担う能力について疑問視していた。実行可能性調査への日本の提案した貢献は，ロシアと中国のどちらにとっても受け入れ難いものであった。日本は長距離ガスパイプラインのためのかなり大きなガス市場を提供できなかったので，影響力を持てないままであった。

5ヶ国の実行可能性調査が破綻した後，ガスパイプライン交渉はロシアと中国，両当事者間でのみ行われることとなった。

　ロシアは1990年代には，ロシア東シベリアの石油・ガス開発において，利権原油と利権ガスの選択肢を利用しようとする中国の構想に対して，何ら興味を示さなかったが，この姿勢は2000年代にも全く変わることがなかった。中ロの石油・ガス協力が1990年代に精々達成することができたのは，1999年2月に両国首相が署名した石油・ガスパイプライン開発のための，3件の実現可能性調査であった。1990年代に中国にとって最も優先度が高かったのは，確認埋蔵量が，遠隔地東シベリアからの長距離パイプライン建設を正当化するほどに十分であるか否かを知ることであった。ロシアは，中国自身の石油およびガスの確認埋蔵量は急上昇する需要水準を充足するには少なすぎることを知っており，中国はパイプライン開発を緊急に実行する以外に選択肢はないと決め込んで，石油・ガスパイプラインについて自信過剰になっていた。1990年代における東シベリア，ロシア極東および中国自身の石油とガスの潜在力を概観すると，なぜ中国がロシアの辺境地域から石油・ガスを確保することを強く切望していたのかが明らかになる。

東シベリアおよびロシア極東における石油とガスの潜在力，1990年代初期

　北東アジアは広大な地域であり，そのほぼ2000万平方キロメートルの陸地は，中国とロシアアジア部がその大半を占め，米国とカナダを合わせたその大きさに匹敵する。この地域の7ヶ国のうち最大国は中国であり，東西5200キロメートル，南北5500キロメートルに延び，960万平方キロメートルの面積を持つ。2番目に大きいのは，ロシアアジア部であり，ロシア東シベリア（160万平方キロメートル）およびロシア極東（622万平方キロメートル）から成る。この地域は，その絶対的な広さにもかかわらず，1989年の人口はそれぞれロシア東シベリアが524万人，ロシア極東が795万人に過ぎなかった。その他の北東アジア諸国の合計面積は，ほんの220万平方キロメートルにとどまり，モンゴル（160万平方キロメートル），朝鮮半島（20万平方キロメートル），台湾（4万平方キロメートル），そして日本（40万平方キロメートル）を含んでいる[39]。冷戦終結の結果として，初めて北東アジア諸国間での協力が探

究された。この地域の範囲内には，豊富な化石燃料資源が存在するが，しかしその不均等な分布は，地域内での石油・ガス開発協力が共通の利益を生み出すかも知れないことや，化石燃料の開発協力の対象区域が東シベリアおよびロシア極東であることを示唆している。

　これらの石油・ガスの膨大な潜在埋蔵量にもかかわらず，ロシア極東地域は石油の累積産出量にはほとんど何も貢献せず，ガス産出量への貢献もごく少量であった。ロシア極東の石油・ガス産業の現実は，同地域の石油・ガス開発の長期の遅滞を反映したものであった。この遅れを取り戻すために緊急に必要とされるものは，ロシア自体には極東の石油・ガス開発に投資する能力が欠如していたから，時宜を得た多額の外国投資に他ならなかった。

1990 年代初期の中国における石油・ガスの潜在力

　1990 年代初期には，推計によると，中国には合計 246 の堆積盆地があり，面積は 550 万平方キロメートルにおよび，そのうち 420 万平方キロメートルが陸上に，130 万平方キロメートルが海洋にあった。石油の総埋蔵量は 787 億 7000 万トンと見積もられており，そのうち 626 億トンが陸上に，167 億トンが海洋にあったが，一方，ガスの埋蔵量は，33 兆 3000 億立方メートル（1176 兆 6000 億立方フィート）と推定されていた。中国当局は新疆，とくにタリム Tarim 盆地の石油・ガス埋蔵量に関する数字を公表するのに乗り気であった。1989 年の終わり近くに，月刊誌『ワールド・オイル』（*World Oil*）とのインタビューで，中国国有石油会社の当時の総裁王涛は，中国における石油資源の全潜在力の 3 分の 1 と，全ガス資源の半分は，はるか西方に位置していることを示唆した。1990 年代初めに中国の地質学者は，1984 年 9 月 22 日に発見されたタリム盆地の地質学的埋蔵量は，石油が 740 億バレル，天然ガスが 283 兆立方フィートもの高水準であり，それぞれ国内合計の約 6 分の 1 と 4 分の 1 に匹敵すると推定していた。『中国石油・ガス・石油化学製品』の報告によると，タリム盆地は大きさの点でフランスと同様であるが，197 億 6000 万トンの原油と 8 兆 3900 億立方メートルの天然ガスが埋蔵されているとのことであった。同社による中国西部辺境の重視は必要であった，というのは中国が，黒龍

江 Heilongjang 省大慶 Daqing におけるその超巨大油田の生産量減少に対処するため，この対策を採らなければならなかったからである。

　当時，同社は，2000年までに新疆で採取可能な石油埋蔵量が総計140億バレル（重油含む）に達するであろうと予測していたが，これは1994年に220億～250億バレルと推定された中国の総埋蔵量に比較される。中国国外でのより膨らまされた見積りでは，この盆地の確定石油埋蔵量を180億～184億5000万トンの範囲と評価していた。海洋での埋蔵量は，中国海洋石油会社（China National Offshore Oil Corporation：中国海洋石油総公司（CNOOC））が，石油120億トン，ガス1800億立方メートルと見積もっていた。1990年代初期，同社は8億7000万トンと1330億立方メートルの数値を示していたが，これらの数字は可採埋蔵量について言及したもののように思われる。

　中国では，天然ガスがほとんど無視されてきたのであり，その生産量は総エネルギー消費量に対して，アジア平均値が8～9％のところ，わずか2～3％にとどまった。原油生産は1980年代に30％だけ増加したが，一方，ガス生産はその10年間の初期に激減し，そして1990年までに1980年の水準をようやく回復したに過ぎない。1994年に生産量は166億立方メートルに達したが，中国は1997年に200億～220億立方メートルを，2000年までに250億～300億立方メートルを生産することを目標としていた。1993年には，2つのグループのガス田が20億立方メートル以上を生産していたが，中国の総生産量の80％以上が5大ガス田の産であった。最大の四川ガス田群だけで，生産量の43％（65億立方メートル）を占めていた。四川の重要性は，それが生産量に対する商業販売量の最高比率（90％）をもち，また全国販売量の60％以上を占めるという事実により高められた。

　しかしながら，ガスの生産費は複雑な地質と硫黄含有量の多さ（重量で平均0.27％）のために，高かった。事実，四川省では1メートル当たりの探査費用が1991年の2285人民元から1993年の4200人民元にまで（計画した費用の2941人民元をはるかに上回って）上昇したが，その一方で，同時期の2年間で探査井の数は，40本から（計画数29本のところ）21本まで減少した。四川省中央部の威遠Weiyuanガス田では，半分以上のガス井が水の流入により閉鎖されたか，あるいは減産の被害を被った。四川省では，ガスが3分の1の

産業活動と多くの居住者顧客に,燃料と工場用原料を供給しているため,威遠ガス田の大規模生産でも地域自体の大量需要を満たすことはほとんど不可能であった[40]。

1970 年代,80 年代および 90 年代にパイプライン・インフラストラクチャの開発を目指したが未達成となった構想

東シベリアとロシア極東における上述の石油・ガスの潜在力を実現するために,ソ連のそして後にロシアの当局は,一連の野心的な輸出計画を準備した。最初の提案は,1968 年 11 月にソ連国家計画委員会のニコライ・バイバコフ Nikolai Baibakov 議長によって策定されたが,ヤクーツク Yakutsk・ガス田からソ連の極東沿岸部に至るガスパイプライン建設への日本の参加を確保することが目的とされていた。この提案は,同じく 1968 年のバイバコフ議長から提示されたもう 1 つの提案,すなわちサハリン Sakhalin 海洋ガスの対日輸出案と部分的に重複するものであった。1970 年 2 月 12 日に,ソ連はヤクートの埋蔵ガスをサハリン-北海道システムに組み入れる直径 1 メートルのガスパイプライン建設を提案した。このラインのルートはヤクーツク-ハバロフスク Khabarovsk -サハリン-北海道になるはずであった。ヤクートのガス輸出に関する他 2 つの提案が,1970 年と 1972 年に思いがけなく矢継ぎ早に提示された。その第 1 は,ソ連首相アレクセイ・コスイギン Aleksei Kosygin によるもので,ヤクーツクからマガダン Magadan までのパイプラインをマガダンにおけるガス液化プラントとともに建設するという提案であった。そして第 2 は,米国の会社エルパソナチュラルガス(El Paso Natural Gas)およびベクテル(Bechtel),そして日本の住友商事から提示され,ヤクーツクからナホトカ Nakhodka まで全長 3600 キロメートル,142 立方メートルのガスパイプラインを建設しようとするものであった。しかしながら,ヤクーツクのプロジェクトは,パイプラインの経路について各当事者が異なる選好を持っていたために,立ち消えになってしまった。1974 年 11 月に,ヤクートの天然ガス探査に関する一般協定に調印するために,全当事者による会合がパリで開かれたが,合意に至らずに終わった。事態をさらに悪化させたことには,ソ連側はガス液化プラントの立地場所としてナホトカの代わりにオリガ O'liga を提案した。

1979年に，ソ連側は最終的にヤクーツク－オリガ・パイプラインルートに同意したが，ヤクーツクのプロジェクトは同年12月のソ連によるアフガニスタン侵攻の影響を受け，中断された。

1989年1月に，忘れ去られていたプロジェクトが現代グループの創始者であるチョン・ジュヨン Chun Ju-Yung によって，ヤクーツクから朝鮮民主主義人民共和国（以下，北朝鮮）を経て韓国までガスパイプライン網を敷設するという野心的計画を伴って，復活させられた。同じ頃，米国の弁護士ジョン・シアーズ John Sears と東京貿易株式会社（三菱グループの系列会社）の上林武志がモスクワを訪問して，同様の着想を提示した。これらの提案は，事実上東方計画（ヴォストーク・プラン）の復活と同然であった，というのは，それらはサハリンおよびヤクーツクのガス田から沿海地方を経由して朝鮮半島を縦断し，対馬海峡を横断して，日本南部に至るガスパイプラインの計画を含んでいたからである。

1991年末に，東京貿易と米国の会社ファー・イースト・エネルギー（Far East Energy）とから成るコンソーシアムは，ヴォストーク・プロジェクトの枠内でヤクートの石油・ガス資源開発に向けた実現可能性調査を実施することで，ヤクート・サハ共和国（1990～1992年，後にサハ共和国：訳注）と合意に達した。本協定に続いて，関連の契約が1992年3月18日にロシア政府と調印されたが，これは南部ヤクーチア Yakutia からサハリンを経由して稚内（北海道）に至る4000キロメートルのガスパイプラインと，ウラジオストク Vladivostok，北朝鮮，韓国を経て北九州に至る5000キロメートルの幹線を評価するためのものであった。しかし，1993年5月までに完了するはずであったこの調査は中断された。

ソ連時代の終焉を間近に控えた1991年初頭，ソ連極東のガス開発および輸出を加速するためのもう1つの非常に野心的な計画が準備された。ソ連地質省，ロシア共和国地質およびエネルギー・鉱物資源利用委員会，ソ連石油・ガス産業省，国営ガスプロム・コンツェルン，ソ連科学アカデミー，そしてロシア技術アカデミーが一緒になって作成した共同報告書では，「ヤクーチア・サハリンのガスおよび東シベリア・ソ連極東の鉱物資源の開発コンセプト」に関する提案が概説されていた。これは「東方計画」として一般に知られるように

なった。この計画によると，当該地域は2005年までに年間約1570万トンのガスをロシア極東向けに，年間約1330万トンのガスを輸出向けに生産することになっていた。このうち，韓国と日本は双方で年600万トンを，北朝鮮は年130万トンの供給を受ける。この計画の鍵となる要素は，1995年までにサハリンからロシアの領土と北朝鮮を経由して韓国へ至る3230キロメートルのガスパイプラインを建設し，2000年までにヤクーツクからハバロフスクへの3050キロメートルのパイプラインを建設することであった。しかしながら，興味深いことに，当時東方計画は中国へのガス輸出を全く想定していなかった。

東方計画は，1990年代初期以降に北東アジアで生じた変化なしには，単なる夢にとどまったであろう。冷戦終結後，北東アジア全域にわたる新たな結び付きが，かつては経済的に互いに孤立していた国々の間で確立されたのである。1990年代前半の新たな展開には，中ロの関係改善，旧ソ連と韓国間および中国と韓国間の外交関係樹立，そして韓国・北朝鮮の国連への加盟が含まれていた。これらの変化は，北東アジアにおける国際関係を一変させた。地政学的な再編が行われ，地理・経済的傾向が冷戦時代に比べはるかに大きな重要性を帯び始めた。

新たな地政学的編成は，この地域の多極性が一層広く承認されたことや，政策アプローチを大幅に制限していた従来の東西二極型の政策枠組みが明確に放棄されたことによって，もたらされた。この変化は，部分的には，超大国の役割と影響力の後退によって引き起こされたものである。勢力均衡の再編は，四大国すなわち，米国，ロシア，日本および中国の間で生じた。米ソの冷戦終結と共に，中国と日本がこの地方における主要地域大国となったが，たとえ中国の急速な経済進歩が一般に予想されていたとしても，米中2大国の地位への中国の台頭は，当初予見されていなかった。

1990年代後半に，イルクーツク州のコヴィクタKovykta・ガス田と北京を結ぶ長距離ガスパイプラインの建設が試みられた。この構想は，90年代最後のもので，ロシア，中国，モンゴル，韓国，日本の5ヶ国を含むコンソーシアムによって取られたが，それは参加国の間で十分な共通利益を見出せずに終わった。主導権は日本側の会社（石油公団および住友）が持っていたので，中国や韓国の会社は，大部分のガスの最終市場となるはずの国が，最有力の関与

者となるべきかどうかについて疑問視していた。結局，このパイプラインも放棄されたが，それは中ロのガス協力の見通しがこの地域での長距離ガスパイプライン開発において，重要問題となったからである。この新たな失敗は，したがって次のことを，すなわち地理的・経済的な現実を考慮すると，自明の選択肢は中ロ石油・ガス協力の強化であるということを，明確に示唆するものであった。これが，ロシアから中国に至る原油パイプラインと天然ガスパイプラインの両方に関する3件の重要な実現可能性調査が1990年代終わり近くに実施された理由であった。2000年代の中ロの石油・ガス協力の結果は，来るべき2010年代と2020年代における協力の行方に影響するであろう。その影響はこの2ヶ国に止まらず，ゆくゆくは北東アジア地域市場へ，そしてさらに世界市場へ及ぶであろう。この後の章では，2000年代ロシアの東シベリアと極東における石油・ガス開発において，そのような重要課題がどの程度達成されたかを考察し，中ロ石油ガス協力が今後数十年間にどこまで到達できるかを探究することが目的となる。

【注】
1　Bellacqua (2010), p. 1.
2　Rozman (2010), p. 13.
3　Lo (2008), pp. 41-3.
4　Rozman (2010), pp. 13-4. 中国－ソ連および中国－ロシア関係の深い理解に寄与している書籍の中に，Hart (1987), Dittmer (1990) がある。より最近の研究としては Garnett (2000), Wishnick (2001), Lukin (2003), Wilson (2004), Quested (2005), Lo (2008), Bellacqua (2010) を挙げることができる。
5　Bellacqua (2010), p. 2.
6　2008年の世界金融危機の後，米国・中国2大国 (G2) を基礎とする世界経済管理体制の可能性が，たとえ中国の指導者は明示的に G2 の考え方を拒否したとしても，公然と言及された。このような発展は10年前には想像も及ばないことであった。Walter (2011) 参照。
7　モルガン・スタンレー Morgan Stanley のアジア・新興市場の戦略家，ジョナサン・ガーナー Jonathan Garner によると，中国は2011年には金額ベースで製造業製品の最大生産者として，米国を追い越すことになりそうであったが，これは世界の製造業界の頂点における250年間でわずかに3度目の交替に他ならないのである。Pilling (2010) 参照。
8　2010年9月，中国の外貨準備高は2.65兆米ドルであり，2011年3月末までには3.04兆米ドルへと増加した。('China Foreign-Exchange Reserves Jump to $2.65 Trillion' (www.bloomberg.com/news/2010-10-13/china-s-currency-reserves-surge-to-record-fueling-calls-for-stronger-yuan.html), 'China's foreign exchange reserves to expand at slower pace'. (http://news.xinhuanet.com/english2010/china/2011-04/15/c_13831036.htm))
9　Haukala & Jakobson (2009), p. 60.
10　*Ibid.*, pp. 62-70.
11　*Ibid.*, pp. 72-5.
12　*Ibid.*, p. 71. ボボ・ロー博士は著者への個人的なコメントの中で，ロシアはもはや中国にとって

【注】　25

最大の武器供給者ではないと主張している。実際に，2006年以降は新規契約が全くなく，中国はロシアの顧客ランキングで大幅に落ち込んでしまっている。
13　Lo (2008), p. 6. わずかな変更を加えた。
14　Lo (2008), pp. 6-7.
15　Karaganov (2011), CSCAP (2010).
16　Trenin (2010).
17　Rosner (2010).
18　'China-Russia energy co-op sees broad prospects: vice premier'. (www.gov.cn/english/2010-09/21/content_1707489.htm)
19　Rosner (2010).
20　'China to become Russia's Largest Trading Partner'(http://russia-briefing.com/news/china-to-become-russias-largest-trading-partner.html/), 'Sino-Russian trade bounces back in 2010'. (www.chinadaily.com.cn/business/2010-12/10/content_11681821.htm)
21　中国銀行 (The Bank of China) および中国商工銀行 (Industrial & Commercial Bank of China) はロシア通貨を，その100万人民元分の価値に組み合わせて1人民元4.67ルーブルの平均価格で購入するルーブルの取引を開始した。'China Starts to Trade Yuan Against Ruble'(www.themoscowtimes.com/business/article/china-starts-to-trade-yuan-against-ruble/424165.html), 'Russia to boost China links with yuan-rouble trade'. (www.ibtimes.com/articles/60538/20100908/russia-boost-china-links-with-yuan-rouble-trade.htm) を参照。
22　Lo (2008), p. 14.
23　Clover & Buckley (2011). メドヴェージェフの近代化プログラムについてはSmith, M. A. (2010) を参照。
24　Lo (2008), pp. 132-3.
25　*China OGP*, 15, November 1993, p. 1.
26　*China OGP*, 15, November 1993, p. 3 ; *PIW*, 20 September 1993, p. 7.
27　Paik (1995), pp. 236-7.
28　*China OGP*, 1 July 1995, p. 5 ; *China OGP*, 15 December 1996, pp. 1-3.
29　1000kmのパイプラインのための最適なルートが調査された。四川石油探査・設計研究所（The Sichuan Petroleum Exploration and Designing Institute）が中国国境境内部でのパイプラインルートの設計に関する権限を与えられていた。*China OGP*, 15 November 1995, p. 8, *China OGP*, 15 December 1996, pp. 1-3, および*RPI*, March 1996, pp. 68-72 参照。
30　1996年頃，中国国有石油会社で多国間パイプラインの推進のために，中ロ石油・ガス協力委員会が設置された（委員長は同社初代副総裁の張永一）。
31　*China OGP*, 15 December 1996, pp. 1-3.
32　Wilson (2004), p. 30 ; Barges (2004b) ; Li Xiaoming (2002b).
33　*Reuters News Service*, 27 June 1997.
34　*China OGP*, 15 July 1997, pp. 3-4.
35　Christoffersen (1998). カザフスタンからの石油1700トンの最初の出荷は，1997年10月に，新疆において鉄道で発送された (Wishnick (2001), p. 142 参照)。
36　Wishnick (2001), p. 135.
37　Quan & Paik (1998), p. 109.
38　Rem Vyahirev の1998年11月のクアラルンプールにおけるAPEC会合での発表，引用はQuan & Paik (1998) による。
39　Allen Whiting は，より一般に受け入れられている「ロシア極東」よりもむしろ「東アジアのシベリア」という用語を用いているが，これは中国，韓国および日本にとっての関わり合いを示して，東アジアに対するこの地域の関連性を強調するためである。Whiting (1981) 参照。
40　1995年当時から，中国国有石油会社の央訓知 Shi Xunzhi 副総裁は，炭層ガスが中国のガス確認埋蔵量の3分の1以上を占めると論じている。Shi Xunzhi (1995) 参照。

2．東シベリアおよびロシア極東における石油産業の発展

　共産主義の崩壊に続いた産業の深刻な不況は，ロシア経済についての認識を変化させた。ソ連の計画化は国内消費向けの重工業を強調するのが常であったが，新しいロシア経済では一層活発な経済部門は，原料，とくに石油とガスの輸出となった。しかしながら，いかにして「資源の呪い」を回避するのか，また国の富が持続可能な経済成長に転化されるようにするのかについて，関心が高まった。

　この章では，ロシア経済における石油とガスの役割を簡単に概観した後で，「資源の呪い」の議論と，ウラジーミル・プーチンの「資源ナショナリズム」とを分析する。本章の主要な焦点は，2000年代の東シベリアおよびロシア極東の辺境地域における石油開発に向けたロシアの新しい試みにある。本章はまた，イルクーツク州，サハ共和国およびクラスノヤルスク地方を含め，2000年代のサハリン沖合の石油探査・開発水域とともに，東シベリア・太平洋パイプライン（ESPO）の主要基地における探査と開発の水準を理解することを目的としている。生産基地の能力を理解することによって，東シベリアおよび極東での石油生産拡大の限界を推測するための手がかりが与えられるであろう。

ロシア経済における石油とガスの役割

　2008年の世界経済危機に引き続く石油価格の暴落は，ロシアの石油とガスに対する過度の依存が持つ脆弱性を極めて明瞭に暴露した。その時以降，ロシアの指導部は天然資源からハイテク産業への経済の多様化と，新しい仕事の創出とに大変興味を持つようになった。しかし，これは困難な課題であろう。2000年代10年間の初期における価格上昇の後で，GDPに対するロシアの石油・ガス輸出の比率は，2005～2006年の2年間に19%以上に上昇した。2008

年に,ロシアは1610億米ドルの原油,800億米ドルの石油製品および690億米ドルの天然ガスを輸出した。合計3100億米ドルという額は,総輸出額の66%,GDPの18.5%に達した。ところが,2009年までに,経済危機と急速な石油価格下落が,経済・財政状況を劇的に変化させてしまった。石油とガスの輸出合計は1910億米ドル(GDPの15.5%)まで落ち込んだ[1]。表2.1に示されるとおり,2010年の石油・ガス輸出額合計は2540億ドルであった。ロシア経済は,2000年にプーチン大統領が政権を握った時に比べはるかに強力であるにもかかわらず,やはり炭化水素の生産に対する依存をずっと強めているのである。

表2.2に示されるように,石油およびガス部門からの財政収入は2004年

表2.1 ロシアの石油およびガス輸出

	石油およびガスの輸出 (10億米ドル)	輸出全体に占める割合(%)	GDPに対する比率(%)
1998	27.9	32.2	10.4
1999	31.0	36.6	15.8
2000	52.8	46.1	20.3
2001	52.1	46.1	17.0
2002	56.3	46.4	16.3
2003	74.0	49.2	17.1
2004	100.2	55.2	16.9
2005	148.9	61.6	19.5
2006	190.8	63.3	19.3
2007	218.6	62.1	16.9
2008	310.1	66.2	18.5
2009	190.7	63.2	15.5
2010	254.0	63.5	17.3

注:著者は,本表ならびに表2.2について,下記の出典から内容を翻訳・編集してくださった北海道大学スラブ研究センターの劉旭Liu Xu博士に対し,謝意を表する。
出所:1998〜2003年の期間:E. T. グルヴィチ「ロシア石油ガスセクターのマクロ経済的評価」『経済の諸問題』(ロシア科学アカデミー経済研究所の学術誌)No. 10, 2004年,エルマン(2006)より引用,2004〜2008年の期間:GDP(ロシア・ルーブル)はロシア連邦国家統計局より,米ドルの対ルーブル平均為替レートはロシア中央銀行より,輸出収入合計は連邦関税局よりとった。

GDP比で7.5%であった（石油からが5.9%，ガスからが1.6%）。2008年までに，この2部門からの歳入はGDPの11.1%に達した（石油から9.7%，ガスから1.4%）。しかし2009年には，この値は7.9%と，2004年の水準に近かった。2006～2008年の間，（歳入への）ガス部門の貢献度が，石油部門の貢献度の14～15%を超えなかったことは，注目に値する。ボリス・ネムツォフとウラ

表2.2 石油・ガス部門からの統合歳入金額[2]（10億ルーブル）

	2004	2005	2006	2007	2008	2009	2010
GDP	17,048.0	21,665.0	26,621.3	32,988.6	41,540.4	39,016.1	44,491.4
石油・ガス部門からの財政収入	1,285.6	2,321.7	3,114.9	3,081.1	4,606.8	3,062.8	3,991.7
GDPに占める率（%）	7.5	10.7	11.6	9.3	11.1	7.9	9.0
石油部門	1,005.9	1,990.3	2,681.3	2,690.2	4,026.1	2,638.5	3,713.3
GDPに占める率（%）	5.9	9.2	10.0	8.1	9.7	6.8	8.4
ガス部門	279.7	331.4	433.6	390.9	580.7	424.3	278.4
GDPに占める率（%）	1.6	1.5	1.6	1.2	1.4	1.1	0.6
(1)物品税	176.4	119.3	119.1	129.7	138.3	143.4	160.9
石油製品	138.4	114.7	119.1	129.7	138.3	143.4	160.9
ガソリン	71.0	79.6	85.0	95.0	103.9	109.8	124.9
軽油	27.3	33.0	32.0	32.9	32.9	32.3	34.4
その他	2.1	2.1	2.1	1.8	1.5	1.3	1.6
天然ガス	38.0	4.6	-	-	-	-	-
(2)鉱物採取税	491.1	885.9	1,135.8	1,166.8	1,670.9	1,016.2	1,361.3
原油	428.6	801.4	1,038.4	1,070.9	1,571.6	934.3	1,266.8
天然ガス	58.9	79.2	89.9	88.3	90.5	75.0	85.1
コンデンセート	3.6	5.3	7.5	7.6	8.8	6.9	9.4
(3)輸出税	618.1	1,316.5	1,860.0	1,784.6	2,797.6	1,903.2	2,469.5
原油	353.6	871.4	1,201.9	1,151.5	1,784.8	1,134.1	1,672.4
石油製品	81.7	197.5	314.4	330.5	522.6	419.8	603.8
天然ガス	182.8	247.6	343.7	302.6	490.2	349.3	193.3

出所：GDP，物品税，および鉱物採取税については，*Social Economic Situation of Russia*ならびに月刊誌ロススタット *Rosstat*（連邦国家統計医局）の様々な号よりとった。輸出税は，ロシア連邦財務省による。以下のサイトを参照：www.countdownnet.info/archivio/analisi/russian_federation/199.pdf（last accessed 30 September 2011）；www.gks.ru/wps/wcm/connect/rosstat/rosstatsite.eng/

ジーミル・ミロフのレポートの指摘によれば，2007年に石油会社が1バレル当たり40ドルの税金を支払っていたのに対し，ガスプロムは石油・ガス1バレル当たり7ドルをわずかに上回る税しか支払っていなかった[3]。

大規模な石油・ガスの輸出は，ルーブルに増価圧力を加える傾向があり，これは他部門の競争力を損ない，ロシアを「オランダ病」の脅威にさらすのである。石油・ガスの収入は経済のすみずみまで行き渡って，価格を，そしてその上賃金をつり上げる。2000年以降，当局はインフレの収束に精一杯努力したが，2006年末でもなおインフレ率は9％であった。クレムリンは1998年の金融危機の再来を覚悟しているように見受けられた。石油安定化基金（1000億ドル以上）と外貨準備高（3500億ドル近く）を合わせた総額は，2007年春には，輸入高2年分相当に達し，政府債務はGDPのわずか10％であった[4]。

2008年の世界金融危機以前は，海外の銀行による金利の低い信用与信枠が長期投資に資金供給する主要な財源であった。ルネサンス投資銀行（Renaissance Capital）の上級エコノミスト，エレナ・シャリーポヴァ Elena Sharipova は「我が国の金融システム全体が，国内貯蓄ではなく外国資金を基礎としている。資金流入が逆転されると，われわれは恐ろしく脆弱になる」[5]と述べた。石油とガスの主導的輸出国としてのロシアの地位は，ロシアを以前ほど保護してはくれなくなった。2009年に原油価格が1バレル65ドル付近まで下落した際，ロシア財政はかろうじて収支五分五分で終わることができた。同時に枯渇したもう1つの資本の源泉は，西側の株式市場であった。2008年に，ロシア企業は新規株式公開によって500億ドルの資金調達を見込んでいたが，調達できたのはわずか25億ドルであった[6]。投資銀行ウラルシブ金融会社（Uralsib Financial Corporation）のクリス・ウィーファー Chris Weafer は次のように述べた。「我が国が過去8年間に経験した成長は，1.3兆ドルという石油・ガス収入によって推進されたものであったが，しかしこれは制度的インフラストラクチャの変化を何ら伴っていなかった。この成長があまりにも速くすべて崩壊した理由は，ここにある。われわれはなんら土台を持っていなかったのである」[7]。

2008年夏の終わりから2009年2月2日の間に，ルーブルは対ドルレートでおよそ3分の1に下落し，この時ルーブルは1ドル＝36.35ルーブルとなっ

た。この両時点間に，ロシア中央銀行は2000億米ドルを投じて，次第に減価していくルーブルを防衛した。しかしながら，資金源がますます乏しくなってきたので，政府はオレグ・デリパスカ Oleg Deripaska（大物実業家，ノリリスク・ニッケル（Norilsk Nickel）への彼の25％の出資が外国銀行の手に落ちないように救済するため，政府は彼に45億ドルを貸し付けた）のような個々のオリガーキー（新興財閥）を救済するよりも，むしろ銀行システムを支援するためにその積立金を活用すべきだという，世論が浮上してきた。ロシアの会社は2009年に1400億ドルの対外債務を返済することになっていたが，これは，この国の外貨準備高3880億ドルに対し高い割合を占めていた[8]。

エネルギー市場が収縮したので，ガスプロムの非常に際立った経済力・政治力を構築し，それによって世界におけるロシアの影響力を回復させようとするクレムリンの用いてきた戦術は，利益と影響力の両方を削減し，逆効果となり始めた。プーチンの戦略的な目標は，彼の第1期大統領職の8年間においては，欧州への天然ガス供給で優位を占め，ガスを輸送するパイプラインを支配することであった。

しかし，アンドリュー・クラマー Andrew Kramer は『ニューヨーク・タイムズ』で次のように書いている。

　…ガス供給を独占しようとするあまり，現首相プーチン氏は，ガスプロムに対し，現行世界価格をはるかに上回る原価で中央アジア諸国とのガス長期契約を結ぶように要請した…無慈悲な展開の中で，同社は気づいてみると，その供給と減少する世界需要とを均衡させるために，ロシア国内の自社のガス井の閉鎖を無理強いされていることが分かったが，このガス井は中央アジアからのガスの費用の何分の一かでガスを生産しているのである[9]。

2008年の世界経済危機は，超大国の位置を回復しようとするロシアの戦略が，いかにロシアを，石油・ガス部門への危険なほど過度の依存に導いたかを，さらけ出した。それにもかかわらずロシアは，2008年の世界危機を比較的うまく切り抜けたように見える。2009年には実質GDPが8.1％成長したが，これはソ連崩壊以降の最高値であった。さらに，ルーブルは安定を維持し，イ

ンフレは軽度の状態が続いたし（2007年から2009年まで11.9％，13.3％そして8.8％であり，2010年の推定値は8〜8.5％であった）[10]．一方，投資は再び増加し始めた。しかしながら，石油とガスは相変わらず輸出で優位に立ち続けており，したがってこの国は，引き続きエネルギー価格に高度に依存したままである。

資源の呪いとプーチンの資源ナショナリズム

プーチンの第1期大統領職の8年間に，ロシア経済は実質で年7％の成長を遂げた。GDP合計は倍増し，ドルベースで世界22位の大きさから11位に上昇した。購買力平価ベースで比較すると，それは世界第6位の大きさである。2007年にロシアのGDPは1990年のその記録を上回ったが，これはロシアが1990年代の壊滅的な不況を克服したことを意味している。1人当たりGDPは2010年に1万9840ドルであり，購買力平価でみると世界第30位であった。

ロシア経済は，高度に資源立脚的である。燃料と金属は合わせると，2000年に鉱工業推定付加価値の65％を占めた。2003年に，炭化水素，金属およびその他原料は輸出額合計の76％を占め，GDPの31.5％に相当した。このことは，資源に基礎づけられた経済を持つものとして，この国を疑問の余地なく特徴づけているが，しかし「典型的」なそれではない。典型的な資源依存経済は，大きな農業部門と，低水準の都市化と，全般的な低教育水準とをもつ，発展途上のものである。ロシアの状況は，1970年代や1980年代のオランダあるいは英国のように，主要な新しい資源的富の発見の次にくる高度に工業化された経済の状況により近いものである。ロシアにおける「資源ショック」は，新たな資源の発見に由来するものではなく，ソヴィエト後の移行開始時における相対価格の調整に起因する。第一次原料の相対価格は，中央計画化の下で人為的に低水準に維持されてきたが，価格統制が廃止され，外国貿易が自由化された後に，急騰した。これは，ロシアの第一次産業部門から引き出される資源使用料の徹底した再分配，いまだに異議が唱えられている再分配のきっかけとなった[11]。

マーシャル・ゴールドマン Marshall Goldman は次のように指摘したことがある。

…ルーブルの他通貨に対する相対価値の増加は，1999年以降の石油価格の上昇とロシア石油の生産と輸出の急増との双方によって促進されたものであるが，「ロシア病」と呼ばれうるものをもたらした。エネルギー資源の輸出市場の活況が国内製造業に不利な影響を持つだけでなく，大規模で拡張しつつある石油部門の出現は，ともかく国家がエネルギー生産会社の私的所有を許している国においては，不可避的に油田支配を勝ち取るための猛烈な闘争の引きがねになった。部分的にはこの油田支配を目指す闘争の結果として，石油・ガス産業がある国の経済で優位を占め始めようとするときは必ず，民主的制度がたとえ崩壊しないまでも，しばしば弱体化するように思われる。ベネズエラはこの点での比較的近年の例の1つである[12]。

2009年に開催された王立国際問題研究所のラウンドテーブルの会合で，ある報告者は次のように指摘した。

ロシアにおける資源の呪いは，先進世界において，独特のものである…競争の欠如が価格の上昇を招いている。2000年にガソリン1リットルが0.95ドルであったが，2009年にはその価格は1.15ドルであった。2000年には，石油1バレル相当の平均価格は3.80ドルであった。この数値はユーコス（UKOS）とロスネフチ（Rosneft）でほぼ同じであった。1バレル当たりの生産費は2009年に10.80ドルであった[13]。

天然資源部門におけるロシアの政策の核心を理解するためには，プーチンによるかなり包括的な政策表明を考察することが非常に有益となるであろう。プーチンは，1997年に，彼が首相に任命されさらにその後大統領に選ばれる前に，サンクトペテルブルク国立鉱山大学に論文を提出し，準博士号を取得したが，続いて（1999年に）同大学の学術誌に，ロシアのための天然資源政策に関する彼の見解の概略を述べた論文を発表している。これは，当該学術誌の燃料・エネルギー複合体を扱った号の巻頭論文であった。プーチンの基本的な主張は，ロシアの鉱物資源とくに炭化水素が，ここ当分の間は国の経済発展の鍵となるであろうという点にあった。この国が有する巨大な鉱物資源の最も効

果的な開発を保証するためには，国家は資源部門を規制し開発しなければならない。プーチンによると，このことが最もよく行われうるのは，西側の多国籍企業と対等な条件で競争できる大企業を育成することによってであろう。この政策は市場メカニズムの影響を受けなければならないが，ロシア国家とその国民（およびロシア企業）の利益は保護されなければならない[14]。

資源部門はあまりにも重要なので，市場の力に完全に委ねてしまうことはできない，とプーチンは論じる。

　…天然資源，とくに鉱物資源が誰の資産であるかにかかわらず，国家はその開発と利用の過程を規制する権利を持っている。

こうすることによって，国家は全体としての社会の利益のために活動し，さらに資産所有者が彼らの軋轢を妥協によって解決するように助ける。

　…あいにくなことに市場改革が始まった時に，国家は資源部門に対する制御を喪失した。しかしながら，経済改革の最初の数年における市場多幸感は，今では，一般的には経済過程，特殊的には天然資源利用における，国家の規制活動の可能性を許容し，またその必要性を承認する一層慎重なアプローチに，漸次的に道を譲りつつある…合理的な資源利用の現代的戦略は，もっぱら市場により提供される可能性だけに基礎をおくことはできないのである。

要するに，プーチンはロシアの経済的復活および地政学的戦略的復活のための資源部門の重要性を強調し，最適混合比は特定しないで資産の混合形態の必要性を述べ，国家利益の優位性を断言し，そしてそうした利益を増進させる大規模な垂直統合企業の育成を主張するのである[15]。

ニューヨーク・タイムズ紙におけるアンドリュー・クラマーによると，プーチンの大統領報道官，ドミトリー・ペスコフ Dmitri Peskov は，次のように，すなわち，エネルギー市場は「過去も，現在も，未来もロシアにとって戦略的領域であり続け」，モスクワの政府指導者はこの問題に精通していなければな

らない，と述べた．石油事業についてのプーチン氏の個人的な深い造詣について，同報道官は，この首相は他の課題においても細部に対して同様の注意を示している，と述べた．政策に関して「ペスコフは，クレムリンが政治目的のために輸出を利用することは否定したが，しかしロシアの何よりも重要な目標は，天然ガスパイプラインのアジアから欧州にわたるロシアの独占状態を西側諸国が打破するのを阻止する点にあると明言した」[16]．

ジョン・グレイス John Grace は，強力なロシア石油産業の台頭は，OPEC（石油輸出国機構）が1970年代に力を持つようになって以来，世界石油市場における最も影響力の大きい発展であると論じている．彼はまた，石油政策は，ロシア政治におけるより大きな発展を写しだすとともに，また左右するものでもあると指摘した．プーチン大統領の任期中に，より独裁政治的国家が台頭したことは，石油主導の繁栄と密接に関連していた．この国の主要石油会社ユーコスと，同社のかつての最高業務執行役員ミハイル・ホドルコフスキー Mikhail Khodorkovsky とに対する厳重な取り締まりは，プーチン政権の次の2つの基本目標を促進するものであった．すなわち権力の中央集権化に対する反発の鎮圧と，オリガーキーとして知られる並外れて裕福な人々の小集団による，国家政治権力の私物化の逆転とがそれである[17]．ユーコスとホドルコフスキー[18]に対する攻撃は，これらの成り上がり者オリガーキーを支配し，彼らの企業を再国有化して，それを国有会社および国の擁護者に改造するための，プーチンの断固たる努力を際だたせている[19]．リチャード・サクワ Richard Sakwa にとって，

　　ユーコスの興亡はわれわれの時代の偉大なドラマの1つである．この会社は，先行するソヴィエト世代の努力に基づいて建設されたのであるが，ロシアの資本主義的発展の悪徳資本家的局面と，次の法人資本主義へのその移行との両方を象徴するものであった…そしてこの事件は，現代ロシアの複雑性に対するわれわれの理解の核心にあるが，この複雑性それ自体は，現代世界の矛盾を反映するものなのである[20]．

もとプーチンの経済顧問，アンドレイ・イラリオーノフ Andrei Illarionov

は，ユーコス攻撃を次の理由で批判した。

　　すなわち最良のロシア石油会社の主要石油生産資産の売却と … その上100％国有の会社ロスネフチによるその買収とは，疑いもなく，この年のとびきり目立った計略となった。… ユーコス事件が始まった時，誰もがこのゲームのルールはどうなるのだろうか，と問うていた。… 今では，このゲームにはルールの何もないことが明白である[21]。

　ユーコスの解体は，1990年代終わり頃からホドルコフスキーが非常に積極的に推進してきた，アンガルスク Angarsk−大慶原油パイプラインの提案の挫折をも意味していた。このパイプラインは，東シベリア・太平洋石油パイプライン・プロジェクトの発展の犠牲となり，またコヴィクタのガスを中国に輸出しようとする TNK-BP（チュメニ石油会社と英 BP との合弁会社：訳注）の野心的計画にも影響を及ぼした（ガスプロムはルシア・ペトロリアム（Rusia Petroleum）における TNK-BP の持分の買収に合意したものの，その取引は実現しなかった）。サハリン−2プロジェクトに対するロシア当局の姿勢は，モスクワがサハリン−2の費用の100億ドルから200億〜220億ドルへの大幅上昇を容認しないことを確証していた，というのは，このために，シェル（Shell）の企業連合がこの費用を回収するまでは，ロシア側参加者がどんな利益をも受け取ることができなくなるからである。シェル企業連合は，開発費を過小評価しており，そのため時間の経過と共に，過酷な開発環境のせいで経費が制御しきれなくなったが，しかし，企業連合はモスクワの当局にこのことを知らせていなかった。ゴールドマンが指摘したように，ロシア側は，いったんエネルギー部門を活性化できると，嘆願者ではなくなったのである。状況の変化によって，プーチンとその側近たちは，エリツィン時代に国家管理から失われたあらゆる鉱物資産，エネルギーおよび金属に対する制御を再獲得する方途を見出す気になった[22]。

　『ファイナンシャル・タイムズ』のインタビューで，クレムリンの経済顧問アンドレイ・イラリオーノフは次のように述べている。

… 天然資源は極めて特殊な商品だと考える人々が，急速に広まりつつある。1990年代には，天然資源は私的に所有され得るし，したがってまた，民間会社が埋蔵物を集積すると広く信じられていた。しかし，過去数年間に，天然資源は国家に，私的市民や民間会社ではなく国家に帰属するべきであるという，ほぼ一致した意見が登場してきた。このことは，今では非常に明確に理解されていて，天然資源を獲得しようとする外国投資家のどのような決定も，国家と協議されるべきだと期待されるのは，そのためである[23]。

　このインタビューは，ロシアでの天然資源事業に関する意思決定に国家が介入する水準を間接的に裏付けている。
　サイモン・ピラーニ Simon Pirani は，著者に対して，プーチンの行動を規定している重要な要因は，彼が就任した時にロシアは，米国を別として，強力な国営石油会社の存在しない，唯一の巨大石油生産者であったという点にあると，述べた。エリツィン時代の私有化は前例のないほど混沌として，国家に損害を与えた。しかも国家は基本的な機能を，中でも最も重要なことであるが，財政をまかなうに十分な税の徴収を，遂行しなくなった。言い換えれば，プーチンは資源ナショナリズムによってだけでなく，1990年代の落ち込みの維持不可能で無秩序な遺産を立て直したいという願望によっても，動機づけられていたのである[24]。著者はこの見解を共にする。

東シベリアおよび極東の辺境地域における石油開発に向けてのロシアの構想

　1987年に，当時世界最大の石油生産国ロシアは，1日当たり1148万4000バレル（世界全体の18.9％）というその最盛期生産量に到達していた。20年後ロシアは，1日当たり997万8000バレルの生産量をもち，サウジアラビアの1日当たり1041万3000万バレルにわずか4.2％及ばない，世界第2位の生産者の地位を占めている。しかしながら1990年代後半には，ロシアの石油部門は旧ソ連の商業的・技術的な連関の崩壊と国内の経済不振とによって惹起された，長引く危機を経験した。

ロシアの垂直的に統合された石油会社が創設された過程は，国有石油・石油精製企業の株式会社への転換を命令するエリツィン大統領令により，政府保有株の大規模売却に着手した1992年に開始された。その結果，最初の垂直統合石油会社（VIOC）3社，ロスネフチ，ルクオイル（Lukoil），スルグートネフチェガス（Surgutneftegaz）が創設された。4番目のタトネフチ（Tatneft）は，タタールスタン大統領による別の指令により設立されている。2年後，ロスネフチからのスピンオフとしていくつかの他の新しい会社，すなわち，シダンコ（Sidanco），スラブネフチ（Slavneft），オパコ（Opaco），TNK，シブネフチ（Sibneft），東部石油会社（Vostochnaya Neftenaya Kompaniya），コミテック（Komi TEK），およびバシュネフチ（Bashneft）が創設された[25]。

ロスネフチのスピンオフ企業の大部分は当初から脆弱かつ無力であり，ユーコス[26]，ルクオイル，スルグートネフチェガスといったずっと大規模な垂直統合石油会社によって取得された。ユーコスは，東部石油会社，東シベリア石油・ガス会社（East Siberian Oil and Gas Company）およびリトアニアのマゼイキエ・ナフタ（Mazeikie Nafta）を買収した。ルクオイルはアルハンゲリスクゲオローギヤ（Archangelskgeologiya），コミテックおよび多数の精油所やガソリンスタンドを買収した。ロスネフチからのスピンオフ企業の内で生き残り，自立的に活躍できたのは，わずかにTNKとシブネフチだけである。2004年まででは，8社の垂直統合石油会社が存在し，ロシア原油の95％とその精製品の70％以上を生産していた[27]。ロシアの原油生産量の伸びは，2004年半ばに顕著に鈍化し，2008年初期から落ち込み始めた[28]。石油生産を回復させるため，石油産業の大規模再編が緊急に必要とされたのである。

上位5社の垂直統合石油会社，ロスネフチ，ルクオイル，TNK-BP，スルグートネフチェガスおよびガスプロムネフチ（Gazprom Neft）の優勢は，本章の付録（付表A.2.2）に示すとおり，2000年代後半まで続いた。ルクオイルの例外はあるが，これらの大会社は東シベリアおよび極東辺境地域における石油開発の推進力となった。表2.3に示されるとおり，ロシアの石油生産における西シベリアの役割は重大である。2008年に，西シベリアの石油生産は総生産量の68％であり，ガス生産はその93％であったが，東シベリアはわずかに石油が0.3％，ガスが0.8％を占めるに過ぎなかった。仮に極東の数値が東シベ

表2.3 ロシアの地域別石油生産量（2008年）

地域	石油（100万トン）	地域の割合（%）
欧州地域	141.9	29.0
西シベリア	332.3	68.0
―ハンティ・マンシ自治管区	277.6	56.8
―ヤマロ・ネネツ自治管区	39.2	8.0
―トムスク州	10.5	2.1
―ノヴォシビルスク州	2.1	0.4
―オムスク州	1.5	0.3
―チュメニ州南部	1.4	0.3
東シベリア	1.4	0.3
―クラスノヤルスク地方	0.1	0.0
―イルクーツク州	0.5	0.1
―サハ共和国	0.8	0.2
極東	12.9	2.6
―サハリン諸島，オホーツク海沖	12.9	2.6
―チュクチ自治管区		
シベリア，極東小計	346.6	71.0
ロシア全体の合計	488.5	100.0

出所：Kontorovich & Eder (2009).

リアのそれに加算されると，合計比率は石油が2.9%に，ガスが2.2%に上昇する。しかしながら，東シベリア・太平洋石油パイプライン開発の結果として，東シベリアと極東における石油生産量の極めて大幅な増加が見込まれている。

表2.4が示唆するように，そのような全体像は今後数十年間で大きく変化するであろう。ロシア科学アカデミーの科学者は，東シベリアと極東の年間石油生産量が2020年には6900万トン，さらに2030年には1億トンに達すると予測している。表2.3ならびに付表A.2.4の生産量の数値は最新のものではないが，しかし表2.4の予測値と参考になる比較を行うために用いることができる。ロシアの公的なエネルギー戦略2030年（energy strategy 2030）の合計石油生産量の数値は，付表A.2.4に示される2020年の5億6100万トン，2030年の6億3600万トンの数値よりも少なくとも1億万トン下回っているが，し

表 2.4 シベリアと極東における 2030 年までの石油生産量（年当たり 100 万トン）

	2005	2008	フェーズⅠ*	フェーズⅡ**	フェーズⅢ
北部，北西部	24.5	29.1	32-35	35-36	42-43
ヴォルガ地域	52.7	54.1	49-50	44-45	34-36
ウラル	49.2	52.6	45-47	36-41	25-29
コーカサス，カスピ海地域	4.9	4.8	7-11	19-20	21-22
チュメニ州	320.2	319.0	282-297	275-300	291-292
トムスク州	14.1	13.7	12-13	11-12	10-11
東シベリア	0.2	0.5	21-33	41-52	69-75
極東	4.4	13.8	23-25	30-31	32-33
合計	470.2	487.6	486-495	505-525	530-535

注：*「戦略」の実施の第 1 期は，2013～2015 年に終了。** 第 2 期は 2020～2022 年に終了。
出所：ロシア連邦エネルギー省。

かし東シベリアと極東の石油生産の規模は，実質的に何ら差異がない[29]。表 2.3 および 2.4 における 2008 年の数値は，表 2.4 の予測の基準点であった。東シベリア・極東の数値に変化のないことが，それらの基準点の信頼性を裏付けている。

期待される大幅な生産増加に基づいて，モスクワは北東アジア諸国およびその他太平洋市場諸国に対し，石油を 2020 年までにほぼ 1 億 1000 万トン，2030 年までに 1 億 2400 万トン輸出することを目標としている。2020 年のこの数量のうちの 6000 万トン以上，2030 年の数量のうちの 9000 万トン以上が，東シベリアおよび極東産となるであろう（表 2.5 参照）。

東シベリアおよび極東辺境地域の石油資源開発における最も差し迫った課題は，長距離原油パイプライン網の建設である。ここに，ロシア政府が，今後数十年にわたって北東アジア地域に対するロシアの大規模石油供給において中枢的役割を果たす，東シベリア・太平洋石油パイプラインの第 1 期開発の完遂を，最優先した理由がある。しかしながら，東シベリアと極東の埋蔵量が，同パイプライン開発の第 2 期で計画されている 1 日当たり 160 万バレルという輸送能力の追加を正当化するのに十分なほど大きいか否かは，未だ判断が下されないままである（第 7 章参照）。

表2.5 太平洋市場向け石油輸出量(2010~2030年)(年・100万トン)

	2010	2015	2020	2025	2030
西シベリアより	25.0	35.0	46.0	38.0	29.0
WS-K-C パイプライン	2.0	5.0	10.0	10.0	10.0
Z-M 鉄道輸送	12.0	10.0	5.0	5.0	5.0
ESPO OP	11.0	20.0	31.0	23.0	14.0
―中国仕向け	5.0	10.0	15.0	10.0	10.0
―日本仕向け	2.0	3.0	5.0	3.0	1.0
―韓国仕向け	3.0	5.0	7.0	7.0	2.0
―OCPM 仕向け	1.0	2.0	4.0	3.0	1.0
東シベリアより	7.0	27.0	41.0	53.0	66.2
Z-M 鉄道輸送	1.0	2.0	2.0	2.0	2.0
ESPO OP	6.0	25.0	39.0	51.0	64.2
―中国仕向け	3.0	12.0	20.0	25.0	30.0
―日本仕向け	1.0	5.0	5.0	7.0	9.5
―韓国仕向け	2.0	7.0	10.0	14.0	19.2
―OCPM 仕向け	0.0	1.0	4.0	5.0	5.5
極東より*	16.3	17.6	22.1	26.1	29.1
デ=カストリより	8.8	9.5	12.3	13.0	13.8
―中国仕向け	2.6	2.9	3.7	3.9	4.1
―日本仕向け	0.4	0.5	1.7	2.0	2.1
―韓国仕向け	2.2	2.4	3.1	3.3	3.5
―OCPM 仕向け	3.5	3.8	3.8	3.9	4.1
SST より**	7.5	8.1	9.8	13.1	15.3
―中国仕向け	1.5	1.6	2.6	3.9	4.4
―日本仕向け	4.5	4.6	4.5	4.5	4.4
―韓国仕向け	1.5	1.7	2.1	3.5	5.3
―OCPM 仕向け	0.0	0.1	0.6	1.2	1.3
ロシアの対太平洋市場向け輸出合計	48.3	79.6	109.1	117.1	124.3
―中国仕向け	27.1	43.5	58.3	59.8	65.5
―日本仕向け	7.9	13.1	16.2	16.5	16.9
―韓国仕向け	8.7	16.1	22.2	27.8	30.0
―OCPM 仕向け	4.5	6.9	12.4	13.1	11.9

注:WS-K-C パイプライン=西シベリア―カザフスタン―中国(オムスク―アタス―阿拉山口)石油パイプライン;Z-M 鉄道輸送=ザバイカリスク―満洲間の鉄道輸送,次の3つの選択肢ある(ザバイカリスク―満洲里,ナウシキ―スフ・バートル Sukhe-Bator,グロデコヴォ―綏芬河から中国へ);ESPO OP=東シベリア・太平洋石油パイプライン(スコヴォロジノ―大慶のパイプ湾曲部も含む),極東とくにナホトカの港まで;OCPM=他の太平洋市場諸国;極東*=極東(サハリン,カムチャツカ);SST**=サハリン南部(プリゴロドノエ)ターミナル。

出所:Kontorovich & Eder (2009).

東シベリアの探査プログラム

　同石油パイプラインの開発と並行して，ロシア当局は包括的な探査プログラムによる供給源の確認を開始した。天然資源省（MNR）によると，東シベリアで2004年までに，約46の油田，ガス田，石油・ガス田，および石油・ガスコンデンセート田が確認されていた。東シベリアおよびサハ共和国における石油総可採埋蔵量C1+C2（ロシアの石油・天然ガス埋蔵量の定義による。C1は商業化可能とみなせる量の産出が確認されたが，地質学的・地球物理学的調査に基づき期待できる埋蔵量，C2はC1以上のカテゴリーとして認められた部分を含む鉱床の未探鉱部分の埋蔵量。詳しくは，JOGMEC「ロシアの石油・天然ガス埋蔵量の定義について」『石油・天然ガスレビュー』参照：訳注）は11億2000万トンである。抽出可能な資源量は，石油埋蔵量C1が47億トン，ガス可採埋蔵量C1+C2が5.7兆立方メートル，そして可採資源量が14.6兆立方メートルである[30]。

　2004年11月11日にロシア政府は，「下層土を調査しロシアの鉱物資源を補充するための長期国家プログラム」という名称のプログラム（2020年末まで継続）を承認した。これは，2003年4月に政府が承認した「鉱物資源および下層土の利用に関する国家政策の基本原則」に従い，ロシア天然資源省によって作成されたものである[31]。

　2005年初頭において，ロシアで生産された石油およびガスコンデンセートのわずか85％しか，埋蔵量の増加によって埋め合わせされていなかった。悲観論者は，生産・探査の現行速度では，重大な変化がないとすれば，ロシアの商業用石油埋蔵量は2015年までに枯渇し，ガスコンデンセートの埋蔵量は2025年までに枯渇するであろうと語った。15年間にわたる探査プログラムの経費は，試掘および試掘査定業務，評価および探査，研究および科学的手続き上の支援のための支出という形態で，1兆7840億ルーブルになると予測されている。この金額の内10％しか連邦予算から資金供給されないことになっており，残余は採掘・石油会社や，その他下層土開発関連企業によってまかなわれると想定されている[32]。

　政府は営業中の下層土利用権者に対して，東シベリア・太平洋石油パイプラインプロジェクトの枠組みの中で石油埋蔵量の調査と開発を加速するよう，圧力を強化する一方で，さらに「東シベリアおよびサハ共和国（ヤクーチア）に

おける炭化水素原料の地質学的調査ならびにその利用権の許与に関するプログラム」の中で定められた限度内での新規開発権の提供を慎重に検討している。ロシア天然資源省は，このプログラムを2005年7月に承認していた。ところが，2005～2006年の生産量は，本プログラムで想定されていた石油1億8700万トンのわずか8分の1にすぎない2160万トンにとどまった。政府役人は，本世紀のプロジェクトが原料を十分に供給されないのではないかと危惧し始めた[33]。

東シベリアに関する政府の開発権認可プログラムによれば，競売に付される最初の鉱区は，最も有望でありかつ最も良く準備されていることになっていた。2005年中盤にさしかかり，ロシア天然資源省は39の有望な鉱区を競売にかけることを計画したが，そのうち14鉱区はイルクーツク州，13はサハ共和国，10はエヴェンキ Evenkia 自治管区，そして2区画がクラスノヤルスク地方にあった。天然資源省によれば，これらの鉱区には探査済みの埋蔵量，1億2800万トンの石油と1.7兆立方メートルのガスが含有されている。石油12億トンおよびガス2.7兆立方メートル強の予測ならびに確認埋蔵量の合計は，潜在的な投資家にこれらの鉱区を魅力的なものにするはずであった。最も収益的な鉱区はチャヤンディンスキー Chayandinsky，タース・ユルィアスキー Tas-Yuryahsky，ヴェルフネ・ヴェリュゥチャンスキー Verhne-Velyuichansky，チムプチカンスキー Tympuchikansky，モグディンスキー Mogdinsky，東スグディンスキー Vostochno-Sugdinsky，バイキーツキー Baikitsky，トゥコラノースヴェトラーニンスキー Tukolano-Svetlaninsky，そしてチャムビンスキー Chambinsky である。2006年に政府は40以上の鉱区を地下資源利用者に譲渡することを目標としていたが，その埋蔵量は，石油2400万トンならびにガス1410億立方メートル，またその潜在埋蔵量は石油10億トン以上，ガス3兆3000億立方メートル以上と，ロシア天然資源省により予測されていた[34]。

天然資源省が東シベリアに関して練り上げた開発権認可プログラムは60万平方キロメートル以上の面積におよび，1000から5000平方キロメートルの間の213の有望な鉱区を包摂し，各鉱区は競売によって割り当てられることになっているが，東シベリアの若干の鉱区は競売手続きを経ずに譲渡されそうで

ある。いくつかの鉱区は，連邦全国資源埋蔵地帯の登記簿に登録されるかも知れない[35]。

連邦地下資源利用庁と地質学的探査

連邦地下資源利用庁は，そのアナトーリ・レドフスキフ Anatoly Ledovskikh 長官によると，地下資源の地質学的探査に対する連邦予算の年間支出水準を，2004年の52億ルーブル，2005年の107億ルーブルに対し，2006年には，165億ルーブル（5億9000万ドル）にまで増加させることを計画した。その後の3年間に地質学的探査業務への需要は，ソ連時代と同程度に高くなるであろうと，同長官は付言している。地下資源利用権者は，2006年に，過去数年間におけるよりも著しく多い資金を地質学的探査に投入するように期待されていた。国家と民間地下資源利用権者との間の地質学的探査の努力の比率は1対8である。そうすると全体で1200億ルーブル（約45億米ドル）までの金額が2006年にロシアにおける地質学的探査に投入されるはずであったが[36]，この支出の確認は得られていない。

2006年に，天然資源省は東シベリア，イルクーツク州，サハ共和国（ヤクーチア），クラスノヤルスク地方（エヴェンキ自治管区）において42の地下資源鉱区を競売にかけた。これらの鉱区は，2005年以前の競売では予定されていなかったものも含んでいた。東シベリアの競売は，2つの注目すべき特徴を示していた。まず第1に，2005年末および2006年初めにおけるウスチ＝クート Ust-Kut 近くでの競売に対する高水準の関心（というのはそれがヤクートおよびクラスノヤルスクの埋蔵地帯に最も近い東シベリア・太平洋石油パイプラインの通過点であったからであるが）は，このパイプラインの経路が北側へ移動するという情報が入手できるようになるやいなや，冷めてしまった。第2に，ロスネフチは，それが有利だと期待する鉱区の争奪戦においては何でもやりかねないことを実地に示したことである[37]。

連邦地下資源利用庁により実施された地下資源利用権の競売数や同庁の地域管理組織数も，この権利をめぐって競う会社数も，2006〜2007年にはともに増加した。2007年には，地下資源利用権者が，エヴェンキ自治管区で11件，クラスノヤルスク地方で5件，イルクーツク州で22件，およびサハ共和国で

9件存在した。これら47の地下資源利用権者によって保有された開発権認可鉱区の総面積は，3万7682平方キロメートルであった。ロシア極東のユダヤ自治州 Jewish Autonomous District は2008年夏に競売を実施した唯一の地域であった[38]。2008年の最初の5ヶ月間に，当局者は51件の競売を実施したが，連邦地下資源利用庁は254件の地下資源鉱区からなる見込みリストを持っていた。しかし，同庁は8月末まででわずか20鉱区の競売を告知したにすぎなかった。法規制の変更によって競売の組織的手続きが大幅に複雑化してしまい，影響を受けたすべての土地利用権者が認可書を提出するまで，競売の実施が不可能になったのである。東シベリアおよびサハ共和国（ヤクーチア）における地質学的調査ならびに炭化水素原料の利用許可のプログラムによれば，表2.6に示されるように，2007～2020年の期間に，東シベリアでの探査に割り当

表2.6 連邦政府予算の東シベリアにおける探査費用の構成（2007～2020年）

(10億ルーブル)

	合計	地域での地球物理学的作業	パラメトリック削井計画	新規対象の調査および評価	研究・開発
2007	4.200	2.787	1.243		0.170
2008	5.100	3.300	1.300		0.500
2009	7.200	4.450	1.300	0.800	0.650
2010	9.500	3.600	1.500	3.500	0.900
2011	10.500	4.550	1.500	3.500	0.950
2012	11.500	5.000	2.000	3.500	1.000
2013	11.500	4.400	2.500	3.500	1.100
2014	11.500	3.900	3.000	3.500	1.100
2015	11.500	3.400	3.500	3.500	1.100
2016	11.500	3.300	3.850	3.200	1.150
2017	11.500	3.300	4.050	3.000	1.150
2018	11.500	3.300	4.050	3.000	1.150
2019	11.500	3.300	4.050	3.000	1.150
2020	11.500	3.300	4.050	3.000	1.150
2008-20	135.800	49.100	38.650	37.000	13.050

出所：東シベリアおよびサハ共和国（ヤクーチア）における炭化水素物質の地質学的調査ならびに利用権許与のプログラム，Chernyshov (2007), p.17 に引用されたもの。

てられる連邦予算の資金合計額は，1358億ルーブルと見積もられている。

2008年には，東シベリアにおける鉱床の地質学的調査に対する投資が，30〜40％だけ増加すると予想されていた。2009年までに政府の資金提供額は65億ルーブル（2億6500万ドル）に，2007年比65％増に達すると予想されていた。現存プログラムの付録によれば，ロシアにおける地下資源の地質学的調査に対する投資は，1.5倍増加することになっている。ひとたび政府がこの文書を承認した場合，国家の資金提供総額は年間150億〜160億ルーブルに達するであろう[39]。しかしながらロシアの石油会社が完成された新規油井の数を，2009年には5年間の連続的増加の後で4835まで（3.7％減）減少させたことを考慮すると[40]，2008〜2009年の世界金融危機が2009年における地質学的調査に対する投資支出を著しく削減させた可能性が非常に高い。

東部探査プログラムの承認

天然資源省が作成した「2020年までの鉱物原料基地の再生産プログラム」が，2008年3月27日に，ロシア内閣によって承認された。このプログラムによると，ロシア政府は，地質学的探査に226億ドル（2005年の旧プログラムにおける90億ドルの見積りに比して大幅増加）を投資することになっており，また地下資源利用会社も7倍から8倍程度（約1690億ドル）投資するであろうと推定している。今後12年間にわたって，下層土利用権者は大体1500億ドル投資すべきだということになる[41]（表2.7参照）。

東シベリアにおける地下資源開発にとって深刻な障害は，ソ連時代に比較して，探査量が減少したことであった。当時，地質学的探査は，年間掘削深度が35万〜42万メートルに達していた。1985年から1990年にかけて，測量技師は東シベリアで巨大な石油・ガス鉱床を発見した。2006年と2007年の期間では，わずか5万7000メートルの掘削しか遂行されず，たった4件のガスコンデンセート鉱床を明らかにしただけであった。これに先立つ15年間は，発見は皆無であった。シベリア地質学地球物理学鉱物資源科学調査研究所（SNIIGGIMS）の所長アルカーディ・イェフィーモフ Arkady Yefimov は，西シベリアでは1本の井戸を掘削するのに約1ヶ月ですむが，東シベリアでは約1年を要とすると指摘した[42]。この事情は，なぜ東シベリアの包括的探査プ

表 2.7 探査への投資（2005〜2020 年）

地域	投資額合計 (10 億ドル)	国による投資 (％)	民間による投資 (％)
ヴォルガ・ウラル OGP	10.088	94.3	5.7
チマン・ペチョラ OGP	6.958	96.0	4.0
西シベリア OGP	83.975	98.5	1.5
東シベリア OGP	26.138	79.5	20.5
極東 OGP	1.250	93.0	7.0
大陸棚	28.200	93.3	6.7

注：OGP ＝石油およびガスを産出する地域。
出所：天然資源省，*Russian Petroleum Investor*, May 2008, 13 に引用されたもの。

ログラムのためには追加的な資金供給が必要とされるのかを説明するものである。

　2004 年に，国は 2005 年開始の原料基地プログラムを承認した。ユーリ・ツルートネフ Yury Trutnev 天然資源相によると，1990〜2003 年の間，国は地下資源調査や鉱物探査に実際のところ参加していなかった。プログラムの最初の 3 年間に，地域の点でも原料の種類の点でもいくつかのひずみが発生し，このため主に資金供給額の増加によってプログラムを改訂することが必要となった。2005〜2007 年の間のプログラム活動は，194 の石油・ガス鉱床の開発に帰結した。この間に，地下資源利用権の競売が，国家に 55 億 2700 万ドル（2007 年は 16 億 600 万ドル）の収入をもたらした。政府の資料公報によると，2008〜2020 年の間に，このプログラムは，地下資源の価格 8 兆 2080 億ドルの利益をもたらしうる。地質学的探査に対する財政からの投資各 1 ルーブル（0.04 ドル）は，70〜100 ルーブルの歳入増加に結実するように計画されている[43]。ツルートネフの報告によると，地質学的探査に対する主要支出は 2010 年に開始されることになっていた。国は，東シベリア開発への投資を 27 億 5000 万ドルから 53 億 7500 万ドルへと急増させるであろう。支出される資金の約 20％は国家財政から出るであろう（通常，他の分野では全体で 1〜5％にすぎない）。どんなインフラストラクチャも欠如していることを考慮すると，東シベリアにおける地質学的探査は，他の地域に比べて 5〜6 倍費用がかさみ，したがって国家投資の比重がより大きくなることは正当なものと見なされ

ている[44]。最も高い優先度が与えられることになっていたのは，ロシア極東における長距離原油パイプラインの開発であった（詳細は第7章で考察する）。

東シベリア・太平洋石油パイプラインの主要生産拠点

　アルカーディ・イェフィーモフ・シベリア地質学地球物理学鉱物資源科学調査研究所所長は，東シベリアにおける年間8000万トンの産出高水準は2025年まで達成され得ないという，強い警告を発してきたが，産業エネルギー省（MIE）は，2015年から17年に東シベリア・太平洋石油パイプラインの第2期を稼働させたいと考えている。この時までに，東シベリアの鉱床はほぼ5600万トンを同パイプラインに供給しなければならない。イェフィーモフは，2020年までに5600万トン水準への石油採取量の増加と30年間のその同水準での維持が，累計で石油15億トンになると指摘したが，しかし2008年までで石油確認埋蔵量はわずかに5億2000万トンに達したにとどまる。彼は，15億トンの石油埋蔵量を達成するためには，国は開発のため約200の鉱区を地下資源利用者に譲渡すべきであると考えていた。しかし，2008年初頭まででわずか70の鉱床が配分されたにすぎない。同パイプラインの第2期を開始するためには，年間3000万トンが必要である[45]。

　2008年まででは，表2.8に列挙された会社による総原油生産量は，たった136万トン止まりであったが，この数字は今後数年間で大幅に変化するであろう。ロスネフチはこのパイプラインにヴァンコール Vankor 油田から2009年以降年間2500万トン供給することを申し出たが，しかしこのためには，プルペ Purpe から同パイプラインとの接続ポイントに至る石油パイプラインの建設が必要であった。ヴェルフネチョンスクネフチェガス Verkhnechonskneftegaz は，同パイプラインにヴェルフネチョンスキー Verkhnechonsky 鉱床からの石油供給を計画しており，またスルグートネフチェガスはサハ共和国におけるそのタラカンスコエ Talakanskoye 鉱床が，同パイプライン第1期に年間200万トンの原油を供給することに期待している。ウラルス・エナジー（Urals Energy）（キプロス）は，ドゥリスミンスコエ Dulisminskoye 鉱床から70万～80万トンの貢献を行うであろう。これら油田からの供給総量は，2011年にはほぼ1200万トンに到達するであろう[46]。

2．東シベリアおよびロシア極東における石油産業の発展

表2.8　東シベリアにおける石油とガスの企業別生産量（2008年）

企業名	石油 (100万トン)	%
レナネフチェガス（スルグートネフチェガスの管理下）	0.5976	44.1
ウスチ＝クートネフチェガス（イルクーツク石油会社の管理下）	0.2775	20.5
ヴェルフネチョンスクネフチェガス（TNK-BPおよびロスネフチの管理下）	0.1593	11.7
ヤクートガスプロム	0.0798	5.9
イレリャフネフト	0.0669	4.9
ドゥリスマ（ウラルス・エナジーの管理下）	0.0557	4.1
タイミールガス（ノリルスク・ニッケルの管理下）	0.0492	3.6
ヴォストシブネフチェガス（ロスネフチの管理下）	0.0280	2.1
ダニロヴァ（イルクーツク石油会社の管理下）	0.0159	1.2
ターシュ－ユリアフ・石油ガス採取	0.0101	0.7
ヴァンコールネフト（ロスネフチの管理下）	0.0084	0.6
アルロサ・ガス（アルロサの管理下）	0.0044	0.3
ノリルスクガスプロム（ノリルスク・ニッケルの管理下）	0.0032	0.2
サハトランスネフチェガス	0.0002	0.0
スズン（ガスプロムおよびTNK-BPの管理下）	0.0002	0.0
垂直統合された石油・ガス鉱業および製錬企業の支店	0.8503	62.7
東シベリア合計	1.3564	100.0
ロシア合計	488.486	
ロシア連邦に占める東シベリアの割合		0.3

注：TNK-BPはチュメニ石油会社－ブリティシュ・ペトロリアムの略。
出所：Kontorovich & Eder (2009).

　既述のとおり，2020年までに石油5600万トンを生産し，そのレベルを30年間保持するとすれば，累積生産では石油15億トンが不可欠になる。2007年1月1日までで，東シベリア南部地域およびサハ共和国におけるカテゴリーC1およびC2（推定埋蔵量）の抽出可能な全石油埋蔵量は総計12億5510万トンに達し，その分布は，ⅰ）エヴェンキ自治管区を含むクラスノヤルスク地方が6億8970万トン，ⅱ）イルクーツク州が2億3560万トン，ⅲ）サハ共和国が3億2980万トンになると推定されていた。この推計では，全抽出可能C1石油埋蔵量を5億5420万トン，C2のそれを7億100万トンと見なしている。

シベリア台地の南部地域におけるカテゴリー C3 および D1 の抽出可能資源量は，46億4440万トンであり，クラスノヤルスク地方の21億7620万トン，イルクーツク州の20億2500万トン，サハ共和国の4億4320万トンからなる。分布が明らかでない潜在的石油埋蔵ストックは，C1+C2埋蔵量が1億3240万トン，C3+D1資源が28億5240万トンである。この様に，石油埋蔵量と石油資源の最大部分は，イルクーツク州とサハ共和国に集中しているのである。

　ロシア政府の考えるところでは，次の4ヶ所の石油生産センターがあり得るであろう。すなわち，ユルブチェノ Yurubcheno・トホムスコエ Tokhomskoye 鉱床ならびにクユムビンスコエ Kuyumbinskoye 鉱床がユルブチェノ・クユムビンスコエ・センターを形成し，タラカンスコエ Talakanskoye およびヴェルフネチョンスコエ鉱床がタラカン・ヴェルフネチョンスキー・センターを，ソビンスコエ Sobinskoye およびパイギンスコエ Paiginskoye 鉱床がソビンスコ・チェチェリンスキー Teterinsky・センターを，そして，スレドネ・ボトゥオビンスコエ Sredne・Botuobinskoye，タース・ユルィアスキー，イレリャフスコエ Irelyakhskoye，マチョビンスコエ Machobinskoye，スタナフスコエ Stankhskoye，ミルニンスコエ Mirniskoye，イクチェフスコエ Iktekhskoye およびヴェルフネヴィユチャンスコエ鉱床がボトゥオビンスキー Botuobinsky・センターを形成するというものである。

　2007年1月1日の時点では，提案されたセンターの原油資源基地の推計は，C1+C2埋蔵量とC3+D1資源量のそれぞれに関して，以下の通りであった。

・ユルブチェノ・クユムビンスキー・センター：6億7590万トンと14億5100万トン
・タラカン・ヴェルフネチョンスキー・センター：1380万トンと3億6130万トン
・ソビンスコ・チェチェリンスキー・センター：4億3040万トンと25億4370万トン
・ボトゥオビンスキー・センター：1億3500万トンと1億6690万トン

　2015年までに，これらの基地の鉱床の開発は，3000万トンの年間石油抽出水準を毎年可能にするであろう。仮に周辺部の場所を含めれば，この数値は

2020年までに3600万〜3700万トンに達するかもしれない[47]。

　当初天然資源省は，東シベリア・太平洋石油パイプラインに十分な量を供給するためには，東西シベリアの鉱床から共同で大量を調達する必要があると考えていた。しかしながら，計画策定が進展するにつれ，東シベリアの石油生産水準が同パイプラインを満たすのに十分となるまでは，ボルシェヘツカヤBolshekhetskaya地区を追加して，西シベリアの範囲内で抽出された石油に計画の基礎をおく方が望ましいと思われるようになった。ボルシェヘツカヤ地区の抽出可能石油埋蔵量は，推定で2億5610万トンに達する。2007年にスズンスコエSuzuskoye鉱床だけは開発の準備が整っていたが，他の鉱床は今なお地質学的探査の段階である。専門家は，全ボルシェヘツカヤ鉱床の仮定的な石油抽出総量を年間1600万トンと見ている。しかしながら，これを達成するためには，ヴァンコールスコエ鉱床からプルペ，すなわち石油パイプライン幹線の所在地までの新規パイプラインが必要であった。この550キロメートルの長さのパイプライン建設は，計画通りに竣工した。東シベリア・太平洋パイプラインに年間2400万トンの石油を供給するためには，ボルシェヘツカヤ産の原油を年間800万トンから1800万トン提供する必要があると，計算されている[48]。

　東シベリアの開発業者が直面した主要問題の1つは，油田サービスの提供問題である。スルグートネフチェガスを除き，この地域で操業するすべての大規模石油会社がこの問題を訴えている。すなわち，掘削請負業者があまりに少なく，そのサービスは質が劣り，さらに人工地震探査請負業者と地球物理学的作業が不足しているのである。報告されたその他の問題には，従来の石油・ガス採取センターからの遠隔性，インフラストラクチャ開発の不十分性，作業の季節的制約性，および有資格要員の欠如が含まれている[49]。

イルクーツク州
　ヴェルフネチョンスコエ田（TNK-BPおよびロスネフチが開発）：ヴェルフネチョン石油・ガスコンデンセート田は1978年に発見され，ルシア・ペトロリアムが1992年にその開発権を獲得した。2008年の時点で，埋蔵量の推定は，C1の石油が1億5950万トン以上，C2の石油が4200万トン，C1のコ

地図 2.1 東シベリアおよびロシア極東

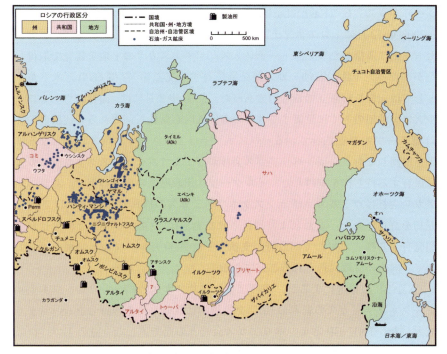

出所：Petroleum Economist.（小さな修正を含む）

ンデンセートが40万トン，C2のコンデンセートが290万トン，C1のガスが560億立方メートル，およびC2のガスが1050億立方メートルであった[50]。

　2005年の終わり近くに，ロスネフチはヴェルフネチョンスコエ・プロジェクトに参画したが，このプロジェクトの過半数所有共同出資者はTNK-BPである。ヴェルフネチョン石油・ガスコンデンセート鉱床のプロジェクト運営者兼開発権保有者であるヴェルフネチョンスクネフチェガス（VCNG）の株式持ち分の購入は，ロスネフチの東シベリアにおけるその存在感の向上という戦略的目標を部分的に実現するものであった。2006年1月13日にヴェルフネチョンスクネフチェガスの株式所有者は，その株式の25.94%を前年10月にインテルロスから2億3000万米ドルで取得していたロスネフチの提案に基づき，その取締役会を選出するために参集したが，そこでロスネフチは2つの席を獲得

した。他の株主は62.71％を所有するTNK-BPおよび，11.29％を所有する東シベリアガス会社（East Siberian Gas Company（ESGC））である。

　2005年12月に，ロスネフチはヴェルフネチョンスコエ石油・ガスコンデンセート田に隣接したヴォストーチノ・スグディンスカヤの土地を競売で取得したが，たった1件の石油・ガス開発権に対する支払額（2億6000万米ドル）としては記録を打ち立てるものであった。2006年2月には，同社はヴァンコールスコエ油田の近くに位置する3件の有望鉱区を落札し，それらの代償として54億ルーブルを支払っている。ロスネフチはイルクーツク州でのさらなる拡張を計画しており，東シベリアガス会社がヴェルフネチョンスクネフチェガスに保有する持ち株を取得した。イルクーツク州政府との合意の下で，東シベリアガス会社はヴェルフネチョンスクネフチェガスの株式のその持分11.29％の売却を許可された。これにより調達された金額は，（東シベリアガス会社が追加発行する株式に対して同政府が支払う1億7000万ルーブルと諸税を差し引いて）同州の財政に送られることになる[51]。

　TNK-BPの報告によると，同社は東シベリアガス会社からヴェルフネチョンスクネフチェガスの資本の5.6％を追加的に買収し，その持分を68.4％まで拡大した。TNK-BPと東シベリアガス会社との間で達した合意の下で，ロスネフチもまた，東シベリアガス会社からヴェルフネチョンスクネフチェガスの資本を5.6％買収すべきことになっていた[52]。2008年10月15日に，ロスネフチの初代副社長，セルゲイ・クドリャショーフ Sergei Kudryashovは，ヴェルフネチョンスクネフチェガスの11.29％の株式を巡る論争についての論評の中で，同社はヴェルフネチョンスクネフチェガスにおけるその持ち株を増やさないとはまだ決定していないと述べた[53]。TNK-BPは2007年7月にヴェルフネチョンスクネフチェガスの株式をを買収したが，一方ロスネフチはその株式の購入をまだ公式に発表していなかった（そのことは後に確認された）。9月18日に，イルクーツク州仲裁裁判所は，連邦国有資産管理庁の州機関が，TNK-BPとイルクーツク州とによって対等の立場で設立された，東シベリアガス会社に対して起こした訴訟の予審を開いたが，この会社の取締役会によるヴェルフネチョンスクネフチェガスの持分売却の決定を無効とするよう求めていた[54]。

開発スキーム：2005年8月に，TNK-BPの取締役会はヴェルフネチョンスコエ石油・ガスコンデンセート田開発の試験的商業局面に資金供給するために，2億7000万米ドルを充当することを決定した。商業用開発の試験的計画（PCD）は，地表施設，中央集油基地，およびその他インフラの建設を想定しており，そのすべてが2006年末までに完工されることになっていた。20本の油井の掘削が計画され，そのうち13本は開発孔，7本は注入孔の予定であった。初期の石油プロジェクトは，2008年末までに最初の石油，年間約100万～150万トンを東シベリア・太平洋石油パイプラインに届ける用意をしていた。このプロジェクトはまた，輸送インフラをも伴っており，これには120キロメートルのパイプラインやヴェルフネチョンスコエからタラカンスコエ鉱床までの通年使用道路の建設が含まれていた。この初期の石油プロジェクトは，鉱床の全面的開発に対する準備作業の加速化を見込むものであった。この段階における投資は，ほぼ6億米ドルに近かった可能性がある。

割り当てられた資金の一部は，ヴェルフネチョンスコエ田をバイカル・アムール鉄道本線上のウスチ＝クート基地と結ぶ，ほとんど600キロメートルに及ぶ野外パイプラインの建設に投資されるであろう。そこにはヴェルフネチョンスコエ石油を受け取り，転送する鉄道ターミナルが建設されることになっている。TNK-BPは，ヴェルフネチョンスコエ田の開発が商業用開発の試験的計画の枠内で，その後5年から6年の間行われると見越していた。全面的開発は，2012～2027年の期間にわたって，大体年700万トンから1000万トンの年間生産量をもつと計画されていた。2006年には，KCA Deutag Drilling 有限会社は，この油田に新たな開発井4本を掘削する予定であったが，一方有限責任会社ネフチェガス・エンジニアリングは，同年10月までに口径200ミリメートル，延長571キロメートルの石油パイプラインを建設することになっていた[55]。

2007年5月末に，ヴェルフネチョンスクネフチェガスはヴェルフネチョンスコエ田において操業用油井No. 1002を完成させた。この油井はドイツの有限会社 KCA Deutag Drilling により掘削され，深さ1793メートルに達し，制御された指向性掘削法を用い，638メートルの垂直オフセット井を伴っていた。2本目の油井の掘削は2007年始めに開始された。ヴェルフネチョンス

クネフチェガスは，この油井は，以前の見通しよりも3～5年遅れて，2015～2017年までに採油量が最盛期の900万トンに達するであろうと述べた。2009年までの初期の石油採取量は170万トンが計画されていた。ロスネフチは，最盛期生産量への到達の遅れが不満であり，本格的規模の開発を加速するように望んだ[56]。

2007年10月に，トムスク石油・ガス科学研究・設計研究所（TomskNIPIneft, ロスネフチの子会社の1つ）はヴェルフネチョンスコエ石油・ガスコンデンセート鉱床の本格的規模の開発に関する意思表明書を発行し，これは翌月にイルクーツク州カラガンスキー地区の公的機関によって承認された。この意思表明書によると，この鉱床の計算上の耐用期間（29年間）にこのプロジェクトは1億5077万トンの石油を抽出し，2017年にはその年間最高採取水準（石油949万トンならびにガス8億6800万立方メートル）に到達する。この鉱床開発の資本支出は，（2005年の見積に基づく）40億ドルから80億～130億ドルへ著増することが予想されていた[57]。

ヴェルフネチョンスコエ・プロジェクトの経済的な実行可能性は，一般に受け入れられる価格と石油の採取水準とに対して極めて敏感である。この意思表明書によると，仮に価格または採取水準が10％低下すると，プロジェクトは非効率的になるであろう。効率性の計算は次の2つの仮定に基づいていた。すなわち石油の70％は国内市場で付加価値税を含めて1トン当たり8799ルーブル（355米ドル）で販売される（残りの30％は1トン当たり80米ドルで輸出向けとなる）という仮定と，ネットバック価格は付加価値税を含み1トン当たり7555ルーブルであるという仮定がそれである。もう1つの要因は，わずかな変化がヴェルフネチョンスコエ・プロジェクトの採算性を損なう可能性のある資本支出である。意思表明書によれば，資本支出の12.3％の増加で同鉱床の開発は採算が取れなくなるであろう。

トムスク石油・ガス科学研究・設計研究所の行った計算は，同鉱床の開発は経済効率が低水準であることを示しており，内部収益率（IRR）は仮に内部資金調達であれば16.5％であるが，融資による調達であれば9.9％となり，ネットバック価格設定は収益を7％に低減させる。内部資金調達による投資の場合，元本回収期間は13.3～17年（割引率10～15％で）となるが，一方融資の

利用とネットバック価格設定によると，このプロジェクトはまったく引き合わない。

　将来掘削費用が上昇すると考える根拠がある。本格的鉱床開発のためには，新たな請負業者の誘致と新規掘削設備の相当な購入とが必要になるが，これは掘削費用の上昇に繋がる恐れが大変大きい。ダグラス・ウエストウッド（Douglas-Westwood 社（英国））（市場調査会社：訳注）は，東シベリアの平均掘削費が2011年までに1メートル当たり3000ドルに上昇するであろうと推定した。トムスク石油・ガス科学研究・設計研究所も意思表明書の中で，起こりうる経費上昇について警告している[58]。

　2008年に，ヴェルフネチョンスクネフチェガスは130億ルーブル（5億2100万ドル）を開発に投資する計画であったが，これは2005年に比較して62.5％増であった。試験操業が開始された2005年12月以降，3本の油井が操業を再開し，鉱床には18本の掘削井が出現したが，そのうちの13本は2007年に掘削されたものであった。2008年に，同社はさらに29本の油井の掘削を計画していた。これら油井の平均生産量は1日当たり約120トンである。これを増加させるために，ヴェルフネチョンスクネフチェガスはその掘削プログラムを2007年の第3四半期に見直した。同社は，現代的な水平末端技術（horizontal end technology）に基づいて掘削すべき油井のリストを確定した。貯留層内における全長500mまでの水平井区間は油井総数の削減を可能にし，その結果として環境への影響を緩和するであろう。

　この鉱床における油井総蓄積は，1306油井（42の予備井を含む）からなると計画されているが，うち938本が生産用で，368本が圧入井である。傾斜堀りの利用により，油田建設の地表面積が削減され，したがってまた，資本支出も縮小し，それと同時に掘削速度が上昇することになる。この計画は複数油井を持つ159の石油掘削用構造物を必要としていたが，これには2009年までで，初期石油プロジェクトを構成する12の石油掘削用構造物が含まれていた。掘削は，2019年いっぱいまでに行われるように計画された。各々の複数油井掘削用構造物には，高速道路，油井生産物を集積する石油パイプラインシステムおよび高水圧パイプラインを含むインフラストラクチャが接続されるであろう。

2007年10月の意思表明書によれば，油井生産の準備は，この鉱床における，ウスチ＝クートへのパイプライン輸送に必要なガスを用意するガス圧縮ステーションの建設や石油をガソリンに精製するための装置の建設だけでなく，予備的集水ユニット（PWGU）を持つ4基の昇圧ポンプステーション（BPS）や2基の石油処理施設（OTF）の建設によって，整うことになっている。この計画は，油層圧を維持するために，6基の注水ステーション（WIS 1〜6）の建設を想定している。これらは，昇圧ポンプステーション，予備的集水ユニット，および石油処理施設に近接して配置されることになるであろう。高水圧のパイプラインネットワークは，延長約325キロメートルにまで伸び，一方石油・ガスの集積パイプラインシステムの延長合計は約335キロメートルで，油田内の石油パイプラインは98キロメートルとなるであろう。石油産業企画・研究活動研究所（Giprovostokneft Institute）は，2007年に，東シベリア・太平洋石油パイプラインのための85キロメートルの給油パイプラインの計画を策定した[59]。

改訂版の意思表明書では，ヴェルフネチョンスコエ鉱床における採取量は，2008年末までに，当初計画されていた東シベリア・太平洋石油パイプライン始動時の供給量年間300万トン（1年前に予測されていた量よりも50万トン多い）で開始されると見込まれていた。1年間の遊休時間による収入の損失は合計220億〜310億ルーブルになるであろう。鉱床から得るガスに含まれたヘリウムの配分，分離，精製，貯蔵，および輸送のための設備に関連して，追加的プロジェクト経費が生じるリスクも存在する。意思表明書の改訂版でトムスク石油・ガス科学研究・設計研究所は，ヘリウム抽出の可能性についての言及を削除した。しかしながら，ガスプロムは，採取・ガス輸送・供給の統一東シベリア・極東システムの創出プログラムの中で，中国やその他アジア・太平洋地域市場への輸出の可能性を期待して，ヴェルフネチョンスコエ鉱床を含めてヘリウム採取に期待をかけている。

意思表明書では，輸出が採取量の30％を超えないことが期待されている。しかしながら，東シベリア・太平洋石油パイプラインの輸送能力の残り70％を地域の国内消費者が吸収できるとは考えられない。ハバロフスクおよびコムソモール Komsomol 製油所の累積処理能力と，ペレヴォズナヤ Perevoznaya

湾製油所で計画されている処理能力とは，合計すると年間2200万トンに達し，これは同パイプラインの第1期輸送能力（年3000万トン）の73％であり，一度同パイプラインの第2期が稼働すれば，年間の総能力（8000万トン）の27.5％となる。地域の石油精製量の増加（年間3500万～3600万トンまで）の必要に応える特別計画は，未完成のままである[60]。

2008年10月15日に，TNK-BPはヴェルフネチョン石油・ガスコンデンセート鉱床から，東シベリア・太平洋石油パイプラインに石油を発送した。第23石油ポンプステーションがTNK-BPの最高業務執行責任者ティム・サマーズ Tim Summers とロスネフチの第一副社長セルゲイ・クドリャショーフとによって稼働させられた。TNK-BPとロスネフチは，これまでに10億ドルをすでに投資しており，開発経費は合計40億～50億ドルに達すると予想されている。開発計画では，生産井450本，圧入井200本の計650本を掘削することになっている。2008年には，およそ30本が掘削される予定であった。ヴェルフネチョンスコエ油田は，2013年に始まって，毎年約700万トンを生産する予定である。全体としてこの油田は，20～30年間採掘が続くと期待されている[61]。2009年は，この油田で丸1年の通年生産が行われた最初の年であり，この年の石油産出量は860万バレル（120万トン）であった。2009年中に38本の新しい生産井が稼働状態となり，この最初の年の年末までには生産中の油井数が59本に増加した[62]。

ニコライ・サヴォスチャーノフ Nikolay Savostyanov 油田：ロスネフチはさらなる発見をするはずであった。2010年1月に，同社は以下の発見について公表した。

　　…イルクーツク州カタングスキー Katangsky 地区のモグディンスキー Mogdinsky および東スグディンスキー East Sugdinsky の開発認可領域内において，大規模な新規油田を発見した。ロスネフチは両区画の開発権を競売で2006年に獲得済みであった。この油田はニコライ・サヴォスチャーノフにちなんで命名されたが，同氏は1976～1990年までソ連・石油産業省の油田および地勢地球物理学総管理局（Glavneftegeophysica）局長を勤め，そ

の後1993〜1997年の間ロスネフチの地球物理学的業務の部局長であった。この油田の予備的な可採埋蔵量はカテゴリーC1+C2で1億6000万トンを超え，この油田を戦略的なものと判断するに十分である。本油田はロスネフチが積極的に参加しているヴェルフネチョンスコエ石油・ガスコンデンセート田から約80キロメートルの所に位置し，そして東シベリア・太平洋石油パイプラインから150キロメートルの位置にある。この領域の探査は1980年代に開始されたが，最初の商業用石油が採掘されたのは，探査掘削の結果として，ようやく2009年になってからのことであった。2010年に，ロスネフチはイルクーツク州の認可鉱区における探査を継続し，とくに2930キロメートルの2次元地震探査と3700キロメートルの比抵抗探査を実施する意向である。また，4本の新規油井の掘削も予定している[63]。

この包括的な探査活動は，相当な大きさの生産量追加に道を拓くことになるかもしれない。

ドゥリスミンスコエ鉱床（ウラルス・エナジーが開発）：ウラルス・エナジーは，運輸会社LTK（99％を保有）に並んで石油生産会社のドゥリスマ（Dulisma）（99％）およびタース・ユリヤフ Yuriakh 石油ガス採取NGD（35.329％）を所有している。ドゥリスマはイルクーツク州キレンスクKirensky地区のドゥリスミンスコエ鉱床を開発中である（カテゴリーC1+C2の可採埋蔵量は石油1億8000万バレル，ガス620億立方メートル）。デゴルヤー＆マクノートン（DeGolyer and MacNaughton）社による自主的な評価では，石油およびコンデンセートの確認埋蔵量と推定埋蔵量は1億900万バレル，予想埋蔵量は石油およびコンデンセートが870万バレル，ガスが49億立方メートルと推定されている。タース・ユリヤフの資産には，精油コンプレックスと，合計で石油5300万トンおよびガス1300億立方メートルの承認済み埋蔵量（approved reserves）を持つスレドネ・ボトゥオビンスコエ石油・ガス鉱床の開発権が含まれている[64]。

また，ウラルス・エナジーはペトロサハ（Petrosakh）（持ち株97.16％）をも保有している。同社は1991年にロシアと米国の合弁企業として設立され，

サハリン島東部沿岸のオクルジノエ Okruzhnoye 油田を開発した。1993 年に，そして再度 1997 年に，ペトロサハは同油田における 20 年間の石油生産権を取得した。同社は 1995 年に，タンカー積み込み用ターミナルを稼働させ，さらに 1999 年には，生産層に対する随伴ガスの圧入システムがこれに続いた。2000 年 9 月に，アルファ・エコ・インダストリアル・グループ（Alpha-Eko Industrial Group）がペトロサハを買収したが，後者は 2001 年に，サハリン－6 大陸棚プロジェクト（ポグラニーチヌィ Pogranichny 鉱区，すぐ沖合にありオクルジノエ油田に平行している）に関する地質学的調査権を取得した。2 年後，ペトロサハはポグラニーチヌィ鉱区の中心部を包含する 480 平方キロメートルの 3 次元震探プログラムを取得した。2004 年に同社は，海岸線付近の遷移層北部地域と南部地域にわたる 2 件のプログラムで，3 次元震探のための 65 平方キロメートルをさらに獲得している。サハリン－6 の推定埋蔵量は標準燃料換算でおよそ 10 億トンであり，ペトロサハが開発権を持つ鉱区の潜在埋蔵量は，合計 2 億 4000 万トンになる。

その上，ウラルス・エナジーは 2004 年に，アルファ社がペトロサハに有する 97.16％の株式を引き継いだ。ペトロサハにとっての主要な危険は，同社の大陸棚の資産にある，というのはすべての大陸棚の埋蔵物は戦略的なものとみなされ，したがって新たに発効したロシアの法律によれば，それらの開発はガスプロムとロスネフチの掌中に移ることになるからである[65]。キプロスに登記されているウラルス・エナジーは，2006 年 4 月 18 日に，ロシアの石油会社ドゥリスマ（イルクーツク州における東シベリア・太平洋石油パイプラインの計画ルートに沿った，バイカル湖の北西に戦略的位置を持つドゥリスミンスコエ石油・ガスコンデンセート田の生産権を保有）と，石油輸送会社であるレンスカヤ運輸会社（Lenskaya Transportanaya Kompaniya）との双方の買収を公表した。この取引の経費は 1 億 4800 万米ドルであった。米国の監査法人デゴルヤー＆マクノートンによる予備的評価では，2006 年 3 月末の時点で，ドゥリスミンスコエ田の確認および推定資源量は，石油 1457 万トン，石油・コンデンセート 1163 万トンおよび天然ガス 540 億立方メートルの潜在資源量から成ると指摘されている[66]。2008 年 4 月末にウラルス・エナジーは，イルクーツク州におけるドゥリスミンスコエ鉱床およびサハ共和国（ヤクーチア）にお

けるスレドネ・ボトゥオビンスコエ鉱床の開発を加速化させるために，コミ共和国の石油採取子会社の売却を決定した[67]。

セーヴェルノ・モグディンスキー North Mogdinsky, ボルシェティルスキー Bolshetirsky およびザーパドノ・ヤラクティンスキー Zapadno-Yaraktinsky （JOGMEC と IOC が開発）：長年にわたる準備の末，独立行政法人石油天然ガス・金属鉱物資源機構（JOGMEC）は，イルクーツク石油会社（Irkutsk Oil Company, IOC）[68] — 2000 年にマリーナ・セドゥィフ Marina Sedykh（当時の社長）とニコライ・ブゥイノフ Nikolay Buinov（現在の取締役会長）によって設立された会社—と共に，イルクーツク州での石油・ガス探査プロジェクトを立ち上げることを決定した。同社は系列組織を通してヤラクティンスコエ Yaraktinskoye，マルコフスコエ Markovskoye，ダニロフスコエ Danilovskoye，およびアヤンスコエ Ayanskoye 鉱床の石油・ガス採取権を保有し，同州北部において 6 件の炭化水素鉱区にも取り組んでいる。同社は 2006 年に，16 万 6000 トンの石油を採取（2007 年には 20 万トンに増加）し，2006 年のその収益は，14 億ルーブルに達した[69]。

2007 年に，石油天然ガス・金属鉱物資源機構とイルクーツク石油会社は，北部イルクーツク所在のセーヴェルノ・モグディンスキー石油・ガス鉱区の開発のために，IOC-North（51％をイルクーツク石油会社が 49％を同機構が所有）という名称の合弁企業を設立した。2008 年 4 月末に，イルクーツク石油会社は 3747 平方キロメートルにわたる同鉱区の探査開始を公表した。この合弁会社の地下資源利用権は，25 年免許に切り替えられた。セーヴェルノ・モグディンスキー鉱区は，同社の最も遠隔の資産の 1 つである。同鉱区はイルクーツクから 1000 キロメートル，東シベリア・太平洋石油パイプラインから 150 キロメートルの位置にある。同機構は，地震探査と試掘井の掘削に，9580 万ドルを費やしている[70]。

石油天然ガス・金属鉱物資源機構の和佐田演愼理事は，イルクーツク石油会社との合弁は政治的判断に由来するものだと語っている。IOC-North は，親会社である En+Group と類似の資本構成を有する。この合弁企業は石油 1500 万トンとガス 500 億立方メートルの埋蔵量を持つセーヴェルノ・モグディンス

キー鉱区で地質学的探査に従事している。和佐田によると，同機構は最も調査の遅れた鉱区を引き受け，その結果として多大な探査を実施する必要があった[71]。イルクーツク石油会社は多数の子会社を持っており，たとえば，ヤラクティンスコエおよびマルコフスコエ石油・ガスコンデンセート鉱床の開発権を持つウスチクートネフチェガス (Ustkutneftegaz)，ダニロフスコエ石油・ガスコンデンセート鉱床を開発している石油会社ダニロヴォ (Danilovo)，アヤンスコエ・ガスコンデンセート鉱床，アヤンスキー鉱区およびポタポフスキー地域の開発権を持つイルクーツク石油会社・ネフチェガスゲオローギヤ (IOC-Neftegazgeologiya) がそれである[72]。

イルクーツク州における最大の独立系石油生産者として，イルクーツク石油会社は次の場所を開発するために，2008 年から 2012 年にかけて 45 億ルーブルもの支出を計画していた。すなわちアヤンスコエ鉱床および開発予定地およびサイト，ポタポフスキー，ザーパドノ・ヤラクティンスキー，ボルシェティルスキー，アンガロ・イリムスキー Angaro-Ilimsky，およびナリャギンスキー Naryaginsky 開発予定地がそれである。同社は 2012 年中までに，ダニロフスコエ，ヤラクティンスコエ，およびマルコフスコエ鉱床における探査・生産のために，約 120 億ルーブルを投資する計画であった。この業務のほとんどは，同社の子会社である IOC-Service に与えられるように計画され，その約 20～30％は外部請負業者に割り当てられることになっていた。イルクーツク石油会社の生産予定地における主要なインフラは既に建設済みであり，同社はヤラクティンスコエ鉱床において，一層充実した石油用準備施設の 2008 年における稼働を目指していた。東シベリア・太平洋石油パイプラインに接続する常設パイプラインの建設は，2009 年に促進された。2011 年までには，追加の増圧ポンプ施設，送電線，内部の石油・ガスパイプライン，道路，および発電所がヤラクティンスコエ鉱床とマルコフスコエ鉱床において建設が終えていることになっており，またマルコフスコエには石油のメルカプタン除去装置が設置されている予定となっていた[73]。

イルクーツク石油会社は 2008 年 3 月に，欧州復興開発銀行 (EBRD) による同社の株式資本 8500 万ドル相当の買収について交渉し，そして，5 月に同社を管理する持ち株会社の株式 8.15％を買収するために，欧州復興開発銀行の

資金を利用するという同銀行の計画を，同社は正式に認めた。この投資は，ヤラクティンスコエ鉱床における生産層へのガス圧入プロジェクトを含む，環境プログラムの融資と実施の再編成に向けられるであろう[74]。バイカル経済フォーラムの期間中に，イルクーツク石油会社の最高経営責任者マリーナ・セドゥィフは，同企業が東シベリア・太平洋石油パイプラインへの石油供給を2012年には年250万トンに，以前に合意された量の2倍に多分増加させるであろうと表明した。この増加は同社の石油埋蔵量の引き上げによって促進されるであろう。同社は2008年に，その既存埋蔵量にC1+C2カテゴリーの石油3100万トンを，すなわちザーパドノ・アヤンスコエ鉱床で650万トン，ヤラクティンスコエ鉱床で2450万トンを，追加したのである[75]。

2008年9月に，石油天然ガス・金属鉱物資源機構の和佐田理事は，同社と同機構の合弁企業がイルクーツク州のセーヴェルノ・モグディンスキー地区において，2009年に掘削を開始することを明らかにした。2008年の地震探査の結果を検討した後，2009年に最初の試掘井の掘削が実施された。この地区は3747平方キロメートルの面積で，イルクーツクから北に1000キロメートル，東シベリア・太平洋石油パイプラインから150キロメートルの距離に位置する[76]。2009年に同機構は，イルクーツク州にあるボルシェティルスキーおよびザーパドノ・ヤラクティンスキー鉱区を開発する目的で，合弁会社INK-Zapadの設立を決定した。同機構はこの合弁会社の49%を所有し，イルクーツク石油会社が51%を所有するが，この合弁企業は2013年までの期間に150億円を探査のために支出する計画であった[77]。

経済産業省傘下の資源エネルギー庁天然資源・燃料部長である北川慎介氏によると，

　　…中東において不確実性が増大しつつある。アジア諸国では急速な経済成長が見られる。したがって，日本はエネルギー供給源を増加させ，極東と東シベリアにもっと注意を払うべきである，というのはこれが，日本にとって長期的な信頼性のある供給者となりうるかもしれないからである。東シベリア・太平洋石油パイプラインの結果として，日本は中東からのその石油輸入を多分縮小するであろう…日本は現在，サハリン・プロジェクトにおい

てロシアと積極的に協力している[78]。

　同氏の所見は，日本がたとえ東シベリア・太平洋石油パイプラインの第2期への投資に何ら興味を示していないとしても，東シベリアの原油輸入に対し重大な関心を持っていることを間接的に裏付けている。同機構は，1億バレル（1360万トン）以上の可採埋蔵量を持つ鉱床を，なるべくなら同パイプラインネットワークの近くで開発することにロスネフチと共同で取り組みたいという関心をも表明をしている。2008年3月に，ロスネフチは資源エネルギー庁との協力について枠組み協定に署名した。同機構は既に東シベリアおよびサハリン大陸棚での取り組みに興味を示していた。しかしながら，同機構の和佐田理事は次のように述べている。

　　…これまでのところ日本の投資家は，ロシア市場への参入に対して慎重な姿勢でのぞんでいるのが現実であるが，それは海外投資家にとっての明快な規則の欠如に由来する。サハリン－2プロジェクトを巡る出来事は，日本の会社間で，信頼を低下させただけであった。したがって今日短期的には，ロシアで業務を開始しようと望む日本の会社はない[79]。

　2010年10月に，石油天然ガス・金属鉱物資源機構とイルクーツク石油会社の合弁企業は，それが東シベリアの3ヶ所の鉱区で石油とガスを発見したことを公表した。発見が行われたのは，セーヴェルノ・モグディンスキー，ザーパドノ・ヤラクティンスキーおよびボルシェティルスキー鉱区においてである。これらの鉱区は合わせると約1万1900平方キロメートルに及ぶ。セーヴェルノ・モグディンスキー鉱区では，2009年6月にボーリングを開始した最初の油井で原油の自噴が確認され，さらに2010年4月に第2の油井で確認された。同鉱区では2本の油井が掘削されているが，今日までのところ可採埋蔵量は1480万トン（1億800万バレル）と推定されている。この鉱区では軽質・低硫黄原油が発見されているが，その合計可採埋蔵量は，5000万トン（3億7000万バレル）に達すると期待されている。ザーパドノ・ヤラクティンスキーの開発権をもつ鉱区に関しては，試掘井での試験の段階でガス生産が確認され

たが、そのガス流量は1日当たり11万7000立方メートルであり、ガスコンデンセート量は1日当たり27.4トン（243バレル）までであった。これら鉱区の探査のための推定投資額は2014年を通じて約3億ドルである。いったん商業生産が開始されれば、産出された原油は日本市場および他のアジア市場へと東シベリア・太平洋石油パイプラインを通じて輸送される見込みである[80]。同機構の合弁企業が商業生産の水準に移行する際に、日本の民間会社が参加するか否かは明らかではないが、合弁企業の石油生産は、同パイプライン開発の利点を活かす上で良好な位置にある。

サハ共和国（ヤクーチア）

2004年2月末に、サハ共和国政府はナホトカへ向けた原油供給のための新経路を提案したが、これはニージニャヤ・ポイーマ Nizhnyaya Poima、ユルブチェノ、トホムスコエ油田、ヴェルフネチョンスコエ油田、タラカンスコエ油田、チャヤンディンスコエ Chayandinskoye 油田、レンスク Lensk、オリョクミンスク Olekminsk、アルダン Aldan、ネリュングリ Neryungri、ティンダ Tynda、スコヴォロジノ Skovorodino を経由してナホトカに至るものであった。2004年2月26日に、ハバロフスクで開催された極東の輸送インフラストラクチャ開発に関する会議において、プーチン大統領はサハ共和国のヴャチェスラフ・シトゥイリョーフ Vyacheslav Shtyrov 大統領に対し、新規パイプラインの開発調査書を提出する任務を託した。

2004年5月に、ロシア連邦天然資源省は、サハ共和国において2005～2006年の時期に入札にかけられる石油・ガス鉱区のリストを決定した。長い間ヤクーチア当局は、その地域開発の資金を調達するために彼らの石油・ガス資源を販売しようと努力してきたが、無駄であった。だが、入札と競売の締め切りが繰り返し延期され、それで開発権の認可の遅れたことが、東シベリア・プロジェクトの経済と、入札参加希望関係者のリストに、劇的変化をもたらした。

ヤクーチア政府は東部の石油パイプラインのための資源的基礎を3つの方法で拡大しようとしていた。当初計画では、既に探査済みだが割り当てられていない16の油田を売却することになっていたが、その場合、その埋蔵量カテゴリーのC2からC1への転換が許されるはずであった。ヤクーチア政府はその

後，油田・ガス田を含有する可能性が高かった 12 の地質学的鉱区に対し，探査兼生産許可証を発行するための競売を 2004～2005 年に実施する計画であった。しかしながら，ヤクーチア政府が提示した 9 つの石油・ガス田と 10 の鉱区は，ロシア連邦天然資源省が用意した最終リストからは除外されていた。ヤクーチア政府の提案の一部が，シベリア地質学地球物理学鉱物資源科学調査研究所によって準備されていた「2004～2020 年におけるロシア東シベリアおよび極東の石油・ガス埋蔵量ならびに資源量の包括的な探査と開発のプログラム」と相反していたのであり，これらの相違点は調整される必要があった[81]。

タラカンスコエ油田（スルグートネフチェガスが開発）：タラカンスコエ油田は，サハ共和国において発見された最大の油田である。ツェントラーリニー Tsentralny 鉱区（油田の一部）だけでも，確認可採資源量は原油 1 億 1370 万トンとガス 318 億立方メートルに達する。タラカンスコエ油田の同鉱区は，既に 2001 年 4 月と 2002 年 12 月の 2 回の機会に，売却に出されていた。2001 年にはサハネフチェガス（Sakhaneftegaz）がユーコスと共に競売に参加し，5 億 100 万米ドルの契約一時金の支払いに合意したが，サハネフチェガスは先に進む財源を有していなかった。当時，タラカンスコエ油田の争奪戦には，ユーコス，シブネフチ，スルグートネフチェガス，ロスネフチ，ガスプロム（その合弁会社セヴモルネフチェガス（Sevmorneftegaz）経由で），TNK，およびトタル（Total）（フランス）といった会社が参加していたので，この競争の参加者リストは非常に長くなっていた。しかし，2002 年 12 月に，同油田の入札は中止された。ロシア連邦天然資源省はタラカンスコエ油田のツェントラリニー鉱区だけでなく他の 2 鉱区も併せて 9 億ドルで売却することを提案していたが，経済発展・貿易省（MEDT）はツェントラリニー鉱区だけを，入札開始価格 1 億 5000 万～2 億ドルで売却することに同意しようとしていた。2003 年秋，スルグートネフチェガスは同鉱区に対する初期エンジニアリングの認可を受けたが，このことによってそれは，以前にレナネフチェガス（Leneneftegaz）（サハネフチェガスの子会社で，ユーコスがその株式の 50.6％を保有）が開発権を保持していたタラカンスコエ油田を獲得する機会が与えられたのである[82]。

2004年春に，ユーコス，スルグートネフチェガスおよびサハ共和国は，タラカンスコエ油田の資産とレナネフチェガスの株式をスルグートネフチェガスに売却する協定に署名した。この取引はまったく実施されなかったのではあるが，レナネフチェガスは2004年6月以降，スルグートネフチェガスと共に業務を行った。2004年から2005年前半に，スルグートネフチェガスは大規模な地震探査による調査を実施し，水平区間を持つ4本の油井を掘削し，そして6600メートルの開発掘削を遂行した。2004年末には，タラカンTalakanでは33組の操業井ストックが存在した。2005年6月に，レナネフチェガスの年次株主総会において，株主らはタラカンスコエ油田に保有する資産をスルグートネフチェガスに売却することを決定した。この資産は38本の油井，多数の倉庫，3棟の住居用建物，および社会文化施設から構成され，そのすべてが，13億5000万ルーブル（およそ4800万米ドル）でスルグートネフチェガスに売却された。タラカン開発権をめぐる国家との法廷闘争に勝利した後，付近の3鉱区を取得してから，スルグートネフチェガスはレナネフチェガスが持つ既存の保有資産を一層効果的に利用するために，その財産を獲得しようとした[83]。

スルグートネフチェガスはサハ共和国（ヤクーチア），イルクーツク州およびクラスノヤルスク地方に12の開発権を保有している。それは，次のものからなる。すなわちサハ共和国のタラカンスコエ，ヴェルフネチョンスコエおよびアリンスコエAlinskoye鉱床の中心的鉱区における，鉱床の3件の探査・生産権，探査・生産ならびに調査を認める5件の開発権，すなわちサハ共和国1件，イルクーツク州3件，クラスノヤルスク地方1件，そしてサハ共和国における4件の調査権から構成される。

2007年初頭までに，同社は，地震探査のための8億1830万ルーブルを加えて，探査業務に対する資本経費に23億130万ルーブルを支出した。2007～2010年に，同社は探査掘削にさらに161億8850万ルーブル，地震探査に16億4200万ルーブルを支出する計画であった。2004年から2010年までの東シベリアにおける地質学的探査に対する総支出は218億2600万ルーブルに上る。2004～2006年の間にスルグートネフチェガスは東シベリアで3万4000メートルの試掘井を掘削しており，2007年には3万3170メートルを掘削し，次いで2010年までにさらに16万2370メートルを掘削する計画であった。言

い換えると，同社は2010年末までに約20万メートルの坑井を掘削することを意図していた。2009年までに同社は測線7430キロメートルの2次元震探および80平方キロメートルの3次元震探を発振する計画を立てていた[84]。

2008年7月終わり近くに，スルグートネフチェガスはタラカン油田が商業的石油採取とトランスネフチ（Transneft）・パイプラインシステムへのポンプ輸送との準備が完了したと公表した。同社のウラジーミル・ボグダーノフVladimir Bogdanov社長は，同社がタラカン油田を正常運転に乗せるために過去2年半で1013億ルーブルを投資し，さらにもう470億ルーブルが装置購入のためにとっておかれていると述べた。彼は東シベリアの展望は，その油田のわずか7％ほどが調査されたに過ぎないから，前途有望であると補足した。これらの中には，1000億立方メートル以上の埋蔵量を持つガス田1ヶ所と，油田2ヶ所が含まれていた。スルグートネフチェガスはタラカン油田の年間生産量を2016年に約600万トンに引き上げることを目指している。2008年には，この油田で合計52本の生産井が操業中であり，その日産は4000トンであった。2009年にタラカンでの年間石油生産量は，約200万トンが目標として設定された。2004〜2008年の期間に，タラカンでの年間石油生産量は140万トンにまでなった。2009年には，タラカンでの合算累積生産総量は212万トンと推定された[85]。

2009年1月遅く，『石油・ガスジャーナル』（*Oil & Gas Journal*）は次のように報じた。

　…ロシア連邦地下資源利用庁はサハ共和国における東タラカン油田の権利の競売で，入札開始価格を16億6000万ルーブル（5030万ドル）に設定したと伝えられている。ビジネス日刊紙『ヴェードモスチ』（Vedomosti）によると，ガスプロムも有力候補であるが，スルグートネフチェガスが東タラカンの権利を取得しそうである。同油田・ガス田は石油990万バレル，ガス229億立方メートル，ガスコンデンセート20万トンの確認および推定埋蔵量を有している[86]。

スルグートネフチェガスは2009〜2014年の期間に，東シベリアの油田・ガ

ス田開発に2760億ルーブルを投資する計画である。2004年と2009年の間に，同社は既に1020億ルーブルを，試掘井および生産井の掘削に，ヴィチムVitimからタラカンスコエ油田に至る道路建設に，送電線，パイプライン，インフラストラクチャ，社会施設に支出した。とくに同社は，12メガワットの発電能力を持つガス発電所と，96メガワットの発電能力を持つガスタービン発電所を建設した。同社は現在，このガスタービン発電所の第3段階を建設中であるが，これは48メガワットの発電能力をもち，コンプレッサー・ステーションを伴っている。

スルグートネフチェガスは2004年と2008年の間に，直線距離にして9万2800メートルの探査掘削を実施し，47の試掘井を建設し，そしてヴェルフネ・ペレドゥィスコエ Verkhne・Peleduiskoye，北タラカンスコエ Severo-Talakanskoye，東アリンスコエ Vostochno・Alinskoye の3油田を開いた。この期間に，地質学的調査のために合計105億ルーブルが支出された。アリンスコエ油田は2009年に操業開始の予定となっていた。2008年末までに，計画された建設作業には，タラカン油田からアリンスコエ油田までの30キロメートルの道路，35キロメートルの送電線，1ポンプステーション，および数本のパイプラインが含まれていた。スルグートネフチェガスは，サハ共和国でのその存在感を拡大し続けており，そこでは，現在12の開発権保有地域において操業中である。この共和国における12の開発権に加え，2008年に新たに4地域を取得し，2007年には油田開設のための開発権2件を受領した（東アリンスコエならびに北タラカンスコエ油田)[87]。

クラスノヤルスク地方

2000年に実施された詳しい探査によると，クラスノヤルスク地方はロシアの炭化水素全量の約10％を有しており，石油生産にとっての重要度の順でみて第2位になる（チュメニに次ぐ）。仮定的資源量は，石油およびガスコンデンセート82億トン，遊離性ガス236億立方メートル，そして油溶性ガス6380億立方メートルである。合計すると，これはロシア東部における炭化水素資源の半分に相当する。2000年に，地下資源開発予定地の割当が行われ，石油およびガスの生産の開始が可能になった。初めは，この割当は石油とガスを

産出するボルシェヘツキー Bolshekhetsky ならびにユルブチェノ・トムスク Yurubcheno-Tomsk 地域のためのものであったが，そこには多数のガス所在地区がある[88]。

2005年5月末にモスクワで開催された「ロシア石油・ガス産業における企業合併，買収および開発権認可に関する第3回年次国際会議」において，アレクセイ・カントロヴィッチ Alexei Kontorovich（石油・ガス地質学 IGNG 研究所長，ノヴォシビルスク）は，東西シベリアを分かつシベリア・エニセイ Yenisei 川の左岸に沿って横たわる，プリェドエニセイスカヤ Predyenieiskaya 地方の堆積盆地の展望に関して詳細な報告を行った。この堆積盆地は，南はトムスク州から北はヤマロ・ネネツ自治管区まで伸び，クラスノヤルスク地方，トムスク州，ハンティ・マンシイスク Khanty・Mansiysk ならびにヤマロ・ネネツ自治管区における諸地域を包摂している。2004年に，石油・ガス地質学研究所は，他の地質学研究所および連邦天然資源省の地方委員会と共に，エニセイ川西部の領域全体を調査するために，後に同省による国家的承認を受けた「東方プログラム」を練り上げた[89]。

当時は，クラスノヤルスク地方においてどの国営会社が石油・ガスの探査と開発の推進力となるべきかについて，合意がまったく得られていなかった。2005年の間に，クラスノヤルスク地方知事のアレクサンドル・フロポーニン Alexander Khloponin は，エヴェンキ自治管区にとっては，もしガスプロムが同管区における開発を主導すれば，最も有益だろうと述べていた。ところが，2005年9月に，経済発展・貿易省大臣ゲルマン・グレフ German Gref は，ユルブチェノ・トホムスカヤ地帯（YTZ）における操業者はロスネフチであるべきだと論じた[90]。

2006年4月にクラスノヤルスク地方は，同地方，ならびにタイミル Taimyr（ドルガン・ネネツ Dolgano-Nenets）自治管区およびエヴェンキ自治管区の全般的社会経済発展を促進させるために企画された，石油・ガス部門戦略を発表した。両自治管区の統一クラスノヤルスク地方への編入が2007年1月に続き，同年7月に同地方政府は最初の部門別目標プログラム（「2007〜2010年の期間におけるクラスノヤルスク地方の領域における原油および天然ガスの開発」）を採択した。この文書は，石油の探査，採取および輸送における地下資

源利用者の活動を管理するために，同地方政府が（連邦政府の支援のもとに）従うべき政策を提唱するものであった[91]。

クラスノヤルスク地下資源の責任者，アレクサンドル・イェハーニン Alexander Yekhanin によれば，東シベリア・太平洋石油パイプラインの建設の結果，この地域における石油・ガス探査のための資金調達の準備が一層整うこととなった。2007年に，クラスノヤルスク地方は，地下資源の競売のために，承認済みリスト上の11鉱区を予定し，そのすべての鉱区が買い手を見いだした。2007年の競売は，連邦財政に30億ルーブル（約1億2500万ドル）を超える貢献をもたらした。2008年の計画では，さらに17の石油・ガス鉱区の競売の実施を求めており，しかもその予定表では2010年末までにさらにもう52鉱区の競売を要求していた。スラブネフチは，クラスノヤルスク地方における商業用採取のための鉱床の探査と準備のために30億ドルの投資を計画した。このように進めば，スラブネフチはクラスノヤルスク地方の油田における最大の参加企業の1社となったであろう。2010年から2011年にかけて，スラブネフチは同地方から120万トンの石油を産出する計画を立てていた[92]。

この地域の重要性は，2009年のプーチン首相の訪問により強調されたが，その模様は『石油・ガスジャーナル』に次のように記述されている。

> プーチンは，クラスノヤルスク地方の町イガルカ Igarka を訪問した際，同地方はその推定能力を発揮すれば，さらに年間1億1500万トン以上の追加的石油およびコンデンセートを供給することになるであろう，と述べた。国営テレビでプーチンは，クラスノヤルスク地方北部およびヤマロ・ネネツ自治管区における炭化水素鉱床の一貫した開発に向けた，大規模な戦略的なプロジェクトの実施の第一歩として，ヴァンコールが高度の重要性を持つ…と語った。彼は，多くの石油鉱床は地下資源採取税のゼロ税率の結果として，すでに補助を受けており，この適用をヤマロ・ネネツ自治管区全体に規準として拡張すべきだと，付け加えた。彼は，ヤマロ・ネネツ自治管区およびクラスノヤルスク地方北部はロシアの天然ガスの67％，その石油の15％およびそのガスコンデンセートの60％を含有しているとはっきり述べて，この計画の重要性を強調した[93]。

しかしながら，企業にとっては問題がない訳ではない。およそ10の石油生産会社は，ハンティ・マンシ自治管区・ユグラ Yugra の地域地下資源管理局に，その開発権を停止するように既に要請したが，その理由は現行石油価格を前提すると，採取が単純に儲からないからである。アルファ・バンク（Alpha Bank）の推計によると，2009年1月以降，ルーブルの切下げと輸出税の引下げのお陰で，石油1バレルが9ドルほどの利潤を生んできた。大会社とは異なり，中小の会社は生産物を国内市場で販売する。価格が1バレル当たり45ドルを下回ると，こうした会社は生産の採算が取れなくなる[94]。クラスノヤルスクの潜在力は巨大であるが，しかしこの辺境地帯で相当量の石油・ガスの生産が見られるまでには，ある程度時間がかかるであろう。差し当たっては，クラスノヤルスク地方北部に位置するヴァンコール油田が東シベリア・太平洋石油パイプラインへの主要な原油供給者となるであろう。

ヴァンコール油田（ロスネフチが開発）：ヴァンコール油田において大規模に石油を生産するプロジェクトが急速に進展するのは確実である。この油田は，ロスネフチにとって同社の産出高増加の源泉として重要であるが[95]，それは，同社が東シベリア・太平洋石油パイプラインの石油輸送能力の主要利用者となるはずだからであるし，さらにまた同油田はクラスノヤルスク地方とその発展にとって大きな社会経済的重要性を持つものである。

ヴァンコールスコエ油田は，この油田の南部地域で掘削が行われていた1991年に発見された。同油田はロシア連邦の2つの連邦構成体に位置する2つの開発権鉱区から構成される，すなわち，クラスノヤルスク地方のトゥルハンスキー Turkhansky 地区（ヴァンコールスコエの土地，開発権保有者は非公開株式会社ヴァンコールネフチ）と，旧タイミル（ドルガン・ネネツ）自治管区のドゥジンスキー Dudinsky 地域がそれである。2003年4月下旬，ロスネフチはヴァンコールスコエ油田ならびに北ヴァンコールスキー採鉱有望地に対する開発権の直接間接の保有者である，アングロ・シベリアン石油会社（ASOC）の株式の97.46％を買収した。ロスネフチは，その株式を1株1ポンド（市場価格の100％割増）で買収した[96]。この買収に基づき，同社はヴァンコールスコエ油田の徹底した調査を開始し，2004年には，元々輪郭を線引き

されていたヴァンコールスコエ油田と北部の北ヴァンコールスコエ鉱区とが連結しており，単一の，閉じられた一対のドーム構造をなし，その面積が 15 × 37 キロメートルであることを証明した。2004 年に，操業者はヴァンコールスコエ開発権鉱区および北ヴァンコールスコエ開発権鉱区の範囲内で，3 本の試掘井を，すなわちヴァンコールスコエ鉱区で 2 本，北ヴァンコールスコエ鉱区で 1 本を掘削した[97]。ヴァンコールスコエ油田の石油可採埋蔵量はカテゴリーC1 が 4150 万トンに，C2 は 1 億 8540 万トンに増加した。C1 カテゴリーと C2 カテゴリーのガス埋蔵量は，それぞれ，282 億立方メートルと 616 億立方メートルに達した。カテゴリー C3 の石油資源量は 9840 万トンと推定されている[98]。油田のさらなる開発はロスネフチの子会社ヴァンコールネフチの掌中にあるが，同社はヴァンコールで主として水平坑井の掘削を計画しており，それらの 75％は一層効率的な「高機能」坑井仕上げ技術を持つ。

大体 2000 年代半ばまでは，ヴァンコール・プロジェクトに関心を持つあらゆる潜在的投資家は，ディクソン Dickson に至る北側経路に賛意を示していた，というのは，それはヴァンコールの石油を，トランスネフチ・システムの低品質原油とブレンドすることなく，100％まで輸出する機会を与えるはずだからであった。1999 年までヴァンコール・プロジェクトの一部の買収オプションを保持していたシェル社も，2001 年以降プロジェクトへの参加を試みていたトタル社も，共に北側経路を支持していた。クラスノヤルスク地方当局は，常に北側経路を支持してきていたが，それはこの経路が同地方の一層貧困な北部地域を発展させ，クラスノヤルスクの油田を一層多く開発することが当局にとって可能になるからである。

経路に関する政治的決定：ロスネフチがヴァンコール・プロジェクトの管理を引き受けるようになった 2003 年以降，同社もまたディクソンへの経路に賛意を示していた。しかしながら，ロシアは政治目的のために，ヴァンコール・プロジェクトの経済効率を犠牲にした。約束されていない石油量を確保する上で困難が生じた際に，ヴァンコールからの石油輸出経路を変更する決定が行われた。一層効率的な北側経路の代わりに，石油は西シベリア石油パイプラインに転送され，その後に東シベリア・太平洋石油パイプラインに送られることに

なる。この南側経路は，ロスネフチの石油販売による収益を150億ドルも縮小させ，このプロジェクトの内部収益率は18％から13％へ下落することになる（表2.9参照）。しかし，アジアへの石油輸出は，欧州市場の代替として，モスクワの優先事項となっていたのである。

石油取引業者のクラウン・リソーシズ（Crown Resources）は，欧州でのロシア産石油に対する差別の問題について，2001年に最初に世間の注意を引いたのものである。監査法人アンダーセン（Andersen）からクラウン・リソーシズに提供されたデータは，次の結論，すなわち1996～1999年に，ドゥルジバ Druzhba 石油パイプライン経由で輸送されたロシア産石油は，タンカーで運ばれた同じ石油より安い1バレル1.9ドルで販売されていたという結論に導いた。2004年にルクオイルは，ドゥルジバに関する値引きの増加（1バレル当たり3ドルから7ドルまで）に対して，またロシア産ウラルス石油の，北海ブレント（1バレル当たり7ドル）と比較した大幅な値引きに対しても，何ら理由がないとして抗議した。2005年4月に，トランスネフチのS.ヴァインシュトック Vainshtock 社長は，この差別の主要な理由は「欧州へのロシア産石油の食べさせすぎ」にあると断言し，そして8月にプーチンは，政府に対しこの

表2.9 北側・南側利用経路別ヴァンコール・プロジェクト経済指標

	北側オプション ―ディクソンおよび北海経路経由欧州へ	南側オプション ―ブルペ地域におけるトランスネフチの石油パイプラインへ
石油生産量（100万トン）	234.9	234.9
Urals の石油価格 （原油標準バレル当たりドル）	19.0	19.0
ヴァンコールの石油価格 （原油標準バレル当たりドル）	20.5	20.5
収益合計（100万ドル）	47,270	31,847
資本支出（100万ドル）	5,447	4,779
営業費（100万ドル）	4,746	3,906
内部収益率（％）	17.98	12.99
返済期間（年）	14.7	33.0

出所：Glazkov (2006b), p. 21.

状況を克服する施策を策定するよう指示した。2006年に経済発展・貿易省が推定したところによると，欧州市場への輸出に対するロシアの依存度は，その石油輸出の約96％，ガス輸出の100％に達し，価格差の結果として年間50億〜80億ドルの損失をもたらしているようである。欧州向け輸出の代替として東シベリア・太平洋石油パイプラインの利用を促進するため，政府は関税政策の活用を決定した[99]。

　2003年にロスネフチは，ヴァンコール・プロジェクトが経済的に存続可能であるためには，その総埋蔵量が石油2億5000万トン〜3億トンなければならないと計算した。翌年同社はこの数値を3億5000万トン〜4億トンに引き上げた。2004年にロスネフチは，クラスノヤルスク地方およびタイミル自治管区（最近クラスノヤルスク地方へ統合された）において，10鉱区の試掘権を特権的非競争的条件で獲得した。これらの鉱区は，一緒にして石油7億トンの仮定的資源量を持っていた。2005年3月下旬に，ロスネフチはカナダのエンジニアリング会社SNC-Lavalin社と，ヴァンコールにおける設計業務に関する，期間1年間の1300万ドルに上る契約に署名した。この契約には，石油パイプラインの経路とディクソン地区の海上ターミナル建設プロジェクトとが含まれていた。そのターミナルは，約1800万トンの年間処理能力を持ち，さらに40万立方メートルの貯蔵能力を有するタンク貯蔵所とを持つことになっていた[100]。2006年6月に，ヴァンコール－プルペ・パイプラインの建設が始まった。それはクラスノヤルスクとヤマル・ネネツ自治管区とを経由するよう設計されていた。プルペ（ヤマルのプロフスクPurovsk地区にある）では，パイプラインがヴァンコールとトランスネフチの幹線パイプライン網とを結んでいる[101]。

　2007年にロスネフチは，東シベリアで同社最大規模の資本支出，すなわち4900億ルーブルの投資を計画した。この金額にはユルブチェン・トホモ地帯（クラスノヤルスク地方南部）における新たな用地買収費用は含まれていなかった。予期された業務の大部分は，クラスノヤルスク地方北部におけるもので，ヴァンコール・プロジェクト（埋蔵量4億9000万トンおよび資源量5億7500万トン）の16ヶ所の開発費は合計4800億ルーブルとなり，その中には地質学的探査に支出される135億ルーブルが含まれている[102]。

ヴァンコール開発計画[103]：東シベリア・太平洋石油パイプラインを満たすという連邦地下資源利用庁の主要な役割の結果として，同庁の鉱床開発中央委員会は，試行作業を何らせずに，全面的開発プロジェクトを承認するという異例の措置をとった。伝統的な垂直井の代わりに，ロスネフチは水平方向に掘削することを計画した。計画によると，この鉱床で90本の水圧入井および8本のガス圧入井とならんで，137本の操業井を必要としていた。2007年に7本の試掘井を，2008年に135本の坑井を，2008～2010年には242本の坑井を掘削することに関して，入札が告知されていることになっていた。（実際には，2009年末までにヴァンコールで119本の生産井および圧入井を含む，合計142本の坑井が掘削されていた。2005～2009年にかけての同油田開発のための総資本支出は65億ドルであった）[104]。

ロスネフチが開発を意図している第2の場所は，イルクーツク州の開発権を持つ一群の予定地（すなわち東スグディンスキー，モグディンスキー，サナルスキー Sanarsky，ダニロフスキー，プレオブラジェンスキー

地図2.2　ヴァンコール油田と東シベリア・太平洋石油パイプライン

出所：著者，RPI および Platts の地図を基に作成。

Preobrazhensky，および中国国有石油会社とのその合弁企業・東部エネルギー（Vostok Energy）を通じて持つザーパドノ・チョンスキー Zapadno・Chonsky およびヴェルフネイチェルスキー Verkhneichersky）であり，さらにはクラスノヤルスク地方における4億7200万トンの石油およびガスコンデンセートの仮定的資源量を有するクリンディンスキー Kulindinsky 油田である。ロスネフチによると，2008年から2012年の間に，同社は直線距離1万100キロメートルの2次元地震探査を打ち，7万3000メートルの試掘井掘削を総経費70億ルーブルをかけて実施する予定である[105]。

　2008年にロスネフチは，ヴァンコール油田近隣の14鉱区の開発権を保有していた。すなわちソヴェツキー Sovetsky，レェビャジー Lebyazhy，西ロドチニー West Lodochny，東ロドチニー East Lodochny，ニジネバイフスキー Nizhnebaikhsky，ポリャルニ Polyarny，サモイェツキー Samoyedsky，バイカロフスキー Baikalovsky，ペシュチャニ Peschany，プロトチニ Protochny，ヴァディンスキー Vadinsky，トゥコランツキー Tukolandsky，ペンドマヤフスキー Pendomayakhsky，および北チャルスキー North Charsky がそれである。石油コンサルティング会社デゴライヤー＆マクノートンによる総期待資源量の2007年の推定では，これらの鉱区は，39億バレル（5億3200万トン）の原油と1800億立方メートル以上のガスを含有していた。しかしながら，これらの期待資源量に関するロスネフチ自身の公式数値はずっと控えめで，石油25億バレル（3億4100万トン）およびガス1260億立方メートルである。ロスネフチにとって第1の重要性を持つのは，インフラストラクチャ開発が完遂されようとしているヴァンコール油田主要部に最も近

表2.10　ヴァンコールネフチの主要な業務内容

	2004	2005	2006	2007	2008	2009
試掘（1,000m）	8.6	17.0	10.9	8.9	4.1	2.9
2次元震探（直線km）	0	400	350	0	0	0
3次元震探（km²）	170	200	0	0	0	0
生産井掘削（1,000m）			18	78	142	277

出所：ロスネフチ2011（www.rosneft.com/Upstream/ProductionAndDevelopment/eastern_siberia/vankorneft/）。

い鉱区である。全長556kmのヴァンコール－プルペ・パイプラインは，ヴァンコール油田をプルネフチェガス（Purneftegaz）の油田と接続するであろう[106]。

　ロスネフチの情報提供によると，2009年5月に，クラスノヤルスク地方タイミール自治管区のバイカロフスキー認可鉱区において，新たな石油およびガスコンデンセート田が発見された。この鉱区は，ヴァンコールに近い14鉱区の1つであるが，ドゥディンカDudinkaの北80キロメートルに位置する。この鉱区の坑井No.1の試験では，2000メートルないし2700メートルの範囲からの炭化水素の自噴生産がもたらされ，1日当たり6万立方メートル以上のガス生産と1日当たり25立方メートル以上の石油・コンデンセート生産を伴っていた。予備的な推定によると，この油田の最小埋蔵量は5500万トンの石油および990億立方メートルのガスとなることが示唆されている。

　2009年8月21日には，プーチン首相出席の下，ヴァンコールでの原油商業生産の開始を記念する公式の式典が開催された。ヴァンコール油田の開業は，東シベリアにおける地下資源開発の現実の実施が開始されたことを印すものであったが，東シベリアの資源はロシアにおける長期的な生産増加ための基盤を提供し，伝統的な石油生産地域，とくに，ロシアの石油の約70％が今日生産されている西シベリアにおける油田の埋蔵量の枯渇を補填することになる。要するに，ヴァンコールは東シベリアおよび極東の開発中枢となったのである[107]。

　ヴァンコール開発の値札は，小さなものではなかった。2009年8月までで，ロスネフチによるヴァンコールでの総資本投資額は2000億ルーブルを上回っていた。しかし，国際原油価格の現在の水準であれば，プロジェクトの実施は，ロシアの35年間財政全体のおよそ半分に相当するロシア国家予算の全レベルに，合計4兆5000億ルーブルの税収をもたらすことになる。ヴァンコール・プロジェクトは，現代ロシアにおける最大級の1つであり，150以上の装置供給業者を巻き込み，65の製造工場を伴っている。合計450の契約業者および下請けがこのプロジェクトに携わっており，1万2000人の建設従業員が雇用されていて，建設工事のピーク時には2000台の車両を使用していた。ヴァンコールネフチ（Vankorneft）は約2000人の専業従業員を雇用してい

る。ヴァンコールでは合計425本の開発井が掘削される予定となっており，その内307本は水平坑井である[108]。

ヴァンコールは，東シベリア・太平洋石油パイプラインにとって，頼りになる供給源として役立つであろう。ヴァンコール油田の当初生産計画（2008年に策定）は，その生産量が2008年に250万～300万トン，2009年に800万～900万トン，2011年までに1400万～1500万トンとなり，そして2014年には，3000万トンに到達するかもしれない[109]。ロスネフチの2010年年次報告書によると，ヴァンコール油田は2009年7月にその商業生産を開始し，生産高は2010年に9290万バレル（およそ1270万トン），2009年の数字の3.5倍を記録した[110]。同社はまた，ディーゼル燃料生産のための製造所，ガス処理ユニット，および3基の石油ポンプステーションを始動した。この油田の原油平均日産量は2010年7月に3万6000トン（26万3000バレル以上）を上回り，13の抗井台に102本の生産井があった。ヴァンコール開発計画は現在では，2014年に生産の高原状態を予測しており，その時の生産高は，2014年に生産の最高点3000万トンを迎えるという当初計画よりもずっと低い2500万トン[111]に到達するはずである。

ロスネフチによるユルブチェノ・トホムスコエとスラブネフチによるクユムビンスコエ：ヴァンコール油田に加え，クラスノヤルスク地方の南部にはユルブチェノ・トホムスコエ油田と呼ばれる，もう1つの大規模油田がある。エヴェンキ自治管区のユルブチェノ・トホムスコエ油田は，東シベリア・太平洋石油パイプラインのもう1つの主要供給源と位置づけられている。ユルブチェノ・トホムスコエ油田の探査・生産権は，東シベリアのアガレーエフスコエ Agaleevskoye ガスコンデンセート田の探査権と同様に，公開株式会社東シベリア石油ガスコンプレックス（ESOGC）に帰属しているが，同社は，国営会社エニセイネフチェガスゲオローギア（Eniseineftegazgeologia）およびエニセイゲオフィジカ（Eniseigeofizika）とを継承して，1994年4月に設立されたものである。同社は，以前ユーコスにより所有されていたが，2007年5月に行われた競売でロスネフチにより買収された。2009年6月末に，同社はこの油田の草分け的地区における一貫油田設備の設計に関して，国家専門調査委員

会（State Expert Examination Committee）からの承認を獲得した。ロスネフチは，ユルブチェノ・トホムスコエ油田をいくつかの段階を経て開発する計画である。

　…準備段階において，生産井掘削が開始され，そして必要な油田インフラストラクチャとタイシェット（東シベリア・太平洋石油パイプラインの起点）までの600kmのパイプラインが建設される。同地域の複雑な地質学的構造と輸送インフラストラクチャの欠如を理由にして，ロスネフチは，全面的な油田開発のためには多大な投資が必要とされ，したがってまた税制上の優遇措置を受けるべきであると論じている[112]。

クラスノヤルスク地方の経済発展・計画総局によれば，この油田は石油6450万トンのC1可採埋蔵量，1億7290万トンのC2埋蔵量，およびガス3872億立方メートルのC1+C2埋蔵量を持っている。（クラスノヤルスク地方当局の別の推定では，ユルブチェノ・トホムスコエ油田の地質学的石油埋蔵量は8億9780万トンで，抽出可能埋蔵量は3億5920万トンである）[113]。2009年から15年における生産の初期段階では，この油田で年間350万トンの石油が生産されることになっている。ひとたびこの油田が商業的成熟度に到達すれば，年間2000万トンの石油が生産されるであろう。これはロスネフチの子会社であるヴォストシブネフチェガス（Vostsibneftegaz）が，技術面での認可を取得している開発業務の契約業者になるであろう。ロスネフチは油田開発の入札を募った。落札者のトムスク石油・ガス科学研究・設計研究所は，油田までの外部輸送システムの開発を担当し，この業務を2009年1月1日から2010年12月25日までの間に完了する予定であった。計画されていた商業的石油生産開始は2012年であったが，ロスネフチはこれを2013年に延期した[114]。

スラブネフチはクユムビンスコエ鉱床を開発しており，それは（主に）確認済み商業石油埋蔵量で7800万トン（および予測された石油可採埋蔵量1億5000万トン）を有する。同社は2007年から2011年の間に試験的操業を計画しており，一部の準備作業はすでに実際に行われたように思われる。2005年

半ばには，同社はクユムビンスコエ油田で，新規の試掘井を 2 本掘削済みであり，5 本の古い油井の改修を行っていた。この間，同油田の年間生産量はおおよそ 1 万 5000 トンであった[115]。スラブネフチは，東部ロシアの石油・ガス埋蔵量に対する第 2 位の最大投資家だと主張する。その系列会社スラブネフチ・クラスノヤルスクネフチェガス[116] (Slavneft-Krasnoyarskneftegaz) は，クラスノヤルスク地方南部における次の 8 つの認可鉱区で炭化水素の調査・採取権を所有している，すなわち，クユムビンスキー，テルスコ・カモフスキー Tersko-Kamovsky，コルディンスキー Kordinsky，バイキツキー Baikitsky，トゥコラノ・スヴェトラーニンスキー，アブラクプチンスキー Abrakupchinsky，チャムビンスキーおよびポドポロジヌィ Podporozhny がそれである。同社は 2025 年までにこれら用地の開発に 1856 億 6800 万ルーブルの資本投下を見積もっており，その中には 2007～2011 年の時期に行われる探査業務に対する支出 143 億 2500 万ルーブルが含まれている。

　2009～2011 年の期間に，スラブネフチはクユムビンスコエ鉱床で 52 本の坑井を計画していた。試験操業には 44 本の抽出井が含まれ，そのうち 34 本は水平井，2 本は二連式油井，8 本は制御された指向性圧入井（うち 2 本はガス循環井，2 本は試掘井）である。クユムビンスコエでの油田建設の完成には，250 キロメートルのモジュラーパイプライン，92 キロメートルの主要パイプライン，80 の坑井群掘削用構造物，641 本の坑井，8 つの DNS（直接数値シミュレーション）処理・分離施設の建設が必要である。テルスコ・カモフスキー鉱区での石油生産は 2011 年には開始されているはずであり，コルディンスキー，バイキツキー，トゥコラノ・スヴェトラーニンスキー鉱区でのそれは 2013 年に，アブラクプチンスキーでは 2014 年に，そしてチャムビンスキーおよびポドポロジヌィでは 2015 年に開始されているはずである。計画によれば，2013 年までにカラブラ Karabula から東シベリア・太平洋石油パイプラインまでのパイプラインを敷設することが求められている[117]。

　ロスネフチとスラブネフチは，ユルブチェノ・クユムビンスク鉱床を東シベリア・太平洋石油パイプラインに連結させるパイプラインを，2 段階で建設するための協力を計画している。第 1 段階はカラブラのステーション（ボグチャンスク Boguchansk 地区）への接続であり，そして第 2 段階はトランスネフチ

東シベリアおよび極東の辺境地域における石油開発に向けてのロシアの構想　*81*

表 2.11　東シベリア・太平洋石油パイプライン向けの主要生産油田

		生産量が最盛期に達するタイミング（年：年間 100 万トン）
ヴァンコール，ロスネフチ	石油：C1+C2, 41.5+185.4mt, C3, 98.4mt；ガス：C1+C2, 28.2+61.6 bcm	2014：25
ヴェルフネチョンスコエ，TNK-BP	石油：C1+C2, 159.5+42mt；ガス：C1+C2, 56+105bcm	2015-17：9
タラカンスコエ，スグルトネフチェガス	石油：C1+C2, 113.7mt；ガス：C1+C2, 31.8gas	2016：6
ユルプチェノ・トホムスコエ，ロスネフチ	石油：C1+C2, 64.5+172.9mt；ガス：387.2bcm	2009-15：3.5 商業生産後：+20

出所：本章における東シベリア・太平洋石油パイプラインの主要生産基地に関する部分で引用した様々な情報源。

の主要システムへの接続を伴うニージニャヤ・ポーイマ町への接続である[118]。

東シベリア・太平洋石油パイプライン向けの主要生産油田は，表 2.11 の通り概括されうる。2015〜16 年までは，4 ヶ所の主要油田が少なくとも 4350 万トンを供給できるかもしれない。ユルプチェノ・トホムスコエ油田の生産量が年 2000 万トンに達する時には，合計供給量は年 6000 万トンに到達する。これはかなりの量だが，1 日当たり 160 万バレル（年間 8000 万トン）という輸送能力を満たすには，十分なほど大量だとはいえない。

サハリンの洋上石油開発[120]

全ロシア石油研究地質学調査研究所（VNIGRI）[121] が実施した調査により，かなりの潜在的資源を持つ多数の海底液体炭化水素田が確認された。5 つの地域（ペチョーラ Pechora 湾大陸棚，北サハリン大陸棚，南カラ海大陸棚，カスピ海のロシア側領域，およびバルト海の石油・ガス産出区域）において確認された 100 の潜在的炭化水素蓄積地帯の中で，30 以上が疑いなく液体炭化水素探査の最優先地域である。約 80 億トンの液体炭化水素原始埋蔵資源が集積している 15 地帯が，既に確認されている。サハリン大陸棚では，オドプティンスカヤ Odoptinskaya 地帯が最も重要である[122]。

サハリン-1

サハリン-1プロジェクトは,そのウェブサイトで記述されているように,

　…チャイヴォ Chayvo,オドプトゥ Odoptu およびアルクトゥン・ダギ Arkutun Dagi の3ヶ所の海底を含んでいる。エクソン・ネフチェガス社(Exxon Neftegaz Ltd(ENL))が多国籍サハリン-1企業連合の操業責任者であり,30％の株式持分を持っている。共同出資者には,ロスネフチの系列会社(ロスネフチ・アストラ(RN-Astra)の8.5％,サハリンモルネフチェガス・シェルフ(Sakhalinmorneftegaz-Shelf)の11.5％),日本の企業連合であるサハリン石油ガス株式会社の30％,そしてインドの国営会社石油天然ガス公社・ヴィデシュ(ONGC Videsh Ltd)の20％が含まれている。サハリン-1プロジェクトの潜在可採埋蔵量は,石油23億バレルとガス17兆1000億立方フィート(あるいは石油3億700万トンとガス4850億立方メートル)である[123]。

2004年1月下旬,ユジノサハリンスクで開かれたこのプロジェクトの会議において,サハリン-1プロジェクトの指定国家機関は,約13億7000万ドルの2004年予算を承認した。サハリン-1プロジェクト第1期の全体的な投資額は総計でおよそ50億ドルになるはずであった。このプロジェクトの生涯期間にわたる資本投資は120億ドルに達することもある。ロシア天然資源省は,2月9日に,サハリン-1プロジェクト第1期の一部として行われる施設建設のための実行可能性調査に関して,国家環境監視庁が得た肯定的結論を承認した。4月12日にエクソン・ネフチェガス社は,ロシア連邦政府がこのプロジェクト第1期に関する「建設の技術的経済的証明(TEOC)」を承認したと公表した。これは,サハリン-1企業連合がこのサハリン-1,その第1期施設の建設を開始することを認め,エクソン・ネフチェガス社が2005年にチャイヴォで最初の石油生産を行うというその計画の保持を可能にする,画期的な出来事であった。

間宮海峡沿岸のデ=カストリ De-Kastri 港に新規石油ターミナルの建設が2004年初めに開始された。ロシアとトルコの合弁企業エンカ・チェフノスト

ロイエクスポート（Enka-Technostroiexport）およびロシア企業トレスト・コクソヒムモンタージ（Trest Koksokhimmontazh）が建設を実施した。後者は，貯蔵容量が合計で10万立方メートルになる2基のタンクを建造したが，これは輸送のためタンカーに積み込まれる前にターミナルでサハリン－1プロジェクト産の原油を貯蔵するためのものであった[124]。2005年にサハリン－1プロジェクトの参加者らは，国内市場引き渡し用に初期の石油を採取し始め，随伴ガスの出荷を，ハバロフスクへのパイプライン経由で開始した[125]。

　デ＝カストリ石油出荷ターミナルは，2006年10月4日に開所した。ハバロフスク地方知事のヴィクトル・イシャーエフ Viktor Ishayev は，チャイヴォ油田陸上処理施設からの24インチパイプラインの建設が完了したことを公表したが，それは年間約1250万トンの石油を降ろすことが期待されていた。デ＝カストリ・ターミナルの貯蔵タンクおよび荷降ろし施設は，載貨重量11万トン分のタンカーを受け入れることができた。在来型のタンカーによる通年の石油輸送は，砕氷船による護送が利用できれば可能であろう。載貨重量10万5000トンのプリモーリエ外殻二重構造タンカーが2隻の砕氷船の護送を伴い参加した実験が，間宮海峡，亜庭湾および宗谷海峡の水域で，2002年の冬に実施された。サハリン－1プロジェクトの下での石油生産は2005年第3四半期に始まった[126]。2007年2月に，プロジェクトは完全規模の生産に突入し，生産能力は1日当たり25万バレルであった[127]。サハリン－1の第1期は，多数の大偏距井を持つ陸上掘削装置と，洋上の掘削および生産用構造物から構成される。チャイヴォ地上基地掘削装置，ヤストレブ（鷹）は，70メートルの高さにそびえ立っていて，この産業で最大かつ最強の陸上掘削装置であり，地震と厳しい北極地方の気温に耐えられるよう設計されている[128]。

　サハリン－1プロジェクト産のソーコル Sokol 原油は，API流体比重が37.9，硫黄含有量が0.23％であり，このためそれは中間留分とガソリンの高得率を持つ軽質スイート原油となっている[129]。それはサハリン－2のヴィチャズ Vityaz 原油と酷似しているが，データによるとわずかながらより軽質である。ヴィチャズは，オマーン価格に比べると1バレルあたり4～7ドルの間の割増価格で，決まって取引されており，ムルバン Murban 原油の価格を通常上回っている。サハリン－1の供給がもたらす衝撃の矢面に立つのは，等級が

ソーコルに最も近いアブダビ産のムルバン原油となり，こちらは多分買い手を捜し出さなければならないであろうと予想されていたが，それは日本の製油所が，限られた成長展望の下で，新規ロシアグレードの産出高の3分の2を受け入れるための余地を残そうとして，その既存の輸入を削減するからである。日本は，アラブ首長国連邦の全産出量の約40％を調達する，ムルバンの最大購入者であった。ムルバンは冬期暖房に使用されるジェット・ケロシンのような留分の高得率のために要望が高く，標準的ドバイよりも約3.60ドル高く評価

地図2.3　サハリンの洋上鉱区

出所：Stern (2008), p. 231.

されていたが，しかし石油貿易業者はこの割増し価格はソーコルが入手可能になれば下落するだろうと警告していた。ソーコルの初荷は，日本におけるエクソン・モービル（Exxon Mobil）の合弁企業東燃ゼネラル石油株式会社（Tonen General）の製油所へ出荷された。エクソン・モービルの30％の取り分，日量約7万5000バレルの全量は，同じ航路をたどって運ばれる見込みであった。サハリン石油ガス開発の取り分，産出量の30％も日本が仕向け地と考えられ，日本はヴィチャズ原油の90％以上をすでに輸入していた。しかしながら，たとえ1日当たり15万バレルのソーコルが日本へ仕向けられたとしても，このことは日本の中東への依存度を4％以下しか低下させないであろう。残余の1日当たり10万バレルに関しては，ハバロフスクのデ＝カストリ・ターミナルが最大11万トンまでのアフラマックス型タンカーしか受け入れることができないため，船積み上の制限が長距離輸送販売と競合することになった。ひところはインドの石油天然ガス会社が，ローン取引の下でロスネフチの20％に対する販売権を獲得することが予想され，権益分の石油を自国へ引き上げようとする政治的圧力に直面するかもしれなかった[130]。

　チャイヴォ油田の原油生産量は，生産がその最盛期から着実に減少するので，2009年の1日当たり約16万5000バレルから2010年には1日当たり約15万バレルに減少することが予想された。サハリン－1プロジェクトは，3ヶ所の油田の段階的な開発を含んでいる。この開発の第3の油田，アルクトゥン・タギは，2014年までには生産を開始するとが見込まれており，1日当たり約8万バレルの最盛期生産能力を持つと信じられているが，しかしまだ何も仕上げられていない[131]。

サハリン－2

　サハリン－2は，世界最大規模の石油・ガス統合プロジェクトである[132]。それは，ロシア極東におけるサハリン島の過酷な亜北極の環境の中で，何もないところから建設された。第1期は，1999年にピルトン・アストフスコエPiltun-Astokhskoye鉱区（地図2.3参照）に設置されたモリクパックという，洋上掘削用構造物からの最初の石油生産を意味していた。第2期は，さらに2基の掘削用構造物の設置，3基すべての掘削用構造物を海岸に接続させる300

キロメートルの海底パイプライン，800キロメートル以上の陸上石油・ガスパイプライン，陸上の処理施設1ヶ所，石油輸出ターミナル1ヶ所，そしてロシアで初めての液化天然ガスプラントの建設を含んでいた[133]。

プロジェクトのウェブサイトには，より多くの詳細が掲載されている。

　洋上掘削用構造物・モリクパックは，第1期中の1998年に設置された。これは最初カナダの北極圏洋上水域で使用された掘削装置を改造したものであった。モリクパックは1998年にカナダ北極圏のボーフォート海 Beautfort Sea から，太平洋を横断して韓国へ曳航され，そこでサハリン－2プロジェクトのために改良された。その後それは，韓国からロシアに曳航され，そこでサハリン島沖の深海でも使用できるように，モリクパックの底部に，アムール造船所によって製造された鋼鉄「スペーサー」が取り付けられた。この構造物は，過酷な氷の条件下でも稼働するように，特別に建造されていた。…2008年12月までは，ピルトン・アストフスコエA（PA-A）掘削用構造物が，ヴィチャズ生産コンプレックスの心臓部であったが，このコンプレックスには外殻二重構造船オハOkha すなわち浮体式貯蔵積出設備FSO（floating storage and offloading vessel），SALM（a Single Anchor Leg Mooring）型一点係留ブイ，および海中パイプラインも含まれていた。ヴィチャズの操業は掘削，生産および石油の積み降ろし，さらに関連する支援活動と探査活動を包含していた。石油生産が行われたのは，凍結が航行とSALM操作を阻害するほどでない6ヶ月間だけであった。大体12月から5月までの氷結期は，浮体式貯蔵積出設備は，SALM型一点係留ブイから切り離され，オホーツク海を離れた。ピルトン・アストフスコエA掘削用構造物は，石油貯蔵設備を全く持たないので，石油生産は，氷結期の終了まで停止された[134]。

　1999年に，アジア・太平洋諸国へのヴィチャズ原油の販売量は106万バレルであった。2000年～2006年までの年間販売量はそれぞれ，1240万バレル，1500万バレル，1080万バレル，1030万バレル，1170万バレル，1210万バレル，1160万バレルであった。当初ヴィチャズ原油の大半は，韓国へ供給され

たが，しかし 2003 年以降相当量が日本仕向けとなった。2005 年で，日本への割当量は 1000 万バレル以上であった[135]。2009 年 7 月 22 日には，サハリン・エネルギー（Sakhalin Energy）はその 200 カーゴ（積込回数）目の石油を輸出した。沿海船舶会社（PRISCO）が所有するタンカー「サハリン島」は，サハリン・エネルギーと長期用船契約をされているが，同社のオホーツク海おける洋上設備から韓国の精油所に 10 万トン余の石油を届けた[136]。

サハリン・エネルギーのウェブサイトによると，次の通りである。

　…2009 年末までに，ピルトン・アストフスコエ B（PA-B）掘削用構造物で生産が開始されてからわずか 1 年で，それは上位 4 分の 1 に入る掘削実績をも達成すると同時に，1000 万バレル（140 万トン）の石油を生産した。この掘削用構造物の生産能力は，その 6 本目の油井を生産に投じることによって，1 日当たり石油約 6 万バレルに到達し，その結果それはこれまでに掘削された 2 番目に良いピルトン油井となった。サハリン・エネルギーは，2009 年末までで，石油 59 便カーゴ（積込回数），液化天然ガス 81 カーゴを引き渡したが，設定された当初目標はというと，それぞれ 53 カーゴと 55 カーゴであった[137]。

また，ロイター（Reuters）は以下のように報じている。

　…サハリン−2 によると，ガス生産に付随するコンデセートは，サハリン−2 液化天然ガスの原料となるが，年末までには，つまり第 2 液化天然ガスプラントが操業に至った後には，ヴィチャズ・ブレンドの約 3 分の 1 を占めるようになるであろう。サハリン・エネルギーの広報担当者は「2009 年末までに，コンデセートの混合比率は約 30％まで上昇する見通しだ」と述べた。ヴィチャズの API 流体比重は，1999 年にそれが操業開始した時の約 34.3 度から 38〜39 度に既に上昇しており，ガソリンやナフサなどのより軽質の生産物を産出している。ヴィチャズの品質は，追って 2009 年に第 2 液化天然ガスプラントが稼働し始めれば，さらに向上することがありえよう[138]。

サハリン－3, 4, 5 そして 6

サハリン－3鉱区は，国際石油会社各社（IOCs）がこの有望な鉱区への参入を阻止されているので，ロスネフチとガスプロムにとって最大の標的となった。ロスネフチと中国石油化工会社（China Petroleum and Chemical Corporation：中国石油化工集団（SINOPEC））はサハリン－3プロジェクトのヴェーニンスキー Veninsky 認可鉱区の探査に参加している。サハリンのウェブサイトでは 2006 年に次のように報じている。

>　…ヴェーニンスキー鉱区の南アヤシスカヤ Ayashskaya 構造で，最初の有望な坑井が掘削され，試験され，そして廃止された。その結果として，石油とガスを含む有望な地層が明らかにされ，試験によって炭化水素の存在が確認された。掘削は上海洋上掘削会社（Shanghai Offshore Drilling Company）が所有する Kantan-3 浮遊式半潜水型掘削装置の助けを借りて遂行された[139]。

ロスネフチによると，2009 年におけるヴェーニンスキー地区での北ヴェーニンスカヤ坑井 No. 2 の掘削によって，北ヴェーニンスコエ油田の埋蔵量の一層正確な推定が可能になったが，この油田は最初の坑井の掘削のお陰で発見されたものである。北ヴェーニンスコエ・ガスコンデンセート田におけるロシア・カテゴリー C1 および C2 の埋蔵量は，ガスが 340 億立方メートル，コンデンセートが 280 万トンと推定されている。ヴェーニンスカヤ抗井 No. 3 の掘削によって，あまり大きくない規模のノヴォヴェーニンスコエ Novoveninskoye 石油およびガスコンデンセート田が発見された[140]。2009 年夏にプーチンは，サハリン－3 および 4 の巨大プロジェクトの開発を支援するために，シェルを招聘した[141]。

サハリン－4 およびサハリン－5 の場合，ロスネフチは 2003 年にその戦略的パートナーとしてブリティッシュ・ペトロリアム社（BP）を選んだ。プロジェクトの運営管理は，サハリン－5 に含まれているカイガンスコ・ヴァシュカンスキー Kaigansko・Vasyukansky 現場での作業のためにサハリンで 2003 年に設立された合弁企業エルヴァリ・ネフチェガス（Elvary Neftegaz）

にかかっている。2006年11月22日に，ロスネフチとBPは，東シュミトフスキー Vostochno・Shmitovsky（サハリン－5）および西シュミトフスキー Zapadno-Shmitovsky（サハリン－4）の認可鉱区の開発に関する共同出資業務協定に署名した。BPは両予定地における，6坑井の商業生産深度までの掘削を含む，探査業務に資金供給し，後にロスネフチの採取持分から支出を埋め合わせることになっていた。東シュミトフスキーおよび西シュミトフスキーの地下資源利用者は，ロスネフチの100％子会社（東シュミット・ネフチェガス（Vostok・Schmidt Neftegaz）および西シュミット・ネフチェガス（Zapad・Schmidt Neftegaz））である。その上，2006年11月29日に，ロスネフチとBPは，ロシア北極圏地域における海盆の合同調査を準備し，炭化水素探査の共通の利益を確定する，覚え書きに署名した[142]。

ところが，2008年2月にBPは，サハリン－4およびサハリン－5でのそれ以上の掘削を中止することを決定した後で，サハリン島におけるその事務所の閉鎖を公表した。BPは，掘削が成功だと見られなかったサハリン－4およびサハリン－5では，そのロスネフチとの合弁企業，エルヴァリ・ネフチェガスが地質学的探査のみを実施する予定だと述べた[143]。ロスネフチとBPは，サハリン－4の契約地区での探査結果に落胆して，そのプロジェクトの放棄を決定した。その土地の5年間の探査権は2008年11月に失効し，この鉱区で掘削された2本の坑井が空井戸であったことから，両社は認可の延長を申請するよりもそれを政府に返上すること決定した。ロスネフチBP合弁企業は，隣接するサハリン－5地区をも探査したが，そこでは炭化水素は両社の開発を経済的なものにするには不十分な量しか発見されなかった[144]。

サハリン－5プロジェクトの枠内で，ロスネフチとBPは，サハリン大陸棚の東シュミットおよびカイガンスコ・ヴァシュカンスキー認可鉱区において，共同で探査活動を行った。2004～2007年の期間に，東シュミット鉱区で，相当数の2次元および3次元震探，エンジニアリング面の調査および環境調査が実施された。その結果，12の見込みある地質構造が発見された。探査権は2013年まで延長された[145]。

欧州の一部の会社がサハリン－3プロジェクトに関心を持っている，と報告されたことがある。レプソル（Repsol）の子会社YPFの最高経営責任者アン

トニオ・ブルファウ Antonio Brufau は，同社がサハリン－3プロジェクトへの参加に関心のあることを明らかにした。レプソルはヴェーニンスキー認可鉱区にある鉱床の25％を申請した。もし交渉が成功すれば，レプソルはロスネフチと協力することになる。レプソルは，目標とする権益を2億5000万～4億ドルを支払うことによって獲得できたと推測されている[146]。別の報告は，ノルウェーの国営石油・ガス会社スタットオイル（Statoil）も，サハリン－3プロジェクトに関心があることを示唆していた。ガスプロムの子会社であるガスプロムネフチは，2007年4月2日に署名されたスタットオイルとの基本合意書の下で活動を開始した。2007年7月17日に，ガスプロムネフチはスタットオイルに，サハリン大陸棚のロプホフスキー Lopukhovsky 鉱区の地質学的探査と一層の開発への参加を要請した（6月5日に，両社は共通の機会を調査するための作業グループを立ち上げた）。この招待が可能になったのは，天然資源省傘下の連邦地下資源利用庁の委員会が，その予定地の地質学的探査の認可期間を2010年まで延長することを決定した後のことである。この鉱区の以前の探査期限は2007年5月31日で終了していた。2006年9月に，天然資源省の連邦自然利用分野監督局（Rosprirodnadzor）が認可協定の下でのガスプロムネフチの実績を査察し，多数の違反を発見した。ガスプロムネフチは，サハリン－2プロジェクトの支配株を引き継ぐというガスプロムの決定の後は，ロプホフスキーは優先事項ではなく，同社の姿勢を変更したのだという見解を保持していた[147]。

　2007年5月31日に，ガスプロムの最高経営責任者代理，アレクサンドル・メドヴェージェフ Alexander Medvedov は，3500平方メートルの面積をもち，1億3000万トンの石油および5000億立方メートルの天然ガスの仮説的埋蔵量を有するロプホフスキー鉱区の開発だけでなく，サハリン－3およびサハリン－4のプロジェクトにも関心を維持しており，同社はサハリン大陸棚の最大の地下資源利用者になりたいと考えていると述べた。その予定地はチュメニ石油会社サハリン（TNK-Sakhalin）に属し，同社の75％はチュメニ石油会社ブリティッシュ・ペトロリアム（TNK-BP）のものである。2005年にガスプロムネフチは，チュメニ石油会社サハリンを，7000万ドル支払って（業界の推測による）買収した。残りの25％は，サハリン石油会社（SOC）が保有し

ており，後者はサハリン州行政府によって管理されている。アレクセイ・ロマノフ Alexei Romanov, サハリン石油会社社長によれば，2006 年にガスプロムネフチはロプホフスキー鉱区の地質学的探査から得たデータの彼らの解釈を修正した。2003 年の野外活動の時期に，3 次元震探を 2335 平方キロメートルの面積にわたって実施したが，これは開発権を得るための義務として要請されるものよりも約 75％広かった。2004～2005 年に実施された，TNK-BP による，BP の専門家も参加したこのデータの解析は，この開発予定地の地質学的条件が以前に考えられていたよりも基本的に好ましくないことを結論づけていた。しかしながら，この結果についてのガスプロムネフチの見解は，もっと楽観的であった。ガスプロムネフチは，天然資源省に対して 2007～2010 年の地質探査の新規プログラムと，探査権の期間延長を正当化する理由書を提出した[148]。

サハリン－3，4 および 5 とは異なり，サハリン－6 は大会社を誘致することができなかった。主要な発見の追求は，より小規模でより大胆な企業に任された。1997 年にペトロサハは，オクルジノエ Okruzhnoye 油田における 20 年間の石油生産を認可された。2001 年にペトロサフは，ポグラニーチノエ鉱区の地質学的調査の認可を得たが，この鉱区は既存のオクルジノエ油田に直接並行する洋上にある。2002 年の夏には，ペトロサハはポグラニーチノエ鉱区の中心部を含む 480 平方キロメートルの 3 次元震探プログラムをも取得した[149]。2004 年 1 月にロスネフチは，当初最大で 22 億バレルの石油埋蔵量を持つと考えられた鉱区でのその探査結果に失望し，サハリン－6 の鉱区から撤退した[150]。2004 年 11 月にはウラルス・エナジーが，アルファ・グループのもつペトロサハの 97.16％の所有権に対する完全な支配権を取得した。2011 年 9 月にウラルス・エナジーは，同社が困難な掘削条件のためにサハリン島のペトロサハの坑井 No. 51 を，現在栓をして一時的に放棄していることを公表した[151]。サハリン－6 の 3 鉱区はまだ落札決定されていないので[152]，サハリン－6 の鉱区は大部分探査されていない未開拓地として残っているといって差し支えない。

結　論

　東シベリアおよびロシア極東の石油開発に関する主要問題は，この地域から北東アジア経済への石油輸出の最終的能力はどれだけなのか，ということである。この問いに答えるためには，イルクーツク州，サハ共和国，およびクラスノヤルスク地方，すなわち東シベリア・太平洋石油パイプラインのための3ヶ所の主要生産基地の実際の生産能力を把握する必要がある。本章では，その理解を提供することが試みられている。その回答は，ロシアのエネルギー戦略と直接に関連している。2009年にロシア政府は，2030年までの期間の新たなエネルギー戦略を承認し，政府が2003年に承認してあった戦略を廃棄した。改訂された戦略によると，2030年までに石油生産量は5億3000万〜5億3500万トンに到達し，原油と石油製品の輸出は3億2900万トンに増加するであろう。東シベリアの原油生産量は，総量の14％，あるいは6900万〜7500万トンを占めるであろう。このうち2100万〜3300万トンが第1期に，大体2015年までに使用され，追加の4100万〜5200万トンが第2期に用いられる[153]。この野心的な予測が現実的であるか否かは，現実の問題である。著者の判断では，2030年までに6900万〜7500万トンという目標値は現実的であるが，しかし東シベリアでの探査業務の強化が継続される限りにおいてのみである[154]。

　エネルギー省筋によると，ロシアはヤマロ・ネネツ自治管区とクラスノヤルスク地方北部の新規油田を操業開始するだけで，2020年までに年間生産量5億5000万トンを達成することができる。というのは，東シベリアは独力では十分な資源を有していないからである。ヤマル・クラスノヤルスク・プログラムには，クラスノヤルスク地方のヴァンコール油田，ヤマロ・ネネツ自治管区およびその他若干の地域のタグリスコエ Tagulskoye，スズンスコエ，およびヴォストーチノ・メッソヤヒンスコエ・コムソモーリスコエ Vostochno-Messoyakhinskoye-Komsomolskoye 油田が含まれている。2010年4月5日にロシア政府の燃料・エネルギー委員会は，ヤマロ・ネネツ自治管区とクラスノヤルスク地方北部の包括的な開発プログラムを承認した[155]。

　ロシア連邦天然資源環境省（Russian Ministry of Natural Resources and

Ecology）の経済・金融局長グリゴリー・ヴィゴン Grigory Vygon は，東シベリアは将来の石油生産にとって有望な新たな地域であるが，それは税制における変更を含む多くの重要決定に依存すると述べた。現在のところ，東シベリア・太平洋石油パイプライン地域の資源基盤は，その第1段階と第2段階の荷積みが可能になるほどのものである。しかしながら，多くの問題がある。東シベリアとサハ共和国に位置する多くの鉱床，とくにヴァンコールスコエおよびユルブチェノ・トホムスコエ・センターの鉱床は，輸送インフラストラクチャから遠く離れている。したがって，これらの鉱床の生産物は，直接にはパイプラインに入らないであろう。その上，輸送料金についての不確実性が存在する。税制も，この地域に対する投資意欲を阻害するものである。競売制度が東シベリアでは実践的に機能しておらず，地質学的探査は稀である。この状況を改善しようとして，東シベリアのために輸出税の廃止が検討中である。ヴィゴンの見解によれば，炭化水素鉱床を持つがそれを経済的に開発する方法を持たない企業が存在する可能性を除去するためには，東シベリア開発のための総合的プログラムを作る必要があり，その中であらゆる活動—地質学的調査プログラム，輸送インフラストラクチャの発展，および石油生産計画が，調整されなければならない[156]。この考え方は，輸送インフラストラクチャと石油生産の開発を含む，長期的国家プログラムを調整する点に問題のあることを認めるものである。

東シベリア・太平洋石油パイプラインの生産基地として既に言及され検討さ

表2.12　東シベリア・太平洋石油パイプライン地域において必要な資源基盤

	容量 （100万トン）	導入の最終期限	必要な埋蔵量 （100万トン）
同パイプライン第1期 （タイシェット−スコヴォロジノ）	30	2010	600
同パイプライン第2期 （スコヴォロジノ−コズミノ）	30	2014	600
同第2期（増量）	50	2016*	1,000
同第3期（増量）	80	2025*	1,600

注：*延期前の期限。
出典：ロシア連邦天然資源環境省，Vygon（2009），p. 10に引用されたもの。

れた主要油田の示唆していることは，東シベリア，サハ共和国およびクラスノヤルスク地方の主要油田の生産は合わせて，たとえ1日当たり100万バレルという数字は容易に達成できたとしても，1日当たり160万バレルのパイプラインを満たすには十分なほど大きくないという点にある。しかしながら，東シベリア・太平洋石油パイプラインの原油に対する北東アジアの石油輸入主要3ヶ国（中国，日本，韓国）からの需要は非常に強大であり，だからモスクワ政府は，確認埋蔵量が1日当たり160万バレルという容量を達成するのに十分なほど大きい限り，このパイプライン・プロジェクトの第2段階を続けることに躊躇すべきではない。ヴァンコール，ヴェルフネチョンスコエ，タラカンおよびユルブチェンスコエ油田の最盛期の合計生産能力は，2010年代半ばまでに4500万トンに近づくであろうが，しかし東シベリア・太平洋石油パイプラインの第1期部分に近接する油田からの生産量を加えれば，5000万トンという数字は容易に達成することができる。たとえユルブチェノ・トホムスコエ油田が2020年代早期に，その最盛期の生産量に到達するとしても，合計生産量は8000万トンをかなり下回るであろう[157]。東シベリアとクラスノヤルスク地方における限られた数の辺境地域しか探査されたことがない点を考慮すれば，来るべき数十年間により大きな油田を発見する良い機会がある。しかしながら，もし5000万トン以上の確認埋蔵量を有する油田の発見で画期的成功がなければ，モスクワの最高意思決定者らは深刻な板挟みに直面し，西シベリアからの相当量の原油供給の転用が継続されなければならないであろう。

東シベリア・太平洋石油パイプラインを通じたアジア・太平洋地域に対するロシアの石油供給の意義は大きい。ロシアは初めて，東シベリアのその辺境地帯の油田をロシア極東のナホトカ近くのコズミノ Kozmino 港に結びつける長距離パイプライン網の確立にこぎ着けた。この夢を現実に転換するのに40年を要した。ロシアのアジア部におけるこの石油輸出網は，巨大なアジア・太平洋経済へのロシアの参入に役立つであろう。第2に，このパイプラインの開発は，中国と北東アジア諸国の両方へのより低水準の（最大限でない）原油供給を充足するように設計されたものであったが，しかし原油供給量は，アジア・太平洋石油市場における東シベリア・太平洋石油パイプライン原油の特性の持

つ影響を最大化するために，増やされるべきである。このパイプラインの高品質原油に対する需要は拡大し，そして供給の拡大は，拡張された探査プログラムと，東シベリアの石油探査および開発のための免税措置との結果に依存するであろう。このパイプラインからの供給の急増が，今後数年間にアジアの価格割り増しの縮小に貢献するか否かは，まだ分からない。

付　表

表 A.2.1　ロシア石油産業の指標

	石油産出量 （100 万トン）	国内消費量* （100 万トン）	独立国家共同体外への輸出 **(100 万トン)	探査掘削 (km)	開発掘削 (1000km)	遊休状態の油井総数 (1000 井)
1995	311	146	100	1,079	9.9	39.9
1996	303	130	105	1,026	6.8	36.6
1997	307	129	110	1,007	7.0	36.7
1998	304	124	118	798	4.3	35.0
1999	305	126	111	793	4.9	33.1
2000	323	124	133	1,014	8.3	31.9
2001	348	122	140	1,144	9.0	31.5
2002	380	124	155	721	7.7	36.1
2003	421	123	175	681	8.6	36.3
2004	459	124	207	583	8.4	36.8
2005	470	123	204	627	9.2	30.0
2006	481	129	217	723	11.6	27.2
2007	491	126	214	867	13.8	25.8
2008	488	139	205	852	14.6	25.4
2009	494	135	211	464	14.1	25.9

注：*国内消費量には製油所の燃料と損失分も含む。**独立国家共同体以外の国への石油輸出量について信頼性のあるデータは，1998 年以降トランスネフチのシステムを迂回した量のみを包含したものである。
出所：Renaissance Capital (2010), p. 14.

表 A.2.2　ロシアの原油およびコンデンセート会社別生産量（100 万トン）

	2003	2005	2007	2008	2009
ロシア	421.347	469.986	491.306	488.487	494.228
石油会社	382.980	432.604	441.118	436.961	438.136
ロスネフチ	19.568	74.418	101.681	108.345	111.057
ルクオイル	78.870	87.814	91.432	90.245	92.179
TNK-BP	61.579	75.348	69.438	68.794	70.236
スルグートネフチェガス	54.025	63.859	64.495	61.684	59.634
ガスプロムネフチ	31.394	33.040	32.666	36.278	35.109
タトネフチ	24.669	25.332	25.741	26.060	26.107
スラブネフチ	18.097	24.163	20.910	19.571	18.894
ルスネフチ	1.985	12.181	14.169	14.247	12.688
バシュネフチ	12.046	11.934	11.606	11.738	12.234
ユーコス	80.747	24.516	8.981	-	-
ガスプロム	11.022	12.788	13.154	12.723	12.042
NIP	27.345	24.593	37.035	38.803	44.050

注：NIP =統合されていない生産者および合弁企業。
出所：Renaissance Capital (2010), p. 25.

表A.2.3 ロシアの石油・ガス部門における資本支出（10億ドル）

	石油					ガス	合計
	上流	石油精製	石油輸送	石油製品	小計		
1998	2.854	0.431	0.543	0.021	3.849	3.895	7.744
1999	2.352	0.225	0.246	0.015	2.838	2.835	5.673
2000	4.802	0.725	0.429	0.027	5.983	4.538	10.521
2001	6.783	0.998	1.158	0.022	8.961	5.681	14.642
2002	5.530	0.854	0.760	0.063	7.208	5.915	13.123
2003	7.674	0.894	1.628	0.114	10.310	7.450	17.760
2004	9.022	1.411	1.804	0.190	12.332	9.500	21.927
2005	8.664	1.477	2.350	0.220	12.722	10.664	23.376
2006	15.546	2.377	5.338	0.563	24.073	16.242	40.066
2007	21.997	3.432	6.371	0.624	31.768	19.418	51.841
2008	30.810	5.254	6.035	0.228	41.517	24.275	66.602
2009	22.753	7.145	7.383	0.088	37.369	18.803	56.172

出所：1998～2003年：Renaissance Capital (2008), p. 81；2004～2009年：RC (2010), p. 87.

表A.2.4 シベリアおよび極東における2030年までの石油生産量（100万トン／年）

	2010	2015	2020	2025	2030
西シベリア	327	350	352	359	366
東シベリア	8	27	45	55	74
極東	17	19	24	25	26
サハリン1	8	8	7	6	5
サハリン2	8	8	7	7	6
サハリン3－9	0	1	8	11	14
サハリン陸地	2	2	2	1	1
カムチャツカ西部大陸棚					
シベリアおよび極東	352	396	421	438	466
ロシア合計	488	536	561	600	636

出所：Kontorovich & Eder (2009).

表A.2.5 東シベリアおよびサハ共和国における地下資源利用者

	認可鉱区の数	認可鉱区の面積（km²）	当該地域で地下資源利用者が操業を開始した年
エヴェンキ自治管区			
ヴォストシブネフチェガス	1	5,569	1996
タイムーラ	1	3	1998
ユーコス	4	21,668	2000
クラスノヤルスク・ガスプロム	1	1,885	2001
スラヴネフチ－クラスノヤルスクネフチェガス	8	29,327	2002
ハリャガ	2	3,820	2004
エヴェンキトープリヴォ・エネルギーカンパニー	2	3,113	2005
クラスノヤルスクガスドブィチャ	2	14,616	2005

2. 東シベリアおよびロシア極東における石油産業の発展

ホルモゴルネフチェガス	1	1,600	2005
ガスプロム	2	7,116	2005
ロスネフチ	1	3,596	2006
小計	25	92,333	
クラスノヤルスク地方			
ヴォストシブネフチェガス	1	3,525	1995
クラスノヤルスク・ガスプロム	2	2,242	2000
メジレギオナリナヤ・トープリーヴナヤ・カムパーニヤ	4	6,950	2002
ハリャガ	3	3,886	2004
ガスプロム	3	14,361	2006
小計	13	30,964	
イルクーツク州			
ウストークート・ネフチェガス	2	1,366	1996
ルシア・ペトロリアム	1	7,296	1997
ダニーロヴォ	1	164	1997
ペトロミール	3	13,328	1999
ペトロシブ	2	5,044	1999
ブラーツクエコガス	1	59	2000
ドゥリスマ	1	1,147	2000
コヴィクタ・ネフチェガス	1	3,050	2001
ヴェルフネチョンスクネフチェガス	1	1,481	2002
アトフーマグ プラス	1	39	2002
エスエヌゲカ	2	5,100	2003
ガスプロム	2	2,676	2003
シブレアルガス	1	3,190	2003
サヤンヒムプラスト	1	457	2003
バイカルガス	1	2,800	2004
ロスネフチ	4	11,913	2005
アイエヌケー・ネフテガスゲオロギア	5	10,312	2005
スグルートネフチェガス	3	6,880	2006
アヴァンガールド	2	6,825	2006
ノヴォシビルスクネフチェガス	2	7,498	2006
カダーネフチェガス	1	5,603	2006
ネフチェヒムレスールス	1	3,594	2006
小計	39	99,822	
サハ（ヤクーチア）共和国			
イレルヤフネフト	2	2,097	1997
ヤクートガスプロム	2	284	1998
アルロサーガス	1	222	2002
ターシューユリアフ石油ガス採取	2	1,381	2002
スグルートネフチェガス	6	28,597	2003
ホルモゴルネフチェガス	2	1,558	2005
サハトランスネフチェガス	2	644	2005
イレルヤフネフチェガス	1	1,824	2006
スンタルネフチェガス	1	1,074	2006
小計	19	37,682	

出所：ロシア連邦天然資源省, Baidashin (2007c), p.15 に引用されたもの。

【注】

1 Aleksashenko (2010) は，石油／ガス部門からの財政収入が，2008年後半のGDP比11％から，2009年第1四半期のGDP比5.9％，2009年通年のGDP比7.6％に減少したと計算している。
2 石油・ガス部門からの財政収入は，パイプライン部門を含めて，法人税，付加価値税，個人所得税，統合社会保険料，固定資産税，石油またはガス会社の政府持ち株配当，合弁企業法人ベトソブペトロの利潤，および生産分与協定からの使用権料をも考慮に入れるべきである。しかしながら，信頼できる統計データの制約のために，財政収入のこれらの部分については，ここでは吟味しない。
3 Nemtsov & Milov (2008).
4 Wagstyl (2007).
5 Clover (2008).
6 Ibid. クドリン財務大臣は，2008年9月16日に，連邦財政はもし石油が1バレル70米ドルを下回れば，赤字となるであろうと述べたが，その時点でロシアの石油はおおよそ1バレル89米ドルで売られていた。Clover & Belton (2008) を参照。
7 Belton (2008).
8 Belton & Wagstyl (2009) ; Clover (2009).
9 Kramer (2009b).
10 「ロシアの2010年のインフレ率は最高で8％―大臣」http://en.rian.ru/business/20101123/161467191.html 2000年代に記録された最低値は，2010年7月の5.5％であった。参照「ロシアのインフレは12年ぶりの低さへ，一層のインフレ率縮小に道を開く」www.bloomberg.com/news/2010-04-05/russian-inflation-slows-to-12-year-low-paving-way-for-further-rate-cuts.html
11 Tompson (2005). ロシアがその巨大なシベリア資源に関して直面している問題を理解するために，著者はHill & Gaddy (2003) を推薦したい。
12 Goldman (2008), pp. 12-3.
13 Inozemtsev (2009).
14 Putin (1999), pp. 3-9. この論文について論述した最初の西側の学者は，Martha Brill Olcott (2004) であった。この論文の背景，その論題については，Balzer (2005) の中で一層詳細に検討されている。
15 Ibid.
16 今では野党の元第1副首相Boris E. Nemtsovは，「それは独占者の典型的行動である。独占者は競争を恐れる」と述べた。Kramer (2009a) 参照。
17 Grace (2005), p. 1. ロシア石油産業の徹底した理解のためには，Considine & Kerr (2002) を参照。
18 Sakwa (2009). とくに pp. 148-87.
19 Goldman (2008), pp. 105-20 ; Hanson (2009), pp. 14-27.
20 Sakwa (2009), pp. 395-6
21 Moscow Times, 21 December 2004 ; Sakwa (2009), p. 187 に引用されている。
22 Ibid., pp. 93-135.
23 Wagstyl & Ostrovsky (2004).
24 Pirani (2010) 参照。
25 Erochkine & Erochkine (2006), p. 83.
26 ユーコスは国有会社2社，すなわち，ハンティ・マンシ自治管区に本拠地を置くユガンスクネフチェガスとヴォルガに本拠地を持つ精製会社クイブシシェフネフチェオルグシンチェーズとの合併の結果1993年4月に設立された。Sakwa (2009), pp. 30-73.
27 TNKは，オナコおよびシダンコに対する支配を確立し，シブネフトと共にスラブネフチの

74.95％を買収した。*Ibid.*, pp. 84-5.
28 Renaissance Capital (2008).
29 A. E. カントロヴィッチ，ロシア科学アカデミーシベリア支部，石油地質学（・地球物理学）研究所学術所長は，ロシアの2020年に至る期間のエネルギー戦略の改良とその2030年までの延長に関する産業エネルギー省の作業（2006年12月21日付省令第413号）のために，石油産業複合体の長期的戦略的優先事項および主要政策発展活動の策定を行う作業グループの長であった。
30 Lukin (2005b).
31 Gaiduk (2005).
32 Gaiduk (2005).
33 Gaiduk (2007c), p. 17.
34 Lukin (2005b).
35 *Ibid.*
36 Gaiduk & Kirillova (2006), p. 38.
37 Shlyapnikov, Glazkov & Gaiduk (2007), Glazkov (2004a).
38 Milyaeva (2008c).
39 Baidashin (2008a).
40 RC (2010), p. 35.
41 Baidashin (2008b).
42 Milyaeva (2008a).
43 Baidashin (2008b).
44 *Ibid.*
45 Milyaeva (2008a).シベリア台地の南部においては，探査によって大規模石油・ガス田を，いくつかの既に調査されたものも含めて，明らかにしてきている。開発された60以上の石油およびガス鉱床の中で，16鉱床が炭化水素1億トンを超える埋蔵量を持ち，3鉱床は10億トン以上を持つ。最大規模の石油埋蔵地は，ユルブチェノ・トホムスコエ，クユムビンスコエ，ヴェルフネチョンスコエ，タラカンスコエ油田であり，最大のガス埋蔵地は，コヴィクチンスコエ，アンガロ・レンスコエおよびチャヤンジンスコエにあるガス田である。Baidashin (2007c) 参照。
46 Milyaeva (2008a).
47 Baidashin (2007c).
48 *Ibid.*
49 2007年8月2日に採択されたものであるが，特別連邦プログラム「2013年までの期間の極東およびザバイカルの経済的社会的発展」は，インフラストラクチャの問題を扱うことになっていた。資金の大部分はサハ（ヤクーチヤ）におけるインフラ建設—これまでのところ開発されていない鉱床を結ぶ，建設費300億ルーブルの，パイプライン，高速道路，交通機関，通信ライン，それに加えて鉄道（最大プロジェクトで，コリマ－レナ間，建設費700億ルーブル）—に向けられる予定である。Gaiduk (2007c), p. 17 参照。
50 *Russia & CIS Oil and Gas Weekly*, 9-15 October 2008, p. 19；*Russian Petroleum Investment*, September 2005, p. 16.
51 Glazkov (2006a)；Chernyshov (2007).
52 Chernyshov (2008).
53 www.rosneft.com/news/today/161020082.html，最後にアクセスしたのは2009年末。
54 ドミトリー・シェイベ Dmitry Sheibe，イルクーツク州副知事および，同州天然資源担当大臣は，州当局が「ともかくこの訴訟を中止する」つもりであると述べた。紛争は法廷で解決されつつあった。2007年6月に，東シベリアガス会社の株式所有者はヴェルフネチョン石油ガスの11.29％の持

【注】　*101*

分を売却することを決定したが，これは以前にはイルクーツク州に帰属するものであった。ロスネフチと TNK-BP は，対等の立場でこの株式を買収することになっていた。Chernyshov（2008）および *Russia & CIS Oil and Gas Weekly*, 9-15 October 2008, p. 19 を参照。

55　Glazkov (2006a), Chernyshov (2007).
56　Chernyshov (2007).
57　Chernyshov (2008).
58　いくつかのリスクがトムスク石油・ガス科学研究・設計研究所により考慮されていなかった。極めて重要なのは，東シベリア・太平洋石油パイプラインと結びついたリスクであるが，たとえばその建設費は当初予算を 100％ 以上超過しており，採取のために必要とされる投資が，ほとんど 1 年遅れとなっていた。その結果，ヴェルフネチョンスコエ石油のポンプ汲み上げは，算定された料金を多分超過するであろう。Chernyshov (2008), *Russia & CIS Oil and Gas Weekly*, September 2005, p. 16 参照。
59　*Ibid.*, pp. 23-27.
60　*Ibid.*
61　*Russia & CIS Oil and Gas Weekly*, 9-15 October 2008, p. 19.
62　「ヴェルフネチョンスクネフチェガス」www.rosneft.com/Upstream/ProductionAndDevelopment/eastern_siberia/verkhnechonskneftegaz/
63　www.rosneft.com/news/news_in_press/29012010.html，最後にアクセスしたのは 2011 年 2 月。ロスネフチは，東シベリア（イルクーツク州およびクラスノヤルスク地方）において，石油換算 25 億トン以上の入手可能帰属資源を持つ 26 の認可地区で探査業務を実施した。とくに 2010 年に関しては，直線 5325 キロメートルの 2 次元震探，400 平方キロメートルの 3 次元震探を行い，探査井 12 本を掘削することが計画された。
64　Milyaeva (2008b).
65　*Ibid.*
66　ヴァレリー・ネステロフ Valery Nesterov，'Troika Dialog' の石油・ガス分析家は，ウラルス・エナジーにとってのドゥリスマ有限責任会社の実際の代価は，確認および推定埋蔵量の 1 バレル当たり約 1.34 ドルと算定した（比較であるが，スペインの会社 Repsol による西シベリア資源 West Siberian Resources の 10％ 持分の購入は，同一カテゴリー埋蔵量 1 バレル当たり 5.1 ドルと等価で行われた。ルスネフチによるサラトフネフチェガスの取得は，埋蔵量 1 バレル当たり 2.1 米ドルの価格と等価であった）。Baidashin (2006c) 参照。
67　Milyaeva (2008b)；'Urals Energy receives \$270 million loan from Sberbank', http://in.reuters.com/article/2007/11/15/russia-urals-sberbank-idINL1550225020071115.
68　Irkutsk Oil Company home page, www.irkutskoil.com/
69　Ibid.
70　Ibid.
71　Kirillova (2008b).
72　Milyaeva (2008b)；Kirillova and Gaiduk (2009).
73　Chernyshov (2007).
74　*Ibid.*
75　*Russia & CIS Oil and Gas Weekly*, 11-17 September 2008, p. 19.
76　2002 年 1 月 1 日に，この地区の D1 の資源推計は，石油 1500 万トン，ガス 500 億立方メートルであった。*Russia & CIS Oil and Gas Weekly*, 4-10 September 2008, p. 22.
77　Motomura (2010).
78　Kirillova (2008b).

79　Ibid.
80　'Russian-Japanese joint-ventures find oil and gas in Irkutsk, Region', www.irkutskoil.com/presscenter/companynews?id=27（accessed 26 October 2010）
81　Chernyshov（2004e）.
82　Glazkov（2004a）.
83　Chernyshov（2005d）.
84　Chernyshov（2007）；Baidashin（2006d）.
85　*Russia & CIS Oil and Gas Weekly*, 2-8 October 2008, p. 14；Surgutneftegaz home page, www.surgutneftegas.ru/en/press/news/item/312/
86　*Oil and Gas Journal, Online*, 29 January 2009.
87　*Russia & CIS Oil and Gas Weekly*, 2-8 October 2008, pp. 18-19.
88　Kirillova（2008a）.
89　Baidashin（2005c）.
90　Kravets（2006）.
91　この目標プログラムの遂行は，商業石油採取の割合を 2006 年の 9 万 8000 トンから 2010 年の 2077 万 3000 トンへ，商業ガス生産を 2006 年の 9 億 6300 万立方メートルから 2010 年の 36 億立方メートルに増加させるために企画された。著者は，この目標プログラムが計画されたとおり実行されたかどうか確認することができなかった。Kirillova（2008a）参照。
92　Kirillova（2008a）.
93　Watkins（2009a）.
94　Glazkov（2009）.
95　ロスネフチの台頭については，Poussenkova（2007a）を参照。
96　Chernyshov（2003c）.
97　Glazkov（2005）；Kirillova（2008a）.
98　Glazkov（2005）.
99　Glazkov（2006b）.
100　Glazkov（2005）；Kirillova（2008a）.
101　Kirillova（2008a）.
102　Chernyshov（2007）.
103　東シベリア・太平洋石油パイプライン関連の税および料金については，第 7 章で検討される。
104　'Vankorneft', www.rosneft.com/Upstream/ProductionAndDevelopment/eastern_siberia/vankorneft/；Kirillova（2008a）.
105　Chernyshov（2007）.
106　Kirillova（2008a）；'Vankor Group of Licensed Blocks', www.rosneft.com/Upstream/Exploration/easternsiberia/vankor/
107　'Vankor's Millions', www.rosneft.com/news/today/21082009.html；Nezhina（2009c）.
108　'Vankor's Millions', www.rosneft.com/news/today/21082009.html
109　Kirillova（2008a）.
110　Rosneft Annual Report 2010, 61.（www.rosneft.com/attach/0/58/80/a_report_2010_eng.pdf）
111　'Vankor's Millions', www.rosneft.com/news/today/21082009.html；'Vankorneft', www.rosneft.com/Upstream/ProductionAndDevelopment/eastern_siberia/vankorneft/. 2011 年 4 月までに，生産能力は，年間 2000 万トンに到達していた（'Production Output at the Vankor Field Reaches 20Million Tonnes', www.rosneft.com/news/news_in_press/060420112.html）。
112　'East-Siberian Oil and Gas Company', www.rosneft.com/Upstream/ProductionAnd

Development/eastern_siberia/east_siberian_oil_gas/
113　Kirillova (2008a), p. 27.
114　*Russia & CIS Oil and Gas Weekly*, 2-8 October, 2008, pp. 16-17 ; Glazkov (2009).
115　Kravets (2006).
116　'OOO SLAVNEFT-KRASNOYARSKNEFTEGAZ', www.slavneft.ru/eng/company/geography/krasnoyarsknefnegaz/
117　Chernyshov (2007).
118　Kirillova (2008a).
119　Henderson (2011a).
120　Bradshaw (2010).
121　VNIGRI (All Russia Petroleum Research Exploration Institute), www.vnigri.spb.ru/en/about/history.php
122　Grigorenko (2004).
123　'Exxon Neftegaz Ltd. Phases and Facilities', www.sakhalin-1.com/Sakhalin/Russia-English/Upstream/about_phases.aspx ; 'Sakhalin-1 good example of Russia-US Pacific Partnership-view', http://pda.itar-tass.com/en/c154/185649.html
124　Baidashin (2004a).
125　Gaiduk (2008c).
126　Baidashin (2006e).
127　Gaiduk (2008c).
128　'Chayvo Phase 1', www.sakhalin-1.com/Sakhalin/Russia-English/Upstream/about_phases_chayvo1.aspx
129　ソコールの性状分に関しては，www.exxonmobil.com/apps/crude_oil/crudes/mn_sokol.html
130　Demongeot (2006). 原油10万トンまで輸送する外殻二重構造アフラマックス型タンカー専用船団が，デ＝カストリのターミナルから世界市場への年間を通じた原油輸出のために使用された。Sakhalin-1 Project Fact Sheet July 2010, www.sakhalin1.ru/Sakhalin/Russia-English/Upstream/Files/facts_ENG.pdf を参照。
131　Topham (2010) ; 'Sakhalin 1 eyes output boost', www.upstreamonline.com/live/article215941.ece
132　'Sakhalin Energy and the Sakhalin II Project', http://qa.sakhalin-2.com/docs/FactLists/English/Sakhalin-2.pdf ; Historical Background, http://qa.sakhalin-2.com/docs/FactLists/English/History.pdf
133　サハリン縦断パイプラインシステムに関しては，http://qa.sakhalin-2.com/docs/FactLists/English/Pipeline.pdf を参照。
134　Sakhalin Energy, www.sakhalinenergy.com/en/project.asp?p=paa_platform ; http://www.hydrocarbons-technology.com/projects/sakhalin2/ ; 'Sakhalin II: Shell Oil in Russia', http://cambridgeforecast.wordpress.com/2006/12/12/sakhalin-ii-shell-oil-in-russia/
135　Motomura (2008).
136　'Sakhalin Energy: Sakhalin-2 project—recent key milestones', www.sakhalinenergy.com/en/ataglance.asp?p=aag_main&s=1
137　Sakhalin Energy: Offshore production records, http://qa.sakhalin-2.com/en/default.asp?p=channel&c=3&n=370
138　Reuters 19 May 2009. (http://in.reuters.com/article/idINSP46847820090519)
139　'Rosneft: Sakhalin-3', www.rosneft.com/Upstream/Exploration/russia_far_east/sakhalin-3/

140　'Rosneft: Sakhalin-3', www.rosneft.com/Upstream/Exploration/russia_far_east/sakhalin-3/
141　'Russia's Putin offers surprise deal to Shell', http://uk.reuters.com/article/2009/06/27/shell-russia-idUKLR10355520090627
142　Baidashin (2007b).
143　*Reuters*, 12 February, 2008. (www.reuters.com/article/rbssEnergyNews/idUSL1213095520080212)
144　*Nefte Compass*, 4 March 2009.
145　'Rosneft: Sakhalin-5', www.rosneft.com/Upstream/Exploration/russia_far_east/sakhalin-5/
146　Gaiduk (2008c).
147　Baidashin (2007d).
148　*Ibid*.
149　'Urals Energy: Petrosakh', www.uralsenergy.com/ops_petrosakh.htm'; Interview With Mr Yury V. Motovilov, General Director of "Petrosakh", JSC, www.winne.com/topinterviews/motovilov.htm
150　Blagov (2004).
151　Mainwaring (2011).
152　'Energy profile of Sakhalin Island, Russia', www.eoearth.org/article/Energy_profile_of_Sakhalin_Island_Russia
153　2009年から2030年の間のロシア石油部門開発のための資本投資は，2007年価格で合計6090億〜6250億米ドルに達するであろうが，その内1620億〜1650億米ドルが2020年までの第1期に，1340億〜1390億米ドルが第2期（2020〜22年まで）に，そして3130億〜3210億米ドルが2030年に終了する第3期に投資されるであろう。6090億〜6250億米ドルの内，4910億〜5010億米ドルが生産と地質学的探査に配分され，470億〜500億米ドルが精製部門に配分されるであろう。*Russia & CIS Oil and Gas Weekly*, 26 November-2 December, 2009, pp. 6-8 ; Gaiduk (2009c) を参照。
154　2011年初めに，ロスネフチは 東シベリアのサナルスキーおよびプレオブラジェンスキー開発権区域における2つの新しい石油・ガス田の発見を公表した。両区域は，イルクーツク州のカタンガ地区に位置する。予備的データによると，サナルスコエおよびリソフスコエ油田のそれぞれは，石油約8000万トンの当初可採埋蔵量を持つことが示唆されている（'Rosneft discovers two new fields in East Siberia', www.rosneft.com/news/news_in_press/14022011.html）。
155　ヤマル・クラスノヤルスク・プログラムによる2020年までのロシア石油生産予測は，2030年までのエネルギー戦略におけるそれとは異なっていた。地方的プログラムは5億5000万トンを予測していたが，国家的戦略は2020年までが5億500万〜5億2500万トン，2030年までが5億3000万〜5億3500万トンを目標としている。*Russia & CIS OGW*, 12-18 August 2010, p. 8 参照。
156　Vygon (2009).
157　ルネサンス投資銀行 Renaissance Capital により著者に示されたデータによると，サハ共和国のタース・ユリアフ油田は，中央鉱区開発権区域やクルングスキー開発権区域と呼ばれる石油・ガス田の埋蔵石油・ガスを開発する2つの隣接する開発権を含めて，大規模な確認石油・ガス埋蔵量を持つ。西側の分類によれば，2P石油埋蔵量9億8000万バレルと，2Pガス埋蔵量2兆9660万立方フィートであり，ロシアの分類では，C1+C2石油埋蔵量1億3100万トンあるいは9億5100万バレル，C1+C2ガス埋蔵量1402億立方メートルあるいは4兆9560万立方フィートである。2017年までの最盛期生産は1日当たり13万バレルかそれ以上であると予測されている。もしこの予測が実現されれば，2020年よりも前に年間5000万トンという数字が容易に達成されるであろう。

3. 東シベリアおよび極東ロシアにおけるガス産業の発展

　ロシアの巨大な資源賦存は，二重のものである。この国は，世界の石油確認埋蔵量の5％以上を持っているだけでなく（湾岸諸国を除いて，より多く持つのはベネズエラだけである），それは世界のガス確認埋蔵量のほぼ4分の1を有しており，これは他のどの国よりもはるかに多い。ロシアは中国のエネルギー供給の不足を満たす上で理想的な位置にあるという期待は，石油の場合よりもガスの場合の方がさらに大きかった。

　本章では，ロシア連邦のヨーロッパ部とアジア部におけるガス産業の相違点を概観することから始める。その次に本章は，アジアへの大規模ガス輸出に焦点を当てた「ガスプロムのアジア政策」に依拠しつつ，ロシアのアジア輸出政策の青写真である「東方ガスプログラム」が，2000年代にどのように準備され，発展させられたのかを説明する。それから，東部統一ガス供給システムへの3つの主要ガス供給源，すなわちコヴィクタ・ガス，サハリン海洋ガスおよびサハ共和国ガスの生産能力を理解することに焦点を移す。

ロシアのガス産業：西と東で分割

　近年ロシアの石油産業は，いくつかの垂直的統合石油会社への全体的再編を経験してきた。ガス業界の方は，単一の超巨大国営企業，ガスプロムによって支配されているという事実のお陰で，同様の経験を蒙ることは一度もなかった。ガスプロム国家ガスコンツェルンは，ソ連邦ガス産業省によって1989年に設立された。1993年に同コンツェルンは，ガスプロムロシア株式会社（Gazprom Russian Joint Stock Company）の基礎を置き，1998年にガスプロム公開株式会社（Gazprom Open Joint Stock Company）に改称した。ガスプロムは，以下のように報告している。

…2009年末，同社のA+B+C1埋蔵量は33兆6000億立方メートル，石油とコンデンセート埋蔵量は31億トンと推定されていた。国際基準PRMS（石油資源管理システム）によれば，同社の確認・推定炭化水素埋蔵量は，2301億ドル相当の燃料273億トンと推定されている。ガスプロムは，世界のガス生産量の17％を占め，世界最大のエネルギー会社の1つであり，2009年の生産量は4615億立方メートルであった[1]。

　ロシア連邦のアジア部におけるガス生産の割合は，無視しうるほどに小さい。表3.1に示されるように，イルクーツク州とサハ共和国の天然ガス生産量は合計で，ほんの19億立方メートルにすぎないのに対し，サハリン島の生産量は92億立方メートルである。しかし，2020年代に東シベリアおよびサハリン海洋で予定されているガス生産量は，年間1000億立方メートル以上であり，これはたとえ十分な確認埋蔵量がすでに確かめられているとしても，野心的な目標である。しかしながら，現時点では，大規模ガス輸出を容易にするインフラストラクチャが全く存在しない。計画されているガス輸出が実現される

表3.1　ロシアの地域別ガス生産量（2008年）

地域	10億立方メートル	％
欧州地域	33.7	5.1
西シベリア	616.7	92.8
―ハンティ・マンシ自治管区	35.8	5.4
―ヤマロ・ネネツ自治管区	575.9	86.6
―トムスク地域	4.4	0.7
東シベリア	5.3	0.8
―クラスノヤルスク地方	3.4	0.5
―イルクーツク州	0.1	0.0
―サハ共和国	1.8	0.3
極東	9.2	1.4
―サハリン島，オホーツク海沖	9.2	1.4
―チュクチ自治管区	0.03	0.0
ロシア総計	664.9	100.0

出所：Kontorovich & Eder (2009).

ためには，大規模投資が必要とされているにもかかわらず，最近の調査には，重要なパイプライン投資がまだ含まれていない。天然ガスに関する限り，ロシアは常に2つの国であった。すなわち，一方は西シベリア，他方は東シベリアとロシア極東である。両者の間の結び付きはほとんど存在しない。

表3.2に示されるように，2009年11月下旬に公表された2030年までの「ロシアのエネルギー戦略」の最終版は，2030年までのガス総生産量を8850億～9400億立方メートルと予想しており，そのうち，東シベリアは450億～650億立方メートルを占め，極東は850億～870億立方メートルを占めるはずであった。このことは，東シベリアおよび極東はあわせて，総生産量の15％を占めることを意味するであろう。第1段階（2013～15年）では総生産量は，6850億～7450億立方メートル，第2段階では8030億～8370億立方メートルとなる予定である。ロシアは，2030年までにその天然ガス輸出が3490億～3680億立方メートルになり，その際アジア・太平洋諸国への輸出が，第1段階における

表3.2 2030年までのシベリアおよび極東の天然ガス生産量（10億立方メートル／年）

	2005	2008	第1期*	第2期**	第3期
ガス総生産量	641	664	685-745	803-837	885-940
チュメニ州	585	600	580-592	584-586	608-637
—N-P	582	592	531-539	462-468	317-323
—O-TB			0-7	20-21	67-68
—B V	3	8	9-10	24-25	30-32
—Yamal			12-44	72-76	185-220
—トムスク州	3	4	6-7	5-6	4-5
欧州地域	46	46	54-91	116-119	131-137
—カスピ海地域			8-20	20-22	21-22
—ストックマン鉱床			0-23	50-51	69-71
東シベリア	4	4	9-13	26-55	45-65
極東	3	9	34-40	65-67	85-87
—サハリン島	2	7	31-36	36-37	50-51

注：N-P＝ナディム・プルタゾフスキー Nadym-Purtazovsky；O-TB＝オビ・ターズ湾 Ob-Taz Bay；B V＝ボルシェヘツカヤ渓谷 Bolshekhetskaya Valley；*同戦略実施の第1期の終りまで（2013～15年）；**同戦略実施の第2期の終りまで（2020～22年）。
出所：Ministry of Energy, Russian Federation 2010.

輸出の 11〜12%，第 2 段階におけるその 16〜17%，第 3 段階でその 19〜20% になる，と予想している。液化天然ガスは，第 1 段階の輸出の 4〜5%，第 2 段階の輸出の 10〜11%，2030 年までにはその 14〜15% を占めることになるであろう。

2009 年秋にカントロヴィッチとエーデル Eder が作成した大規模輸出予測が示すところでは，2020 年までに輸出が 1310 億立方メートルに達し，このうち 620 億立方メートルが中国向けになり，さらに 2030 年までに輸出が 1830 億立方メートルに達し，このうち 930 億立方メートルが中国向けになるであろう（表 3.3）。この予測の下では，中国と韓国があわせて，2020 年にロシアの対アジア輸出の 70% を受け取ることになる。しかしながら，2030 年戦略に基づく公式予測では，東シベリア地域での生産減少のために，東シベリアからの輸出規模が大幅に削減されている。換言すれば，2030 年戦略は，ロシアガスの中核市場としての中国のその様な優越的地位が，容認されるか否かについて問題提起を行って，表 3.3 に示された予測を修正しているのである。

ロシアガスの対アジア輸出の構想は，2000 年代に起源を持つ新しいものであると，多くの人が見なしている。しかしながら，実際には，パイプラインと液化天然ガスへの転換との両方を通じた，ソヴィエトガスの対アジア輸出計画は，北米向け液化天然ガス輸出計画と同様に，1960 年代にさかのぼるものである。ソヴィエト時代には，アジア市場へのガス輸出プロジェクトは，政治的，商業的，制度的な障害が入り混じって，進展することができなかった。1990 年までは，日本がソヴィエトのガスにとって唯一の現実的アジア市場と見なされていたが，しかし第二次世界大戦後における日ソ間の平和条約の欠如が，貿易関係の一層の緊密化にとって深刻な政治的障害となった。二国間関係のどんな改善にとっても同様に深刻な障害となったのは，第二次世界大戦後にソ連が占領した千島列島の 4 つの小島に関する領土論争であった。米国の政治的主導の後を追う日本の傾向は，冷戦時代に日ソ間の信頼の欠如を強めることとなり，21 世紀の最初の 10 年間においてさえ，両国の関係改善は遅々として進まなかった。政治的問題が，ロシア産品の輸入に対する日本のガス事業者側の熱意を欠如させる結果になった。ソヴィエトそれからロシアのガスに対するこれら買い手の態度は，東南アジアや中東諸国との液化天然ガス貿易を発展さ

表 3.3 太平洋市場への天然ガス輸出：2010〜30 年（10 億立方メートル／年）

	2010	2015	2020	2025	2030
西シベリア発	0.0	0.0	20.0	30.0	30.0
—アルタイ経由中国向け	0.0	0.0	20.0	30.0	30.0
東シベリア発 *	0.0	5.0	72.0	90.0	95.0
—中国向け	0.0	0.0	35.0	50.0	50.0
—日本向け	0.0	0.0	7.0	10.0	15.0
—韓国向け	0.0	5.0	20.0	20.0	20.0
—太平洋市場のその他諸国	0.0	0.0	10.0	10.0	10.0
極東発（A）**	13.7	20.5	38.6	52.0	57.9
—中国向け	1.4	1.8	3.0	3.8	4.0
—日本向け	8.2	10.8	14.0	14.6	15.0
—韓国向け	2.7	3.6	5.2	5.9	6.0
—太平洋市場のその他諸国	1.4	1.8	3.2	4.1	4.3
小計	13.7	18.1	25.5	28.4	29.3
極東発（B）***					
—中国向け	0.0	0.0	3.9	6.2	8.6
—日本向け	0.0	0.2	2.1	3.7	4.3
—韓国向け	0.0	0.8	3.3	6.2	7.1
—太平洋市場のその他諸国	0.0	1.4	3.8	7.4	8.6
小計	0.0	2.4	13.1	23.5	28.6
ロシア発	13.7	25.5	130.6	172.0	182.9
—中国向け	1.4	1.8	62.0	90.0	92.5
—日本向け	8.2	11.0	23.1	28.3	34.3
—韓国向け	2.7	9.5	28.5	32.1	33.2
—太平洋市場のその他諸国	1.4	3.2	17.0	21.5	22.9

注：* 東シベリア—極東ガス幹線（中国および韓国向けパイプライン，液化天然ガス施設およびそのターミナル含む）；** サハリンおよびカムチャッカ，プリゴロードノエ Prigorodnoe の液化天然ガスターミナル，新規のサハリン液化天然ガスターミナル含む；*** 中国および韓国向け支線用開口を有する「サハリン—ウラジオストク—ナホトカ」ガス幹線，極東（沿海地方およびカムチャッカ）の新規の液化天然ガスターミナルを含む。
出所：Kontorovich & Eder（2009）.

せようとする彼らのずっと強い熱心さとは，非常に対照的であった[2]。

　ガスプロムは，1997年にアジアガス市場の可能性に着目し始め，2003年の東京ガス会議で，ガスプロムの最高経営責任者，アレクセイ・ミレル Alexey Miller は，ロシアアジア部における「統一ガス供給システム」の建設や，西シベリアにおける「統一ガス供給システム」とのその接続に関する，彼の将来展望を発表した。彼は，アジア部「統一ガス供給システム」の2007年秋までの完成を予想していた。しかしながら，石油価格の継続的高騰のために，ガスプロムは大量のガス確認埋蔵量が，銀行からの必要な大規模借り入れに対する，十分に信頼できる担保物件として役立つと，過信するようになった。

　その後2008年には，多大な影響を伴う前例のない世界金融危機があった。ロシア連邦国家統計局によると，ロシアのガス総生産量は20％落ち込んだが，ガスプロムは生産量を2009年上半期に，対2008年上半期比で，25％減らすことになった。2009年上半期の内在的なロシアのガス消費量は，10％減となった。しかしながら，消費量の落ち込みは，GDPにおける約10％の，鉱工業生産における約17％の予想された減少と比較すれば，控えめであり，生産に対するガス消費の弾力性が低いことを反映している。欧州とCIS諸国へのロシアの輸出量は，それぞれ40％と50％，減少した[3]。世界金融危機の結果としてガス需要が崩壊したため，ガスプロムの計画立案者は，より長期的な視野で需要要因を見直す時間を与えられたことになり，この様な状況において，アジア市場開発の重要性が一層明確になった。2008～09年の世界危機にもかかわらず，ガスプロムが，サハリン－ハバロフスク－ウラジオストク・パイプライン・プロジェクトの建設を開始し，またサハ共和国の大規模ガス埋蔵量の開発を優先したのは，このためである。これは，ガスプロムのアジア政策の中核であり，以前の主要事業であった欧州地域向け輸出からはまったく独立した，新しい試みである。

ロシアのガス生産：主要ガス田対新規生産ガス田

　ロシアアジア部は，天然ガス関連のインフラストラクチャ開発がまだごく初期の段階にある一方で，ロシアヨーロッパ部では，西シベリアの主要生産ガス田での急速な生産減少が見られる。ジョナサン・スターン Jonathan Stern に

よれば，ガスプロムの現在生産中のガス田および［2005年に］生産開始が期待されているガス田での生産は，2000年代後半に最盛期を迎え，2010年までに5300億立方メートル以下に徐々に減少するであろう。2010年代には3ヶ所の主要ガス田の枯渇により，この減少が加速し，2020年までに生産が約3400億立方メートルに落ちこむことが予想された[4]。約5300億立方メートルの生産を維持するためには，ガスプロムは，2015年までに700億立方メートルの，2020年までに1860億立方メートルの新規の生産能力を必要とするであろう[5]。スターンは，ロシアのガス生産が西シベリアのナディム・プール・ターズNPT地域の3ヶ所の超巨大ガス田によって，20年以上にわたって維持されてきたことを指摘した。しかしながら，この3ヶ所のガス田の予想される生産減少のせいで，モスクワ当局は，今後20年間のガス生産のための計画予定表を立案しなければならなかった。スターンはこう説明する。

　　ガスプロムが開発権を保有している未開発ガス田の中で，…同社は3ヶ所の主要開発選択肢を持っている，すなわちオビObおよびターズ湾ガス田，ヤマル半島ガス田，バレンツBarents海のシュトックマンShtokmanガス田がそれである。オビおよびターズ湾ガス田は，年間最大820億立方メートルの生産能力を持つと推定されているが，この内の1つ目のガス田の生産はまだ開発途上にあり，カメンノムィススコエKamennomysskoyeガス田は2015年まで生産を開始しないであろう[6]。

それ故，ガスプロムにとっての重要問題は，ヤマル半島の超巨大ガス田の次世代を切り開く投資の時機の選択である。ヤマルガス田の第1番手となるボヴァネンコヴォBovanenkovoは，2012年に生産開始が予定されている。ボヴァネンコヴォの産出量は，2014年までに1400億立方メートルにも達するであろう[7]。シュトックマンに関してガスプロムは，生産の第1期が2013年に始まり，第2期が2014年に開始されると述べているが，スターンは，このどちらの予定をも，少なくとも3～4年の過度の楽観視であると見なしていた[8]。

ヤマロ・ネネツ自治管区の石油・ガス採取に向けた開発の戦略的方針は，ヤマル半島の鉱床開発である。2008年時点で，26鉱床がすでに整備され，10兆

立方メートル以上に上るガス埋蔵量を持っていた。ギダンスク Gydansk 半島の鉱床での生産は，長期展望の中に含まれている。同半島の年間ガス採取量は，合わせて1400億立方メートルとなる可能性があった[9]。ヤマロ・ネネツ自治管区におけるガス採取は，ロシアのエネルギー開発の条件と方向を規定するであろう。2008年に，同地域で222ヶ所の炭化水素鉱床が開かれていたが，その内59ヶ所が商業生産に移行済みで，19ヶ所が開発準備段階にあり，そして144ヶ所が探査中であった。これらの鉱床の10に1つは，非常に高い埋蔵量を有している。ヤマロ・ネネツ自治管区は，ロシアのエネルギー資源の生産量の54％を供給している。同管区では，ロシアの全天然ガスの90％が採取されている。商業的炭化水素開発の35年間に，この管区の鉱床は，天然ガス13兆4000億立方メートルおよび原油やガスコンデンセート8億3000万トンを供給してきた。しかしながら，連邦プログラム・レベルでは，ヤマロ・ネネツ自治管区の潜在埋蔵量は過小評価されている。その炭化水素の原料基盤を補充するための国家プログラムにおいて，西シベリアは，東シベリアおよびロシアの大陸棚に次ぐ，3番目の優先順位に位置づけられているに過ぎない。ロシアのエネルギー戦略によると，ヤマロ・ネネツ自治管区は，2020年までに6500億立方メートルのガスを採取する目標を持っている。過去40年間にわたって同管区で実施された探査の結果，ロシアのガス埋蔵量の75％以上のガスの発見がもたらされた。既に検討したように，ロシアのガス採取の重要な戦略的価値は，今日，ヤマロ・ネネツ自治管区のナディム・プール・ターズ地域，すなわち世界最大のガス鉱床所在地の将来にかかっているのである。ナディム・プール・ターズ地域の現在の探査済み埋蔵量だけでも，24兆立方メートル以上に達する[10]。

　ガスプロムが現在直面している生産課題の重大性は，2008年の報道者向け公式発表で強調されており，そこでは，2015年までに年間6100億〜6150億立方メートル，2020年までに6500億〜6700億立方メートルという目標が設定され，「2020年までに新規ガス田がガスプロム・グループの天然ガス生産の約50％を占めることになる」と結論づけられていた。これは，ガスプロムが2008〜20年の期間に，年間3000億立方メートル以上の新規生産能力を操業開始に導かなければならないことを意味しており，これはガスプロムと同程度

の大規模な確証埋蔵量を持っている会社にとってさえ,驚異的な課題であろう[11]。

ロシアにおけるガスプロム系以外のガス生産者に関する綿密な研究では,ロシアエネルギー戦略2030年の改訂版における,第三者によるガス生産の増加の予測が,ロシア政府の長期的戦略的意図の表現と見なされうるという事実が強調されていたが,そこではガスプロム系以外のガス生産者（NGP）の市場占有率が2030年までに27％に上昇すると予測されている。ジェームズ・ヘンダーソン James Henderson は次のように指摘している。

　ガスプロムは,東部で優位を占めるようになると思われるので,西部地域に対するガスプロム系以外のガス生産者の影響が一層大きくなる可能性があるが,その結果として,ロシアの西側市場向けガス供給増加の80％以上が,ガスプロムからではなく,第三者の生産からもたらされる可能性があった[12]。

この文脈では,ガスプロムの長期的生産計画が,東シベリアでの生産の大きな貢献を見込んでいることを念頭に置くべきである。もしそこでの生産規模が,今後数十年で1000億立方メートル以上に到達するならば,それはアジアのガス市場に大きな影響を持つことになるであろう。

ガスプロムのアジア政策がいかに系統的に発展させられてきたかを理解するためには,1990年代と2000年代に,モスクワ当局によって野心的に追求されたいくつかの大規模エネルギー計画を概観することが肝要である。1990年代末までは,ロシア連邦は,同国のアジア部における石油・ガス開発を加速するために,包括的エネルギー戦略を実施できる立場にはなかった。しかしながら,ロシア極東向けの最初の包括的プログラムは,「極東経済地区,ブリヤート自治ソヴィエト社会主義共和国,およびチタ州における,2000年までの生産力の複合的発展にむけた長期国家プログラム」という正式名称で,1987年8月に作成されていた。第2の包括的プログラムは,「ヤクーチアおよびサハリンのガス,ならびに東シベリアおよびソ連極東の鉱物資源の開発構想」という名称で,1991年春に公表され,一般に「東方（Vostok）」計画として知られ

ていた[13]。その後の2年間に、さらなる計画が噂されるか発表されたが、そのいずれも実施されなかった。モスクワおよび地方当局の双方が、壮大な計画で企てられた大規模開発に乗り出すための、財政・技術・労働資源を持っていなかったのである。

ガスプロムの対アジア輸出政策の概観[14]

1997年2月に、ガスプロムの当時の最高経営責任者、レム・ヴャーヒレフRem Vyakhirev は、その対アジア輸出政策を策定する同社の意向を初めて公表した。1997年6月に、彼は次のように述べている。

　…その長さと単位時間内処理量の点で前例のない、大陸横断ガスパイプラインのユーラシア・システムを建設する上での新段階は、チュメニ州の北極ガス田から東シベリアの南部を通るガス幹線パイプラインを敷設し、こうして、ロシアの東部と西部のガスパイプライン・システムを接続することから開始されるであろう[15]。

この所見は、ガスプロムが中国－ロシア・ガスパイプラインの開発に関する、その政策の変更を決定したことを裏付けるものであるが、しかし彼らは、その様な計画がいつ、どのように実施されるかについては、なんら示唆を与えなかった。とはいえ、彼らが強く示唆していたものは、ロシアが、中国向けに東西両シベリアからのガス輸出を促進していくことであった。

ジョナサン・スターンの言葉によると、

　…1998年末にヴャーヒレフは、ガスプロムが、新疆地方を通り中国の東海岸に至る西シベリアガスの輸出を提案したアルタイ・プロジェクトと、中国の東北地方に向けた東シベリアガスの輸出を想定するバイカル・プロジェクトの実施との、両方を追求していることを発表した。ロシア政府が連邦政府令第975-R号を公布し、エネルギー省とガスプロムに対し、東シベリアおよび極東におけるガスの生産・輸送・流通の統一システムのためのプログ

ラムを策定するよう指示した，2002年6月に，東シベリアおよび極東におけるガス開発の制度的基礎が，根本的に変更された[16]。

2003年6月始めに，第22回世界ガス会議において，ガスプロムの最高経営責任者ミレルの基調講演によって，ガスプロムのアジア政策の青写真が明らかにされた。ガス生産・輸送の統一システムの確立を調整するように政府から権限を与えられて，ガスプロムはその対アジアガス輸出の幹線の開発を始めた。それは，アジアへのガス輸出システムを独占し，そうして，ロシアの欧州向けガス輸出の歴史を繰り返すことに主に関心を抱いていた。

ガスプロムは，アジアのガス市場，とりわけ中国ガス市場への進出に対する，体系的接近方法の採用から着手したが，しかし2004年7月下旬に，中国石油天然ガス株式会社（Petro China Company Limited：中国石油天然気股份有限公司（PetroChina））が第1西東ガスパイプライン（WEP-I）への参画に関連する外国会社との交渉を終わらせると決定したことが，ガスプロムの計画の一時的な後退となった。重要なことは，中国石油天然ガス株式会社の決定直後に，ガスプロムがモスクワで韓国ガス公社（Kogas）の代表と会合を持ち，そこでコヴィクタガスは中国にも韓国にも輸出できないことを大変はっきりと示した点である。その代わり，ガスプロムは，ウラジオストクに至るパイプラインを建設し，そしてそれを海洋ルートを介して韓国向けに延長していく予定であった。しかしこの発表は真剣に受け止められず，ガスプロムの提案は非現実的だと見なされた。

2004年遅くに，ガスプロムの戦略的発展の責任者達は，「省庁間作業グループ」（ガスプロムやエネルギー省，天然資源省などの機関で構成）が，中国や他のアジア・太平洋諸国の市場に対する輸出の可能性を含む，東シベリアおよび極東での「統一ガス生産・輸送・供給システム」創設プログラムを開発するのを支援するために，包括的討議資料（東シベリアおよび極東における天然ガス生産・輸送の選択肢の経済的な実現可能性調査）を準備した。この包括的討議資料によれば，ガスプロムの戦略的優先事項は，サハリンの海洋ガス開発となるはずであった。

ガスプロムは，サハリンガスを優先することによって，政府に働きかける

際に TNK-BP によって用いられた主要な論拠を乗り越えることができた。TNK-BP は，もし中国・韓国向けロシアガスの引き渡しが 2008～10 年までに開始されなければならないとすれば（というのは，アジア諸国がその増加するガス需要を液化天然ガスの輸入により充足するであろうから，2014 年までにはこの市場の機会が閉されるからであるが），開発の準備が最も整っているガス田，サハリン－1 からの中国・韓国向けガス供給を促進することにより，ガスプロムがこの問題を著しく緩和できるだろうと論じていた[17]。

2005 年 3 月 2 日のパイプライン問題に関するトムスク・フォーラムで，産業エネルギー省燃料・エネルギー局のある役人が，ロシア政府は 6 月までに次の 4 つの選択肢を再検討することを確認した。すなわち，東シベリア・極東幹線パイプラインの西方，中央，東方，および TNK-BP の経路がそれである。しかしながら，すでに 2005 年 4 月には，産業エネルギー省が東方選択肢を強く支持していることが報告された。もしガスプロムと産業エネルギー省の双方が後押しする東方選択肢が選ばれた場合，より多くの投資が必要になるため，ロシア極東から東北アジアへのパイプラインガス輸出の開始が大幅に遅れることは避けられないであろう。

プーチンは，2006 年 3 月に北京を訪れた際，石油，電力および天然ガス部門を包括する一連の重要な協定に署名した。年間 600 億～800 億立方メートルのガス輸送能力を持つ 2 つの中国向けガスパイプラインを建設するという協定（「ロシアから中華人民共和国向け天然ガス供給に関する議定書」）は，プーチンの公式訪問の最重要事項になった。ガスが 5 年後の 2011 年から中国に輸送されることで合意された。これにより，モスクワ当局は，東方プログラムの完成と承認を早める以外に選択の余地がなくなった。しかしながら，ロシアガスの対中国向け輸出における主要な障害は，永続するガス価格交渉の遅れにあった。

ガスプロムは 2009 年末に，ロシアから中国への天然ガス供給に関する主要な条項および条件についての協定が，ガスプロム・エクスポート Gazprom Export と中国国有石油会社の子会社，中国石油国際事業株式会社（PetroChina International）とによって合意されたと公表した。

この協定は，ロシアの中国消費者向けガス供給に関する，基本的な商業的および技術的要素を規定するものである。また両社は，2010年第1四半期に，他の諸条件に関する取り決めに向け，積極的な協力を促進していくことで合意したが，これは，ロシアから中華人民共和国に向け両経路を通じて行うガス供給に関して，契約を結ぶための基礎を，その後に築くことになるであろう[18]。

しかしながら，価格交渉は2010年の間に全く進展せず，2011年夏は契約の予定された最終調印がなされないまま過ぎた。

統一ガス供給システム（UGSS）の東部部面[19]

ガスプロムは，統一ガス供給システムの東部部面の発展において，極めて重要な役割を果たしてきた。2002年7月までにガスプロムは，ロシアの東方天然ガス開発プロジェクトの調整役の地位を獲得していたが，それ以降，同社は他の利害関係者と協力して，特別プログラムを練り上げてきていた。統一ガス供給システムの東部分枝を創設するプログラムの最初の草案は，ガスプロムと産業エネルギー省が共同で準備し，2003年3月に承認された。その2ヶ月後に，「2020年までの期間のエネルギー戦略」が閣議で承認された。ユスーフォフ Yusufov エネルギー相によれば，この壮大な計画の核心には，エネルギーの安全性，世界市場におけるロシアの地政学的地位の維持，およびロシア経済のエネルギー集約度の50％削減がある[20]。ガスプロムの最高経営責任者ミレルは，2003年6月初旬，東京で開催された世界ガス会議の基調演説で，初めてこの統一ガス供給システムの東部部面を紹介した。

「東方（ガス）プログラム」（EGP）

準備作業：政府の燃料・エネルギー部門委員会（FES）は，2007年6月15日に，産業エネルギー省に対して「東方プログラム」を承認するよう指示した。7月中旬にガスプロムとトランスネフチは，随伴ガスやガスコンデンセートが豊富な東シベリアの炭化水素鉱床の構造を熟慮して，東シベリア・太平洋石油

パイプラインと並行した天然ガスパイプラインの建設を検討する，作業グループの設置を公表した。政府燃料・エネルギー部門委員会の会議の間に，ガスプロムの副最高経営責任者の一人アナネーンコフ Ananenkov は，サハリン－1プロジェクトで採取されるガスは，ロシアの国内的必要を満たすためにのみ使用されるべきであると述べたが，その後，もう一人の副最高経営責任者アレクサンドル・メドヴェージェフは，年間80億立方メートルの能力を有する中国向けガスパイプラインを建設するというサハリン－1の作業当事者の計画は，採算性が悪いだろうと述べた。メドヴェージェフは，さらに，液化天然ガス生産のためにサハリン－1のガス全量を購入しサハリン－2に提供することが，ガスプロムの意図であると公表した。

2007年7月10日に，産業エネルギー省のアンドレイ・ディェメンチェフ Andrey Dementyev 副大臣は，定期的に政府指導者の会合を準備する中ロ委員会の，エネルギー協力部会北京会合で，東方プログラムは2兆4000億ルーブル（932億ドル）の経費がかかり，東シベリアおよび極東のガス埋蔵量を7兆立方メートルにまで引き上げるには，探査事業のために2900億ルーブル以上が必要とされるであろうと主張した。

ガスプロムのアナネーンコフは，中国向けガス供給は，主としてサハのガス採取センターから行われるべきであると述べたが，有効な代案となるのは，チャヤンディンスコエ Chayandinskoye 鉱床のガスをサハリンガスと混合することであろうと付け加えた。彼は，東部から西部目的地に余剰ガスを供給する必要はないと主張した。計画では，この目的のために使用される埋蔵量として，年間350億立方メートルを必要とする。アナネーンコフはまた，ガスプロムは2007～8年にチャヤンディンスコエ鉱床での作業を開始する用意ができていると述べ，その際「もしわれわれが2008年第1四半期までに，そこでの作業を開始すれば，2016年には同鉱床の操業を開始できる」と付け加えた[21]。

承　認

ロシア産業エネルギー相ヴィクトル・フリスチェンコ Viktor Khristenko は，2007年9月3日に，東方ガスプログラム—東シベリアおよびロシア極東に関するガスの採取・輸送・供給統一システム—の策定を承認する省令第340

号に署名したが，それは，中国市場や他のアジア・太平洋地域市場に対する輸出の可能性に備えるものでもある。2020年まででプログラム全体の採取・処理への投資は，総額1兆3000億ルーブル（510億米ドル）になり，仮に輸送料や貯蔵料が含まれた場合，2兆4000億ルーブル（940億米ドル）に上ると計画されていた[22]。

　ガスプロムは，産業エネルギー省の指導下で，5年間にわたり東方ガスプログラム構想を発展させた。ロシア政府は2002年に，計画の予備段階の進展を承認した。当初は，東シベリア・極東開発の計画は15の変種があり，統一ガス供給システムを使用するものと使用しないものがあった。ガスプロムは，その内ヴォストーク－50（Vostok-50）を支持したが，これには東シベリア・太平洋石油パイプラインと並行した，ガスパイプラインの建設が含まれていた。表3.4に示されるように，ガスプロムと産業エネルギー省の計画立案者にとって，ヴォストーク－50は最も効率的変種であり，しかもそこでは，2030年までにアジア・太平洋地域諸国に500億立方メートルのガスを輸出することが考慮されていた。また，この案は，ガス採取が2017年にチャヤンディンスコエ鉱床で開始されることを想定している。

　東方ガスプログラムによると，東シベリアおよび極東の十分な地質学的調査には，2900億ルーブル以上の支出が必要になり，それに，ガスの採取・処理に約1兆3000億ルーブルの費用がかかるであろう。その上，東シベリア・太平洋石油パイプライン・プロジェクトと並行する新規ガスパイプラインのためには，その主要なものは中国・韓国向けパイプラインであるが，8000億ルーブル以上が必要である。ガスプロムが主要投資家となるであろう。アルファバンクの分析専門家コンスタンチン・バトゥーニン Konstantin Batunin によれば，現在，同社の資本支出額は年間3000億ルーブル以上に達しており，したがって次の27年間を通して2兆4000億ルーブルになるというのが，現実的な数字である。

　東方ガスプログラムの準備中に，コヴィクチンスコエ Kovyktinskoye ガスコンデンセート鉱床とチャヤンディンスコエ石油・ガスコンデンセート鉱床とは，その独自性ゆえに，適切な原料処理や石油化学生産の方法が発展させられるまでは，開発が行われ得ないと判断された。産業エネルギー省国家エネ

ルギー政策局長アナトーリ・ヤノーフスキー Anatoly Yanovsky は，巨大なコヴィクチンスコエ鉱床での開発速度は，ヘリウム回収問題の解決にかかっており，これは石油化学コンビナート創設の必要性に関連する，と述べている。

東シベリアにおけるガス資源開発は，4ヶ所の生産センターの創設を通じて行われるであろう。

表3.4 ヴォストーク-50 計画のシナリオ

	UGSS なし	UGSS あり *
2030 年までの年間ガス生産量（10 億立方メートル）	120.8	162.3
ロシア国内販売	70.8	112.3
輸出	50.0	50.0
中国向け	38.0	n.a
韓国向け	12.0	n.a
2030 年までの総資本支出（10 億米ドル）**	60.08	84.8
探査	8.32	10.1
ガス生産	19.04	45.3
ガス処理	10.44	45.3
輸送能力	21.37	27.9
ガスおよびヘリウム貯蔵	0.91	1.4
2030 年までの総資本支出（10 億米ドル）		
ガス生産	29.6	n.a
ガス輸送	21.1	n.a
2030 年までのプロジェクト総収入（10 億米ドル）		
累計割引キャッシュフロー		
ガス生産	1.341	2.557
ガス処理	2.05	2.696
輸送プロジェクト	0.827	1.390
割引財政収入（10 億米ドル）	20.8	n.a

注：* UGSS ＝ロシア統一ガス供給システム，現在，東シベリアへは接続していない；** ＝ 2006 年時点の価格（為替レート：$1 ＝ 28.76 ルーブル）

出所：Eastern Gas programme, Russian Ministry of Industry and Energy, quoted in Baidashin (2007e), p. 12.

・サハリンセンター：サハリン島沖の鉱床を拠点とし，サハリン，ハバロフスクおよび沿海地方の諸地域とユダヤ自治州へのガス供給に責任を負うとともに，アジア・太平洋地域向けのパイプ輸送ガスの輸出や，パイプラインガスおよび液化天然ガスの提供に責任を負う。
・ヤクーツクセンター：チャヤンディンスコエ鉱床を拠点とし，サハ共和国（ヤクーチア）南部地域やアムール地域のガス化を行い，アジア・太平洋地域へのパイプライン輸出に備える。
・イルクーツクセンター：イルクーツク地域の鉱床に基づき設置され，イルクーツクやチタ地域の産業消費者に，またブリヤート共和国にも，ガスを供給し，そしてもし必要ならば，ロシア統一ガス供給システムにガスを提供する。
・クラスノヤルスクセンター：クラスノヤルスク地方の鉱床に基づき設置され，同地域のガス消費者に供給し，もし必要ならば，統一ガス供給システムにガスを提供する。

ヤノーフスキーによると，ロシア東部国内市場での年間ガス供給量の推定は，2020年までに270億立方メートルを，2030年までに320億立方メートルを超過するであろう（仮にガス処理施設の開発を考慮するならば，この数字は2030年までに410億〜460億立方メートルとなるであろう）。したがって，同地域の燃料バランスにおけるガスの割合は，同期間に6倍以上増加し，2030年までに，38.5％に達するであろう。2030年までの埋蔵量増加の必要に備えるためには，総計2900億ルーブル以上が，必要な探査業務のために要請される。ガスプロムは，予想される採取量とガス処理量のためには，509億2000万ドル近くの投資が必要になるであろうと述べている。

2020年からのアジア・太平洋地域諸国におけるロシアガスの需要予測は，中国・韓国向けの250億〜500億立方メートルのパイプライン供給を求めているが，これに対し，2020年における両国向けのロシア産液化天然ガスの量は210億立方メートルとなり，2030年までに280億立方メートルに増加するであろう。しかしながら，中国は，欧州価格でガスを購入する心づもりはないのであって，それ故，中国国有石油会社との間で何年にもわたる交渉が行われたの

122　3．東シベリアおよび極東ロシアにおけるガス産業の発展

地図 3.1　東方ガスプログラム

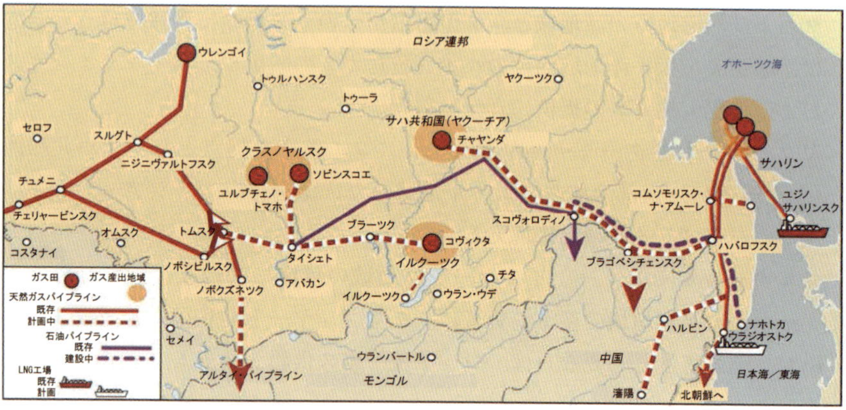

出所：Stern (2008), p. 252.

である。中国は最近，大量のトルクメニスタン産ガスを，1000立方メートル当たり90ドルの価格で購入する契約に合意した[23]。

東方ガスプログラムによれば，サハリン－1の初期段階では，それ自身の鉱床や既存のガス輸送システムを利用して，サハリン島やハバロフスク地方の消費者にガスを提供しなければならない。沿海地方のガス化や，中国・韓国に対するパイプライン網のガスの輸出提供に関しては，同プログラムは，サハリン－ウラジオストク・パイプラインの建設を計画していた。同計画は，また，ハバロフスク地方におけるガス処理施設の建設を求めていた。東方ガスプログラムにより規定された，東シベリア・極東の鉱床における炭化水素原料とヘリウムの生産のための方策は，2030年までに少なくとも450万トンの商業用石油化学生産と，少なくとも910万トンのガス化学生産を可能にするであろう。

2010年2月に，ガスプロムの取締役会は，東シベリアおよび極東における統合ガス生産・輸送・供給システムの開発プログラムを実施するために，同社により行われる作業を承認した。取締役会議は，実施されるべき優先プロジェクトの長い一覧表[24]を打ち出した。すなわち，

・サハリン－ハバロフスク－ウラジオストク（SKV）ガス輸送システムの建設

・カムチャツカ州へのガス供給
・カムチャツガスプロム Kamchatgazprom の買収
・サハリン－ハバロフスク－ウラジオストク・ガス輸送システムの建設プロジェクトとキリンスコエ Kirinskoye ガス田操業開始との同時進行
・サハリン沖のキリンスキー，東オドプティンスキー Vostochno-Odoptinsky，アヤシスキー Ayashsky 海洋鉱区，西カムチャツキー Zapadno-Kamchatsky 採鉱有望地，およびクラスノヤルスク地方とイルクーツク州の他の開発地域における地質学的探査の継続
・チャヤンダ Chayanda オイルリムの 2014 年操業開始，ガス鉱床の 2016 年操業開始を目的とした，サハ共和国（ヤクーチア）におけるガスプロムの鉱物資源基盤のさらなる発展
・ヤクーチア－ハバロフスク－ウラジオストク（YKV）ガス輸送システム（2012 年開始）
・東シベリアおよび極東にガス化学およびガス処理の施設を開設するために必要な準備・設計作業（すでに実施済み）。

このプロジェクト一覧は，東方ガスプログラムの基礎を成しており，2010 年の取締役会議によるその承認は，同プログラム実施に向けての第一歩となった。

2030 年に向けてのガス産業開発戦略[25]

産業エネルギー省の広報担当課は，2008 年 10 月 7 日に，(2030 年に向けてのガス産業開発戦略案を引用しつつ) 国としては，2030 年にはガス生産量を 2007 年比で 34％ないし 50％だけ，言い換えると 8760 億ないし 9810 億立方メートルにまで増産することができることを，明らかにした (表 3.5 と 3.6 参照)。全輸出先へのガス輸出量は，69％ないし 80％だけ，4150 億ないし 4400 億立方メートルにまで増加しうるが，他方ロシア自身のガス消費量は，18％ないし 31％だけ，5500 億ないし 6130 億立方メートルにまで増加するであろう。2008 年から 2030 年までの間のガス産業の資本支出は，2008 年価格で，ガス化費用を除いて，13 兆 9000 億から 16 兆 6000 億ルーブルの間と推定されてい

た。これらの目標が達成されるには，確認埋蔵量の約26兆立方メートルの増大が必要であったが，その半分以上が北極海大陸棚（14兆立方メートル）で，4分の1が西シベリア（陸上7兆立方メートル）で達成されるであろう。

2008年から2030年の期間における拡張計画は，次のものを含んでいる。すなわち，4400ないし5100本の坑井，年間6590億〜7700億立方メートルの処理能力を持つガス処理施設54〜64ヶ所，総計5200〜6000メガワットの能力を持つブースターコンプレッサ・ステーション379〜422ヶ所，掘削用構造物8〜12基，2万1300〜2万7300キロメートルの直線ガスパイプライン区間，総計1万2500〜1万5500メガワットの発電能力と，ガスを年間1950億〜2340億立方メートル，液体炭化水素を2600万〜3200万トン処理する能力とを有するコ

表3.5　2030年までの戦略的ガス・バランス指標（10億立方メートル）

	2007	2010	2015	2020	2025	2030
資源量	762	840	922-978	996-1082	1024-1120	1035-1132
―ロシアのガス生産量	654	717	781-845	850-941	871-974	876-981
―東シベリア・極東（East-25）	12	23	44	77	87	89
―中央アジアからのガス供給	63	69	70-82	70-82	70-86	70-87
配分	762	840	922-978	996-1082	1024-1120	1035-1132
―国民経済	467	517	520-542	537-581	543-606	550-613
―アジア・太平洋および米国	0	8.7	32-61	74-114	91-122	91-122
―アジア・太平洋向けの幹線ガス（東方プログラム）			9	25-50	25-50	25-50
―欧米，アジア・太平洋向け液化天然ガス		8.7	23-52	49-89	66-97	66-97
―ロシア	417.9	464.8	465-485	480-523	485-548	491-555
―東シベリア・極東	11.8	13.9	21	31	34	36
ロシア地域別						
―シベリア連邦管区	15.5	17.6	18-22	19-24	19-29	20-30
―極東連邦管区	9.2	9.8	10-12	17-19	18-22	19-23

出所：*Russia & CIS Oil and Gas Weekly*, 2-10 October, 2008, No. 38 (854), p. 5.

表3.6 ロシアの地域別ガス生産予測（10億立方メートル）

	2007	2010	2015	2020	2025	2030
ガス採取量	654	716.9	781-845	850-941	871-974	876-981
西シベリア	557	617	624-688	629-707	631-712	637-719
ヤマル，陸上	-	-	78-116	124-177	187-236	250
ヤマル，海洋						30-65
バレンツ海大陸棚			24	59-71	72-95	72-95
東シベリア・極東	11.8	22.7	44	77-108	87-118	89-121

出所：*Russia & CIS Oil and Gas Weekly*, 2-10 October, 2008, p. 6.

ンプレッサ・ステーション129〜159ヶ所が，それである。

このプログラムは，2030年までの期間に年平均GDP成長率が6.2％となり，その際GDPのエネルギー集約度が年平均5.0〜5.2％低下するという，経済発展省の経済予測に基づいている。ロシア科学アカデミーは，燃料・エネルギー資源におけるガスの割合が，現在の51.5％から約45％に落ちるであろうと予測している。同戦略は，国内市場におけるガス価格が，2011年に始まる輸出の利益率に等しい利益率をもたらすことを想定している。

「2030年に向けてのガス産業開発戦略」案で特別な注意が払われているのは，アムール州にあって，400億〜500億立方メートルの処理量をもつ，ロシア最大のガス化学大規模生産施設となるかも知れない施設の建設である。同施設は，年間280万〜400万トンのポリオレフィンを生産するであろう。ガスプロムは，2016〜24年に同施設の操業を開始することができる。また，全部で7ヶ所のガス化学大規模生産施設を建設する計画もあり，このうち，4施設は，東シベリアおよび極東に置かれる予定である。同計画は，アムール生産施設の他にも，イルクーツク州，クラスノヤルスク地方およびハバロフスク地方でのガス化学大規模生産施設の建設を求めており，ガス処理量はそれぞれ55億，120億，300億〜400億立方メートル，ポリオレフィン生産量はそれぞれ50万，100万，270万〜330万トンとなっている。イルクーツクとクラスノヤルスクの大規模生産施設は，2014年から2017年の間に操業開始の予定となっており，ハバロフスクのそれは2013年から2020年の間に操業を開始することが想定されている。しかしながら，同計画案には，東方ガスプログラムで建

設が計画されていた，ヤクーツクガス化学大規模生産施設は含まれていない。シブル・ヴォストーク（Sibur-Vostok）の代表取締役デニス・ソロマーチン Denis Solomatin は，この石油化学大手が，このプロジェクトを中止し，チャヤンダガス田からハバロフスク近郊の大規模生産施設にガスの液体留分を輸送すること提案していると述べた。また，シブルは，東部のイルクーツク州とハバロフスク地方に2ヶ所のガス化学大規模生産施設を建設する方が賢明だと考えていると，彼は付け加えた。同社は，クラスノヤルスク地方には一次ガス処理施設のみが建設されるべきだと考えている[26]。

2030年エネルギー戦略

2009年11月にセルゲイ・シュマトコ Sergei Shmatko エネルギー相は，ロシア政府が2030年に至る期間の国のエネルギー戦略最新案を承認したと述べた。同エネルギー戦略は，3段階から構成される。2013年から2015年にかけては，ロシアは，エネルギー産業の危機を乗り越え，成長条件を創出する計画であり，2015年から2022年には，国は燃料・エネルギー産業の革新的な発展に基づき，エネルギー効率全体を向上させる計画であり，そして2022年から2030年にかけては，同部門はエネルギー資源の効率的利用に専念し，非燃料タイプのエネルギーへの移行を開始する予定である[27]（表3.7参照）。

2009年11月下旬に公表されたエネルギー戦略の最終版によれば，表3.8に示されるように，生産量は2030年までに，8850億〜9400億立方メートルに達し，そのうち，東シベリアは450億〜650億立方メートルを，極東は850億〜870億立方メートルあまりを占めることになる。このことは，東シベリアおよび極東が，総生産量の15％を占めることを意味する。アジア・太平洋諸国向けの輸出量は，第1段階の輸出の11〜12％，第2段階のそれの16〜17％，第3段階の19〜20％を占めることになる。液化天然ガスは，第1段階の輸出の4〜5％，第2段階のそれの10〜11％，2030年までのそれの14〜15％を占めることになる[28]。

要するに，修正された戦略では，東方へのガス輸出が全輸出の20％を占め，石油輸出は現在の6％から4分の1に増大することを想定している。同期間の燃料・エネルギー産業における投資総額は，60兆ルーブルと予想されている。

2030年のガス生産予測は，8700億～8800億立方メートルから4%増の8850億～9400億立方メートルに増やされた。2030年のガスの輸出量は，以前の予測のように3530億～3800億立方メートルではなくて，3490億～3680億立方メートルになるはずである。同戦略では，液化ガスの輸出がガス輸出総量の14～15％に上昇することを予定している。同エネルギー戦略は，エネルギー消費量全体におけるガスの割合が，52％から2030年までに47％に減少し，非燃

表3.7 2030年までのロシアのガス・バランス（燃料換算100万トン）

	2008	第1期 2013-2015	第2期 2020-2022	第3期 2030年まで
ガス生産量	760.9	784-853	919-958	1015-1078
ガス輸入量	64	76-80	79-80	80-81
国内消費量	526	528-573	592-619	656-696
CIS諸国へのガス輸出量	91	101-103	100-105	90-106
非CIS諸国へのガス輸出量	190	210-235	281-287	311-317

出所：*Russia & CIS Oil and Gas Weekly*, 26 November-2 December, 2009, p. 8.

表3.8 2030年までのシベリアおよび極東のガス生産量（10億立方メートル／年）

	2005	2008	第1期*	第2期**	第3期
ガス総生産量	641	664	685-745	803-837	885-940
チュメニ地域	585	600	580-592	584-586	608-637
N-P	582	592	531-559	462-468	317-323
O-TB			0-7	20-21	67-68
B V	3	8	9-10	24-25	30-32
ヤマル			12-44	72-76	185-220
トムスク州	3	4	6-7	5-6	4-5
欧州地域	46	46	54-91	116-119	131-137
東シベリア	4	4	9-13	26-55	45-65
極東	3	9	34-40	65-67	85-87
内サハリン島	2	7	31-36	36-37	50-51

注：N-P＝ナディム・プルタゾフスキー；O-TB＝オビ・ターズ湾 Ob-Taz Bay；B V＝ボルシェヘツカヤ渓谷 Bolshekhetskaya Valley；*同戦略の第1実施期の終りまで（2013～15年）；**第2実施期の終りまで（2020～22年）

出所：Ministry of Energy, Russian Federation, Energy Strategy of Russia.

料エネルギーの割合が，現在の 10％から 14％に上昇することを求めている。同じ情報源は，このエネルギー戦略が，2030 年までの期間の石油価格について 2009 年価格の 1 バレル当たり 70～80 ドルという控えめな予測を前提している，と述べている[29]。

東シベリアおよびロシア極東におけるガス化プログラム

ジョナサン・スターンおよびミハエル・ブラッドショー Michael Bradshaw は，極東一般に，中でもとくにアルタイ共和国に与えられる重要性を説明している。

ロシア政府は，ロシア極東の経済状況について，ますます懸念を強めてきた。1990 年代に，この地域は大幅な人口減少に苦しみ，その経済は，この国の欧州地域と同じ速度では回復していない。したがって，ガス化は，この地域の有効就業を確保するのに十分な，人口や経済活動を維持するという，一層広い関心事の一部である。2004 年までは，東シベリアおよび極東においてガス化の明確な形跡はほとんどなかった。ガスが利用されていたのは，シベリアでは 15 地区のうちわずか 6 地区，極東では 10 地区のうちわずか 4 地区にすぎなかった。しかしながら，2004 年以来，ガスプロムは，これらの地域に明らかに一層強い関心を示している。地域のガス化のための同社予算は，2007 年に 80 億ルーブル増で 600 億ルーブルにまで大幅に増やされ，アルタイとイルクーツクは，この増分からとくに利益を受ける，5 地域のうちの 2 つとして言及されている。

アルタイ共和国 Altai Republic は，中国向け輸出パイプラインから大きな利益が得られるように位置づけられ，2006 年に地域のガス化契約が署名された。アルタイ地方 Altai Krai はすでに最小限のガス化が行われており（都市部では 5.9％，農村地域では 1.2％），2006 年に 11 の新たな集落が，バルナウル Barnaul－ビーイスク Biysk・パイプライン経由のガス網に加えられた。バルナウル－ビーイスク－ゴルノ・アルタイスク Gorno-Altaisk・パイプラインの第 1 区間が 2006 年の終わりに完成し，支線パイプラインは，300 町村の 12 万近い共同住宅内住居のガス化を可能にするものである。ガスプ

ロムの2007年予算では，1億ルーブル以上がこのプロジェクトのために割り当てられた[30]。

ガスプロムは，2007年に初めて，カムチャツカにおけるガス化に注意を払い始めたが，新聞発表では，ガス化がこの地域の社会・経済的発展にとって最優先課題であることが示唆されている。ガス化がその上さらに急を要するとすれば，それは，ロスネフチと韓国会社の企業連合により2006年にガスが発見されたという事実と結びつけて，考えられるかも知れない[31]。カムチャツカ地方のガス供給プロジェクトの一環として，ガスプロムは，2ヶ所のガス田，すなわちクシュクスコエ Kshukskoye ならびにニージニィェ・クヴァクチクスコエ Nizhne-Kvakchikskoye で生産井の掘削および事前開発に着手した。同社は，2011年までにクシュクスコエ・ガス田において，年間1億7500万立方メートルの設計産出能力に到達する計画であった。ニージニィェ・クヴァクチクスコエ・ガス田が，設計産出能力5億7500万立方メートルで操業開始すれば，同半島の総年間ガス生産能力は2013年に7億5000万立方メートルに増加することができる計画であった。ガスプロムは2010年9月に，ソボレボ Sobolevo－ペトロパヴロフスク・カムチャツキー Petropavlovsk-Kamchatsky・ガス幹線の運用を開始し，ペトロパヴロフスク・カムチャツキーにガス供給を開始した。ペトロパヴロフスク・カムチャツキーにおける熱電併給大規模施設－2が，初期段階では同半島における主要なガス消費者になるであろう。ガスプロムは，ペトロパヴロフスク・カムチャツキーの熱電併給大規模施設－1をガスに切り替え，ガスパイプラインの経路沿いにあるカムチャツカ地方の集落のガス化を確保することを目的としている[32]。

地域ガス化計画のための率先した取り組みが続けられた。2008年8月28日に，ゴルノ・アルタイスクでは，アルタイ共和国のガス化を目的とした合同会議が開催された。この会議は，アルタイ共和国のアレクサンドル・ベールドニコフ Alexander Berdnikov 首長とガスプロム経営委員会のヴァレーリ・ゴールベフ Valery Golubev 副議長が共同で議長を務めた。同会議には，ヴィクトール・イリューシン Viktor Ilyushin 同社経営委員会委員兼ロシア連邦地域関係部部長を始め，ガスプロムの中核事業および同子会社（ミェジレギオーン

ガス (Mezhregiongaz) やガスプロム・トランスガス・トムスク) の代表や専門家が, またアルタイ共和国の行政部門や自治体のトップが参加した。ゴールベフは次の発表を行った。

　…2008年から2010年までに, ガスプロムは, アルタイ共和国のガス化に15億ルーブルを投資する計画である。現時点では, ガス化プログラムはベロクリハ Belokurikha への支線を伴うバルナウル－ビーイスク－ゴルノ・アルタイスク・ガス幹線の建設を通じて, 実施されつつある。同アルタイ・プロジェクトは, 中華人民共和国へのロシア天然ガスの供給を意図している。このアルタイ・パイプラインは, 西シベリアガス田と中国西部の新疆ウイグル自治区とを接続するであろう[33]。

　アルタイ・プロジェクトの報告は, 東シベリアおよび極東のガス化計画を確認するものであるが, それがより大規模な輸出指向型プロジェクトに乗じて進められることを示唆している。

　イルクーツクでは, ガス化は, コヴィクタ開発認可の市場創出面の問題を考慮すれば予想されるように, 大問題である。ガスプロムは, 地域のガス化を極めて公共的な問題とみなして, TNK-BP が持つ東シベリアガス会社の株式の買収以前でさえ, それ自身のプログラムを持っていたが, 他方でそのガス会社は2006年にコヴィクタからイルクーツクへのパイプライン建設に着手し, 2008年には最初のガスが供給される予定となっていた。ガスは, コヴィクタに加え, ずっと規模の小さいチカンスコエ Chikanskoye やドゥリスミンスコエ Dulisminskoye のガス田からも調達されるであろう。2008年にガスプロムは, イルクーツク州のガス化が, 全体で82％以上, 農村地域でも40％以上になるだろう, と予測していた[34]。

　ガスプロムとザバイカル地方 Transbaikal Krai とは, 2010年4月に, ガス化に関する協定に署名した。第1段階において地域のガス化は, 液化石油ガスや液化天然ガスの利用に頼ることになろうが, 長期的にはパイプライン・ガスが供給されることになる。ザバイカル地方が, チタ州 Chita Oblast とアギンスク・ブリヤート自治管区 Aginsk Buryat Autonomous Okrug とが合併した

2008年3月1日に成立したことは，注目に値する。ガスプロムは2006年7月にチタ州との協力協定に，2007年4月にアギンスク・ブリヤート自治管区との協力協定に署名していた。ザバイカル地方へのガス供給および同地方のガス化に関する一般的計画は，2009年12月に承認された[35]。

　ガスプロムの最高経営責任者ミレルとイルクーツク州知事ドミトリー・メーゼンツェフ Dmitry Mezentsev は，2010年10月に協力協定に署名したが，その際，チカンスコエ・ガス田でのガス生産の発展や，目下設計中のガス幹線，すなわちチカンスコエ・ガスコンデンセート田－サヤーンスク Sayansk －アンガールスク－イルクーツク・ガス幹線の近くにある，人口集中地点の準備のための，同時進行予定表の綿密な策定に，特別の注意が払われた。ブラーツコエ Bratskoye・ガスコンデンセート田－ブラーツク・ガス幹線の第2期の建設も検討されていた[36]。

　ガスプロムは同月，ブリヤート共和国に対するガス供給およびそのガス化に関する「2010～13年優先行動計画」に署名した。ガスプロムは，液化・圧縮天然ガスや，液化石油ガスなどの，様々な接近方法を適用する予定であった。ブリヤーチア Buryatia のガス化は，次の3段階に分けて行われる予定である。第1段階では，ガスプロムは液化石油ガスを用いた地域のガス化に重点的に取り組む。第2段階は，液化石油ガスに加え，液化天然ガスの使用を明示している。必要な資源基盤の確立後に始まる第3段階で，パイプライン天然ガスが多くの人口集中地域に供給されるであろう[37]。

　クラスノヤルスクでは，重点は生産にあり，ガス化は，ガスプロムと同地方との協定でわずかに言及されただけである。ガスプロムは，とくに，多数の油田があるエヴェンキア Evenkia 地区においては，ガス化用に随伴ガスを使用する意向である。トムスク州では，都市部人口の6.3％，農村人口の3.8％が，2006年にガスプロムにより供給されたガス13億立方メートルの一部を利用できた。この配送網は，2007年に拡張される予定であった。2007年4月に，アギンスク・ブリヤート自治管区において配送インフラストラクチャを開発する最初の協定が署名された。ガスプロムはまた，サハ共和国，すなわち，ガスプロムによるものではないが，ガスがすでに人口の18.5％に供給されている地域でのガス開発に，強い願望を持っている。サハ共和国は，東シベリアおよ

び極東における4ヶ所のガス事業指定センターの1つであるが，ロスネフチおよびスルグートネフチェガスとの企業連合や，ガスプロム社の上級管理者と地域の主要政治家との間で2006年に持たれた相当数の会合にもかかわらず，ガス開発の拡張のための明確な取り決めは，ほとんどなされなかった。しかしながら，ガスプロムは2007年半ばに，輸出を含むガス開発の全段階に関わる，同地域との主要協力協定に署名したが，これは明確な取り決めを何ら含むようには思われなかった[38]。ガスプロムの最高経営責任者ミレルとサハ共和国（ヤクーチア）のボリーソフBorisov大統領は，2010年12月に，東方ガスプログラムの実施によって推進される，社会・経済発展のための連携協定に署名した[39]。ガス化の発展は，この協定の重要協議事項の1つであり，チャヤンダ・ガス開発は，同共和国の社会・経済発展の中核となるであろう。

沿海地方の場合，現在，ガス供給はないが，ガスプロムの同地域との5ヶ年協力協定の一環として，サハリン－コムソモールスク・ナ・アムーレKomsomolsk-on-Amur－ハバロフスク・パイプラインがウラジオストクまで延長される時には，この状況が変更される計画となっている。ガスプロムは2006年1月に，ハバロフスクと地域ガス化協定を結んでおり，そこでは人口の12％がすでに天然ガスを利用できたが，しかしこれは（サハ共和国におけるように）ガスプロムによって供給された訳ではなかった。ハバロフスク・パイプラインが，同地域向け供給の大幅拡大の手段を提供するのは明らかであろう。

これらの地域の観点からは，ガスプロジェクトが迅速に進展するのを見たいという強い願望がある，というのは，それが地元の雇用や税増収を約束し，相当な外貨収入をもたらし（その一部が地方経済に還元される），そしてインフラストラクチャの開発を提供し，また環境にやさしいエネルギー供給を確保するからである。スターンおよびブラッドショーは，サハリンの経験が様々な理由で教訓話をもたらしているとはいえ，これらの地域が，エネルギー開発を経済発展の潜在的源泉として考えるべきであると指摘した。まず第1に，もしある地域のインフラストラクチャがはじめは未開発であれば，このことはエネルギー関連投資が生み出す潜在的経済利益を吸収する能力を，実際上制限することになる。その結果として，生み出された事業の多くは，その地域の外部で行

なわれる。第2に，その効果の大部分は，建設段階に関連するものであり，しかも第一世代のサハリン・プロジェクトは今では，完成されたか，もしくは完成間近になっているから，サハリンの地元の政治家は，すぐに活動の小休止が生じ，そして経済が，石油・ガスプロジェクトにしばしば伴う，典型的なにわか景気と不景気の循環を経験するのではないかと心配している。第3に，輸出指向型であるサハリン－2プロジェクトは，地域のガス化にはなんら寄与しないであろう。これは，地元の政治家の主張の核心となってきたものであり，ガスプロムは，この問題に取り組むことを約束した。第4に，エネルギー関連投資の経済利益は，ロシア連邦政府の財政構造の特徴によって抑制される可能性がある。石油・ガスおよび関連する建設事業により生み出されたサハリン域内総生産（GRP）の大幅増加は，実際には，同地域への連邦移転の水準低下に帰結した。最後に，連邦政府は，石油・ガス生産に伴う採掘権使用料の50～60％をサハリン州に許与する合意を破棄したが，その代わりとして同州が受け取るのは，わずか5％にすぎない。スターンおよびブラッドショーは，いずれにしても，2007年の東方ガスプログラムが，ガスプロムの個別地域に対する約束と組み合わさって，ガス化に関する政治的公約を生み出すように思われるが，そこから後戻りすることは難しいであろう，と結論づけた[40]。

　ガスプロムは2010年に，ロシアのこれら地域のガス化と，ロシア連邦全体を通じた経済的に最大限存続可能なガス化水準の達成とが，同社の最優先事項の1つであると主張した。ガスプロムは2009年に，69地域のガス化に185億ルーブルを投資するという，その意向を発表した。沿海地方およびカムチャツカ地方，さらにユダヤ自治州が，後にガス化プログラムに追加された。2010年には，東シベリアおよび極東における平均ガス化水準は，わずか7％に過ぎなかったのに対し，ロシア全体のその数値は62％であった。しかしながら，ガスプロムは，東シベリアおよび極東の14地域のうち，11地域と協力協定に署名し，その内9地域とガス化協約を結んだ[41]。

サハリン－ハバロフスク－ウラジオストク（SKV）ガス輸送システムの発展とその含意

　ガスプロムは，協定および協約が，単なる言葉だけではなく，実際の行動を

意味していることを，示し始めた。同社は 2009 年 7 月に，1830 キロメートルのサハリン－ハバロフスク－ウラジオストク・パイプラインの建設に着手し，2011 年 9 月に，2012 年のウラジオストク APEC 首脳会議のかなり前に，建設が完了した。同パイプラインの初期輸送能力は，年間 60 億立方メートルであり，最大能力は，年間 300 億立方メートルである[42]。ガスプロムに対し，サハリン－3 プロジェクトの 3 鉱区（キリンスキー，アヤシスキー，東オドプト鉱区）の水面下の開発権を無期限に認める，ロシア連邦政府指令が 2009 年 6 月 15 日に署名・発令された。

『石油・ガスジャーナル』（*OGJ*）によれば，

> ロシア当局は，サハリン－ハバロフスク－ウラジオストク・パイプライン・プロジェクトに参加するように，日本の投資家を勧誘してきた。[2009 年] 6 月始め，ウラジーミル・プーチンは東京を訪れ，日本の会社に，パイプラインや他の施設の建設に参加するよう勧めた。ガスプロムも，パイプラインに加え，サハリン島にガス液化大規模生産施設およびガス化学施設の建設を検討していると言われている。東京訪問中に，ガスプロムのミレルは，伊藤忠商事株式会社の小林栄三社長，双日株式会社の加瀬豊社長，資源エネルギー庁の石田徹長官，国際協力銀行の渡辺博史総裁，三井物産株式会社の飯島彰己代表取締役社長からなるグループと会合を持った。訪問中に，資源エネルギー庁（経済産業省の外局），伊藤忠商事および石油資源開発株式会社（JAPEX）と覚書が取り交わされた。覚書は，ウラジオストク周辺のガスの共同探査，ならびに日本を含むアジア・太平洋地域の潜在的顧客に向けた最終製品の輸送・販売・加工の協力を準備するものである[43]。

同様の手順が韓国に向けても取られ，ガスプロム最高経営責任者ミレルと韓国ガス公社最高経営責任者朱剛秀 Kangsoo Choo が，2009 年 6 月に，ガス供給プロジェクトの共同探査協定に署名した[44]。

サハリン－ハバロフスク－ウラジオストク・パイプライン開発に与えられた優先的扱いは，ガスプロムの副最高経営責任者アレクサンドル・アナネーンコフ Alexander Ananenkov の 2011 年の発表によって，間接的に裏付け

られていたのであるが，そこではガスプロムがすでにボヴァネンコフスコエ Bovanenkovskoye・ガス田における野外建設の作業や，ボヴァネンコフスコエ－ウフタ Ukhta ガスパイプラインの作業の速度を落としている，と述べられていた。一部の資金と請負業者が，ボヴァネンコフスコエ－ウフタ・プロジェクトからサハリン－ハバロフスク－ウラジオストク・ガスラインへ回されていたが，そこでの建設速度は，2011 年にサハリンからウラジオストクへガスを輸送できるように引き上げられた。ガスプロムは，サハリン－ハバロフスク－ウラジオストク・パイプラインに対する 2009 年の支出を，200 億ルーブルから 500 億ルーブルへと引き上げた[45]。

　事実，2009 年 7 月 2 日にユジノサハリンスクで，ガスプロム代表団がサハリン島キリンスコエ海洋ガス田の探査掘削開始を記念する式典に参加した。キリンスコエ・ガス田の地質学的探査の開始は，極東におけるガスプロムの資源基盤の確立と，国家東方ガスプログラムの一環としての新規サハリン海洋ガス生産地域の創設とに向けた，もう 1 つの非常に重要な一歩であった。これは，サハリン海洋地域においてロシアの会社が単独で実施した，最初のプロジェクトであった。ガスプロムの計画によれば，2014 年以降，キリンスコエ・ガス田が，サハリン－ハバロフスク－ウラジオストク・ガスパイプラインのガス供給源となるであろう。キリンスコエ・ガスコンデンセート田は，サハリン－3 プロジェクトのキリンスキー鉱区内で，サハリン島の 28 キロメートル沖（水深 90 メートル）に位置している。キリンスコエ田の C1 埋蔵量は，ガス 1370 億立方メートルおよびコンデンセート 1590 万トンである[46]。2010 年 9 月に，ガスプロムは，C1+C2 のガス埋蔵量 2600 億立方メートルを有する南キリンスコエ・ガス田を発見した[47]。

　ガスプロムはまた，サハ共和国におけるガス開発に向けて，一歩前進することができた。ロシア政府は 2009 年 3 月 10 日に，南ヤクーチア開発プロジェクトのための裏付書類の作成を許可する，包括的投資プロジェクトに関する投資免許証を承認した。2008 年 4 月 16 日付けロシア政府指令にしたがって，チャヤンダ石油・ガスコンデンセート田の開発認可が，統一ガス供給システムの所有者としてのガスプロムに付与された。チャヤンダ石油・ガスコンデンセート田は，サハ共和国（ヤクーチア）のレンスキー地区にある。同田の C1+C2 埋

蔵量は，ガスが1兆2400億立方メートル，石油およびコンデンセートが6840万トンである。ガスプロムとサハ共和国（ヤクーチア）は2007年7月に協力協定に調印し，2008年6月にガス化協約に署名した[48]。

　2009年6月5日にサンクトペテルブルクで，第13回国際経済フォーラム中に，ガスプロム経営委員会のヴァレーリ・ゴールベフ副議長は，包括的投資プロジェクトを実施することに合意したが，これはロシア政府による支援を得て，ロシア連邦投資基金の予算配分から資金供給をうける，南ヤクーチア包括的開発投資プロジェクトに関して，プロジェクトの裏付け資料を作成することを目的としたものである[49]。この文書によると，ガスプロムは，ヤクーチア・ガス生産センターの創設を目的として，南ヤクーチア・プロジェクトの共同投資者になるであろう。

東方統一ガス供給システムのための3つの主要なガス供給源

コヴィクチンスコエ（コヴィクタ）・ガス[50]
立上げと準備作業

　コヴィクチンスコエ鉱床は，公式には，1987年に開発された。コヴィクタ・ガスコンデンセート田は，イルクーツクから450キロメートル離れており，ジガロヴォZhigalovoとカザチンスコ・レンスクKazachinsko-Lensk地区にある。同鉱床は，中央シベリア高原の南部に接するアンガラ・レナAngara-Lena台地内に位置している。イルクーツク政府は1990年に，地元のエネルギー会社，アンガルスクネドテオルグシンテーズ（Angarsknedteorgsintez），ヴァリェンガンネフチェガス（Varyenganneftegaz），イルクーツクエネルゴ（Irkutskenergo），ヴォストシブネフチェエガスゲオローギヤ（Vostsibneftegazgeologiya），およびイルクーツクゲオフィジカ（Irkutskgeophysica）から構成される，バイカルエコガス（Baikalekogaz）地域企業連合を創設し，コヴィクタ開発に着手した。同じ年に，BP・スタットオイルの企業連合も，同鉱床に関心を持つようになった。この企業連合とバイカルエコガスは2年間，コヴィクタの実現可能性報告書に取り組んだ。しかしながら，1992年に，この企業連合は，輸出市場の欠如，低い国内ガス価格，

および生産物分与協定（PSA）の不十分な進捗状況の故に，同鉱床の開発は採算性が悪いであろうと結論づけ，プロジェクトへの参加を打ち切った。この年は，ルシア・ペトロリアムが設立された年でもあったが，これは実際にはイルクーツク政府とバイカルエコガスの率先した取り組みによるものであった。その他の設立者には，ブルガスゲオテルム（Burgazgeoterm），サヤンヒムプロム（Sayankhimprom），ウソリエヒムプロム（Usolyekhimprom），イルクーツクビオプロム（Irkutskbioprom），社会連携ファンド・ポテンシャル（Potential for Social Partnership Fund），およびアンガルスク銀行（Angarsk Bank）が含まれていた。同社は1993年に，コヴィクタの25年間の開発権を授与された。1994年には，ルシア・ペトロリアム株の50％が，新設されたシダンコに移管された[51]。

中国経済の急速な成長の開始にともない，北京は，モスクワに対し，交渉のテーブルに着く用意のあることを明らかにした。1996年に，ロシア大統領ボリス・エリツィンの最初の中国訪問の間に，イルクーツク州から中国へのガスパイプライン建設に関する暫定合意に達した。ロシア連邦と中華人民共和国は1997年11月に，東シベリアおよび他の東北アジア諸国からのガスパイプライン・プロジェクトに関する実現可能性調査や，ロシアにおけるコヴィクタ・ガス開発に関する別の実現可能性調査の，主要項目について覚書に調印した。

韓国の韓宝グループ（Hanbo Group）（1997年1月に経営破綻）の子会社，東アジアガス株式会社（EAGC）がルシア・ペトロリアムの株式27.5％と引き換えに4400万ドルを投資してから後は，部分的な資金調達が見られたものの，1997年終わり頃まで資金不足のせいで1994～2001年を対象とする地域開発プログラムは遅れていた。同地域プログラムのために必要とされる投資総額は，7億2500万ドルと見積られていた。BPエクスプロレーション（BP Exploration）は1997年11月に，5億7100万ドルでシダンコの株式10％を買収すると同時に，コヴィクタ・ガス田の査定費用として1億7200万ドルを支払うことと引き換えに，シダンコの所有するルシア・ペトロリアムの株45％を取得することを通じて，シダンコと戦略的連携を取り結ぶことを決定した。これらの巧妙な金融手段は，同プログラムの資金調達上の重要な打開策を提供した[52]。

しかしながら，国際的パイプライン・プロジェクトに関しては，何ら進展がなかった。1997年12月末には，多国間覚書が，モスクワに集まった5ヶ国（ロシア，中国，モンゴル，韓国，および日本）の間で取り交わされた。同覚書は，埋蔵量推定の改善，同ガス田のさらなる開発，開発されたガスの市場の一層明確な確認，および多国間パイプライン・プロジェクトの実現可能性調査の実施に向けた，接近方法の調整を求めるものである[53]。しかし，この多国籍の取り組みは，1年間の交渉の後には頓挫し，ロシアと中国の双方が，二国間協定に基づき，作業を再開することを決定した。1999年2月下旬に，中国の朱鎔基 Zhu Rongji 首相のモスクワ訪問中に，コヴィクチンスコエ・ガス田開発や中国向けガスパイプライン建設の，実現可能性調査に関する合意が達成された。

中ロの共同技術・経済調査では，イルクーツクと日照市（山東省の港湾都市）を結び，モンゴルを通過する3400キロメートルの多国間パイプラインが実現可能であると確認された。しかしながら，モンゴル経路は，2000年終わり頃のオルドス Ordos 盆地における蘇里格（スリガ）Sulige 第6ガス田の大発見により，選択肢から外された。中国および韓国向けのコヴィクタ・ガス輸出に関する3年間の実現可能性調査の事業が開始されたのは，この時であった。コヴィクチンスコエ・プロジェクトに関する交渉は，2001年後半以来，停滞していたが，2002年春にルシア・ペトロリアムの社長が訪中した際，交渉が再開された。中国国有石油会社は，この停滞は経路問題を含め中国側の提起した重要問題を，多分に，ロシアが解決できなかったせいである，と主張した。中国は，満洲里 Manzhouli を通り中国東北部に達する，東側経路の採用がその参加の前提条件だと見なしていた。これは，モンゴルを通り北京や中国北部市場へ到達する，西側経路を支持したロシアの計画とは異なっていた。西側経路の方が短く，とくにロシア国内の部分が短く，地形的にも問題が少ないであろうし，さらにモンゴルが相当額の通過料を徴収できるであろう[54]。

中国は，いくつかの理由から，東側経路を選好した。第1に，それは，政治的リスクを最小限にし，モンゴル通過を回避することにより通過料を節約した。第2に，パイプラインによってもたらされる経済的利益が，モンゴル人の生活を中国内モンゴルの人々よりも急速に裕福にする可能性があり，内モンゴ

ル自治区の安定性に否定的影響を及ぼす恐れがある。第3に，もし東側経路が使用された場合，パイプラインの経済利益は，中国東北部，それを切実に必要としている地域に集中されるであろう。

3者の実現可能性調査

ルシア・ペトロリアム，中国国有石油会社および韓国ガス公社は，2000年11月に，年間300億立方メートルの能力を持つ，ガス輸出パイプラインの実現可能性調査を実施する協定に署名した。この調査は完了までに3年かかったが，この間にコヴィクタの状況は激変した。ガスプロムが，このプロジェクトに対する関心を公然と明言した。これに対するルシア・ペトロリアム株主の最初の反応は，彼らは同プロジェクトにガスプロムを招くことになんら関心がないというものであった。ガスプロムは2001年夏に，東方プログラムの業務を一新し，その正式名称は「中国や他のアジア・太平洋地域諸国の市場に対するガス輸出の可能性を有する，ガス採取・輸送およびガス供給の統一システムを，東シベリアおよび極東において創設するプログラム」となった[55]。

2002年4月17日に，ルシア・ペトロリアム，TNK，ガスプロム，トランスネフチ，サハネフチェガス，ユーコス，そしてコヴィクタ・プロジェクトの全法人株主が出席した会議で，イゴール・ユスーフォフ Igor Yusufov ロシアエネルギー相は，彼が東方プログラムの上記新名称と同一用語で規定した，プログラムの作業を加速する必要性を強調した。参加者は，コヴィクタ・ガス1000立方メートルの最低供給価格は100ドルにすべきだ，という点で合意した。彼らは，北京およびソウルとの間で，ロシアのガスを協定量受け取る用意，供給されるガスの価格，およびガスパイプラインの経路に関して，積極的な交渉を再開することに合意した。彼らはまた，ガス輸出パイプラインの経路を含む，コヴィクタ・ガス田の開発関連課題一覧のすべてを解決するために，エネルギー省の支援下に常設作業グループを組織することで合意した[56]。

2002年7月に，実現可能性調査の作業を管理する調整委員会の会合が，1年以上の中断の後に，開催された。そこでは，ガスパイプラインの東側経路（モンゴルを迂回）のみが，それ以降検討されることに決定された。調整委員会の3回の会合，2002年7月，2002年10月および2003年1月の間に，関係者は，

プロジェクトを実質的に前進させ，ガスパイプラインの経路を定め，ガスの価格や供給量に関する意見の一致を探求することに成功した[57]。2002年10月会合では，調査の完成期限を2003年6月と定めた。10月会合中に，ロシアは他の関係者から，中国そしてその後の韓国へのガス供給が2008年に開始される保証を，どうにか取り付けた。ガスを年間200億立方メートル輸送するという提案は，2003年1月会合の間に放棄された[58]。

ガスプロムの要因

これら3者の交渉とは無関係に，ロシア政府は2002年夏に，ガスプロムに対しアジア向けガス輸出交渉の独占権を付与した。ガスプロムは，同社の全面的な支持なしには，コヴィクタ・ガスは輸出できないことを，大変明確にした。ガスプロムの副議長アナネーンコフは，ガスプロムの専門家を招くことなく準備されたコヴィクタの実現可能性調査は，なぜ正当なものではないのか，その理由の概略を述べた。同調査文書の最も注目すべき欠陥は，以下の通りであった[59]。

・調印した3社—TNK-BPのコヴィクタ開発権を有する子会社ルシア・ペトロリアム，韓国のガス公社，および中国の中国国有石油会社—は，異なるガス価格を付けている。各社は，その仮定の根拠を最終価格に関する自分自身の考えに置いている。
・同調査は，天然ガスからヘリウムを除去する必要性について何ら言及していなかったが，ヘリウムは，ロシアの法律がロシアの土壌から抽出を義務づけている戦略的商品である。この作業は，プロジェクトの経費を大幅に増加させるであろう。
・同調査は，国内供給について検討しておらず，したがって，国の東部におけるガス産業開発の政府計画と矛盾するものであった。最後に，
・同調査は，輸出パイプラインがバイカル湖の南に建設されるという構想に基づいていたが，そこは，ユーコス計画が環境専門家による却下の後に放棄されなければならなくなる以前に，ユーコスがそのアンガルスク－大慶石油パイプラインの建設を計画していた，まさにその場所であった。

2002年末の時点でガスプロムは，当時のエネルギー省に対し独自のプログラムを推奨していたが，これを同省は2003年3月13日に承認した。政府も同プログラムを承認したが，修正のために差し戻した。ガスプロムは2004年には，アジア市場におけるロシアガスの単一の正規販売者を創設しようとして，何とかロビー活動を成功させた。

　実現可能性調査の重要な発見は，プロジェクトの開発費用が，以前に考えられていたよりもずっと高くなるだろう，という点にあった。同調査は，コヴィクタ・ガス田の開発や中国・韓国向けガスパイプライン建設のための資本支出が，以前の見積り額100億～120億米ドルに比べて，総額170億米ドルにも達するであろうと，推定していた。実現可能性調査の関係者は，営業税制と生産物分与協定（PSA）の両方に注目していた。中国国有石油会社の代表，張永一は，生産物分与協定の制度は望ましいが，同プロジェクトはまだそれなしにでも実施されうると主張した。実際の問題は価格であるが，しかし実現可能性調査案を作成している時に，ロシア側はそれを解決できなかった。ルシア・ペトロリアムは，コヴィクタ・ガスは，100万英国熱量単位mmbtu当たり約5.0米ドルの費用がかかるだろうと計算していたが，一方中国国有石油会社は，100万英国熱量単位当たり2.40ドルしか支払う用意がなかった。この相違を考慮し，実現可能性調査の枠組みから価格問題を除外することが決定された[60]。

　実現可能性調査の作業が完了した2003年11月には，中国国有石油会社は同プロジェクトへの投資を真剣に検討していた。同社の蘇樹林 Su Shulin 副総裁は，「われわれは，コヴィクタ・プロジェクトに関心を持っている。われわれがどのようにこの事業に参加していくかは，まだ明確になっていないが，しかし交渉を行っており，ルシア・ペトロリアムの株の25.82％を買収する可能性を模索している」と表明した。コヴィクタの作業当事者であるルシア・ペトロリアムのこの25.82％のブロック株は，インターロス持株会社（Interros Holding Company）に帰属するものであった。2003年12月半ばに，インターロスは，同株式の売却を準備するために，コンサルタントとしてメリル・リンチ（Merrill Lynch）投資銀行を雇ったと公表した[61]。しかし中国は，何の行動も取らなかった。

　TNK-BPとイルクーツク州政府が均等原理で設立した東シベリアガス会社

は，2004年3月に，地元のガス化プロジェクトの実施に着手した[62]。同じ頃ガスプロムは，自己の東シベリア・極東ガス埋蔵量開発プログラムのために，早くも2001年12月には，コヴィクタ開発プロジェクトの25％権益を保有することに同意していたにもかかわらず，ルシア・ペトロリアム・プロジェクトの25％プラス1株の取得に関する合意に達することができなかった。TNK-BPとガスプロムとの間の距離は，橋渡しできないほど大きかったのである。2004年1月にガスプロムは，2003年11月に完了した実現可能性調査に対して，痛烈な批判を行ったが，このことは，ガスプロムの忍耐が尽きかけているという，はっきりした合図であった。結局，2004年9月にTNK-BPの最高経営責任ロバート・ダドリーRobert Dudleyは，同社がコヴィクチンスコエ・ガス田の開発に，ガスプロムを少数株主の共同経営者として喜んで参加させるつもりだと述べた。この変化は，ツルートネフ天然資源相が2004年半ばに，ルシア・ペトロリアムの開発権が取り消される恐れのあることを明らかにした後で，生じた[63]。

ヘリウム問題

この頃，ヘリウムの問題について熱心な議論が行われていた。ルシア・ペトロリアムは，2004年5月に，ゲリーマシュ科学生産合同（Geliymash Science and Production Association）の率先した取り組みに対するその立場を改めた。5月24日に，サヤーンスクヒムプラスト（Sayanskkhimplast），ルシア・ペトロリアム，および株式会社ゲリーマシュ科学生産合同（JSC NPO Geliymash）は，サヤーンスクにコヴィクタ・ガスのヘリウム除去施設を建設する目的で，議定書に署名した。同施設は，年間550万立方メートルまでヘリウムを処理することができるであろうが，なお，ヘリウムガスの世界取引高は年間1億6000万立方メートル以上であった[64]。2004年6月初旬に，ガスプロム最高経営責任者アレクセイ・ミレルとTNK-BPの最高執行責任者ヴィクトル・ヴェクセルバーグViktor Vekselbergとは，アジア・太平洋諸国に対する東シベリア・ガスの輸送を組織化する，単一の輸出経路の使用が必要だという点で合意に達した。同合意の下では，ガスプロムの100％子会社，ガスエクスポート合同会社（Gazexport LLC）が，中国国有石油会社および韓国ガス公

社に対する，コヴィクタ・ガス田ガスの販売交渉を主導することになるであろう。しかしながら，ガスプロムと TNK-BP は，同合意を異なった仕方で解釈していた。ガスプロムは，輸出交渉を完全に独占しようとしており，TNK-BP とルシア・ペトロリアムは，もはや輸出交渉に参加すべきではないと主張した。TNK-BP は，ガスプロムが輸出交渉を独占する全面的な権限を持っている訳ではないし，ガスエクスポートは供給条件に関する業務についてだけ権限を保有しているにすぎないのだ，と主張した[65]。

また2004年6月に天然資源省連邦地下資源利用委員会は，ルシア・ペトロリアムが，コヴィクチンスコエ・ガス田の生産開始に関する認可契約の違反を是正するように，要請した。ルシア・ペトロリアムは2004年12月に，生産の開始を5年間延期するという，認可契約の変更を提案した。ユーリ・ツルートネフ天然資源相は2005年5月半ばに，コヴィクチンスコエ・ガス田開発の遅滞に関し同社に対して採られた一連の措置を取り消すことはできないと発表した。2005年6月初旬に，TNK-BP は，コヴィクチンスコエ・ガス田の認可契約に新たな追加を提示することで，これに対応した。同社は，同ガス田において2006年に9億立方メートルのガス生産から開始し，その後，2010年までに年間最大90億立方メートルにまで生産水準を引き上げることを提案した。TNK-BP の取締役会は2005年5月下旬に，イルクーツク州ジガーロフスキー Zhigalovsky 地区の消費者向け供給用ガスパイプラインの建設を含む，イルクーツク・ガスプロジェクトの第1期に資金供給するために，1億3600万ドルを割り当てた。この初期のガスは，11億ドルのイルクーツク州ガス化プロジェクトの初期段階であった。コヴィクチンスコエ産のガスがサヤーンスク，ウーソリエ・シービルスコエ Usolye-Sibirskoye，アンガールスク，およびイルクーツクへ輸送されるであろう[66]。

コヴィクタ・ガスとチャヤンダ・ガス双方のヘリウム問題に対するガスプロムの立場は，両ガス田の開発がいったん開始されてはじめて，適切に明らかにされうる。最も頻繁に提起される問題の1つは，ヘリウムが実際の問題であるのか，それともロシア政府とガスプロムが開発を遅らせるためだけの方便に過ぎないのかという点にある。ロシア科学アカデミー石油ガス地質学研究所シベリア支部の資料によると，コヴィクタは，ロシアの A+B+C1 ヘリウム埋蔵量

の約37〜42％を含んでいる。

　ガスプロムは，コヴィクタの埋蔵量が2015年までは必要とされないであろう，と主張した。しかし，コヴィクタは，軍事利用を伴う戦略的生産物であるヘリウムを大量に含有しており，したがって，ロシアはコヴィクタ開発の承認以前に，ヘリウムに関する法令を先ず制定すべきである，とガスプロムは述べた。ガスプロムの副最高経営責任者アレクサンドル・アナネーンコフは，コヴィクタがロシアのヘリウム埋蔵量の50％を含有しているが，実現可能性調査は，いかにこの問題に対処すべきかについて，回答を与えていない，と述べている。したがって，加熱用メタンのような，単純なガスのみを生産することによって，ヘリウム含有量の高い，東シベリア最大のガス田の開発を開始することは，受け入れがたい。ガスプロムの推定によれば，ロシアは，世界のヘリウム埋蔵量280億立方メートルの3分の1以上を支配している[67]。

　独立行政法人石油天然ガス・金属鉱物資源機構の本村真澄は，アメリカで2006年に1000立方メートル当たり2880〜3060ドルの範囲内でほぼ安定しているヘリウムの価格水準は，無視されるべきではないと指摘した。ヘリウムは非常に高価な，エネルギー採取に附随する資源起源のものであり，したがってガス生産会社による特別な管理を必要とするのは真実である。ヘリウム生産量が大幅に増加すれば，価格崩壊を引き起こしかねないであろう。価格水準を維持するためには，ガスプロムによる地下貯蔵施設の建設を含む，制御された生産が必要であろう[68]。

表3.9　東シベリアおよびヤクーチア・ガス田の天然ガスの構成

	主要構成（％）				
	メタン	窒素	ヘリウム	エタン	C3-C6
スレドネ・ボトゥオビンスコエ	88.61	2.93	0.45	4.95	3.12
チャヤンディンスコエ	85.48	6.44	0.58	4.57	2.58
ユルプチェンコ・トホムスコエ	81.11	6.32	0.18	7.31	5.06
ソビンスコ・パイギンスコエ	67.73	26.29	0.58	3.43	1.55
コヴィクタ・ガス	91.39	1.52	0.28	4.91	1.78

出所：ガスプロム。

TNK-BP はその支配株のガスプロムへの売却に合意

ガスプロムは 2004 年 8 月に，1 兆立方メートルの仮定的ガス埋蔵量が推定されるユージノ・コヴィクチンスカヤ Yuzhno-Kovyktinskaya の，隣接鉱区 2 ヶ所の探査権を取得した。ガスプロムの子会社，公開株式会社クバンガスプロム（Kubangazprom）は，コヴィクチンスコエ・ガス田のすぐ南にあるチカンスキー Chikansky 鉱区で試掘井をすでに掘削している[69]。ガスプロムと BP との食い違いは，2005 年 5 月下旬にモスクワでもたれたアレクセイ・ミレルとジョン・ブラウン John Browne との交渉の間に，いくぶん縮まったように思われた。ミレルは，ブラウンが石油プロジェクトや，ガスプロムに対する一部石油資産の権益売却に関して，提携する可能性を吟味するべきだとと提案した。ブラウンは，TNK-BP のロシア株主が保有する 50％持分の一部を，ガスプロムに売却することについて検討する用意がある，と回答した[70]。もしその価格が適正であれば，彼らは説得されて売却する可能性があった。しかしながら，天然資源省は 2005 年 9 月に，認可の取り消しの問題を提起し，その後，イルクーツク州検察庁は 2006 年 9 月下旬に，連邦地下資源利用庁に対し TNK-BP のコヴィクタ・ガスコンデンセート田の開発認可を停止するように要請した[71]。

2006 年 3 月における中国石油化工会社とロスネフチのコンソーシアムに対するウドムールトネフチ（Udmurtneft）の売却は，TNK-BP とガスプロムとの関係を改善しなかった。ガスプロムは，ウドムールトネフチの買収をコヴィクタの件で合意に達するための主要条件と見なしていた。ガスプロムは 25 億ドルを提示していたが，しかし落札価格は 35 億ドルであった。ウドムールトネフチを失った後，ガスプロムは攻勢に出て，コヴィクタの開発は，ロシアのヘリウムに関する連邦プログラムの存在なしには，またヘリウムや多成分ガス田に関する連邦法の制定なしには，実行され得ないと主張した。なかんずく，そのような手続きは，ヘリウムを含有するガス田を戦略的なものだと見なすための，科学的に根拠づけられた基準を明確にするであろう[72]。

しかしながら，2007 年半ばに，ガスプロムと TNK-BP との間の長く退屈な交渉に進展があった。ガスプロムの副最高経営責任者アレクサンドル・メドヴェージェフ，BP グループ執行役副社長のジェームズ・デュプリ James

Dupree，TNK-BP の最高経営責任者ロバート・ダドリー，および TNK-BP のガス開発担当執行役員ヴィクトル・ヴェクセルバーグは，6月22日に，TNK-BP とガスプロムとの戦略的提携の創出に関する共通理解協定に署名した。ガスプロムは，TNK-BP とのこの覚書により，ルシア・ペトロリアムおよび東シベリアガス会社の 62.9% の支配株を買収することが可能になった。3社の間には，それに関連した正確な金額について意見の合致はなかったから，彼らは交渉の継続に合意した。しかし妥協額は，6億～8億ドルの間に見いだされるであろう。アレクサンドル・メドヴェージェフは，市場の条件が最終価格を決定するだろうと主張した。国際財務報告基準（IFRS）に準じて作成された TNK-BP の財務報告には，コヴィクチンスコエ・プロジェクトの事業費が，2006年12月31日までで総額4億500万米ドルに達した，と述べられていた。しかし TNK-BP は，1993年からの実際の支出が，総額8億ドルになったと主張した[73]。

　TNK-BP はコヴィクタを放棄するのと引き換えに，市場価格でルシア・ペトロリアムの 25% プラス1株を買収する，長期の買付選択権を受け取った。メドヴェージェフによると，ガスプロムと BP は，ガスプロムが 50%，どんな資産が含まれるかに従って TNK-BP か BP 自身のどちらかが 50% を所有する，合弁企業を設立することになるであろう。BP の最高経営責任者トニー・ヘイワード Tony Hayward は，BP は最初は少なくとも30億ドルの価値あるプロジェクトを探しているであろうが，しかし資産価値のさらなる増大の可能性が非常に重要な意義を持ちうるのだ，と述べた。TNK-BP は，認可取り消しの脅威の下で，コヴィクタ・ガス鉱床の支配権をガスプロムに譲渡した。連邦地下資源利用庁の委員会は，2007年6月1日の会議で，TNK-BP の子会社ルシア・ペトロリアムの認可取り消しの可能性を検討した。プーチン大統領は6月4日に，ノヴォ・オガリョーヴォ Novo-Ogarevo 首相公邸で G8 諸国のジャーナリストとの会話中に，次のようなことを述べた。

　　コヴィクタの共同所有者は，この鉱床の開発義務を負担してきたが，あいにくなことに，認可要件を満たしていない。彼らは，すでに規定量のガスを採取し，生産を開始しているべきである。残念ながら，彼らはこれをまだ

行っていない… これについては，パイプライン・システム設置の必要を含め，多くの理由を検討することが可能である。しかし，彼らは，認可を受けた時に，そのことが分かっていた。それにもかかわらず，彼らはそれを買ったのである。私は，この開発権がどのように取得されたのか，今でも言うつもりはない。われわれは，当時，1990年代初頭に，それを行った人々の良心に，そのことを委ねるとしよう。

プーチンは，この鉱床のガス埋蔵量がカナダの総埋蔵量とほぼ等しい，という事実に注意を促した[74]。

その巨大なシベリア・コヴィクタ・ガスプロジェクトをガスプロムへ売却するTNK-BPの取引は，クレムリンによるエネルギー部門獲得にむけた，数ヶ月の政府圧力に続く，もう1つの大きな一歩を記すものである。TNK-BPの開発は，ガスプロムがTNK-BPの条件でプロジェクトに参加することを拒否したことで，長期にわたり押さえられていた。国営ガスチャンピオンによる輸出販売独占のせいで，ガスプロムなしでは，TNK-BPはガスの実際の市場を全く持っていなかった。同ガス田での生産違反に関して，ロシア政府が脅したように，TNK-BPの認可を取り消す代わりに，ガスプロムはその対価を支払ったが，その価格は，TNK-BPが同ガス田の開発に費やした額の倍近くであった。最終取引は，2008年夏の終わり近くに行われた。

2008年9月の第5回バイカル経済フォーラムの間に，ユーリ・ツルートネフ天然資源相は，TNK-BPとガスプロムが，コヴィクタ巨大ガスコンデンセート田の取引をまとめることができなかったため，同プロジェクトの商業的操業の開始が遅れていると述べた。

　…われわれは，コヴィクタのことを忘れてしまってはいないが，ガスプロムからはいかなる提案も受け取っていない。明らかに，いくつかの厄介な問題がある。コヴィクタ全体計画は変更されていないが，残念ながら，時期の選択は変更されているように思われる。われわれは，認可の際のガス生産量を調整するつもりはない。われわれの任務は，同ガス田を開発することである[76]。

ロシアの環境監視機関である連邦自然利用分野監督局は 10 月 14 日に，イルクーツク州コヴィクタ・ガスコンデンセート田の開発認可契約の履行に関する調査を開始した[77]。

ユーリ・ツルートネフは 2008 年 10 月 16 日に，ルシア・ペトロリアムの持つ，イルクーツク州コヴィクタ巨大ガスコンデンセート田の開発認可を更新する根拠は，何もないと述べた。

　…調査がまだ進行中であり，10 月 20 日以前には終了しない予定なので，調査結果はまだ手元にない。その所有者は，ガスプロムとの間で達成された合意に関連する，開発認可の義務を履行しつつあることを，われわれに納得させようと試みている。しかし私の見解では，何も変わっていないし，何も正されていない。そして，私には，彼らのもつ鉱物開発業者の免許を更新すべき根拠は，何も見当たらない[78]。

ツルートネフは 10 月 23 日に，ルシア・ペトロリアムの持つコヴィクタ巨大ガスコンデンセート田の開発権は直ちに取り消されるかも知れない，と『コメルサント』(*Kommersant*) に語った[79]。

ロシア自然利用分野監督局は，ルシア・ペトロリアムの調査を完了し，その結果を地表下管理機関である連邦地下資源利用庁に送付した。調査中に開発認可契約の違反が発覚したが，主な違反は，ルシア・ペトロリアムが開発認可契約で想定されたガス生産水準を満たしていない点にあった。ロシア自然利用分野監督局は，調査結果が連邦地下資源利用庁の初期認可撤回委員会によって検討されるべきであると勧告した[80]。連邦地下資源利用庁は，開発認可の取り消しか継続かについて，最終決定を行うつもりであった。しかし，最終決定は何も下されなかった。

コヴィクタ所有権のガスプロムへの変更

そうしている時に，ルシア・ペトロリアムの所有権が変更された。卸売り発電会社-3（OGK-3）は，2008 年 10 月 23 日に，ルシア・ペトロリアムの 25％マイナス 1 株を取得したことを正式に認めたが，後者こそコヴィクタ巨

大ガスコンデンセート田の開発権を保有していたのである。その取引以前のルシア・ペトロリアムの主要株主は，62.89％を持つ TNK-BP，10.78％のイルクーツク地方政府，25.82％のインターロス・ホールディングであった。10月半ばに，インターロスがその株を，卸売り発電会社－3に売却するだろうと報じられたが，こちらは，鉱山冶金会社ノリリスク・ニッケル（75％）とユナイテッド・カンパニー・ルサール（UC RUSAL）（25％）とによって所有されている。卸売り発電会社－3は，ジャールフォード・エンタプライズ株式会社（Jarford Enterprises Inc.）から5億7600万ドルでルシア・ペトロリアムの株を買収していた。インターロスがこの売却の最終的な受益者である。ルシア・ペトロリアム株の取得は，コヴィクタ開発の上で，卸売り発電会社－3をガスプロムの共同事業者にする可能性を秘めているであろう。卸売り発電会社－3は，コストロマー Kostroma，ペチョーラ，チェレペーツキー Cherepetsky，ハラノルスク Kharanorsk，グシノオーゼルスキー Gusinoozersky，およびユージノウラルスキー Yuzhnouralsky などの発電所を傘下に置いており，8500MW の設備能力を持つ。卸売り発電会社－3の株主はノリリスクであり，その75％をインターロスが所有し，残りの25％がルサールに帰属する[81]。2009年始めに，コヴィクタに関するガスプロムとの交渉は中断していると報じられた。

しかし，ガスプロムの副最高経営責任者，ヴァレーリ・ゴールベフは，2009年9月2日に，ガスプロムはコヴィクタ・ガスコンデンセート田にまだ関心を持っていると述べた。「われわれは，まだ［コヴィクタに］関心を抱いている。その取引の概括的計画は，現在，作成されているところである」。しかし彼は，この計画のさらなる詳細の作成に応じなかった[82]。ガスプロム最高経営責任者ミレルは，2009年9月末に，「これは大規模ガスプロジェクトであり，たとえ何があってもガスプロムによって実施されるであろう。唯一の問題は，それが実施されることになる時間的枠組みだけである」と述べた[83]。2010年3月に，TNK-BP は年末以前に同社のコヴィクタ・ガス田の権益を国営石油会社ロスネフチに7億〜9億ドルで売却する計画である，と報じられたが，それに続く行動は取られなかった[84]。3ヶ月後に，コヴィクタ・ガス田の開発企業ルシア・ペトロリアムは破産を申請し，そして TNK-BP の動き（年末前にコ

ヴィクタの権益をロスネフチに売却）は，モスクワ当局にコヴィクタ・ガス田の運命を決するように圧力をかける方策と見なされた[85]。

　TNK-BP の率先した動きのお陰で，コヴィクタ・ガス田の競売の道が開かれた。ガスプロムは 2011 年 3 月初旬に，コヴィクタ・巨大ガス田の権利を落札した。シベリアのイルクーツク市で開催された競売の開始価格は，151 億ルーブルに設定された。ガスプロムは，223 億ルーブル（7 億 7300 万ドル）の落札額を提示し，ロシア最上位石油会社ロスネフチの所有者，国営持ち株会社ロスネフチガス（Rosneftegaz）を破った。TNK-BP の経理担当主任 CFO，ジョナサン・ミュアー Jonathan Muir は，「それは，偶然にも，われわれが数年前にガスプロムと合意した価格と同額であり，…われわれが貸借対照表上の投資額を十分に埋め合わせることを可能にする」と述べた。VTB キャピタル（VTB Capital）（旧称外国貿易銀行子会社：訳注）の石油・ガス分析専門家レフ・スヌィコフ Lev Snykov は，「それはただ同然である。…ガスプロムの株式市場価値はバレル当たり 1.80 ドルだが，国際石油資本は 10 ドルである」と述べている。ガスプロムにとってのその価値は，ガスプロムが中国と価格面でもっとはっきりした合意に達すれば，直ちに明確になるであろう。しかし，批評家連は，「それは，必ず，彼らがそのために支払った以上のものとなるだろう」と確信していた[86]。インターファックス（Interfax）の報道によれば，ガスプロムは付加価値税を含め 258 億ルーブルを支払ったが，そのうち，210 億 1000 万ルーブルはルシア・ペトロリアムの資産に対しての，35 億ルーブルが付加価値税としての，13 億ルーブルが合同会社コヴィクタネフチェガス（LLC Kovykta Neftegaz）への，支払いであった。インターファックスは，ロシア地下資源利用法により，資産購入者は，変更の導入なしに，コヴィクタ・ガス田の開発権にあらためて取り組む権利が与えられる，と付け加えた[87]。ガスプロムは，コヴィクタ開発の認可をを引き継ぐことを目的としている。この結果，ガスプロムは，ロシアガスの対アジア輸出のために，チャヤンダ・ガスとコヴィクタ・ガスプロジェクトとの両方を，巧みに捌く立場に置かれることになるであろう。しかし中国北部および韓国のガス市場は，両ガス田の同時的開発を必要とするほどには大きくないことが，それにとっての難問であり，それ故，ガスプロムは，そのどちらかを優先しなければならない。書類上は，優

先順位はチャヤンダ・ガスの方に行くと思われるが，チャヤンダ・ガスの開発費がコヴィクタ・ガスのそれよりもはるかに高いため，ガスプロムは必要に応じて，これを変更することができる。

　結局のところ，コヴィクタ・プロジェクトは，プロジェクトの所有構成におけるガスプロムの欠如の犠牲になったのだ，といっても過言ではない。ガスプロムの戦略は，サハリン－3鉱区とチャヤンディンスコエ・プロジェクトとの両方を最優先するものであった。コヴィクタ・プロジェクトの所有権を支配するという，2011年のガスプロムの決定は，東シベリアおよびロシア極東から天然ガスを輸出する唯一の業者だというガスプロムの立場を強化したが，しかし同時に，この買収は，もしロシア・中国間のガス価格交渉が2012年までに解決した場合，それがチャヤンダガスに付与してきた優先順位を再考し，コヴィクタ・プロジェクトの早期発展に優先順位を置き換える可能性のあることを示唆している。長距離パイプライン・ガス供給に基づくウラジオストクの液化天然ガスの追求は，価格負担が非常に高いので，ガスプロムは，コヴィクタの生産費がチャヤンダ・ガスの生産費より明らかに断然低い，という事実を無視することはできない。コヴィクタ・ガスの開発とチャヤンダ・ガスの開発との釣り合いが，ガスプロムによっていかに取り扱われるかは，まだ分からない。

サハリン海洋ガス
サハリン－1
　サハリン－1プロジェクトは，チャイヴォ，オドプトゥ，アルクトゥン・ダギ石油ガス田で構成されており，石油23億バレル，ガス可採埋蔵量17兆1000億立方フィートを誇っている。エクソン・モービルの子会社エクソン・ネフチェガス社が同プロジェクトの作業当事者である。その他の企業連合構成会社は，ロシアのサハリンモールネフチェガス・シェルフとロスネフチ・アストラ，日本のサハリン石油ガス開発，インドの石油天然ガス会社・ヴィデッシュ社である[88]。サハリン－1は，1970年代に日本政府から資金提供を受け，1980年代に現ロスネフチの子会社サハリンモールネフチェガスによって継続された初期探査活動に基づく，第一世代プロジェクトの1つである。これらガ

ス田の開発権は，1991年に付与され，その後1994〜5年に生産物分与協定の対象となった[89]。

2001年10月に，サハリン-1の共同経営者は，同プロジェクトの第1期—そこには，ロシア国内需要充足の一助として利用できる，限られたガス供給を伴う石油生産を，2005年に開始することが含まれる—が商業的に発展可能であると宣言した。最初の石油最終期限は守られ，2006年秋には，天然資源省との問題にもかかわらず，ロシア本土のデ＝カストリ石油輸出ターミナルが，通年の石油輸出を開始した。同プロジェクトは，世界最大の陸上掘削装置ヤストレブ（Yastreb）からの大偏距掘削（EDR）工法を相当程度利用しており，そのことによって，洋上建造物を建設する必要を削減したのである。同プロジェクトは，2007年2月までに，ハバロフスク地方の需要家向けに350億立方フィート（10億立方メートル）のガスを供給していた[90]。

しかしながら，サハリンが日本，中国および韓国向けに，パイプラインを通じあるいは液化天然ガスとして，ガスを輸出するための準備は，何年もの間実際の進展がなく，実際2008年末まで何もなかった。1990年代遅くに，日本サハリンパイプライン調査会社（Japan Sakhalin Pipeline Feasibility Study Co. (JSPFSC)）によるプロジェクトが，サハリン-1から東京や新潟に向けた，海洋ルートによる天然ガス供給を計画した。1999年4月から2002年春までの間に，エクソン・日本パイプライン社（Exxon Japan Pipeline Ltd.）と日本サハリンパイプライン株式会社（JSPC）が共同で，サハリンガスの日本向け供給に関する4000万ドルの実現可能性調査を準備した。日本サハリンパイプライン株式会社（その構成は石油資源開発株式会社が45％，伊藤忠が23.1％，伊藤忠丸紅鉄鋼株式会社が18.7％，丸紅株式会社が13.2％である）が，その実現可能性調査を進展させる作業当事者であった。同調査は，管径が26〜28インチ（65〜70センチメートル），年間供給能力が80億立方メートルと想定していた。サハリン-1から東京や新潟までの距離は，それぞれ1400キロメートルと1120キロメートルである。2002年8月に石油資源開発株式会社は，エクソン・日本パイプライン社との協力企業が，日本領土内にある区域の実現可能性調査の報告を完成し，同プロジェクトは技術的，経済的に見て実現可能であると結論づけた旨，公表した。しかしながら，日本政府は，2003

年12月に石油資源開発株式会社を民営化し，その結果，日本サハリンパイプライン株式会社の所有企業は，2005年10月に同社を清算し，閉鎖した[91]。

　資源エネルギー庁（経済産業省の外局）長官は，2003年5月19日に，国会の委員会で，ガスパイプライン・プロジェクトの支援について公式に論じた。とくに，日本開発銀行（DBJ）による融資の用意について言及がなされた。日本開発銀行は，天然ガスパイプライン建設プロジェクトのための，2006財政年度に終了する融資プログラムを提案した。適用金利は政策融資金利（1.7%），融資限度は資本支出の30〜50%，融資期間は15年となる[92]。

　しかしながら，サハリン－1ガスの日本向け輸出プロジェクトは，その後追求されなくなり，焦点はハバロフスク地方へのガス供給に移り，さらにまたパイプラインによる中国向け輸出に移った。サハリン－1企業連合は2004年6月11日に，ハバロフスク地方知事のヴィクトル・イシャーエフ，および潜在消費者であるハバロフスクエネルゴ（Khabarovskenergo）ならびにハバロフスククライガス（Khabarovskkraigaz）と，将来のサハリン産天然ガス供給に関して，意思表明書（POI）に署名した。エクソン・ネフチェガス社のサハリン事務所によると，これらの文書は，実際の売買契約に含められるべき条件を定めたものであった。この文書によると，ガスの最初の供給は，2005〜6年冬季に入るまでに行われる予定であり，ハバロフスク地方へのガス販売は2009年までに年間30億立方メートルに達するはずであった。エクソン・ネフチェガス社のステファン・ターニ Stephen Terni 社長は，調印式で，これはガスの長期的商業的供給を含む，また国際価格や市場条件を考慮に入れた，生産物分与協定の一環として，ロシア極東の消費者向けにサハリン沖で生産された最初のガスとなるであろう，と語った[93]。

　ハバロフスク地方知事のイシャーエフは，中国に対し，サハリンからハバロフスクまでのガスパイプライン建設に対する支援の機会を持ちかけたが，これは将来，中国まで延長されうるものであった。2004年6月の太平洋経済会議第37回会合にロシア代表団を率いたイシャーエフは，北京で次のように述べた。

　　…われわれは，2006年にハバロフスクへのガス供給を開始するために，

サハリンからハバロフスクに至るガスパイプラインを建設しつつある。われわれには，中国に 15 億〜20 億立方メートルのガスを供給する用意がある。このパイプラインを中国まで延長させて下さい。もし 1 本のパイプラインでは供給量に見合わないならば，われわれはもう 1 本パイプラインを建設することができる。呉邦国氏は，ハバロフスク訪問の際，中国の東北地域は，ロシア産ガスを年間最大 200 億立方メートル購入したいと述べた[94]。

　エクソン・モービルは 2004 年 11 月 2 日に，サハリン－1 プロジェクトからの天然ガス販売の可能性について，それが中国国有石油会社と交渉中であることを認めた。同じ日に，ガスプロムは，アジア向けガス輸出におけるエクソン・モービルとの協力について検討している，と述べた。エクソン・モービル会長のリー・レイモンド Lee Raymond は 11 月 4 日に，エクソン・モービル主導の企業連合は，ガスの液化天然ガス転換や，日本か中国へのパイプライン建設を含め，いくつかの選択肢を検討していると述べた。以前に同社は，パイプラインがガス配送の上で，費用対効果の最も高い方法であろうという見解を表明していた[95]。

　サハリン－1 企業連合に近い情報筋は，ガス価格は日本の石油価格に連動することになり，同契約の最初の数年間は 1000 立方メートル当たりおおよそ 55 ドルになるであろう，と漏らした。この価格は，2004 年に 1000 立方メートル当たり 22 ドルと 33 ドルとの間にとどまっていた，ロシアの国内規制価格より明らかに高い。2003〜4 年の予備交渉において，中国の買い手は，サハ共和国産のロシアガスを国境渡し 1000 立方メートル当たり 60 ドルで，購入することを提案しており，コヴィクタガスの付け値は 20〜70 ドルの範囲の価格であった。ガスプロムは，ロシア市場の非規制部門に関しては，50〜55 ドルのガス価格が，最も適切であるとみなしていた。このガス独占企業は，2005 年 10 月 1 日以降，ルクオイルからガスを，ヤマルガス輸送システムへの入り口渡し価格 1000 立方メートル当たり最低 22.50 ドルで，購入することになっていたが，同社は，欧州とは国境渡し平均 100 ドルの価格でガスを販売している。

　ハバロフスクの消費者は，相対的に高い価格でも，ガスを歓迎したが，それは燃料移入の必要のために，電力料金が極東地域では全体として，ロシアのど

この平均よりもはるかに高くなるからであった。ハバロフスクエネルゴの親会社ロシア株式会社統一電力システム（UES）の内部関係者は，2004年6月の供給協定を喜び，サハリンガスは，大部分の地元の発電所が使用してきた石炭よりも安くなるであろうと指摘した。統一電力システムは，ハバロフスク地方が，一旦ガスに転換した場合，年間6億ルーブルを節約することになるであろう，と算定した[96]。

日本政府は，サハリン産ガスを，中国よりもむしろ日本に対して配分するという考えを，断念する用意はできていなかった。中川昭一経済産業大臣は，エクソン・モービルがロシア太平洋沿岸経由で中国東北部に至るパイプライン建設のために，北京と交渉してきており，エクソンは常に中国を潜在的顧客として見てきた，と述べた。しかしサハリン－1プロジェクトは，日本が最も自然で安全な市場であると，久しく見なしてきた。この米国エネルギー会社は，サハリンから日本に向けてパイプラインを建設したかったが，もはや政府の管理下になかった日本の公益企業は，ガス火力発電所に燃料を補給するためのガス供給はすでに十分あると述べた。また，日本の公益企業は事実上，パイプ輸送ガスの経験が全くなかったし，また日本には統合されたガス配送網もなかった。日本政府は，サハリンからガスをパイプ輸送することに熱心であったが，その理由は，このことによって，中東石油から離れて多様化し，また京都議定書の義務に応じる手段としてよりクリーンな燃料へ移行するという，政府の長期政策目標の助けとなる点にあった[97]。

日本に登記している天然ガス輸送・販売会社，日本パイプライン株式会社（JPDO）[98]は，2005年8月に，ストロイトランスガスStroytransgazやロスネフチと共同で，サハリン島から北海道または本州に至る天然ガスパイプラインの実現可能性調査を開始した。2005年12月に完成した，同調査の第1期報告は，同プロジェクトが技術的，物理的，かつ経済的に実現可能である，と結論づけていた。これらの会社は2006年3月に，同調査をロシア連邦政府に，検討とプロジェクト承認を求めて提出した。

2ヶ所の計画されている新規発電所が，最初の顧客の役割を果たすことになるであろう。1つは，名寄市の300メガワットのコンバインドサイクル発電所，もう1つは，むつ小川原開発地区の2000メガワットのコンバインドサイ

クル発電施設か，もしくは札幌市近郊の 500～1000 メガワットの発電所である。149 メガワットを超えるような大規模発電所の場合は，3 年半の広範囲で詳細な環境評価が必要となる。そのような発電所の全建設期間は，最大 6 年かかる可能性がある。天然ガスはガスプロムによって供給されるであろう。推定では，当初の 2011 年の年間ガス需要は 5 億立方メートルとなり，その大部分は名寄発電所向けである。むつ小川原発電所の商業運転開始後には，それは 2013 年に 35 億立方メートルに増大し，2019 年には 80 億立方メートルの年間需要を示す予測がある。当初の年間 5 億立方メートルは，サハリン－2 から来ることになるであろう。2005 年 11 月のプーチン大統領訪日の間に，日ロ両政府は，長期的協力の必要性について合意したが，その合意では，ロシアの天然ガスは，ガスとしてかあるいは電力に転換して，日本市場への参入機会を持つことが規定されていた[99]。

　2006 年までにハバロフスク地方は，サハリン－1 のガスをすでに受け取り始めていた。ロスネフチ・サハリンモールネフチェガス（Rosneft-Sakhalinmorneftegaz）の最高責任者ヴィクトール・リュブーシキン Viktor Lyubushkin によると，同地方は，2006 年に 1 億 5700 万立方メートルのガスを受け取ることになる。供給に関する契約が，サハリン－1 プロジェクトの作業当事者エクソン・ネフチェガスとハバロフスクエネルゴならびにハバロフスククライガスとの間で署名された。年間販売量は，当初で約 10 億立方メートルに達し，5 年後には 30 億立方メートルほどにも増加するであろう[100]。

　2006 年 9 月下旬に，プーチン大統領はハバロフスク地方知事のイシャーエフとの会談中に，ロシアの隣接地域から中国に入る新たなガスパイプラインを建設する，という考えをはねつけた。彼は，「われわれは，ハバロフスクへつながるパイプラインを施設したし，それは国内ガス供給のためにのみ設計されている。法の下では，ロシアは唯一の輸出業者，ガスプロムを有している」と主張した。コムソモールスク・ナ・アムーレを経由して，サハリンとハバロフスクとを結ぶ 445 キロメートル（277 マイル）の国内パイプライン・プロジェクトの建設は，2002 年 3 月に開始され，2006 年 9 月 14 日に予定より早く完成された[101]。

　ロスネフチは 2006 年 10 月に，コムソモールスク・ナ・アムーレ－ハバロフ

スク間ガスパイプラインの 425 キロメートル区間を稼働させた（それは 1987 年に，同地域最初のガス幹線，年間 45 億立方メートルの輸送能力を持つオハ Okha－コムソモールスク・ナ・アムーレ間 557 キロメートルのパイプラインを建設していた）。ロスネフチは 2006 年に，極東全体のガス輸送システムを運営した[102]。エクソン・モービル（サハリンの株主）は，2006 年 10 月 16 日に，中国に年間 80 億立方メートルのガスを供給する旨の暫定協定を結び，またインドの石油天然ガス会社 ONGC（別の株主）は，インド向け販売に関心を表明していた。株主らは，サハリンから中国東北部に至るガス幹線を建設する用意ができていたであろうが，ガスプロムはこれに反対であった[103]。

　ダルトランスガス（Daltransgaz）は，ロシア極東のガスパイプライン開発において，重要な役割を果たしてきた。ハバロフスクまでのガスパイプラインの建設は，サハリン州，ハバロフスク地方および沿海地方にガス供給を提供するプログラムの一環である。同プログラムは，ロスネフチ・サハリンモールネフチェガスによって立案され，1999 年 7 月にロシア連邦政府決定第 852 号によって，承認された。同プログラムは，当初，既存のオハ－コムソモールスク・ナ・アムーレガスパイプラインの 140 キロメートル幹線区間を利用することを想定していたが，それは圧力 4 メガパスカル，年間 45 億立方メートルの輸送能力を有していた。このパイプラインは，2004 年には，ロスネフチ・サハリンモールネフチガスの運営するサハリンガス田の枯渇により，年間わずか 15 億立方メートルのガスしか送っていなかった。同プログラムはその後，同じ輸送能力で長さ 1587 キロメートルのサハリン－ハバロフスク－ウラジオストク新規幹線ガスパイプラインの建設を必要とした。このガス経路の第 1 段階，コムソモールスク・ナ・アムーレ－ハバロフスク区間は，375.2 キロメートルの基幹ガスパイプラインと 47.6 キロメートルの支線から構成されるが，2009〜10 年の間に建設され，パイプライン全体は 2011 年 9 月に完成された[104]。

　ロスネフチは最初，ガスプロムによるダルトランスガスのブロック株取得に同意するのを拒否した。ロスネフチは 2003 年に，同プロジェクトはもうからないと結論づけ，そしてハバロフスク地方行政府に 47.59％の株を売却した。ロスネフチは，25％プラス 1 株のブロック株は保持していた。2007 年に，ガ

スプロムは仲介会社を通じて，同地方政府から47.59％の株を104億ルーブル（約4億2000万米ドル）で買収した。現在，この株は一括して，KITファイナンス（ガスプロムのガスフォンド（Gazfond）に近い会社）の管理下にあるが，一方ロシア連邦資産ファンド（Russian Federal Property Fund）（国有資産管理機関）が27.39％を所有している。

2008年に，ロシア大統領がロスネフチとガスプロムに彼らの論争を終わらせるように命じた後で，両者は，極東における総合的協力協定に署名した。その核心は，まず第1に，ロスネフチがダルトランスガスの25％プラス1株をガスプロムに売却することにあった。それはその後に，ガスプロムがサハリン－1の作業当事者エクソン・ネフチェガスからのガス購入を取り決める上で，役立つであろう。その代わりにガスプロムは，ダルトランスガスの一部となるであろう将来のサハリン－ハバロフスク－ウラジオストク・パイプラインの，空き容量に対する利用権を，ロスネフチに対して保証した。同協定は，2011年に開始されることになっていた。ガスプロムは，その時までに，沿海地方に対する供給用にサハリン－1から購入する協定も手に入れたいと望んでいた。ガスプロムは2008年7月23日に，サハリン－ハバロフスク－ウラジオストク・パイプラインの第1段階の購入を承諾した。

ロシア政府は，サハリン－1プロジェクトの海外参加者からの抵抗を予想して，2008年6月末に，サハリン－1とサハリン－2の両方で採取されるガスの国家持分を確保する権利を，ガスプロムに移転する指令を準備した。ガスプロムの副最高経営責任者アレクサンドル・メドヴェージェフは，ガスプロムの計算によれば，サハリン－2は，国家持ち分のガスが20億立方メートル近くになり，サハリン島のガス化に十分大きな量となる2014年以降，収益的になることを明らかにした[105]。

ガスプロムの東方プロジェクト調整局長ヴィクトル・チモシーロフ Viktor Timoshilovは2008年10月に，サハリン－ハバロフスク－ウラジオストク・パイプラインの輸送能力は，最終的には300億立方メートルにもなる可能性のあることを明らかにした。2011年までのその第1期においては、輸送能力はおおよそ100億立方メートルとなるであろう。同パイプラインは、サハリン－1プロジェクトからガスの供給を受け、後にキリンスキー，東オドプトゥ，ア

ヤシ鉱区からその供給を受けることになるであろう。同パイプラインは，ヤクーチア－ハバロフスク・パイプラインを経由して，統一ガスパイプラインシステムに接続されるであろう。ガスプロムは，サハリン州ガス化基本計画を立案しているところであるが，それには，サハリン－ハバロフスク－ウラジオストク・ガスパイプラインのユジノサハリンスク向け支線の建設が含まれるであろう[106]。

　2009 年 7 月 31 日のサハリン－ハバロフスク－ウラジオストク・ガスパイプラインの着工記念式典の後で，苦悩を感じていたのは，サハリン－1 よりむしろガスプロムの方であった[107]。ガスプロムとエクソン・モービルは，ガス供給に関してまだ合意していなかった。プーチン首相は，ガスプロムの副最高経営責任者，アレクサンドル・アナネーンコフに対し，ガスプロムは，自動車メーカー・ソレルス（Sollers）により建設される新規の自動車組立てラインのような国内消費者に対して，ガス供給を保証できるかどうか尋ねたが，同メーカーは国営開発対外経済銀行（VEB）から 1 億 5800 万ドルの融資を受けたばかりであった。アナネーンコフは，ガスプロムは，サハリン－1 企業連合の作業当事者から新規パイプラインのために十分な量を得る契約ができないので，ソレルス用のガスは持っていない，と回答した。彼は，国家の助力を要請した。アナネーンコフは着工式典後に，プーチンに「われわれは，サハリン－1 から 80 億～100 億立方メートルのガスを獲得するために，エクソンと協力して集中的に努力する必要がある」と語った[108]。

　初期供給量年間 60 億立方メートルを確保せよ，というガスプロムへの圧力は，絶え間なく強められるであろう。ガスプロムによるスワップ構想があることを聞いても，驚くほどのことではなかった。ガスプロムの国際事業部長スタニスラフ・ツゥィガンコーフ Stanislav Tsygankov によると，この国営ガス大手は，インドが持つサハリン－1 プロジェクトの持分 20％との交換で，インドに液化天然ガスを供給するという，スワップの可能性を検討しているところであった。彼の説明によると，インドはロシアの液化天然ガスを受け取ることを望んでおり，したがって彼らはスワップについて相談しているが，この計画は，その時点では，実施の段階にはなかった[109]。インドの持つサハリン－1 の持分が売却されるかも知れないというこの兆候は，ガスプロムがサハリン－

ハバロフスク−ウラジオストク・パイプラインのための供給源をどうしても見つけたかったし，見つけたがっていることを示している。厳しい現実は，サハリン−3のガスかチャヤンダ・ガスを，サハリン−ハバロフスク−ウラジオストク・ガスパイプラインに多量に供給するには，長い時間がかかるという点にある。

サハリン−2

サハリン−2は，世界最大の石油・ガス一体化プロジェクトである。第1期は，1999年にピルトン・アストフスコエ油・ガス田に設置された洋上可動式掘削用構造物・モリクパックからの石油生産を伴っていた。第2期には，さらに2基の洋上可動式掘削用構造物，3基の洋上可動式掘削用構造物すべてを海岸部に接続する300キロメートルの海洋パイプライン，800キロメートル以上の陸上石油・ガスパイプライン，陸上の処理施設1ヶ所，石油輸出ターミナル1ヶ所，およびロシアで最初の液化天然ガス大規模生産施設の建設が含まれていた[110]。この開発の強固な基礎は，大規模な確認埋蔵量にあった。ロシア連邦鉱物埋蔵量国家委員会（GKZ）は，ピルトン・アストフスコエの石油・コンデンセート可採埋蔵量（A, B, C1+C2）を1億3350万トンと認定し，またルンスコエLunskoye油・ガス田のその数値は3550万トンである。さらに，同委員会は，ピルトン・アストフスコエのガス埋蔵量（遊離ガスおよびガスキャップ内ガス，A, B, C1+C2）を1028億立方メートル，ルンスコエのそれを5308億立方メートルと推定している[111]。

この巨大プロジェクトの出発点は，ロシア側（ロシア連邦およびサハリン州行政府）とサハリン・エネルギー・インベストメント社（SEIC）との間で，1994年6月22日に調印されたサハリン−2生産物分与協定（PSA）であったが，同社は，もともと米国の会社，マラソン・オイル（Marathon Oil）（30％）およびマクダーモット（McDermott）（20％）や，三井物産（20％），ロイヤル・ダッチ・シェル（Royal Dutch Shell）（20％），三菱商事（10％）から構成されていた。その後，マクダーモットが20％の持ち株を残りの株主に持ち株比率に準じて売却した。残り4社のうち，37.5％を持つマラソン・オイルが最大の株式を保有して，同プロジェクトの作業当事者として止まった。しかし

ながら，2000年12月に，マラソンはシェルに62.5％を，三井物産に25％を，三菱商事に12.5％を残して，同プロジェクトから撤退した。最終的にはそのわずか数日後に，シェルが三菱商事に持ち株の一部を売却したため，サハリン・エネルギー・インベストメント社の最終構成は，シェルが55％，三井物産が25％，三菱商事が20％となった[112]。サハリン－2の監査委員会は2001年6月に，同プロジェクト第2期の開発計画を承認したが，そこには通年生産と，石油および液化天然ガスとしてのガスの輸出とを可能にするインフラストラクチャの建設が含まれていた。

　最初ガスプロムは，2003年のことであるが，東方ガスパイプラインの終点における液化天然ガスプロジェクトの存在に反対した。同社は，東シベリアからのガス配送費用は1000キロメートル当たり100ドルになり，それ故その液化は経済的意味がないと主張した。しかしながら，この立場は変わり，そして2つの理由から，ガスプロムはサハリンからのガスパイプラインの終点における液化天然ガス生産施設という構想を，支持するようになった。第1に，中国は国内価格でガスを購入しようと努めていたし，韓国が超過支払いの計画を全く持っていないことは確かであった。中国人や韓国人をより御しやすくするために，ガスプロムは次のように言うことができた，すなわち，もし彼らがパイプラインガスを市場価格で入手する用意がないのであれば，日本もしくは米国向けにガスを液化天然ガスとして売却するであろうと。第2に，ガスプロムは，シェルが，そのプロジェクトに対するガスプロムの参入の条件を和らげることを断り，プロジェクトの費用の上昇に固執した場合，沿海地方の自社大規模生産施設に関しても，何かひとこと言う必要があった。

　2006年6月のガスプロムの年度株主総会において，アナネーンコフは，同社が極東港ナホトカ（沿海地方）やワニノVanino（ハバロフスク地方）の地域で，ガス液化施設建設のための実現可能性調査を進めていると公表した。沿海地方知事のダリキンDarkinは2006年11月下旬に，同地域の南部港湾までガスパイプラインを建設するためのガスプロムとの協定に署名した。その際彼は，「われわれは，日本海にガスパイプラインを敷設するまでは，液化天然ガス生産施設を建設するか，他のガス販売選択肢を実行するかのどちらかであろう」と述べた[113]。

これらの計画は，サハリン－2プロジェクトに対するロシア当局からの厳しい圧力を誘発した。ロシア政府は 2006 年 9 月 18 日に，サハリン－2 の液化天然ガスプロジェクトに対し 2003 年に付与した環境面での認可を取り消した，と発表した。ユーリ・ツルートネフ天然資源相は，サハリン－2 がプロジェクトや環境に関する規則および要請を満たしているかどうか，広範囲の調査を依頼し，これは，7 月 25 日から 8 月 20 日の間に行われた。天然資源省傘下の連邦自然利用分野監督局の専門家らは，パイプラインが通過することになっている危険区域を撮影し，これによって，泥流からパイプを保護する土木工事が行われていないことが示された。同機関の要請で（オレグ・ミトヴォル Oleg Mitvol 副長官によると），ロシア科学アカデミー極東支部は，同パイプラインのこの部分の分析を行った。オレグ・ミトヴォルは，科学者らが，同地域の泥流の量は 50 万立方メートルに達する可能性があるが，他方パイプラインは，わずか 7 万立方メートルほどの泥流によってでも破壊され得ることを発見した，と報告した[114]。

連邦自然利用分野監督局は，サハリン－2 のピルトン・アストフスコエ油・ガス田から海洋パイプラインを経る経路への修正について，環境再調査を承認した。同プロジェクトの作業当事者，サハリン・エネルギー社は 2004 年に，追加調査を実施するため，ピルトン・アストフスコエ油・ガス田の海洋パイプラインの敷設を，二季間中断しなければならなかった。サハリン・エネルギー社は 2005 年に，絶滅危惧種であるコククジラのオホーツクおよび韓国における個体群を保護するため，海洋パイプラインの経路を元のものよりさらに 20 キロメートル南へ移動することを決定した。連邦自然利用分野監督局は，サハリン－1 のチャイヴォ鉱区を起点とする陸上パイプラインの環境調査や，サハリン－3 のヴェーニンスキー鉱区の三次元洋上震探プログラムもまた承認した[115]。

環境面での認可の取り消しは，より広域的な地域石油・ガスプロジェクトの中枢として，サハリン島を開発するという，サハリン政府の計画を脅かした。サハリン州知事のイヴァン・マラーホフ Ivan Malakhov によれば（2006 年 6 月 16 日にモスクワで開催された「2020 年までの期間におけるサハリン州開発戦略」と題された円卓討論会での発言），サハリン州は，極東全域の大陸棚を

開発する上で中核的存在となる可能性がある。その時彼は，サハリンガスをいかに利用するかに関して，7つの公式提案があると付け加えた[116]。

　ガスプロムは2006年12月21日に，ロイヤル・ダッチ・シェル主導のサハリン－2，すなわち200億ドルの石油・ガスプロジェクトにおける過半数支配を取得するために，74億5000万ドルを支払うことで合意し，こうして，ロシアのエネルギー資源に対するクレムリンの影響力を強化した。ガスプロムが50％プラス1株の支配株のために支払った価格は，解説者たちの予測を上回っていた[117]。ガスプロムは，プーチン大統領と三菱商事，三井物産，シェルおよびガスプロムの4社代表とのクレムリン会合の後，2006年12月22日に支配権を取得するであろう，と発表した[118]。モスクワは，同プロジェクトの費用超過に対し，非常に懸念していたが，このことは，環境問題や持分変更に結びついていた。費用超過の規模は，2005年7月のシェルとガスプロムとの暫定合意の後で暴露されたもので，その結果シェルは，予想費用総額が，100億ドルをわずかに超える当初数値に比べ，220億ドルにもなることを明らかにせざるを得なかった[119]。換言すれば，シェルは同プロジェクトの支配権を完全に失ったのであり，また追加の120億ドルの費用は，生産物分与協定の条件下で，ロシア政府がそこから全くお金を稼がないということを意味した。ガスプロムは，筆頭株主としての同プロジェクトへの参入が急を要すると見ていた。

　2007年6月4日のノヴォ・オガリョーヴォ首相公邸におけるG8諸国ジャーナリストらとの会話中に，プーチン大統領もまた，サハリン－2の取引に関して所見を述べた。彼は，プロジェクトの当初の生産物分与協定を，次のように呼んだ，すなわち，

　　ロシア連邦の利害となんら共通するものがない植民地的協定だと … 私にとってただただ残念に思うことは，1990年代初頭にロシアの役人が，自分が投獄されても当然のような計略を許してしまったことである。この協定の履行は，ロシアの天然資源開発が，見返りに受け取るものが何もないか，事実上何もないのに行われるという，長い時代を解き放ったのである。もしわれわれの共同経営者が彼らの責務を真剣に果たすのであれば，その時には，われわれはその責務を修正する理由は何もないであろう。しかし，彼らは，

環境関連法律に違反する罪を犯している。これは，客観的な環境問題専門家によって確認された，一般に認められた明白な事実である。他とは異なりガスプロムは，われわれの圧力に応じて来ず，その上何かを奪った。ガスプロムは，同プロジェクトに参加するため，80億米ドルという巨額を支払ったのである。これはその市場価格である[120]。

シェル，三井物産，三菱商事は，ガスプロムをサハリン－2に筆頭株主として招くという議定書に署名したことを，2007年12月21日に発表した。2008年春に，東京ガスの某役員とロシアのヴィクトル・フリスチェンコ大臣は，サハリン－2は液化天然ガスの供給開始を2009年まで延期することを確認した。サハリンの液化天然ガス施設の第1段階は，2009年から480万トンの液化天然ガスを供給し，第2段階は2010年から同量の供給を開始するであろう。ガスプロムは，サハリン－1の支配権をも取得する意向を表明した。もしガスプロムが，その役割の一環として，サハリン－2で用いたのと同様の接近方法を取るとすれば，ガスの提供先を国内市場から輸出に再転換するとの予想は，当を得ている。ガスプロムが中国向けにパイプラインを建設するとは考えられない，というのはサハリン－2の液化天然ガス施設の能力拡張後であれば，ガスプロムはサハリン－1で生産されたガスを同施設に新たに仕向けることをむしろ選好するからである。ガスプロムによれば，サハリン－1の採取能力は，年間約100億立方メートルである。ガスプロムは2005年に，同社の生産基盤の拡張を可能にするように，すべてのサハリン・プロジェクトを結びつける利点について検討した。最も楽観的なシナリオには，チャイヴォ，オドプト，アルクトン・ダギ鉱床から沿海地方の液化天然ガス施設への，パイプライン建設が含まれるが，この施設は2年以内に拡張される可能性があった。2008年には，サハリン－1から採取されるガスの約50％が，ロシア国内市場に行くものと想定されていた[121]。

ロシアは2009年2月18日に，220億ドルのサハリン－2ガスプロジェクトを正式に開始した。サハリン・エネルギー社のイアン・クレイグ Ian Craig 社長によると，2009年に同プロジェクトは，14万5000立方メートルの積載能力を持つタンカー50隻前後と，各々70万バレル（9万5500トン）の石油積

荷50カーゴ（積込回数）を送り出すことになるであろう。2010年に同施設は最大能力に達するので，液化天然ガスのカーゴ数は160に到達するであろう[122]。サハリン－2は2009年3月29日に，東京湾での引き渡しのために，液化天然ガス運搬船「エネルギー・フロンティア」（Energy Frontier）で，液化天然ガスの最初の積荷（東京ガスおよび東京電力向けの4万5000立方メートル）を発送した。年間960万トンのガス液化コンビナートの第1系列が生産を開始し，そして第2系列が，予定通りに2009年に操業を開始した。サハリン・エネルギー社によれば，2009年と2010年には，完全能力生産までの漸次的増加をみた。新規に建設されたサハリン－2のインフラストラクチャには，洋上掘削用構造物3基，陸上処理施設1ヶ所，300キロメートルの海洋パイプラインならびに1600キロメートルの陸上パイプライン，石油輸出施設1ヶ所，および先の液化天然ガス生産施設が含まれる[123]。2010年末に，サハリン－2の液化天然ガス生産施設は，完全能力生産に到達した[124]。

サハリン－3

　サハリン行政府および天然資源省によって1993年に開催された入札手続きの結果として，キリンスキー鉱区内における炭化水素の探査および生産の権利はモービル（Mobil）とテキサコ（Texaco）に落ちたが，一方エクソン・ネフチェガスは，アヤシ鉱区と東オドプト鉱区の権利を獲得した。モービルとテキサコは1997年11月に，同プロジェクトの彼らの持分の3分の1をロスネフチとセヴモールネフチェジオフィジカ（Sevmorneftegeofizika）に譲渡することに合意した。その後，この4社は，キリンスキー開発を意図した新規作業会社ペガスター・ネフチェガス（PegaStar Neftegaz）を設立した。エクソン・モービルとセヴモールネフチェジオフィジカとは，1996年に，アヤシ鉱区ならびに東オドプト鉱区開発のための企業連合を設立した[125]。キリンスキーは，1999年に生産物分与協定一覧表に登録され，生産物分与協定に関する準備作業（生産物分与条件に基づく実現可能性調査の立案）は2000～2002年に実施された。しかしながら，ペガスター・ネフチェガスは2003年に，当時適用され得る課税および認可規則の枠組みの中で，同プロジェクトを実施していく可能性について，検討し始めた。

ヴィクトル・フリスチェンコ第一副首相は 2004 年 1 月に，1993 年の入札結果は，生産物分与協定の手続きに関してロシア連邦税法典第 2 部に導入されたその後の修正により，法律上無効であると発表した。その結果，キリンスキー，東オドプトおよびアヤシの 3 鉱区すべてが，未割当て地下資源に組み入れられた[126]。2005 年に，東オドプト鉱区の仮定的可採埋蔵量は，石油 7000 万トン，ガス 300 億立方メートルと推定された。アヤシ鉱区の埋蔵量は石油が 9700 万トン，ガスが 370 億立方メートルであり，キリンスキー鉱区では石油が 4 億 5230 万トン，ガスが 7000 億立方メートル，ガスコンデンセートが 5300 万トン，そしてヴェーニン鉱区では石油が 1 億 1400 万トン，ガスが 3150 億立方メートルである[127]。キリンスキー鉱区，東オドプト鉱区，アヤシ鉱区の年間潜在産出能力は 150 億立方メートルと推定された。探査事業と商業的開発の準備とは，2012～13 年に行われると予想されていた。もしガスプロムが，サハリン－3 すべてのガスの合流に成功すれば，サハリン島からさらに年間 550 万トンの液化天然ガスを入手することができるであろう。ロシア国内の利用は，サハリン－3 ガスの採取全体の約 50％を占めることになる，という仮定はそのままとなる。最も楽観的な見通しでは，2012～13 年までに，サハリンからの液化天然ガスの総供給量が年間 1900 万トン近くに達する可能性があった[128]。

　ロスネフチは，2003 年にヴェーニン鉱区の 5 年間の探査権を付与された。同事業における同社の持ち株は 74.9％であり，残りの 21.5％は同地域の国有企業，サハリン石油会社に割り当てられた。この 2 社は 2004 年 8 月に，ヴェーニン鉱区の地質学的調査とその後の開発を実施する協定に署名し，2005 年始めには，環境に対する影響や漁業に対する影響の調査を完了した[129]。ロスネフチは 2006 年に，南アヤシスカヤ構造の最初の試掘井を掘削し，調査した。同試掘井は，石油・ガスを産出する有望な地層を明らかにし，調査は炭化水素の存在を確認した。上海海洋掘削会社（Shanghai Offshore Drilling Co.）が所有する勘探 3 号（Kantan-3）半潜水型掘削装置が掘削を実施した。同社は 2007 年に，認可要求条件の 3 倍の広さを持つ 680 平方キロメートルの三次元震探を行った。両社は，北ヴェーニンスカヤ構造で試掘井を掘削する準備を開始したが，これは 2008 年のために計画されたものであった。両社はまた，

ヴェーニン探査権の 2010 年末までの延長を手に入れた[130]。

しかしながら，ガスプロムは 2007 年 6 月 15 日に，政府燃料エネルギー複合体委員会（FFC）の会議で，サハリン－3 プロジェクトやチャヤンダの鉱床の開発権が，いかなる競売も競争もなしに，付与されるよう要請した。ミハイール・フラトコフ Mikhail Fradkov 首相は，これを支持する用意があったが，ツルートネフ天然資源相の反応は懐疑的であった。2007 年 6 月 19 日に，極東およびザバイカルの社会経済発展委員会幹部会の会議において，アナネーンコフは，ガスプロムは 2014 年まで極東に対して十分なガスを提供できないであろうと言明した。彼の意見では，極東 4 地域のガスの必要は，年間で 150 億立方メートルを超過している。一方，サハリン－1 の作業当事者エクソン・モービルは，そのガスの大部分を中国に供給しようとしていた。アナネーンコフは，エクソン・モービルがこのガスを輸出するよりもガスプロムに販売するように指示を出す必要があるかも知れないと考えていた[131]。モスクワ政府は，ガスプロムが強調していた極東地域の深刻なガス不足に，同情的であった。

ヴィクトル・ズブコーフ Viktor Zubkov 元首相は，2008 年 5 月 6 日に，サハリン－3 のキリンスキー鉱区をガスプロムに移管するための必要書類を 1 ヶ月以内で承認した。キリンスキーの仮定的資源量は，ガスが総計 9300 億立方メートル，石油が総計 4 億 5300 万トンであったが，これはヴェーニンのそれらよりも，はるかに大規模であった。以前にガスプロムは，天然資源省および連邦地下資源利用庁に対して，サハリン－3 の大陸棚 3 鉱区，東オドプト，アヤシおよびキリンスキーを同時に利用する権利を要請して，書面を送付していた。ガスプロムの東方プロジェクト調整局長ヴィクトル・チモシーロフは，サハリン石油・ガス会議の席上で，ガスプロムは 2014 年にサハリン－3 プロジェクトのキリンスキー・ガス田で生産を開始する計画であることを明らかにした。彼は，ガスプロムが 2009〜10 年に設計および見積りの必要書類を作成し，地震探査業務を実施し，そして 2 本の坑井を掘削するであろうと述べた。キリンスキー・ガス田のガス埋蔵量は 700 億立方メートルであり，ガスプロムは同ガス田を独力で開発する計画であった[132]。日本国際協力銀行（JBIC）が日本の会社の参加を条件として，サハリン－3 プロジェクトへの融資に対す

るその関心をすでに表明していたとしても，不思議ではない[133]。

　ガスプロムによると，キリンスキーガス田の地質学的探査の開始は，極東におけるガスプロムの資源基盤の確立と，国家東方プログラムの一環としての，サハリンにおける新規海洋ガス生産領域の創出とに向けた，もう１つの決定的な一歩であった。これは，ロシアの会社だけで遂行されるサハリンでの最初の海洋プロジェクトとなるものであった[134]。ガスプロムの某幹部は2009年10月16日に，同社が，ウラジオストクの太平洋港に至るそのパイプラインの完全稼働を達成するために，以前の計画より２年早い2011年か2012年に，サハリン－３プロジェクトのキリンスキーガス田で生産を開始する意向である，と述べた。ガスプロムの海洋プロジェクトを監督する子会社のアレクサンドル・マンデル Alexander Mandel 社長は，「キリンスキーの開発は，2014年に始まると計画されていた。われわれは，2011年末か2012年初頭に，そこで生産を開始することを考えている」と述べた[135]。

　ガスプロムは2010年に，サハリン－３のキリンスキー鉱区において新たなガス田を発見したと発表した。ガスプロムは，この資源を評価するために，2013年を通じて探査活動を行う計画であるが，その予測では，1兆～1.4兆立方メートルほどにもなる。探査プログラムには，3000平方キロメートルを超える三次元震探や20本以上の試掘井が含まれている。埋蔵量は，おおよそ5000億立方メートルのガスを含め，燃料換算で約6億トンにまで増大すると予測されている（2010年に，キリンスキーおよび南キリンスキーのC1+C2埋蔵量は，前述の通り，それぞれ1370億立方メートルと2600億立方メートルと推定されており，サハリン－２の埋蔵量より断然少ない）[136]。推定されたガス埋蔵量の規模は，明らかに，ガスプロムが探査を加速させ，したがってまたサハリン－ハバロフスク－ウラジオストク・パイプラインに対する生産されたガスの供給を加速させる，非常に強力な刺激であるが，しかし2014年からサハリン－３でガスを生産するというのは，かなり野心的であるように思われる。

　「2030年に向けてのガス産業開発戦略」によれば，サハリン－３は，2017～20年における操業開始が予想されているが，その際合計58本の坑井が掘削されているはずである[137]。2017～20年というこの時間的枠組みは，ガスプロムがその早期の生産予定を強調しているにもかかわらず，2011～14年よりは一

層現実的である。

　ロスネフチは，キリンスキー鉱区でのその失敗にもかかわらず，中国石油化工会社と共同で，サハリン－3ヴェーニン鉱区の開発を継続している。ロスネフチは，同共同事業の74.9％を支配し，中国石油化工会社が残りの25.1％を保有している。石油天然ガス会社・ヴィデッシュ社は，同社がロスネフチから23％の株式を3億米ドルで購入する可能性のあることを明言した。仮にその取引が行われても，ロスネフチは51.9％を持って，同プロジェクトの支配株を保持することになる[138]。

サハリン－4, 5, 6

　アストラハノフスカヤ Astrakhanovskaya 構造は，ロスネフチの最優先プロジェクトの1つと見なされていた。同構造の仮定的可採埋蔵量は，総計1100億立方メートルになり，年間最大生産量は43億立方メートルと予測されていた。この構造は，海岸から3ないし44キロメートルの間に存在し，水深は10から30メートルである。しかしながら，ロスネフチもサハリンモールネフチェガスも，地質学的探査を進めるための資金すら十分になかったため，2000年以前にはこの構造で何の事業も実施されなかった。2000年に掘削された最初の試掘井は，あまり良い結果ではなかった。

　ロスネフチとBPは2001年6月に，同社がサハリン－4プロジェクトのガス田開発に参加する旨を意志表明する，議定書に署名した。第2の探査掘削を行う代わりに，サハリン海洋石油産業調査・計画研究所（Sakhalin NIPI morneft Institute）とサハリンモールネフチェガスは，2003年第1四半期に，非公開株式会社サハリンスキエプロジェクト（ZAO Sakhalinskie Projekty）と共同で，2002年に立案したアストラハノフスカヤ構造の実現可能性調査の改訂を行った。この狙いは，海洋掘削を行わずに，プロジェクトの効率性を分析することにあった。ロスネフチはダギンスキー Daginsky およびニージニェオコブカヤスカヤ Nizhneokobykayaskaya 層準の3鉱床について予測を行ったが，これは陸上掘削が容易であり，合計でコンデンセート300万トン，ガス400億立方メートルの予想可採埋蔵量を有するものである。最終的な推計はBPを満足させなかったので，2003年5月に，同社はその埋蔵量があまりに小

さかったために，アストラハン構造への関心を失った，と述べた[139]。

BPは2004年3月初旬に，ロスネフチとのサハリン共同プロジェクトに対する投資資金の融資をめぐって，ロスネフチの条件に原則的に合意した。同社は，開発の資本経費の自社負担分だけでなく，ロスネフチの分も資金提供することになっていた。両社は，ロスネフチが同プロジェクトの51％の株式を保有し，BPが49％を保有することで，合意に達した。ロスネフチによれば，投資総額は約30億〜35億米ドルとなり，その内1億5000万〜1億7000万米ドルが同鉱床の探査のために支出されるであろう[140]。2004年以来，エルヴァリ・ネフチェガス（その51％がロスネフチに，49％がBPに帰属）が，サハリン－4（西シュミトフスキー鉱区）の作業責任会社となっており，2007年にメドヴェド Medved およびトイスカヤ Toiskaya 構造で2本の試掘井を掘削した[141]。

ガスプロムの副最高経営責任者，ヴァレーリ・ゴールベフは，2009年9月2日に，ガスプロムは，サハリン－4開発の認可を得るために応札の準備をしているところであるが，これは，市場が現在の需要水準であれば，同社が目下取り組んでいる入札だけに止まる，と述べた。彼は，「われわれは現在，4兆1000億立方メートルを保有しているが，2020年以前に多くの探査を計画している。われわれは，100あまりの坑井を掘削し，そしてわれわれの埋蔵量におおよそ5兆6000億立方メートル追加することを目指しているのであり，換言すれば，2020年までに約10兆立方メートルのC1海洋ガス埋蔵量を保有することになるであろう」と述べた。彼は，ガスプロムがすでに認可を受けているサハリン－3を収益的なものにするには，バレル当たり50ドルの石油価格が必要となる，と付け加えた[142]。

サハリン－5プロジェクトは，カイガンスキー・ヴァシュカンスキー，ロプホフスキー，東シュミトフスキー，イェリザヴェチンスキー Yelizavetinsky の4鉱区の開発を含んでいる。ロプホフスキー鉱区の水深は最大100メートルである。天然資源省は，同プロジェクトの究極可採埋蔵量を石油換算で3億2500万トンと推定している。TNK-BPによれば，同プロジェクトの探査目標には，可採資源として石油1億3000万トン，ガス5000億立方メートルが含まれている。同プロジェクトの最大2鉱区は，石油4100万トン，ガス1350億立

方メートルの可採資源を持つロプホフスキーと，石油6500万トン，ガス2150億立方メートルの可採資源を持つ東シュミトフスキーである[143]。エルヴァリ・ネフチェガスは，サハリン－5プロジェクト（東シュミトフスキー鉱区）の枠組みでの認可要件を満たすために，大規模な二次元震探と三次元の震探を実施した。同プロジェクトのカイガンスキー・ヴァシュカンスキー鉱区での地質学的調査は，実際には2002年に，4本の試掘井の掘削で始まった。同社は，同鉱床を開発する認可証を受けとり，2008年には同鉱区の地質学的調査を継続していた[144]。

ガスプロムネフチは2005年に，TNK-BPからTNK-サハリンを買収したが，TNK-BPの方は，BPの地震探査データの解釈によって，同社の帳簿が示す潜在能力は低いと，2003～4年に結論づけられた後で，その権利の売却を決定したのである。2007年5月31日に，サハリンのロプホフスキー鉱区（サハリン－4とサハリン－5にまたがって位置している）の地質学的調査の認可が，期限切れになった。サハリン行政府の子会社TNK-サハリン（75％がガスプロムネフチによって，25％がサハリン石油株式会社によって所有される）がその権利を保有していた[145]。

サハリン－6は，単一のロシア会社，ペトロサハによって作業が管理されるという点で類がない。ロシアのアルファグループ Alfa Group は2000年に，同鉱区の地質学的調査権を保有するペトロサハの97％を買収し，2001年半ばに地震探査を実施した。2001年から2002年にかけて，ペトロサハは，追加的な3本の生産井を掘削した。ペトロサハは2001年に，すぐ沖合にあり，既存のオクルージノエ・ガス田と並行している，ポグラニーチヌィ鉱区の地質学的調査の認可を受けた。ペトロサハは2002年夏に，ポグラニーチヌィ鉱区の中央部分を含む480平方キロメートルの三次元地震探査プログラムを取得した。2004年にそれは，海岸線に近い遷移帯の北部地区と南部地区を含み，追加の65平方キロメートルにわたる，2つのプログラムからなる三次元震探のデータを入手した。しかしながら，ペトロサハは2004年に，戦略投資企業ウラルス・エナジー社に売却された。ウラルス・エナジーは，ポグラニーチヌィ鉱区の認可書により包摂されるが，現在は生産の行われていない海洋地区から，生産され陸揚げされるどれほどの量の商業用石油に対しても，トン当たり0.25ドル

(バレル当たり 0.03 ドル)の永久開発権使用料を,アルファに支払うことで合意した[146]。執筆時点で,サハリン－5 および 6 の総合的探査への強い関心を示すこれ以上の兆候は全くなかった。

サハ共和国のガス

サハは,主要なヤクート民族集団の名称であり,サハ共和国は,以前はヤクート・ソヴィエト社会主義自治共和国として知られていた。ロシア連邦の 5 分の 1(310 万平方キロメートル)に及ぶ同共和国は,ロシア最大の自治共和国であるが,人口はわずか 130 万人にとどまる。石油・ガス鉱床の見込みのある指定地区と見なされている総面積は,164 万平方キロメートルに及ぶが,そのうち,地震探査が行われデータが集められたのは,わずかに 0.2 平方キロメートルにすぎない。ソヴィエト時代には,ヤクートのガス資源の開発は,地理的な遠隔性や,住みにくい気候や,海外投資の誘致の失敗が結びついた結果,大部分看過されていた[147]。

ヤクート・ソヴィエト社会主義自治共和国は 1990 年 9 月に,ロシア連邦の枠内におけるヤクート＝サハ・ソヴィエト社会主義共和国の主権を宣言した。ロシア連邦とサハ共和国(ヤクーチア)との国家権力の境界線は,1992 年 3 月 31 日に調印された「連邦条約」によって,また「ロシア連邦およびサハ共和国両政府間の相互関係について」という協定の中で,規定された[148]。これらの文書は,サハ共和国に対して,その領土内の天然資源を開発・採取・販売する権利を付与した。サハ共和国は,その大規模エネルギー(とくにガス)資源の開発を加速するために,外国投資を始めとするあらゆる代替手段をすでに模索していた。

ヤクート・ソヴィエト社会主義自治共和国における炭化水素の探査は,実際には 1935 年に始まったが,最初の本格的な探査事業は 1950 年代に開始された。1970 年代と 1980 年代には,発見されたすべての主要ガス田(たとえば,ヴェルフネヴィユチャンスコエ,タース・ユリアフスコエ,タラカンスコエ,チャヤンディンスコエなど)は,ボトゥオビンスキー地質学的地域にあった。これらの発見にもかかわらず,サハ共和国の石油・ガス埋蔵量は,遠隔地に位置していたため,ほとんど利用されなかった。共和国では,原始的地質学的ガ

ス埋蔵量は，9兆6000億立方メートルと推定されているが，これには可採埋蔵量8兆3000億立方メートルが含まれている。原始的地質学的ガス埋蔵量のほぼ4分の3は，最大4キロメートル（深度1〜3キロメートル内に4兆8000億立方メートル，深度3〜4キロメートル内に2兆2000億立方メートル）の深度に位置していると予測されている。ガス埋蔵量は，ヴィリュウイスカヤ，ネプスコ・ボトゥオビンスカヤ Nepsko-Botuobinskaya やプリエードパトムスカヤ Predpatomskaya の石油・ガス産出地域に集中している[149]。

　1990年代半ばまでに，30ヶ所の炭化水素鉱床が発見されたが，そのうち，19ヶ所は南西ネプスコ・ボトゥオビンスカヤ石油・ガス産出地域に位置し，11ヶ所は中央ヴィリュゥイスク Vilyuisk 地域（9鉱床）とプリエードパトムスク地域（2鉱床）に位置している。付表に示されるように，サハ共和国の探査済み商業用ガス埋蔵量は，2ヶ所の石油・ガス産出地域，すなわちヴィリュゥイスカヤとネプスコ・ボトゥオビンスカヤに集中している。サハネフチェガスの当時の社長ヴァシーリ・モイセイェヴィッチ・エフィーモフ Vasiliy Moiseyevich Efimov によれば，1998年には，登録されたカテゴリーC1埋蔵量は1兆立方メートルであった。このうち，ヴィリュゥイスク地域には4378億立方メートルを持つ10ヶ所のガス田が，ボトゥオビンスク地域には5863億立方メートルを持つ21ヶ所のガス田があった。これに加えて，ボトゥオビンスク地域のチャヤンディンスコエ・ガス田の埋蔵量が7550億立方メートル（以前は2080億立方メートル）と推定され，そのうち，5350億立方メートルが開発可能であった。これは，公式数値の1650億立方メートルに比べ，大幅な増加であった。同ガス田では，全部で64本の坑井が掘削された[150]。この改定値で，確認埋蔵量の規模に関する不確実性がなくなった。しかしながらこの時点で，チャヤンディンスコエ・ガス田は，確認埋蔵量8700億立方メートルを持つコヴィクタ巨大ガス田と，競わなければならなかった。

　新生サハ共和国は，この地方におけるガス輸出の主要源泉としてのその地位に復帰することを期待して，数多くの新しい試みを行った。その最初は，サハ共和国のニコラーエフ Nikolayev 大統領とイルクーツク州のボリス・ゴヴォリン Boris Govorin 知事とが，アジア・太平洋地域向けにガスを共同で輸出する可能性を規定した，社会・経済的，科学・技術的および文化的協力に関する協

定に署名した,1997年12月であった。もし両者のガスが結びつけられれば,サハとイルクーツクは,今後40年間にわたり,年間500億立方メートルのガス輸出を保証できた[151]。サハ共和国は1998年に,大胆な構想を進めた。サハネフチェガスは,イルクーツク州,サハ共和国およびクラスノヤルスク地方のエヴェンキ自治管区に基礎を置く,東シベリア企業連合の設立を提案し,そしてこの提案は,ロスネフチ,チタ州行政府,ロシア株式会社統一電力システム,エヴェンキ自治管区行政,およびルシア・ペトロリアムによって支持された。興味深いことに,サハネフチェガスは,コヴィクチンスコエ・ガス田とチャヤンディンスコエ・ガス田の共同開発に関して,ルシア・ペトロリアムとの協定に調印したが,とはいえ,優先順位は,先ず第1に,コヴィクチンスコエ・ガス田に付与されるはずであった[152]。

当時は,この企業連合の提案が,確認埋蔵量の規模に関する疑念を取り除く唯一の方法であった。その重要性は,コヴィクチンスコエ・ガス田とチャヤンディンスコエ・ガス田の開発協力が,4000キロメートルの長距離パイプライン開発を正当化し得る,ガス確認埋蔵量を保証することになるという事実にあった。この混成輸出計画が,第4回米中石油・ガス産業フォーラムおいて,当時国家発展計画委員会工業発展部顧問であった徐錠明 Xu Dingming によって推奨されるのを見ることは,意外なことではなかった。同輸出計画は,2つの選択肢を持っていたが,そうはいってもパイプラインの中国領土内の区間に関しては,その間に差異はなかった。第1の選択肢は,4961キロメートルのパイプラインで,そのロシア領土内の区間は1960キロメートルであり,それに,バイカル湖の北端に隣接するボダイボ Bodaybo で出会う,コヴィクタ・ガス田とチャヤンダ・ガス田からの2本のパイプラインが加わる。第2の選択肢は,5626キロメートルのパイプラインで,その内2625キロメートルはロシア領土内に位置する。この第2の選択肢は,コヴィクタ・プロジェクトに絶対的優先度を与えるもので,チャヤンディンスコエ・ガス田は予備の供給源として接続されていた[153]。

2000年代の初期まででは,開発準備の点からみて,チャヤンダ・ガスプロジェクトがコヴィクタほど進展していなかった,ということは本当である。しかしながら,確認埋蔵量の品質を証明するために,重大な作業が遂行されて

いた。まず第1に，サハネフチェガスが2002年7月26日に，チャヤンダから瀋陽までのガス輸出パイプラインに関する，予備的な実現可能性調査を完了した。この作業は，1999年4月に，中国国有石油会社とサハネフチェガスとの間の1999年2月合意の後，間もなく開始された。初期輸出量は年間120億〜150億立方メートルとなるが，この数値は後の段階で年間200億立方メートルに増加しうることになっていた。第2に，ロシア連邦天然資源省のモスクワ中央埋蔵量委員会が，チャヤンダ・ガスの確認埋蔵量に関する，1兆2400億立方メートルという2002年修正値を承認した。第3に，2002年10月には，ガスプロムとサハ共和国政府が，サハ共和国内のチャヤンディンスコエやその他のガス田の開発権をめぐり入札するために，合弁企業を設立する枠組み協定に署名した[154]。予備的な実現可能性調査の後では，チャヤンダは採取可能なガス埋蔵量として，合計でカテゴリーC1を3797億立方メートル，C2を8612億立方メートル，およびD1を200億立方メートル持ち，また石油埋蔵量として，合計でC1を4250万トン，C2を750万トン，およびD1を7880万トン有すると推定されている。この他，同鉱床はヘリウムや他の成分も含有している[155]。この相当規模の埋蔵量は，大いにガスプロムの関心を引き，それ故ガスプロムは，サハ共和国に対して戦略的に動く中で，時間を無駄にすることはなかった。

　ガスプロムのサハ共和国政府との戦略的提携は，特別な含意を持っている。サハ政府は2002年2月に，以前にはサハ共和国政府が管理していたサハネフチェガスの47％の支配株が，ユーコスによって取得されたことを，地方立法議会に報告した[156]。ユーコスの率先した行動は，サハ共和国政府がサハネフチェガスの少数株主になることを余儀なくさせた。同政府は，ロシア政府にサハ―ガスプロム戦略プロジェクトを必ず最優先させる目的で，ガスプロムとの戦略的連携を望んでいた。2003年2月に，ガスプロムの最高経営責任者ミレルとロスネフチ社長のボグダーンチコフ Bogdanchikov は，チャヤンディンスコエ，タラカンスコエ，スリエードネ・ボトゥオビンスコエ，コヴィクチンスコエ，およびヴェルフネチョンスコエの石油・ガス田を単一プロジェクトとして開発することを検討して，有効な法律にしたがって競売を開始するように，ロシア連邦の天然資源省や他の関係省に対して命ずることを，プーチン大統領

に要請した。プーチンはこの提案を受け入れた[157]。

　ロシア政府は 2003 年 3 月に，東シベリアおよび極東における石油・ガス埋蔵量の開発に関するその最初の閣議で，「東シベリアおよび極東におけるガスの生産・輸送・供給の統一システム構築のプログラム」案を採択した。これは，今後の事業の基礎であり，中国市場や他のアジア・太平洋地域諸国市場に向けたガス輸出の発展の，前奏曲と見られた。同年にヤクート当局は，一種の地方ガスプロムを創設した。彼らは，同共和国が 100％所有するサハトランスネフチェガス（STN）に，ほとんどすべてのガス幹線（アルローサ・ガス（Alrosa-Gas）地域パイプラインを除く），すべてのガス配送パイプライン，ガスの販売権（ヤクートガスプロム Yakutgazprom の生産），ガス供給の提供権，およびガス処理権（共和国における唯一のヤクートガス処理施設）を移管した[158]。

　2004 年 2 月下旬に，サハ共和国政府は，原油供給パイプラインの新たな経路を提案したが，その経路をチャヤンダ－ナホトカ・ガスラインと一緒の単一回廊の中に設定するつもりで，将来はイルクーツク州のコヴィクタ，ドゥリスミンスコエ，ヤラクティンスコエ油田を結ぶパイプラインに，それを接続するはずであった。サハ共和国のシトゥィリョーフ大統領は，サハ共和国の提案した経路が天然資源省，ガスプロム，スルグートネフチェガス，諸科学センター，さらに大多数の省庁や政府機関によって支持されている，と主張した。サハ共和国の願いは無駄ではなかった。2004 年 2 月 26 日にハバロフスクで開催された極東の輸送インフラストラクチャ開発に関する会議で，プーチン大統領は，新規パイプラインに関する開発調査を提出するようシトゥィリョーフに要請した[159]。このことは，主要なガス輸出源泉としてのチャヤンディンスコエの位置が，2004 年秋に公表されたガスプロムの東部統一ガス供給システム（UGSS）に関する 3 つのシナリオの中で，どんなふうに再確認されたかを示すものである。

　ガスプロムの最高経営責任者ミレルは，2007 年 5 月に，競売にも競争にも付さずに，チャヤンダを受け取りたいという彼の要望を政府に提出した。副首相兼ガスプロムの取締役会議長ドミトリー・メドヴェージェフは，政府中枢部局にこの要望を検討するように命じた。天然資源省と経済発展貿易省は，「地

下資源に関する」法律は，競争なしの認可は規定しておらず，したがって譲渡は検討に止まらざるを得ないであろうと，その見解を述べた。ガスプロムは，地下資源利用に対する財政への補償金支払いを算定する必要があるため，2008年6月末以前には，チャヤンディンスコエ鉱床の開発認可を受けることができなかった。経済発展貿易省や産業エネルギー省や財務省は，連邦地下資源利用庁の参加を得て，同プロジェクトの歴史的費用を算定しなければならなかった。連邦地下資源利用庁の主要研究所である全ロシア石油研究地質学調査研究所（VNIGRI）は，すでに最初の最低支払額を94億6000万ルーブルと計算していた[160]。

2007年7月17日にヤクーツクで，ガスプロム経営委員会の副議長アレクサンドル・アナネーンコフと，サハ共和国のシトゥィリョーフ大統領とは，「東方プログラム」実施の一環として，彼らの共同事業に関する，次の主要方向を規定した協力協定に調印した[161]。

・ガス供給やガス化のプロジェクトとプログラムの，開発・実施に対する共同参加
・炭化水素田の調査・探査・開発プロジェクトの準備と履行
・地元での処理および化学的生産の組織化
・省エネ技術の開発と提供
・効率的地域的資源利用から生じる地方的燃料バランスの作成と調整
・複合的な環境監視プログラムの開発

ガスプロム・インヴェスト・ヴォストーク（GIV）は，東部ロシアにおけるガスプロムの投資プロジェクトを遂行するために，取締役会の2007年決定に準じて設立された，100％所有のガスプロム子会社である。ガスプロム・インヴェスト・ヴォストークが顧客となっているのは，次のプロジェクトである。

・チカンスコエガスコンデンセート田
・アンガルスク－イルクーツクのガス幹線
・カムチャツカ地方へのガス供給[162]

3. 東シベリアおよび極東ロシアにおけるガス産業の発展

・サハリン－ハバロフスク－ウラジオストク・ガス幹線
・ヤクーチア－ハバロフスク－ウラジオストク・ガス幹線
・カムチャツカ地方への第2期ガス供給
・サハ共和国（ヤクーチア）のガス処理施設
・イルクーツク州におけるガス処理施設
・クラスノヤルスク地方のガス処理施設
・ブラーツコエ・ガスコンデンセート鉱床の第2期とブラーツクガス幹線への昇格

　ガスプロムがガスプロム・インヴェスト・ヴォストークを率先して設立したことは，ヤクーチア－ハバロフスク－ウラジオストク・ガス幹線とサハ共和国におけるガス処理施設とが，同共和国におけるガスプロムの2大優先事項であったことを裏付けている。ヴィクトル・ズブコーフ首相の2007年11月28日の指令によれば，ガスプロムが申し立てていたチャヤンダおよびほぼすべてのその鉱床は，連邦的意義を有するガス鉱床一覧表に含まれていた。これに加えて，連邦的意義を有する鉱床は，競争に付されずに，統一ガス供給システムの管理組織に移管され得ることを規定した法律，「ガス供給に関して」が存在した[163]。

　シトゥィリョーフ大統領とガスプロム最高経営責任者ミレルは，2008年1月25日にモスクワで会合を持ち，ガスプロムとサハとの間の協力協定の地位を話し合った。この会合では，東方プログラムにおける，ガスの生産・処理およびガス化学センターの発展に関連する諸問題に，焦点が当てられた。シトゥィリョーフ大統領は1月29日に，ガスプロムは，チャヤンダでの地下資源利用権を2008年中に受領すると宣言した。ドミトリー・メドヴェージェフは2月6日に，「私は，ガスプロムの取締役会議議長ならびに第一副首相として，操業の準備を加速するように，産業エネルギー省に指示したところである」と述べた[164]。

　2008年2月に，当時ロシアの大統領候補であったメドヴェージェフは，ガスプロムにチャヤンダを譲渡することを決定し，産業エネルギー省，天然資源省に対して，ガスプロムの協力を得て，3月12日までに認可の提案を準備

東方統一ガス供給システムのための3つの主要なガス供給源　　179

をするよう命じた。天然資源省が競売の実施を主張したにもかかわらず，4月16日にロシア政府は，ガスプロムがチャヤンダ開発認可を受領するという命令を下した。しかしながら，同開発権は完全に無償という訳ではなかった。すなわちガスプロムは，国家に対し，80億～100億ルーブル（3億3900万～4億2300万ドル）の補償金を支払わなければならなかった[165]。

　進捗を速めるために，一連の作業グループの会議が開かれた。ガスプロム本社は2007年10月初旬に，ガスプロムとサハ共和国政府間の協力に向けた共同作業グループの最初の会合を主催した[166]。2008年3月18日にガスプロム本社は，サハ共和国政府のゲンナディ・アレクセーエフ Gennady Alekseev 第一副議長とガスプロムの東方プロジェクト調整部（Eastern Projects Coordination Directorate）のヴィクトル・チモシーロフ部長とが共同議長を務め，共同作業グループの拡大会議を主催した。この会議では，同共和国地域でのガス処理施設および化学施設の発展に関する，ガスプロムとサハ共和国との相互の働きかけの問題を検討した。会議では，同共和国のガス化に関する双務協定のための準備の進捗状況を精査した。また，東方プログラムの一環としてガスプロムと共和国政府によって遂行される諸活動の同時的進行に，焦点が置かれた[167]。これに続き，5月12日に，ガスプロムの副最高経営責任者アナネーンコフとサハ共和国第一副大統領のゲンナディ・アレクセーエフとの間で，同様の会議が持たれた[168]。これらの作業グループ会合は，2008年から2009年の間継続された。

　2008年においてサハ共和国政府の計画は，主にチャヤンディンスコエ鉱床の開発を通じて，現行ガス生産能力の年間16億立方メートルを2020年までに年間340億立方メートルに増加させることであった。2020年までのサハ社会・経済発展戦略によれば，地域総生産は2.8倍に成長し，住民の平均所得は3.6倍に増加して，サハ地域は補助金を完全に交付されなくなるであろう。社会的プロジェクトやインフラストラクチャ・プロジェクトや産業プロジェクトは，2兆ルーブル（約8090億ドル）の民間投資と，5000億ルーブル国家インフラストラクチャ開発投資とを必要としていたが，サハは，当時それらを持っていなかった。可能な資金源としては，「国家投資基金」か，「極東開発連邦目標プログラム」（当時，極東全体のプロジェクトのために5660億ルーブルを用意し

ていた）かがあった[169]。

　東方ガスプログラム（EGP）において定められた課題に応えるために，ガスプロムの取締役会は，次の目標にしたがって，同社の資源基盤開発に向けた事業の継続を，経営委員会に託した。すなわちⅰ）2014年以降サハリン－ハバロフスク－ウラジオストク・ガス輸送システムに対するキリンスコエ・ガス田産ガスの積み込みを確保すること，ⅱ）カムチャッカ地方へのガス供給の組織化，その際最初のガスは2010年第4四半期にペトロパヴロフスク・カムチャツキーに提供されること，そしてⅲ）チャヤンダ石油ガス田の炭化水素埋蔵量を商業開発できるように準備すること，その際ガスは2016年にガス輸送システムに供給されることがそれである[170]。

　アレクセイ・ミレルは2009年8月に，東方ガスプログラムの一環としてヤクーチア・ガス生産センターを創設するために，ガスプロムが行った作業について報告した。その日，2本の試掘井が掘削中であり，2009年冬に予定された二次元と三次元の地震探査は，初期の準備段階にあった。土木地質調査および測地調査は実施済みであった。オイルリムとガス鉱床の開発は，それぞれ2014年と2016年に開始される予定であった。しかしながら，チャヤンダ・ガス田のガスは，ヘリウム含有量の高い複雑な構成を持っている。ガスプロムは2010年に，東シベリアおよび極東におけるガス化学施設の開発に向けた投資計画，ならびにチャヤンダ石油・ガスコンデンセート田開発のための貯水池管理計画を仕上げる必要があった。

　2016年までにガス輸送システムに対するヤクーチア・ガスの注入を確保するためには，ヤクーチア－ハバロフスク－ウラジオストク・ガス幹線の建設がまず必要であり，ガスプロムは，サハリン－ハバロフスク－ウラジオストク・ガス輸送システムの完成の後で，2012年にこのパイプラインの建設を開始するであろう。ミレルは次のように指摘した。

　　ガス生産予測は，チャヤンダ・ガス田の作業中に得られる追跡データにしたがって，更新されてきた。この点で，ヤクーチア－ハバロフスク－ウラジオストク・ガス輸送システムの最適積載量を確保するために，ヤクーチアのスリェードネチュングスコエ Srednetyungskoye，タース・ユリィャフスコ

エ,ソボロフ・ネドジェリンスコエ Sobolokh-Nedzhelinskoye,およびヴェルフネヴィリュチャンスコエガス田の地表下利用権を,2009年にガスプロムに対し認可する問題を解決する必要がある。このことは,ヘリウムがガス田の一部でしか発見されていないので,とくに重要であるし,ヤクーチアのガスは市場に,多分同時的に提供されるであろう[171]。

地図 3.2 サハ共和国のガス田・油田

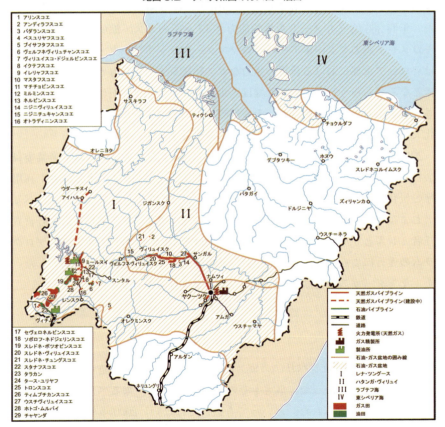

出所:Sakhatransneftegaz, Sakha Republic.
　著者は,この地図の作成に対する,サハトランスネフチェガス Sakhatransneftegaz 社長 I. K. マカロフ Makarov,およびサハ共和国の自然保護省顧問スヴェトラーナ・イェゴロヴァ=ジョンストン Svetlana Yegorova-Johnstone の助力に,感謝している。

2010年3月12日に，同共和国向けのガス供給とそのガス化に関する全般的計画に署名した後，ミレルは，ガスプロムは東方ガスプログラムの一環としてサハ共和国のガス化を開始する準備ができていると発表した。彼は，ヤクーチアの優先施設の操業開始や，ヤクーチア－ハバロフスク－ウラジオストク・ガス輸送システム建設の2012年の着手や，チャヤンディンスコエ石油ガス田における2014年（石油）と2016年（ガス）の生産開始に関して，政府が設定した厳しい最終期限について詳述した。この計画は，同社に対して，最優先事項のガス処理およびガス化学施設を2016年に操業開始するように要請していた。年間360億立方メートル供給能力と13ヶ所のガス圧縮所を有する，3500キロメートルのヤクーチア－ハバロフスク－ウラジオストク・ガス幹線の建設は，ロシア東部における新規の強力なガス輸送システムのもう1つの主要な要素となるであろう。このガス幹線は，東シベリア・太平洋石油パイプラインと並行して走るものと計画され，その建設は，ガスプロムによる沿海地方での液化天然ガス施設や石油化学コンビナートの建設を可能にするであろう[172]。

2010年7月に，ガス田開発と地表下利用に関するガスプロムガス産業委員会は，チャヤンダ・ガスの開発計画を承認した。同計画は，連邦地表下利用庁の炭化水素田開発中央委員会に提出された[173]。前述したように（東シベリアおよびロシア極東のガス化プログラの節において），ガスプロム最高経営責任者ミレルとサハ共和国大統領ボリーソフは2010年12月に，東方ガスプログラムの遂行によって促進される社会・経済発展に関する連携協定に署名した。チャヤンダ・ガス開発は，この構想の要となるものである。

結　論

2000年代には，東シベリアのガス田開発に関して多くが語られたが，実際の進展はあまりなかった。事実上その10年間全体が，来るべき数十年のための開発準備に捧げられた，といっても過言ではない。2000年代後半に東方ガスプログラムが承認されたことは，遠隔地東シベリアおよび極東において確認されていた，大規模なガス確認埋蔵量の開発への動きを加速する，1つのまぎれもない成果であった。何らかの建設的なニュースがあったとすれば，それ

結　論

は，2010年にガスプロムが，サハ共和国のチャヤンダ・ガス田開発計画の承認によって，重要な一歩を踏み出しことであるが，この計画ではヤクーチアーハバロフスクーウラジオストク・ガスパイプライン網の開発が想定されているのである。ガスプロムはまた，2010年秋におけるサハリン－3キリンスキー鉱区での新たなガスの発見によっても，大いに励まされた。これに加えて，2011年春の競売に参加してコヴィクタ・ガス資産を買収するという，ガスプロムの予期せぬ決定は，東方ガスプログラムからのガス輸出のために，見込みのある新規供給源を追加することになった。このことは，ガスプロムの経営陣にとってだけでなく，北東アジアにおける潜在的ガス輸入者にとっても，疑いなく，積極的な変化である。2010年代の10年は，2000年代とは実際に違うものとなるのであろうか？　2000年代の準備作業は，ロシアの計画立案者たちにいくつかの選択肢を提供した。

　第1の選択肢は，実際には，輸出指向型のものではない。もしロシアの計画立案者が極東地域をガス化しようとするだけであれば，その時には，サハリン－ハバロフスク－ウラジオストク・ガスパイプラインと，それにいくらかの生産増加の追加があれば，十分良いであろうが，それが近い将来輸出に帰結することにはならない。第2と第3の選択肢は，輸出指向型のものである。第2の選択肢は自己資金調達型である。もし計画立案者が，輸出をより強調しようとするのであれば，その場合には彼らが，どちらのガス田，サハリン－3かチャヤンダ・ガスのどちらが最初に開発されることになるか，彼らの優先順位に基づいた極めて重大な決定を下し，そしてそれに自分たちで資金供給するか，もしくは多分非中国系共同出資者から資金調達する必要があるであろう。第3の選択肢は，中国の交渉担当者がガス田，パイプラインおよび投資に関して希望する点に，同意することである。

　ガスプロムは，中国との価格取り決めが具体化するやいなや，チャヤンダもしくはコヴィクタ・ガスの開発を加速することができる，大変有利な立場にある。2011年夏には，長らく待たれていたガス価格交渉の決着が見られなかった。ロシアがその東シベリアガス資源の全面的開発のために，必要な歩みを進めつつあるという厳然たる証拠は，ロシアと中国双方の指導者が，価格交渉に対する彼らの姿勢を再考し，変更する覚悟をするまでは，現れないであろう。

ロシアの指導者が 2012 年に交代した直後に，ガス協定に合意しそこねたことは，当分の間，アジアに対するロシアの大規模ガス輸出の見通しを大幅に減じることを意味するであろう。

付　表

表A.3.1　ロシアのガス産業指標（10億立方メートル）

	ガス産出量	ガス消費量	ガス輸出量	ガス輸入量		
				カザフスタン	トルクメニスタン	ウズベキスタン
1995	596	378	190.6	3.2	0.3	0.0
1996	602	380	196.5	2.0	1.9	0.0
1997	571	350	198.4	2.7	1.9	0.0
1998	591	365	202.5	2.3	0.0	0.0
1999	591	364	204.5	3.6	0.0	0.0
2000	584	377	217.1	5.3	29.1	2.4
2001	582	373	200.1	3.8	15.5	0.0
2002	595	389	201.2	7.2	14.0	4.5
2003	620	393	203.7	7.1	4.3	1.3
2004	634	402	217.9	6.6	7.0	7.1
2005	641	405	222.3	12.4	3.4	8.2
2006	656	419	262.5	14.4	38.5	9.6
2007	654	426	237.4	15.2	42.6	9.7
2008	665	420	248.1	17.4	42.3	10.3
2009	596	390	202.8	17.7	11.3	15.4

出所：ガス産出量および消費量の数値はRC 'Oil and Gas Yearbook 2010: Stand and deliver', Renaissance Capital（2010），ガス輸出量および輸入量の数値はIbid., p. 123。

表A.3.2　ロシアの会社別ガスコンデンセート生産量（10億立方メートル）

	2003	2005	2007	2008	2009
ロシア	620.326	641.015	654.136	664.852	596.443
石油会社	40.489	50.833	60.327	59.705	
ロスネフチ	7.012	13.045	15.467	12.162	12.214
スルグートネフチェガス	13.883	14.361	14.139	14.123	13.592
ルクオイル	4.769	5.795	13.725	14.234	12.408
TNK-BP	6.809	10.517	10.156	12.800	13.592
ガスプロムネフチ	1.985	1.994	1.759	3.026	3.110
ルスネフチ	0.665	1.058	1.555	1.343	1.325
ユーコス	3.448	1.970	1.519	−	−
スラブネフチ	0.823	0.994	0.928	0.899	0.905
タトネフチ	0.728	0.737	0.738	0.762	0.761
バシネフチ	0.369	0.363	0.341	0.356	0.374
ノヴァテク	20.134	25.369	28.516	30.812	32.675
ガスプロム	540.180	547.058	550.143	550.911	455.165
IPSAO	19.523	17.754	15.150	23.424	50.323

注：IPSAO＝独立系および生産物分与協定運営参加者。
出所：Renaissance Capital 'Oil and Gas Yearbook 2010: Stand and deliver', Renaissance Capital (2010), p. 31.

3．東シベリアおよび極東ロシアにおけるガス産業の発展

表 A.3.3　東シベリアにおける 2008 年の会社別ガス生産量

会社	ガス 100万立方メートル	%
レナネフチェガス（スルグートネフチェガスが管理）	45.6	0.9
ウスチ・クートネフチェガス（イルクーツク石油会社が管理）	56.1	1.1
ヴェルフネチョンスクネフチェガス（TNK-BP とロスネフチが管理）	1.7	0.0
ヤクートガスプロム	1543.0	28.9
イレリアフネフチ		
ドゥリズマ（ウラルス・エナジーが管理）	29.6	0.6
タイミールガス（ノリルスク・ニッケルが管理）	1145.6	21.4
ヴォストシブネフチェガス（ロスネフチが管理）	1.1	0.0
ダニーロヴァ（イルクーツク石油会社が管理）		0.0
タース・ユリアフネフチェガゾドブィチャ		0.0
ヴァンコールネフチ（ロスネフチが管理）	67.6	1.3
アローザ・ガス（アローザが管理）	227.1	4.3
ノリルスクガスプロム（ノリルスク・ニッケルが管理）	2161.0	40.5
サハトランスネフチェガス	5.3	0.1
スズン（ガスプロムと TNK-BP が管理）		0.0
垂直統合型石油・ガス鉱業および精錬会社の部門	3649.7	69.1
東シベリア総計	5283.7	100.0
ロシア総計	664852.0	
ロシア連邦における東シベリアのシェア（%）	0.8	

出所：Kontorovich & Eder（2009）．

表 A.3.4　2030 年までのシベリアおよび極東のガス生産量（10 億立方メートル／年）

	2010	2015	2020	2025	2030
西シベリア	574	632	682	699	744
東シベリア	6	35	109	142	152
極東	22	30	45	52	72
サハリン－1	8	11	12	12	12
サハリン－2	14	18	22	22	22
サハリン－3〜9	0	1	11	18	38
サハリン州	1	1	1	0	0
西カムチャッカ大陸棚	0	0	1	8	12
シベリアおよび極東	602	697	845	893	967
ロシア総計	644	732	920	992	1,076

注：ロシア科学アカデミー（RAS）石油ガス研究所の A. N. Dmitrievsky 所長が，（2006年12月21日付け政令第413号により規定された）産業エネルギー省の「2020年までの期間のエネルギー戦略および2030年までの同戦略延長の改良点に関する」作業のためにガス産業発展に向けて長期的戦略の優先順位や主要な政策措置を決定するワーキンググループの代表であった。
出所：Kontorovich & Eder（2009）[174]．

表 A.3.5　サハ共和国における油・ガス田（2010年）[175]

油・ガス田の鉱区の格付け	埋蔵量・資源量	地下資源利用者
連邦ガス田		
チャヤンディンスコエ・ガスコンデンセート田	ガス：B+C1, 379.7 十億立方メートル, C2, 861.2 十億立方メートル；石油（可採）：C1, 42.5 百万トン, C2, 7.5 百万トン；コンデンセート（可採）：C1, 5.7 百万トン, C2, 12.7 百万トン	ガスプロム
スレードネトゥユングスコエ・ガスコンデンセート田	ガス：B+C1, 153.2 十億立方メートル, C2, 9.2 十億立方メートル；コンデンセート（可採）：C1, 8.0 百万トン, C2, 0.64 百万トン	競売手続きなしにガスプロムに移管予定
タース・ユリヤフスコエ油田・ガス田	ガス：B+C1, 102.7 十億立方メートル, C2, 11.3 十億立方メートル；石油（可採）：C1, 2.0 百万トン, C2, 5.3 百万トン	競売手続きなしにガスプロムに移管予定
ソボロフ・ネドジェリンスコエ・ガスコンデンセート田	ガス：B+C1, 64.0 十億立方メートル, C2, 0.7 十億立方メートル；コンデンセート（可採）：C1, 3.0 百万トン, C2, 0.04 百万トン	競売手続きなしにガスプロムに移管予定
ヴェルフネヴィルチュアンスコエ油田・ガス田	ガス：B+C1, 139.6 十億立方メートル, C2, 69.7 十億立方メートル；石油（可採）：C1, 1.5 百万トン, C2, 32.3 百万トン；コンデンセート（可採）：C1, 2.7 百万トン, C2, 1.3 百万トン	競売手続きなしにガスプロムに移管予定
配分済み油・ガス田		
アリンスコエ・ガス田・油田	ガス：B+C1, 0.7 十億立方メートル, C2, 1.7 十億立方メートル；石油（可採）：C1, 0.5 百万トン, C2, 4.6 百万トン	スルグートネフチェガス
ヴェルフネペレデュスコエ・ガスコンデンセート田	ガス：B+C1, 1.0 十億立方メートル；コンデンセート（可採）：C1, 0.03 百万トン	スルグートネフチェガス
東アリンスコエ油田	石油（可採）：C1+C2, 8.0 百万トン	スルグートネフチェガス
イレリュアフスコエ油・ガス田	石油（可採）：C1, 9.6 百万トン, C2, 0.3 百万トン；ガス：B+C1, 4.7 百万立方メートル；コンデンセート（可採）：C1, 0.1 百万トン	イレリヤフネフチ
マスタフスコエ油田・ガス田	ガス：B+C1, 18.3 十億立方メートル, C2, 6.5 十億立方メートル；コンデンセート（可採）：C1, 0.4 百万トン, C2, 0.3 百万トン	ヤクートガスプロム
マチョビンスコエ油田・ガス田	ガス：B+C1, 3.6 十億立方メートル, C2, 2.1 十億立方メートル；石油（可採）：C1, 2.3 百万トン, C2, 2.8 百万トン	ヤクートガスプロム
ミミンスコエ油田・ガス田	ガス：B+C1, 1.4 十億立方メートル；石油（可採）：C1, 0.67 百万トン	ヤクートガスプロム
ネルビンスコエ・ガス田	ガス：B+C1, 4.3 十億立方メートル, C2, 2.3 十億立方メートル	ヤクートガスプロム
オトラドニンスコエ・ガス田	ガス：B+C1, 0.9 十億立方メートル, C2, 5.4 十億立方メートル	レンスク・ガス
北ネルビンスコエ・ガス田	ガス：B+C1, 0.54 十億立方メートル；コンデンセート（可採）：C1, 0.02 百万トン	ヤクートガスプロム
北タラカンスコエ油田	石油（可採）：C1+C2, 34.9 百万トン	スルグートネフチェガス
スレドネ・ボトゥオビンスコエ石油・ガス田，北鉱区	ガス：B+C1, 19.1 十億立方メートル；コンデンセート（可採）：C1, 0.35 百万トン	アルローザ・ガス
スレドネ・ボトゥオビンスコエ石油・ガス田，中	ガス：B+C1, 134.2 十億立方メートル, C2, 15.5 十億立方メートル；石油（可採）：	タース・ユリュアフネフチェガスドブィチャ

央鉱区	C1+C2, 123.4 百万トン；コンデンセート（可採）：C1, 2.45 百万トン	
スレドネ・ボトゥオビンスコエ石油・ガス田, 東鉱区	ガス：B+C1, 2.2 十億立方メートル, C2, 1.8 十億立方メートル；石油（可採）：C1, 2.9 百万トン；C2, 3.6 百万トン；コンデンセート（可採）：C1, 0.04 百万トン, C2, 0.03 百万トン	ロスネフチェガス
スレドネ・ヴィリュイスコエ・ガスコンデンセート田	ガス：B+C1, 126.1 十億立方メートル；コンデンセート（可採）：C1, 5.5 百万トン, C2, 0.03 百万トン	ヤクートガスプロム
スタナフスコエ油田・ガス田	ガス：B+C1, 5.5 十億立方メートル, C2, 14.5 十億立方メートル；石油（可採）：C1, 0.06 百万トン, C2, 5.8 百万トン	スルグートネフチェガス
タラカンスコエ油田・ガス田, 中央鉱区	ガス：B+C1, 18.9 十億立方メートル, C2, 3.8 十億立方メートル；石油（可採）：C1, 99.5 百万トン, C2 13.0 百万トン；コンデンセート（可採）：C1, 0.2 百万トン, C2, 0.04 百万トン	スルグートネフチェガス
タラカンスコエ油田・ガス田, 東鉱区およびタランスキー鉱区	ガス：B+C1, 16.6 十億立方メートル, C2, 14.8 十億立方メートル；石油（可採）：C1, 47.5 百万トン, C2, 5.2 百万トン；コンデンセート（可採）：C1, 0.2 百万トン, C2, 0.1 百万トン	スルグートネフチェガス
テュムプチカンスコエ・ガス田・油田	ガス：B+C1, 2.2 十億立方メートル, C2, 11.2 十億立方メートル；石油（可採）：C1, 0.4 百万トン, C2 16.6 百万トン	ガスプロム・ネフチ・アンガラ
ホトーヴォ・ムルバユスコエ・ガス田	ガス：B+C1, 1.0 十億立方メートル, C2, 9.6 十億立方メートル	ガスプロム・ネフチ・アンガラ
未配分油ガス田		
アンデュラフスコエ・ガスコンデンセート田	ガス：B+C1, 7.8 十億立方メートル；コンデンセート（可採）：C1, 0.6 百万トン	
バダランスコエ・ガス田	ガス：B+C1, 6.1 十億立方メートル	
ベスユリュアフスコエ・ガスコンデンセート田（イクテフスコエ鉱区）	ガス：B+C1, 1.2 十億立方メートル, C2, 9.2 十億立方メートル	
ビュスュフラフスコエ・ガスコンデンセート田	ガス：B+C1, 5.5 十億立方メートル, C2, 9.7 十億立方メートル；コンデンセート（可採）：C1, 0.14 百万トン, C2, 0.25 百万トン	
トロンスコエ・ガスコンデンセート田	ガス：B+C1, 33.5 十億立方メートル, C2, 10.6 十億立方メートル；コンデンセート（可採）：C1, 1.6 百万トン, C2, 0.5 百万トン	
ヴィリュイ・ドジェルビンスコエ・ガス田	ガス：B+C1, 19.0 十億立方メートル, C2, 16.4 十億立方メートル	
ウスト・ヴィリュイスコエ・ガス田	ガス：B+C1, 0.8 十億立方メートル	

出所：Glazkov (2010), p. 12.

【注】 189

【注】
1 Gazprom Production, www.gazprom.com/production および Kryukov & Moe (1996).
2 Stern (2005), p. 144-5.
3 Fjaetoft (2009), p. 16.
4 Stern (2005), p. 33.
5 Stern (2009).
6 *Ibid.*, p. 56.
7 *Ibid.*, pp. 56-7.
8 *Ibid.*, p. 61. チュメニ州における主要な上流プロジェクトの最新情報に関しては、Mitrova (2011) を参照。
9 Konovalov (2008).
10 *Ibid.*
11 Stern (2009), pp. 54-92.
12 Henderson (2010).
13 Paik (1995), pp. 155-6.
14 ガスプロムの対アジア政策の年代記に関しては、第7章参照。
15 *Ibid.*
16 Stern & Bradshaw (2008), p. 250.
17 Chernyshov (2005a).
18 'Gazprom and CNPC sign Agreement on major terms and conditions for Russian gas supply to China', www.gazprom.com/press/news/2009/december/article73718/
19 'Eastern Gas Program', www.gazprom.com/production/projects/east-program/
20 *Interfax Petroreum Report* (*IPR*), 30 May-5 June 2003. 2020年エネルギー戦略は、社会・経済的発展の2見解、慎重説と楽観説に基づいている。それぞれの説には、中期的社会・経済的発展の草案プログラムの基本規定が含まれていた。また、両方とも良好的シナリオ（2つの基本見解の中間説）および危機的シナリオの下での経済発展を考慮に入れていた。2020年までのエネルギー消費の全国的成長は25.4～38.4％になると予測されていた。Kalashnikov (2004) 参照。
21 2011年以降の極東および東シベリアにおける産業消費者向けガス価格は、市場価格と同様の1000立方メートル当たり約100ドルになるであろう。Gaiduk (2007b) 参照。
22 Stern & Bradshaw (2008), pp. 249-54 ; Baidashin (2007e) ; *Russia & CIS Oil & Gas Weekly*, 6-12 September 2007, pp. 5-7 ; www.minprom.gov.ru/docs/order/87 (in Russian) quoted in Energy Charter Secretariat, 'Fostering LNG Trade: Role of the Energy Charter', 2008, 122 (footnote No. 76) ; 'Eastern Gas Program', www.gazprom.com/production/projects/east-program/
23 産業エネルギー省によれば、東部ロシアの大体のガス資源量は67兆立方メートルを超え、そのうち、52.4兆立方メートルは陸地に、残りの15兆立方メートルは大陸棚にある。しかしながら、資源のわずか8％しか探査されていなかった。同プログラムは、940億米ドルあまりの投資を必要とした。
24 'Board of Directors addresses Eastern Gas Program execution', www.gazprom.com/press/news/2010/february/article76034/
25 *Russia & CIS Oil & Gas Weekly*, 2-8 October 2008, pp. 4-7.
26 *Ibid.*
27 *Russia & CIS Oil & Gas Weekly*, 27 August-2 September 2009, pp. 16-19. 2009年11月13日に2030年までの期間におけるロシアのエネルギー戦略が政府指令 (No. 1715-r) によって公式に

発表された。The Ministry of Energy, Russian Federation 2010.
28　*Russia & CIS Oil & Gas Weekly*, 26 November-2 December 2009, pp. 6-8.
29　2030年のロシアの石油生産予測は，政府の次の20年間のエネルギー戦略においては，6.6％だけ低くなっている。最新のエネルギー戦略草案によれば，2030年の石油生産量は総計5億3000～5億3500万トンと予測されており，以前の予測5億4000万～6億を下回っている。*Russia & CIS Oil & Gas Weekly*, 27 August-2 September 2009, pp. 16-19参照。
30　Stern & Bradshaw (2008), p. 246；*China Daily*, 11 July 2007.
31　*Ibid*.；Eastern Gas Program, www.gazprom.com/production/projects/east-program/
32　'Gazprom proceeds with consistent and phased gasification of Kamchatka', www.gazprom.com/press/news/2010/december/article106926/；'Over 90 per cent of Sakhalin-Khabarovsk-Vladivostok GTS linear part welded up', www.gazprom.com/press/news/2011/april/article111945/　設計・探査事業は，第1CHPP（熱電併給施設），地元の病院1軒，第11・キロメートルボイラー施設 No. 1，およびペトロパヴロフスク・カムチャツキーのその他の施設にガスを供給する2本の集落間ガスパイプラインの建設を目的として，進行中であった。さらに，設計・探査事業は，ガス配送所を含むイェリゾヴォ Yelizovo町への，そしてさらに，ドヴレチィエ Dvurechye，クラースヌィ Krasny，ナゴールヌィ Nagorny，ノーヴィ Novy，ピオネールスキー Pionersky，スヴェートリィ Svetly，およびクルトベレゴヴィ Krutoberegovy（イェリゾヴォ地区）の集落へと延びる，1本の集落間ガスパイプラインの建設が開始されていた。'Gazprom to launch construction of several inter-settlement gas pipelines in Kamchatka Krai this year', www.gazprom.com/press/news/2011/january/article108220/
33　Cited in http://www.gazprom.com/eng/news/2008/08/30425.shtml
34　Stern & Bradshaw (2008). 2006年9月20日にイルクーツクで，ガスプロムの副最高経営責任者アナネーンコフとイテラ（Itera）経営委員会議長ウラジーミル・マケーイェフ Vladimir Makeyev は，イルクーツク州にガス供給を提供するため共同行動に関する覚書に署名した。問題となったのは，ブラーツク・ガス田の開発であった。イテラは，同ガス田に約20億ルーブル（7420万ドル）を投資する計画であり，2008年にはガスプロムに最大1億立方メートルのガス供給を予想していた。供給量は，2009年から，年間4億立方メートルにまで増加する計画であった。同様にガスプロムは，2008年までに消費者にガスを輸送するためのガスパイプラインを建設することを約束した。Kirillova（2006）参照。
35　'Gazprom and Transbaikal Krai Government sign Accord on Gasification', www.gazprom.com/press/news/2010/april/article95813/
36　2007年12月に，ブラーツク・ガスコンデンセート田－ブラーツク（第45居住区）間のガス幹線の第1期が建設され，同市への天然ガス供給が開始された。ブラーツクは，イルクーツク州でパイプラインによるガスを受け取る最初の人口集中地域となった。2007年から2009年の間に，ガスプロムは地域的なガス化に5億9500万ルーブルを配分した。これらの資金は，オシンヴォカ Osinvokaガス配送所（GDS）－ズィアバ Zyaba村およびオシンヴォカガス配送所－ギドロストロイテル Gidrostroitel村をつなぐガスパイプラインの建設に使用された。'Gazprom and Irkutsk Oblast Government sign Agreement of Cooperation and consider regional gasification prospects', www.gazprom.com/press/news/2010/october/article104444/
37　ミレルは，ガスプロムが液化石油ガスによるガス化のために，ブリヤーチアにおける何ヶ所かの最優先施設をすでに選定したと指摘した。これらは，ウラン・ウデ Ulan-Udeに建設を計画している8000トンのガス補充基地1ヶ所，およびイヴォルギンスク Ivolginsk，ソトニコヴォ Sotnikovo，タールバガタイ Tarbagatai，シャラルダイ Sharaldai，ムホルシビル Mukhorshibir，ドルガ Dolga村の9基のボイラー室である。See 'Signing 2010-2013 Prioritized Action Plan

on gas supply to and gasification of Buryatia', www.gazprom.com/press/news/2010/october/article104390/
38 Stern & Bradshaw (2008), p. 247.
39 'Gazprom and Republic of Sakha (Yakutia) sign Partnership Agreement', www.gazprom.com/press/news/2010/december/article106978/ ; 'Gazprom and Yakutian Government to sign Cooperation Agreement on socioeconomic development', www.gazprom.com/press/news/2010/october/article104732/
40 Stern & Bradshaw (2008), pp. 247-9.
41 'Eastern Gas Program', www.gazprom.com/production/projects/east-program/ ; 'Gazprom meets all obligations under Russian Regions Gasification Program 2010', www.gazprom.com/press/news/2011/april/article111478/
42 'Gazprom commissions first start-up complex of Sakhalin-Khabarovsk-Vladivostok GTS', www.gazprom.com/press/news/2011/september/article118764/ ; 'The "Sakhalin-Khabarovsk-Vladivostok" gas pipeline', www.ngsms.ru/eng/projects/page531/
43 *Oil & Gas Jounal Online*, 25 June 2009, www.ogj.com/index/article-display/0889754181/s-articles/s-oil-gas-journal/s-transportation/s-pipelines/s-constuction/s-articles/s-gazprom_-kogas_sign.html
44 'Gazprom and Kogas sign Agreement to jointly explore gas supply project', www.gazprom.com/press/news/2009/june/article66607/
45 Nezhina (2009b), p. 45 ; 'Gazprom finishes construction of top-priority facilities for Sakhalin Oblast gasification', www.gazprom.com/press/news/2011/march/article109851/
46 2009年に，この数値はそれぞれ754億立方メートルと860万トンであった。See 'Gazprom commences drilling in Kirinskoye field offshore Sakhalin', www.gazprom.com/press/news/2009/july/article66730/
47 'Over 90 per cent of Sakhalin-Khabarovsk-Vladivostok GTS linear part welded up', www.gazprom.com/press/news/2011/april/article111945/
48 'Gazprom joins Investment Agreement on South Yakutia Comprehensive Development', www.gazprom.com/press/news/2009/june/article64577/
49 同文書には，ロシアエネルギー省，連邦鉄道路局（Rosavtodor），連邦鉄道輸送局（Roszheldor），サハ（ヤクーチア）政府，国営企業ロスアトム（Rosatom），南ヤクーチア開発会社（South Yakutia Development Corporation），ウラン資源国営企業（Atomredmetzoloto），南ヤクーチア水力エネルギー総合会社（South Yakutia Hydropower Energy Complex）（ルスハイドロ（RusHydro）の子会社），アルローサ投資グループ（Alrosa Investment Group），ヤクーチア石炭・新技術（Yakutia Coal-New Technologies），エルコンスキー鉱山冶金プラント（コンビナート）(lkonsky Mining and Metallurgy Plant) (Complex)，ルスハイドロの代表も調印した（www.gazprom.com/press/news/2009/june/article64577/）。
50 コヴィクタ・プロジェクトをさらに詳細に理解するためには，次の文献を参照のこと。Simonia (2004) ; Poussenkova (2007b) ; Ahn & Jones (2008) ; Stern & Bradshaw (2008).
51 Gaiduk (2007a).
52 *Ibid.*
53 *Interfax Petroreum Report (IPR)*, 9-15 January 1998, p. 10.
54 *China Oil, Gas, & Petrochemicals*, 15 May 2002, pp. 1-3.
55 Gaiduk (2007a).
56 *Russian Petroleum Invester*, June/July 2002, pp. 14-9. 中国側は，ロシア－中国国境で1000立

方メートル当たり 20〜25 ドルでガスを購入する用意があると述べ，これに対しロシア側は，最低 75 米ドルでガスを販売する用意があると言明した。*Russian Petroleum Invester*, March 2003, pp. 22-8 参照。当時，中国側は，パイプラインガスの都市人口価格は 1 立方メートル当たり 0.7〜1.0 元の範囲となると述べた。Li Yuling (2002d), p. 9 参照。
57 　*Russian Petroleum Invester*, June/July 2002, pp. 14-9.
58 　*Russian Petroleum Invester*, March 2003, pp. 22-8.
59 　Kroutikhin (2004).
60 　Chernyshov (2004a).
61 　Barges (2004a).
62 　東シベリアガス会社 VSGK は，サヤンスクヒミプラスト，イルクーツクテプロエネルゴ (Irkutskteploenergo)，科学生産会社「イルクート」(Scientific and Production Corporation "IRKUT")，アンガルスク・セメントプラント (Angarsk Cement Plant) などのイルクーツク州の主要潜在消費者数社と趣意書に署名した。これと並んで，東シベリアガス会社は，ウソーリエヒミプロム，イルクーツクエネルゴ，アンガルスク・ペトロケミカル会社 (Angarsk Petrochemical Company)，およびアンガルスクポリメールプラント (Angarsk Polymer Plant) とも同様の覚書を結ぶことを希望していた。東シベリアガス会社のアレクセイ・ソーボル Alexei Sobol 社長によれば，ガスの最終価格は 1000 立方メートル当たり 40〜55 ドルを超えることはないだろう。Chernyshov (2005c); Glazkov (2004b) 参照。
63 　Chernyshov (2004f); Lukin (2005c)。
64 　ロシアでは，ヘリウム生産に特化した施設は 1 ヶ所だけしかなかった。それは，オレンブルグ Orenburg にあり，世界のヘリウム産出量の 5% を生産していた。Chernyshov (2004f) 参照。
65 　*Ibid.*
66 　*Ibid.*
67 　ロシア科学アカデミーは，2030 年までの期間のヘリウム需要は，平均，年 4〜6% で上昇するだろうと予測していた。結果として，総消費量は 2030 年までにおおよそ 2 億 2500 万立方メートルに達するであろう。Kokhanovskaya (2006) 参照。
68 　2011 年 5 月の著者と本村真澄との書簡。ヘリウムの価格に関する興味深い記事は次を参照。'Price shocks waiting as US abandons helium business', http://arstechnica.com/science/news/2010/07/science-policy-gone-bad-may-mean-the-end-of-earths-helium.ars；'Scientists say Earth's helium reserves "will run out" within 25 years', www.dailymail.co.uk/sciencetech/article-1305386/Earths-helium-reserves-run-25-years.html
69 　Kirillova (2006).
70 　Lukin (2005c).
71 　Kirillova (2006).
72 　*Ibid.*; Gaiduk (2007a).
73 　*Ibid.*
74 　*Ibid.*
75 　Belton (2007); Crooks (2007); Faucon & Smith (2007); Slavinskaya (2008a).
76 　*Russia & CIS Oil and Gas Weekly*, 4-10 September 2008, p. 12.
77 　*Russia & CIS Oil and Gas Weekly*, 9-15 October 2008, p. 6.
78 　*Russia & CIS Oil and Gas Weekly*, 16-22 October 2008, p. 8.
79 　*Russia & CIS Oil and Gas Weekly*, 23-9 October 2008, p. 13.
80 　*Ibid.*, pp. 13-14.
81 　*Ibid.*, pp. 14-15.

82 *Russian & CIS Oil and Gas Weekly*, 27 August-2 September 2009, p. 31.
83 RIAノーボスチ（ロシア国際通信社），28 September, 2009.
84 RIAノーボスチ（ロシア国際通信社），23 March, 2010.（'TNK-BP to sell Kovykta gas field for \$700-900 million', http://en.rian.ru/business/20100323/158289323.html）
85 Belton（2010）；Dow Jones Deutschland（2010）.
86 Soldatkin & Akin（2011）.
87 *Russia & CIS Oil and Gas Weekly*, 10-16 March 2011, p. 39.
88 www.sakhalin1.ru/Sakhalin/Russia-English/Upstream/default.aspx. この発展の背景については，Paik（1995），pp. 211-14；Stern（2002）を参照。
89 同鉱区に関連する第2世代のプロジェクトは、ひとまとめにしてサハリン－3として知られるが、1993年に入札が行われた。第3世代のプロジェクトは、新世代を代表している。これらは、生産物分与協定（SPA）よりもむしろ標準的税および権利使用料に基づいて進められる探査プロジェクトである。Stern & Bradshaw（2008）を参照。
90 Stern & Bradshaw（2008），pp. 236-9；Bradshaw（2010）.
91 Ebina（2006）；Japan Pipeline Development & Operation website, www.jpdo.co.jp/eprofile.html
92 Ibid.
93 *Interfax Petroreum Report*（*IPR*），10-16 June 2004.
94 *China Energy Report Weekly*, 26 June-1 July 2004, pp. 7-8.
95 Tsui & Pilling（2004）；*China OGP*, 15 November 2004；*China ERW*, 8-18 February 2005；'China Joins the Battle for Sakhalin', www.kommersant.com/p521873/r_1/China_Joins_the_Battle_for_Sakhalin_/（3 November 2004）
96 2003年9月に政府によって是認されたエネルギー戦略の様々なシナリオによれば，国内ガス価格は，2006年以前は，1000立方メートル当たり40～41ドルを維持し，2010年における59～64ドルまで上昇していくと予想されていた（付加価値税，消費者向けガス配送のパイプライン輸送料および販売経費を除く）。Glazkov（2004d）を参照。
97 Pilling & Tsui（2004）.
98 Japan Pipeline Development & Operation: Sakhalin—Japan Natural Gas Pipeline Project, www.jpdo.co.jp/eprofile.html
99 サハリン－1からの天然ガスパイプラインの建設は多年にわたって議論されてきた。北海道拓殖銀行や北海道電力，Tomato Development Public Co. が，1974年に共同で最初の実現可能性調査に着手した。1979年に外務省が進んだ段階の調査を行った。同プロジェクトを実現するため，全道商工会議所は1998年に日本パイプライン株式会社を設立した。同計画は，テキサコ（米，現在シェヴロン（Chevron）の一部）と協力して，サハリン－3ガス田（PegaStar）から主に陸上ルートをとって，日本に天然ガスを導入するものであった。Ebina（2006）を参照。
100 Baidashin（2006e）.
101 *Ria Novosti* 2006.
102 Gaiduk（2008c）.
103 'Exxon Neftegaz: Sakhalin-1 Project homepage', www.sakhalin1.ru/Sakhalin/Russia-English/Upstream/default.aspx；Slavinskaya（2008a）；*Dow Jones News Service*, 23 October 2006；*WSJ*, October 24, 2006.
104 株式会社ダルトランスガスJSC Daltransgazは，2000年にこのプロジェクトのために設立されたが，同プログラムは2002年になってはじめて資金供給され始めた。2004年の時点で同社の株主には，ハバロフスク地方（47.24％），ロシア連邦（27.63％），ロスネフチ（14.32％），ロスネフト・サハリンモールネフチェガス（10.68％），沿海地方（0.13％）が含まれていた。Glazkov（2004d）

3. 東シベリアおよび極東ロシアにおけるガス産業の発展

を参照。
105 Gaiduk (2008c).
106 *Russia & CIS Oil and Gas Weekly*, 2-8 October 2008, p. 39.
107 'Gazprom launches construction of Sakhalin-Khabarovsk-Vladivostok gas transmission system', www.gazprom.com/press/news/2009/july/article66851/
108 Bryanski (2009a).
109 RIA ノーボスチ, October 2010. ('Gazprom in talks on swap of Sakhalin-1 stake for LNG supplies to India', http://en.rian.ru/ business /20101025/161079033.html)
110 'Sakhalin Energy: Sakhalin-2 Recent Key Milestones Achieved', www.sakhalinenergy.com/en/ataglance.asp?p=aag_main&s=1. For the background of Sakhalin-2 project, Paik (1995), pp. 211-4 ; Stern (2002) ; Stern & Bradshaw (2008), pp. 233-6 ; Baidashin (2005b) を参照。
111 Glazkov (2006c).
112 Rutledge (2004) ; 'Sakhalin Energy: Sakhalin-2 Project: Key Milestones', www.sakhalinenergy.ru/en/aboutus.asp?p=key_milestones
113 Glazkov (2007b).
114 Baidashin (2006e).
115 Baidashin (2006b).
116 Baidashin (2006e).
117 Ostrovsky (2006a) ; Ostrovsky (2006b) ; Ostrovsky (2006c) ; Ostrovsky & Buckley (2006) ; Crooks (2006b).
118 Glazkov (2007b).
119 Bradshaw (2010) ; Stern & Bradshaw (2008), pp. 233-6.
120 Gaiduk (2007a).
121 Slavinskaya (2008b).
122 Nezhina (2009a).
123 Crooks (2009) ; *Oil & Gas Jounal Online*, 31 March 2009. ('Sakhalin Energy exports first LNG cargo to Japan', www.ogj.com/display_article/357829/7/ARTCL/none/none/Sakhalin-Energy-exports-first-LNG-cargo-to-Japan/?dcmp=OGJ.Daily.Update)
124 'Sakhalin Energy: Sakhalin-2 Recent Key Milestones achieved', www.sakhalinenergy.com/en/ataglance.asp?p=aag_main&s=1
125 Glazkov (2006c) ; Chernyshov (2004c).
126 Glazkov (2006c) ; Chernyshov (2004c).
127 *Ibid*.
128 Baidashin (2005d).
129 Slavinskaya (2008b). (See in particular Table on the forecast for Russian LNG Production, 20)
130 Baidashin (2005d).
131 Gaiduk (2008c).
132 *Russia & CIS Oil and Gas Weekly*, 2-8 October 2008, p. 32.
133 Nezhina (2009a) ; 'Gazprom commences drilling in Kirinskoye field offshore Sakhalin', www.gazprom.com/press/news/2009/july/article66730/
134 'Gazprom commences drilling in Kirinskoye field offshore Sakhalin', www.gazprom.com/press/news/2009/july/article66730/
135 'UPDATE 1-Russia's Gazprom accelerates Sakhalin-3', project', www.reuters.com/article/

marketsNews/idUSLG30145020091016
136 'Gazprom discovers new field in Kirinsky block', www.gazprom.com/press/news/2010/september/article103039/;'Sakhalin III: Strategy', www.gazprom.com/production/projects/deposits/sakhalin3/
137 サハリン-2のガス生産は,2009年に開始され,絶頂期には33本の掘削された坑井をもち,年間221億立方メートルに到達するであろう。サハリン-1のガス生産は,最高時には,掘削された44本の坑井をもち,年間114億立方メートルに到達すると予想されていた。'Russia could boost gas production 34-50% by 2030', *Russia & CIS Oil and Gas Weekly*, 2-8 October 2008, pp. 4-7を参照。
138 2008年5月に,ロシア天然資源監督庁は,ロスネフチのヴェーニンスキー鉱区の開発権を撤回すると脅した。Gaiduk (2008b); Baidashin (2005d) を参照。
139 Chernyshov (2004b).
140 Glazkov (2004c).
141 Gaiduk (2008c); Crooks (2006a).
142 *Russian & CIS Oil and Gas Weekly*, 27 August-2 September 2009, pp. 14-5.
143 Glazkov (2006c).
144 Gaiduk (2008c).
145 *Russian Petroleum Invester*, August 2007, p. 20.
146 Stern (2002), p. 247; 'A1 Projects A1 Investment Company', www.a-1.com/en/project/petr_sah/; 'Urals Energy Petrosakh', www.uralsenergy.com/ops_petrosakh.htm
147 Paik (1995), p. 221-35.
148 Kempton (1996).
149 Larionov (1995).
150 Quan & Paik (1998), p. 110.
151 *Russian Petroleum Invester*, May 1988, pp. 52-6.
152 国際協力銀行 JBIC (2005), pp. 230-2.
153 *Ibid.*, p. 231, p. 284.(Map 3)
154 Glazkov (2003).
155 Slavinskaya (2008a).
156 ユーコスは2001年12月に,サハネフチェガスの新規発行株式の取得に3800万米ドルを支払い,公開市場で10%の普通株を購入した。サハ共和国政府は38%の株式を保有していた。*Russian Petroleum Invester*, April 2002, pp. 20-2を参照。
157 Gaiduk & Kirillova (2007).
158 *Ibid.*
159 Chernyshov (2004d).
160 Gaiduk (2008b).
161 *Ibid.*
162 第1期は次のものに対する供給を提供する,すなわちペトロパブロフスク・カムチャツク市,ニージネ・クヴァクチンスク・ガスコンデンセート鉱床,ペトロパブロフスク・カムチャツク・ガス幹線の自動化ガス配送基地1ヶ所,およびクシュクスコエやニージネ・クヴァクチンスク・ガスコンデンセート鉱床の予備開発に対する供給がそれである。
163 ガスプロムは,地下資源利用に対する財政への補償金支払いを算定する必要があるため,2008年6月末以前には,チャヤンダ鉱床の開発権を受け取ることができなかった。Gaiduk (2008b) を参照。

164 Slavinskaya (2008a).
165 Gaiduk (2008b).
166 'On first session of Joint Working Group between Gazprom and Government of Sakha Republic (Yakutia)', www.gazprom.com/press/news/2007/october/article63987/
167 同会議の出席者は，ガスプロムの子会社—天然ガス・ガステクノロジー科学・調査研究所 (VNIIGAZ), プロムガス (Promgaz), ミェジレギオンガス, シブル, ガスプロム・インヴェスト・ヴォストーク, ガスプロムレギオンガス (Gazpromregiongaz), ガスプロムペレラボートカ (Gazprom pererabotka), レギオンガスホールディング (Regiongazholding) ならびにユージノ・ヤクーツカヤ社 (Yuzhno-Yakutskaya Corporation) や地域政策研究所 (Regional Policy Institute) の代表者であった．
168 'On working meeting between Alexander Ananenkov and Gennady Alekseev', www.gazprom.com/press/news/2008/may/article64183/
169 *Russian Petroleum Invester*, April 2008, p. 26.
170 'Gazprom Board of Directors addresses development of mineral resource base necessary for gasification of East Siberia and Far East', www.gazprom.com/press/news/2008/november/article64410/
171 ミレルは,「同地域で操業している石油会社は，税控除を受けてきた．東部ロシアにおける効率的なガス田開発を確保するためには，同一の措置が取られるべきである．したがって，早ければ 2009 年にも，東シベリアおよび極東で実施されているガス投資プロジェクトに対する国家支援策を明確にすることが極めて重要である．これには，とりわけ，同プロジェクトの資本回収期間にわたる「課税猶予期間」や採取されたガスにかかる輸出税の引下げ／撤廃が含まれるかもしれない」と述べた．'Alexey Miller takes part in meeting on Yakutia's socio-economic development' を参照．www.gazprom.com/press/news/2009/august/article66878/
172 'Meeting of Gazprom and Yakutia's Government held to address Yakutia gas production center creation', www.gazprom.com/press/news/2010/march/article85178/; Glazkov (2010); 'On meeting dedicated to Yakutia Gas Production Center development', www.gazprom.com/press/news/2010/may/article98800/
173 'Development plan for Yakutian Chayanda field approved', www.gazprom.com/press/news/2010/july/article101354/
174 ロシア科学アカデミー石油ガス問題研究所の A. N. ドミトリエフスキー所長が,「2020 年までの期間のロシアエネルギー戦略の改善および 2030 年までのその延長」に関する (2006 年 12 月 21 日付け政令第 413 号により規定された) 産業エネルギー省の作業のために，ガス産業発展に向けた長期的戦略の優先順位や主要な政略措置を確定する，作業グループの代表であった．
175 この表とサハ共和国の 1995 年時点のガス埋蔵量とを比較すると，同共和国の確認埋蔵量の増加水準が明らかになる．Paik (1995), pp. 224-5 を参照．

4. 中国の石油産業

　中国の急速な経済成長が1970年代終わり頃に始まったその当初から，大量のエネルギー供給が海外から行われる場合にのみ，この経済成長は継続しうるのだという点は，明らかであった。それにもかかわらず政府は，海外供給源の調査に重点が移行する以前には，中国国内の比較的小規模な石油賦存量から，探査と組織再編を通じて，最大限の当面の利益を引き出そうと試みていた。

　本章では，2000年代の中国石油産業の成果を理解することが目的となる。まず始めに，中国のエネルギーバランスおよび関連するエネルギー政策を簡潔に概観する。そこには，石油産業の再編，探査と生産，全国的石油・ガス埋蔵量調査，石油の輸入，パイプライン開発，国内精油部門の拡大，および戦略的石油備蓄の諸問題が含まれる。本章の主な焦点は，全国的埋蔵量に関する十分な知識に基づいて，中国の石油生産能力を評価することにある。このことによって，石油輸入の急速な拡大と，したがってまた海外の石油生産を求める中国の対外進出政策とが，なぜ不可避であるのかが説明されるであろう。また，国の戦略的石油備蓄の急増は，中国のエネルギー供給安全保障に対するその強い関心を，明示するであろう。この全般的な焦点は，ロシア産石油の購入に対する中国の姿勢という，より特殊的だが中心的な問題についての示唆をも，いくつかもたらすであろう。

中国のエネルギーバランス

　中国は，その経済が急速な発展をとげた初期の数十年間は，自己の急増するエネルギー需要にすべて国内資源で応えることができ，それ故，世界市場へのその直接的な影響は最小限であった。1980年から2000年にかけて，一次エネルギー消費は石炭換算で約6億300万トンから13億8600万トンへと2倍以上

になったが、これは年平均成長率が4.2%であることを意味する。同じ期間にGDPは4倍となり、年平均9.7%の割合で成長しており、エネルギー需要の対GDP弾力性が0.43と低いことを示している。しかしその後、2000年から2005年の間（第10次五ヶ年計画の時期）は、一次エネルギー消費の年間成長率は加速して、平均9.9%となった。すなわち、エネルギーの対GDP弾力性は平均1.0以上に、2000～2020年の期間に対してエネルギー予測が黙示的に仮定していた弾力性0.5の2倍以上であった。表4.1の資料は中国政府の『統計年鑑』に依拠しているが、世界銀行がその広く引用される推計の中で使用している、資料とは異なっている[1]。2007年に世界銀行は、第11次五ヶ年計画（2006～2010年の期間）におけるエネルギー消費の趨勢が、その後の15年間継続する

表4.1 中国における一次エネルギー生産量と消費量（100万標準石炭換算トン（tsce）および%）

	合計 (100万標準石炭換算トン)	石炭	原油	天然ガス	電力
生産量					
1980	637.4	69.4	23.8	3.0	3.8
1985	855.5	72.8	20.9	2.0	4.3
1990	1039.2	74.2	19.0	2.0	4.8
1995	1290.3	75.3	16.6	1.9	6.2
2000	1289.8	72.0	18.1	2.8	7.2
2005	2058.8	76.5	12.6	3.2	7.7
2006	2210.6	76.7	11.9	3.5	7.9
2007	2354.5	76.6	11.3	3.9	8.2
2008	2612.1	76.6	10.7	4.1	8.6
2009	2750.0	77.3	9.9	4.1	8.7
消費量					
1980	602.8	72.2	20.7	3.1	4.0
1985	766.8	75.8	17.1	2.2	4.9
1990	987.0	76.2	16.6	2.1	5.1
1995	1311.8	74.6	17.5	1.8	6.1
2000	1385.5	67.8	23.2	2.4	6.7
2005	2246.8	69.1	21.0	2.8	7.1
2006	2462.7	69.4	20.4	3.0	7.2
2007	2655.8	69.5	19.7	3.5	7.3
2008	2914.5	70.3	18.3	3.7	7.7
2009	3066.5	70.4	17.9	3.9	7.8

注：電力には水力、原子力、および風力発電を含む。
出所：*China Statistical Yearbook*（『中国統計年鑑』）2010.

ようであれば，2020年のエネルギー消費量は，当時の高い予測水準の2倍ほどにもなると結論付けた[2]。エネルギー消費を抑制するための包括的なエネルギー政策を迅速に適用しなければ，中国は自己破壊的エネルギー集約型航海に乗り出す恐れがあったが，これはそのエネルギー供給を侵食し，環境に持続不可能な影響を与えかねない。

　国際エネルギー機関（IEA）の *World Energy Outlook 2010* によると，中国の一次エネルギー需要は2008年に21億3100万石油換算トンであり，同年の米国エネルギー需要の93％に等しかった。世界金融・経済危機にもかかわらず，中国経済は回復力を維持しており，2009年に9.1％の成長を見せた[3]。1年後，IEAは予備的資料に基づき，中国が米国を凌駕して，世界最大のエネルギー消費国になった，と発表した。国際エネルギー機関は，2000年以降中国のエネルギー需要は2倍になったが，しかし人口1人当たりでは，いまだに経済協力開発機構（OECD）諸国平均の約3分の1にすぎないと，付け加えている。国の人口1人当たりエネルギー消費水準の低いことや，13億人以上という地球上で最も人口の多い国だという事実を考慮すると，さらなる増加の見通しは，非常に堅いものであった[4]。

　国家統計局の資料によると，中国のエネルギー消費量は，2010年に5.9％増加したが，これは工場が増産を図り，世界で最も速く成長する巨大経済に油を注いだためである。統計局は，エネルギー消費量が2010年に標準石炭換算で32億5000万トンに達したが，他方でGDP1単位当たりエネルギー消費量は4.01％下落したと述べた[5]。中国は引き続き世界最大の石炭生産国であるという事実にもかかわらず，その石炭輸入は急速に増加していた。2010年に，中国は対前年比31％増の1億6500万トンを輸入した。2010年の純石炭輸入量は1億4580万トンであり，前年比4240万トンあるいは29％の増加であった[6]。*China Daily* は，純石炭輸入量が2011年に2億3300万トンにも達する可能性がある，と報じた[7]。石炭の輸入増加は，中国のエネルギー計画立案者に対して，さらなる問題を生じさせる，というのは彼らの主要優先事項が石油供給の安全保障にあるからである。国際エネルギー機関の新しい政策概要によれば，石油の一次需要は1日当たりで2020年に1170万バレル，2030年に1430万バレルとなる[8]。中国が今後数十年間，1日当たり400万バレルの石

油生産水準を維持すると仮定すれば，石油輸入の水準は2020年に1日当たり770万バレル，2030年に同930万バレルとなるであろう。

　2011年1月初旬に，中国の国家発展改革委員会の張平 Zhang Ping 長官は，老朽化した火力発電所を環境に優しい発電所に置き換え，またクリーンエネルギーを推進することによって，中国は過去5間で石炭使用量を20億トン近く削減した，と述べた。今後の10年間に，5兆元（7550億ドル）をクリーンエネルギーのために支出し，一次エネルギー需要における非化石燃料の構成部分を，2009年の8％から2020年までに15％に引き上げることが，既に公表されている[9]。しかしながら，非化石燃料の新しい取り組みは，急拡大する石油需要を落ち着かせたり，あるいは中国のエネルギーバランスにおける石炭の割合を現在の70％から，期待される50％まで削減したりするには不十分である。

　今後数十年間，中国のエネルギー需要の規模は，並外れて大きい。国際エネルギー機関のチーフエコノミスト，ファティ・ビロル Fatih Birol は，中国がその経済に燃料を供給し続けながら，停電と燃料不足を回避するためには，次の20年間に合計約4兆ドルのエネルギー投資が必要であると述べている。彼は，中国で次の15年間に1000ギガワットあまりの新規発電能力を建設することが期待されている，と付け加えた。これは，現在の米国の総発電能力—数十年間の建設を通じて達成された水準に，ほぼ等しい[10]。中国のエネルギー政策を手短に概観することによって，この国の計画立案者がそのようなエネルギー需要の途方もない拡大をうまく処理するのに，都合の良い立場にあるかどうかについて，何らかのヒントが得られるであろう。

中国のエネルギー政策

　この節では，中国のエネルギー政策における優先順位の変化を，とくに2007年末に発行された白書の中で考察し，さらにいかに政府官僚組織がエネルギー政策一般と特殊石油政策との両方を再構築したのか理解することが，目的となる。

優先順位の変化

　中国政府のエネルギー政策に関する2つの主要な中心的関心事は，全体としての石油需要の増加と石油輸入に対する依存である[11]。付表図 A.4.5 に示される通り，国家発展改革委員会が，エネルギー部門における政策立案ならびに規制の筆頭機関であるが，一方，他の4つの省と委員会は石油政策の様々な構成要素を監督する。1990年代初頭以降，政府はその望ましい経済成長率を下支えする上でのエネルギーの枢要な役割を認識し，したがって十分なエネルギーを獲得することが，経済政策の最優先事項となった。

　国家計画委員会交通・エネルギー局の1997年版『エネルギー報告』[12]によると，この優先事項は次の4つの具体的エネルギー目標に，すなわち，供給安全保障，社会的公正，経済効率，および環境保護に言い換えられた。1998～2002年の期間，国際的石油供給を利用する機会の確保は，特別な関心事となったが，一方環境保護は，エネルギー部門の目標の中で重要性が最も低かったように思われた[13]。

　エネルギー余剰の時代は終わりを告げ，2002年末までには，不足と停電が珍しくなくなった。2003年までには，それは中国経済にとって深刻な脅威となっていた。エネルギーの供給不足，石油の輸入増加，および環境に対する世界的関心の昂揚が結びついたことは，同国のエネルギー問題の包括的な解決が差し迫って必要なことを示していた。エネルギー政策立案に対する新たな接近方法が不可避であった。2003年に，エネルギー局が設立され，引き続き2005年には，国家エネルギー指導小集団（Energy Leading Group（ELG））が傘下の国家エネルギー事務局（State Energy Office（SEO））と共に設立された。エネルギー問題のシンクタンクに相談することも，よりありふれたものになった。エネルギー政策に対するこの一層緊急な取り組み方の結果として，持続可能なエネルギー利用が，この時以降国家全体の最重要優先事項であるという，2004年の政府発表となった[14]。

　2005年5月半ばに，温家宝 Weu Jiabao 首相が率い，2人の副首相と外務・軍関係者を含む13人の閣僚から成る，エネルギー指導小集団の設置が国務院によって承認された。さらに，国家エネルギー事務局の24名の構成員が，エネルギー指導小集団の業務を補佐することになっていた。エネルギー指導小集

団と国家エネルギー事務局の課題は，海外の石油・ガス埋蔵量の確保，慢性的電力不足の緩和，石炭供給の安定化，産業におけるエネルギー効率の増進，そして原子力・再生可能エネルギー資源の振興にあった。国務院研究室のある上級担当者は，エネルギー安全保障がエネルギー指導小集団の主要課題であり，海外の石油・ガス埋蔵量の入手のために海外協力を追求することが，この安全保障問題の中枢であると述べた。

この新しい組織的環境が直面するもう1つの課題は，国家発展改革委員会傘下の以前に設置されたエネルギー局の場合でさえ実在したエネルギー産業における権限の重複，これを回避するという点にあるであろう。たとえば，国家発展改革委員会の価格局は，現在もエネルギー価格設定を管轄し，商務省は国内石油市場だけでなく，石油と石炭の輸出入をも監督する。一方，国土資源省（MLR）は資源探査に責任を持っている。その結果として，エネルギー政策は必ずしも一貫性があるとは限らず，時に矛盾してさえいる[15]。

2005年10月18日に，中国は第11次五ヶ年計画（2006～2010年）の全文を公表したが，そこではこの期間におけるエネルギー部門の発展の重要性が強調されていた。その提案は，2010年にこの国のGDPが2000年の規模の2倍以上になるという事実にもかかわらず，その時までに単位GDP当たりエネルギー消費量を20％削減することを目標にしていた。この目標値を達成するため，中央政府はエネルギー効率の良い製品の開発と，エネルギー消費構造の最適化とを求めた。提案には，大規模な石炭生産基地の構築，中小規模炭坑の改修，そして炭層メタンの開発と利用が含まれていた。中央政府は，石油・ガス資源の開発にも等しく注意を払って，石油・ガスの探査と開発にはいかなる努力も惜しまなかったし，また石油の備蓄容量を増やすために，外国との協力を促進しようとした。政府は精力的に原子力を開発し，より多くの送電網を建設し，国の西部から東部に対しより多くの電力を送電し，そして風力や太陽エネルギーなど，再生可能エネルギー源の開発速度を加速する予定である。

国家発展改革委員会エネルギー局の当時の徐錠明局長によると，中央政府の新エネルギー政策は，次の項目に取り組むとのことである。すなわちⅰ）省エネルギー社会の確立，そのために低公害車に対する制限の撤廃や石油節約的管理方法の着手のような対策の活用，ⅱ）石油供給を保証するために生産能力の

改善，ⅲ）石油価格設定と税制の改革，ⅳ）石油備蓄システムの構築，ⅴ）新エネルギーおよび再生可能エネルギーの開発，ⅵ）国際協力の強化．

　中央政府は，エネルギー産業における様々な部門の開発の，指導原則を具体化するエネルギー法を公布した．電力および石炭法は1966年以来存在しており，一方，再生可能エネルギー法は2006年1月1日以降存在し，2011年9月に前回の改正が行われた．中国と外国による共同の陸上石油資源の探査と開発に関する法規は，1993年に採択され，やはり2011年9月に前回の改正が行われた．

　中国には，石油法は無く，少なくともそういう名前の法律はない．その代わりに，陸上ならびに海洋資源に関する2つの法規がある．外国企業との協力の下で海洋石油資源の探査を行う際の法規は，1982年に採択され，前回2011年9月に改正された．陸上資源に関する同等の法規一揃いは，1993年に採択され，やはり2011年9月に最新の改正が行われた．

　中国政府は，第11次五ヶ年計画の期間中に，その既知の炭化水素埋蔵量が，石油に関しては年間9億〜10億トン，天然ガスに関しては4000億〜5000億立方メートル増加すると予想していた．当局の主張によれば，同国の石油確認埋蔵量は248億トン，天然ガス確認埋蔵量が4兆4000億立方メートル，そして石炭確認埋蔵量が1兆トンであった．したがって，中国はその国内資源に基本的に依存し続けることができると，いまだに，あまりに楽観的に信じていた[16]．第11次五ヶ年計画の間に石油・ガスパイプラインの建設を加速させ，そして西部から東部に北部から南部に，石油とガスを輸送するパイプライン網を確立することによって，全国的パイプラインシステムを改善するために，いくつかの変更が提案された．第2西東ガスパイプラインおよび海外からの石油輸入用パイプラインも，プログラムの中で予定された[17]．

　2007年12月26日に，国務院広報室は白書を発行して，その中でエネルギー事情の現状を要約し，将来の政策へのいくつかの変更点を述べた．白書は3点の主要成果に注意を向けた．第1は，エネルギー供給の集計値での顕著な改善であった．中国は，年間生産量がそれぞれ1000万トンを超える超巨大規模の炭鉱群を操業させるに至った．いくつかの大規模油田が石油生産基地として開発されて，原油生産量は1億8500万トンまで着実に増加し，その結果中国は

2006年までに世界第5位の石油生産国となった。天然ガスの生産量は，1980年の143億立方メートルから，2006年には586億立方メートルに増加した。同時に，一次エネルギーの構成に占める商業的再生可能エネルギーの割合も，上昇しつつあった。

　注目すべき第2の成果は，消費構造が改善したことであった。2006年に中国の一次エネルギー総消費量は，標準石炭換算で24億6000万トンであったが，そのうち石炭によって供給される部分は1980年の72.2％から低下して，69.4％となった。これに対応して，他の形態のエネルギー消費が増加し，再生可能エネルギーと原子力エネルギーの割合はおよそ2倍となり，4.0％から7.2％に上昇した。

　第3に，環境保護の点で進歩が見られた。2006年に，ほとんど100％の石炭火力発電施設が除塵装置を有し，廃水排出の100％近くが，関連基準を満たしていた。1998年から2007年にかけて，排ガス脱硫装置（FGD）を備えて建設され稼働を開始した，火力発電所の総設備能力は急速に増加した。2006年に導入された新規発電能力は1億400万キロワットであったが，これは過去10年間の連結合計を上回っていた。こうした火力発電施設は，2000年には総電力の2％であったのに対して，2006年にはその30％を占めた[18]。もっと最近になって「中国は技術を習得し，経費削減を推進して，より効率的でより低汚染である石炭火力発電所の，世界有数の建設国として，過去2年間に登場してきた」[19]。さらについ先頃でも「中国で最初の低公害石炭火力発電所の建設が，天津市北部で進行中である。10億ドル規模の本プロジェクトは，グリーンジェン（GreenGen）と呼ばれ，この国で初めての，二酸化炭素回収および貯留を活用する商業規模の発電所となる」[20]。

　白書は3つの主要な難題について強調した。第1は，エネルギー資源の地理的に均衡を欠いた分布である。石炭は主として北部と西北部で見いだされ，水力発電は西南部に，そして石油と天然ガスは東部，中部および西部地方および海岸沿いに見いだされる。しかしながら，エネルギー資源の消費者は，経済が最も発展した，主に南東沿海地域に存在する。生産者と消費者間のこのように大きな距離は，石炭と石油の北部から南部への大規模・長距離輸送に対する，天然ガスと電力の西部から東部への転送に対する，莫大な支出を招くのであ

る。

　第2に白書は，エネルギー資源開発上の物理的困難を指摘した。石炭資源の入手には，深刻な地質学上の問題があり，その上中国の大部分の石炭は坑内採掘が必要である。すなわち露天掘りの方法で採掘できるのは，ほんのわずかな量に過ぎない。石油とガス資源は，地質学的条件が複雑な地域の，極めて深い場所に位置しており，したがって先端的で高価な探査と掘削の技術を必要とする。未開発の水力資源は，大部分が西南部の高山と深い渓谷に位置し，消費の中心地からは遠く離れており，その結果として生じる配送問題は，技術的困難と高い経費を必然的に伴う。

　第3に，組織の問題がある。これまでのところ，エネルギー市場システムは完成されておらず，価格は資源の希少性や，需給の釣り合いや，環境経費を，十分に反映できていない。さらに，石炭生産の安全性は満足な状態からはほど遠いし，送電網の構造は合理的でなく，石油資源は十分でないし，さらにエネルギー供給の断絶やその他の重大な予期せぬ非常事態を取り扱うための，ずっと効果的な非常事態警告システムの確立が必要である[21]。

　白書は，中国のエネルギー戦略の基本的主題は次の点にあると論じた。すなわち節約の優先，国内資源への依拠，多様な開発様式の促進，科学と技術への立脚，環境の保護，相互利益に向けた国際協力の増進がそれである。中国は持続した経済社会発展が持続可能エネルギーの開発によって維持されうるように，安定し，経済的で，環境汚染のない，そして安全なエネルギー供給システムを構築するよう，努力する必要がある。

　2007年10月に開催された，中国共産党第17回全国大会は，そこでエネルギー政策が明確化された，もう1つの公開討論の場であった。大会では，開発様式の転換を加速し，人口1人当たりGDPを2000〜2020年の間に4倍にするという目標に加えて，この目標が経済構造の最適化と経済的収益の改善を通じて，だがそれと同時にエネルギー資源の消費削減と環境保護を通じて，行われるべきだと強調された。既述の通り，第11次国民経済社会発展五ヶ年計画では，すでに2006〜2010年の間に単位GDP当たりエネルギー消費量を20%削減し，主要汚染物質の排出を集計値で10%削減するという目標を設定していた[22]。

白書では，石炭・石油・ガス生産，発電および再生可能エネルギーの，活発で秩序ある開発によって，エネルギー供給を拡大する必要が力説された。白書がとくに支持したのは，可採埋蔵量を拡大するために，大規模石油・ガス堆積盆地に集中して，石油と天然ガスの探査と開発に一層大きな努力を払う事であったが，そこには，渤海湾 Bohai Bay，松遼 Songliao，タリムとオルドス，および有望な新しい地域や油・ガス田，さらに陸上や主な海洋地域の地層が含まれていた。白書は，主な石油生産地域の潜在能力を完全に引き出し，安定した産出を維持し，回収率を上昇させ，より旧い油田の産出低下傾向を遅らせる必要性を指摘した[23]。

政府エネルギー官僚組織の再編

2003～2004 年のエネルギー危機は，中国の当時存在していたエネルギー官僚機構に対する告発であった。国を悩ます，広くはびこったエネルギーの隘路と不足は，中国指導部を促して，エネルギー機関の再編にもう 1 回乗り出させることになった。改革の最初の試みは，2003 年の官僚組織再編という形態，とくに国家発展改革委員会エネルギー局の設置という形態を取った。

2002 年も終わりに近い頃から現れ始めた電力不足と，輸入石油に対する依存度の上昇との結果，国の断裂したエネルギー官僚機構では，急速に成長し，ますます市場指向型となり，そして国際化されるエネルギー部門の難題に，対処する資格がない，と見なす専門家の声が活気づけられた。しかしながらエネルギー局は，中国エネルギー部門の主要利害関係者の妥協の産物であった。国家発展改革委員会と中国の国有石油企業はともに，省段階の関係機関設立に強く反対していたが，エネルギー局は国家発展改革委員会の下で，政治力や，エネルギー部門を効果的に管理するための財源と人材を有していなかった。

2004 年末までに，指導部は新規の政府エネルギー機関を創設するという，合意に達した。エネルギー指導小集団と国家エネルギー事務局の設置の公式発表は，国務院によって 2005 年 5 月に，公式文書 2005-14 の公布を通じて行われたが，4 月下旬に，国家発展改革委員会の担当者は，国家エネルギー事務局がすでに設立済みであるが，これは馬凱 Ma Kai 長官ならびに馬富才 Ma Fucai，徐錠明の両副長官の指導の下にあることを，公式に確認していた。国

務院傘下のエネルギー指導小集団は温家宝首相が率い，国家エネルギー庁は直接同首相に報告をすることになっている。
　エリカ・ダウンズ Erica Downs は，いかにしてエネルギーに対する関心が，中国政治の中央舞台に進んで行ったかを記述している。

　　広くはびこるエネルギー不足は，第三世代の指導者から第四世代の指導者への交代と同時に起こっており，胡錦濤 Hu Jintao 国家主席と温家宝首相のエネルギー統治に対する接近方法に重要な影響を持っているように思われる。胡主席と温首相は，必然的に，前任者である江沢民や朱鎔基よりもエネルギーに対しより多くの注意を払っただけではなく，彼らはまたエネルギー（部門）における供給サイド偏向を是正しようと努めた。エネルギー危機は，「いかなる犠牲を払っても成長を目指す」という江や朱と結びついた経済発展モデルの限界を露呈し，疑いもなく，現在の指導者間の合意，すなわち持続可能な経済発展のためには需要緩和―これは基本的に内政問題である―が必要となるという合意を作り出す助けとなった[24]。

　エネルギー指導小集団と国家エネルギー事務局の設置にもかかわらず，エネルギー部門におけるなお一層の機構改革の要求を，沈静化させることはできなかった。2005年末の時点で，中国石油天然ガス株式会社（PetroChina）の従業員数は42万4175人，中国石油化工会社（SINOPEC）のそれは38万9451人だったが，エネルギー局のスタッフはわずか57人であった。言い換えれば，政府は人員と専門知識の面でエネルギー会社に対する依存が顕著であった。エネルギー省を復活させるか否かについて，深刻な議論があった。エネルギー指導小集団事務室傘下の専門家チームの構成員，夏義善 Xia Yishan は，中国には行政的部局よりはむしろ統合されたエネルギー行政システムが必要だとみなし，また彼は，既存のエネルギー管理システムの下では欠陥がきっと生じるはずだと認めた。しかし，政府はエネルギー省の近い将来の再建について慎重である，と彼は補足した[25]（1976～2007年の間の再編については付表図 A.4.1～図 A.4.5 を参照）。
　2008年3月11日に，北京当局は国家戦略およびエネルギー安全保障の発展

のために、国家エネルギー委員会（National Energy Commission）を設置し、また有力な国家発展改革委員会の下でエネルギー部門を管理する国家エネルギー局（National Energy Bureau）を設置すると発表した。この2つの組織は国家エネルギー事務局と現行エネルギー局（同じく国家発展改革委員会傘下）に取って代わる予定であり、さらにいくつかのその他小規模な部局、その中には民間の原子力エネルギーを管理するものも含まれるが、に取って代わる予定であった。国家エネルギー委員会は、国のエネルギー戦略を研究開発すると共に、エネルギーの安全保障と開発の主要課題を評価する責務を担い、そして、国家エネルギー局は主にエネルギー部門の計画、産業の政策と規格の策定およびその実施の組織化、新規エネルギー源の開発、さらに省エネルギーの促進に主として責任を持つ[26]。

　国家エネルギー局は2008年3月24日に設立され、国家発展改革委員会の副長官、張国宝[27] Zhang Guobaoが局長となった。国家エネルギー局は、マクロ制御、プロジェクト承認および価格システム改革に関連する、エネルギー問題すべてを監督することになるであろう、という一般の予想に反して、この新規国家エネルギー局の役割は、より制限されたものになるかも知れない。国務院の前事務総長であった華建敏 Hua Jianminの述べたところによれば、同局は主にエネルギー産業に関連する計画、政策および規格の立案に取り組むべきである。張国宝は、中国開発サミットフォーラムにおいて、国家エネルギー局はエネルギーの価格設定に参加するのではなく、むしろ提言者としての役割を予定していると述べた。彼は、政府のエネルギー部門に所属する100名以下の職員で中国のすべてのエネルギー問題を統轄できるとは信じがたい、と認めた。国家エネルギー局は国家発展改革委員会傘下の旧国家エネルギー局出身の50名と、国務院の旧エネルギー指導小集団出身の24名の構成員からなりたっている。国家エネルギー局は中国のエネルギー部門を直接に管理する[28]。

　国家エネルギー局は、マクロ的規制機関、あるいは多分、政策立案者が必要とする改善された戦略的エネルギー研究の提供機関として、きっと出発するであろうと思われた。多くの専門家が、新しいエネルギー局は、エネルギー指導集団によって着手されたがその後延期され、政府の改革を待つことになった、エネルギー研究を再開すると期待していた。2008年6月25日、中国国務院は

新たに設立された国家エネルギー局のインフラストラクチャの詳細を承認した。それは9部局に分割され，およそ112名の公務員を有することになっていた[29]。国家エネルギー局は国家発展改革委員会の直接の管理下にある。張は同局の設立を，国務院傘下の独立エネルギー省設立途上の一歩と見ている。

2008年7月29日に発表された国家発展改革委員会の声明によると，中国国務院は2008年3月に新たに設立された国家エネルギー局の機能と義務を詳細に記述していた。同局の機能は，旧エネルギー指導小集団，国家発展改革委員会および旧国防科学技術産業委員会（COSTIND）によって遂行されていた機能の組み合わせである。国家エネルギー局は，エネルギー開発戦略を立案し，計画や政策の草案を策定し，エネルギー産業改革の提案を作成し，国の石油，天然ガス，石炭および電力の諸産業を管理し，国家石油備蓄を管理し，再生可能エネルギーの開発政策や省エネルギー政策を立案し，そして国際エネルギー協力を遂行するであろう。この声明によれば，同局はエネルギーに対して，国家発展改革委員会や鉱工業・情報技術省（Ministry of Industry and Information Technology（MIIT））とは異なる焦点を有している，というのは同局は，とりわけ精製，石炭素材燃料，燃料エタノールの諸部門を管理するからである。中国石油大学の上級研究員龐昌偉（ホウショウイ）Pang Changweiによると，国家エネルギー局は準省の位置づけを持っているという[30]。

2010年1月27日に国務院は，戦略的政策の立案と調整を改善するために，温家宝首相を長とする国家エネルギー協議会（National Energy Council）の設立を決定した。李克強 Li Keqiang副首相が同委員会の副主任を務め，国家発展改革委員会の張平長官が同エネルギー協議会事務室の室長となる。国家エネルギー局の張国宝局長は，同事務室の副室長を務める。同評議会の委員は21名の構成員から成り，その大部分が様々な政府官庁の閣僚である[31]。新しい国家エネルギー協議会は，2008年改革の一部として設立された国家エネルギー委員会に比較して管理の位階制の中でより高い位置を占めているが，このことは中国経済の持続可能な発展にとってエネルギー問題の重要性が増大していることを裏付けている。

石油産業の再構築

　1994年から1998年の間に，中国政府は大部分の国有石油・ガス資産を，2つの垂直統合企業に再編した。すなわち中国国有石油会社と中国石油化工会社がそれである。これら2社の巨大複合企業は，一連の地方子会社を運営し，両社で中国石油市場の上流部門と下流部門を支配している。1998年7月27日に，人民大会堂で開催された中国国有石油会社と中国石油化工会社の盛大な開業式典において，国務院副総理の呉邦国は，産業の改造は進行中の政府再編の中枢部分であると述べた。国務院の監督の下で，2のグループ会社は直接に国家経済貿易委員会（SETC）に報告をする。1998年の改革では，2つの垂直統合国有石油会社，すなわち，中国国有石油会社と中国石油化工会社グループとが導入された。両社は政府機能を負っておらず，自社の損益に対して責任を持つものである。

　地理的区分にしたがって，中国国有石油会社は，1億600万トンの原油生産能力と年間1億30万トンの精製能力を有する。同社が管理するのは，中国北部と西部の次の12省における，石油・ガス田，精油所および石油化学生産施設であり，すなわち内モンゴル，チベット，寧夏 Ningxia（ネイカ），新疆，遼寧 Liaoning，吉林 Jilin，黒龍江，四川 Sichuan，陝西 Shaanxi（センセイ），甘粛 Gansu，青海 Qinghai，そして重慶がそれである。1997年には，中国国有石油会社の販売収入は2494億元（300億5000万ドル）であったが，その結果同社は，『フォーチュン』（*Fortune Magazin*）の世界上位500社リストで93位となり，また，4830億5000万元（582億ドル）の固定資産持っていた。同社は，ずば抜けて最大かつ最も影響力のある国有石油企業の位置を維持しており，中国における上流部門の主導的会社である。同社は上場子会社，中国石油天然ガス株式会社を合わせると，中国の石油とガスの総生産量のそれぞれおよそ60％と80％を占めている。

　中国石油化工会社は，3600万トンの原油生産能力と，年間1億1790万トンの精油能力を持つ。同社は中国東部および南部における次の19省で油田と精油所を扱っている，すなわち北京，上海，天津，河北，山西 Shanxi，江蘇，

浙江 Zhejiang，安徽 Anhui（アンキ），河南 Henan，江西 Jiangxi，山東，貴州 Guizhou，雲南 Yunnan，広西 Guangxi，広東 Guangdong，湖北 Hubei，湖南 Hunan，海南 Hainan，そして福建 Fujian の諸省である。1997年には，同社の販売収入は3315億元（375億3000万ドル）であったが，その結果同社はフォーチュンリストの62位となった。同社は89の子会社を有し，総資産は3806億元（459億ドル）である[32]。同社は伝統的に精製や流通のような下流部門の活動に焦点を絞っており，これらの部門が2007年における同社の収入の76％を構成した[33]。

1982年から1988年にかけて，中国の国有石油企業3社が設立された（表4.2参照）。1982年に，海洋での対外協力を促進するために，石油産業省（Ministry of Petroleum Industry, MPI）の監督の下に，中国海洋石油会社（China National Offshore Oil Corporation：中国海洋石油総公司（CNOOC））が設立された。1983年には，下流部門の活動は石油産業省から分離され，さらにこの活動は他の産業や地方政府の持つ他の精油所や石油化学活動と併せて，国務院の直接の監督を受ける新しい国有石油企業，中国石油化工会社に移管され

表4.2 中国の中国国有企業（2010年）

	CNPC (PetroChina)	CNOOC	SINOPEC
国有率（2005/2010年）	90.0/86.29	70.6/	71.23/75.84
年間収益（100万人民元）	1,465,415	183,053	1,913,182
純利益（10億人民元）	139.9	54.4	70.7
探査・生産による収益（100万人民元）	525,895	–	–
精油による収益（100万人民元）	657,728	–	–
2005/2010年末時点の石油確認埋蔵量（100万バレル）	14,187/11,278	1,578/1,915	2,841/2,888
年末時点の天然ガス確認埋蔵量（10億立方フィート）	65,503	6,458	6,447
原油生産量（100万バレル）（2010年）	857.7	263.4	327.9
ガス生産量（10億立方フィート）（2010年）	2221.2	379.6	441.4
2005/2010年時点の従業員数	439,220/552,698	3,584/4,650	358,304/373,375
2005/2010年時点の親会社の従業員数	1,133,985/1,587,900	37,000/	730,800/

出所：CNPC 中国国有石油会社／PetroChina 中国石油天然ガス株式会社，CNOOC 中国海洋石油会社，および SINOPEC 中国石油化工会社の年次報告書，ならびに3社の公式ウェブサイト。

た。最も特筆すべき変化が生じたのは，1988年のことであり，この年政府は石油産業省を中国国有石油会社という名称の新規国有石油企業に転換したのである。このようにして，1982～1988年の間に，国有石油企業3社が誕生した。以前の省が担っていた規制および管理機能の大部分は，中国国有石油会社が保持したが，一方エネルギー省はエネルギー部門全体の規制を調整した[34]。

近年中国では，追加的な国有石油企業が，一層競争的な環境の中で出現している。中国海洋石油会社は，海洋における石油の探査と生産に責任を負うが，海洋への注目が高まった結果として，その役割の拡大が観察される。また，同社は中国国有石油会社および中国石油化工会社にとって成長最中の競争相手であることが分かってきたが，このことは，南シナ海におけるその探査・生産費の増加によってだけでなく，とくに広東省南部における，その最近の3000億元の投資計画を通した，下流部門へのその勢力範囲の拡張によっても，示されている。2007年10月に，中国海洋石油会社は，それが3年以内に珠江デルタ Pearl River Delta，揚子江デルタ Yangtze River Delta，そして渤海湾周縁地域において1000ヶ所のガソリンスタンドを開設する計画であることを発表した[35]。中国化工会社（Sinochem Corporation（SINOCHEM）：中国化工集団公司）と中国国際信託投資会社（CITIC Group：中国中信集団公司）も中国の石油部門で存在感を高めつつあるが，彼らの取り組みはまだ中国国有石油会社，中国石油化工会社および中国海洋石油会社に比べると卑小に見える。政府はエネルギー安全保障を増進するために，また上流・下流両部門への投資に様々な刺激を提供することによって，中国の国有石油企業の世界的地位を強化するために，奨励計画を活用する意向である[36]。

主要3社の国有石油企業に加え，新規参加者が石油産業に参入してきた。中国で4番目の規模を誇る石油会社，陝西延長石油（集団）株式会社（Shaanxi Yanchang Petroleum（Group）Co., Ltd.（YPCL））は，地方政府所有の石油会社である。国有資産監督管理委員会により直接所有されている中国国有石油会社（中国石油天然ガス株式会社）や中国石油化工会社や中国海洋石油会社とは異なり，陝西延長石油（集団）株式会社は陝西省人民政府によって所有される地方の石油会社である。同社は2005年9月14日に，21の探査・開発会社と3ヶ所の精油所を合併して設立された。その前身の延長石油鉱業管理局

（Yanchang Oil Mining）は，地方政府所有の石油会社であるが，中国石油天然ガス株式会社との間で，陝西省における両社の鉱区の重複，とくに長慶油田内にある鉱区の重複について，紛争に巻き込まれていた。当初中央政府は，延長石油鉱業管理局を中国石油天然ガス株式会社と合併させ，石油およびガス資源に対する中央制御を強化することを意図していた。しかし，陝西省当局と延長石油鉱業管理局は何とか合併を阻止し，結局，延長石油鉱業管理局は2005年に，株式会社に再編された。国内の巨大企業，中国国有石油会社や中国石油化工会社や中国海洋石油会社との激しい競争に対応するため，陝西延長石油（集団）株式会社も海外資産に着目し，そして証券取引所に上場した結果として，資金調達の機会を持っている[37]。

2004年4月まで，中国には国有石油商社が4社存在した。すなわち中国石油化工会社が100％所有する系列会社の中国国際石油化工連合株式会社（UNIPEC）[38]，中国石油天然ガス株式会社の子会社である中国石油国際事業株式会社（PetroChina International Co., Ltd. (Chinaoil)[39]，中国化工会社[40]および珠海振戎（シュカイシンジュウ）会社（Zhuhai Zhenrong）[41]（中国におけるイラン原油専門貿易業者）がそれである。5番目は2004年に設立された，中国海洋石油会社[42]と中国石油化工会社との合弁会社であり，2003年に設立された振華石油株式会社が6番目の企業で，後に石油の取引を許可された[43]。

探査と生産

2005年に，車長波 Che Changbo（国土資源省石油・ガス資源戦略研究センター副センター長）は，中国の原油と天然ガスの生産量がそれぞれ1億8300万トンと500億立方メートルに達するであろうと推定した。彼の補足によると，原油生産量は多分2010年に2億トンに到達し，この生産水準はその後15年間維持されるであろう。石油・ガス資源の第3次調査によると（第5章で考察），2005年から2020年の間に，年間8億トンから10億トンの石油確認埋蔵量の増加が予想される。車長波は，中国の石油輸入量が2010年に1億7000万トン，換言すれば国内総需要3億8000万トンの44.7％に到達するであろうと予測した。2020年までに石油輸入量は多分2億トンにまで上昇し，総需要4

億5000万トンの44.4％に相当するであろう。しかしながら，もう1つの推定は大幅に異なっている。曹湘洪 Cao Xianghong（中国石油化工会社上級副総裁）は，ずっと高い数値を述べている。すなわち2020年の石油輸入量は2億7000万トンあるいは総需要4億5000万トンの60％となり，2020年よりも前に，年間石油生産量が1億8000万トンに到達する可能性がある。彼の補足によると，仮に2004年と2005年の2年間における石油需要の成長を踏まえて予測した場合，中国の総需要は2020年に6億トンほどの規模にも達する可能性がある[44]。これまでのところ，この予測は見当違いにはなっていない。

石油の総生産量は，2008年に1億9000万トン（1日当たり380万バレル）に達し，2007年水準と似かよっていた。中国で最大かつ最古の油田は，国の

表4.3 中国の原油生産量（100万トン）

	2002	2005	2008	2010
大慶	50.131	44.951	40.200	39.871
華北	4.380	4.351	4.452	4.260
遼河	13.512	12.255	11.998	9.500
新疆	10.050	11.664	12.230	10.891
大港	3.939	4.993	5.112	4.780
吉林	4.298	4.585	6.622	6.100
長慶	6.101	9.399	13.791	18.250
玉門	0.597	0.770	0.702	0.482
青海	2.140	2.215	2.212	1.860
四川	0.138	0.138	0.141	0.138
延長	3.667	8.123	11.230	13.725
冀東	0.653	1.250	2.009	1.731
タリム	5.020	6.001	6.537	5.541
吐哈（トゥハ）	2.496	2.098	2.095	1.630
中国国有石油会社合計	107.122	112.792	119.333	118.758
勝利	26.715	26.945	27.740	27.340
河南	1.880	1.871	1.805	2.270
中原	3.800	3.200	3.003	2.725
江漢	0.965	0.955	0.965	0.965
江蘇／安徽	1.570	1.647	1.710	1.710
新星	–	4.560	6.523	7.525
中国石油化工株式会社新星	2.931	–	–	
中国石油化工会社合計	38.036	39.286	41.802	42.561
中国海洋石油会社その他	25.125	28.784	28.889	42.512
中国総計	170.284	180.861	190.024	203.831

出所：*China Oil Gas & Petrochemicals* (2002, 2005, 2008 and 2010).

東北地方にある。表4.3に示されるように，中国国有石油会社の大慶油田は，2008年に，約4020万トン（1日当たり80万4000バレル）の原油を生産した。中国石油化工会社の勝利油田は，2008年に約2770万トン（1日当たり58万バレル）の原油を生産し，その結果中国で2番目に規模の大きい油田となった[45]。しかし，大慶，勝利，およびその他の老朽化した油田は，1960年代から過重な開発に晒され，したがって今後数年のうちに生産量が減ると予想されている。近年の探査・生産活動は，渤海湾や南シナ海の海洋水域，ならびに西部内陸部の新疆，四川，甘粛および内モンゴルといった省における陸上石油・天然ガス田に焦点が絞られている。

第3次国家石油・ガス埋蔵量調査

2006年に，国土資源省は，政府率先の最初の全国的石油・ガス調査が開始されていると発表した。厳密に言えば，これは第3次全国石油・ガス埋蔵量調査である。しかし，車長波（国土資源省石油・ガス資源戦略研究センター副センター長）によると，これが最初の政府主導石油・ガス調査であり，以前の調査は国有石油企業により実施されたものであった。国土資源省，国家発展改革委員会および財務省が，共同でこの調査を組織した。政府の研究センター，中国国有石油企業3社，および石油大学を含む，合計17の組織が調査に従事した。その意図は，従来達成されたものよりも一層厳密な調査を仕上げることであった。

楊虎林 Yang Hulin（国土資源省の関連研究機関，石油・ガス資源戦略研究センターの戦略室長）は，この調査の新しい特徴を2点指摘した。ⅰ）それは，たとえば中国の石油・ガスの可採資源量やチベット地域および南シナ海南部の初期調査結果など，以前の調査では決して満たされなかったいくつかの空白を埋めるはずである。ⅱ）より多くの非在来型石油・ガス資源が調査対象に含められ，オイルサンドやオイルシェールは今回の調査で新たに追加された項目である。2006年の時点で，在来型石油・ガス資源の10の下位項目が，国家指名の専門家による受理検査を通過し，したがって公表が可能になった。非在来型の石油・ガス資源，つまり炭層メタン，オイルサンドおよびオイルシェー

ルに関する受理検査報告書は，2005年6月に発表の用意ができていた。この調査は2003年11月に開始されたが，その最終結果についてはおよそ3年の作業の後に，2006年6月に報告を行った[46]。

この第3次全国調査によると，表4.4に示されるとおり，中国には総計1068億トンの石油埋蔵量がある。陸上の石油埋蔵量は822億トンであり，その内419億7000万トンが中国東部に，372億4000万トンが中国中部と西部に，そして25億トンが南部にある。残りの246億トンは海洋石油埋蔵量で，その内150億トンが可採埋蔵量である[47]。1994年に実施された第2次調査では，全国150ヶ所の堆積盆地が評価され，940億トンの石油原始埋蔵量があると結論づけられた[48]。

第3次資源評価は完了していなかった。それは，429の堆積盆地のうち，わずか150ヶ所で実施されたに過ぎない。中国石油天然ガス株式会社の陳明霜 Chen Mingshuang によると，青海チベット高原の石油資源は，南シナ海の一部と同様にかなり豊富であるが，それらの地域は国の総石油埋蔵量の推計には含まれていない。2分の1強が在来型資源であり，残りは，ほぼ均等に重油と低浸透資源とに分けられ，その他にずっと少量の瀝青とオイルサンドがある。これは，既述の通り，炭層メタンやオイルシェールやオイルサンドといった非在来型資源を対象として評価が行われた，最初であった。

中国の既知の石油埋蔵量は，右肩上がりの成長傾向を示してきた。1949年から1959年まで，確認埋蔵量はゆっくり増加したが，1959年と1988年の間に，2度，1977年と1987年に，石油埋蔵量の認定が急増した。1985年から2004年まで，石油確認埋蔵量は，毎年，平均で7億6700万トンの追加が見られた。1991年と1995年の間に，石油の確認埋蔵量および可採埋蔵量の年間増

表4.4 中国の石油埋蔵量，評価結果

	石油埋蔵量（10億トン）
1987	78.7
1994	94.0
2006*	106.8

注：* 第3次調査は2003年に開始された。
出所：Yang Liu (2006c), p. 31.

分は，平均すると1億2300万トン，1996年から2000年は1億5800万トン，2001年から2005年は1億8600万トンであり，そして2006年から2010年までは1億8000万トンであったと予想されている[49]。

本調査では，石油埋蔵量の増加が発見され得る4ヶ所の，目標探査地域が特定された。第1は，中国東部の沈降盆地である。中国東部には55の盆地があり，その面積は102万平方キロメートルに及ぶ。まだ確認されていない石油埋蔵量は，122億1300万トンに達する。2004年以降に，南堡沈降 Nanbao sag で多数の発見が行われており，予想しうる石油埋蔵量は2億5000万トンになる。第2の地域は，中国西部で，25の堆積盆地があり，その面積は158万7000平方キロメートルにわたる。10の盆地で埋蔵が確認され，13の盆地ではすでに石油とガスの流出が見られる。西部および中部地域では，114億2300万トンの未確認の石油埋蔵量がある。近年オルドス盆地では，志靖 Zhijing，安塞 Ansai（アンサイ）および西峰 Xifeng などの大規模油田が数ヶ所発見されている。第3の目標地域は，中国の海洋である。海岸に近い沖合地域では，86億3100万トンの未確認の石油埋蔵量がある。第4は中国南部で，石油埋蔵量は25億トンと推定されている[50]。（表4.5参照）

2007年に，中国は地質探査に660億元を投資し，その内500億元が石油・ガス資源の試掘に充当された。中国石油天然ガス株式会社の地質学的探査に対

表4.5 地域別の石油埋蔵量予測[51]

	確認待ちの石油埋蔵量（10億トン）	
	埋蔵量	可採埋蔵量（採掘比率：%）
中国東部	12.213	2.482（20.0）
中国中部	1.890	0.340（18.0）
中国西部	9.533	2.097（22.0）
その他の地域	0.008	0.001（15.0）
陸上合計	23.644	4.921（20.8）
海洋合計	8.631	1.899（22.0）
国内合計	32.275	6.820（21.1）

注：これは，筆者が見つけた最新データである。
出所：Yang Liu（2006c）。

する投資額は2007年に3億元を超えたが，これは2000年の額の3倍であった。同社は2004～2007年の期間に，石油5億トン以上の地質学的埋蔵量を発見したが，2008年にはさらに7億トンを発見したと伝えられている。中国石油化工会社は1998～2007年の間に，23億5000万トンに達する，新規の地質学的石油埋蔵量と，1兆700億立方メートルの，新規の天然ガス埋蔵量を発見した[52]。

2010年8月に，国土資源省は，それが東南アジア，北極地域および中央アジア・カスピ海地域における，石油およびガスの地質学的調査を完了したということも，明らかにした。同省は，世界の石油・ガス資源を評価して，国家石油・ガス戦略のために情報と資料を提供する4年間プロジェクト（2008～2011年）を持っていると述べた。同プロジェクトは，アジア太平洋，中東，旧ソ連邦，アフリカ，南米，北米，欧州，および北極地域を含む，8つの広域において，25のプログラムを調査したものである。同省は，それが東南アジアにおける石油およびガスの分布と，20ヶ所の油田の潜在資源とを分析し終えた，と付け加えたが，その詳細は明らかにしなかった[53]。

陸　　上

中国の石油生産能力のおよそ85％が，陸上にある。国有石油企業は，国内の成熟期の油田で石油回収率を引き上げる技術にも，多額の投資を行っている。中国国有石油会社は，石油増進回収（EOR）プロジェクトを推進するために，大慶油・ガス田からの天然ガス供給を再圧入の目的で利用することがだんだん増えてきている。同社は，石油増進回収技術が，今後何年間かは大慶の石油産出量を安定化させるのに役立ちうると期待している。しかしながら，天然ガス供給に対する中国国内需要も増加しており，したがってこの増加は，大慶の天然ガス生産に対する競合した要求となる可能性がある。

大慶油田

大慶油田は1959年に発見されたが，すべて松遼盆地にある40ヶ所の個別油田からなり，南北160キロメートル，東西6ないし30キロメートルの地域に広がる。7ヶ所の主要油田は，長垣 Changyuan（チョウエン）構造地層と呼

ばれる大規模背斜盆地に位置している。1995年に，同油田の地質学的埋蔵量は総計46億7000万トンと推定されたが，これは後に50億トンを少し超過するところまで増やされた。ところが，2005年末までに19億トンがすでに採掘されており，わずか6億1000万トンの原始可採埋蔵量を残すのみとなった。究極回収率が50％に引き上げられ得る場合にのみ，残りの25億トンが採取できるであろう。大慶では，大量の天然ガスも生産されている。現在までのところ，このガスは随伴ガスに止まる。ごく最近の探査では，南部大慶油田には，既存の油田で随伴ガスが発見された層よりも，ずっと深い深層に封じ込められた，大量の非随伴ガス埋蔵量の存在する可能性が，示唆されている。

神原達とクリストファー・ハウ Christopher Howe は次のように説明する。

　　大慶油田の特質のせいで，水圧入法が，回収のための圧力を引き上げる目的で，最初から用いられることになる。水量比は1980年の60％から，1995年の80％に，そして2000年には85％にまで上昇した。1990年代に，主要回収方法が根本的に変化した。汲み上げシステムが設置されただけではなく，充填井が掘削され，坑井間の間隔が約500mから場合によってはほんの100mにまで縮小された。現在，大慶油田における石油生産井と水処理抗井の合計数は5万本を超える。もう1つの重要な技術革新はポリマー攻法の活用である。これは三次回収の方法であり，抗井への水置換ポリマーの注入を伴う。大慶で回収される石油総量の17％までが，このシステムによって生産されると推定されている[54]。

大慶油田は2006年前半に，石油資源に恵まれた4鉱区において，合わせて約2億5000万トンの確認石油埋蔵量をもたらした。4鉱区は黒龍江省と内モンゴル自治区にある。一方が約7300万トン，他方が約6000万トンを有する2鉱区が，黒龍江省ドルボド Dorbod・モンゴル族自治県で発見された。他の2鉱区は，1つが黒龍江省肇源 Zhaoyuan（チョウゲン）県にあって，9600万トンを有する鉱区であり，他が内モンゴルのハイラル Hailaer 盆地にあって，3000万トンを有する鉱区である[55]。これらの発見は十分良いとは言えないが，しかしながら同油田がその最盛期の生産能力，年間5000万トンを回復する余

地が生じる。

2003年に，大慶油田は続く7年間で，年間7％ずつ生産量を削減する計画であると発表した。この減産率だと，2010年には大慶の石油生産量が3000万トンに縮小してしまうが，これは表4.6が示すように，いささか悲観的であることが分かる[56]。2003年に，大慶は4840万トン，あるいは中国総生産量の28.6％を生産している。中国石油天然ガス株式会社は，計画生産量の削減により大慶油田の寿命を延長することを希望している。さらに，大慶は石油化学の拠点となるべく，戦略的転換を経験しつつある。大慶は原油の処理量を年間約2000万トンに維持するという想定に基づき，そのエチレンの分解能力を年間150万トンに，プロパンの分解能力を年間100万トンに拡大する計画である[57]。

大慶における生産の実際の衰退は，以前の予測ほど厳しいものではなかったが（表4.6に示される通り），とはいえ，最盛期の水準に比べ年間1000万トンの低下は，同油田にとってやはり痛烈な打撃である。大慶はいまだに原油4億トンを，2008年から17年にかけて生産することを目指している。大慶油田の党書記，王永春 Wang Yongchun によると，同油田は向こう10ヶ年にわたって，その年間原油生産量4000万トンを維持するであろう。2009年3月に，中国国有石油会社は大慶の累積原油生産量が20億トンを超えたと発表した。2008年には大慶で，4020万トンの原油と27億6000万立方メートルのガスが生産された[58]。

オルドス盆地付近にある長慶油田は，2009年12月19日に初めて3000万ト

表4.6　中国東北部における油田の予想生産量（2005～2015年）（100万トン／年）

	大慶	吉林	遼河	合計
2005（P）	45	5.5	12.2	62.7
（A）	44.95	4.58	12.26	61.79
2010（P）	34.71	5.89	10.57	51.17
（A）	39.87	6.10	9.50	55.47
2015	30	6	9.35	45.35

注：P＝予測，A＝実際量を表す。
出所：Li Yuling（2003c），p.2；China Oil Gas & Petrochemicals（2002；2005；2008；2010）．

ンの年間生産量を上回って,3006万トンに到達し,その結果この油田は中国で大慶に次いで2番目に大きい石油・ガス田となった。2010年に,この数値は3500万トンを超えた[59]。中国国有石油会社発行の新聞,『中国石油日報』(*China Petroleum Daily*) によると,長慶は2011年の最初の3ヶ月で,生産量1083万トンの記録,あるいは1日当たり石油換算で約87万8400バレルの記録を作った。この数値は,大慶のそれよりも断然高い[60]。もしこれが維持されれば,長慶は中国最大の石油・ガス田となるであろう。長慶における石油・ガス資源は,大部分が「3低」(低浸透率,低圧力,低得率)と特徴づけられ,開発が容易ではない。中国石油天然ガス株式会社傘下の長慶油田会社は,この石油・ガス田を効果的に開発するために特別な技術を発展させてきた。2007年に長慶石油・ガス田は,換算重量で2000万トン以上の石油とガスを生産した(同田のガス生産量は110億立方メートルであり,中国の総生産量の16%を占め,タリムの154億立方メートルにわずかに及ばなかった)。2008年7月に,中国国有石油会社は,傘下の長慶石油・ガス田が,2015年までにその石油およびガスの年間生産量を換算重量で5000万トンに引上げる計画である旨発表した。2015年には,同石油・ガス田は2500万トンの原油を生産できるはずである[61]。

大慶の代替としてのタリム盆地

　中国内陸部の省,とくに西北部の新疆ウイグル自治区も,際だった注目を集めてきた。アメリカエネルギー情報局EIAの報告によると,次の通りである。

　　陸上のジュンガルJunggar,トルファン・ハミTurpan-Hamiおよびオルドス盆地は,すべて探査・生産活動が増加している場所であるが,中国西北部の新疆ウイグル自治区のタリム盆地は,陸上の新規採油有望地として主要な焦点となっている。タリムの埋蔵量の推定はかなりまちまちであり,IHSエナジー(IHS Energy)社の報告によると,一部の推計では石油原始埋蔵量は総計780億バレルにもなる。タリム盆地は中国石油化工会社の塔河Tahe油田の本拠地であり,推定で9億9600万トンの石油・ガス原始埋蔵量があるが,これは2008年に1億3500万トンの最新の追加が行われた後の

数字である。2005年以降，タリム産の炭化水素が倍増し，したがってまた，国有石油企業はこの地域を開発し，成熟期の盆地の生産量減少を相殺するために，税優遇措置やその他の刺激策を活用している[62]。

中国西部地域での石油・ガス探査は早くも1950年代に開始されたが，この時にカラマイ Karamay 油田が発見された。タリム（水の集まる場所，という意味）は，新疆ウイグル自治区に位置する堆積盆地である。その面積は56万平方キロメートル以上に及ぶ（最長距離は東西1820キロメートル，南北510キロメートル）。同盆地は北は天山山脈と，南は崑崙 Kunlun（コンロン）山脈と，そして西はカラコルムと境を接している。その標高は海抜1000～1500メートルであり，盆地の中央部は面積33万平方キロメートルのタクラマカン Taklamakan 砂漠で占められている。

神原およびハウによると，

表 4.7 タリム盆地の油田

	面積 (km²)	確認埋蔵量（原始埋蔵量） 原油（100万トン）
塔中 Tazhong 4 油田	35.7	81.370
牙哈 Yaha 油・ガス田	48.9	44.429
柯克亜 Kekeya 油・ガス田	27.5	30.655
輪南 Lunnan 油田	36.6	51.130
英買力 Yingmaili 油・ガス田	48.3	19.501
東河塘 Donghetang 油田	16.5	32.927
哈得 Hade4 油田	66.6	30.680
羊塔克 Yangtake 油・ガス田	18.3	5.675
吉拉克 Jilake 油・ガス田	52.5	7.820
解放渠東 Jiefangjudong 油田	14.0	15.322
桑塔木 Sangtamu 油田	18.6	15.010
塔中 Tazhong 16 油田	24.2	9.760
塔中 Tazhong 6 ガス田	58.0	0.734
玉東 Yudong 2 ガス田	10.2	1.425

出所：Kambara & Howe（2007），p. 87.

地質鉱山省（Ministry of Geology and Mining）および石油産業省により，1984年に沙三－2 Shasan 2，1988年に輪南 Lunnan の2本の重要油井が発見された後，タリム石油探査開発指揮部（Tarim Petroleum Exploration and Development Command）がこの地域における調査と試験の主導的機関となった。その最初の大成功は，塔中 Tazhong 油田の発見であった。この油田は非常に重要だと判断されたので，1994年に高速自動車道が砂丘を貫通して建設された[63]。

2009年4月に中国国有石油会社が発表したところによると，新疆ウイグル自治区のタリム油田では，2020年にその原油と天然ガスの生産量が合わせて5000万トンに到達するのを見る，と期待されている。1年後に同社は，それが石油およびガスの生産能力を石油換算で6000万トン以上に増強することにより，新疆ウイグル自治区を2020年までに中国最大の石油・ガス生産基地に転換する計画であると発表した[64]。2008年に記録された生産量は2030万トンであり，その内，645万トンが原油，173億立方メートルが天然ガスであった[65]。中国石油化工会社の副総裁，焦方正 Jiao Fangzheng によると，タリム盆地は同社とって最新の戦略的開発基地になりつつある。同グループはすでに西北地域をその上流部門石油産業の重要基地と指定しており，その焦点はタリム盆地にある。タリム盆地の塔河油田は，同社が長期にわたり石油・ガス産出量の成長を追求する主要な闘争の場となるであろう。2008年に，同油田は600万トンの原油と12億7000万立方メートルのガスを生産した。塔河油田の生産量は，2015年に石油換算で1500万トンに達すると予想されており，そこには原油1000万トンと天然ガス50億立方メートルが含まれ，さらに2020年には原油1500万トンとガス50億～100億立方メートルを含み，2000万～2500万トンに達すると予想されている[66]。塔河油田は，2010年に同油田と新疆ウイグル自治区クチャ Kuche とを結ぶ，44キロメートルの原油パイプラインの建設を完了した。このパイプラインは，年間300万トンの能力をもつが，中国石油化工会社の西北油田会社（SINOPEC Northwest Oilfield Company）の総石油輸送能力に，年間500万トンまでの追加をもたらすであろう[67]。

厳密に言えば，表4.3に示される通り，タリムの石油生産水準は大慶に代わ

る選択肢を提供するほど十分ではない。2010年に，タリムの石油生産量はわずか550万トンを記録したにすぎないが，一方勝利と長慶はそれぞれ2730万トンと1830万トンを記録した。たとえ新疆の1090万トンをタリムと一緒にしても，総計1640万トンにしかならない。しかしながら，石油生産とガス生産とを結びつけて考えれば，大慶の代替としてのタリムの役割には意味がある。

洋　　上

アメリカエネルギー情報局は次のように報告している。

> 中国全体の石油生産量の約15％は海洋埋蔵量を源泉とし，同国石油生産の純増は大部分が多分海洋油田から生じるであろう。…現在の海洋での生産は1日当たり68万バレルであり，2014年には同じく98万バレルに上昇すると期待されている。これらの量は，中国東部に多い成熟期の陸上油田における，生産減少を一部相殺するであろう。海洋における探査・生産活動は，渤海湾地域，珠江デルタ，南シナ海，そして重要度は下がるが，東シナ海に集中されている。中国北東部北京の沖合に位置する渤海湾海盆は，最も古い海洋石油生産水域であり，中国における海洋確認埋蔵量の大半を有している[68]。

2007年5月3日に，中国国有石油会社は渤海湾縁辺での冀東 Jidong（ジドン）・南堡 Nanpu（ナンプ）大油田の発見を発表した。温家宝首相はあまりに興奮して眠れないほどだと語った。ところが，いわゆる前代未聞の発見あるいは画期的出来事の発見も，国内石油・天然ガス需要の急上昇と需要をかなり下回る国内原油生産の減少の趨勢を覆すことはできなかった。冀東・南堡油田は，4億507万トンの確認埋蔵量を含む10億2000万トンの石油埋蔵量を持つが，第1期の建設を2012年までに完了する予定で，その時点における同油田の原油生産量は年間1000万トンに到達するはずである。同油田の最盛期石油生産量は，年間2500万トンとなるであろう。3000万トンを超える年間石油生産を持つのは，大慶油田と勝利油田だけである。両油田は中国東部に位置し，中国国有石油会社と中国石油化工会社のそれぞれにとっての最重要油田である

が，石油生産量の減少と開発費の上昇の運命に直面している。中国石油天然ガス株式会社の胡文瑞 Hu Wenrui 副総裁は，冀東・南堡油田の発見費用はかなり低く（1バレル当たり約 0.59 ドル），国内平均費用の1バレル当たり約 3.5 ドルに比べてずっと低いし，また同油田の開発費も原油生産 100 万トン当たり 23 億〜25 億元の水準に止まるはずであると述べた。彼は，同油田の初期回収率が 40％に達する可能性をもち，安定的な生産期間が 10〜15 年間続くであろうと予測した[69]。

2007 年 8 月 14 日に，国土資源省は中国石油天然ガス株式会社の冀東・南堡油田における確認埋蔵量 4 億 4500 万トン，また，石油の経済的可採埋蔵量 8659 万トン（回収率 19％）の発見を認定した。同社の推定は，同油田が 4 億 507 万石油換算トン，つまり約 30 億バレルの確認埋蔵量を有するというものであり，同社は中国北部沖油田においてそれが確認した石油の 40％あるいはそれ以上を，言い換えれば 12 億バレル程度を採取するつもりであった[70]。40％という回収率は全国平均の 20〜30％を上回っているが，中国石油天然ガス株式会社の社長，蒋潔敏 Jiang Jiemin は，開発の第 2 期においてさえ，回収率が 40％にも達する可能性があると予測した。南堡油田は 520 億立方メートルあまりの随伴ガスをも有する[71]。

同社は，南堡油田を可能な限り早期に開発することを目指しており，2007 年から 2011 年の間にその年間平均投資額は 80 億元になると予想されたが，これは同社の 2007 年計上支出の約 4.3％に相当した。同社は南堡油田の年間石油生産量が 2007 年の約 200 万トンから 2009 年までに 700 万トンに達することを予想し，さらに，南堡油田開発プロジェクト第 1 期が終了する 2012 年までに，年間 1000 万石油換算トンを生産することを目指している[72]。

南堡油田は中国の戦略的備蓄を構築する上で，重要な役割を果たすことができると主張されることがある。輸入した石油を戦略的石油備蓄として石油タンクに貯蔵することは重要であり，大規模な未開発石油埋蔵量を有する油田をそのまま維持しておくことも同様である。南堡油田を戦略的備蓄として利用することの賛成論は次のとおりである。

・南堡油田がある渤海湾は，石油備蓄を貯蔵する上で，理想的な地理的位置を

持つ。
- 大規模油田の開発を遅らせることは，先進国において一般に認められた選択肢である，なぜならばそれは，国に国際市場での力を与え，国の柔軟性を増進するからである。
- 中国の外貨準備高は2007年半ばまでで1兆3000億ドル以上に増加した。このような巨額の外貨は，健全な経済発展を損なう恐れがあり，したがってまた石油の買い付けは外貨を放出する良い方法である。
- 中国は国家の戦略的備蓄を構築するその構想と並行して，商業用石油の備蓄計画策定に取り組んでいる。南堡油田の発見は，この計画に戦略的石油備蓄システム改善のための好都合な予備テストを提供している[73]。

渤海湾周辺部は一群の大規模精油所や石油化学プロジェクトの本拠地となってきた。中国国有石油会社の大連石油化工会社（Dilian Petrochemical）および撫順石化会社（Fushun Petrochemical）や，中国石油化工会社の天津石化会社（Tianjin Petrochemical），燕山石化会社（Yanshan Petrochemical）および青島製油化工会社（Qingdao Refinery）がそこに配置されている。中国国有石油会社は，この地域に大規模な未開発地新設製油所の建設を計画する一方で，既存製油所の処理能力を拡大するその努力も継続している。南堡油田で生産される天然ガスも，北京と天津のガス需要の一部を充足し，陝西－北京ガスパイプラインのガス供給に対する圧力を緩和するであろう。

厳密に言えば，中国国有石油会社と中国石油化工会社とは，精油・石油化学部門において，渤海湾周辺部でほぼ同等の比重を持っている。各社とも1日当たり20万バレルの未開発地新設製油所と年間100万トンのエチレン・コンビナートを，河北省の大規模港と工業地帯である曹妃甸 Caofeidian（ソウヒデン）に建設する計画を持っている。しかし，渤海周辺部は，海洋大慶と呼ばれる蓬萊 Penglai 19-3 油田を建設した，中国海洋石油会社にとっても重要な地域である。

南堡油田の発見が記録される以前でさえ，海洋水域は中国石油生産量の増加の多くの部分を占めると期待されていた。中国海洋石油会社は8ヶ所の海洋埋蔵量を新たに発見し，同社の石油確認埋蔵量を16億バレルに引き上げてい

る。同社は渤海湾における石油生産量の倍増を意図しており，その結果 2015 年までには，国有石油企業の生産量の半分以上がそこに由来することになると予想されている。渤海湾で外国会社として最大面積を保有するコノコフィリップス（ConocoPhillips）は，同社の蓬莱油田すなわち生産中の中国最大規模の海洋油田で，生産を拡大しつつある。2008 年 9 月 16 日に，中国海洋石油会社の上場子会社である中国海洋石油株式会社（CNOOC Ltd.）は，中国最大の海洋油田，蓬莱 19-3 で新規の掘削用構造物が予想より早く稼働し始めたと発表した。新規掘削用構造物は蓬莱 19-3 の開発第 2 期の下で操業を開始する，3 番目のものである[74]。2011 年にコノコフィリップスは，蓬莱油田はその最盛期生産量が 15 万バレルに到達すると予想していた[75]。不運なことに，2011 年 7 月に，石油と泥水が蓬莱 19-3 油田の 2 基の掘削用構造物から漏れ出て，そのため流出石油を清掃するために，多少の生産縮小は不可避であった[76]。2008 年には，その数値は 1 日当たりわずか 4 万 5000 バレルに過ぎなかった。コノコフィリップスおよび中国海洋石油会社は，2010 年 5 月までに 5 基の掘削用構造物を含む，油田開発第 2 期の完了を目指していた。中国海洋石油会社は 2009 年 3 月に，同社の渤中 Bozhong 油田における 1 鉱区を操業にこぎ着け，1 日当たり原油 4000 標準バレル（bbl）を汲み上げた。渤中油田の総生産量は 2011 年に 1 日当たり 2 万 5000 バレルに達すると予想されていた[77]。

アメリカエネルギー情報局は次のように報告している。

　2008 年に，中国海洋石油会社は，カナダの共同企業ハスキー・エナジー（Husky Energy）と共に，文昌 Wenchang 油田での商業生産を 1 日当たり初期産出量 1 万 4000 バレルで開始した。文昌 19-1 は，開発中の他の掘削用構造物から，1 日当たり約 1 万 9000 バレルが生産されると予想されている。中国海洋石油会社は 2008 年に，西江 Xijiang 23-1 油田も操業にこぎ着け，同油田は 1 日当たり 4 万バレルの原油生産が期待されている。中国海洋石油会社，コノコフィリップスおよびディーボンエナジー Devon Energy は，最盛期生産量 1 日当たり原油 4 万標準バレルの達成を目指して，番禺 Panyu 油田を開発してきた。2009 年に，南シナ海における中国海洋石油会社の総炭化水素生産量は石油換算で 24 万 5000 バレルであったが，その内

石油が1日当たり19万1000石油換算バレル，天然ガスが1日当たり5万4000石油換算バレル（324百万立方フィートMMcf）であった。また，PFCエナジー（PFC Energy）によると，2009年における南シナ海での中国海洋石油会社の炭化水素確認埋蔵量は，9億5700万石油換算バレルであり，10年前に比べ28%上回っていた。同年に同社は，南シナ海沖合の深海部分で17の鉱区を提案したが，それはこれらの技術的に一層困難な区域において探査を一層促進するためであった。2010年に，同社は，南シナ海の浅い海域で恩平Enpingトラフというもう1つの重要な発見をしたが，この水域では1日当たり最大3万バレルを産出する可能性がある[78]。

石油の輸入

1988年以降，中国の戦略は，高い経済成長率によって活気づけられて急増する，国内需要をまかなうために，原油の輸入量を増加させていくという点にある[79]。高度成長の最初の10年間（1980年代）においては，中国はエネルギー供給の点で準自給自足を維持することができた。ところが，1993年までに同国は石油の純輸入国となってしまい，1995年までには石油輸入に対するその依存度が約5.3%に上昇した。この水準の依存度では，まだ警鐘を鳴らす理由にはならなかったが，状況は，間もなく完全に変化することになっていた。2000年に，需要増加が中国の石油輸入に対する依存度を約33%に急伸させた。さらに，石油の純輸入は，続く5年間に年率14.2%増加し，2005年には1億4360万トンに達した（しかし，新華社はほんの1億2700万トンという数字を出している）。BPの年間統計データによると，2005年の中国石油消費量は，3億2800万トンであり，約44%の輸入依存度をもたらす，と示唆されている。もしこれが海外からの石油供給に対する依存の現実の水準に近似してさえいれば，それは，なぜ国のエネルギー安全保障が意思決定者にとって重大な関心事となったのか，十分な理由となる[80]。

実際に，表4.8に示される通り，1998～2008年の期間に中国原油輸入は6倍以上増大した。アフリカ諸国も相当量貢献しているとはいえ，中東が中国石油輸入の最大の供給源に止まっていた。2008年に，サウジアラビアおよびアン

表 4.8 中国の原油輸入量, 地域別（1998〜2010年）（100万トン／年）

	中東	アフリカ	アジア・太平洋	欧州	合計
1998	16.37	2.19	5.47	3.00	27.32
1999	16.90	7.25	6.83	5.63	36.61
2000	37.65	16.95	10.61	5.05	70.27
2001	33.86	13.55	8.68	4.17	60.26
2002	34.39	15.80	11.85	7.37	69.41
2003	46.37	22.18	13.85	8.73	91.13
2004	55.79	35.30	14.16	17.57	122.82
2005	59.99	38.47	9.68	18.94	127.08
2006	65.60	45.79	5.16	18.98	145.18
2007	72.76	53.04	5.73	20.84	163.18
2008	89.62	53.96	5.06	17.44	178.89
2009	97.46	61.42	9.62	21.68	203.79
2010	112.76	70.85	8.80	25.86	239.31

出所：China Petroleum Consulting Company (2003)；*China Oil Gas & Petrochemicals* (2005-11).

ゴラが，2大石油輸入源であったが，両国で総輸入量の3分の1以上を占めていた。ロシアとカザフスタンからの輸入は，2001年の240万トンから2010年の2530万トンに，かなり著増している（表4.9）。

石油パイプライン全般については次の節で取り扱うが，ここでは中国－ビルマ（ミャンマー）石油パイプラインの建設に対する中国の構想について言及するのが適切である。中国は，2009年3月に調印された協定に含まれるその計画，すなわちこのパイプラインをミャンマーから建設するという計画を復活させた。ミャンマーは重要な石油産出国ではないので，このパイプラインは，難

表 4.9 ロシアおよびカザフスタンからの中国の原油輸入量（2001〜2010年）（100万トン／年）

	ロシア	カザフスタン
2001	1.77	0.65
2002	3.03	1.00
2003	5.25	1.20
2004	10.78	1.29
2005	12.78	1.29
2006	15.97	2.68
2007	14.53	6.00
2008	11.64	5.67
2009	15.30	6.01
2010	15.25	10.05

出所：*China Oil, Gas & Petrochemicals* 様々な巻・号より。

所となり得るマラッカ海峡を迂回するための，中東およびアフリカ産原油の代替輸送経路とみなされている[81]。中国国有石油会社とミャンマーのエネルギー省は，2009年3月の協定に依拠して，1日当たり44万2000バレルの石油パイプラインを建設する覚書に署名した。同社が，パイプラインの設計，建設，操業および管理の責任を負う。同社によると，このプロジェクトは，ミャンマー西岸のチャウピュ Kyaukryu 港を起点とし，瑞麗 Ruili で中国に入り，その後終着点の雲南省省都，昆明 Kunming まで延びる，1100キロメートルのパイプラインを含む。この石油パイプラインによって，中国の中東やアフリカからの石油輸入における船の輸送距離が1200キロメートル短縮され，輸送時間が削減され，海賊が出没するマラッカ海峡を回避することにより，中国のエネルギー安全保障が強化されるであろう[82]。中国－ビルマ（ミャンマー）石油パイプラインは，中央アジア共和国やロシアから中国へのパイプラインと結びつけば，中国の石油供給経路を多様化するのに役立つであろう。たとえ諸パイプラインによる石油供給能力の総量が1日当たり114万バレルにしか達しなかったとしても，海上交通路による石油供給に対する中国の高い依存度は低減するであろうし，またこのことは，中国のエネルギー安全保障の重大な関心事なのである。

　中国国有石油会社のウェブサイトでは，2010年において中国の海外石油・ガス生産が，国内産出量（年間5000万トン）の25％以上に匹敵すると推定していた[83]。新華社の『中国石油，ガスおよび石油化学』が2007年に予測したところによると，2015年までに中国の石油需要は，年成長率が5.3％と予側されるのに対して，国内原油生産の年成長率は僅か0.9％に過ぎない。需要は2015年に5億4600万トンに達すると予測されている。国内石油資源に限界があるため，同年の国内原油生産量は多分1億9900万トン前後になると思われる。言い換えれば，2015年の原油純輸入量は3億4700万トンになり，石油輸入依存度は64％に上昇しているであろう[84]。

　国務院発展研究センター（Development Research Centre under the State Council）の推定によれば，中国の残りの開発可能石油埋蔵量は約24億トンになる。国内の年間石油産出量の推定は，生産が2015年の約2億トンで頂点に達し，その後2020年までは1億8000万から2億トンの間で変動することを示

している。しかしながら，同センターおよび国家発展改革委員会エネルギー研究所の予測では，2020年までに中国の石油需要はその産出量の2倍ないし3倍に増え，低い方の予想による4億5000万トンと，高い方の予想による6億1000万トンとの間になると示唆されている。このことは，2000年から2020年の間の中国における石油需要の増分は，国際エネルギー機関予測による世界石油需要の増分の12%から28%になることを意味する。その結果，同国はますます石油輸入に依存することになり，輸入割合は，2020年までに石油消費量の50から60%に上昇し得るであろう[85]。しかしながら，中国社会科学院の実施した研究は，2020年に石油消費の64.5%が多分輸入によって満たされると思われると予測しており[86]，またエネルギー研究所も，依存度は2020年までに65%以上になるであろうと予測した[87]。このような高水準の中国の需要は，世界の石油市場に対する圧力を高める結果となり，中国自身の経済にとっての費用は相当なものとなるであろう。

　輸入依存度上昇の安全保障上の予想される結果を目前にして，中国の少人数の専門家集団は，中国政府に対して，北極圏の溶解によって提供される商業的，戦略的機会にそなえて，積極的に準備するように奨励してきた。リタスコ（Litasco）（ルクオイルの世界的貿易業者）の最高経営責任者，ガティ・アルジェブーリ Gati Al-Jebouri と，連合石化アジア会社（Unipec Asia Company Ltd.）（中国石油化工会社の貿易業者）社長の戴照明 Dai Zhaoming は，2009年6月に，石油供給に関する枠組み協定に署名した。同協定は，ブレンド石油とネネツ自治管区ユージノ・フィルチゥィュ Yuzhno Khylchuyu 油田産のYKブレンドあるいはそのいずれかの石油300万トンを，ロシアが中国に輸出することを要請するものである。中国海洋石油会社は2010年9月初旬に，ロシアの独立系ガス生産者ノヴァテック（Novatek）から，北極海航路経由でその最初の委託貨物，安定性を持つガスコンデンセートを受け取った[88]。北極経路の石油取引[89]は，有意義な大きさを持つようになるには時間がかかるであろうが，しかしそれは，2020年代半ば頃には，相当量を供給できるであろう。

パイプライン

 中国にとってのパイプラインの重要性を要約した中で,米国エネルギー情報局は,次のように報告している,すなわち中国は,

 自国の国内石油パイプライン網の統合を改善するとともに,石油輸入経路を多様化するために,近隣諸国との国際石油パイプラインの接続を確立しようと積極的に努力してきた。中国国有石油会社は2007年3月に,すべての長距離パイプラインを監視し,システムの効率を向上させるための資料収集を行う,北京石油・ガスパイプライン管理センターの先頭に立った。同社によると,中国は,その国内供給網として,合計約1万8100キロメートルの原油パイプライン(同社が69%を管理)と,4900キロメートル近くの石油製品パイプラインを有している。石油液体および天然ガスのパイプライン総延長は,年間約6%増加している。現在のところ,中国の石油パイプライン・インフラストラクチャの大部分は,一層工業化した沿海市場の必要を満たしている。しかしながら,より新しい産油地域や下流のセンターから一層遠隔の市場に石油供給を提供するために,いくつかの長距離パイプラインの接続が建設されたか,あるいは建設中である[90]。

 2006年10月20日に,中国西部精製石油パイプラインが操業を開始した。1000万トンの年間取扱能力を持つこの1842キロメートルの接続ラインは,新疆地域のウルムチ Urumqi から甘粛省の蘭州 Lanzhou に石油製品を供給する。中国石油天然ガス株式会社の3大製油所である,ウルムチ石化会社(Urumqi Petrochemical),カラマイ石化会社(Karamay Petrochemical)および独山子石化会社(Dushanzi Petrochemical)は,この新規パイプラインのために自社の石油製品を提供する。この3ヶ所の製油能力は,年間約2000万トンである[91]。漸次的に,このパイプラインは,東海岸に供給を提供するために,またカザフスタンからの追加的石油輸入を受け入れるために,他の地域的支線と接続していくであろう。以前は,新疆からの石油供給の大部分は,鉄道で配送さ

れていた。さらに，西部パイプラインは，新疆から蘭州製油所に至る原油ラインで構成されているが，この精油所は 2007 年に操業を開始したものである[92]。

西部石油製品パイプラインは，現在，既存の 1250 キロメートルの蘭州－成都 Chengdu －重慶 (LCC) 石油製品パイプラインと接続しているが，後者も 2002 年 12 月に操業を開始し，中国石油天然ガス株式会社によって運営されているものである。LCC パイプラインは，2005 年に約 500 万トンの石油製品を輸送した。同社は，この LCC パイプラインによって四川省の石油供給の約 75％を管理する。また，同社は，2007 年に蘭州－鄭州 Zhengzhou －長沙 Changsha 石油パイプラインの建設を開始した[93]。

蘭州－鄭州－長沙および錦州 Jinzhou －鄭州パイプラインが完成する時，同社は，一石三鳥の効果を得ることができるであろう。第 1 に，同社は，中国東北部および西北部から中国南部に，石油製品をパイプ供給することによって，その経費を大幅に節約することができるであろう。現在のところ，同社は主に鉄道や船舶によって，中国南部市場に供給している。第 2 に，中国中央部および南部の市場を全面的に開拓するという同社の期待が，実現されるであろう。そして第 3 に，その 2 本の新規パイプラインが動くようになれば，同社は自社の石油製品販売を拡張するであろう。

蘭州は，新疆およびカザフスタン産の，信頼性高い原油供給の予備を持つことになる。甘粛省や新疆で生産された石油製品は，ウルムチ－蘭州パイプラインと将来の蘭州－鄭州－長沙パイプラインとによって，直接パイプで送られることが可能になる。それに，錦州は，ロシア原油の処理に移行し，石油製品をそこから将来の錦州－長沙パイプラインを通じて中国中央部や南部に送る中枢となるであろう。現在，蘭州石油化工会社と錦州石油化工会社は，年間それぞれ 1250 万トンと 1000 万トンの原油処理能力を有している[94]。

しかしながら，中国石油天然ガス株式会社の西南部における市場の地位は，中国石油化工会社からの挑戦に直面している，というのは，同社が 2005 年 12 月に，年間 1000 万トンの計画能力を持つ茂名 Maoming －昆明石油製品パイプラインを完成したからである。2006 年 10 月に，中国石油化工会社の 1135 キロメートルの珠江デルタ石油製品パイプラインが操業を開始した。同パイプラインは，湛江 Zhanjiang が起点で深圳 Shenzhen が終点となるが，同ライン

上に結節点として茂名を持ち，広東省の 11 都市にわたっている。同パイプラインは，年間 950 万トンの石油製品を扱うように設計されている[95]。

さらに 2005 年に，新規原油パイプラインが中国石油化工会社の石油輸送網に付け加わった。これは，浙江省寧波 Ningbo の 25 万重量トンの石油ターミナルから，上海を経由し，江蘇省南京に至る。同パイプラインは，同社の上海石油化工会社（Shanghai Petrochemical），上海高橋石油化工会社（Gaoqiao Petrochemical），金陵石化会社（Jinling Petrochemical）および揚子石油化工会社（Yangzi Petrochemical）に供給する，輸入原油 4000 万トンを輸送するように設計されている。このパイプラインは，同社の石油輸送費を年間 12 億から 13 億元削減するであろう。同社はまた，中国西南部の石油製品パイプラインも建設している[96]。

2008 年 1 月 7 日に国務院の会議で，曽培炎 Zeng Peiyan 副首相は，パイプライン建設の増加が，石油・ガス資源の探査・開発・輸送・貯蔵に重要な役割を果たすだろうと主張した。国家発展改革委員会によると，中国は，2007 年末時点で全長 6 万キロメートル近くの石油・ガスパイプラインを有していたが，中国の目標は，2010 年以前に 10 万キロメートルの全国的規模のパイプライン網を建設することであった[97]。2010 年までで，中国の石油・ガスの幹線パイプラインは 6 万 8000 キロメートルに達したが，10 万キロメートルの目標距離には遠く及ばなかった。中国は，2020 年までに 21 万キロメートルの石油・ガス幹線パイプラインの建設を目指している。

中国国有石油会社は 2007 年に，3 本の主要パイプラインの操業を開始し，それにより，同年末までに，全体の 70％にあたる 3 万 3000 キロメートルの長距離石油・ガスパイプラインを持つことになった。以前に取り上げたように，この 3 本の内最初のものは，西部原油パイプラインで，これは年間 2000 万トンの原油を新疆から蘭州に（1562 キロメートル）輸送することができる。西部パイプライン全体は 4000 キロメートルに及び，中国－カザフ原油パイプラインを含む。第 2 は，647 キロメートルの大港 Dagang－棗庄 Zaozhuang（ソウショウ）石油製品パイプラインで，天津にある同社の大港石化会社（Dagang Petrochemical）を起点とし，その競争相手の縄張りである山東省の棗庄に至る。第 3 は，蘭州－銀川 Yinchuan 天然ガスパイプラインで，中国の 3 大ガス

田,タリム,ツァイダム Qaidam,長慶における同社のガス田を結ぶ。2007年には,3本の別のパイプラインが同社によって建設されていた。すなわち,蘭州－鄭州－長沙石油製品パイプライン,東北天然ガスパイプライン網の大慶－ハルビン部分,中ロ原油パイプラインである。同社はまた,珠海 Zhuhai（広東省）,昆山 Kunshan（江蘇省）で,都市ガス網を建設する協定に署名した[98]。表4.10に示されるように,3000キロメートルの蘭州－鄭州－長沙石油製品パイプラインが,2009年に操業を開始した。

第11次五ヶ年計画（2006～10年）期のパイプライン開発の成果は感動的で

表4.10 中国の原油・石油製品パイプライン（2007～2010年）

原油パイプライン (2007-2010年)	距離（km）	運用開始年	所有企業	C/D/P (100万トン／年 mm/MPa)
ウルムチ－蘭州	1,852	2007年6月	中国石油西部パイプライン会社,CNPC	20/-/-
漠河－大慶	965	2010年	PetroChina	15/813/8.0
大慶－鉄嶺	210	2010年	PetroChina	27/813/6.3
日照－東明	462	2011年	SINOPEC	10-20/711-610/8.0
石空－蘭州	359	2010年	PetroChina	5/457/-
惠安堡－銀川	141	2010年	PetroChina	6/508 -
河間－石家庄	147.5	2009年	SINOPEC	8/-/-
天津－滄州（アップグレード中）	168	2009年	SINOPEC	-/-/-
大慶－スコヴォロジノ	927+70	2010年8月	CNPC	15/1220/-
大港－棗庄	654	2007年	PetroChina	3/-/-
蘭州－鄭州－長沙	3,007	2009年	PetroChina	10-15/ 508-990/8-14
延安製油所－西安	200	2009年	PetroChina	5/-/6.3-12
昆明－大理	323	2009年	SINOPEC	2/323.9-273/10
柳州－桂林	190	2010年	SINOPEC	1.5/273.1/10
遼陽－鮁魚圏	200	2009年	PetroChina	-/406.4/-
福建製油所統一パイプライン	345	2009年	SINOPEC	-/-/-
第2期山東－安徽	905	2010年	SINOPEC	9.7/-/10
江蘇南部	393	2010年	SINOPEC	-/406.4/-
第2期珠江デルタ	498	2010年	SINOPEC	3.75/-/-

注：1　C/D/P＝年間輸送能力（100万トン）／直径（mm）／圧力（メガパスカル Mpa）。
　　2　CNPC：中国国有石油会社,PetroChina：中国石油天然ガス株式会社,SINOPEC：中国石油化工会社。
出所：Lin Fanjing (2008a); www.cnpc.com.cn/eng/company/businesses/PipelinesTransportation/PipelineTransportation.htm (Last accessed autumn 2011.)

あり，総距離が2万7000キロメートルに達した。表4.10は，2007～10年の間の実績を示している[99]。中国国有石油会社は2011年に，35のプロジェクトを含む7100キロメートルのパイプライン建設を計画した。同社は，3万キロメートルのガスパイプライン（中国全体の90％を占める）や，1万3000キロメートルの原油パイプライン（70％を占める）や，8000キロメートルの石油製品パイプライン（50％を占める）を含む，5万1000キロメートルのパイプラインを有している。2011年から2015年の間に，同社は5万4000キロメートルのパイプライン建設を計画し[100]，そのうち，ガスパイプラインは3万キロメートルを占めると計画されている。この建設により，同社の現パイプライン網の長さが，2倍になるであろう[101]。

表4.11 中国国有石油会社と中国石油天然ガス株式会社のパイプライン事業関連会社

会社	主要タスク
中国石油パイプライン局(CPPLB)[102]，CNPC傘下	主にパイプラインおよび石油・ガスタンクの建設に従事している。
中国石油西部パイプライン会社(China Petroleum West Pipeline Co., Ltd.)，CNPC傘下	同社は，西部原油および石油製品パイプラインに関与している。同社は，CNPCや中国石油大慶石油管理局，中国石油新疆石油管理局，中国石油天然ガスパイプライン局(CPPLB)，中国石油長慶石油探査局，中国石油吐哈石油探査開発本部（Tuha Oil E&D Headquarters），タリム石油探査開発本部が共同で設立した。
中国石油パイプライン会社(CPPE)	CPPEは主に，全長8,900kmの内陸パイプラインの大部分の運営を引き受けている。CPPEはまた，渋北－西寧－蘭州天然ガスパイプラインや蘭州－成都－重慶石油製品パイプライン，忠県－武漢天然ガスパイプラインの建設企業でもあった。
中国石油西東ガスパイプライン会社（PetroChina West East Gas Pipeline Company）	同社は現在，主に西東ガスパイプラインの運営・維持に従事している。
北京華油天然ガス会社(Beijing Huayou Natural Gas Co., Ltd.)，PetroChina傘下	北京華油は，第1および第2陝西－北京天然ガスパイプラインの建設企業であった。同社は現在，陝西－北京パイプラインの操業企業である。
中国石油華北天然ガス販売会社（PetroChina North China Gas Marketing Company）	同社は，北京や天津，山西省，河北省，山東省，遼寧省における天然ガス販売に関与している他，陝西省や華北油田の天然ガスを諸外国向けに販売したり，PetroChinaの液化天然ガス事業を引き受けている。
中国石油華中天然ガス販売会社（PetroChina Central China Gas Marketing Company）	同社は，忠県－武漢パイプラインおよび西東ガスパイプライン沿いの天然ガス販売に携わっている。

注：注102参照。
出所：Lin Fanjing (2008a), p. 4.

パイプライン　237

　表4.11に示されるように，中国国有石油会社は現在，パイプライン事業に従事する7子会社を保有している。中国石油パイプライン局（China Petroleum Pipeline Bureau）と中国石油西部パイプライン会社（China Petroleum West Pipeline Co., Ltd.）は，親会社である中国国有石油会社の管理下にあるのに対し，中国石油パイプライン会社（PetroChina Petroleum Pipeline Company），中国石油天然ガス・西東ガスパイプライン会社（PetroChina West East Gas Pipeline Company）と北京華油天然ガス会社（Beijing Huayou Natural Gas Co., Ltd.）を含む他の5社は，中国石油天然ガス株式会社の管理下にある。

　中国国有石油会社は，そのパイプライン事業を，それが次の3種類の会社から構成されるように，企画している。すなわちパイプライン建設会社（現在は，中国国有石油会社の管理下），パイプライン運営会社（中国石油天然ガス株式会社管理下）およびパイプライン販売会社（同上の管理下）がそれである。中国国有石油会社は2007年末に，パイプラインが既に開発された，中国石油パイプライン管理局の10都市，昌吉 Changji（新疆），大慶（黒龍江省），長春 Changchun（吉林省），瀋陽 Shenyang（遼寧省），錦州（遼寧省），大連（遼寧省），秦皇島 Qinhuangdao（河北省），北京，中原 Zhongyuan（河南省），長慶（陝西省）を，中国石油天ガス株式会社のパイプライン操業専門会社である中国石油パイプラインエンジニアリング会社に移管した。中国国有石油会社は2008年1月に，同社の長慶－銀川天然ガスパイプラインを中国石油天然ガス株式会社に移管した。

　中国石油化工会社は，2本の長距離石油製品パイプラインを含む数本の石油製品パイプラインを持っている。すなわち，洛陽－鄭州－駐馬店 Zhumadian パイプラインが2007年6月に操業を開始しており，さらに2008年に完成した石家荘 Shijiazhuang－太原 Taiyuan パイプラインがある（表4.12を参照―この長距離パイプラインはどちらもこの表には含まれていない）[103]。425キロメートルの洛陽－鄭州－駐馬店パイプラインは，同社の洛陽石油化学会社（Luoyang Petrochemical）から伸びて，鄭州，許昌，漯河 Luohe を経由し，駐馬店（すべて河南省）で終点となるが，年間390万トンを輸送する。石家荘（河北省）－太原（山西省）石油製品パイプラインは，長さが316キロメートル

表 4.12　中国石油化工会社の石油製品パイプライン

稼働中	建設中
西南石油製品パイプライン	北京－天津パイプライン
北京環状石油製品パイプライン	金山－嘉興－湖州パイプライン
上海・金山パイプライン	泉州－福州パイプライン
山東－江蘇－安徽パイプライン	泉州－廈門パイプライン
荊門－荊州パイプライン	九江－南昌パイプライン
洛陽－駐馬店パイプライン	岳陽－長沙－湘潭－株洲パイプライン

出所：Lin Fanjing (2008a), p. 5.

であり，石家荘（河北省），陽泉 Yangquan（山西省），晋中 Jinzhong（山西省），太原（山西省），および他13県を通過する。

中国石油化工会社の近距離石油製品パイプラインには利点がある。中国南部および珠江デルタにおける2890キロメートルの石油製品パイプライン網は，地元の石油製品供給を促進し，当該地域における同社の支配的地位を保証する上で，重要な役割を果たしている。同社は，6本の使用中の石油製品パイプラインと，6本の建設中の短距離パイプラインを持っているが，その大部分は地方都市間のパイプラインである。

パイプライン輸送への熱意を後押しする基本的根拠は，経費節減であるが，石油製品のパイプライン輸送費用は，鉄道輸送の費用のわずか62％に止まり，節約は，天然ガスおよび原油の場合よりも一層大きい。鉄道や幹線道路を含む他の輸送手段と比較して，パイプライン輸送は一層安全で，一層便利であり，損耗率も低い。鉄道輸送の損耗率は0.5％であるのに対して，パイプライン輸送のそれはこの2分の1（0.225％）以下である。パイプライン輸送の管理費も，鉄道のそれより低い。これらすべての理由によって，パイプライン輸送の方がより経済的である。鉄道輸送経費は石油製品トン・キロメートル当たり0.1237元であるが，これに対してパイプライン輸送費は0.0772元に過ぎない[104]。

最近の動向を要約して，エネルギー情報局は次のように報告している。

中国国有石油会社は，蘭州製油所から東部や南部の市場中心地への供給を

推進するために，様々な石油製品パイプラインを最近稼働させた。同社は，2008年に蘭州－成都－重慶パイプラインと，2009年に1日当たり原油30万標準バレルの蘭州－鄭州－長沙パイプラインに着手した。鄭州－長沙部分は，2010年までの完成が予想されている。中国石油天然ガス株式会社もまた，鄭州から少なくともあと2本の支線を建設する計画を持っており，これは，東部向けの原油供給の提供に役立つであろう。1本は，鄭州－錦州パイプラインで，東北部，湖北省に石油を供給することになる。もう1本は，鄭州－長沙の連結であり，東南工業地帯近くの湖南省が終点となる。これらの連結の一部は2009年に操業を開始しており，一緒に合わせて同国最大の石油製品パイプライン網を形成することになるであろう[105]。

精　製

2009年5月に国家発展改革委員会は，2011年までの3年間で，石油化学，非鉄金属，鉄鋼，繊維および軽工業における時代遅れの生産能力を段階的に廃棄する，と発表した。中国は，とくに，能力100万トン未満の製油施設を除去し，それを100万から200万トンの能力を持つ製油施設に更新する計画をたてた。おおよそ5000万から6000万トンの製油施設が，1式の能力100万トン以下の施設で構成されていると推測される。現在，中国東部の山東省における4500万トンを含め，約8000万トンの原油一次精製能力がある。

1000万トン以上の時代遅れの精製能力が，2008年末までに段階的に廃棄された。とくに，中国国有石油会社は，江南製油所（Jiangnan Refinery），吉林石油化学会社（Jilin Petrochemical），吉林油田精製会社（Jilin Oilfield Refinery）および鞍山製油所（Anshan Refinery）を含む，7ヶ所の他に比べ性能の劣る製油所で，低効率・高排出の212の製油施設を段階的に廃棄した。製油能力100万トン未満の111の製油所が，すでに2001年から2005年の間に閉鎖されていた[106]。

2015年までの石油製品の需要予測の内訳は，次の通りである。

ⅰ）ディーゼル燃料車，農業用機具・設備および農業用車両のためのディーゼ

ル需要は，それぞれ9041万トン，3823万トン，1749万トンに達する，と予測されている。2015年のディーゼル需要は，年間成長率5.8%で，1億9435万トンになると予測される。

ⅱ）エチレン産業に関する第11次五ヶ年計画によると，全国のエチレン生産は，2010年に1800万トンに達することになる。したがって，化学製品用軽油の需要は2015年までに1億2000万トンに拡大すると予想される。

ⅲ）ガソリン燃料車の使用数が急速に増加するので，ガソリン燃料車用のガソリン需要は，2015年には5418万トンに達すると予測されている。その上オートバイの使用数も急速に伸びて，それ用のガソリン需要は，2015年に2027万トンになると予想される。したがって，ガソリンの総需要は7856万トンになるであろう。

ⅳ）燃料用石油需要は，一定の成長率を維持し，2015年には5227万トンに達するであろう。製造業部門の燃料油需要は減少して，2015年には1175万トンになるが，発電部門の需要は1388万トンに上り，さらに海運輸送部門の需要は2514万トンに上昇するであろう。

ⅴ）ジェット燃料の需要は，年率6.5%で成長し，2015年には1649万トンに達すると予測される（2005年水準の2倍）[107]。

拡大する精製部門は，近年，近代化と統合を経験してきている。燃料生産総額の約20%を占める数十の小規模製油所（ティーポット）が閉鎖され，そしてより大規模な製油所がその既存の生産システムを拡大し，高度化してきた。最終石油製品の国内価格規制は，国際石油価格と相対的に低い国内価格との大きな乖離のために，中国の製油所，とくに小規模精油所に打撃を与えてきた。2008年に，中国石油化工会社と中国国有石油会社（中国石油天然ガス株式会社）は，精製部門で290億ドル近くの損失を負ったと報じられたが，その一部は，政府直接補助金によって補填された[108]。時折の小幅な消費者物価上昇にもかかわらず，中国の石油会社は，数年間にわたって，その精製事業で損失を蒙ってきている。同国の大手石油精製企業である中国石油化工会社は，同社の財務上の損失に対する政府補償を求めて，交渉できる強力な立場にあった。2005年末には100億元，2006年末には50億元，そして2008年3月には120

億元の補助金支払が行われた。精製部門関連の 200 億元以上の営業損失にもかかわらず、中国石油天然ガス株式会社は、補助金を一切受け取っていない[109]。

中国は、2000 年代に、その精製能力の最速かつ最大の成長を遂げてきたが、その間に精製能力は、2000 年の年間 2 億 7600 万トンから 2009 年の 4 億 7700 万トンにまで、72.8％も飛躍し、その年間成長率は 6.3％であった。2010 年には、新規に追加された精製能力は、広西チワン族自治区の欽州 Qinzhou 製油所と遼寧省の華錦 Huajin 製油所が操業を開始した後では、一部の既存製油所の拡張と合わせて、3050 万トンになると推測されている。中国の全精製能力は、2010 年に 5 億トンに到達し、しかももし計画されたプロジェクトおよび建設中のプロジェクトが予定通りに操業開始に至れば、この数値は 2015 年までに年間 7 億 5000 万トンに達するであろう。2011～15 年の間の年成長率は 6～7％と推測されている。これに加えて、中国における精製能力への外国投資は、2010 年の年間 1050 万トンから 2015 年までに年間 3150 万トンに到達すると予想されていた[110]。

現在までのところ、中国における製油業界は、東部地域に重点を置き、中央および西部地域によって補完されながら、資源と市場への密接な結合および沿海部への近接の原則に基づき推進されて、形成されてきた。2010 年には、中国の精製能力は、主に国の東部、東北部および南部に集中しており、各地域はそれぞれ国全体の 32％、21％、15％に相当した。国家発展改革委員会の製油産業に関する中長期計画によると、中国は、2010 年までに年間 1000 万トン規模の製油基地の数を 17 ヶ所ないし 20 ヶ所に増加させる予定であり[111]、その結果処理能力は合わせて国の総能力の 50％から 65％に拡大されるが、このことは、国内製油所の平均精製能力を年間 570 万トンに引上げる、と期待されている（表 4.13 を参照）[112]。

中国石油化学産業の最新の活性化計画には、将来の 10 大製油基地が明記されているが、そこにはそれぞれ年間 3000 万トン超の精製能力を持つ寧波、上海、南京および大連と、それぞれ年間 2000 万トン超の精製能力を持つ茂名、広州 Guangzhou、恵州 Huizhou、泉州 Quanzhou、天津および曹妃甸 Caofeidian が含まれている。しかしながら、2015 年までは、中国は、中央部および西南部で年間 2000 万トンの供給不足になる可能性があり、東北・西北

表4.13 中国の1000万トン/年の精油能力を超える精製基盤（100万トン/年）

製油所	所有者	2005年の容量	2010の容量	新規追加容量
大連石油化工会社	PetroChina	10.50	20.50	10.0
撫順石油化工会社	PetroChina	10.0	10.0	0.0
燕山石油化工会社	SINOPEC	8.0	10.0	2.0
上海石油化工株式会社	SINOPEC	14.0	14.0	0.0
上海高橋石油化工会社	SINOPEC	11.0	11.30	0.3
金陵石化会社	SINOPEC	13.0	13.50	0.5
鎮海製油化工株式会社	SINOPEC	20.0	20.0	0.0
斉魯石油化工会社	SINOPEC	10.0	10.0	0.0
広州石油化工本工場	SINOPEC	7.7	13.0	5.3
茂名石油化工会社	SINOPEC	13.5	13.5	0.0
蘭州石油化工会社	PetroChina	10.5	10.5	0.0
大連西太平洋石油化工会社	PetroChina	10.0	10.0	0.0
中国石化株式会社天津支社	SINOPEC	5.5	15.0	9.5
福建製油化工会社	SINOPEC	4.0	12.0	8.0
独山子石化会社	PetroChina	5.5	10.0	4.5
青島製油化工会社	SINOPEC	–	10.0	10.0
恵州製油所	CNOOC	–	12.0	12.0
広西石化会社	PetroChina	–	10.0	10.0
揚子石油化工会社	SINOPEC	8.0	9.5	1.5
海南製油化工会社	SINOPEC	–	8.0	8.0
総計		161.2	242.8	81.6

注：PetroChina：中国石油天然ガス株式会社，SINOPEC：中国石油化工会社，CNOOC：中国海洋石油会社。
出所：Lin Fanjing (2010d), p. 3.

中国は引き続き，製品用石油の重要な源泉となるであろう。東部，南部および北部地域における精製プロジェクトの拡張により，精油能力の急速な成長の達成が予想される。その時までに，環杭州湾 Hangzhou Bay，珠江デルタ，環渤海圏および中国西北部において4ヶ所の精製工業地帯が，地域経済開発計画にしたがって，形成されているであろう[113]。

地方製油所あるいはティーポットの精油能力は，中国全体のほとんど2分の1に相当する。2008年末でティーポットの精製能力は8805万トン（陝西を拠点とする延長石化集団（Yanchang Petrochemical Group）の1400万トンを含む）であった。地域別に見ると，中国東部の山東省に37の製油所があり，遼寧省には15ヶ所，広東省には14ヶ所ある。しかし，地方製油所は原油供給不足のために，伝統的に燃料油を原料油として使用していたから，とくに燃料油

に対する消費税が2009年1月から1リットル当たり0.8元（8倍増）に引上げられた後は，地方製油所の操業率は低水準にとどまっている[114]。

2009年末以降，生産者が，国家発展改革委員会による価格の上限規制により彼らに押しつけられる損失を回避しようと企てたから，中国はガソリンおよびディーゼルの純輸出国となっている。たとえ国家が補助金を提供しても，海外で販売する方が一層収益的であり得る。しかしながら，この販路は，アジア太平洋諸国でも製油製品の供給過剰が存在することを考慮に入れると，長続きしない恐れがある。中国石油化工会社は，自社の累積損失を補填するために，大規模補償を求めている。一方，中国は，その精製産業の合理化に向けた一歩として，小規模もしくは時代遅れの精製事業を段階的に廃止しようとしており，年間約5000万トンの精製能力が，2015年以前に閉鎖されると予想されている[115]。

戦略的石油備蓄

第11次五ヶ年計画（2006〜10年）によると，中国の戦略的石油備蓄計画の第2期は，すでに日程に上っている。第1期では，消費市場に近い場所や，石油パイプライン・原油ターミナル・鉄道などの有利なインフラストラクチャ施設を持つ場所に，重点が置かれていた。第2期が沿海地域に限定されることはないであろう。予備的調査が黒龍江省，内モンゴル，新疆で実施され，他の場所でも行われたが，その大部分は重要な鉄道通関点やロシア・中央アジア諸国からの原油輸入用石油パイプラインを有する。第2期では，地下貯蔵が多分採用されるであろう。岩塩層や花崗岩層のある場所は，どちらも石油の地下貯蔵所の建設に適しているが，岩塩の貯蔵空間は花崗岩層のそれに比べはるかに安価である。地理的調査では，広東省，江蘇省淮安 Huai'an（ワイアン）市，広西地域の玉林 Yulin，湖北省の江漢盆地が，この目的に適した花崗岩層を持つことが示されている[116]。

北京当局は，早くも2006年から，戦略的石油備蓄のためにロシア原油の輸入を開始した。2006年8月11日以後，約300万バレルのロシア原油が鎮海 Zhenhai 基地に納められた。『上海証券報』（*Shanghai Securities News*）（新華

社の支社）によると，この1回分の原油は，ロシア・ウラル地方の油田から出荷された。寧波から18キロメートルの地点にある鎮海の石油備蓄基地は，それぞれ10万立方メートルの設計容量を持つ52の石油貯蔵所からなる敷地であり，総貯蔵容量は結局520万立方メートル（3270万バレル），中国の現石油総消費量の4.6日分相当になるであろう[117]。

国務院は2007年12月18日に，国家石油備蓄センター（NPRC）の設立を承認した。同センターは，中国の石油備蓄政策の遂行者として設計されているが，同政策は，国民経済の安全を保障するために，石油備蓄を維持することが目標となっている。同センターの義務は，資本の必要に寄与するとともに，国家石油備蓄基地の建設・管理を監督することである。同センターはまた，戦略的石油備蓄（SPR）の調達，引継ぎ，回転および利用を監督し，国内および国際石油市場を監視する。同センターは，国家発展改革委員会の一部門であるマクロ経済研究院が所有する『中国経済導報』（*China Economic and Trade Herald*）[118]の元社長，楊良松 Yang Liansongが主任となっている。中国の石油備蓄問題は，国家エネルギー指導集団，国家発展改革委員会傘下のエネルギー局，国家エネルギー備蓄事務局（National Energy Reserve Office），および国家エネルギー指導集団事務局（国家発展改革委員会の中に基礎を持つ）によって，共同で管理される。国家発展改革委員会は，2003年にエネルギー局内に国家石油備蓄事務局を設置し，同局の局長が常にこの事務局の主任も兼ねている[119]。

2009年9月25日に，300万立方メートルの貯蔵容量を持つ，独山子（新疆ウイグル自治区）戦略石油備蓄基地の建設が開始された。国家エネルギー管理局局長兼国家発展改革委員会副大臣の張国宝は，これは，戦略的石油備蓄基地建設の第2期の開始を記念するものだと述べた（表4.14）。政府関係者が第2期戦略的石油備蓄基地の1つの位置を明示したのは，これが最初であった。独山子戦略石油備蓄基地の建設は，2011年7月に完了し，2011年9月には，その運用が始まったと報じられた。その30基の石油タンクは，各々10万立方メートルの容量を持ち，主としてカザフスタン産原油で満たされるが，さらにそのパイプラインの能力を一層活用するために，中国－カザフスタン原油パイプライン経由で輸入されたロシア産石油でも満たされるであろう。それは，総

表4.14 中国の戦略的石油備蓄（SPR）第1期・第2期

	容量（100万立方メートル）	運営企業
第1期		
鎮海，浙江省	5.2mcm	SINOPEC
呑山，浙江省	5.0mcm	SINOCHEM
黄島，山東省	3.0mcm	SINOPEC
大連，遼寧省	3.0mcm	PetroChina
第2期		
錦州，遼寧省	3.0mcm	PetroChina
青島，山東省	3.0mcm	SINOPEC
金壇，江蘇省	2.5mcm	SINOPEC
舟山，浙江省	3.0mcm	SINOCHEM
恵州，広東省	2.0mcm	CNOOC
湛江，広東省	7.0mcm	SINOPEC
独山子，新疆	3.0mcm	PetroChina
蘭州，甘粛省	2.0mcm	PetroChina

注：Sinochem：中国化工会社。
出所：*China Oil Gas & Petrochemicals*, 1 October 2009, p. 14.

貯蔵容量2680万立方メートルあるいは2144万トンを持つ，4ヶ所の戦略的石油備蓄基地を建設する努力の一環である。中間目標は，標準的消費の約40日分の貯蔵容量を達成することにあるが，2020年までに，つまり戦略的石油備蓄基地第2期および第3期が完成した後では，消費の100日分相当に増加することになる[120]。中国は2009年，戦略的石油備蓄のために1バレル当たり58ドルの平均価格で原油を輸入した[121]。

戦略的石油備蓄に加えて，北京は国営石油企業に対し，彼ら独自の商業用備蓄も形成するように奨励している。中国石油天然ガス株式会社の独山子石油化学会社は，140万立方メートルの商業用石油備蓄を作り上げた。現在，ウルムチ市の王家溝Wangjiagouや，カラマイの独山子や，トゥルファンTurpanの鄯善Shanshan（ゼンゼン）など，新疆全域に商業用原油備蓄がある。新疆ウイグル自治区は，中央政府によって築かれる戦略的石油備蓄，地方政府によって貯蔵される石油備蓄，会社によって保有される商業用備蓄，中小企業によって作られる備蓄を含め，将来総計1300万立方メートルの石油備蓄を収容することが予想されている[122]。中国政府の報告によると，同政府は原油備蓄に加え，国家発展改革委員会の子会社により運営される精製石油製品の戦略的備蓄

を創出することも計画しており，2011年までに備蓄を8000万バレルに増加させることを目指している。その上，2013年までに商業用石油製品の貯蔵量を2億5200万バレルに増大させる計画がある[123]。

中国石油天然ガス株式会社は2010年7月に，同社が，広西チワン族自治区の欽州に，各々10万立方メートルの容量を持つ原油貯蔵タンク4基の建設を完了したと発表した。これらのタンクは，同社の国際石油備蓄プロジェクトの第1期として建設されたものであるが，この第1期には，このようなタンクが合計42基建設されることになる。同社は，広西における年間1200万トンの欽州製油所を試験操業しており，その貯蔵タンクは，同社の商業用備蓄のために，一部使用されることになる[124]。

中国の民間石油企業の組織である中国商業連合会石油流通委員会（PFCGCC）の趙友山 Zhao Youshan 会長によると，戦略的石油備蓄は民間石油企業に開放されるであろう。同氏は，戦略的石油備蓄の一部として役立つように，3600万トンの原油貯蔵容量を民間石油企業により保有してもらうという，同石油流通委員会の要請は，高官らの承認を得たと述べ，また彼は，まもなく関連した政策が発表されるかも知れないと指摘した。中国は2010年6月に，民間企業が石油産業のような国家管理産業と協力することを奨励する目的で，新36箇条を発令した[125]。

結　論

中国の化石燃料に対する旺盛な欲望は，同国の経済基盤の転換によって，すなわち衣類や靴製品のような輸出用軽工業から離れて，国内市場向けの鉄鋼，セメント，自動車製造および建設のようなエネルギー集約型の重工業に向かう転換によって，駆り立てられている[126]。とくに，全国的道路網の発展に伴う，自動車所有者の激増は，今後数十年間の石油需要の急成長を加速させるであろう。エネルギー計画立案者の頭痛の種は，国内の石油生産は駆け足の石油需要増加を埋め合わせるのに十分な程大きくなく，それ故今後数年で膨大な量の石油輸入が不可避になるという点にある。2010年には，原油輸入は2億3930万トンに至ったが，そのうち47.1％（1億1280万トン）は，中東産で，29.6％

（7080万トン）がアフリカ産であった。これら2ヶ所の供給源の石油だけで，ほぼ1億8400万トンに達した。ロシア産とカザフスタン産の割合は，それぞれ6.4％（1520万トン）と4.2％（1010万トン）であった。2020年までに，この総量は，おおよそ3億8500万トンに到達すると予測されているが，この数値は，2020年の総需要が5億8500万トン（あるいは1日当たり1170万バレル）となるのに，国内生産量は2億トンになることを想定している。純輸入量は，2020年代に1日当たり1000万バレルに達する可能性が高く，したがって，石油供給の安全保障は，中国の計画立案者の最優先事項の1つになっている。

　近頃中国国有石油企業の海外進出政策（走出去）の活動が強化されたのは，海外の供給源を確保する必要に迫られたものであり，この勢いが2010年代に維持されることはほぼ確実である。中国石油天然ガス株式会社の蒋潔敏最高経営責任者は2010年3月末に，600億ドルを下回らない総投資額が，2020年までに世界の5地域で石油・ガス協力を形成するために必要とされると予測し，同社は2020年までにその石油・ガスの2分の1が海外産となることを望むと付け加えた。以前に検討したように，1992〜2009年（春）の間の海外石油・ガス関連プロジェクトに対する総投資額は，444億米ドルであり，中国の国有石油企業3社と他の投資家との提携によって実行された。中国石油天然ガス株式会社が単独で今後十年間に行う投資600億米ドルという数字は，大変意欲的な目標であるが，しかし2009年だけで，中国の会社が鉱山やエネルギーの獲得に記録的な320億ドルを支出したことを考慮すれば，それは不可能ではない[127]。

　中国の国有石油企業の世界展開に，制限は一切ない。中国の急速に拡大するエネルギーの必要は，同国がエネルギー飢餓の充足方法をさがし回るので，重要な地政学的含意を持つことを予想させる。中東とアフリカは，主要供給源として枢要な役割を占め続けるであろう。とくに，一度イラクの2大油田が標準操業に復帰すれば，中東からの供給量は大幅に増加するであろう。そのことの意味は，中国の海上輸送に対する重度の依存は，中央アジア共和国やロシアやミャンマーからの石油供給用パイプライン開発に対する大規模投資にもかかわらず，今後数十年間で低減することは容易でないという点にある[128]。

中国石油天然ガス株式会社の支出予算の急増にもかかわらず，ロシアの石油・ガス資産は，中国国有石油会社と中国石油天然ガス株式会社の合併・買収一覧表からは，おそらく除外されるであろう。中ロの石油協力は，二国間の石油や石油製品の取引規模を増大させるために，石油向け融資のような，別の急場しのぎの媒介手段を見つけなければならないであろう。両国間の原油や石油製品の取引は，今後数十年間に減少するとは考えられない。東シベリア，サハリン海洋における上流資産の共同開発が，おそらく 2010 年代後半に，いくつかの現実的結果をもたらし始めれば，さらに追加的原油供給が付加され得るであろう。

付　表

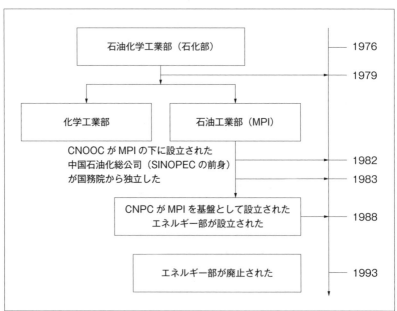

図 A.4.1　規制および産業の枠組みの進化（1976〜1993 年）

注：「部」は Ministry の訳，CNOOC は中国海洋石油公司，MPI は石油工業部。
出所：Ma Xin (2008)．

図 A.4.2 規制および産業の枠組み（1978〜1993年）

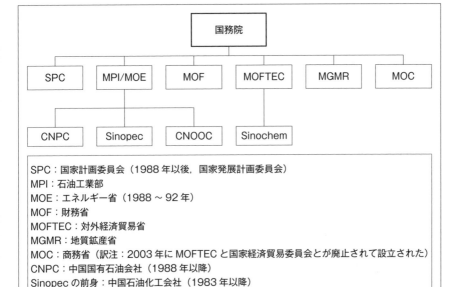

SPC：国家計画委員会（1988年以後，国家発展計画委員会）
MPI：石油工業部
MOE：エネルギー省（1988〜92年）
MOF：財務省
MOFTEC：対外経済貿易省
MGMR：地質鉱産省
MOC：商務省（訳注：2003年にMOFTECと国家経済貿易委員会とが廃止されて設立された）
CNPC：中国国有石油会社（1988年以降）
Sinopecの前身：中国石油化工会社（1983年以降）
CNOOC：中国海洋石油会社（1982年以降）
Sinochem：中国化工会社

出所：Ma Xin（2008）．

図 A.4.3　新規の規制枠組みおよび産業構造

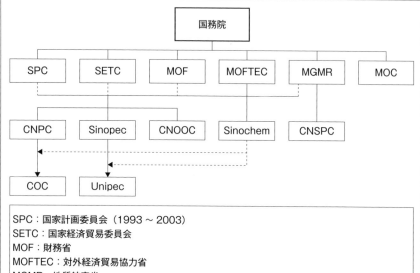

SPC：国家計画委員会（1993 〜 2003）
SETC：国家経済貿易委員会
MOF：財務省
MOFTEC：対外経済貿易協力省
MGMR：地質鉱産省
MOC：商務省（2003 年〜現在）
CNPC：中国国有石油会社（上流）
Sinopec：中国石油化工株式会社 (下流)
CNOOC：中国海洋石油会社（海洋上流）
CNSPC：中国新星石油会社
Sinochem：中国化工会社
COC：中国連合石油会社
Unipec：中国国際石油化工連合会社

出所：Ma Xin（2008）.

図 A.4.4 規制の枠組み（1998〜2003 年）

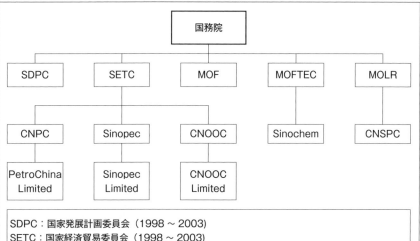

SDPC：国家発展計画委員会（1998 〜 2003）
SETC：国家経済貿易委員会（1998 〜 2003）
MOF：財務省
MOFTEC：対外経済貿易協力省（1998 〜 2003）
MOLR：国土資源省
CNPC：中国国有石油会社
PetroChina Limited：中国石油天然ガス株式会社
Sinopec：中国石油化工会社
Sinopec Limited：中国石油化工株式会社
CNOOC：中国海洋石油会社
CNOOC Limited：中国海洋石油株式会社
CNSPC：中国新星石油会社（2001 年以前），2001 年以降は SINOPEC に買収された。
Sinochem：中国化工会社

出所：Ma Xin（2008）．

図 A.4.5 規制の枠組み（2007年）

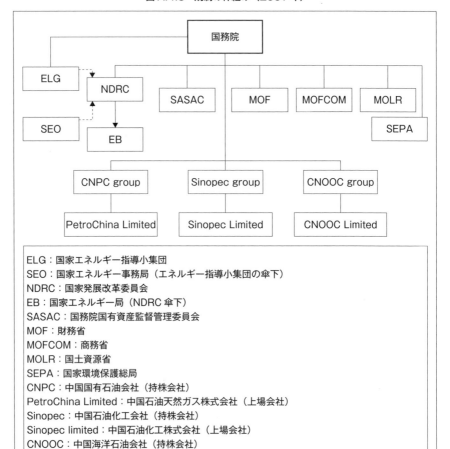

ELG：国家エネルギー指導小集団
SEO：国家エネルギー事務局（エネルギー指導小集団の傘下）
NDRC：国家発展改革委員会
EB：国家エネルギー局（NDRC 傘下）
SASAC：国務院国有資産監督管理委員会
MOF：財務省
MOFCOM：商務省
MOLR：国土資源省
SEPA：国家環境保護総局
CNPC：中国国有石油会社（持株会社）
PetroChina Limited：中国石油天然ガス株式会社（上場会社）
Sinopec：中国石油化工会社（持株会社）
Sinopec limited：中国石油化工株式会社（上場会社）
CNOOC：中国海洋石油会社（持株会社）
CNOOC Limited：中国海洋石油株式会社（上場会社）

出所：Ma Xin（2008）.

【注】

1 Berrah 他（2007），pp. 37-43；IEA（2007），p. 263.
2 Berrah 他（2007），pp. 37-43.
3 IEA（2010），p. 602.
4 これは2010年7月20日に発表された（'China overtakes the United States to become world's largest energy consumer', www.iea.org/index_info.asp?id=1479)。; Swartz & Oster（2010）．中国の国家統計局は，2009年のエネルギー消費は31億標準石炭換算トンに達し，これは21億3200万石油換算トンに相当すると報告した（'China dismisses IEA analysis of it being world's top energy user', www.chinadaily.com.cn/bizchina/2010-07/20/content_11025333.htm)。
5 'China 2010 Energy Consumption Rises 5.9％, National Statistics Bureau Says', www.bloomberg.com/news/2011-02-28/china-2010-energy-consumption-rises-5-9-percent-statistics-bureau-says.html
6 国家発展改革委員会によると，2010年の中国向け大手石炭輸出国はインドネシアであり，オーストラリア，ベトナム，モンゴルおよびロシアがこれに続いた。これら5ヶ国が石炭輸入の84％を占めた。Zhao Tingting（2011）参照。
7 Bloomberg の報道によると，これらの数値はもともと Citigroup Inc. の報告から得たものである。*China Daily*, 14 December, 2010 参照（'China's net coal imports likely to hit 230m tons in 2011', www.chinadaily.com.cn/business/2010-12/14/content_11700418.htm)。
8 3つの予想（現行政策概要，新政策概要，450概要）に見られる石油需要の経路には大きな差異がある IEA（2010），p. 105（Table 3.2）参照。
9 'China Meets Energy Consumption Target for 2010', www.china-briefing.com/news/2011/01/19/china-meets-energy-consumption-target-for-2010.html
10 Swartz & Oster（2010）．
11 中国のエネルギー安全保障は，とりわけ海上交通路の隘路，つまりマラッカ海峡に過重依存していることにより，看過できない脆弱性が難点となっている。中国は，東南アジアにおいて少なくとも4つの海上交通路の経路に依存している。詳細に関しては，次を参照のこと。Zhang Xuegang（2008）；Blair, Chen & Hagt（2006）．
12 Department of Communications and Energy（1997）．
13 Meidan 他（2007），pp. 33-63.
14 *Ibid.*, p. 53, 81-5.
15 Mai Tian, 'Power Panel', *CD Business*, 6-12 June 2005.
16 Chen Wenxian（2005c)，pp. 5-6；Yang Liu（2006a）．
17 Qiu Jun（2006b)．
18 2006年までで，石炭埋蔵量は1兆345億トンであった。残りの確証された可採埋蔵量は，世界全体の13％を占め，中国を世界3位に押し上げた。同年に，水力発電資源の理論上の予備は6兆1900億キロワット時に相当し，経済的に開発可能な年間電力生産量は1兆7600億キロワット時となり，世界の水力発電資源の12％に相当し，中国は世界第1位となった。Zhu Zhu（2008）参照。
19 Bradsher（2009）．
20 Chan, Y.（2009）．
21 Zhu Zhu（2008）．
22 *Ibid.*
23 *Ibid.*
24 Downs（2007），p. 67.
25 Qiu Jun（2006b)．

254   4．中国の石油産業

26　Chen & Graham-Harrison（2008），p. 1-3.
27　張国宝は，1999年に国家発展改革委員会でエネルギー事業を統括し始めた。彼は，西東ガスパイプラインや中国・トルクメニスタン天然ガスプロジェクトや液化天然ガス輸入プロジェクトなどの巨大プロジェクトを推進した。Lin Fanjing（2008d）参照。
28　これと比較して，米国エネルギー省の従業員数は1万4000人以上である。Lin Fanjing（2008d）．
29　*China Oil Gas & Petrochemicals*, 1 August 2008, p. 3.
30　*China Energy Report Weekly*, 24-30 July 2008, p. 4.
31　Qiu Jun（2010b）．
32　*China Oil Gas & Petrochemicals*, 1 August 1998, p. 1-3. 中国石油化工会社は2008年5月に，中国の上流部門操業の統合された管理を確立するために，油田探査開発事業部を創設した。人員は，同社の探査会社，海洋起源事業部およびや既存の油田探査開発事業部の管理職員の出身であった。同社は2007年に，同社の上流事業開発を加速するためにSINOEPC探査会社を設立した。*China Oil Gas & Petrochemicals*, 1 July 2008, p. 8 参照。．
33　同社は，資源戦略を優先事項にした。中国石油化工会社は，総面積12万平方キロメートルに及ぶ，松遼，三江Sanjiang，渤海湾周辺，敦化Dunhuaの4地域に散在する，39の探査鉱区を包摂する中国東北部の同社の上流構成単位を再編する計画を進めた。同地域の上流資源の統合を促進するため，同グループは，以前の東北石油局（Northeast Petroleum Bureau）や北部開発会社（Northern Exploit Company）や華東支社吉林プロジェクト担当部（Jilin Project Department）に代わって，新たに東北会社Northeast Companyを設立することを決定した。Chen Dongyi（2008b）参照。
34　Ma Xin（2008）．
35　Liu Yanan（2008b），p. 9.
36　US Energy Information Administration, China Brief, www.eia.doe.gov/emeu/cabs/China/Oil.html
37　Liu Yanan（2008c）；Qiu Jun（2008）；Qiu Jun & Liu Shuyun（2006）．
38　China International United Petroleum & Chemicals Co., Ltd.（UNIPEC），http://english.sinopec.com/about_sinopec/subsidiaries/subsidiaries_joint_ventures/20080326/3083.shtml
39　Chinaoil（USA）Inc., http://chinaoilusa.com/index.html
40　Sinochem Group, www.sinochem.com/english/tabid/640/Default.aspx
41　Zhuhai Zhen Rong Company, http://companies.china.org.cn/trade/company/338.html
42　Li Xiaoming（2004），pp. 1-2.
43　同社は，中国北方工業集団会社（CNIGCあるいはNorinco）の完全子会社であり，中国最大の兵器製造企業である。次を参照：Qiu Jun（2010d）；China ZhenHua Oil Co., Ltd.（ZhenHua Oil），www.zhenhuaoil.com/en-gk-zhc.htm
44　Zhang Qiang（2005）．
45　中国石油化工会社の勝利油田は，15年連続で年間2700万トン以上の原油生産を維持した。*China Oil Gas & Petrochemicals*, 15 September 2010, p. 24 参照。
46　Qiu Jun（2006d）．
47　2008年8月18日に，中国政府調査によると，中国の石油とガスの総埋蔵量は，それぞれ1086億トン，56兆立方メートルあり，このうち石油とガスの可採埋蔵量は，それぞれ212億トンと，22兆立方メートルと推定されていた。これらの数値は，2006年のものとは幾分異なっていた。中国は，その最初の全国的石油・天然ガス資源評価を1981年から1987年の間に実施し，第2次評価を1991年から1994年の間に実施した。第2次調査において，中国は石油と天然ガスの総埋蔵量がそれぞれ940億トンと38兆400億立方メートルであることが明らかになった。*China Energy*

Report Weekly, 14-20 August 2008, p. 12 参照。
48 Quan Lan (2000d).
49 Yang Liu (2006c).
50 *Ibid*.
51 これは，著者が発見した最新データである。
52 *China Oil Gas & Petrochemicals*, 1 August 2008, p. 13.
53 *China Oil Gas & Petrochemicals*, 15 August 2010, p. 19.
54 Kambara & Howe (2007), pp. 48-51.
55 *China Oil Gas & Petrochemicals*, 1 September 2006, p. 12.
56 生産井が通常，3500 メートルより深くない中国東部では，油井1本当たり生産量は日量平均8.7 トンである。試掘井の深さが優に 5500 メートルを超えるタリム盆地では，油井1本当たりの平均生産量は日量 70 トンに達する。しかしながら，中国石油天然ガス株式会社は，費用の懸念から，高産出量の可能性があるにもかかわらず，現在，同社の坑井を 6000 メートル以下に制限している。Quan Lan (2001j) 参照。
57 *China Oil Gas & Petrochemicals*, 15 April 2004, p. 15.
58 大慶油田有限責任公司の王玉普 Wang Yufu 会長によると，大慶油田は，同油田の二次層の回収率を改善することを目標としている。一次層には約1億トンの可採埋蔵量しか残っていない。2007 年の大慶油田の生産量は 4162 万トンとなり，中国全体の 22％を占めた。*China Oil Gas & Petrochemicals*, 1 August 2008, p. 16；*CD*, 7 April 2009（'Daqing to maintain crude output', www.china.org.cn/business/2009-04/07/content_17561729.htm）参照。
59 'Changqing Oil & Gas Province', www.cnpc.com.cn/en/aboutcnpc/ourbusinesses/exploration production/operatediol/Changqing_Oil_and_Gas_Province.htm
60 'PetroChina's Changqing produces record oil, gas output in Q1', www.chinamining.org/Companies/2011-04-11/1302505870d44443.html
61 天然ガスの場合，2015 年の生産量は，年間最大 320 億立方メートルになる必要がある（'Changqing oil field becomes China's 2nd largest onshore oil-gas field', http://english.peopledaily.com.cn/90001/90778/90860/6849245.html）；'PetroChina's Changqing oil field to boost production', www.chinadaily.com.cn/bizchina/2008-12/04/content_7272595.htm；*China Energy Report Weekly*, 17-23 July 2008, p. 10；*China Oil Gas & Petrochemicals*, 1 August 2008, p. 16；*China Oil Gas & Petrochemicals*, 15 September 2009, p. 17；*China Oil Gas & Petrochemicals*, 15 January 2010, p. 13-14.
62 US Energy Information Administration, Country Analysis Brief, China, www.eia.doe.gov/emeu/cabs/China/Oil.html
63 Kambara & Howe (2007), pp. 81-88.
64 *China Energy Weekly*, 15-21 July 2010, p. 10.
65 *China Oil Gas & Petrochemicals*, 15 April 2009, p. 18.
66 *China Oil Gas & Petrochemicals*, 15 February 2009, p. 33. 塔河油田は 2009 年に，第三次石油埋蔵量のトン換算で 4 億 7500 万トンを発見する計画であったが，これには石油確認埋蔵量1億トン，制御可能石油埋蔵量1億 5000 万トン，ガス 300 億立方メートルが含まれる。*China Oil Gas & Petrochemicals*, 15 March 2009, p. 29 参照。
67 *China Oil Gas & Petrochemicals*, 1 September 2010, p. 24.
68 US Energy Information Administration, Country Analysis Brief, China, www.eia.doe.gov/emeu/cabs/China/Oil.html
69 Chen Wenxian (2007a).

70 中国石油天然ガス株式会社による南堡油田の発見は,最大110億バレルの石油を有していると考えられており,これは中国における数十年で最大の石油発見であったかも知れない。Crooks & Kwong（2007）参照。しかしながら,その発見は予測されていた程規模が大きくないかも知れないと示唆する報告が1件ある。（'China: PetroChina's Jidong Nanpu oil field smaller than originally thought', www.energy-pedia.com/article.aspx?articleid=140523）.

71 Yang Liu（2007）; 'PetroChina Company Limited announces today that it has discovered a large oilfield with geological oil reserves reaching 1,020 million tonnes at the region of Jidong tidal and shallow water areas of Bohai Bay-Jidong Nanpu Oilfield', www.petrochina.com.cn/resource/EngPdf/BulletinBoard/gg070503e1830.pdf; Crooks（2009a）.

72 Yang Liu（2007）.

73 *Ibid.*

74 蓬莱（PL）19-3油田は,渤海湾の11/05鉱区に位置している。*China Energy Report Weekly*, 11-17 September 2008, p. 6; *China Oil Gas & Petrochemicals*, 1 October 2008, p. 15 参照。

75 'Penglai field to reach peak production', www.chinadaily.com.cn/bizchina/2011-05/20/content_12548640.htm

76 'Oil spill in China's Bohai Sea rises to 2,500 barrels', www.chinadaily.com.cn/bizchina/2011-08/12/content_13104070.htm; 'Oil spill reaches beaches', www.chinadaily.com.cn/usa/epaper/2011-07/21/content_12952238.htm; The reduction of 17 000 b/d was predicted（'Watchdog deems oil leak in bay a "disaster"', www.chinadaily.com.cn/usa/epaper/2011-07/15/content_12910805.htm）

77 This paragraph is based on material in the US Energy Information Administration's website, www.eia.doe.gov/

78 2007年に,中国海洋石油会社の総生産量は1日当たり37万2000バレルとなり,このうちの約37％は南シナ海の開発によるものである。'US Energy Information Administration, Country Analysis Brief, China', www.eia.doe.gov/emeu/cabs/China/Oil.html 参照。2007年末,中国海洋石油会社は,渤中28-2 東 Bozhong 28-2 East,渤中26-3 Bozhong 26-3,錦州25-1 Jinzhou 25-1,涠洲（イシュウ）11-7 Weizhou 11-7,涠洲11-8 Weizhou 11-8,,涠洲6-1 南 Weizhou 6-1 South,,涠洲11-2 Weizhou 11-2,番禺10-2 Pan Yu 10-2,番禺11-5 Pan Yu 11-5,墾利20-1 Kenli 20-1 を含む10の新規石油・ガスを発見した。この発見は,必要とされる深海技術を持つ Atlantis Deepwater Technology Holding との協力でなされたものである。この発見は,中国海洋石油会社が,2010年までに5000万トンの中国国内年間原油生産を確保するのに役立つことができるであろう。Liu Yanan（2008b）, p. 8 参照。

79 *China Oil Gas & Petrochemicals*, 15 February 1997, pp. 1-4.

80 Berrah 他（2007）, p. 26.

81 *Ibid.* および 'World Oil Transit Chokepoints', www.eia.gov/countries/regions-topics.cfm?fips =WOTC

82 『中国証券報』（*CSJ*：*China Securities Journal*）の報道によれば,30万重量トンの原油港および60万立方メートルの石油貯蔵庫も2010年までにミャンマーで建設されるであろうが,「石油・ガスパイプライン」の建設は9月に開始されるであろう。同報道は,中国とミャンマーの間で3月に署名された協定に言及しているが,この協定は,2800kmに及ぶ12億立方メートルのガスパイプラインも,石油パイプラインに並行して敷設されると述べている。以下を参照。*Oil & Gas Journal Online*, 19 June 2009; 'China, Myanmar sign oil pipeline agreement', www.ogj.com/articles/2009/06/china--myanmar-sign.html; 'OVL may join Chinese gas pipeline from Myanmar', www.chinadaily.com.cn/bizchina/2009-07/25/content_8561562.htm

【注】 257

83 *China Oil Gas & Petrochemicals*, 15 September 2009, p. 17.
84 Zhu Zhu (2007).
85 Berrah 他 (2007), p. 26.
86 *China Oil Gas & Petrochemicals*, 15 September 2009, p. 18.
87 中国の 2020 年における石油需要の別の予測は,それが 5 億 9000 万～6 億 5000 万トンの範囲になるとしている (See Liu Xiaoli (2011))。
88 ノヴァテックのプロフスク・ガスコンデンセート安定化施設で生産された安定ガスコンデンセートの積荷は,ロシアのムルマンスク Murmansk 港から中国の寧波港まで 22 日で,スエズ運河を通ずる在来航路を利用する場合に必要とされる時間のほぼ半分で輸送された。*China Energy Weekly*, 2-8 September 2010, p. 11 参照。
89 Jakobson (2010); Ebinger & Zambekakis (2009). 2008 年にリタスコ (Litasco) の対中国総売上高は,石油 47 万トン,バージン燃料油 66 万 2000 トンとなり,2009 年 1 月から 6 月までの石油配送量は 70 万トンにも達した。'Lukoil News-2009', www.oilprimer.com/lukoil-news-2009.html 参照。
90 'US Energy Information Administration, China-Background', www.eia.gov/countries/cab.cfm?fips=CH
91 Sun Huanjie (2006a); Chen Wenxian (2004a).
92 蘭州に位置する同ターミナルは,貯蔵能力が 50 万立方メートルに設計されているが,建設用地に 15 万立方メートル 2 基,10 万立方メートル 3 基の石油貯蔵所を含んでいる。同西部原油パイプラインは,蘭州をウルムチと連結し,新疆の油田から蘭州精製基地まで総距離 1878 キロメートル,原油を年間 2000 万トン輸送するように設計されている。See Qiu Jun (2006r) 参照。
93 この蘭州－鄭州－長沙パイプラインは,西安と武漢を通過するが,同錦州－鄭州パイプラインが,蘭州－鄭州－長沙パイプラインと接続されるであろう。同パイプラインは,1 本の基幹パイプラインおよび 2 本の支線パイプラインで構成されている。両パイプラインの総投資額は 120 億元に達するであろう。Lin Fanjing (2006b) 参照。
94 *Ibid.*
95 Qiu Jun (2006r).
96 Yang Liu (2005b).
97 Lin Fanjing (2008a).
98 *Ibid.*
99 Zhou Yan (2011). (Note that the original press article contains some important errors, corrected here); 'CNPC to Enlarge Pipeline Network', www.cippe.com.cn/cippeen/html/content_1048.html
100 The figures from Mr Xu Yihe, China Correspondent, Upstream through e-mail communication (6 May 2011).
101 'CNPC to lay 30, 000 km of new gas pipeline by 2015', www.interfax.cn/news/19350
102 中国国有石油会社は 1998 年 12 月 28 日に,新規資産の買収により自社のパイプライン部局を再編することを明らかにした。河北省廊坊 Langfang に本部を置く新パイプライン局は,以前の名称,中国石油天然ガスパイプライン局 (China Oil and Gas Pipeline Bureau (COGPB))(本文では CPPLB)を保持し,陳吉慶 (Chen Jiqing) 局長により指揮されるが,前西北パイプライン建設局 (Northwest Pipeline Construction Bureau)(西安)とトルファン・ハミ油田 (新疆) の天然ガス輸送会社 (Natural Gas Transporting Co.) から資産を継承した。同局はまた,中国国有石油株式会社が北京華油天然ガス有限責任会社 (北京) に保有する,またタリム油田がタリム石油ガス輸送会社 (Tarim Oil and Gas Transportation Co., Ltd.) に保有していた株式持ち分を買収した。

258　4．中国の石油産業

China Oil Gas & Petrochemicals, vol. 7, No. 1, 1 January 1999, p. 13 参照。
103　中国石油化工会社は 2011 年に，7270km の石油パイプラインを所有し，操業していた。Sinopec, Corporate Social Responsibility, 'Serve the Customers', www.sinopecgroup.com/english/Pages/Servethecustomers.aspx ; Lin Fanjing (2009b).
104　Sun Huanjie (2006a).
105　US Energy Information Administration, China-Background, www.eia.gov/countries/cab.cfm?fips=CH. 年間 1000〜1500 万トンの配送能力（および 508〜660mm 径）を持つ 2148 キロメートルの同蘭州－鄭州－長沙石油製品パイプラインは，甘粛省や山西省，河南省，湖北省，湖南省を包摂し，目標の操業開始日は 2009 年 6 月であった。Lin Fanjing (2009b) 参照。
106　Liu Yanan (2009).
107　1996 年から 2006 年の国内石油消費量は，年間 7.2％上昇したが，一方，国内原油産出量は年率 1.9％しか上昇しなかった。Zhu Zhu (2007) 参照。
108　US Energy Information Administration, China-Background, www.eia.gov/countries/cab.cfm?fips=CH
109　国家発展改革委員会は 2007 年に，液化石油ガスの高額負担に見舞われているタクシー運転手や低額所得家庭に，またディーゼル価格上昇の影響を蒙っている農業経営者に，総額 420 億元の補助金を支給した。同特別基金は 2006 年に，石油生産者らから 450 億元を受け取っている。国家発展改革委員会は，210 億元が補助金の資金に割り当てられたと述べた。('China to collect over 60 billion yuan to finance oil subsidies (12/07/07)', www.china-embassy.org/eng/xw/t387979.htm) ; Zhu Qiwen (2008).
110　Li Xiaohui (2010d) ; Lin Fanjing (2010d) ; *China Oil Gas & Petrochemicals*, 15 December 2010, p. 7, Table 2.
111　2011 年 2 月時点で，年間 1000 万トン以上の能力を持つ精油所は 18 ヶ所に過ぎなかった。
112　同上。
113　同上。
114　Lin Fanjing (2010d).
115　*Ibid.*
116　Qiu Jun (2005j) ; Qiu Jun (2006b), p. 13.
117　*China Oil Gas & Petrochemicals*, 1 November 2006, p. 10.
118　Academy of Macroeconomic Research, http://60.247.103.213/en/article.asp?m=7) → http://60.247.103.213/en/Publications/JournalBrief.aspx?journalId=8 では（？）
119　Liu Yanan (2008a).
120　Lin Fanjing (2009f). 中国の戦略的エネルギー計画の策定に参加した，厦門大学の中国エネルギー経済研究センターの林伯強 Lin Boqiang センター長によると，戦略的石油備蓄は，第 2 期の備蓄基地が一旦運用開始されれば，中国の石油需要 100 日分を満たすものと期待されていた。Li Xiaohui (2010c) 参照。
121　これと比較して，ウェスト・テキサス・インターミディエイト（WTI）原油価格の平均は，2009 年に 1 バレル 62 米ドルであった。*China Energy Report Weekly*, 14-20 January 2010, p. 5 参照。
122　Lin Fanjing (2009f).
123　US Energy Information Administration, China-Background, www.eia.gov/countries/cab.cfm?fips=CH
124　*China Oil Gas & Petrochemicals*, 1 August 2010, p. 24.
125　*China Oil Gas & Petrochemicals*, 1 September 2010, p. 34.

126 Bradsher (2010).
127 Duce & Wang (2010).
128 Erikson & Collins (2010).

5．中国のガス産業

　石油の場合と同様にガスにおいても，中国の政策上の重点は，まず国内ガスの発見を加速することから始め，その後に，輸入を（パイプラインや液化天然ガスを介して）国のエネルギー計画に漸次統合することにあった。ところが，ガスはどこから来るべきかに関して，確定した政策は全くなかったし，また，これまでのところ，多くの観察者にとって驚くべきことであるが，ガスはロシアから来ていない。

　2000年代を通じて，中国のガス産業は活発に拡大した。本章では，この拡大の特質と結果を解説することが目的となる。ここではまず，中国国内ガス資源の簡単な概観から始め，国内の生産盆地に焦点を当て，次に炭層メタンガスやシェールガスの選択肢の説明に移る。それから中国の国内ガス需要について，とくにガス価格改革に注意を払いながら言及するが，これこそは中ロガス供給の長期的で遅々とした交渉の，主要なつまずきの石となったものである。その後で，都市ガスの成長，今後数十年間における中国のガス拡大の主要特徴に焦点は移る。本章は，中国の全国的ガスパイプライン網とその重要な国際パイプラインとの接続について詳細図を提示した後で，この国の巨大でしかも増加するガス需要を充足する上で，一方の国内生産の役割と他方の輸入（パイプライン経由と液化天然ガス形態との両方）の役割との間に見られる，様々な均衡と不均衡に関し考察して，論述を終える。

国内ガス資源

　BPの世界エネルギー統計年報によれば，2009年末で中国のガス確認埋蔵量は総計2兆9000億立方メートルであり，可採年数（埋蔵量／生産量）は29.0であった[1]。この幾分控えめな予測は，しかしながら，国内生産能力を拡張す

る自国の力量に対する中国の自信を少しも傷つけるものではなかった。

　2004年11月に，中国国務院発展研究センターによって「中国における国家エネルギー戦略・政策の調査」という表題で，中国のエネルギーの将来に関する当局の報告書が作成された[2]。この報告書は，石炭に代わる環境汚染のない代替肢として，とくに電力部門や住宅部門における，天然ガスの使用拡大を主張していた。また，同報告書は，2020年までにエネルギー構成に占める天然ガスの割合を10%にまで引き上げることの重要性を強調していた。

　2000年に，中国のエネルギー総消費量は，13億9000万標準石炭換算トンであった。もしこの消費水準が2020年までに2倍になるとすると（共通の予測），需要は27億8000万標準石炭換算トンに上昇しているであろう[3]。しかしながら，2010年の実際の数値は，すでに32億標準石炭換算トンとなっており，2015年の需要は，国家エネルギー局の前局長である張国宝によって40億標準石炭換算トンにもなる，と予測されている[4]。その10%は，2億7800万標準石炭換算トンであり，天然ガスの2090億立方メートルに相当する[5]。同国の天然ガス資源が，2020年に年間2000億立方メートル以上の天然ガス生産を提供する程に十分豊富であるかどうかは，決して明らかではないし，したがってまた，北京当局は，天然ガス資源の真の規模をしきりに把握したがってきた。

　第2次全国天然ガス資源調査（1994年に，中国国有石油会社および中国海洋石油会社によって，南沙諸島を除く中国の69の堆積盆地で実施された）によれば，中国の在来型天然ガスの地質学的資源量は38兆400億立方メートルであり，そのうち79%すなわち29兆9000億立方メートルは陸上の鉱床に，そして残りの21%すなわち8兆1400億立方メートルは海洋に存在する。この埋蔵量38兆立方メートルの地質学的資源量のうちおよそ89%は，次の13の盆地で発見された。すなわち，松遼，渤海湾，オルドス，四川，タリム，ジュンガル，トルファン・ハミ，ツァイダム，揚子江中流地域，東シナ海，鶯歌海 Yinggehai（オウカカイ），瓊東南 Qiongdongnan（ケイトウナン），珠江口 Pearl River Mouth がそれである[6]。

　第3次全国資源調査が2003年に開始され[7]，130近くの盆地が評価された。その予備的結果は，中国の天然ガス基盤の一層高い推定の傾向を示した。すなわち総計で52兆7000億立方メートルであり，1994年推定の38兆立方メート

に比べ大幅な増加であった（表5.1および表5.2を参照）。また2003年の調査も，残る未発見の資源が17兆4000億立方メートルあると推定しており，そのうち4兆1000億立方メートルはオルドス盆地に，3兆5000億立方メートルはタリム盆地に，2兆7000億立方メートルは四川盆地に位置する[8]。

　1949年から1976年の間に発見されたガス田の大部分は，四川盆地内にあった。1977年から1989年にかけて，6つの大規模ガス鉱区が明確な形を取ったが，その中には四川，タリムおよびオルドスの盆地が含まれている。1989年以降，一群のガス田が発見されてきた。2005年末までには，全国の確認および可採ガス埋蔵量の総計は，2004年推計の25％増で，3兆5000億立方メートルに達した。2000年から2005年に，中国は8つの大規模ガス田を発見し確認したが，それぞれ1000億立方メートル以上の埋蔵量を持つ。1991年から2003年の間に新規に追加されたガス可採埋蔵量は，2兆600億立方メートルに，年間平均で1585億立方メートルに達した。この時期の後半（1999～2003年）には，確認および可採ガス埋蔵量が総計1兆6160億立方メートル，年間平均で2019億立方メートル追加された。さらに2004年から2020年の間に，新規に追加される可採埋蔵量は3兆1300億立方メートル，年平均で1839億立方メートルになると予測されている。2020年までにガス可採埋蔵量は5兆5900億立方メートルに到達するであろう。

　第3次全国調査は2006年に完了し，中国は合計52兆7000億立方メートルの天然ガスを有することが確認された。陸上の天然ガス埋蔵量は38兆8200億立方メートルで，このうち4兆3600億立方メートルが中国東部に，31兆2600億立方メートルが中国中部および西部に，3兆2000億立方メートルが中国南

表5.1　中国のガス埋蔵量評価結果

	天然ガス埋蔵量 （兆㎥）
1987	33.6
1994	38.0
2006*	52.7

注：＊同第3次調査は，2003年に開始され，2006年に完了した。
出所：Yang Liu (2006c), p. 31.

国内ガス資源   263

表 5.2　第 3 次調査による中国の天然ガス資源量（2003 年）（兆立方メートル）

	資源量	未発見
陸上	38.8	14.5
東部	4.4	1.8
中央部および西部	31.3	11.9
南部	3.2	0.8
海洋	13.8	2.9
総計	52.7	17.4

出所：Chen Mingshuang (2006).

部に存在する。海洋のガス埋蔵量は 13 兆 8000 億立方メートルである。確認されているが未開発のガス埋蔵量は，17 兆 4000 億立方メートルに上り，その内 6 兆 7800 億立方メートル（39％）が中国中部に，5 兆 1400 億立方メートル（29.5％）が西部に，2 兆 9000 億立方メートル（18.5％）が海洋に存在する。第 3 次調査の一環として，例えば炭層メタン，オイルシェール，オイルサンドなど非在来型資源のこれまでで最初の評価が，47 の盆地において行われたことは，特筆に値する[9]。

　この 52 兆 7000 億立方メートルという資源基盤の個別盆地別内訳は入手できないが，中国国有石油会社の 2005 年資料を，異なる盆地の相対的埋蔵能力の大まかな指標として利用するのは，合理的である。これは表 5.3 に示される通りであるが，そこでは，中国の天然ガス資源量が，115 の陸上および海洋のガス産出田別に分布しており，可採埋蔵量 22 兆立方メートルを含む，総計 35 兆 300 億立方メートルになることが示されている。これらの埋蔵量は，主に中部，西部そして海洋地方に分布しているが，その各々の地質学的埋蔵量は，それぞれ 10 兆 1100 億立方メートル（28.86％），11 兆 6000 億立方メートル（33.12％），8 兆 1000 億立方メートル（23.13％）となっている。地質学的には，天然ガス資源は大部分が新生代および中世代の岩石層にあるが，これらの岩石層は，それぞれ，確認埋蔵量 13 兆 2500 億立方メートル（全体の 37.82％）と 11 兆 3100 億立方メートル（全体の 32.29％）を蔵している。深度に関して見ると，ガス資源は地理的にほとんどすべての水準にあり，すなわち上位層には 8 兆 3000 億立方メートル（23.69％），中深度層には 10 兆 2100 億

立方メートル（29.15％），大深度層には 10 兆 9400 億立方メートル（31.23％），超深度層には 5 兆 5800 億立方メートル（15.93％）がある。天然ガス資源は，東部地域および海洋区域における上位層埋蔵量，西部および外洋区域における深度層埋蔵量と特徴づけられている。在来型の天然ガス資源は 26 兆 6600 億立方メートルであり，国の総資源量の 76.11％を占める。これらの資源は，主に中国の中央部および西部全体に分散している[10]。

第 3 次全国調査で確認されたガス埋蔵量の大きな潜在力にもかかわらず，北京のエネルギー計画立案者は，年間 1500 億立方メートルよりはるかに多い在来型ガスが 2020 年までに生産され得るということに，2008 年までは，確信を持っていないように思われた。しかしながら 2009 年に，初めて，年間 1500 億立方メートルという数値に言及がなされ，2010 年には中国国有石油会社によって，ガス生産量が 2020 年に 2100 億立方メートルに，2030 年に 3000 億立方メートルに到達するという予測が出された[11]。しかしながら，執筆の時点では，2020 までの在来型ガスの最大生産量は大体 1500 億立方メートルであろうというのが，より現実的な予測のように思われる。2010 年代の間に第 4 次全国調査によって，中国の確認埋蔵量は在来型ガス生産量を 2030 年までに年間

表 5.3　盆地別天然ガス資源量（兆立方メートル）

	期待資源量	地質学的資源量	可採資源量
タリム	11.3	8.9	5.9
オルドス（鄂爾多斯）	10.7	4.7	2.9
四川	7.2	5.4	3.4
東シナ海	5.1	3.6	2.5
ツァイダム（柴達木）	2.6	1.6	0.9
鶯歌海	2.3	1.3	0.8
渤海湾	2.1	1.1	0.6
瓊東南	1.9	1.1	0.7
松遼	1.8	1.4	0.8
その他	10.8	6.0	3.6
総計	55.9	35.03	22.0

出所：中国国有石油会社, the 2005 (latest) resources investigation, quoted in Higashi（東伸行）(2009).

2000億立方メートルの水準以上に,実際に,押し上げることができるかどうかが,示されるであろう。

中国の主要ガス生産基盤

中国の主要なガス生産地域は,9ヶ所の盆地,すなわち,タリム,オルドス,四川,ツァイダム,松遼,渤海湾,鶯歌海,瓊東南および東シナ海にある。中国では,300億立方メートル以上のガス埋蔵量を持つガス田が,大規模ガス田と呼ばれている。11のガス田が1000億立方メートルを超える埋蔵量を持ち,これには蘇里格,靖辺 Jingbian,克拉 Kela－2,楡林 Yulin,普光 Puguang,大牛地 Daniudi,烏審旗 Wushenqi,子洲 Zizhou,迪那 Dina－2,

表5.4 天然ガス生産量（10億立方メートル）

	2002	2005	2008	2010
大慶	2.021	2.443	2.796	2.995
華北	0.533	0.573	0.565	0.821
遼河	1.132	0.921	0.870	0.801
新疆	2.019	2.895	3.434	3.806
大港	0.394	0.332	0.448	0.369
吉林	0.217	0.273	0.545	1.408
長慶	3.913	7.531	14.360	21.113
玉門	0.061	0.079	0.053	0.022
青海	1.150	2.121	4.415	5.614
四川	8.751	11.629	14.834	15.364
延長				
冀東	0.041	0.077	0.306	0.432
タリム	1.088	5.677	17.384	18.362
吐哈	1.143	1.532	1.522	1.257
中国国有石油会社合計	22.463	36.082	61.537	72.363
勝利	0.750	0.879	0.770	0.508
河南	0.110	0.101	0.061	0.059
中原	1.614	1.661	1.061	4.709
江漢	0.127	0.121	0.135	0.160
江蘇／安徽	0.023	0.064	0.058	0.056
新星		3.196	6.042	6.860
中国石油化工株式会社新星	2.296			
中国石油化工会社合計	5.095	6.285	8.308	12.493
中国海洋石油会社とその他	5.307	8.124	10.668	8.744
中国総計	32.865	50.492	80.513	93.600

出所：China Oil Gas & Petrochemicals (2002, 2005, 2008, and 2010). 空白は生産量0を示す。

克拉美麗 Kelameili が含まれる。ガス開発は主要4地域，すなわち，タリム盆地，四川盆地，オルドス盆地および南シナ海海盆に集中することになる。その最盛期には，もっともこの予測はいつ最盛期生産に到達するかについて述べていないが，この地域の生産量は，それぞれ750億〜800億立方メートル，550億〜650億立方メートル，400億〜450億立方メートル，400億〜500億立方メートルに達し[12]，総計2100億〜2400億立方メートルとなる。2010年には，中国のガス生産量は936億立方メートルを記録した（表5.4）。

表5.5に示されているように，2007年には，中国の国内ガス生産量は，2020年までに1200億〜1500億立方メートルに達すると予測されていたが，中国国有石油会社のごく最近の予測では，総生産量は2020億立方メートルにまでも達する可能性があり，このうち620億立方メートルは非在来型ガスの生産であることが示されている（タイトガス300億立方メートル，炭層メタン200億立方メートル，シェールガス120億立方メートル）[13]。

北京のエネルギー計画立案者は，次の数十年間の非在来型ガス生産に大きな期待を寄せている。2020年までに年間620億立方メートルという数値は，大変野心的なものである。もしこれが達成され得るとすれば，非在来型開発のた

表5.5　中国の天然ガス生産予測（10億立方メートル）

		2005	2010	2015	2020
中国国有石油会社	2005	35.3	65.0	70.0-75.0	80.0-90.0
	2007	44.2	73.0	85.0-90.0	90.0-105.0
中国石油化工会社	2005	6.3	7.0-10.0	12.0-14.0	18.0-20.0
	2007	7.7	9.5	10.0-13.0	10.0-20.0
中国海洋石油会社	2005	7.2	8.0-10.0	12.0-13.0	14.0-17.0
	2007	6.7	7.5	10.0-12.0	10.0-15.0
中国連合炭層メタン株式会社	2005	0	2.0	4.0	8.0
	2007	0	2.0	5.0	10.0
総計	2005	48.8	82.0-87.0	98.0-106.0	120-135
	2007	58.6	92.0	110.0-120	120-150
	2009				over 150

出所：Asia Gas & Pipeline Cooperation Research Center of China, quoted in 北東アジア天然ガス&パイプライン・フォーラム（2009）．

めの水の供給不足にもかかわらず、ガス生産の展望に重大な変化をもたらすであろう。

炭層メタン（CBM）

中国では、毎年およそ150億立方メートルの炭層メタンが無制限に大気中に放出されており、したがってもしこれがすべて利用されたとしたら、CO_2換算で約76万トン、粉塵186万トンの排出が削減されるであろう[14]。新華社の報道によると、

中国の炭層メタン埋蔵量は約36兆7000億立方メートルであり、炭層メタン埋蔵量の点でロシア、カナダに次ぐ世界第3位の国に位置づけられる。2005年には中国で330の炭層メタン坑井が掘削され、その埋蔵量は、陸上天然ガスの約38兆立方メートルに達する予測埋蔵量に、量の点でほとんど等しいことが確認された。沁水 Qinshui（シンスイ）およびオルドス盆地は最大の埋蔵量があり、両方合わせて10兆立方メートル以上の資源量が分布している。新疆の炭層メタン埋蔵量は最大6兆8000億立方メートルと推定されるが、これは全国総計の19%を占める。新疆には、1兆立方メートル以上の埋蔵量を持つ9大炭層メタン田のうち、3ヶ所がある[15]。

中国の炭層メタン開発は、主に山西省の沁水盆地で行われているが、そこでは、世界最大の炭層メタン発電所と大規模液化プロジェクトが建設されてきた[16]。炭層メタン開発事業に従事する中国の企業としては、次の主要5社があった。すなわち中国石油天然ガス株式会社や中国連合炭層メタン株式会社（China CBM）、中国石油化工会社、晋城無煙炭鉱業集団（Jincheng Anthracite Mining Group）、阜新鉱業集団（Fuxin Mining Group）がそれである。米国のシェヴロン（Chevron）は、中国における探査・開発に関する協定を中連炭層メタン株式会社と調印した最初の外国石油大手であり、また、多くの炭層メタン・プロジェクトが外国投資家との連携の下に開発されてきたが、その中には、シナ・ガスアンドエネルギー（Sino Gas & Energy (SGE)）、グレカ・エナジーインタナショナル（Greka Energy International）、フォー

チュン・リウリンガス会社（Fortune Liulin Gas Company）（Fortune Oil 子会社），極東エナジー（Far East Energy），ヴェロナ開発（Verona Development），テラ・ウェスト・エナジー（Terra West Energy（TWE）），カナダ・エナジー（Canada Energy），イヴァナヴェンチャーズ（Ivana Ventures）が含まれる。

炭層メタンの商業的生産・利用が開始されたのは，山西省晋城市沁水県において，中国連合炭層メタン株式会社の運営の下で，潘河 Panhe 炭層メタン・プロジェクトの第 1 期が正式に完了した，2005 年 11 月 1 日のことであった。同プロジェクトの目標は，2005 年に 100 本の坑井を掘削することであった（2005 年 10 月までに 81 の坑井が掘削されており，このうち 15 は，日量生産合計 2000 立方メートルで，炭層メタンの生産を開始していた）。別の 40 坑井は，炭層メタンの基本的な輸送・販売設備の建設が完了すべき 2005 年の 11 月に，生産を開始することになっていた[17]。

2006 年半ばに，国家発展改革委員会は，炭層メタンの開発・利用に関する第 11 次五ヶ年計画を承認した。中国連合炭層メタン株式会社の郭本広 Guo Benguang 副社長によれば，この計画の主要事項は次の 5 点であった。すなわち，ⅰ）中国は，2010 年に 100 億立方メートルの炭層メタンを生産するが，この内の 2 分の 1 は地表開発によって生産されると予想され，また 2 ヶ所の炭層メタン生産基地が，1 ヶ所は沁水盆地，他はオルドス盆地に建設されることとなった。ⅱ）危険を伴う炭鉱探査を縮小するために，国家は，炭層メタンを石炭より優先させることを目指す。ⅲ）残りの石炭探査においては，安全性の高い炭鉱に優先度を付与すべきである。ⅳ）炭層メタンは，上流部門から下流部門まで一貫した連鎖として計画されるであろう。ⅴ）初めて，炭層メタンパイプラインの建設に考慮が払われ，このうち 10 本が合計全長 1390 キロメートル，各々の年間取扱能力 8 億〜10 億立方メートルで，建設されるであろう。したがって第 11 次五ヶ年計画は炭層メタンに関して，炭層メタン長距離パイプライン建設のために 30 億 9000 万元を割くと約束した[18]。

2008 年に，EU・中国エネルギー環境プログラム（EU-China Energy and Environment Programme）により始められた「中国における炭層メタン生産の実現可能性調査」は，中国の炭層メタン産業は，もっと有利に取扱われるべ

きであり，より多くの投資を受け取るべきであると結論づけた。この調査を主導した北京の中国石油大学の羅東坤 Luo Dongkun は，計画された炭層メタンの生産およびマーケティングにおける基本的な研究・開発を促進するために，政府支出を増やすだけでなく，いくつかの炭層メタン探査・生産事業のために既存の補助金を40％増加させることを推奨した。羅の計算によれば，いくつかのプロジェクトに対する現在の補助金は，販売される炭層メタン1立方メートル当たり0.2元になるが，炭層メタンが社会にもたらす利益に比べて低い。住宅利用炭層メタン関連のその探査・開発に対する補助金は，峰峰 Fengfeng（河北省），織納 Zhina（貴州省），六盤水 Liupanshui（貴州省）および紅茂 Hongmao（広西省）におけると同様に40％増額し，1立方メートル当たり0.28元とすべきである[19]。

　中国連合炭層メタン株式会社の株主である中国石油天然ガス株式会社は，中国石油化工会社や神華集団（Shenhua Group）などの潜在的競争相手に先駆けて，オーストラリアのガス供給企業アロー・エナジー（Arrow Energy）と，新疆におけるメタン開発のための覚書に単独で署名した。2007年11月に，炭層メタン部門における中国連合炭層メタン株式会社の支配的地位を緩和し，炭層メタン開発のために，他の国内会社が海外投資家との協力関係を築くことができるようにする規則が10月24日に公表された後で，国家発展改革委員会と国土資源省は炭層メタン部門における協力拡大を決定した。中国国有石油会社は2008年に，中国連合炭層メタン株式会社から離れ，独立の炭層メタン開発企業になることを決定した。中国石油天然ガス株式会社は2008年に，年間10億立方メートルの生産能力を持つ炭層メタン処理施設の第1期を完成させる計画を立てた[20]。中国国有石油会社は2008年6月に，山西省で中国初の炭層メタンパイプラインの建設を開始したと発表した。山西省の沁水県の35キロメートルのパイプラインは，同社の西東ガスパイプラインに供給する[21]。

　2008年に中国の炭層メタン総生産量は5億立方メートルであったが，これは2009年には10億立方メートルに上昇した。この内中国国有石油会社の部分は，1億9000万立方メートルに過ぎなかった[22]。たとえ新華社の報道が，2010年までに中国の炭層メタン生産量は地表からの50億立方メートルと地下からの50億立方メートルとを合わせて100億立方メートルに達すると示唆

しても[23]、その目標数値は、生産規模のその様に急速な拡大の実現可能性に疑問が残り、非現実的であるように思われた。ウッド・マッケンジー Wood Mackenzie によれば、2010年の生産量は年間12億5000万立方メートルにしか至らなかったが、2015年までに年間100億立方メートル、2020年までに同じく200億立方メートルという野心的目標が設定されるのは間違いない[24]。しかしながら、2000年代の炭層メタンの生産実績は、たとえその潜在力が今なお巨大だとしても、大きな期待はずれであった。

炭層メタンを山西省から第2西東ガスパイプラインに圧送するパイプラインは、2009年に操業を開始した。沁水県から端氏 Duanshi への35キロメートルのパイプラインは、30億立方メートルの輸送能力を持ち、山西省沁水盆地で生産された炭層メタンを中国国有石油会社の第2西東ガスパイプラインを経由して中国東部に圧送するように設定されている[25]。中国石油計画・工学技術研究機構（PetroChina Planning & Engineering Institute）の楊建紅 Yang Jianhong 副所長によれば、炭層メタンと合成天然ガス（SNG）は、中国の全国的ガス供給システムのための重要な補助的ガス資源となるであろう。炭層メタンと合成天然ガスの供給は、2020年までに合わせて年間300億立方メートルに達すると予測されている。政府奨励の現代的石炭・化学プログラムとして、中国における炭層メタン・プロジェクトは、2009年の供給に年間7億立方メートルの貢献をしたが、その数値は、2020年までに年間100億立方メートルに達するものと予想されている。15の合成天然ガスプログラムが中国で開始されており、その生産能力は合計で年間250億立方メートルとなっているが、しかしこのうちいくつかはまだ計画段階もしくは建設中である[26]。

優先的政策および政府補助金は、今後数年は炭層メタン開発の勢いを維持する上で大いに役立つであろう。その様な政策の中には、次のものが含まれる。ⅰ）1立方メートル当たり0.2元の政府補助金、ⅱ）「脱硫」優遇価格での送電網への供給において、炭層メタン発電所の余剰電力を優先、ⅲ）供給ピーク時対応に対する発電所の責任の軽減、ⅳ）炭層メタン企業に対する付加価値税割戻し特典の付与、ⅴ）地表排水会社に対する資源税の免除、ⅵ）中国と外資の合弁企業に対する優遇税率表の権利付与、ⅶ）炭層メタン関連機材の輸入に対する輸入関税および付加価値税の免除、ⅷ）炭層メタン採掘に対する補償料率

を1％に設定[27]。

2011～15年の期間の国家エネルギー管理局の炭層メタン産業開発計画によると，中国の炭層メタン産出量が2015年末までに200億～240億立方メートルに達することが予測されており，このうち，100億～110億立方メートルは地表の坑井から，110億～130億立方メートルは地下資源から産出されるであろう[28]。同目標数値は大きく，したがって，2010年代前半の実績が，2000年代よりも見事であるかどうかは，時が経ってみないと分からない。

シェールガス

廊坊に本拠地を置く中国石油天然ガス株式会社の新エネルギー研究所の研究員らによれば，

　中国の全シェールガス資源量は，21兆5000億～45兆立方メートルと推定されている。中国は，米国の炭化水素産出地域に類似した地質学的特徴を有する盆地に関して，その全国的シェールガス調査プロジェクトを設計しているところである。中国側は，次の4大地域を研究・開発のために選定した。すなわち，アパラチア盆地に似た堆積岩熟成度をもつ南シナ海盆地，ロッキー山脈に類似のジュンガルおよび吐哈 Tuha 盆地，およびミシガン盆地と同様のツァイダムおよび東中国盆地がそれである[29]。

ペトロミン・リソースィズ社 Petromin Resources は2008年に，「テラ・ウェストエナジー社が，中国において大量の新規非在来型天然ガス資源となるかも知れないものと接触してきた」と発表した[30]。1年後，中国の諸国有石油企業は，国際的な石油会社と提携することを決定した。2009年11月10日に，ロイヤル・ダッチ・シェルと中国石油天然ガス株式会社が，四川省の撫順・永川 Yongchuan シェールガス鉱区・プロジェクト開発協定に署名したので，初のシェールガス共同開発プロジェクトが始まった。ダウ・ジョーンズ・ドイチェランド Dow Jones Deutschland によれば，

　これは，B.オバマ米国大統領初の公式中国訪問中の…中米シェール

ガス資源協力イニシアチブ（Sino-US Shale Gas Resouce Cooperation Initiative）開始の後では，中国の最新のシェールガス資源開発の試みを示している。2009年11月17日に北京で公表された同構想は，米国のシェールガスの経験に関する共同技術調査を通じて，中国シェールガスの潜在力を評価することが期待されている[31]。

中国国有石油会社は，2010年8月20日に，その中国石油天然ガス株式会社石油探査開発研究機構（PetroChina Oil Exploration and Development Research Institute）の廊坊分院が国家シェールガス研究所を設立し，2007年以来シェールガスの調査を行っている，と発表した[32]。

2010年1月には，中国石油化工会社がBPとシェールガスの探査・開発の協力の可能性に関して交渉中であると報じられた。この動きは，中国のシェールガス田に対する国際的な関心が高まっていることを明示している[33]。BPは，すでに中国において石炭からメタンを抽出する事業に参加していた。中国の急速に進化つつあるが比較的閉鎖的なエネルギー部門に対する，投資の拡大に熱心な石油・ガス多国籍企業にとって，シェールガスは魅力的な機会を提供するものであった[34]。同じ月に，ノルウェーの国営石油会社スタットオイルは，中国国有石油会社の研究部署の報告によると，両社が中国のシェールガス鉱区における調査と試掘を開始したとされているにもかかわらず，中国においてシェールガスを調査し，試掘を実施するための中国国有石油会社との協定を持っていることを否定した[35]。報道によれば，2010年11月にスタットオイル社は，中国におけるシェールガス埋蔵量の探査に関する契約の間際であった[36]。

国家発展改革委員会は，温室効果ガス排出の過剰増加を避けつつ，エネルギー需要の拡大に対応する努力の一環として，この非在来型ガス資源の開発・利用を促進する計画を見直ししている。国土資源省によると，中国は2020年までにシェールガスの年間生産能力を150億〜300億立方メートルに引き上げることを目指しているが，これに対して国土資源省の（おそらくは楽観的すぎる）予測では，同年のガスの総生産量は1875億から2500億立方メートルの間である。換言すれば，中国は，20〜30の主要探査・開発鉱区を確定し，そし

て 50〜80 の潜在力ある目標鉱区を確定した後，2020 年までにシェールガスの可採埋蔵量 1 兆立方メートルを達成することを目標としている[37]。中国は，四川省において 1000 億立方メートルにもなる商業的可採埋蔵量を 2 年以内に発見することを期待している。国土資源省は，四川盆地がその在来型ガス埋蔵量より 1.5 倍から 2.5 倍大きいシェールガス資源量を有するかも知れないと述べた[38]。国土資源省は 2010 年 10 月下旬に，中国の国有石油企業 4 社を，初めて，シェールガス探査の土地区画入札に参加するよう招待した。対象となる土地区画が 6 ヶ所あり，そのうち 3 ヶ所は貴州省，残りは，それぞれ重慶，安徽省，浙江省に位置している[39]。エネルギー研究所の姜鑫民 Jiang Xinmin 副主任は，中央政府は，意欲的な目標を達成するために，シェールガス会社に 1 立方メートル当たり 0.33 元（0.049 ドル）ほどにもなる多くの補助金（炭層メタン生産者に付与されている現行補助率）を支給する計画であると述べた。彼はまた，3 兆立方メートルのシェールガス資源があるにもかかわらず，中国は現在，同部門の健全な発展を促進する上で必要な，主要技術も広範囲のパイプライン網も欠如している，と付け加えた[40]。これに加えて，シェールガスの開発は，極端な水不足がある国にとって，費用がかさむし，困難なものになるであろう[41]。

ファイナンシャルタイムズ紙は，「中国のシェールガスの潜在力は，750 億石油換算バレルの炭層メタン埋蔵量に加え，500 億〜1000 億石油換算バレルと推定される」と報じ[42]，「長期的にみれば，天然ガスは未来の燃料であると中国と米国の見解の一致することが，両国が 2009 年 12 月のコペンハーゲンにおいて義務的排出量目標の提案に失敗したことよりも，一層重要だと分かるのは無理のないことである」と論じた[43]。

中国の国内ガス需要

2000〜2009 年の 10 年間に，中国の天然ガス消費は 245 億立方メートルから 887 億立方メートルに，年間成長率 15.4％で上昇した。量的に見ると，2000 年から 2005 年の間の年間平均成長は 45 億立方メートル，2005 年から 2009 年にかけては年 105 億立方メートルであった。中国のエネルギー消費構成における

天然ガスの割合は，2000年の2.4％から2009年には3.8％に上昇した[44]。ガス市場は，次の20年間にその最盛期に到達すると予想されている。2005年から2030年にかけて，天然ガス需要は，毎年，約10％（150億立方メートル以上）上昇するであろう。2020～30年の期間は，中国の天然ガス生産が2000億立方メートルを超えると予想されているが，この間天然ガス需要は，かなり不正確な予測によっても，年間2800億～5300億立方メートルに達するかも知れず，その内の（生産に関して仮定されるもの次第であるが）大体30％ないし60％の間は，輸入によって充足されなければならないであろう[45]。

　2008年まで，2020年における中国ガス需要に関する大部分の予測は，2000億～2400億立方メートルの広い範囲を行ったり来たりしていた。しかしながら，2009年には，支配的予測はかなりの上昇を経験した（表5.6）。中国国有石油会社は初めて，3000億立方メートルもの高い予測数値に言及した。2010年3月に，国家発展改革委員会のエネルギー研究所も，この一層高い数値を支持した[46]。同社は，中国のガス生産量が，最低に見積もっても2020年までに1500億立方メートルを超える可能性があると確信していた。これは，次のことを思えば，すなわち，ほんの10年前に，中国国有石油会社の当時の社長馬富才が，ガス産業の大規模な増強は次の20年以内に生起するであろうと予見し，その際年間ガス生産量は700億～800億立方メートル（当時の現行生産水準220億立方メートルのほとんど4倍）となり，それは2020年までに1000億～1100億立方メートルに増加し，中国の一次エネルギー消費におけるガスの割合を現行比率2％から8％に上昇させるであろうと示唆していたことを思えば，巨大な変化である[47]。予測のさらなる変化が，その後の10年間に生じ，予測値はなお一層高く上昇した。中国石油天然ガス株式会社の賈承造 Jia Chengzao副総裁は2008年に，中国の天然ガス生産は次の10年で少なくとも倍増し，2010年代末までに1500億～2000億立方メートルに到達すると見ていた[48]。実際，第10次五ヶ年計画期（2001～2005年）には，各々1000億立方メートル以上の確認埋蔵量を持つ，8ヶ所のガス田が発見されていた[49]。前述したように，2010年に同社傘下の炭層メタン株式会社の接銘訓 Jie Mingxun社長は，中国の在来型と非在来型のガス生産は，2020年までにそれぞれ1400億立方メートルと620億立方メートルになるだろうと予測した[50]。

中国の国内ガス需要　*275*

表5.6　ガス需要予測（10億立方メートル／年）

	2005	2010	2015	2020
中国国有石油会社	63.7	106.8	153.4	210.7
中国国有石油会社（2006）		120.0		200.0
中国国有石油会社（2009 & 2010）				300.0
中国石油化工会社（2006）		140.0		240.0
北東アジアガス・パイプラインフォーラム（2009）				230.0
北東アジアガス・パイプラインフォーラム（2007）		100.0		210.0
北東アジアガス・パイプラインフォーラム（2004）		106.8		210.7
中国国家発展改革委員会エネルギー研究所	64.5	120.0	160.0	200.0
中国国家発展改革委員会エネルギー研究所（2010）			200.0	300.0
中国国家発展改革委員会エネルギー研究所（2011）			230-240	
国家エネルギー／国家発展改革委員会（2010）			260.0	
新華社（2010）		110.0		270-300
中国海洋石油会社	61.0	100.0	150.0	200.0
BP	42.0	74.0	135.0	177.0
米国エネルギー情報局	51.0	79.0	127.0	181.0
国際エネルギー機関（2002）			61.0	109.0
国際エネルギー機関（2009）				176.0
国際エネルギー機関（2011）			247.0	335.0
UBS銀行（2009）				212.0
実際量		110.0		

出所：IEA（2002）；CNPC/SINOPEC（2006）；NAGPF（2004, 2007 and 2009）；China Securities Journal（2010）；IEA（2009）；People's Daily 30 January 2011, 'China to see gas demand soar by 20% in 2011', http://english.peopledaily.com.cn/90001/90778/7276466.html；'The conference of the Bureau of Energy introduced the energy economic situation in the first half of the second half of the trend', www.gov.cn/xwfb/2010-07/20/content_1659303.htm；IEA（2011b），p. 23.

国内生産能力の急速な上昇にもかかわらず，需要水準はそれを追い越すものであった。国家エネルギー管理局によれば，2010年の中国のガス需要は1100億立方メートルであり，2009年に比べ20％の増加となったが，一方，生産量は945億立方メートルにすぎず，2009年より12％の増加に止まった。国家エネルギー管理局は，2011年の需要量が1300億立方メートル，その際生産量はわずかに1100億立方メートルであろうと予測した[51]。国家エネルギー管理局は2010年に，中国は，空前のガス消費の増加を目の当たりにするだろうと伝え，また，2015年の需要は2600億立方メートルに達し[52]，中国の一次エネルギー混成の8.3％に及ぶであろうと予測した[53]。第12次五ヶ年計画（2011～15年）公表直後に，エネルギー研究所は，中国の天然ガス供給は2015年ま

でに年間2300億〜2400億立方メートルもの高さに達し,そのうち1500億立方メートルは国内生産,300億立方メートルは液化天然ガスの形での輸入,500億立方メートルはパイプラインによる輸入となるであろうと予測した[54]。中国国有石油会社は,2030年の需要が3920億立方メートルに達すると予測した[55]。ウッド・マッケンジーは,ガス需要全体が2009年の930億立方メートルから2030年の4440億立方メートルに増加するとまで予測しているが,この間の複合年間成長率は7.5％で,大部分の上昇が2020年よりも前に生じるであろうと予測している[56]。

消費構造の変化

デイビッド・フリドリー David Fridley は,このような現在の消費構造を下記のように要約している。

> 天然ガスは,主として産業部門用の燃料に止まっている。1980年代始めに経済改革が開始された時に,産業は全消費の90％以上を占め,また,この量の2分の1近くが石油・ガス部門それ自体によって使用されていた。商業用ガス価格が上昇したので,天然ガスは,他の部門,たとえば住宅,発電,輸送部門などにも益々浸透していった。2008年の時点では,産業用の部分は,化学肥料を含む化学製品の生産において,燃料と原料の双方として,用いられた。肥料工場は,相変わらず天然ガスの主要な受取手あり,それに対するガスの供給は,割当ておよび価格統制の両方によって確保されている。
>
> …
>
> 2000年以降,天然ガス消費は,年平均14％上昇してきており,その際住宅利用は年間成長率20％で急上昇し,また発電部門利用は年間16％上昇している[57]。

2004年以降は,とくに,年間成長率が加速して20％以上に達したが,これは中国のGDP成長率をはるかに上回っている。これについてフリドリーは,

2つの基本的な要因がこの変化を説明する。第1は，2003～2006年の電力危機に対する対応であり，そして第2は，2000年以降の国民経済規模の2倍化である。…主として製造業よって牽引された経済成長の好景気は，あらゆる形態のエネルギーの争奪戦をもたらした。2000～2005年の間の石炭需要は，年間10％上昇したが，他方石油は年間8％上昇した。しかし，水力や原子力による電力は，年13％と急上昇した。1990年代遅くには電力の年間平均追加能力は300億ワットであったが，新規発電所建設の急増の結果，2005年には新規能力600億ワットが，2006年には1020億ワットが追加され，2007年に関しては900億ワットの追加が計画された。新規発電所のほとんどすべては石炭火力であったが，しかし中国は，この時期にガス火力発電を，計画では190億ワットの追加のところ，156億ワットを追加した[58]。

天然ガス需要の増加に直面し，政府は2007年8月に，新たな部門別優先順位付の部門政策を公表し，そこでは都市住宅での使用と熱電併給システムが最優先されるべきであると規定していた。2008年後半以降，石油価格の下落および世界経済の景気後退のために，天然ガス消費の増加は減速したが，それでも成長は続いている[59]。既述の通り，天然ガス消費は増加し，2009年には890億立方メートルに達した。

2000年代に，中国のガス消費市場は，ガス田のある周辺地域から東部の経済発展地域へと移動してしてきた。チベットを除き，中国の主要30省および自治区のすべてにおいて，天然ガスの利用可能性があるが，普及率は全く一様でない[60]。中国の全国的パイプライン網と一連の大規模液化天然ガス端末施設の発展に伴い，4ヶ所の主要消費センターが形成された。すなわちi）渤海湾周辺地域，ii）揚子江（長江）デルタ，iii）珠江デルタ，iv）四川および重慶地域である。しかしながら，天然ガス石油化学産業の発展に関する政府規制のために，西南および西北地域（そこではガス石油化学産業が主要なガス消費者である）は，天然ガス消費のより緩やかな成長が見られた[61]。

表5.7に示されるように，1990～2008年の期間に，地域別天然ガス消費は，四川盆地がある西南の割合が43.8％から20.5％に著しく減少したが，この相対的減少は，2030年まで続くと予測されている。2030年までの主要な需要地域

表5.7 地域別天然ガス消費（%）

	1990	2000	2005	2008	2015 (予測)	2030 (予測)
揚子江（長江）デルタ	0.2	1.2	7.4	13.5	18.9	18.0
東南部沿岸	0.0	2.9	5.4	10.1	16.5	16.7
中南	7.4	5.2	6.8	8.8	12.4	15.2
渤海地域	15.6	12.1	14.7	15.8	14.0	16.0
西南	43.8	43.7	29.4	20.5	14.2	12.2
西北	3.7	12.0	19.0	12.8	9.7	7.4
中西	0.5	3.4	7.5	12.2	9.6	9.2
東北	28.8	19.6	9.8	6.3	4.6	5.3
総計	100.0	100.0	100.0	100.0	100.0	100.0

地域
揚子江（長江）デルタ：上海市，江蘇省，浙江省
東南部沿岸：福建省，広西自治区，広東省，海南省
中南：湖北省，湖南省，安徽省，河南省，江西省
渤海地域：北京市，天津市，河北省，山東省
西南：四川省，重慶市，雲南省，貴州省
西北：新疆ウイグル自治区，甘粛省，青海省
中西：内モンゴル，陝西省，山西省，寧夏自治区
東北：黒龍江省，吉林省，遼寧省
出所：Duan Zhaofang (2010).

は，揚子江（長江）デルタ，東南沿海地域，渤海地域，中南地域であり，そしてこれらは中国の総需要の66％を占めると予測されている。中南地域は，天然ガス需要の成長が，2007年の52億立方メートルから2030年の576億立方メートルと最も速く，年平均成長率が11％になるであろう。

表5.8に示されるように，2030年までに渤海地域，中西部，中南部は，都市ガスを中心にした消費市場を形成し，西北部は産業用燃料指向の市場を形成するであろう。東南部および揚子江（長江）デルタは，環境負荷のより低い生産力と見られものを求める都市型市場を形成し，西南部，東北部，中西部のような資源地域は，化学産業で利用されるガスを求める市場の大部分を提供するであろう。

表5.9は，1995年から2009年の間の中国天然ガス消費構成におけるバランスの変化と，2030年までの趨勢を示している。2000年以前は，中国のガス消

表5.8 2030年の地域別天然ガス消費構成（%）

	都市ガス	発電	産業用燃料	化学部門
揚子江（長江）デルタ	39	34	26	1
東南部沿岸	33	41	18	9
中南	50	12	35	3
渤海地域	55	19	24	2
西南	40	8	18	35
西北	29	14	45	12
中西	51	5	21	22
東北	31	11	29	29

出所：Duan Zhaofang (2010).

費は，産業用燃料および化学部門利用が優位を占めていた。第1西東ガスパイプラインのような長距離パイプラインの導入に伴って，ガスの消費様式は大きく変化した。2009年までに，都市ガスが12%から43%に，発電が5%から12%に増え，一方，産業用燃料は61%から26%に下落し，化学部門利用は22%から（2003年に39%へと上昇したものの）20%に低下した。この都市ガスと発電向けの役割の上昇という傾向は，2020年に都市ガス34%と発電21%，そして2030年にそれぞれ42%と21%という両部門の需要割合の予測に反映されている。

　2000年に，住宅用ガス消費は合計32億立方メートルであったが，それは2007年に133億立方メートルにまで上昇し，年間平均成長率は22%であった。今後数十年間，住宅用ガス消費は急速に成長し，2020年には640億立方メートル，2030年には1054億立方メートルに到達するであろう。住民1人当たり消費は2020年と2030年において，それぞれ約140億立方メートルの水準を維持する（あるいは維持される）であろう。商業用ガス消費の場合，2000～2007年の期間にそれは3億4000万立方メートルから17億1000万立方メートルに増加し，年間平均成長率は25.8%であった。都市ガス網の拡大およびガス化率の向上に伴い，商業用ガス消費は急速に増加し続け，2030年までには162億立方メートルに達するであろう。2000～2008年の間に，輸送部門のガス消費は5億8000万立方メートルから27億立方メートルにまで上昇したが，この

表5.9 中国の天然ガス消費構成 (1995～2030年) (単位:%)

	都市ガス	発電	産業燃料	化学部門
1995	12	5	61	22
2000	18	4	41	37
2001	21	4	40	35
2002	22	4	39	35
2003	21	3	36	39
2004	26	4	36	33
2005	24	5	37	34
2006	26	6	33	35
2007	27	11	30	33
2008	34	15	28	23
2009 予測	43	12	26	20
2010 予測	31	18	30	22
2015 予測	31	21	32	17
2020 予測	34	21	30	15
2025 予測	39	21	27	12
2030 予測	42	21	25	11

出所:Duan Zhaofang (2010).

数値は，2030年までに316億立方メートルに至ると予想されている[62]。

2000年から2008年の間に，中国で設置された発電能力は，年成長率12％で急速に増加し，792.93ギガワットに達した。ガス火力施設は総計25.14ギガワットになり，全体の3.2％を占めた。東南沿海部，揚子江(長江)デルタ，中南部および渤海地域は，中国におけるガス火力発電のための重要地域である。発電用天然ガス消費は，2008年に119億立方メートルに成長し，中国のガス消費全体の14.7％を占めた。表5.9で示されたように，発電用ガス消費は2015年までは拡大し，全国の総消費に占めるその割合は21％にまでなると予測される。この水準は，2030年まで維持されるであろう[63]。

産業用燃料としてのガス消費は，2000～2008年の期間に，年間101億立方メートルから208億立方メートルに上昇した。産業燃料用消費は，現在，石油・ガス生産，石油化学産業，建設資材，冶金の4部門に集中している。2030年までに，この数値は990億立方メートルに達し，産業用燃料としてのその利用は，多様な部門に拡張されるであろう。化学産業用の天然ガス消費に関していうと，天然ガスを原材料とする中国の合成アンモニアやメタノールの生産が，近年増加してきている。2000年にその量は91億立方メートルであった

が，2008年には186億立方メートルに増大した。化学産業用の天然ガス消費は，増加して，2020年以降は安定した水準を維持するであろうが，しかし，中国全体のガス消費に占めるその割合は，2030年までに11.4％に低下するであろう[64]。

要するに，天然ガスの利用は，それが石油や石炭にとって代わるにつれて，都市地域においてもっと普通のものになるであろう。現在の消費構造と比較すると，都市ガス用の天然ガスの割合は上昇するが，産業用燃料としてのその利用は2020年まで現行水準を維持し，そしてその後は，小規模な低下を示すであろう。そして発電のための利用は横ばいを続け，石油化学産業での原料としての利用は減少するであろう。「天然ガス利用政策」のような政府政策は，ガス市場をこの方向に導いている[65]。

ガス価格改革[66]

ガスの需要と供給の将来をめぐる議論は，その価格問題が含まれない限り，当て推量も同然である。市場は，中国経済において以前にも増して大きな役割を果たしてきており，たとえガス利用の多くが，依然として国家により支配された経済活動領域にあったとしても，エネルギー製品の価格は，計画立案者たちの決定にさえも益々強い影響を持ってきている。ガス輸入が疑いもなくそうであった，というのは，世界市場は，とくに液化天然ガスの場合は，複雑な市場であり，その中で中国の計画立案者は動くことを学ばなければならなかったからである。価格は，単に需給決定の基本的要素としてだけではく，エネルギー部門全体や，外国会社の行動に対する，また国際関係における影響力としても認められ始めている。2000年代初めまでに，価格および価格改革に関する真剣な議論が，ガス問題の域に及んでいた。

長い遅滞の後，2010年5月に，北京は，国内の陸上天然ガス生産者標準価格を1立方メートル当たり0.23元（0.034ドル）だけ引上げると公表した（表5.22を参照）。この価格改革は，中国石油天然ガス株式会社や中国石油化工会社のような中国の主要ガス生産者に対して大きな刺激を提供するものである。この節では，2000年代後半のガス価格改革の過程と，その含意を考察する。

新華社は2005年遅くに，中国の低い天然ガス価格は，生産と需要の悪循環をもたらして来ていると報じた。政府により固定された価格は，市場価格から大幅に乖離していた。その直接の結果は供給不足である，というのは低価格は需要を拡大するが，生産者側では生産への熱意を抑制するからである。この悪循環の元凶は，政府固定価格であった[67]。

国家発展改革委員会価格局局長の趙小平 Zhao Xiaoping ですら，2005年10月の資源価格改革のセミナーで，天然ガス価格は引き上げられるべきだと認めた。中国国有石油会社の王国梁 Wang Guoliang 最高財務責任者は，国際価格形成システムに非常に近い天然ガス価格方式を提案した。中国東部に関しては，小売価格は，液化天然ガスの保険料運賃込み国際価格に貯蔵費・再ガス化費用・輸送費を加えたものにすべきであり，西部地域においては，工場渡し価格は東部における小売価格から貯蔵費・輸送費を差し引いたものにすべきであると主張した[68]。

2006年ガス価格改革

国家発展改革委員会は2005年12月26日に，その価格改革提案の特徴を次のように要約した[69]。

ⅰ) 天然ガス価格の産業用，都市ガス用，肥料生産用の分類は，簡素化する。
ⅱ) 天然ガスの工場価格は2等級に分類される。四川・重慶ガス田，長慶ガス田，青海ガス田，新疆のすべてのガス田（新価格メカニズムに従わない第1西東ガスパイプラインは別として），および大港，遼河 Liaohe，中原のいくつかのガス田によって生産されたガスは，等級1に分類され，より低い価格が設定される。その他のガス田によって生産されたガスは，等級2に分類され，1000立方メートル当たり980元に価格付けされる。等級1の天然ガス標準価格は，次の3〜5年以内に漸次，等級2の天然ガス価格に調整されるであろう。
ⅲ) 政府は，天然ガスの価格設定におけるその役割を漸次変更する。政府は，天然ガスの誘導価格を公表するのみとなるであろう。供給者と買い手は，政府の設定した誘導価格に基づき，特定の価格を交渉し決定することが許され

るであろう。実際の価格は，誘導価格の上下10％の範囲内で変動することが認められるであろう。

iv）天然ガスの標準価格は，原油，液化石油ガスおよび石炭の平均価格の変化に従って，それぞれ40％，20％，40％の加重を付して，年に一度調整される。原油価格は，ウェスト・テキサス・インターミディエイト，やブレントおよびミナスの本船渡し価格の平均を基準として設定される。液化石油ガスの価格は，シンガポール市場のその本船渡し価格に基づいており，また石炭価格は，秦皇島港における高品位の山西炭ブレンド，高品位の大同 Datong 炭ブレンド，標準的な山西炭ブレンドの平均価格である。

v）天然ガスの標準価格は，石油のような他の資源価格を基準にして，毎年調整される。天然ガスの生産者は，天然ガスの工場価格を上下いずれの方向にも最大8％まで変更することができる。

　これらの指針に基づけば，天然ガスの全国的な工場価格は，産業および都市ガス部門に関しては1000立方メートル当たり50〜150元，肥料生産部門は1000立方メートル当たり50〜100元だけ上方に修正されるであろう。国家発展改革委員会の某関係者は，この上方修正は，住民と企業には限定的な影響しか与えないだろうと述べた。

　2006年8月1日までに，新疆は，天然ガスの小売価格を1.3％調整し，1立方メートル当たり1.366〜2.076元とし，四川省は，2006年7月からはその価格を10％引き上げた。上海市では，1立方メートル当たり天然ガス価格を2.1元に，1立方メートル当たり石炭ガス価格を1.05元に，それぞれ1999年と2003年に設定していた。2006年9月1日以降，北京市は，家庭使用以外の天然ガス価格を1立方メートル当たり0.15元引き上げ，さらに同市は，家庭使用天然ガス価格の引上げに関する公聴会の2006年10月開催を計画した。上海市は2006年9月12日，天然ガス価格メカニズムの形成およびガス価格調整に関する公聴会を開催した。同市は，2つの代替案を持っていた。すなわち19〜38％の価格上昇を伴う漸次的引上げ計画と，23.8％の価格上昇を伴う統一価格設定計画がそれである。上海市は，漸次的引上げ計画の下で，上海住民の消費するガスの異なる等級に従って3種類の価格を，すなわち石炭ガス1立方メー

トル当たり1.25元,1.35元,1.45元の価格を,天然ガス1立方メートル当たり2.5元,2.7元,2.9元の価格を設定した。統一価格設定計画の下では,価格は石炭ガス1立方メートル当たりが1.3元,天然ガス1立方メートル当たりが2.6元である。住民以外の石炭ガス消費者に関しては,基礎価格が1立方メートル当たり1.45元から1.8元に引き上げられ,季節変動メカニズムが導入された[70]。

2006年10月末に,国家発展改革委員会の馬凱長官も,国内ガス価格は低すぎ,したがって漸次的に引き上げられるべきだということを考慮すると,価格改革が必要だと認めつつ,他方で国家発展改革委員会がこの部門における価格改革の最終当局であることを暗に認めつつ,この論争に参加した[71]。国家発展改革委員会は2006年の晩秋に,中国石油天然ガス株式会社の長慶油田探査局（Changqing Oilfield Exploration Bureau）が所有する蘇里格ガス田において,費用調査を実施したと報じられた。その目的は,国内天然ガス価格の引上げの実現可能性を調査し,どのようにそれを実施するかを提案する点にあっ

表5.10　等級1の天然ガス基準価格,2006年1月1日（1000立方メートル当たり元）

ガス田	部門	基準価格
四川・重慶	肥料生産	690
	産業	875
	都市ガス	920
長慶	肥料生産	710
	産業	725
	都市ガス	770
青海	肥料生産	660
	産業	660
	都市ガス	660
新疆のガス田	肥料生産	560
	産業	585
	都市ガス	560
その他	肥料生産	660
	産業	920
	都市ガス	830

注：供給者と買い手は,具体的な価格の交渉および決定が認められるが,価格は,基準工場価格の上下10％を超えないものとする。忠県 Zhongxian－武漢 Wuhan パイプラインからの天然ガスの基準工場価格は,1000立方メートル当たり911元と設定される。
出所：Lin Fanjing & Mo Lin（2006）.

た。2020年までに，ガス火力発電所による電力は，多分，国内の電力総生産の6.7%を占めることになるであろう。しかしながら，天然ガス価格形成メカニズムの欠如と長期ガス供給を確保する政策の欠如とは，依然としてガス火力発電の急速な発展を阻害する2大要因であった[72]。

また，北京市は，家庭用天然ガス価格の8%近い引上げを計画していると報道された。換言すれば，家庭ガス価格は，0.15元引上げられ，2.05元になるであろう。北京の約288万世帯は，2005年末に天然ガスに接続されていた。同市は2005年に，天津や上海よりも低い家庭用価格で，30億立方メートルのガスを調達していたが，天津や上海ではガス価格は1立方メートル当たりそれぞれ2.20元と2.10元であった[73]。

2007年4月末に，政府の関係部局と国内石油大手が，天然ガス価格形成システムの改革に向けての措置を協議するため，四川省の省都である成都に集まった。国家がこれを行ったのは初めてではなかったし，また秘密会議の後に，同システムが重要な進歩を果たせなかったのも初めてのことではなかった。同会合は，天然ガスは，何よりも先ず，商品として見なされなければならず，第2に，それは市場指向となるべきであり，そしてこのことは，進行中の改革の認められた方向性であるという主旨を伝えた。しかしながら，内部関係者は，この目的が正しいし不可避な方向でもあると意見は一致していたが，それに到達するには長い時間がかかるであろうと述べた。国家発展改革委員会の某当局者は，政府は，天然ガス価格形成システムを改革する行動を取る前に，社会的安定を保障すべきであると述べた。1つのことは確かである，すなわちガス価格は絶えず上昇するであろうし，中国国有石油会社や中国石油化工会社のような独占企業が利益を獲得し続けるであろうということがそれである。

2007年6月に，天然ガスと液化天然ガスに適用された既存の輸入許可制度が撤廃されたが，この結果，政府は割当てや輸入許可制を通じて一層厳格な輸入管理を課すことができるようになった。液化天然ガスを輸入してきたか，海外の液化天然ガス供給者と交渉中であった石油大手3社は，一部の地方政府所有企業が海外からの液化天然ガスの直接購入を中止されることになるため，今回の政策変更の恩恵を受けるであろう[74]。輸入液化天然ガスのように，比較的高価な天然ガス市場の存在を保障するために，国家は，税制の変更によって価格

を調整することができる。たとえば，輸入液化天然ガスに対しては，付加価値税を減額して課税するか，もしくは課税免除することさえできよう。しかしこの間に，何ら措置は採られなかった。

ある観測者は，ことの顛末の次の部分を下記のように記述している。

北京当局は 2007 年 11 月に，工場渡し価格を劇的に引上げることを決定した。とくに産業部門にとっては，平均料金は 50％上昇し，1000 立方メートル当たり約 800 元（100 万英国熱量単位当たり 3.04 ドル）から 1200 元（4.57 ドル）になった。現行料金は，各個別パイプラインごとに固定されており，こうしてその建設費を反映している。たとえば，オルドス－北京パイプラインの料金は，山西省向けが 1000 立方メートル当たり 310 元（100 万英国

表 5.11　ガス田別, 部門別工場渡し価格（2008 年）

ガス田	部門	工場渡し価格 （1000m^3 当たり元）	工場渡し価格 （100 万英国熱量単位当たりドル）
川渝 Chuanyu	肥料	690	2.62
	産業	1275	4.84
	住宅	920	3.50
長慶	肥料	710	2.70
	産業	1125	4.27
	住宅	770	2.93
青海	肥料	660	2.51
	産業	1060	4.03
	住宅	660	2.51
新疆	肥料	560	2.13
	産業	985	3.74
	住宅	560	2.13
大港，遼河，中原 （カテゴリー 1）	肥料	660	2.51
	産業	1320	5.02
	住宅	830	3.15
大港，遼河，中原 （カテゴリー 2）	肥料	980	3.72
	産業	1380	5.24
	住宅	980	3.72
他のガス田	産業／その他	1380/980	5.24/3.72
第 1 西東ガスパイプライン	産業／その他	960/560	3.64/2.13
忠武（忠県－武漢）パイプライン	産業／その他	1281/881	4.86/3.34
陝京パイプライン	産業／その他	1230/830	4.67/3.15

出所：CNPC RIE & T. (2008).

熱量単位当たり 1.18 ドル），天津向けが同じく 480 元（1.82 ドル）である。
第 1 西東ガスパイプラインの料金は，河南省向けが 1000 立方メートル当たり 680 元（100 万英国熱量単位当たり 2.58 ドル），上海向けが同じく 980 元（3.72 ドル）である[75]。

表 5.11～5.14 は，2008 年のガス価格を示している。2008 年に中国石油天然ガス株式会社が第 2 西東ガスパイプラインの末端ガス価格を決定するために調査を実施した際に，同社の担当者は，それは現行価格より高くなるだろうと予

表 5.12 オルドス—北京パイプラインガス（2008 年）

目的地	元/1000m^3			100 万英国熱量単位当たりドル
	工場引き渡し価格	パイプライン料金	都市受け入れ価格	都市受け入れ価格
陝西省	830	120	950	3.61
山西省	830	310	1140	4.33
山東省	830	400	1230	4.67
河北省	830	420	1250	4.75
北京	830	450	1280	4.86
天津	830	480	1310	4.55

出所：CNPC RIE & T. (2008).

表 5.13 第 1 西東ガスパイプラインガス（2008 年）

目的地	部門	1000m^3 当たり人民元			100 万英国熱量単位当たりドル
		工場引き渡し価格	パイプライン料金	都市受け入れ価格	都市受け入れ価格
河南省	産業	960	640	1600	6.08
	住宅	560	680	1240	4.71
安徽省	産業	960	750	1710	6.50
	住宅	560	750	1310	4.98
江西省	産業	960	790	1750	6.65
	住宅	560	940	1500	5.70
	電力	560	620	1180	4.48
浙江省	産業	960	980	1940	7.37
	住宅	560	980	1540	5.85
	電力	560	720	1280	4.86
上海	産業	960	800	1760	6.69
	住宅	560	980	1540	5.85
	電力	560	670	1230	4.67

出所：CNPC RIE & T. (2008).

5. 中国のガス産業

表 5.14 主要中国都市の天然ガス価格（2008年）

	都市ガスとしての天然ガス		商業利用向け天然ガス	
	1 m³ 当たり元	100万英国熱量単位当たりドル	1m³ 当たり元	100万英国熱量単位当たりドル
中国南部				
深圳	3.50	14.22	3.70-3.95	15.04-16.05
広州	3.45	14.02	3.70	15.04
仏山	3.85	15.65	4.62	18.78
東莞	3.85	15.65	4.00	16.26
中山	3.85-4.80	15.64-19.50	5.50	22.35
汕頭	5.40-6.00	21.95-24.39	-	-
湛江	3.50	14.23	5.60	22.76
韶関	5.98	24.30	7.18	29.18
海口	2.60	10.57	3.30-3.73	13.41-15.16
南寧	4.19	17.03	-	-
中国東部				
南京	2.20	8.94	2.35	9.55
揚州	-	-	-	-
上海	2.10	8.54	3.30	13.41
杭州	2.40	9.75	2.50	10.16
泉州	3.80	15.44	-	-
中国中央部				
長沙	3.80	15.44	-	-
武漢	2.30	9.35	2.43	9.88
合肥	2.10	8.54	2.48-3.20	10.08-10.13
南昌	6.50	26.42	-	-
中国西南部				
成都	1.43	5.81	1.66	6.75
重慶	1.40	5.69	1.67	6.79
昆明	-	-	-	-
貴陽	-	-	-	-
中国北部				
北京	2.05	8.33	1.95-2.55	7.83-10.36
天津	2.20	8.94	2.40-2.80	9.75-11.38
太原	2.10	8.54	2.00-2.25	8.13-9.14
鄭州	1.60	6.50	2.10-2.40	8.54-9.75
洛陽	2.60	10.57	-	-
フフホト（呼和浩特）	1.57	6.38	-	-
済南	2.40	9.75	2.82	11.46
青島	-	-	-	-
中国東北部				
長春	2.00	8.13	-	-
瀋陽	2.40	9.75	-	-
黒龍江	-	-	-	-
中国西北部				
西安	1.75	7.11	1.95	7.93
蘭州	1.45	5.89	1.00-1.25	4.06-5.08
西寧	-	-	-	-
銀川	1.40	5.69	-	-
ウルムチ（烏魯木齊）	1.37	5.57	1.85	7.52

出所：*China Oil Gas & Petrochemicals*, 15 August 2008, p. 5.

測した。国家発展改革委員会の張国宝副長官は 2009 年 2 月に，政府は 2009 年末までに第 2 パイプラインの端末価格を算定するであろうと述べた[76]。ガス価格改革に関する議論は，最優先事項となってきたが，容易な解決策は全く見つからなかったし，徹底したガス価格改革は何ら実施されてこなかった。業界の内部関係者は，中国が 2009 年末よりも前にガス価格を引き上げると確信していたが，何の行動も取られなかった。実際には，天然ガスの国家上限価格は，国際価格水準の 2 分の 1 以下であった。

実現しなかった 2009 年ガス価格改革と四川 – 東部パイプライン（SEP）のためのガス価格設定

国家エネルギー局は，ガス価格形成システムの改革は，2009 年におけるその「主要任務」であると自信を持って発表し，国家エネルギー局の張国宝局長も，この見解を共有していた。すなわち彼は，「中国は，できるだけ早期に妥当な天然ガス価格形成メカニズムを導入すべきである」と述べた[77]。中国都市ガス協会（China Gas Association）の遅国敬 Chi Guojing 事務局長は，中国は，2009 年末以前に天然ガス価格形成メカニズムを実際に改革するはずだと強く指摘した。市場の期待は，改革の大綱が，トルクメニスタン・ガスを広東省に輸送する第 2 西東ガスパイプラインの操業開始以前に，明らかになるかも知れないというものであった。遅は，この計画がどのようなものであっても，都市ガスおよび産業用天然ガスの価格が結局上昇することは確かであると述べた[78]。

中国石油天然ガス株式会社計画・工学技術研究機構下の石油・ガスパイプライン計画調査研究所（Oil & Gas Pipeline Planning Research Institute）の天然ガス市場室の李偉 Li Wei 副主任は，国家発展改革委員会が，第 2 西東ガス幹線パイプラインに沿った 9 省に，年間 300 億立方メートルのガスを配分する計画を承認していると述べた。換言すれば，中国石油天然ガス株式会社と地方政府は，ガス供給価格の交渉を開始するであろう。現行価格形成システムの下では，トルクメニスタン・ガスに基づく同社の供給は競争力がないであろう。李によれば，ホルゴスでのガスの運賃保険料込み価格 CIF は 1 立方メートル当たり 1.8 元であり，一部の内陸都市における価格よりも高い。輸送料が考慮

に入れられれば，同社の広東省へのガス供給は，1立方メートル当たり約3〜4元となり，広東省が中国海洋石油会社の大鵬 Dapeng 液化天然ガス基地からのガス供給に対して現在支払っている価格よりはるかに高いが，この施設はオーストラリアから1トン当たり約170ドル，つまり1立方メートル当たり1.60元で液化天然ガスを供給されているのである。李はまた，広東省は，第2西東ガスパイプラインの総供給量の3分の1にあたる，年間100億立方メートルのガスを多分受け取るであろうとも述べた[79]。

　遅は，1つの選択肢は，天然ガス供給者に低価格で天然ガスの生産あるいは輸入を奨励する「1供給源，1価格」方式に従うことであると提案した。しかし，この方式は中国石油天然ガス株式会社の窮地を解決することはできない。もう1つの選択肢は，国際石油価格に釘付けした全国向け天然ガス価格形成式を設定することである。しかしながら，遅は，中国が現行支払い方式を，「発熱量に従う支払い額」に置き換える可能性を除外したが，それは国中の計量メーターを十分迅速に交換することは不可能だからである。同社は，新価格形成システムを待ちながら，高費用を軽減するために，新疆ガスを第2西東ガスパイプラインに混合する選択肢を検討している。ガスの豊かな地域は，たとえその地域自身の産業がガス不足で悩まされることになったとしても（四川の肥料工場や新疆のメタノール会社は，他の地域へのガス供給を確保するために，生産を停止しなければならなかった），優先事項として他の地域に対しガスを供給しなければならない。これは，新疆から沿海地域への主要基幹ガスパイプラインを建設する理由である。それが，なぜこのパイプラインは「西のガスを東の沿海に」（「西気東輸」）と呼ばれるのか，その理由である（東部沿海地域には，ガスの主要消費地域がある）。地方の生産地域は，この中央の政策に対して何も発言権がない。したがって，ガスの豊かな地域は，ガス価格形成システムの改革に強い関心を抱いている[80]。

　2009年夏における四川−東部パイプラインのガス価格の公表は，2009年にたとえ何のガス価格改革がなかったとしても，今後のガス価格改革の特徴について強い示唆を与えるものであった。国家発展改革委員会は，同パイプラインに送り込まれる普光ガスの生産者価格は，付加価値税を含めて1立方メートル当たり1.28元（0.187ドル）になるが，買い手と売り手の交渉に従って，

±10％幅で変動することは認められるであろうと発表した[81]。平均輸送料金は，1立方メートル当たり0.55元に設定され，通過途上の省に対して，距離に応じて料金が異なった。とくに，四川省は0.06元（0.0088ドル），重慶市は0.16元，湖北省は0.32元，江西省は0.54元，安徽省は0.65元，江蘇省は0.76元，浙江省は0.81元，上海市は0.84元（0.123ドル）である。結果として，中国石油化工会社が同パイプラインのガスに関して設定出来る最大限価格は，1立方メートル当たり2.248元（0.33ドル）となるが，これは標準価格プラス10％，つまり1立方メートル当たり1.41元（0.20ドル）に1立方メートル当たり0.84元（0.12ドル）の最大輸送料金を加えたものである。この輸送料金は，損耗費を考慮に入れている。供給価格（生産者価格と輸送料の両方）はどの需要家に対しても同一であり，これが都市ガスや肥料生産や発電などの部門別であったかつての価格形成制度からの主要な変更点となろう[82]。

　四川－東部パイプラインの価格形成機構は，3つの新しい側面を持つ。第1に，損耗費（すなわち加圧基地に天然ガスを補充する際のガス損失に伴う生産者側の費用）が除外された。伝統的に，損耗費は，工場渡し価格の約0.3％である。第2に，生産者価格を中心にして一定幅の変動が認可されたのは，これが初めてである。第3に，天然ガス価格の標準化は，肥料生産者による天然ガス消費がもはや優遇されないことや，優先事項は住民の都市ガス利用に移っていることを強く示すものである。要するに，この価格改革は，生産者価格の柔軟性と「1ガス供給源，1価格」の原則とによって特徴づけられる。

　中国石油化工会社石油探査・開発調査研究機構（SINOPEC Oil Exploration and Development Research Institute）の諮問委員会（Consultation Commission）張抗Zhang Kang副委員長は，普光のガス価格が，第1西東ガスパイプラインの1立方メートル当たり約0.48元に対して，1立方メートル当たり1.28元と高価であるのは，東部四川地域の山岳地帯に位置する普光ガス田のより高い探査・開発費を反映している，と指摘した[83]。四川－東部パイプラインを通じて供給されるガスの工場渡し価格は，1立方メートル当たり0.792元（肥料メーカーと非産業用都市ガスの場合）あるいは0.352元（直接の顧客と産業用都市ガスの場合），中国石油天然ガス株式会社の第1西東ガスパイプラインを通じて供給される価格より高い[84]。第1西東ガスパイプラインと四

川-東部パイプラインとの価格差は,できるだけ早期にガス価格改革を行う必要性を喚起するものである(表5.15〜5.17)。

UBS銀行の調査は,中国政府が,天然ガス価格を輸入ガス,石油および代

表5.15 四川-東部パイプラインの生産者および都市入り口価格(2009年)(1立方メートル当たり元)

	生産者価格	輸送料金	平均都市受け入れ価格	住宅用都市ガス価格
四川	1.28	0.06	1.34	1.43
重慶		0.16	1.44	1.4
湖北省		0.32	1.60	2.3
江西省		0.54	1.82	3.8
安徽省		0.65	1.93	2.1
江蘇省		0.76	2.04	2.2
浙江省		0.81	2.09	2.4
上海		0.84	2.12	2.5

出所:Lin Fanjing (2009e), p. 3.

表5.16 第1西東ガスパイプラインの都市入り口価格(1立方メートル当たり元)

	平均都市入り口価格(P+T)	P	T	都市ガス	肥料生産	発電
河南省	1.14	0.48	0.66	1.16	1.12	-
安徽省	1.23		0.75	1.23	-	-
江蘇省	1.27		0.79	1.42	1.27	1.10
浙江省	1.31		0.83	1.46	-	1.20
上海	1.32		0.84	1.46	1.28	1.15

注:P=生産者価格,T=輸送料金。
出所:Lin Fanjing (2009e), p. 3.

表5.17 主要都市の住宅用都市ガス価格(2009年5月)

都市および省	価格(1立方メートル当たり元)
北京	2.05
天津	2.20
上海	2.50
山東省済南	2.40
山東省青島	2.40
四川省成都	1.43
広東省広州	3.45
新疆,ウルムチ(烏魯木齊)	1.37
新疆,バインゴリン・モンゴル自治州(巴音郭楞蒙古自治州)	1.30

出所:Lin Fanjing (2009e), p. 3.

替燃料に関連させる価格形成メカニズムを導入しそうである，と予測した。同調査は，このようなメカニズムにより，輸入天然ガスとの等価に接近するか，それから割り引くかした国内長期ガス価格を多分もたらすであろう，と結論づけているが，いずれのガス価格上昇もその時期や上昇幅は不確かであると明確にしていた[85]。表5.18に示されるように，UBS銀行の調査では，トルクメニスタンからのガス輸入に関して，国境価格（国境付加価値税含む）として100万英国熱量単位当たり7.0ドルが用いられた。上海と深圳の都市入り口価格は，100万英国熱量単位当たりそれぞれ11.5ドルと11.6ドルである。上海価格は，国際エネルギー機関による中国ガス調査で提示された数値と合致しているが，深圳価格は若干の相違を示している。

しかしながら，『中国石油・ガス・石油化学製品』によると，中国石油天然ガス株式会社がトルクメニスタンから輸入する天然ガスの保険料運賃込み国際価格は1立方メートル当たり2元（100万英国熱量単位当たり8.13ドル）であり，これは，第2西東ガスパイプラインを通じて送り込んだ後，広州にとって1立方メートル当たり3元（100万英国熱量単位当たり12.19ドル）以上の都市入り口価格になることを意味している[86]。『中国石油・ガス・石油化学製品』の100万英国熱量単位当たり12.19ドルという数値は，国際エネルギー機関による調査（表5.19と5.20に示されるように）が提示した数値と一致して

表5.18 推定輸入ガス価格（100万英国熱量単位当たりドル）

ガス供給源－到着都市	価格構成			
	国境価格	国境の付加価値税	パイプライン／再ガス化	都市入り口価格
トルクメニスタン－上海	6.2	0.8	4.4	11.5
トルクメニスタン－深圳	6.2	0.8	4.6	11.6
マレーシア液化天然ガス－上海	7.7	1.0	0.8	9.5
大鵬液化天然ガスLNG－深圳	3.2	0.4	0.8	4.4
液化天然ガス（Qatargas-3）－寧波	13.0	1.7	0.8	15.5

出所：UBS (2009), pp. 21-2.

表5.19 上海におけるガス推定価格（2009年）（100万英国熱量単位当たりドル）

国内天然ガス	工場引き渡し価格	パイプライン料金	都市入り口価格
海洋（平湖）			4.8
第1西東ガスパイプライン			
産業	3.7	3.0	6.7
住宅	2.1	3.7	5.8
発電（電力）	2.1	2.6	4.7
四川－東部パイプライン（計画中）			6.5-7.5

天然ガス輸入	輸入（国境）価格	料金*／再ガス化費用	都市入り口価格
マレーシア Tiga 液化天然ガス			
低いケース（石油：1バレル50ドル）	6	0.8	6.8
高いケース（石油：1バレル80ドル）	8	0.8	8.8
カタール・ガス－4 液化天然ガス			
低いケース（石油：1バレル50ドル）	8	0.8	8.8
高いケース（石油：1バレル80ドル）	12.8	0.8	13.6
トルクメニスタン・パイプライン			
トルクメニスタン国境：1000m³ 145ドル	5.1	3.8	8.9
トルクメニスタン国境：1000m³ 195ドル	6.4	3.8	10.2
トルクメニスタン国境：1000m³ 230ドル	7.4	3.8	11.2

注：*第2西東ガスパイプライン 4800km のパイプライン料金は、1000m³ 当たり 1000 元（1000m³ 当たり 144 米ドル）と推定されている。100km 単位の料金は 1000m³ 3.6 ドルと計算されている。
出所：Higashi（東伸行）（2009）.

いる。同様の数値が『ペトロミン・パイプライナー』（*Petromin Pipeliner*）の記事に示されているが，そこでは，将来中国が欧州の正味価格を支払うと仮定すると，価格は1バレル当たり80ドル，中国国境で100万英国熱量単位当たり9.5ドル（付加価値税13％含む）となるべきであると主張した。第2西東ガスパイプラインの料金を加えると，上海の都市入り口価格は，100万英国熱量単位当たり約14ドルとなり，これは中国海洋石油会社と中国石油天然ガス株式会社が2008年に署名した高値のカタール契約と似かよっている。対中国トルクメニスタン・ガス価格は石油価格に連動しており，それは現在，欧州正味価格の約85〜90％に設定されている。1バレル80ドルのブレント価格で，トルクメニスタンの中国国境価格（パイプライン料金と付加価値税を含む）は，1立方メートル当たり2.2元（100万英国熱量単位当たり8.4ドル）となる。表5.18〜21および5.23に示されているように，中国は，上海に至る国内

ガス価格改革　*295*

表 5.20　広東省のガス推定価格（2009 年）（100 万英国熱量単位当たりドル）

国内天然ガス			
	工場引き渡し価格	パイプライン料金	都市入り口価格
海洋（崖城）			3.0
四川－南部パイプライン（計画中）			6.5-7.5
天然ガス輸入			
	輸入（国境）価格	料金* ／再ガス化費用	都市入り口価格
New South ガス			
低いケース（石油：1 バレル 50 ドル）	3.16	0.8	3.96
高いケース（石油：1 バレル 80 ドル）	3.16	0.8	3.96
カタール・ガス－2 液化天然ガス			
低いケース（石油：1 バレル 50 ドル）	8.00	0.8	8.80
高いケース（石油：1 バレル 80 ドル）	12.8	0.8	13.6
トルクメニスタン・パイプライン			
トルクメニスタン国境：1000m³ 145 ドル	5.10	4.6	9.70
トルクメニスタン国境：1000m³ 195 ドル	6.40	4.6	11.00
トルクメニスタン国境：1000m³ 230 ドル	7.40	4.6	12.00

注：* 第 2 西東ガスパイプライン 4800km のパイプライン料金は，1000m³ 1,200 元（1000m³ 173 ドル）と推定されている。100km 単位の料金は 1000m 当たり 3.6 ドル。
出所：Higashi（東伸行）（2009）．

の第 2 西東ガスパイプラインのパイプライン料金として 1.1 元（100 万英国熱量単位当たり 4.4 ドル）を設定しており，つまり，都市入り口価格は約 3.3 元（1 立方メートル当たり 12.7 ドル）となる[87]。

UBS 銀行の調査は，トルクメニスタン・ガスの都市入り口価格は，液化天然ガス（おそらくカタールガス－3 産の）価格よりもずっと低いことを示している。ミャンマー・ガスの輸入価格負担も高い。年間 12 億立方メートルの輸送能力を持つ，2806 キロメートルの天然ガスパイプラインは，2012 年に昆明市に一定量の最初のガスを送り込む予定であり，その供給価格（保険料運賃込み価格）は，1 立方メートル当たり 3.5 元（100 万英国熱量単位当たり 14.23 ドル）を超えないであろう。この価格は，昆明における 1 立方メートル当たり 1.1 元の末端価格より明らかに高いが，このことはさらなる天然ガス価格改革についての市場の憶測をそそのかす事実である[88]。現段階で 1 つ非常に明らかなことは，ミャンマー－昆明ガスパイプラインからのガスの計画価格と，カタールガス－3 に基づく液化天然ガス価格は，中国ガス消費者の予算の範囲を大幅に超えるものであり，そのような高値のガス価格は，中国のガス拡大に

296   5．中国のガス産業

表 5.21　パイプライン輸送料金

	100万英国熱量単位当たりドル	1m³ 当たり元
四川省－上海	3.4	0.84
タリム－上海	4.0	0.98
オルドス－上海	2.0	0.49
タリム－オルドス	2.0	0.49
オルドス－北京	1.8	0.45
タリム－北京	3.1	0.77
トルクメニスタン国境－上海	4.4	1.10
トルクメニスタン国境－広東省	4.6	1.14
トルクメニスタン国境－オルドス	2.2	0.55
四川省－寧波	3.3	0.81

出所：UBS (2009), p. 21.

とって大きな障害になるだろうという点にある。2020年までに年間3000億立方メートルのガス需要を満たすためには，国家発展改革委員会が，液化天然ガスとしてであれパイプライン・ガスとしてであれ，ガス輸入によって課される価格負担を軽減するために，ガス価格改革に着手することは不可避である。

　トルクメニスタン－中国国境のガス価格の正確な数値を突き止めることは非常に難しい。中国石油天然ガス株式会社は，トルクメニスタンから中国に輸出されるガスの価格を明らかにしなかったが，中国石油天然ガス株式会社の内部関係者は，その価格が，懸案となっている中ロガスパイプラインのためにロシアによって中国に対し提示された価格より間違いなく低いと報告した[89]。国際エネルギー機関の資料に基づく表5.19と5.20は，トルクメニスタン・ガスの価格負担は取るに足らないものではないことを確証している。

価格改革の第一歩としての 2010 年のガス価格引上げ

　国家発展改革委員会は2010年5月31日に，国内陸上天然ガス生産者の標準価格を1立方メートル当たり0.23元（0.034ドル）引上げると発表した（表5.22を参照）[90]。以前に論じたように，工場渡し価格の2度の引上げが，2005年12月（1000立方メートル当たり50～150元）と2007年12月（同じく400元）にすでに実施されていた。新たな価格上昇は，ガス価格形成システムの改革に関する長期にわたる期待の末に行われたが，その改革への第一歩と見られている。平均的価格上昇は24.9％となり，10～20％という市場の予想をはるか

表 5.22 大規模ガス田別中国の工場引き渡し基準価格：2007 年と 2010 年（1000 立方メートル当たり元）

ガス田	カテゴリー（部門）	2007			2010
四川省・重慶ガス田	肥料生産	690			920
	産業利用（直接顧客）	1275			1505
	産業利用（都市部供給経由）	1320			1550
	都市部供給	920			1150
長慶油田	肥料生産	710			940
	産業利用（直接顧客）	1125			1355
	産業利用（都市部供給経由）	1170			1400
	都市部供給	770			1000
青海油田	肥料生産	660			890
	産業利用（直接顧客）	1060			1290
	産業利用（都市部供給経由）	1060			1290
	都市部供給	660			890
新疆油田	肥料生産	560			790
	産業利用（直接顧客）	985			1215
	産業利用（都市部供給経由）	960			1190
	都市部供給	560			790
大港，遼河，中原油田		1*	2*	Ave*	
	肥料生産	660	980	710	940
	産業利用（直接顧客）	1320	1380	1340	1570
	産業利用（都市部供給経由）	1320	1380	1340	1570
	都市部供給	830	980	940	1170
その他ガス田	肥料生産	980			1210
	産業利用（直接顧客）	1380			1610
	産業利用（都市部供給経由）	1380			1610
	都市部供給	980			1210
西東ガスパイプライン	肥料生産	560			790
	産業利用（直接顧客）	960			1190
	産業利用（都市部供給経由）	060			1190
	都市部供給	560			790
忠県－武漢パイプライン	肥料生産	911			1141
	産業利用（直接顧客）	1311			1541
	産業利用（都市部供給経由）	1311			1541
	都市部供給	911			1141
陝西－北京パイプライン	肥料生産	830			1060
	産業利用（直接顧客）	1230			1460
	産業利用（都市部供給経由）	1230			1460
	都市部供給	830			1060
四川－東部パイプライン		1280			1510

注：都市部供給は，ここでは都市ガスを意味する．
　*1 は優遇価格を表し，2 は通常価格である．この双軌制天然ガス価格設定メカニズムは，2010 年 5 月に取止めとなった．Ave は，平均価格を表す．
出所：China Securities Journal (2010), pp. 82-3.

表 5.23　上海の供給源別都市入り口価格（2010 年）（1 立方メートル当たり元）

	都市入り口価格
第 1 西東ガスパイプライン	1.6–1.7*
上海液化天然ガス	1.8–2.0
四川ー東部パイプライン	2.35
第 2 西東ガスパイプライン	3.2–3.4

注：*2010 年 5 月の工場引き渡し価格の調整により，引上げられた価格。
出所：China Securities Journal (2010), p. 84, p. 106.

に上回るようである。新疆油田と第 1・第 2 西東ガスパイプライン向けガスとに関する，国家発展改革委員会の資料によれば，化学肥料産業および都市部非産業部門に供給されるガスの工場渡し価格は，25.2％から 41％だけ引上げられることになるが，他のガス価格は約 20％だけ上昇するであろう。国家発展改革委員会は，この引上げによって毎月の家計支出にわずか 4.6 元（0.67 ドル）が追加されるだけであるが，低所得家庭は，天然ガス経費の増加を補填するための補助金を受けとるであろう，と述べた。

　中国石油天然ガス株式会社は，それが 140 億元の追加収入を得ることから，この価格引上げの最大の受益者となるであろう。財務省により新疆西北部で賦課される新資源税のために中国石油天然ガス株式会社が支払う追加の 36 億元の相当部分がこれにより相殺されるであろう。中国石油化工会社は，84 億 7000 万立方メートルのガスの販売により，19 億 5000 万元の追加収入を受け取るであろうが，これは，新疆での新資源税の形態における約 14 億元の追加支払いによって相殺されることになろう[91]。

　価格上昇は，化学肥料生産者にとって費用の大幅増加を意味する。中国の窒素肥料産業は，毎年約 110 億立方メートルの天然ガスを消費しており，そのうち 80 億立方メートルは優遇価格で提供されている。この価格引上げは，省エネルギーを促進し，6 部門の高エネルギー消費産業（電力，鉄鋼，非鉄金属，化学産業を含む）を抑制するために企画された一組みの整合的努力の 1 つであったが，この 6 大産業は，2010 年第 1 四半期における GDP 1 単位当たりエネルギー消費の対前年比 3.2％増加の原因となっていたのである[92]。5 月 31 日

の価格引上げの後,上海市や浙江省を含む数ヶ所の地域は,それ自身のガス小売価格をそれ相応に引き上げた。2010年9月28日に,北京市発展改革委員会は,地元のガス小売取引価格を1立方メートル当たり0.33元(0.049ドル)だけ引き上げ,ただちに効力を発する,と発表した[93]。

発電用ガス価格負担

中国では,ガス価格は石炭価格より大幅に高いが,このことが石炭からガスへの転換を阻害している。1999年には,主要7都市における天然ガスの平均価格は石油換算トン当たり241ドルであったが,一般炭価格は石油換算トン当たりわずか59ドルであった。これと比較して,米国では同年に,天然ガス価格が石油換算トン当たり83ドルであり,発電所に供給される一般炭価格が同じく42.2ドルであった。つまり,発電用石炭は,中国の場合平均して天然ガス価格の約25%であり,米国における約50%と対比される[94]。ガスの価格形成は電力生産者の主要関心事であったが,中国石油天然ガス株式会社によって提案されている価格形成が,第1西東ガスパイプライン開発の結果として,電力生産者のガスへの転換や新規ガス火力発電所の建設を促進するのに十分であるかどうかは,確かではなかった。

デイビッド・フリドリーは,この選択の詳細について次のように分析している。

上海地域の電力生産者が入り口価格でガスを購入するならば,その電力の燃料費は,コンバインドサイクルタービンか在来型の天然ガスタービンかそのどちらを使用するかによって,1キロワット時0.29元(0.035ドル)から0.41元(0.05)ドルの範囲となる。これと比較してみると,上海における平均小売価格は1キロワット時約0.70元(0.085ドル)であり,その一部は電力生産者ではなく,地元の電力局に利益をもたらす。国家電力会社(State Power Corporation (SPC))は,発電用ガス価格が1立方メートル当たり0.90元(100万英国熱量単位当たり3.10ドル)を上回らずに,1キロワット時当たり発電用平均燃料費を0.20元(0.024ドル)ないし0.28元(0.034ドル)に削減するように,要請した。これは,国家電力会社(National Power

Corporation）により記録された，1999年の全国電力販売総額に関する1キロワット時当たり平均販売価格0.34元（0.042ドル）と同じ程度に見える[95]。

　［5年後］国家電力網会社（State Grid Corporation）による調査で，天然ガスは，その価格が英国熱量単位基準で石炭価格の2.5倍である場合には，石炭との競争力を欠くことが再確認された。2004年に，中国北部のある発電所に供給された石炭がトン当たり平均230元（100万英国熱量単位当たり1.3ドル）の時に，電力生産者は，100万英国熱量単位当たり3.80ドルのガス価格，つまりガス対石炭の価格比2.9：1を提示されていた。2007年半ばに，河北省秦皇島の一般炭本船渡し価格は，5500キロカロリーの山西炭が1トン470元に達したが，これは2004年価格の2倍以上であった。もしこのような石炭の高価格が続くとすれば，これは，天然ガスが中国北部においてさえ100万英国熱量単位当たり6.0～6.50ドルほどの高値で競争力を持つかも知れないことを意味している[96]。

　電気料金設定の改革が，とくに揚子江（長江）の南で，ガス火力発電の競争力強化に寄与していることも付け加えることができよう。

　それにもかかわらず，たとえ中国のエネルギー計画立案者が，電力部門と住宅部門を中国の天然ガス拡大の推進力と見なしてきたとしても，価格負担は，電力部門用ガスの急速な拡大にとって大きな障害であったし，またそうであり続ける，と述べても差し支えないであろう。10年前に当局は，電力部門におけるガス利用を増加させる非常に意欲的な計画を持っていた。国家電力会社SPCは，2010年までのガス火力発電暫定計画を策定していた。西東ガスパイプラインからのガスを利用するため，国家電力会社は，当初，河南省および揚子江（長江）デルタ地域において，5.4ギガワットのガス火力発電能力を計画した。国際エネルギー機関の2002年のガス調査によると，中国政府は，2010年までに合計20.1ギガワットのガス火力発電能力を建設することを目標としていた[97]。その時点において，この目標は，非常に意欲的に見えた。2007年に，日本エネルギー経済研究所（IEEJ）の調査が最新数値を提供したが，これによれば，中国のガス火力発電能力は2006年に10.6ギガワットに達し，

総設置発電能力の1.7％，総設置火力発電能力の2.2％を占めた。同調査では，中国電力企業連合会（China Electricity Council）はガス火力発電能力が2020年までに60ギガワットに達し，総設置発電能力の5〜6％を占めるだろうと予測していたことが付け加えられていた[98]。仮に2020年の設置された発電能力が1885ギガワットであり，そのうちの36.3％が非化石燃料に由来するとすれば[99]，60〜70ギガワットの発電能力がガスで達成されるとしても，それは全体の3.2〜3.7％を占めるに過ぎないであろう。5〜6％になるためには，ガス発電の数値は94〜113ギガワットでなければならないであろう。しかしながら電力価格形成の改革なしには，この目標を達成する成功の公算は大きくない。

中国電力企業連合会によると，2010年における総設置発電能力は962.2ギガワットであったが，そのうち，650.1ギガワットが石炭火力発電，26.7ギガワットがガス火力発電，10.8ギガワットが原子力発電，31.1ギガワットが風力発電，そして213.4ギガワットが水力発電であった[100]。東営勝動ガス発電設計コンサルティング会社（Dongying Gas Generation Consultancy）の張国昌 Zhang Guochang総裁は，次のように述べた。

　費用に関しては，天然ガス発電は，現在，他のエネルギー源と競争することができない。キロワット時当たりの天然ガス由来の発電費用はおおよそ2.5元（0.39ドル）であるが，一方，石炭発電のそれは約0.35元（0.05ドル），風力発電のそれは0.55元（0.08ドル）近くで賄われる[101]。

この価格制度の下で，ガス発電能力はほぼ27ギガワットであったというのが，現実の到達点である。しかし，現在のガス価格制度の下では，さらなる拡大は現実の苦しい努力となるであろう。

フリドリーは，相対価格のこの歪曲の影響について警告している。

　特定の地域における最高需要時・非最高需要時の料金設定システムの採用や，電気料金の石炭価格への関連づけを含む電気料金改革がなければ，2020年までに最大70ギガワットの天然ガス火力発電所の設置という意欲的な目標は，達成が難しいものになるであろう。中国では，石炭価格は市場によっ

て決定されているが，電気料金は国家によって統制されている。この両者を結びつけるメカニズムの下では，仮に石炭価格が6ヶ月の1期間で5%かそれ以上上昇すると，電気料金がそれに応じて調整され，したがって電力会社は，5%を超える費用上昇の30%を負担することになる。残る70%は，電気料金に反映される。もし石炭価格の上昇が5%未満の場合，その変化は，次期において算入されるか，その変化の合計が5%に達するかそれを超えた時に算入される[102]。

真の石炭費用に関するグリーンピースの文書は，以下のように詳述している。

2000年から2007年まで，中国の発電は，平均して石炭消費の49.1%を占めていた。2004年から2007年の期間の数値は51.9%を記録した。発電用炭が総石炭需要の50%以上を占めるので，石炭需要一般の伸びも，電力需要の減退によって，縮小されるであろう。他の条件に変化がなければ，市場における石炭価格の上昇は，結局は衰退するであろう。しかしながら，他の利用目的で石炭需要が急速に増加すると，石炭価格の下落傾向は相殺されるであろう。その後市場全体の石炭価格は上昇するであろう。これが，2002年に石炭価格が市場に開かれて以来，発電用石炭価格の上昇率が，全般的石炭価格の平均上昇率を決して超えていない理由である。石炭価格を歪曲する主要因は，関連する資産，行政および法律上の制度が最適化されるならば，市場の力によって漸次修正されうる。したがって，控えめの結論であるが，中国では石炭価格は，石炭生産に対する政府統制による原価や価格の歪曲ために，17.73%だけ過小評価されているということになるであろう[103]。

たとえそうであっても，北京の発電所は価格負担にもかかわらず，石炭から天然ガスに転換しつつある。2010年2月下旬に，中国国有石油会社の社報は，北京直轄市の高井Gaojing火力発電所が石炭燃焼から天然ガス燃焼に転換したことを明らかにした[104]。中国国有石油会社は2010年に，長慶油田により供給を受ける陝西－北京ガスパイプラインを通じて，同発電所に10億立方

都市ガスの拡大　303

メートルの天然ガスを供給するつもりである。大唐国際発電株式会社（Datang International Power Generation Company）が北京の同発電所を運営している。中国国有石油会社によれば，北京は，高碑店 Gaobeidian および石景山 Shijingshan の火力発電所を天然ガス使用に再装備する計画であり，また，同市は，市街地の東郊 Dongjiao 火力発電所を取り壊し，それを新規のガス火力発電所に置き換えることをも計画している。北京では，2009 年に 59 億立方メートルを消費したが，その量は 2010 年には 70 億立方メートルに増加した。2015 年までに，北京の天然ガス消費量は 180 億立方メートルになると予測されており，この需要を満たすために，中国国有石油会社は，陝西－北京パイプラインの第 3 期を 2010 年 12 月に完成した[105]。北京地区で見られる，ガス発電のこの進取的取り組みは，中国の何処でも適用されている訳ではなかったが，2010 年代にはこれも変化し得るであろう。

国家エネルギー局は，2020 年までに小規模分散単位のガス火力発電能力は，2011 年の 5 ギガワットから 50 ギガワット（もしくは設置発電量の 3％）に上昇するものと予測している[106]。中国の同産業界もまた，その潜在力を認めている。東営勝動ガス発電設計コンサルティング株式会社の張国昌は，中国のガス発電の拡大は，非在来型のガス生産地域における小規模発電所を通じて達成され得る，と主張した[107]。

都市ガスの拡大[108]

長期間にわたって，中国の中央当局は，私的資本がガス市場に参入することを禁じてきたが，政府が都市ガス市場にフランチャイズ規制に従う営業システムを実施し始めた 2002 年に，この禁止は実際には解除された。2002 年 3 月に「外資系企業投資産業指導目録」（Foreign Investment Guide）が公表されて以来，初めて，外国および私的企業の都市ガス供給が許可されてきた。適格な私的会社は，都市ガス事業への参入を許可された。同部門におけるこの私企業の営業は，2003 年までに最高潮になった[109]。当時，香港中華ガス株式会社（Towngas），中国ガスホールディングス，新奥集団，百江ガスホールディングス（Panva Gas Holdings），華燊ガスホールディングス（Wah Sang

Gas), 鄭州ガス株式会社 (Zhengzhou Gas), 広滙実業投資集団 (Guanghui Industrial Investment Corporation (GIIC)), 百江ガス (Baijiang Gas), 明倫集団 (香港) (Minglun Group) 等, 多くの私的会社が, 中国における都市ガス事業の初期段階への浸透を重視していた。2006年までに, 都市ガス部門の積極的事業者は, 香港中華ガス株式会社, 中国ガスホールディングス, 新奥集団, 鄭州ガス株式会社に絞られていた。それ以降, 中国の国有石油企業は, 都市ガス事業への参入に意欲を示さなくなったが, しかし中国国有石油会社は, 新規事業体の設立により都市ガス事業に浸透し始めた。ゴールドマン・サックスの調査報告によると, 2010年の中国における下流部門のガス供給業者のトップ10が, 市場の約32％を占めていた (北京企業 (Beijing Enterprises) が6.0％, 華潤ガスホールディングス (China Resources Gas) が5.2％, 申能株式会社 (Shenergy Company) が4.2％, 新奥エネルギー (ENN Energy) が3.9％, 香港中華ガス株式会社が3.8％, 中国ガスホールディングスが3.2％, 昆崙エネルギー (Kulun Energy) が2.0％, 陝西省天然ガス株式会社 (Shaanxi Provincial Natural Gas) が2.0％)[110]。

都市ガス業者について簡潔に概観すると, 今後数年間のその拡大の可能性が明らかになる[111]。

1. 香港中華ガス株式会社：先頭走者は, タウンガスの名称でも知られる香港中華ガス株式会社であり, 同社は香港市のガス部門を支配しており, 中国でのその事業拡大を決定していた。同社は2003年9月までに, 16都市のパイプ供給ガスプロジェクトに投資していた。同社は, また, 広東省における中国で最初の液化天然ガス基地プロジェクトの3％の少数持分出資比率を認められていた。タウンガスは2006年までに, 中国本土で31の共同プロジェクトを確保しており, 300万人以上の顧客, 1万2000キロメートルのガス網, およびガス換算14億立方メートルの年間販売高をもつ。タウンガスは2006年12月3日に, 香港上場の都市ガス供給業者, 百江ガスホールディングス[112]から, 一部のガス・ガス網資産および関連事業を総額32億3000万香港ドルで買収する協定に署名した。同社は, 45％の株を獲得し, 百江ガスホールディングスの最大株主となった。後者は, 香港中華ガス株式会社と改称し, パイプ供給の都市ガ

都市ガスの拡大 305

表5.24 2010年の最終需要別天然ガス販売量（％）

	家庭用	商業用／産業	圧縮天然ガス	発電
タウンガス（Towngas）	27	73	0	0
中国ガス（China Gas）	13	71	10	0
新奥エネルギー（ENN Energy）	15	71	13	0
華潤ガス（CR Gas）	30	61	9	0
北京企業（Beijing Enterprises）	13	61	0	26

出所：GSGIR（2011）．

スプロジェクトに重点的に取り組んだ[113]。2008年には，販売量は58億立方メートルを超えた。深圳の投資持株会社，港華投資株式会社（Hong Kong & China Gas Investment Limited）が，同グループの中国本土における投資を管理する。2009年末までにタウンガス集団は，19の省，特別市および自治区で100以上のプロジェクトを保有していた。3万人以上の従業員が，本土の同集団の様々な共同事業に従事している[114]。

2．*中国ガスホールディングス*：中国ガスは，合計121の天然ガスプロジェクトを所有するが，そこには110の都市・地域におけるパイプ供給ガスの独占的開発権，8件の天然ガスパイプライン輸送プロジェクトが含まれ，他に中国における液化天然ガスやその他の燃料製品の輸出入許可，35の液化石油ガス流通プロジェクトを所有する。同グループは，湖北省，湖南省，広西自治区，広東省，安徽省，江蘇省，浙江省，河北省，陝西省，内モンゴル自治区，および福建 Fujian 省において，独占的なガス事業を確保しており，それらは，西東ガスパイプライン，重慶－武漢ガスパイプライン，陝西－北京ガスパイプライン沿いの主要都市である。中国ガスは，長距離ガスパイプラインを所有する中国唯一の都市ガス運営企業である[115]。2006年11月に，中国ガスの子会社である中国ガス投資株式会社（Zhongran Investment Ltd.）は，商務省から，天然ガスや液化天然ガスやメタノール等を含むガス関連製品の輸出入権と，これらの製品の卸売・小売権も付与された[116]。2007年に，中国ガスは，韓国エス・ケー・エナジー（SK Energy）およびオマーン・オイル（Oman Oil）とそれぞれ合弁企業を設立した[117]。中国石油化工会社との提携は，中国ガスの将

来の生き残り策として賢明な選択肢であった[118]。中国ガスは2009年10月に，中国国有石油会社昆侖ガス株式会社（CNPC Kunlun Natural Gas Co.）と国内ガス販売および調達に関する協力・非競争協定に調印したが，この協定はパイプ供給ガス，液化石油ガスおよび液化天然ガスの販売・調達を取り扱っている[119]。

3．新奥ガスホールディングス（Xinao Gas Holdings Limited）（新奥ガス）： 新奥ガスホールディングスは，新奥集団の上場子会社であり販売機関でもある。同社は，香港証券取引所に2001年に上場した。新奥集団は，1992年に都市ガスへの投資を始めたが，新奥ガスホールディングスは，新奥集団の一部である。同社は2003年に，中国本土最大の非国有都市ガス運営企業だと主張したが，30ほどの都市で操業を行っている。新奥は2006年6月始めに，商務部よりガスの輸出入権を首尾良く獲得した。それは2006年までに，約60の都市において土地調査を行ってきていたが，それはとくに海外の液化天然ガス供給源を目標にしていた[120]。新奥ガス傘下の新奥エネルギー供給チェーン（ENN Energy Supply Chain Co., Ltd.）は，主として，天然ガス，液化石油ガス，メタノール，ジメチルエーテル，清潔な炭化水素燃料を販売している。同社は，1万キロメートル強のガスパイプライン網を発展させた。新奥ガスは，清潔な暖房・調理用燃料を420万戸の家庭や，1万2000の工業および商業顧客に届けている。同社は，79都市でガス燃料プロジェクトを運営している[121]。

4．鄭州ガス株式会社： 河南省にある鄭州ガスは，2003年の最初の9ヶ月間に天然ガス販売を極めて急速に拡大した。その販売高は1億3550万元（1640万ドル）に上昇したが，このうち，鄭州における住宅のガス利用者に対する配送が70％以上を占めた。同社は，河南省の省都である鄭州に，西東ガスパイプラインを接続している。2009年7月に，鄭州ガス株式会社の親会社である鄭州ガス集団（Zhengzhou Gas Group）は，華潤ガスホールディングス集団（China Resources Gas（CR Gas）Group Ltd.）と共同事業を設立するために枠組み協定に署名した。鄭州ガス集団は20％の株を保持するが，一方華潤ガスが残る80％を取得する。買収後には，華潤ガスは，鄭州ガス株式会社の株式

都市ガスの拡大　307

34.5％を間接的に保有することになる[122]。華潤ガスは2010年に，15省（四川省，江蘇省，湖北省，山東省，山西省，河北省，江西省，雲南省，安徽省，浙江省，福建省，河南省，遼寧省，広東省，および内モンゴル自治区）の48の都市ガスプロジェクトを操業していた[123]。中国国有石油会社は2010年6月末に，都市ガス事業を共同で発展させるために，華潤ガスと戦略的協力協定を締結したが，同契約の詳細は何ら明らかにされなかった[124]。

5. *北京企業*：これは都市にガスを供給しており，北京企業ホールディングス（Beijing Enterprises Holdings Ltd.）の中核業務事業であって，同社は，340万人のガス利用契約者，7500キロメートルのガスパイプ，および年間36億立方メートルのガス販売量を持つ。同社の主要事業単位は，北京市ガス集団（Beijing Gas Group Co., Ltd.）である。同社は，1950年代以降操業しており，現在では，国内最大の天然ガス供給者かつサービス提供者である[125]。

6. *広滙実業投資集団*：2002年4月初旬に行われた実現可能性調査に基づき，新疆に本拠を置く広滙実業投資集団は，2003年9月半ばまでにガスプロジェクトの操業を開始することに同意した[126]。2004年に，広滙実業投資集団と深圳天民会社（Shenzhen Tianmin Ltd.）は，新疆から南部沿海都市にタンクで日量25万立方メートル程度の液化天然ガスを2004年6月に輸送開始する協定に署名した[127]。しかしながら，新国家ガス利用政策（National Gas Utilization Policy）は，中国ガス田産の天然ガスを利用した液化天然ガスプロジェクトの設立を明確に禁止していたので，中国最大の液化天然ガス生産者である広滙実業投資集団は，新疆のいくつかの液化天然ガスプロジェクトの建設を中断しなければならなかった[128]。天然ガス供給の問題に対処するために，広滙実業投資集団は，中央アジア諸共和国からのガス供給の可能性を模索し始め，そして，同社は中国およびカザフ政府より1日あたり150万立方メートルのガスを輸送する国境越えパイプラインの建設の認可を受け取った。広滙実業投資集団は2009年9月に，ザヤンZayan地区の石油・ガス鉱区を開発するために，カザフ・タルバタイ・ムナイ（Kazakh Tarbagatay Munay（TBM））の49％の権益を買収した（中国の国内液化天然ガスに関しては，本章の付録を参照）[129]。

中国国有石油会社の都市ガス部門への参入

中国国有石油会社は，2000年に都市ガス供給販売事業を開始し，2004年に北京でその最初の専門ガス供給販売子会社を設立した。同社は2008年までに，14省の46都市においてガス小売プロジェクトに総額7億4000万元（1億790万ドル）の投資を行った[130]。中国国有石油会社の2006年における一部の活動は，都市ガス事業の拡大に対する真剣な関心を示していた。中国石油天然ガス株式会社は，湖南省，その常徳市Changdeに支社を持つ中国華油集団会社（Huayou Company）を共同で設立・運営するために，アプタス・ホールディングス（Aptus Holdings）と提携してきた。同湖南支社は，長沙から常徳に至る基幹パイプラインの構築に主に従事しており，これによって同経路上の諸都市に天然ガスが提供されるであろう。常徳支社は，常徳における2件の天然ガスプロジェクトを管理し，また長沙-常徳ガスを都市住民および同市の他の最終消費者に供給することにも，責任を持っている[131]。

中国国有石油会社の子会社である中国石油パイプライン局は2006年12月7日に，珠海市パイプラインガス会社（Zhuhai Pipeline Gas Company（ZPGC））と枠組み協力協定に署名し，そのことによって前者は，後者の株式の85％を取得した[132]。中国国有石油会社は，国内都市ガス部門に参入するため，都市ガス専門ガス会社を設立したが，その名称は中国国有石油会社パイプラインガス投資株式会社（CNPC Pipeline Gas Investment Co., Ltd.）である。同企業は，14省の46都市における独占的都市ガス取引権を獲得したが，その総投資額は7億4000万元，ガス供給量は30億立法メートルに達した[133]。国家発展改革委員会は2007年8月20日に，国家天然ガス利用政策を発表したが，これは，天然ガス利用において都市ガス部門を優先するものであった。同政策は，天然ガスの高い利用効率を要求しており，しかも都市ガス部門は，この要請を満たすことができる[134]。中国国有石油会社は，都市ガス事業の発展に取り組み始めた。同社は2007年末に，江蘇省，広東省および河北省において天然ガス利用プロジェクトの建設を開始した[135]。

中国石油天然ガスパイプライン局（PetroChina Natural Gas Bureau）は2009年に，都市ガス会社9社の資産を中国国有石油会社の子会社である中国華油集団会社に移転し，また中国国有石油会社はこのようにして，都市ガス事

業を拡大し始めたのである。昆侖都市ガス (Kunlun Towngas), すなわち中国国有石油会社という旗艦会社の下に 2008 年 8 月に設立された単位は, 親会社の天然ガス供給から競争上の優位を引き出すために設立された会社であった。昆侖都市ガスは, 中国国有石油会社傘下の中国華油集団会社, 中国石油天然ガスパイプライン局, 四川石油管理局 (Sichuan Petroleum Administration Bureau), 吉林石油集団 (Jilin Petroleum), 中国国有石油・深圳石油実業会社 (CNPC Shenzhen Petroleum Industrial Company) から, 23 都市における 100 の都市ガスプロジェクトを含む, 都市ガス資産を取得した。中国国有石油会社パイプライン局は 2009 年 4 月に, 北京財産権取引所 (China Beijing Equity Exchange (CBEX)) に中国国有石油会社・天然ガスパイプライン都市ガス投資会社 (Natural Gas Pipeline Towngas Investment Co., Ltd.) の株式 100％を売却のために上場した[136]。中国国有石油会社は, 2009 年 11 月下旬に, 中国の至る所にある, その下流部門の都市ガス資産を統合するために, 次の一歩を踏み出した。同社は, 北京財産権取引所および上海連合財産権取引所 (Shanghai United Assets and EquityExchange (SUAEE)) に複数の都市ガス資産を売却のために上場した。これは, その下流部門の天然ガス供給販売システムを統合する同社の努力のまさに一環である。昆侖天然ガスは, その価値総額が 20 億元と推定される売却資産を取得することになっていた (詳細については表 5.25 を参照)[137]。

中国石油天然ガス株式会社および香港上場の中国国有石油会社・香港傘下の昆侖ガス (Kunlun Gas) は, 中国国有石油会社の都市ガス部門発展の主要な原動力である。昆侖ガスは, 主要運営企業であるのに対し, 中国国有石油会社・香港は資本提供者の役割を果たすであろう[138]。昆侖ガスは, 昆侖ガスのために都市ガス事業を拡張しようとして, 中国石油天然ガスパイプライン局と枠組み協力協定に署名した[139]。如東 Rudong, 大連, 深圳, 唐山 Tangshan における液化天然ガス輸入基地は, 昆侖エネルギーの所有の下でもたらされるであろう[140]。

昆侖エネルギーは 2010 年 7 月下旬に, 四川石油管理局と提携し, 四川省の四川華油天然ガス株式会社 (CNPC China Natural Gas) の関連都市ガス会社である, 四川石中石油ガス輸送技術会社 (Sichuan Shizhong Petroleum Gas

表5.25 2009年の昆侖ガス会社による買収

買収済み企業	株式持ち分(%)
中国国有石油会社・天然ガスパイプライン都市ガス投資会社（CNPC Natural Gas Pipeline Towngas Investment Co.）	100.0
永清華油ガス会社（Yongqing Huayou Gas Co., Ltd.）	66.11
涿州華油ガス会社（Zhuozhou Huayou Gas Co., Ltd.）	89.99
霸州華油ガス会社（Bazhou Huayou Gas Co., Ltd.）	51.0
常徳華油ガス会社（Changde Huayou Gas Co., Ltd.）	51.0
湖南華油天然ガス会社（Hunan Huayou Natural Gas Distribution Co., Ltd.）	43.55
海南華油港華ガス会社（Hainan Huayou Ganghua Gas Co., Ltd.）	51.0
鄒城華油ガス会社（Zoucheng Huayou Gas Co., Ltd.）	51.0

出所：Lin Fanjing（2009g）．

Transportation Technology）を取得する認可を獲得した。この動きは，中国石油天然ガス株式会社の四川省における存在を活用し，同省における事業を発展させることを企図している。昆侖エネルギーは8月初旬に，天津市ガス集団（Tianjin Gas Group）と共同事業協定に署名したが，これは新たな天然ガス事業を開始し，都市ガスパイプライン建設や天津市へのガス供給に従事することが目的であった。9月に昆侖エネルギーは，中国石油天然ガス株式会社・大連液化天然ガス株式会社（PetroChina Dalian LNG）の75％の株式を買収するために22億1000元で落札し，翌月，昆侖ガスは，蘭州ガス化工集団（Lanzhou Gas and Chemical Group）の50％の株式を買収するために5億元を支払った[141]。

1つ確かなことは，中国都市ガス部門は，2010年代における中国の意欲的ガス拡大計画の最大受益者であろうし，この10年間の終わりには，中国都市ガス部門の大規模再編は不可避であろうということである。

全国的ガスパイプライン網の発展

中国の天然ガス輸送インフラストラクチャは，元来地域的基盤の上に開発され，主に石油・ガス生産田と地域産業に役立ってきた。1999年に，中国の

天然ガスパイプラインの長さは，わずか1万1630キロメートルであり，年間輸送能力は141億立方メートルに過ぎなかった。2005年までに，その長さは2倍以上に増加し（2万8000キロメートル，年間取扱能力450億立方メートル），2008年末までには3万5000キロメートルに達し，輸送能力は年800億立方メートルを超えた。中国石油天然ガス株式会社・計画工学技術研究機構の楊建紅副所長によると，2015年までに中国の天然ガスパイプラインの全長は10万キロメートルに到達すると予測されている。その日までに，天然ガスパイプラインの幹線・支線は，約2万5000～3万キロメートル延長されているであろうが，しかし国中の急速に拡大するガス需要を満たすために，3万5000～4万キロメートルの小支線の建設になお一層の努力が注がれるであろう[142]。このパイプライン網の拡張と並行して，中国国有石油会社は，総貯蔵容量を224億立方メートルに拡大するため，2011～2015年の期間に10基のガス貯蔵タンクを建設する計画である[143]。

　表5.26は，2001年から2009年の間に建設された，最長で最高能力のパイプラインを示している。この2点の基準によれば，この内で最も重要なのは，重慶－武漢パイプライン，第2長慶西東ガスパイプライン，四川－東部パイプライン，永清Yongqing－唐山－秦皇島パイプラインである。

　最初の陝西－北京パイプラインは，1997年9月に完成した。この864キロメートルのパイプラインは，長慶ガスを年間最大30億立方メートルで輸送するよう設計されていた。同パイプラインは，四川石油管理局の調査設計研究所（Survey and Design Research Institute）とドイツのパイプライン・エンジニアリング社（Pipeline Engineering Company（PLE））とによって設計された。中国国有石油会社と北京市政府は，共同で39億4000元を投資した[144]。第2陝西－北京パイプラインは，2005年7月に操業を開始し，第1西東ガスパイプラインに接続されるように設計されていた[145]。

　北京地区の爆発的な需要を満たそうとして，中国国有石油会社は，同市に対するガス供給を増加させるために，陝西－北京ガスパイプラインの開発第3期に着手した。国家エネルギー局は2010年10月に，第3陝西－北京ガスパイプラインは，10月末に操業に入る予定となっていると発表したが，同年末までには作業が完了しなかった[146]。この第3パイプラインは，冬期に中国北部に

表 5.26 2001〜2009 年の間に操業した中国石油天然ガス株式会社のガスパイプライン

	L km	D mm	P Mpa	C 年 bcm	O 年
株洲－石家庄（河北省）	202	508	6.4	2.0	2001
渋北（青海省）－蘭州（甘粛省）	953	660	6.4	3.0	2001
渋北－西寧－蘭州（渋寧蘭）	915			6.0	2001
石家庄－邢台－邯鄲（河北省）	161	508	6.4	2.5	2002
滄州（河北省）－淄博（山東省）	210	508	6.4	2.5	2002
淄博－濰坊（山東省）	125	610	6.4	1.0	2002
輪南（新疆自治区）－上海	3,900	1,016	10.0	12.0	2004
常州（江蘇省）－杭州（浙江省）	200	711	6.4	2.0	2003
定遠（安徽省）－合肥（安徽省）	84	406	6.4	0.5	2003
南京（江蘇省）－蕪湖（安徽省）	135	508	6.4	2.0	2003
東方 1-1（ガス田）－東方市（海南省）	116	711	10.0	5.0	2003
東方－洋浦（海南省）	135	914	10.0	5.0	2003
焦作－安陽（河南省）	200	273	6.3	0.64	2003
鄭州－固始（河南省）	501	406/355	6.4	1.0	2003
濰坊－青島（山東省）	165	611	6.4	2.0	2003
渤中 28-1（油田）－龍口（山東省）	100	355.6	6.4	1.0	2004
青山（湖北省）－南通（江蘇省）	195	529	6.4	1.7	2004
滁州（安徽省）－宿遷（江蘇省）	260	529/329	6.4	1.74	2004
利辛（安徽省）－徐州（江蘇省）	170	529/426	6.4	1.2	2004
烏審旗（内モンゴル自治区）－フフホト（呼和浩特）（内モンゴル自治区）	497	457/377	6.1	1.2	2004
忠県（四川省）－武漢（湖北省）	738	711	6.4	1.2	2005
上海－常州（浙江省）	150	813	6.4		2004
第 2（長慶）西東ガスパイプライン（WEP-II/ 西気東輸）	923	914/813/ 711/508	10/8.4/6.4	8.0	2004
永清－唐山－秦皇島（永唐秦）	320	1,016		9.0	2009
南堡－唐山	51.6	660		2.5	2008
大慶－斉斉哈爾（チチハル）（黒龍江省）	155.7	406.4		0.82	2008
応県（山西省）－張家口（河北省）	283	508		1.2	2009
長嶺－長春－吉化パイプライン	221			2.8	2008
淮北－淮南（安徽省）	190	406.4	4.0	0.4	2005
鄭州－洛陽（河南省）	130	323.5	4.0	0.4	2005
龍口－威海（山東省）	185	406.4	4.0		2005
麗水－温州（浙江省）	148	355.6	10.0	1.0	2005
建南（湖北省）－利川（湖北省）	60	219	4.0	0.14-0.21	2005
建南（湖北省）－石柱（重慶市）	100	219	4.0	0.3	2005
塩城－南通（江蘇省）	190	457	6.4	0.6	2005
沁南（山西省）－邯鄲（河北省）	242	711/559	4.0	4.3	2005

注：L＝長さ，D＝直径，P＝圧力，C＝輸送能力，O＝運用開始年．
出所：Lin Fanjing（2006c）；*China OGP*, 15 April 2009, pp. 6-7；http://www.cnpc.com.cn/Resource/english/images1/pdf/08AnnualReportEn/08-Annual％20Business％20Review.pdf（last accessed autumn 2011）

20億立方メートル程度の追加的ガス供給を用意するであろう。150億立方メートルの供給能力を持つこの1026キロメートルのパイプラインは，陝西省楡林を出発し，北京市の昌平 Changping 区で終点となる。同パイプライン・プロジェクトは，総投資額144億8000万元を伴い，環境保護のために指定された7373万5000元（パイプライン全投資額の0.5％）を含む[147]。

ツァイダム盆地の渋川 Sebei ガス田から青海省の省都西寧 Xining と，甘粛省の省都蘭州とに至る，それぞれ30億立方メートルで950キロメートルの別々のガスパイプラインは，2001年に完成し，2010年初めに33億立方メートル供給能力を持つ並行するラインの運用が開始された。青海省，寧夏自治区および甘粛省に対するガス供給を確保する渋北 Sebei －西寧－蘭州パイプラインは，中国第3の最重要パイプラインであり，これに先立つのは，西東ガスパイプライン（第1および第2）と陝西－北京パイプラインのみであった。中国南西部では，四川発の最初の大規模パイプラインは，忠県 Zhongxian から武漢に至る780キロメートル，30億立方メートルの忠県－武漢の本線であり，湖北省の長沙や他の都市に至る支線がそこから分岐している[148]。

中国東北部の大慶油田会社（Daqing Oilfield Co., Ltd.）は，年間取扱能力50億立方メートルを持つ87キロメートルのガスパイプラインの建設に責任を負っていた。このプロジェクトが2007年10月に完成した後は，それはハルビンの都市ガス配送網に天然ガスを注入することができた。大慶－ハルビンガスパイプラインの建設は，天然ガスを南方に，主要ガス消費市場向に輸送するという中国国有石油会社の目標に向けた，主要なさらなる一歩である。中国東北部における天然ガスパイプライン網は，大慶－ハルビンパイプラインはその一部であるが，大慶やチチハル Qiqihar，ハルビン，長春，瀋陽，大連のような地域の主要都市を包摂し，さらにその後北京まで延伸されるであろう[149]。

2009年に開始された別の事業は，中国石油天然ガス株式会社と北京市ガス集団の共同事業，中国石油天然ガス株式会社・天然ガスパイプライン社であるが，これは，

第3陝西－北京パイプライン敷設に200億元の投資することを決定し，その際中国石油天然ガス株式会社と北京市ガス集団の出資比率は60：40で

あった。同パイプラインは，2011年初頭に運用開始の予定であり，北京および天津に，第1および第2パイプラインの総供給量とほぼ同じ150億立方メートルの天然ガスを提供すると期待されている[150]。

2015年までに，中国国有石油会社運営の陝西－北京パイプラインは，北京に対する天然ガス供給を2倍化し，120億立方メートルにまで増やすであろう。この目標は北京市の青写真に従うもので，それによれば2015年よりも前に，北京中心部から約60～90キロメートル離れた密雲Miyuan県，懐柔Huairou区，延慶Yanqing県を含む北京郊外全域に，住宅用都市ガスの供給を拡張することが想定されている[151]。上述のガスパイプラインは，第1，第2および第3西東ガスパイプラインが無ければ，いかなる全国的つながりも持つことができなかった。要するに，2000年代初頭の第1西東ガスパイプライン・プロジェクトと，さらに第2，第3西東ガスパイプライン・プロジェクトを推進するその後の決定とは，2010年代中国の天然ガス拡張の強固な基礎を据えたのである。

第1西東ガスパイプライン・プロジェクト[152]

1996年に，第1西東ガスパイプライン（WEP-I）の計画作成と調査を開始したのは，中国国有石油会社であったが，予備的な実現可能性調査が1998年8月に開始される2年前のことであった。同プロジェクトの総合的計画は，2000年までに大体確定されていた。中国石油天然ガス株式会社の西東天然ガス輸送プロジェクト管理組織（West-East Natural Gas Transportation Project Management Organization）によると，第1西東ガスパイプラインは，中国西部のタリムおよび長慶ガス田の両方から中国東部の上海まで，年間輸送能力120億立方メートルのパイプラインを通じて，天然ガスを輸送することが目的であった。第1西東ガスパイプラインは，8省と1直轄市を通過することになっており，その間揚子江（長江）や黄河のような大河を6回，中規模河川を500回以上横断し，幹線道路を500回以上，基幹鉄道を46回横切る。同パイプラインは，約2500キロメートルにわたって震度6かそれ以下の地域，約700キロメートルにわたる震度7の地域，約700キロメートルにわた

表5.27　第1西東ガスパイプライン・プロジェクトのための国家発展計画委員会ワーキング・グループ

国家発展計画委員会（SDPC）	新疆	中国人民銀行
国家経済貿易委員会（SETC）	甘粛省	中国銀行
財務省	寧夏	国家開発銀行
国土資源省	陝西省	中国工商銀行
国家石油・化学工業局	山西省	中国建設銀行
国家電力会社（SPC）	安徽省	
中国国有石油会社（CNPC）	江蘇省	
中国石油化工会社（SINOPEC）	河南省	
中国海洋石油会社（CNOOC）	上海特別市	
中国国際エンジニアリング・コンサルティング会社		

出所：Quan Lan (2000a), p. 1.

る震度8の地域を通過する。

　国務院は，国家発展改革委員会として現在知られている国家発展計画委員会に対し，2000年3月末以前に作業集団を設置するよう要請した。多数の中央と地方の当局が，この国家発展計画委員会の作業集団に組み入れられた。「西気東輸（West Gas Transport East）」と題する実務会議が，3月24～26日に国家発展計画委員会により開催された。

第1西東ガスパイプライン建設計画[153]

　第1西東ガスパイプラインは諸段階を経て建設され，運用開始された。同プロジェクト全体は，東部と西部の2区域に分割されていた。予備的な実現可能性調査と同プロジェクトの総合的設計は，2000年に完了した。東部プロジェクトの建設は2001年に開始し，2002年に西部区域がこれに続いた。東部区域プロジェクトは2003年末に完了し，西部区域は2004に完成した。パイプライン建設，都市ガス供給網の構築，および揚子江（長江）デルタにおけるガス下流部門プロジェクトを含む，同プロジェクト全体は，2000年から2004年の第1期で1200億元の投資を必要とした。必要総資本は，3000億元と見込まれていた。同パイプライン建設プロジェクトに対する固定資本投資は384億元に抑えられていた。

　西東ガスパイプラインの建設が始まる少し前まで，中国鉄鋼製造業者は，幹線に好ましい1118ミリメートル径のX-70鋼管を生産することができなかっ

た。しかし，結局，1016ミリメートル径の X-70 鋼管が使用された。『中国の石油，ガスおよび石油化学』によれば，中国国有石油会社・計画工学技術研究機構は，ライン全体で鋼鉄 174 万トンが必要になると予想していた。同幹線の圧力は，中国における他のいかなる操業中パイプラインよりも高い 8.4 メガパスカルに設計された。同基幹パイプラインは，スパイラルサブマージアーク溶接（SSAW）鋼管 136 万トンと，縦方向サブマージアーク溶接（LSAW）鋼管 30 万トンを必要とした。同基幹パイプラインは，4167 キロメートルのパイプラインに沿って，16 ヶ所の圧縮基地が必要であった。しかし，海外企業が圧縮機の供給は独占しており，これらの購入費は，77 億元，つまり総固定資本投資の 20％になった。遠心圧縮機およびガスタービンは，輸入しなければならない最初の製品であった。この他に，200 以上のバルブや自動制御システム 1 件も輸入の必要があった。同プロジェクトは，建設に 495 億元を必要としたが，このうち 456 億元は幹線のためであり，18 億元は支線，21 億元は地下貯蔵所のためであった[154]。

第 1 西東ガスパイプラインの拡大と調整パイプライン

需要爆発に対応するために，北京当局は，第 1 西東ガスパイプラインの計画能力を年 120 億立方メートルから同 170 億立方メートルに増加させることを決定したが，その結果として，22 ヶ所の圧縮基地と，24 機の圧縮機が追加的に設置されなければならず，これは 43 億元の追加投資を伴った。2006 年 8 月までに，8 ヶ所の基地が建設され，4 機の圧縮装置が設置された。プロジェクトの高度化は，2007 年末までに完成の予定であった[155]。2009 年に，タリムのガス生産量は 181 億立方メートルに到達し，そのうちの 166 億立方メートルが第 1 西東ガスパイプラインに送られた。中国国有石油会社によると，タリム油田は 2010 年 7 月までに，第 1 西東ガスパイプラインに過去 5 年半を通じて合計 700 億立方メートルを供給した[156]。2010 年までに，第 1 西東ガスパイプラインとその支線は，110 都市，3000 企業，約 3 億人の住民に，天然ガスを供給した[157]。中国国有石油会社は 2010 年に，第 1 西東ガスパイプライン沿いの天然ガス地下貯蔵タンクの建設に着手した。このタンクは，主にピーク時供給備蓄のために使用されるであろうが，江蘇省の金壇 Jintan タンクや江蘇省北部の

劉庄 Linzhuang タンク，河南省の平頂山 Pingdingshan タンク，湖北省の応城 Yingcheng の 2 基のタンクを含んでいる[158]。

第 1 西東ガスパイプラインに関する対外連携の破綻
　よく知られていることだが，中国国有石油会社は，かなり初期の段階から，第 1 西東ガスパイプライン・プロジェクトのために西側会社と連携を構築したいとは思っていなかった，というのは，ガス供給源すべてが中国国有石油会社自身によって発見されたものであることを考えると，同社は，第 1 西東ガスパイプラインからの利益の大きな部分を贈呈することに，利点を見出さなかったからである。第 1 西東ガスパイプライン・プロジェクトに対して否定的な判断を下した，最初の西側の会社は BP であった。BP は 2001 年 9 月に，第 1 西東ガスパイプライン・プロジェクトからの撤退の決定は，主にその低い投資利益率に原因があるとしていた。中国石油天然ガス株式会社は，プロジェクトの内部収益率が，上流部門のそれが 15％を超えるにもかかわらず，12％と同程度であることを是認した。しかし，多くの投資家は，12％という内部収益率は十分に魅力的ではないことに気づいた[159]。しかしながら真の理由は，BP が，中国での単なるガスパイプラインの建設よりも，中国に対するガス販売の方により大きな関心を持っていたという点にある。この状況で，第 1 西東ガスパイプラインより中ロガスパイプラインを BP が優先したのは，もっともなことであった[160]。
　BP の撤退にもかかわらず，北京は，第 1 西東ガスパイプラインのための国際協力を追求し続けた。中国石油天然ガス株式会社は 2002 年 7 月 4 日に，3 国際企業連合と合弁事業枠組み協定に署名するところまで進んだ。同プロジェクトの資本は，中国側と外国勢との間で 55：45 の比率に分割された。中国側では，中国石油天然ガス株式会社が 50％，中国石油化工会社が 5％の権益を保有した。国際投資連合 3 者（シェルと香港中華ガス，エクソン・モービルと香港シーエルピーホールディングス（HongKong CLP Holdings），ガスプロムとストロイトランスガス[161]）は，それぞれ 15％ずつを保有した。参加した 6 ガス田の総確認可採埋蔵量は，合計 3040 億立方メートルになった。したがって，中国石油天然ガス株式会社の提案された総投資額は上流，中流部門で，

226億元に上った。上流部門とパイプライン建設部門に対する総投資額は、それぞれ273億元と435億元と推定されていた[162]。

しかしながら、中国国有石油会社と西側企業連合による西東ガスパイプライン共同開発に向けた率先した取り組みは、2年以内に破綻した。中国石油天然ガス株式会社は2004年8月2日に、シェル主導企業連合との第1西東ガスパイプライン合弁事業交渉を打ち切る、という公式発表を行った。同合弁事業は、中国が西側メジャーと協力する能力の決定的試金石であったから、報道界でたいそう関心を引いていた。中国側の撤回は、政府や中国国有石油企業の意思決定システムがどのように機能しているかに関して、いくつかの強い示唆を与えたが、その点は西側の当事者や会社を当惑させ続けていたものである。合弁事業の失敗に終わった翌日、中国国有石油会社の第1西東ガスパイプラインは、成功裏に完成されつつあった。2004年10月1日に試験輸送が行われ、2005年初頭には通常の商業的供給が始まった[163]。第1西東ガスパイプラインへの西側参加の破綻は、第1西東ガスパイプラインとガスプロムのアルタイ・ガス輸出計画とを結びつけるガスプロム社の戦略に対する、致命的な打撃であった。

第2西東ガスパイプライン

中国が、その西部を起点とし、中国南部の広東省を終点とする第2西東ガスパイプラインの建設を目論んでいる、との報道が初めて現れたのは、2006年1月初旬であった。関連する政府部局および企業は、その様なパイプライン建設の実現可能性を調査している準備段階にあった。中国石油天然ガス株式会社が、その計画を策定していた。第2西東ガスパイプラインの提案は、国民経済ならびに社会発展第11次五ヶ年計画（2006～10年）のための指針草案の中で正式に提示されたが、この草案は当時開催中の第10回全国人民代表大会第4回会議による審査と承認を求めて提出されていた。新規パイプライン・プロジェクトの費用は、52億ドルを超え、またそれは260億立方メートルの年間取扱能力を持つ、と予想された。このパイプラインの正当性は、広東省におけるガス需要の規模に立脚していた。パイプラインの主要幹線は、4859キロメートルの長さを有し、全支線を含めた場合、全長が7000キロメートル以上とな

る。第2西東ガスパイプラインは，13の省，自治区，特別市を通過する（新疆，甘粛省，寧夏自治区，陝西省，河南省，安徽省，湖北省，湖南省，江西省，広西自治区，広東省，浙江省，および上海市）。

　第2西東ガスパイプラインに対する意見は分かれていた。中国石油天然ガス株式会社・計画工学技術研究機構の専門家，宋東昱 Song Dongyu は，同プロジェクトの費用が高すぎる上に，広東省の天然ガス需要は液化天然ガス輸入と南シナ海のガス生産によって満たされうるので，それが是認されるはずがないと述べた。しかしながら，中国石油天然ガス株式会社・廊坊石油探査・開発研究所の専門家，周兆華 Zhou Zhaohua は，同パイプラインは，新疆から広東省，揚子江デルタおよび中国北部，すなわち天然ガス需要の極めて高い諸地域に天然ガスを輸送するために必要であると主張した。珠江デルタにおける需要を輸入液化天然ガスで満たすことは難しかったであろうし，南シナ海では天然ガス探査が始まったばかりであった[164]。

　新華社は2007年9月に，中国石油天然ガス株式会社は第1西東ガスパイプラインの操業が開始されるとすぐに，第2西東ガスパイプラインを開発する用意ができていると報じた[165]。中国国有石油会社は2007年遅くに，山西省の太原鉄・鋼鉄集団 TISCO と，第2西東ガスパイプライン・プロジェクト用鋼鉄パイプラインの購入契約に署名した[166]。中国国有石油会社は2008年2月22日に，同時にいくつかの用地で，すなわち鄯善（新疆），武威 Wuwei（甘粛省），呉忠 Wuzhong（寧夏），および定辺 Dingbian（陝西省）において，作業を開始した。第2西東ガスパイプラインは，次の2段階を経て建設されることになっていた，すなわち，ホルゴス Horgos（新疆）から中衛 Zhongwei（寧夏）を経由して靖辺（陝西省）に至る，2009年末に最初に操業に入る予定の西部支線と，中衛から広州 Guangzhon に至る，加えて翁源 Weiyuan（広東省）から深圳（広東省）までの補給支線を伴う，2011年までに操業開始予定の東部支線（2008年12月にその建設が開始された）とがそれである[167]。実際には，第2西東ガスパイプラインは，2011年6月30日に運用を開始した。同プロジェクトは，8支線と1幹線から成り，延長4865キロメートルになり，ホルゴス（新疆）から広東省の広州に至る。主要幹線と3支線は完成しており，他の5支線は2012年に完成されるであろう[168]。

『中国の石油，ガスおよび石油化学』は，ロシア政府は第2西東ガスパイプラインプロジェクトの来るべき建設が明らかに気にかかっている，と論じた。中国石油天然ガス株式会社の内部関係者によると，ロシア政府は，中国石油天然ガス株式会社に対し，さらなる交渉を要請する緊急の招請状を送っていた。同社が2008年8月27日に第2西東ガスパイプラインの経路について発表した直後に，同社が第3西東ガスパイプライン（WEP-III）の実現可能性調査を開始していたことは注目に値する。第3西東ガスパイプラインの操業が始まれば，中国石油天然ガス株式会社がすべての大規模ガスパイプラインを結びつけ，従ってまた全国規模の天然ガスパイプライン網が最終的に現れることになる[169]。

第2西東ガスパイプラインの特徴は，次のように要約できる[170]。
・場所：それは，ホルゴスから広州まで，14省を包摂し，8支線を含め全長8700キロメートルとなる。
・圧力の計画値：西部地区に関しては12メガパスカル，東部地区は10メガパスカル。
・パイプラインの等級および詳細：X80鋼管，18.4ミリメートルの熱間圧延広幅帯鋼，22ミリメートルの熱間圧延鋼板，直径1219×18.4ミリメートルのスパイラルサブマージアーク溶接鋼管，直径1219×22.0ミリメートルの縦方向サブマージアーク溶接鋼管，熱間曲げ加工曲管や接続金具
・年間輸送能力：300億立方メートル
・建設期間：2008〜11年
・操業開始：2011年以降

中国国有石油会社パイプライン局によると，中国は，使用される鋼管を3段階を経て高度化してきた。すなわち1996年には，初めてX60鋼管が陝西－北京（陝京）ガスパイプラインで使用された。2001年に，初めてX70鋼管が第1西東ガスパイプラインに使用され，そして2005年には，初めてX80鋼管が河北－南京（冀寧 Ji-Ning）支線で使われ，現在では第2西東ガスパイプラインで一般に使用されている。

『石油・ガスジャーナル』は次のように報じた。

地図 5.1　西東ガスパイプライン（WEP/ 西気東輸）ルート（回廊）

出所：CNPC, ERI の地図を基に筆者作成。

　中国石油天然ガス株式会社は，PGT25+ ガスタービン発電機と称呼羽根車直径800ミリメートル圧縮機 PCL 800 を，第2西東ガスパイプラインの西部地区圧縮基地7ヶ所に供給する契約に GE オイル＆ガスと合意した。同契約には，他の3基地用の電動モーター駆動設備も含まれている。この契約の見積り額は，3億ドルである。第2西東ガスパイプラインは，1240マイルの支線を必要とする。中国地区は X80 外径48インチ溶接管を110万トン，X80 外径18インチスパイラル鋼管を320万トン使用するであろう。GE は，第1西東ガスパイプラインの拡張と，第2西東ガスパイプラインの先頭基地を含む2基地のための，圧縮設備の受注を勝ち取った。GE はまた，中国石油化工会社の四川－東部中国天然ガスパイプライン用の設備も供給した[171]。中央アジア－中国ガスパイプラインと第2西東ガスパイプラインの西部地区

は，それぞれ 2009 年 12 月 14 日と同 31 日に操業を開始した。『ガルフオイル
アンドガス』(*Gulf Oil and Gas*) は，この出来事とその重要性について，次
のように記している。

　2010 年 1 月 20 日に，20 日間の圧力上昇の準備の後，2745.9 キロメートル
の第 2 西東ガスパイプラインの長距離西部地区はガス供給の準備が整い，第
2 陝西－北京（陝京）ガスパイプラインにガスを供給し始めた。中衛－靖辺
支線は，西東ガスパイプラインと陝西－北京（陝京）ガスパイプラインとの
橋かけ結合線である。中国におけるガスパイプラインの重要中心点として，
靖辺基地は，輸入された中央アジアのガスを，第 1 西東ガスパイプラインを
通じて中国東部に，陝西－北京（陝京）ガスパイプラインを通じて北京や周
辺地域に発送する[172]。

　第 2 西東ガスパイプラインの開発に調和しつつ，広東省は，天然ガスの配送
のために，260 億元の総投資を伴うパイライン網の建設を計画していた。この
プロジェクトの第 1 段階は，2011 年に第 2 西東ガスパイプラインに結合する
ことにより，アジア横断パイプラインから広東省に天然ガスを輸送することを
目的としていた。パイプライン網全体の建設は，2015 年に完成される予定で
ある。合計 100 億立方メートルが，広東省の 21 都市に供給され，省内全域に
わたり同じ価格で取引されるであろう。このパイプライン網の第 1 段階プロ
ジェクトは，第 2 西東ガスパイプラインと同時に建設を終了することになって
いる。中国海洋石油会社，中国石油化工会社および広東省粤電集団株式会社
（Guangdong Yudean Group）が共同で 2008 年に設立した，広東省天然ガス
パイプライン網会社（Guangdong Natural Gas Pipeline Network Company）
が，建設・操業・経営を監督する[173]。2010 年 8 月に，深圳ガス会社は，同社
が第 2 西東ガスパイプラインから天然ガスを年間 40 億立方メートル購入する
協定に署名したことを発表した。この契約は，2011 年下半期に発効して後 28
年間継続するが，同契約の財務条件は，まだ 2010 年 8 月の時点では，国家発
展改革委員会によって最終的に承認されなければならなかった[174]。

　2011 年 6 月までに，全長が 8653 キロメートルで，総予算が 1422 億元（218

億8000万ドル）の第2西東ガスパイプラインの幹線インフラストラクチャの建設が完了していた[175]。同プロジェクトの目的は，天然ガス利用の増加により，中国のエネルギー消費構造を改善することである。同プロジェクトは，7680万トンの石炭の燃焼を不要にし，そのことによって廃気を削減し，CO_2の排出を1億3000万トン，SO_2の排出を144万トン減少させるのに役立つと期待されている[176]。

第3，第4および第5西東ガスパイプライン

早くも2007年11月始めには，中国石油天然ガス株式会社が，多分新疆ウイグル自治区のアルタイを起点とし，渤海湾のどこかを終点とする，第3西東ガスパイプライン（WEP-III）の建設を計画している，と報じられた[177]。2008年9月に新華社によって，中国国有石油会社の計画では，第3西東ガスパイプラインは新疆地域から最終目的地としての福建省に至り，国内のガスかロシアからの輸入ガスかが送り込まれる，ということが報じられた[178]。第4西東ガスパイプライン（WEP-IV）は，2009年に初めて言及されたが[179]，中国国有石油会社は，アルタイ線が第4西東ガスパイプラインに連結されるかどうかも，それが渤海湾に至るかどうかも，明確にしなかった。最後に2011年春に，第5西東ガスパイプライン（WEP-V）が初めて言及されが，詳細は明らかにされなかった[180]。

西東ガスパイプラインの経路の詳細は，1995年以来通常2年ごとに開催されている北東アジア天然ガス＆パイプライン（国際）会議で，明らかにされた。たとえば，中国国有石油会社の子会社である中国石油パイプライン局 China Petroleum Pipeline Bureau の陳慶勳 Chen Qingxun は，2007年9月18～19日にノヴォシビルスク Novosibirsk で開催された第10回フォーラムにおいて，第1および第2西東ガスパイプライン開発に関して，かなり詳細な口頭発表を行った。その時彼は，中国国有石油会社が，第3西東ガスパイプラインの選択肢を，可能性のある経路を示すことによって検討していることを明らかにした。2年後，中国石油パイプライン局の張学増 Zhang Xuezeng によって作成された同パイプラインの経路図は，中国国有石油会社が，第4西東ガスパイプラインの選択肢をも同様に検討していることを明示していた[181]。『中国

石油・ガス・石油化学』によれば，第4西東ガスパイプラインの大まかな青写真は，それが，甘粛省西部から四川省と，さらに陝西省中央部や広東省南部とを結び，中国中央部の天然ガスを東部地域に向ける目的があることを，示している[182]。

第2西東ガスパイプラインの操業開始後でさえ，ガス供給は，急速に増加する国内需要にはまだ遠く及ばないであろう。中国石油天然ガス株式会社の指摘によれば，第3西東ガスパイプラインは，基本的に，第2西東ガスパイプラインと並行して走ることになり，またこれまで通り，揚子江デルタと珠江デルタが目標市場となるであろう。中国石油天然ガス株式会社は，第1西東ガスパイプラインの処理能力を120億立方メートルから170億立方メートルに拡大することを決定した。しかしながら，第2西東ガスパイプラインは，中央アジア産ガスを輸送するように設計されているから，中国石油天然ガス株式会社は，新疆における天然ガス生産をある程度縮小することになる。第3西東ガスパイプラインの建設後に，同社は，新疆でのガス生産を通常レベルに回復させるであろうが，その時には，ロシア産ガスが第3西東ガスパイプラインの重要部分となるであろう[183]。この『中国石油・ガス・石油化学』の報告は，2007年秋までに，第3西東ガスパイプラインプロジェクトが，内部的にいかに十分に検討されていたかを表していた。

中国石油天然ガス株式会社計画・工学技術研究機構の石油・ガスパイプライン工学技術部の楊建紅副部長によると，中国は2008年に，わずか4万キロメートルの天然ガスパイプラインを保有していたに過ぎないが，健全な下流部門ガス市場を形成するには，少なくとも10万キロメートルを必要としたであろう。彼は，もし中国が西シベリア産ロシアガスを結局獲得できれば，第3西東ガスパイプラインは，ロシアガスを中国の東部および南部地域に輸送するために建設されることになる，と述べた。第3西東ガスパイプラインは，第1と第2西東ガスパイプラインにより包摂されていない福建省の東南部をおそらく通過し，その後，上海および広東省まで達することになるであろう[184]。楊の仮定は，そのガス供給源が，中央アジア共和国よりもむしろロシアになるであろう，という点にあった。

中国政府は2010年4月に，いくつかの重要点を明らかにした。第3西東ガ

スパイプラインは，新疆地域から，甘粛省，寧夏自治区，陝西省，河南省，湖北省，および湖南省を経由して，広東省に達する。年間300億立方メートルの輸送能力を持つ同パイプラインは，中央アジアから輸入されるガスを供給する。第3西東ガスパイプラインは，新疆から寧夏回族自治区 Ningxia Hui Autonomous Region の中衛市に至る西部地区と，中衛市から広東省の韶関 Shaoguan 市に至る東部地区の2地区から成る。西部地区は，2012年の操業開始が予定されており，東部のそれは2014年が予定されている。中央政府は，第3西東ガスパイプラインの作業は，同年末前に開始されることになると発表し[185]，また7月に，『財形時報』(*China Business Post*) は，中国石油天然ガス株式会社の第3西東ガスパイプラインの経路は策定されており，多分新疆から貴州省省都，貴陽 Guiyang まで行くであろうと報じた[186]。

　したがって，短中期的将来においては，中国石油天然ガス株式会社の全国的ガスパイプライン網の中軸は，既存の第1および第2ガスパイプラインと，計画されている第3の陝西-北京ガスパイプラインとによって形成されるであろうが，これは既存の第1と第2西東ガスパイプライン，および将来の第3西東ガスパイプライン，さらには既存の忠県（四川省）-武漢（湖北省）ガスパイプラインの上につけ加えられるものである[187]。しかしながら，もし第3西東ガスパイプラインの建設が，アルタイ経路のガス供給と輸出価格に関するロシア・中国間のいかなる合意もなしに開始されれば，その開発は，ロシアよりむしろ中央アジア共和国から多くのガスを輸入するという北京の意図を，間接的に裏付けることになるであろう。仮に輸入量が年400億立方メートルから同600億立方メートル—中国とトルクメニスタン当局の双方により公式に議題とされた数値—に増加する場合，第3西東ガスパイプラインは，追加輸入ガスの導管となり，西東ガスパイプライン回廊を全国的ガスパイプライン網の中核として補強するであろう。第7章で検討されるように，第3および第4西東ガスパイプライン開発のガス供給源は，中ロガス協力および中国-中央アジア諸共和国ガス協力の両方にとって，決定的に重要な問題である。しかしながら，北京の計画立案者の観点からは，第3および第4西東ガスパイプラインのための供給源確保は，西東ガスパイプライン（第1〜5）回廊開発の中心部分であり，したがって中央アジア諸共和国や，おそらく同様にロシアからの，非常に大規

模なパイプラインガス輸入を必要とする。

中国石油天然ガス株式会社は,もし中国中央政府がガスパイプラインをその所有者から収用し,国有で独立したガスパイプライン会社を設立すると決定しない限り,同社のガスパイプラインを中国石油化工会社のパイプラインと接続することは考えないであろう[188]。そのようなことが生じるまでは,中国石油天然ガス株式会社と中国石油化工会社はガスパイプラインを独立して建設し続けるであろう。

国際ガスパイプライン

北京当局は,中国国有石油会社に対し,国際ガスパイプラインの導入促進に関する全権を付与しており,1990年代半ば以降,同社は,ロシア,中央アジア共和国,およびミャンマーからの国境越えパイプラインの開発を重点的に取り扱ってきた。

2本のガスパイプラインに関する実現可能性調査

1999年2月末の中国の朱鎔基首相のロシア訪問は,中ロ間国境越え石油ガスパイプライン・プログラムに新たな活気を吹き込んだ。朱とロシアの交渉相手イェヴゲーニ・プリマコーフ Yevgeny Primakov との第4回定例会議の終わりに署名された11件の協定のうち,3件は国境越え石油・ガスパイプライン,1件は石油,2件はガスに関するものであった[189]。ガスに関する第2の協定は,長いこと交渉事項であったプロジェクトに関する実現可能性調査の特徴を明らかにしており,それは,イルクーツクから遼寧省の瀋陽に至り,さらに南下して大連に至る,天然ガスパイプライン候補に関するものである。

当初の計画によれば,中国は100億立方メートルを輸入し,残りは韓国向けになると予想されていた。このパイプラインの経路は,議論の余地のあることが明らかになった。いわゆる西方パイプライン計画は,ロシア産ガスをモンゴルと北京を経由して,山東省の日照に輸送することを伴っていた。このパイプラインは,全長が3364キロメートル(ロシア内が1027キロメートル,モンゴル内が1017キロメートル,中国内が1320キロメートル)で,直径1420ミ

リメートルであった。同プロジェクトの必要投資額は 68 億 5000 万ドルであった。経路問題の他に，中国国有石油会社は，コヴィクタ・ガス田の埋蔵量不足についても懸念しており，このような長距離パイプライン建設を経済的に実行可能にするには，さらに 7000 億立方メートルの確認ガス埋蔵量が，同田の現在の 8000 億立方メートルに追加される必要がある，と述べていた。中国政府国務院は，中国国有石油会社に対し，同パイプラインの建設に参加することは認めたが，同社がロシアにおける上流部門の探査と開発に参入することに，まだ同意していない。

同プロジェクトが予定通り進むよう促すために，中国国有石油会社とロシア燃料・エネルギー省は，ガスプロムが同プロジェクトに参加するように提案したが，このガス大手は躊躇していた。中国国有石油会社は，たとえヤクーチヤの埋蔵量がつけ加わったとしても，コヴィクタの埋蔵量は，東シベリアや極東に供給するだけでなく，輸出も維持するには不十分であると，考えていた。このことは，なぜ中国国有石油会社が 1998 年 3 月にサハネフチェガスとの協定に署名したのか，理由を説明している[190]。

西シベリアから上海に至る天然ガスパイプラインの実現可能性予備調査に関する，別のガス協定が議題に上った。これは，3 本のパイプライン・プロジェクトのうち最長のものであり，6800 キロメートル以上に達し，そのうち，2430 キロメートルはロシア国内，残りは中国国内となるはずである。それは，年間 200 億～300 億立方メートルを輸送するように設計されているから，西東ガスパイプラインの中国国内開発を強固なものにするであろう[191]。ガスプロムは，中国最長の天然ガスパイプライン・プロジェクトのために，パイプラインと地下ガス貯蔵所の両方を建設することに，強い関心を示した。しかしながら，中国側はロシアの提案を，その技術があまりにも未発達であり，資金源もあまりに限られていることを根拠にして，拒否した[192]。

ガスプロムは 2001 年 8 月に，第 1 西東ガスパイプラインの建設に入札するための，シェル主導の企業連合に，参加することを決定した。ガスプロムの役員は，報道関係者に対して，ガスプロムは，ガスパイプラインの資金調達のために，兵器・装備の供給に対する債務を含んだ，中国の対ロ債務を活用する件について，中国当局と交渉中であると述べた。この趣旨は，ガスパイプライン

の合弁事業に対するロシアの参加を意味していた。問題は，ロシアの役割をどのように段階的に導入すべきか，また，その役割がどのくらい大きくなるべきかにあった[193]。北京当局は2002年8月初旬に，液化天然ガス供給に関するその最初の重要決定を下した[194]。この注目すべき進展は，パイプラインガスの開発におけるどのような方向転換もこれに匹敵するものはなかった。中国は，満洲里を中国東北に至る唯一の道と予定する東方経路を，同開発に対するその参加の必須条件と見なしていた。これは，モンゴルを通って北京および中国北部の市場に至る，西方経路の方を好むロシアの計画とは異なっていた。西方経路の方が短く，とくにロシア国内の割合が小さく，地形上もより難しくないであろう。同経路ならば，モンゴルに相当額の通過料の徴取を許すであろう。

西東ガスパイプラインとロシア－中央アジア・ガスパイプライン

2000年代の第1および第2西東ガスパイプラインの開発は，ロシアと中央アジア諸共和国の双方から国境越えパイプラインガスを導入するための，堅固な基盤を提供するものであった（中ロガス供給交渉の詳細は，第7章で検討される）。アンガルスク－大慶パイプライン・プロジェクトの高くついた教訓のせいで，中国は，ロシアとの交渉の際に軟弱になるのを避けるためには，それが代替的供給パイプラインを必要とすることを学んだ。それは，原油の場合であれば，なぜ中国がカザフスタンとのそのパイプライン連結に着手したのかが，その理由である。この教訓は，天然ガスパイプライン・プロジェクトにも同様に当てはまった。中国に対するロシア産ガスの供給をなお追求する一方で，北京は，中央アジア諸共和国，とりわけトルクメニスタンやカザフスタンからのガス供給の選択肢をも十分に利用することを決定した（中国への中央アジア・ガス供給の詳細については，第6章で考察する）。

ミャンマー・ガスパイプライン

ミャンマーから中国西南部の雲南省に至る国境越えパイプライン網の開発に向けた，もう一件の重要な進取的取り組みは，ミャンマー政府に対する中国政府の不断の圧力が無かったならば，可能にはならなかったであろう。雲南省政府は2008年2月14日に，中国－ミャンマーのパイプライン・プロジェクトの

準備作業が進行中であり，またパイプラインの建設は 2008 年に開始されることを認めた。中国国有石油会社と雲南省政府の間で 2007 年 12 月に署名された枠組み協定によると，中国国有石油会社は，年 2000 万トンの石油・ガスパイプラインや，原油年間流量 1000 万トン，エチレン生産能力年 80 万トンの精製コンビナートを建設する計画であった。石油・ガスパイプラインは，予定では建設が 2010 年に開始され，2013 年までに完成されることになっていたが，西部のラカイン Rakhine 州のチャウピュー Kyauk Phyu から，中国側国境都市雲南省瑞麗 Ruili と向かいあう都市マンダレーに至り，そこから南に転じ，重慶を終点とする[195]。

韓国の大宇インターナショナル（Daewoo International Corporation）社は 2008 年 6 月に，ミャンマーで生産された天然ガスを中国国有石油会社に販売する協定に署名した。ミャンマーの A-1 鉱区（シュウェ・シュウェピュー Shwe and Shwe Phyu ガス田）と A-3 鉱区（ミャ Mya ガス田）の権益の 51％を保有する大宇は，同プロジェクト天然ガスの販売・輸送に関して中国国有石油会社との覚書に署名した。天然ガス価格は，世界天然ガス価格に連動して，四半期ごとに設定される。大宇は，2 ヶ所のガス田の埋蔵量を 5.4 兆〜9.1 兆立方フィートと推定したが，そのうち，4.5 兆〜7.7 兆立方フィートは商業化されうる[196]。

ロイターによれば，

2009 年 8 月 25 日に，韓国の大宇インターナショナル主導の企業連合が，中国との 30 年間にわたる天然ガス供給契約の一環として，ミャンマー・ガス田開発のために約 56 億ドルを投資することが，最終的に発表された。この投資は，中国がオーストラリアと 410 億ドルの液化天然ガス輸入契約に署名した，ちょうど一週間後に行われた。2004 年以来議題とされてきたミャンマーのガス開発計画は，同企業連合に対し，中国国有石油会社への天然ガス供給を許可したが，その最盛期の 1 日当たり生産量は 5 億立方フィート，年間では約 380 万トンであった。ミャンマーにおける A-1 海洋鉱区のシュウェ・シュウェピュー・ガス田と A-3 海洋鉱区のミヤ・ガス田から行われる，2013 年開始予定の供給は，中国の最近（2009 年）の 1 日当たりガス消

費量 73 億立方フィートの大体 7％に達する。同企業連合は生産と海洋パイプライン輸送とを引き受けるが，中国への陸上輸送の方は，中国連合石油会社（China National United Oil Corporation（CNUOC））と共同で管理されるであろう[197]。

2010 年 6 月に，年間 120 億立方メートルの輸送能力を有する中国－ミャンマー石油・ガスパイプラインの，ミャンマー地区の建設が開始された。中国国有石油会社によると，この地区は 771 キロメートルの長さであるが，天然ガス地区としては 793 キロメートルとなる。中国－ミャンマー石油・ガスパイプラインの（中国）国内地区の建設は，2010 年 9 月 10 日に始まった[198]。

液化天然ガスの拡大

2010 年に，中国の液化天然ガス総輸入量は 940 万トンに至った。中国は，液化天然ガスの急増する需要を満たすために，液化天然ガス受け入れ基地の発展を促進している。中国国有石油企業 3 社の液化天然ガス拡張計画によれば，沿海部の省はすべて受け入れ基地を持つことになる。中国海洋石油会社の 9 ヶ所の液化天然ガス受け入れ基地だけで，新規プロジェクトの完成後には，合わせて 4840 万トンの受け入れ能力を持つであろう[199]。

広東省および福建省の液化天然ガス開発の概観

中国が 1995 年末に液化天然ガス輸入に関する予備的な実現可能性調査に着手してから 3 年後の 1998 年 10 月末に，国務院はこの意欲的な計画を最終的に支持した。当初，国家発展計画委員会は，中国海洋石油会社に対して，国家電力会社（前電力工業省），交通省，建設省，および国際石油会社 8 社と共同で，輸入調査を実施する権限を与えた[200]。国務院は 1998 年に，中国で液化天然ガスの試行作業を実施することを決定し，中国海洋石油会社が先駆者の役を務めた。中国国有石油会社や中国石油化工会社や中国海洋石油会社が，液化天然ガスプロジェクトの確立に取りかかったので，国家発展改革委員会は，「1 省 1 液化天然ガスプロジェクト」の原則を設定した。しかしながら，現実

の状況は，国家の本来の意図を無視するものであった。第1に，液化天然ガスプロジェクトの建設は，広大な土地を使用したが，一方で，中国は，乏しい土地資源に悩まされている。時には，中央政府は会社や地方政府からの圧力のために，液化天然ガスプロジェクトの建設による土地使用に承認を与えるより他に選択肢を持たない。第2に，当時中国は，2010年までに年間3000万トン，2020年までに同6000万トンの液化天然ガスを輸入すると予想されていた。この成長率ならば，主要で合理的な懸念は，十分な液化天然ガス供給源を見いだすことであろう[201]。1999年6月半ばに，広東液化天然ガスに対する総合評価が中国国際エンジニアリング・コンサルティング会社（China International Engineering Consulting Corporation（CIECC））によって主宰され，同社は詳細な評価報告を国家発展計画委員会に提出したが，同社の独自見解が，承認を求めて7月に中央政府に送られた[202]。この調査は，液化天然ガスの十分で安定した供給源を長期的に維持する政策方針を提供した。この方針により，当局にとって，2002年8月に，天然ガス拡張のための最重要決定の1つを採択することが，すなわち広東液化天然ガスと福建液化天然ガスのために供給源を選択することが可能になったが，そのことは液化天然ガス輸入の新時代の始まりを可能ならしめるであろう。

広東液化天然ガス[203]：1996年に中国海洋石油会社は，国務院に対して「東南沿海地域における液化天然ガス利用プロジェクトに関する計画化報告」を提出した。同報告の結果として，広東省政府と中国海洋石油会社は，予備的実現可能性調査と用地の選択とを実施した。両者は共同で，1998年5月に，「広東液化天然ガス受け入れ基地および基幹ライン・プロジェクトに関する提案」を国家発展計画委員会に提出した。国務院は1998年末に，広東省における液化天然ガス試行プロジェクトを承認し，そして1999年4月に，同プロジェクトの提案が国家発展計画委員会に提出され，同年末に承認を得た。外国投資家向けの国際入札が2000年8月に開始された。合計27の外国応募者が一括資料を購入し，2000年9月8日までに10企業連合を作る23企業が入札を届けた。入札の第2ラウンド向けて，4企業連合が，中国側によって最終選抜名簿に登録された。2001年3月に，BPが同受け入れ基地と基幹パイプライン建設の外

国側共同参加者として選ばれたことが発表された。広東プロジェクトの合同執行事務室（Joint Executive Office）は，予定表に従い 2002 年 4 月 24 日に，承認を得るために国家発展計画委員会に入札結果を提出し，そしてその結果は当初，2002 年 6 月に発表されると想定されていた。数週間の遅延の後，決定が採択された。中国政府は 2002 年 8 月 8 日に，オーストラリアとインドネシアが，それぞれ広東省と福建省における，2 ヶ所の受け入れ基地に対するガス供給の契約を落札したという，歴史的な公表を行った。北西大陸棚プロジェクト（North West Shelf（NWS）Project）の販売機関，オーストラリア液化天然ガス（Australian LNG）は，広東受け入れ基地に液化天然ガスを年間 300 万トン供給するという，25 年契約を落札した。一方，（インドネシアの）タングー Tangguh プロジェクトは，福建受け入れ基地に年間 250 万トンの液化天然ガスを供給する契約を伴う，残念賞を獲得した。

　2003 年 5 月に，中国海洋石油会社は，オーストラリア北西大陸棚プロジェクト枠内の中国液化天然ガス合弁企業の株 25％を取得する協定に署名した。北西大陸棚のガス生産において獲得した権益に加えて，同協定は，中国海洋石油会社に対し，北西大陸棚プロジェクトの一定の生産権や生産許可申請権の保有権や探査権における（約）5.3％の権益と，確認埋蔵量を上回って取り組まれる将来の探査に対する参加権とを付与した。同協定は，広東受け入れ基地に対する液化天然ガス供給量の増加に伴い，同液化天然ガス合弁企業の中国海洋石油会社の持分も拡大することを明記していた。

　中国海洋石油会社は，取得価格が石油換算 1 バレル当たり 1.52 ドルであることを明らかにした。予想される開発費石油換算 1 バレル当たり 1 ドルを含めても，取得価格は，中国海洋石油会社の歴史的な探査・開発費よりも 37％低く，北西大陸棚の運営企業であるオーストラリアのウッドサイド・ペトロリアム社（Woodside Petroleum Ltd.）により支払われる推定価格よりも 48％低かった。同社は，北西大陸棚液化天然ガスプロジェクトの共同所有者が，中国市場を確保するために，かなりの犠牲を払ったと認めた。

　「広東液化天然ガス輸入・開発計画」は 2 期に分割されていた。第 1 期には，液化天然ガス年間 370 万トンの受け入れ基地と，年間 40 億立方メートルの輸送能力を持つ全長 215.4 キロメートルの基幹ガス網とが含まれている。総

投資額（受け入れ基地とガス網のみで）は，51億元（6億ドル）であった。第2期は，同基地に受け入れ能力をさらに年250万トン追加した。181.7キロメートルに及ぶ珠海から仏山 Foshan への新規ガス網は，82億立方メートルのガス輸送を目指していた。仏山における2基の石油・ガス転換発電所（徳勝 Desheng 発電所と沙口 Shakou 発電所）の建設は，第2期業務に組み入れられていた。総投資額（受け入れ基地とガス網のみで）は，21億元であった。

　2006年5月26日に，液化天然ガスの最初の積荷が，オーストラリアからその10日間の航海の後，深圳大鵬液化天然ガス基地の埠頭に到着し，中国における液化天然ガスの新時代を告げた。2004年12月に最終的に署名された液化天然ガス価格は，まだ比較的安く，国際石油価格1バレル当たり約25ドルと同等であった。2006年11月28日に，液化天然ガス使用火力発電所は，深圳でその最初の発電機が運転開始するのを見ることになった[204]。深圳大鵬液化天然ガス基地は，2008年末に，3基の貯蔵タンク，約400キロメートルの高圧ガスパイプライン，19の顧客を持っていた。すなわちそれは，深圳，広州，東莞 Dongguan，仏山，および香港の諸都市にガスを供給し，また広東省の12ヶ所の火力発電所にもガスを提供した。大鵬液化天然ガスの発電所向け販売価格は，1立方メートル当たり1.5元から1.64元の間を変動しているが，電力網価格は一律に1キロワット時当たり0.581元（税込）である[205]。1年後には，同基地の受け入れ能力は，以前の年間能力370万トンから同670万トンに拡張されていたが，より長期的には，広東受け入れ基地の拡張により，同省の新計画すなわち2020年までに600億立方メートルのガスを供給するように設定された，69億7000万ドルのガス輸送網計画のために，供給を準備するのに役立つこともできた[206]。

福建液化天然ガス[207]：中央政府は，福建プロジェクトの承認を決定した。中国政府は，2002年8月8日に，BPが福建液化天然ガス受け入れ基地に対する年間250万トンのガス供給契約を受注したと発表した。中国海洋石油会社は，南埔 Nanpu と嵩嶋 Songyu における2ヶ所のガス火力発電所と，5都市（福州 Fuzhou 市，莆田 Putian 市，泉州市，厦門 Xiamen 市，および漳州 Zhangzhou 市）におけるパイプライン供給網を開発することを目指していた。

中国海洋石油会社は，液化天然ガス受け入れ基地・基幹ライン・プロジェクトの60％の持分を保有し，その共同経営者である福建省政府所有の福建投資開発株式会社（Fujian Investment & Development Co., Ltd.）が残り40％の持分を保有した。

　中国海洋石油会社は2002年9月27日に，同社が，2億7500万ドルを支払って，インドネシアのタングー液化天然ガスプロジェクトの12.5％の権益をBPから取得する基本合意書に署名したと発表した。BPは，同プロジェクトの49.66％の持分を保持している。中国海洋石油会社のタングー・プロジェクトの取得価格は，石油換算1バレル当たり約0.89ドルであり，中国海洋石油会社の歴史的な平均探査・開発費，石油換算1バレル当たり約4ドルよりかなり低かった。また，タングーの価格は，同社が以前に取得した，オーストラリアの北西大陸棚ガスプロジェクト埋蔵量の5％の権益—それは中国海洋石油会社にとって3億2000万ドルの費用がかかり，石油換算1バレル当たり約1.52ドルに換算される—より低かった[208]。ジャカルタで調印された基本合意書は，福建液化天然ガスプロジェクトに年間260万トンの液化天然ガスを供給する旨の，25年間85億ドルの売買契約であることを確認していた[209]。

　この基本合意書で注目すべき事実は次の点であった，すなわち12.5％の権益は，中国海洋石油会社が広東液化天然ガス受け入れ基地のための年300万トンのガス契約を梃子として，北西大陸棚で獲得した5％の権益より大きいという点がそれである。またガス供給量も，以前に報じられた年250万トンから同260万トンに引上げられた。2003年始めに，福建液化天然ガス受け入れ基地の総合的プロジェクト提案が国務院によって承認された。福建液化天然ガスの建設は，2003年8月23日に，福建省の莆田における受け入れ基地建設の準備として，海の干拓から開始された。同プロジェクトの総投資額は約250億元であるが，そのうち60億元は同受け入れ基地と基幹ライン，150億元は発電所，そして40億元は都市ガス網のためであった[210]。

　2005年12月下旬に（中国の情報源が伝えるところでは），国家発展改革委員会は，中国海洋石油会社ガス・電力会社（CNOOC Gas & Power Ltd.）による福建省の3ヶ所のガス火力発電所の実現可能性調査を承認し

た。3ヶ所の発電所は，晋江 Jinjiang，莆田および厦門に位置し，発電能力は合わせて3.5ギガワット，年間生産量は140億キロワット時となるであろう。同プロジェクトは，福建省の総供給量の70％を超える，200万トンの液化天然ガスを使用するであろう[211]。

福建液化天然ガス施設は，「2008年5月にその最初の試運転用積荷を受け入れた」[212]。中国海洋石油会社の投資した福建に基礎を置く液化天然ガス・化学プロジェクトは，2009年7月29日に，インドネシアのタングー液化天然ガスプロジェクトから最初の液化天然ガス積荷を受けとった。中国海洋石油会社は，福建液化天然ガス基地の受け入れ能力を2011年以前に年間520万トンに拡大する計画であった[213]。

液化天然ガス拡大の第2の波

広東および福建の液化天然ガスプロジェクトの他にも，数多くの液化天然ガス受け入れ基地が中国の沿海地域で開発された。中国政府は2006年に，エネルギー集約的な東海岸沿いに，中国石油天然ガス株式会社，中国石油化工会社および中国海洋石油会社に所属する約10ヶ所の液化天然ガス受け入れ基地を承認した[214]。中国海洋石油会社は，同海岸沿いの各省における液化天然ガス受け入れ基地をすべてを連結する包括的沿海パイプライン網の発展を意図していた。事実，2004年遅くに，中国海洋石油会社は遼寧省，江蘇省および広東省に3ヶ所の液化天然ガス受け入れ基地を建設するために，地方政府と協力概要協定を結ぶに至った[215]。しかしながら，国家発展改革委員会が中国石油天然ガス株式会社に対して，遼寧省，河北省および広西自治区地域における液化天然ガス基地の開発を許可し，そして中国石油化工会社に対して，山東省と天津直轄市における液化天然ガス基地の開発を許可すると決定したので，中国海洋石油会社の構想の実現は部分的であった[216]。

<u>上海液化天然ガス</u>：上海液化天然ガスプロジェクトは，中国海洋石油会社および上海の申能集団（Shenergy Group）によって出資され，それぞれ45％，55％の持分であった。その第1期は，2009年に操業を開始したが，年間300

万トンの受け入れ能力を持っていた。同受け入れ基地と海底パイプラインに対する投資は，総額70億元になった。2020年に完成予定の第2期は，年600万トンの液化天然ガスを受け入れるように設計されていた[217]。「当初の液化天然ガス供給契約は，上海の申能集団とペトロナス（Petronas）との間で2006年遅くに調印され，供給を2009年に110万トンで開始し，2012年までに300万トンに増加させるというものであった」[218]。新華社によると，上海液化天然ガス基地は，ペトロナスとの契約の下にあり，価格は100万英国熱量単位当たり6～7ドル（運賃・保険料込み価格では1立方メートル当たり1.8元）であった。中国海洋石油会社の傅成玉 Fu Chengyu 社長は2005年末に，同社は東南沿岸沿いの液化天然ガス配置を完了しており，上海液化天然ガス基地は，中国沿海地域におけるその液化天然ガス戦略配置を促進するであろうと述べた[219]。上海液化天然ガス基地は2009年10月11日に，その最初の液化天然ガス積荷4.5万立方メートルを，マレーシアのビントゥル Bintulu から，8.8万立方メートル容量の液化天然ガス輸送船アクテック・スピリット号で受けとった[220]。

　上海の申能集団は，12万立方メートルの貯蔵容量（2009年3月に満杯になった）を持つ五号溝 Wuhaogou 液化天然ガス緊急備蓄基地を建設した。五号溝は，中国でも最も近代的な液化天然ガス施設の1つであり，液化・ガス化施設，タンカーおよび液化天然ガス運搬船を備えていた[221]。『新聞晨報』（*Shanghai Morning Post*）によると，上海の天然ガス消費量は2015年までに120億立方メートルに達し，2020年までに150億～180億立方メートルに達すると予測されていたが，その際上海市の天然ガス供給量で，同市は30日間暮らしていくことができるであろう。同市は2020年までに，もっぱら天然ガスだけを燃料とすることを予想している。上海市は，2011年までに次の5つの天然ガス供給源を持つことを目指しているが，それはすなわち，年間22億7000万立方メートルのガスを伴う西東ガスパイプライン・プロジェクト，年5億立方メートをもたらす東シナ海，中国石油化工会社により建設され年間19億立方メートルのガスを供給する四川－上海ガスパイプライン，2009年から始まる40億立方メートルの液化天然ガス輸入プロジェクト，および年20億立方メートルになる第2西東ガスパイプライン・プロジェクトである[222]。

浙江液化天然ガス：浙江液化天然ガスは，中国海洋石油会社が51％の出資比率を保持し，残りの49％の出資比率は，浙江省エネルギー集団（Zhejiang Energy Group）（29％）と，寧波市電力開発会社（Ningbo Power Development Company）（20％）とによって分担されている。第1期は，年間300万トンの液化天然ガス受け入れ能力をもち，2012年に操業開始を予定しており，そして第2期は，受け入れ能力を年600万トンに拡大するように企画されている。この基地は，浙江省の天然ガスパイプライン網に対してピーク時需要の際に供給する役割を果たし，浙江省に対する緊急時供給を提供する役割も果たすことが期待されている。中国海洋石油会社は2003年に，シェヴロンと次の25年以内で100万英国熱量単位当たり4ドルの固定価格により，ゴルゴンGorgonプロジェクトから液化天然ガスを8000万～1億トン購入する枠組み協定に署名した。中国海洋石油会社はまた，ゴルゴン・プロジェクトの12.5％の株式を確保しようと企図していたが，その協定は，価格問題のせいで破綻した[223]。中国海洋石油会社は2007年始めに，供給源を確保する上で困難があるため，2009年半ばまで完成が遅れると発表した。デイビッド・フリドリーは，浙江省の液化天然ガス市場の特性は，次の事実に起因すると説明した。すなわちそれは，

> 主に液化石油ガスを基礎としており，上海に比べ，石炭ガスやコークス炉ガスの消費がはるかに少ない（天然ガス換算3億3000万立方メートル）。液化石油ガスの消費は，75％が住宅向けを基礎としており，発電部門のガス使用は全体の2％以下であった。当初の液化天然ガス供給の約半分は，発電用に使用されるであろう[224]。

中国海洋石油会社とBG（British Gas）は2009年5月に，オーストラリアのクイーンズランド・カーティス（Queensland Curtis）液化天然ガスプロジェクトを共同開発する契約に署名し，追加協定により，中国海洋石油会社はプロジェクト開始後20年間，年360万トンの液化天然ガスを購入することが可能となった。クイーンズランド産液化天然ガスは浙江基地に供給するために使用されるかも知れない[225]。

江蘇液化天然ガス：中国石油天然ガス株式会社も中国石油化工会社も，その液化天然ガス提案に対して江蘇省政府の支持を獲得しようとしていた。江蘇省政府は 2005 年に，中国石油化工会社と連雲港液化天然ガス基地に関する枠組み協定に調印し，また，中国石油天然ガス株式会社とも南通 Nantong 市における如東液化天然ガス基地に関する別の取り決めを最終的に承認した。この取り決めを通じて，中国石油天然ガス株式会社は，6 基の 390 メガワット発電装置を持つガス火力発電所を建設する，と予想されていた[226]。中国石油天然ガス株式会社は 2007 年 3 月に，国家発展改革委員会から江蘇液化天然ガス基地の建設開始の許可を得た。江蘇省における年間 350 万トンの如東液化天然ガス基地は目下建設中であり，60 億元の費用がかかったと推定される第 1 期は 2011 年に完成した。中国石油天然ガス株式会社が 55％の株式を持ち，残りの 45％は，太平洋石油・ガス株式会社（Pacific Oil and Gas Co., Ltd.）（35％）と，江蘇省中国中信集団（CITIC Group）・江蘇省 CITIC 資産管理集団（Jiangsu CITIC Asset Management Group）（10％）とによって共有される。江蘇液化天然ガスには，カタールから輸入される液化天然ガスが供給され，第 2 西東ガスパイプラインと河北－寧波パイプラインとを通じてガスを供給する予定である[227]。2009 年 6 月に，如東における第 1 貯蔵タンクの建設中に事故が発生したが，それは 2011 年に予定通り操業を開始した[228]。

大連液化天然ガス：2009 年 5 月に，中国石油天然ガス株式会社と大連港株式会社（PDA）は，大連の新港 Xingang における 60 億元（8 億 7700 万ドル）の液化天然ガス受け入れ基地プロジェクトのために，合弁企業を設立することで合意した。中国石油天然ガス株式会社が同企業の 75％を保有し，大連港が 20％，大連市政府の投資機関である大連市建設投資会社（Dalian Construction Investment Corporation）が 5％を保有する。2011 年の操業開始とともに，新港の同液化天然ガス基地は，主に遼寧省の消費者に役立つことになる。液化天然ガスの当初年間受け入れ能力 300 万トンの同基地の建設は，2008 年 4 月に開始された。中国国有石油会社は，2010 年 8 月 29 日に液化天然ガス受け入れ埠頭の建設を完了した。この埠頭は，より大きな液化天然ガスの再ガス化と貯蔵の基地の一部であり，そのため同基地は年間 105 億立方メートルの天然ガス

供給を取扱うことになる。オーストラリアのゴルゴン液化天然ガスプロジェクトが，この基地の主要供給源になると予想されている[229]。

山東青島液化天然ガス：建設は，中国石油化工会社が山東省青島において計画していた液化天然ガスプロジェクトの，補助プロジェクトで開始された。これは，膠州 Jiaozhou －日照間のガスパイプライン・プロジェクトである。済南 Jinan が，計画された同液化天然ガス受け入れ基地プロジェクトの用地として選定された。膠州－日照ガスパイプラインは 193 キロメートルに及び，設計上 17 億立方メートルのガス輸送能力を持っていた。膠州－日照パイプラインは，2013 年になると予想されている青島液化天然ガス基地の操業開始以前は，中国西部から大牛地（オルドス）産ガスを受け入れる。同プロジェクトの費用は 5 億 8000 万元になる。このパイプラインの建設は，同液化天然ガスプロジェクトが進展したことを意味するのである。山東液化天然ガスプロジェクトは，当初 2007 年終了を予定していたが，しかしそれは，海外から液化天然ガス供給を確保する点で進捗不足であったために，遅延した。中国石油化工会社は 2010 年 9 月に，青島液化天然ガスプロジェクトの建設開始を発表したが，それは 2 期に分けて行われることになる。第 1 期は，総投資額 96 億 6000 万元（14 億 3000 万ドル）を伴うが，2013 年 9 月までに完成され，2013 年 11 月に操業が開始されると予想されている。中国石油化工会社は，当初，イランから年間 1000 万トンの液化天然ガスを受けとることに期待をかけていたが，その後，ロシア，オーストラリア，インドネシアおよびパプアニューギニアからの液化天然ガス供給を探り始めた。中国石油化工会社は 2009 年に，エクソン・モービルとパプアニューギニアから年間 200 万トンを受け取るという，長期供給契約に署名した[230]。

唐山液化天然ガス：国家発展改革委員会は 2010 年 11 月に，中国石油天然ガス株式会社の唐山液化天然ガス受け入れ基地プロジェクトを承認したが，その際これは，2013 年に年間受け入れ能力 350 万トンで，操業を開始すると予想されている。ガスは，主に北京，天津および河北省に供給される。『中国エネルギーニュース』(*China Energy News*) によると，同社は，約 84 億 1000 万元

を投資するつもりである。同液化天然ガス基地の第1期は，350万トンを受け入れるように設計されており，また16万立方メートルの貯蔵タンク3基が建設されるであろう。8万～27万立方メートルの液化天然ガス輸送船用の埠頭も建設されることになる。輸送プロジェクトは，129キロメートルのパイプラインと28キロメートルの支線パイプラインを含み，それぞれ90億立方メートルと35億立方メートルの輸送能力を持つ。河北液化天然ガスプロジェクトは，国家発展改革委員会により承認された，中国石油天然ガス株式会社の第3の受け入れ基地である。中国石油天然ガス株式会社は，これらのプロジェクトにおけるその企業支配権を同社の上場子会社である昆侖エネルギー社にすでに移管している。建設は，実際には最終承認の前に開始されたが，それは，プロジェクトの遅延が，競争企業と比べた市場占有率の決定的な喪失に帰結する可能性があるからである[231]。

珠海液化天然ガス：2010年3月に国家発展改革委員会により承認された，珠海（高欄Gaolan港経済区の南径Nanjing湾）液化天然ガス受け入れ基地の第1期は，2013年に操業を開始すると，年間350万トンの液化天然ガスを受け入れることができるであろう。その予定は，当初計画されていたものより1年遅れている。同プロジェクトの第1期は，液化天然ガス受け入れ基地，最長420メートルでガス貯蔵8万～27万立方メートルの直送船に適した液化天然ガス専用埠頭，および291キロメートルのガス輸送基幹ラインを包含する。さらに16万立方メートルの貯蔵タンク3基が陸上に建設されるであろう。第1期の投資費用は113億元（16億5000万ドル）になる。珠海液化天然ガスは，第2期も完成されると，年700万トンの液化天然ガスを取り扱うことができて，最終的には年間1200万トンの能力を持つことになる。2005年に最初に提案された同基地は，中国海洋石油会社と数社の地元エネルギー会社によって共同で所有される。それは，珠江デルタ地域の広州，仏山，中山Zhongshan，および江門Jiangmenの諸都市にガス供給を行う[232]。

海南液化天然ガス：中国海洋石油会社と海南省は，海南液化天然ガス受け入れ基地の建設に56億元の投資を計画しており，中国海洋石油会社が同基地に

おける 65％の持分を，海南省開発ホールディングス（Hainan Development Holdings Co., Ltd.）が 35％の持分を保有する。海南液化天然ガス施設の第 1 期は，38 億元の費用がかかり，液化天然ガス専用港の建設，液化天然ガス受け入れ基地およびパイプラインを包含する。第 1 期は，年間 200 万トンの受け入れ能力を持つように設計され，最大年 300 万トンまで受け入れるように拡張されうる[233]。

表5.28 に示されるように，操業中，建設中あるいは承認済みの全受け入れ基地に必要とされる液化天然ガス輸入量は，少なくとも 2880 万トンであり，この数値は，第 2 段階の受け入れ量が追加されれば，5490 万トンになるであろう。仮にいくつか計画中の基地の受け入れ量も含めれば，第 1 段階の液化

表5.28 中国の液化天然ガス輸入プロジェクト[234]

プロジェクト	第1/2期 (年100万トン)	操業開始年	企業（％）	進捗状況
広東大鵬 LNG	3.7/2.6 (2011)	2006	中国海洋石油会社 (33), BP (30)	フル操業
福建莆田 LNG	2.6/3.0 (2011)	2009	中国海洋石油会社 (60), FIDC (40)	フル操業
上海 LNG	3.0/3.0 (2012)	2009	中国海洋石油会社 (45), 申能集団 (55)	フル操業
大連 LNG	3.0/3.0 (TBD)	2011	中国国有石油会社 (75), 大連港 (20)	操業開始
江蘇如東 LNG	3.5/3.0 (TBD)	2011	中国国有石油会社 (55), 太平洋石油・ガス株式会社 (35)	操業開始
河北唐山 LNG	3.5/3.0 (TBD)	2013	中国国有石油会社	建設中
浙江寧波 LNG	3.0/3.0 (TBD)	2012	中国海洋石油会社 (51), 浙江省能源集団 (29), 寧波市電力開発会社 (20)	建設中
珠海金湾 LNG	3.5/3.5 (TBD)	2013	中国海洋石油会社 (30), 広東省粤電集団株式会社 (25)	建設中
山東青島 LNG	3.0/2.0 (TBD)	2013	中国石油化工会社	建設中
小計	28.8-54.9			
海南洋浦 LNG	3.0/3.0 (TBD)	2012	中国海洋石油会社	提案済み
広西鉄山 LNG	3.0	2015	中国石油化工会社	計画済み
総計	34.8-57.9			

注：FIDC＝福建投資開発会社（Fujian Investment & Development Co., Ltd.）（中閩公司（FIDC））, TBD＝未確定，なお LNG＝液化天然ガス。
出所：Lin Fanjing (2008g)；CNPC RIE & T. (2008)；Higashi (2009)；China Securities Journal (2010), pp. 36-41；*China Energy Weekly*, 9-15 September 2010, p. 6.

表 5.29 既存の長期液化天然ガス売買協定

買い手	供給源	数量（年間100万トン）	期間（年）	締結日	目的地の受け入れ基地とその容量（年間100万トン）	初出荷
中国海洋石油会社	オーストラリア北西大陸棚（NWS）	3.7		2003年	広東（3.7）	2006
	インドネシアタングー	2.6	25	2006年9月	福建（2.6）	2009
	マレーシアティガ	3.0		2006年	上海（3.0）	2009
	カタール・ガス−2	2.0	25	2008年6月	複数の目的地向け	2009
	Total（ポートフォリオ）	1.0	15	2009年1月	複数の目的地向け	2010
	BG，クイーンズランド，オーストラリア	3.6	20	2009年5月	浙江	2012
中国国有石油会社	カタール・ガス−4	3.0	25	2008年4月	江蘇省？	2011
	シェルゴルゴン	2.0	20	2008年11月	大連？	2011
	シェルブラウズ	3.3	20	2007年9月	2009年12月末にキャンセルされた	
	エクソン・モービルゴルゴン	2.25	20	2009年9月	大連	2011
中国石油化工会社	エクソンパプアニューギニア	2.0	20	2009年12月	青島	
総計		28.45				

出所：Higashi（東伸行）(2009)；China Securities Journal (2010), pp. 36-42；*China Energy Report Weekly*, 12-18 June, 2008, p. 5；*China Oil Gas & Petrochemicals*, 1 July 2008, p. 16；Crooks (2009c)；'Sinopec, Exxonmobil ink Papua New Guinea LNG deal', http://www2.china-sd.com/News/2009-12/4_3926.html

天然ガス基地に必要とされる液化天然ガス輸入量は，容易に3500万トン以上になり得るであろう。そしてその数値は，第2段階の受け入れ量が追加されれば，ほとんど6000万トンに上昇するであろう[235]。表5.29は，中国の国有石油企業3社による液化天然ガス供給契約量が，総輸入量にはるかに及ばないことを示している。国務院国有資産監督管理委員会（SASAC）によれば，中国海洋石油会社は，中国海岸沿いに9ヶ所の液化天然ガス受け入れ基地を建設する計画である。9基地の内，次のものは操業を開始している。すなわち広東省が2006年，福建省が2009年，上海市が2009年，大連市が2011年，如東が2011年の操業開始である。また中国海洋石油会社は，15ヶ所の圧縮天然ガス供給基地の開設も計画している[236]。大規模な液化天然ガス輸入に並行して，より多

くの液化天然ガス運搬船が，その輸送を処理するために必要となるだろう[237]。

　中国の国有石油企業は，再ガス化基地建設のための政府承認を受けることができるためには，供給を確保しておかなければならず，そのため 2009 年 12 月までに，中国海洋石油会社，中国石油天然ガス株式会社および中国石油化工会社は，2845 万トンの供給量の長期供給契約をいくつか調印していた。これらの契約は，インドネシア，マレーシアおよびオーストラリアから液化天然ガスを入手する主にアジアの企業と結ばれていた。しかしながら，中国の国有石油企業は，カタールガスのような他の供給源や，様々な国際的液化資産から液化天然ガスを供給できる世界的上流部門開発企業の他の供給源とも，長期契約に調印していた。しかし，その量は，中国沿海地域沿いの操業中や未完成や計画中の液化天然ガス基地に供給するのに，十分なほどは大きくないのである。

液化天然ガス供給源確保上の困難

　中国の国有石油企業が締結した数多くの液化天然ガス供給契約は，液化天然ガス供給契約の前途に横たわる障害の種類について，はっきりした示唆を与えている。2004〜2006 年の期間に，珠海振戎会社（Zhuhai Zhenrong），中国海洋石油会社，中国石油化工会社，および中国石油天然ガス株式会社は，国営イラン石油会社（NIOC）と覚書に署名したが，これは少なくとも合計量 4550 万トンを伴うもので，その中には，中国国有石油会社と国営イランガス輸出会社 NIGEC との間の年 3000 万トン液化天然ガス供給協定が含まれていた[238]。しかしながら，液化天然ガスを予定通りに供給するという点に関しては，重要な進展は何ら見られていなかった。中国国有石油会社は 2007 年 9 月 4 日に，オーストラリアのパース Perth で，シェルと液化天然ガス売買契約を締結したが，同契約によれば，シェルが中国国有石油会社に，同社のゴルゴン・プロジェクトから液化天然ガスを 20 年間にわたり，年 100 万トン販売することになる。中国国有石油会社は 2007 年 9 月 6 日に，シドニーにおいて胡錦濤主席とジョン・ハワード John Howard 首相立会いの下で，オーストラリアに拠点を置くウッドサイドエナジー社（Woodside Energy Ltd.）と液化天然ガス供給契約に署名した。同契約は，2013〜15 年に始めて 15 年間にわたって，ブラウズ Browse LNG から中国国有石油会社に年間 200 万トンの液化天然ガスを

販売する可能性を確認した。それは，中国国有石油会社が海外企業と締結した最初の液化天然ガス購入協定である。内部関係者が明らかにしたところでは，中国国有石油会社－シェル契約の運賃・保険料込み上限価格は，100万英国熱量単位当たり10ドルまたは1立方メートル当たり2.7元であろう。当時，『中国石油・ガス・石油化学』は，中国の石油各社にとって，たとえ輸入価格が予想より高く思われたとしても，長期的液化天然ガス輸入を最優先事項として確保することが賢明である，と主張した[239]。

しかしながら，想定された100万英国熱量単位当たり10ドルの購入価格が，他の潜在的購入者にとって，あたかも参考価格として利用されるかも知れないと映ったので，中国国有石油会社は中国の他の液化天然ガス購入者に重大な問題をもたらした。中国海洋石油会社の内部関係者は次のように述べた。

> 最終需要家たちは，天然ガスを燃料として利用することに熱心で，ますます高くなる価格に対処しようとしがちであるが，われわれにとっては，100万英国熱量単位当たり10ドルにもなるような高値の輸入価格を受け入れることは，まだ不可能である。中国海洋石油会社とは異なり，中国国有石油会社は，液化天然ガスを諸エネルギーの混合で利用しており，さらに液化天然ガスの高費用は，自社ガス田からのパイプ供給による低価格液化天然ガスによって，部分的に薄められ得る[240]。

中国工学院（Chinese Academy of Engineering）の胡見義 Hu Jianyiのような中国の専門家たちは，液化天然ガスの需給が，長期的には基本的な世界的均衡に到達すると信じており，また2012年以後，プロジェクトが生産開始となれば，市場の逼迫は緩和するかも知れないと信じている[241]。日本と韓国の双方は，液化天然ガス販売価格を下げるために，その購入者間の協調の構築を提唱した。しかしながら，蒋哲峰 Jiang Zhefeng（中国海洋石油会社・ガス電力集団（CNOOC Gas & Power Limited）の事業開発担当取締役）は，そのような協調の可能性は，他の当事者と透明性を保って協力する参加者は誰もいないので，全く存在しない，と述べている[242]。

2008年4月に，大連市政府のエネルギー部門当局者は，大連における中国

石油天然ガス株式会社の液化天然ガス受け入れ基地の建設が開始されたが，2012年にオーストラリアからの長期供給契約に基づく提供が開始されるまでは，同基地はその操業の初年度において，国際スポット市場から液化天然ガスを調達する必要があるであろう，と述べた[243]。また，カタール・ガスは2008年4月に，中国国有石油会社および中国海洋石油会社と25年の液化天然ガス供給契約を締結した。この25年の取り決めによれば，カタール・ガスは中国海洋石油会社に2009年以降カタール・ガスの第2プロジェクト産液化天然ガスの年間200万トンを販売し，中国国有石油会社に2011年に操業開始するカタール・ガスの第4プロジェクト産液化天然ガスの同300万トンを販売することが予想されていた。当時，価格は公式に全く明らかにされなかったが，価格が100万英国熱量単位当たり10ドルを超えていないことはほとんど確かである，というのは中国海洋石油会社はより高い価格の負担に耐えることができそうにないからである。2007年に，中国海洋石油会社がスポット積荷に支払った最高価格はトン当たり447ドルであり，これは100万英国熱量単位当たり8.60ドル以下に相当する。新華社は，カタール・ガスとの成約価格が，100万英国熱量単位当たり8.60ドルを超えないように思われると報じた[244]。中国海洋石油会社の関係者の述べたところによると，同社は，液化天然ガス価格上昇のために，同社がカタールから受け取る同ガスの下流部門の買い手を見いだす上で，困難に直面するかも知れない[245]。同ガスの供給源確保の困難に迫られて，中国は炭層メタンガスを原料にした液化天然ガスの供給契約の先頭走者にならざるを得なかった。

中国の大胆な炭層メタンガス・液化天然ガス契約

ピーター・スミス Peter Smith は，2010年3月の『ファイナンシャル・タイムズ』紙に書いて，次のように報じた。

　ロイヤル・ダッチ・シェルと中国石油天然ガス株式会社は，ブリスベン Brisbane を拠点とするエネルギー生産者アロー・エナジー[246]に対し，それを34億ドルと評価して，共同で買収の申し込みを行って後，オーストラリアの炭層メタンガス部門で主導的な役割を担うことに着手した。アロー・エ

ナジーは，クイーンズランドに 6 万 5000 平方キロメートルにわたる権益を持つ，オーストラリア最大の炭層ガス地所の所有者であり，それは，確定埋蔵量，推定埋蔵量および予想埋蔵量含め 1 万 1042 ペタジュール（PJ）を有している[247]。

キャロラ・ホヨス Carola Hoyos とエド・クルックス Ed Crooks は，次のように考察して，論評した。

どのような液化天然ガスプロジェクトにとっても，最重要要因は，買い手の確保であり，たとえ，中国石油天然ガス株式会社が，その計画中の西部オーストラリアにおけるブラウズ液化天然ガスプロジェクトから 20 年以上にわたり約 410 億ドル相当の同ガスを購入するというウッドサイド・ペトロリアムとの協定を終了していたとしても，シェルと中国石油天然ガス株式会社の連携は，素晴らしい選択である。… 中国石油天然ガス株式会社にとって，シェルとの提携は，非在来型ガス生産の知識を獲得するだけでなく，世界で最も広範囲な液化天然ガスの経験を学ぶ機会をも同社に与えるであろう[248]。

ほぼ同じ頃に，中国海洋石油会社は，オーストラリアのクイーンズランドにある英国のガス生産者 BG Group のカーティス液化天然ガス施設から，年間 360 万トンの同ガスを購入する計画を進めていた。それは，炭層メタンガスを原料とする液化天然ガス供給の世界最初の購入協定であり，炭層ガス原料液化天然ガスの中国に対する最初の販売を記念するものである。同取引は，原油価格 1 バレル当たり 70 ドルに基づけば，約 400 億ドルの価値となる。中国海洋石油会社は，クイーンズランドのスラット盆地 Surat Basin における BG Group の一定の保有地の埋蔵量・資源の 5％の権益を取得するであろう。同社は，カーティス・プロジェクトの第 1 期を形成する 2 系列の液化施設のうち，その第 1 系列に対する 10％の権益出資者になるであろう。BG Group と中国海洋石油会社は，また，中国で液化天然ガス運搬船 2 隻もを建造するであろう[249]。上記 2 件の炭層メタンガス埋蔵量に基づく液化天然ガス供給契約は，

中国の国有石油企業が，長期液化天然ガス供給の確保を追求する中で，すっかり大胆になってきていることを示している。

　中国国有石油会社は 2009 年 8 月 19 日に，とりわけ高価な液化天然ガス取引に参加した。これは，次の 20 年間にわたってオーストラリアのゴルゴン液化天然ガスプロジェクトから年間 225 万トンの液化天然ガスを購入するというエクソン・モービル社との取引であった。同取引は，中国国有石油会社の国際取引子会社である中国石油天然ガス株式会社・中国石油国際事業株式会社とモービル・オーストラリア・リソースィズ（Mobil Australia Resouces）との間で署名が行われた[250]。

　しかしながら，中国国有石油会社がこのような高価な契約に入ることに対する，『中国石油・ガス・石油化学』による批判は，前例のないほど厳しいものであった。同誌は，この取引の液化天然ガス価格は，100 万英国熱量単位当たり約 17.52 ドルであり，これは市場価格よりはるかに高価であると指摘した。同誌は，この液化天然ガス価格は，日本の電力企業，中部電力がゴルゴンの別の株主であるシェヴロンに 2005 年 11 月に支払った価格のほとんど 2 倍であると主張した。当時，中部電力は，年 150 万トンの液化天然ガスを 25 年間 100 億オーストラリアドルの支払額で輸入する契約に署名した。この価格は，100 万英国熱量単位当たり約 7 ドルとなり，中国国有石油会社の価格，100 万英国熱量単位当たり 17.52 ドルを大幅に下回っていた[251]。（表 5.30 参照）

　中国国有石油会社の方は，その価格は，国際天然ガス価格と交渉の長期的性格とを反映したものであるから，妥当なものであると主張した。中国国有石油会社は，インドのペトロネット（Petronet）の取引との大きな違いを，配送地や輸送手段の差異に起因すると考えた。『中国石油・ガス・石油化学』は，国家発展改革委員会によると，中国国内のパイプライン天然ガス価格は，2009 年 7 月には 1 立方メートル当たり平均 2.45 元であったのであり，エクソン・モービル社との取引において中国国有石油会社が契約した 1 立方メートル当たり 4.48 元という関税込み価格（DPV）より低いと反論した。関税込み価格は，輸送，パイプラインおよび再ガス化の費用を考慮に入れないのが通常であった。これらを含めた合計価格は，利益をもたらすには 1 立方メートル当たり 5 元以上でなければならない。同誌は，高価な液化天然ガス輸入価格は，国

表5.30　中国国有石油会社と中部電力による取引比較

	CNPC	中部電力
総額（$10億）	41	13.65
供給期間（年）	20	25
年間経費（$10億）	2.05	0.546
液化天然ガス量（年100万トン）	2.25	1.50
本船渡し価格（トン当たりドル）	911	364
為替レート	6.8317	6.8317
本船渡し価格（トン当たりドル元）	6224.44	2486.74
付加価値税（10%）	622.44	
関税込み価格（DPV）価格（元／トン）	6846.88	
トン当たり100万英国熱量単位 MBTU	52	52
発熱量（1立方メートル当たりカロリー）	9435	9435
1立方メートル当たりトン	1388.87	1388.87
1立方メートル当たり元価格	4.48	1.79
価格（100万英国熱量単位当たりドル）	17.52	7.0

注：関税込み価格 duty-paid price [value]。
出所：Qiu Jun & Yan Jinguang (2009), p. 2.

内の天然ガス価格に上昇圧力をかけることになり，また，将来の天然ガス価格上昇への強い期待を誘発する恐れもある点を懸念していた。このことは，今度は，国際天然ガス販売業者に対して，将来の交渉価格を引上げる合図となるであろう。同誌は，中国国有石油会社の無謀な購入取引は，同社の支払う高価格が将来の液化天然ガス取引の基準となり得るし，市場を歪曲し，不必要な価格変動に導くことになるから，国際液化天然ガス市場に脅威をもたらすと結論づけた[252]。

驚くべきことではないが，2009年12月末までに，中国石油天然ガス株式会社は，オーストラリア沖のプロジェクトから天然ガスを購入する400億ドルの取引から撤退することを決定した。オーストラリアのウッドサイド・ペトロリアムは，オーストラリア株式市場に対し，西部オーストラリア沖のブラウズ海盆液化天然ガスプロジェクトの初期段階の協定は，2009年12月31日の期限までに成立せず，もはや消滅したことを通知した。

結　論

　中国における天然ガスの現状について記述する場合，主要な問題は，正確な最近の資料の不足にある。たとえば，中国の最近の全国資源調査は，2003年と2006年の間に試みられた。したがって，執筆時点では，その資料は5年以上前のものである。第4次調査が2010年代初期に着手される可能性が非常に高いので，これは間もなく改善されるかもしれない。
　たとえ，資料の欠如により，状況の一部側面を正確に描くことが難しくなるとしても，ガス産業の進歩が並外れて迅速であったことは疑う余地がない。天然ガス使用の増加の必要性は，北京当局によってますます認識されつつある。2010年始めに，国家エネルギー管理局の呉吟 Wu Yin 副局長が述べたところによると，中国は，そのエネルギー需給バランスに占める天然ガスの割合を，4％から2015年までに8％に引上げる目標を達成するために，探査の取り組みを拡大し，ガス埋蔵量を伸ばし，そして天然ガス輸入を増加させることになっている。これは，意欲的な課題であるが，しかし現在ガス需要は，国内供給より成長がめざましく，それ故政府は，石油価格連動輸入に対する依存を縮小するために，国内の探査と開発を促進しようと固く決意している[253]。
　天然ガス不足は，2009～10年の冬に緊急問題になった。2009年11月に，最初の不足が，中国の中央および東部のいくつかの都市を襲い，そのため天然ガスの価格決定制度の改革の必要性が非常に強調された。2010年初頭に，中国北部の大寒波が北京に深刻なガス供給不足をもたらした。2010年1月4日に，北京のガス消費は，1日当たりの記録的数値5300万立方メートルに達し，2008～09年冬の1日当たり最大消費量よりも886万立方メートルほど多くなった。それはまた，2010年1月における1日平均供給計画量より約1100万立方メートル多い。中国国有石油会社パイプライン・天然ガス部（CNPC's pipeline and natural gas unit）の韓忠晨 Han Zhongchen 副部長は，トルクメニスタンのアムダリヤ Amu Darya ガスプロジェクトからのガスが2010年1月後半に北京に到着するだろうと述べた[254]（実際，トルクメニスタンからのガス供給の開業式典が2009年末に行われた）。供給不足により，北京市市政

環境管理委員会(Beijing Municipal Commission of City Administration and Environment)は,1日当たり最大供給能力5200万立方メートルが逼迫するのを回避するために,産業利用者—発電所および北京市の中央暖房システム—によるガス使用を制限することを決定した。最大限使用は,ガス田と都市ガス網を結びつけるパイプラインを危険にさらす恐れがあった。しかしながら,北京市の住宅調理用ガスは制限一覧表に掲載されなかった。北京市市政環境管理委員会は,289程度のガスボイラーが制限一覧表に登録されたと述べた[255]。

中国国有石油会社は,2011年から2015年にかけて,224億立方メートルの操業容量を持つ天然ガス貯蔵タンク10基を建設する計画である。2006〜10年の間に,同社は,大港ガス貯蔵タンク群の建設を開始し,完成したが,それには,タンク6基と貯蔵庫1基が含まれ,操業容量はそれぞれ30億立方メートルと20億立方メートルであった。同社はまた,タンク3基を有する京Jing 58ガス貯蔵タンク群の建設を完了した。中国の現有ガス貯蔵操業能力は全体で,天然ガス販売量の3%にしか過ぎない[256]。

『中国石油・ガス・石油化学』は次のように指摘した。

> 不足は,一つには寒い天候のせいであるが,一つには硬直的な価格決定制度にもよる。中国のガス価格が,国際原油価格の2分の1であることを考慮すれば,ガス価格改革に着手することが必要である。ガス輸入は,供給不足を緩和し得るが,価格負担はかなりのものである[257]。

中国石油天然ガス株式会社・計画工学技術研究機構の劉志光Liu Zhiguang工学副主任によれば,中央アジア産ガス価格は,国際原油価格に連動させられている。原油価格が1バレル80ドルに達すると,ホルゴス通関点における税引後の天然ガス価格は1立方メートル当たり2.2元となる。パイプラインの平均輸送料1立方メートル当たり1.08元を考慮すると,天然ガス価格は,受け取る都市の都市ガス網に到着した時,1立方メートル当たり3.28元となるであろう。中央アジア産ガスが北京に到達すれば,価格は1立方メートル当たり約2.9〜3.0元となるであろう。しかしながら,タリムガス田で生産されたガ

スは，税込生産者価格を1立方メートル当たり0.522元に設定しており，他方長慶油田のガス価格は1立方メートル当たりわずか0.681元である。長慶油田は，陝西―北京（陝京）パイプラインを通じた，北京に対する主要なガス供給源である。もし同パイプラインの料金が追加されるならば，北京市の最終消費者にとっての価格は，1立方メートル当たり約2.05元である。同パイプラインの運営企業であり中央アジア天然ガスの買い手である中国石油天然ガス株式会社は，巨額の損失に悩まされているが，その理由は，現行価格決定システムの下では，天然ガスの輸入価格が，最終消費者の価格より高いからである[258]。

　価格決定メカニズムにはいくつかの選択肢があり，それには，加重平均価格決定（WAP），供給源別価格決定（PBS），および国際原油価格連動価格決定（PTC）が含まれる。中流部門のパイプライン運営企業だけでなく，中国石油天然ガス株式会社や中国石油化工会社などの国内天然ガス供給者も，加重平均価格決定方式の適用の方を好む。しかしながら，外国の天然ガス価格は，通常，国際原油価格に従って変動するのだから，この方式を実施するのは困難である。だが，下流部門の都市ガス運営業者は，彼ら独自の提案を持っており，上流部門の価格と下流部門の価格の両者を包含する価格決定方式を要求している。この方法の下では，もし上流部門の天然ガス価格が変更されるならば，下流部門の都市ガス運営業者もガスの最終消費者到達価格を変更することができるであろう。肥料製造業者に対するガス価格改革の影響も，市場の関心を引き起こしている。天然ガスの低価格のお陰で，化学肥料産業は，過去5年間にわたって好況を享受してきており，したがってまた，同産業では深刻な過剰設備を目の当たりにしている。中国政府は，同産業における無責任投資を終わらせることに着手した。同産業に対する天然ガス価格補助を除去することは，この過剰設備を制御する可能な方策の1つである。中国石油化学工業協会（China Petoleum and Chemical Industry Association（CPCIA））の計算によれば，天然ガス価格が1立方メートル当たり0.2〜0.4元上昇する場合，尿素1トン当たりの生産費は120〜140元上昇することになる[259]。2009年には，ガスを原料とするメタノール生産者のほとんど80％が生産を中止し，さらに残りの20％は，まだ生産しているものの，非常に低い操業率である。仮に天然ガス価格が20％引上げられるとすると，約90％のメタノール生産者は休業しなければな

らないであろう。肥料生産者は，同じ状況に直面しているのである[260]。どんな有意義なガス価格の上昇でも，農業生産に直接影響するであろうが，そのことは北京当局が最も行いたくないことである。

　ガス価格改革は，中国では非常に取扱いが難しい問題であるが，ガス価格の漸次的上昇は不可避のものだという意見の一致はある。もう1つの非常に微妙な問題は，ガス供給の安定である。エネルギー研究所は，中国が2015年には，2008年水準の2倍の2000億立方メートルの天然ガスを必要とし，この数値は2020年までに3000億立方メートルに到達するであろう，と予測している[261]。2011年にエネルギー研究所は，2015年までに2600億立方メートルというガス需要の数値，2020年までに4000億立方メートルというその数値を広め始めたが，これらは，年間複合成長率が2011〜2015年に19％，2016〜2020年は9％になることを示している。中国石油天然ガス株式会社は，中国の国内ガス生産が，以前の予測の1200億〜1500億立方メートルよりむしろ，2020年までに2100億立方メートルにも到達し得るであろうと予想している。2010年の中国国内生産が950億立方メートルであったことを考慮に入れると，2020年までに2000億立方メートル以上生産するのは，極めて野心的な課題であろう。その国内生産目標数値は，国内生産を最大化し，そうすることで，輸入によって供給されなければならない，需要と生産の不均衡を縮小しようとする計画立案者の意図を間接的に裏付けている。2020年までに1500億立方メートルの生産という数値は，一層現実的に見えるし，もし中国のガス需要が2500億〜3000億立方メートルに達するとしたら，1000億〜1500億立方メートルの不足は，液化天然ガスやパイプラインガスの輸入によって補填される必要があると予測するのは，間違いないところであろう。重要な疑問点は，中国が高い石油連動価格で，液化天然ガスとしてでも，パイプラインによっても，増大するガス量を輸入する余裕があるかどうかである。中国の国内ガス価格は，国際価格に付いていってはおらず，もし国際価格が引き続き石油価格に基づくならば，おそらく付いていくことはできないであろう。

　厳然たる現実は，高価格では，すなわち，もし中国が液化天然ガスを100ドルの石油換算価格で購入する用意があれば，ガス不足は何ら存在しないということである。事実は，高いガス価格を払ってもかまわない十分な消費者がいな

いであろうから，中国は，このガスが補助されない限り，それを輸入する余裕がない，という点にある。そうだとすると，中国が，機能するには補助金の増大が必要となる，その非常に高額な国際輸入インフラストラクチャを建設することは，理にかなっているのであろうか？

　中国のガス産業は，もしその拡大が，国内生産に，中国の消費者が支払うことのできる配送費で生産された在来型および非在来型生産に基づくものであれば，大規模に拡大することができる。もしそれが，1 バレル当たり 100 ドル以上相当の価格による大量の輸入に依存しなければならないのであれば，その価格は，国内費用と平均化され得るが，しかしそれもある程度までに過ぎない。ガス価格改革なしには，ガス輸入量は財政負担によって大きく影響されるであろうが，そうするとこのことが同国のガス拡大の主な障害なのである。

付録 5.1　中国の 4 大ガス生産基盤

タリム盆地

　1950 年代初頭以来，6 ヶ所の一群となった石油・ガス田および 20 ヶ所の産業用石油・ガス賦存構造がタリム盆地で発見されてきており，総埋蔵量は 205 億石油換算トンである[262]。これまでの最大の発見は，今のところ克拉－2 ガス田である（表 A.5.1）。中国国有石油会社は 2010 年に且末県 Bazhou Qiemo County に位置する克拉ガス田大北 Dabei 鉱区と塔中－1 ガス田との生産により，年 15 億立方メートルのガスが追加されることになると発表した[263]。同社は，同じ年に，タリム盆地で深さ 7764 メートルの油井（克深 Keshen－7）を掘削したが，これはこの種のものでは，これまでで最深である[264]。

克拉－2 田：このガス田に関する主要事実は，『科学通報』（*Chinese Science Bulletin*）に掲載された賈承造やその他の論文の中で，その概要が示されている。克拉－2 は，庫車 Kuqa（クチャ）沈降帯の克拉蘇 Kelasu 構造帯の中央に位置している。天然ガスの主成分はメタンであり，しかもその含有量は 97％以上である。それは乾性ガスであり，その根源岩は，ジュラ紀石炭層である。克拉－2 の構造トラップは西域紀（Xiyu period）に形成され，後に貯留層と

5. 中国のガス産業

表 A.5.1　タリム盆地のガス田

	面積 (平方キロメートル)	確認埋蔵量 (10億立方メートル)	生産能力／輸出能力 (10億立方メートル)
克拉 Kela − 2 ガス田	47.1	250.61	10.0/10.0
塔中 Tazhong 4 油田	35.7	11.93	
牙哈 Yaha 油・ガス田	48.9	40.54	1.2/1.2
柯克亜 Kekeya 油・ガス田	27.5	31.36	
和田河 Hetianhe ガス田	145.0	61.69	2.0/−
輪南 Lunnan 油田	36.6	4.03	
英買力 Yingmaili 油・ガス田	48.3	30.98	1.05/1.045
羊塔克 Yangtake 油・ガス田	18.3	27.43	1.0/0.99
玉東 Yudong − 2 ガス田	10.2	7.33	0.33/0.329
東河塘 Donghetang 油田	16.5	1.37	
哈得 Hade 4 油田	66.6	0.79	
吉拉克 Jilake 油・ガス田	52.5	13.68	0.486/0.485
解放渠東 Jiefangjudong 油田	14.0	3.44	
桑塔木 Sangtamu 油田	18.6	1.85	
塔中 Tazhong 16 油田	24.2	0.13	
塔中 Tazhong 6 ガス田	58.0	8.53	0.25/−
迪那 Dina − 2 ガス田	−	175.2	5.1/
大北 Dabei 3 ガス田	−	130.0	
雅克拉 Yakela − 大澇発壩 (大澇壩) Dalaoba ガス田	−	29.30	1.0
塔河 Tahe ガス田	−		10.0

出所：Kambara and Howe (2007), p. 87；PetroChina, West-East Natural gas Transportation Pipeline Project, 2002/3, p. 2；*China Daily*, 11 October 2007 ('Major Xinjiang gasfield found', www.chinadaily.com.cn/china/2007-10/11/content_6164935.htm)；'SINOPEC Northeast Company', http://english.sinopec.com/about_sinopec/subsidiaries/oilfields/20080326/3030.shtml

なった。貯留層の遅い形成と下部第三系の石膏マントルの厚い頂蓋岩とは，巨大な克拉−2 ガス田が良い状態で保たれてきたことの理由である。同ガス田の異常な高圧力は，西域紀における，同田北部の強固な構造的圧縮に起因している[265]。

国家備蓄局 (State Reserves Bureau) は，2000 年 4 月 4 日に庫爾勒 Korla (克拉近郊) におけるガス田のガス埋蔵量評価を実施した。それにより，ガス賦存地域は 47.1 平方キロメートルに及び，確認埋蔵量は 2506 億 1000 万立方メートル (後に，その数値は 2840 億立方メートルに変更された) を有することが確かめられた[266]。中国石油天然ガス株式会社は 2004 年 2 月 3 日に，克

地図 A.5.1　中国の盆地別ガス配置

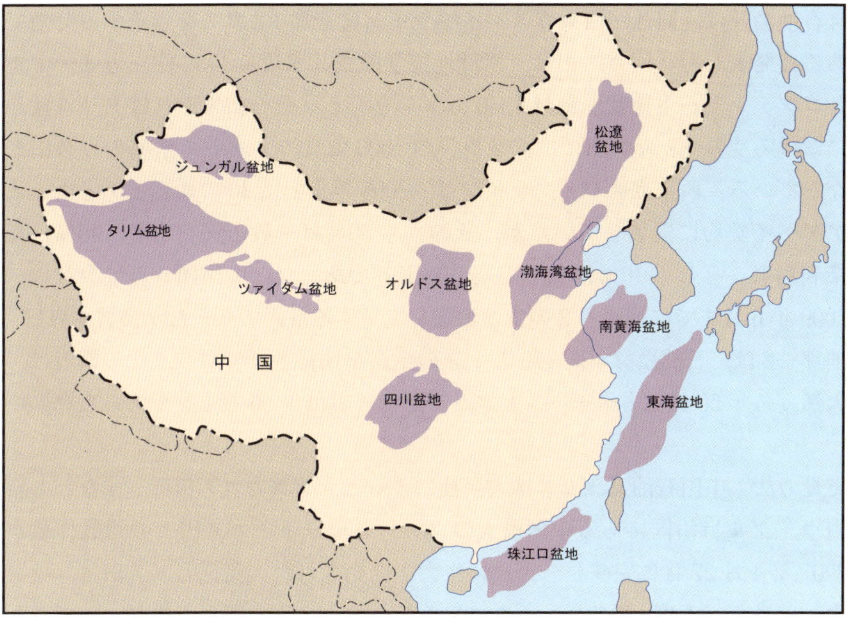

（地図中のラベル：ジュンガル盆地、タリム盆地、ツァイダム盆地、オルドス盆地、渤海湾盆地、松遼盆地、南黄海盆地、東海盆地、珠江口盆地、四川盆地、中国）

出所：中国国有石油会社（CNPC）の地図を修正。

拉－2ガス田で最初の開発井の掘削を開始した。コード名・克拉2-3を持つ最初の開発井は，地表下4220メートルに達することになっていた。他の開発井，克拉2-4，2-7，2-8がこれに続くことになっていた。2004年12月に，克拉－2ガス田は生産を開始したが，その際計画年間産出量は107億立方メートル（表A.5.1に示されているものより新しい数値）であった[267]。同社によると，2010年9月までの6年間で，克拉－2ガス田は500億立方メートル以上のガスを生産した。17のガス井が操業を開始していて，1坑井の最大ガス日産量は500万立方メートルを上回った[268]。

迪那 Dina－2田：中国最大のガスコンデンセート田である迪那－2ガス田は，タリムの庫車にあり，年間51億立方メートルのガスを産出すると推定されているが，この量は，西東ガスパイプラインの第1段階における輸送能力年間120億立方メートルの40％である。迪那はまた，原油を年30万トン，液化石

油ガスや軽質炭化水素のような他の生産物を年50万トンを生産する。中国国有石油会社は，同社が西東ガスパイプラインに迪那－2ガスを供給する計画であると発表した。同ガス田は，累計地質学的確認埋蔵量1752億立方メートルとコンデンセート確認埋蔵量1340万トンを有し，その結果それはタリム盆地における克拉－2ガス田に次ぐ2番目の1000億立方メートル水準のガス田となっている。西東ガスパイプラインは，2005年までに40の顧客とテイク・オア・ペイ契約に署名していたが，そのうち50％は一般市民利用者，40％は産業利用者，そして10％は化学工業の利用者であった。中国国有石油会社は，2009年6月までに迪那－2の生産増強を完了する計画であった。換言すれば，迪那－2は，石油換算年間450万トンの生産を期待されており，その構成は，天然ガス年50億立方メートルとコンデンセート油年56万トンであった[269]。

英買力田：中国石油天然ガス株式会社によると，英買力ガス田群，すなわち新疆ウイグル自治区にある中国最大のコンデンセート・ガス田での建設作業が2007年4月27日に完成し，正式に生産が開始された。英買力ガス田は，英買力，羊塔克，玉東－2の3ヶ所のコンデンセート・ガス田から成り，確認された天然ガス原始埋蔵量657億4000万立方メートルと確認されたコンデンセートおよび原油原始埋蔵量2600万トンがある。外部パイプラインに加えて，域内ガス集積・輸送や原油・ガス処理のために必要とされる投資で構成される建設は，2005年12月に始まった。計画年間生産能力は，天然ガスが25億立方メートル，コンデンセート油が50万トン，液化天然ガスが4万トンである[270]。

塔河，雅克拉 Yakela，大澇壩 Dalaoba田：中国石油化工会社の2番目に大きな油田である塔河ガス田において，同社は，2011～2015年の期間にガスの地質学的確認埋蔵量を1000億立方メートル追加するという目標を設定した[271]。中国石油化工会社は，塔河ガス田で年間12億立方メートルを生産しており，この数量を2015年に50億立方メートルに，さらに2020年には100億立方メートルに拡大する計画である[272]。2009年の同ガス田の生産量は13億4500億立方メートルであった。2008年12月に確認原油埋蔵量が1億3500万トン

追加されたことの結果，同ガス田の潜在的可採埋蔵量は9億9600万石油換算トンとなる。同社にとって，塔河ガス田は，精製および石油化学部門からその事業を多角化することができるように，その上流部門での立場を強化する上で極めて重要なのである。実際塔河は，今後の掘削作業の完了の結果として，中国石油化工会社の埋蔵量を，現在の推定40億石油換算バレルに比して5%拡大するように思われる。全国水準で見ても塔河ガス田は，それがまだ生産の絶頂期に達していない中国の数少ない大ガス田の1つであることを考慮すれば，なおさら重要である。同田は2008年に，その産出量の約30%を中国国有石油会社の西東ガスパイプラインに提供し始めた。雅克拉－大涝壩ガス田は，タリム盆地北部の阿克蘇地区 Aksu region の庫車県に位置する。同田は，同県のこの地域の中国石油化工会社・西北油田会社によって開発されている。同田における開発努力は，肥料生産用原料の提供により同県の農業の発展を促進するために，2003年8月に開始された。1984年の雅克拉ガス田の発見により，中国石油化工会社・西北油田会社の天然ガスコンデンセートの累計確認埋蔵量は，雅克拉が245億立方メートル，大涝壩が48億立方メートルとなり，コンデンセート油も886万トンとなった。同田の年間取扱能力は10億立方メートルである[273]。

新疆地域では，一部のガスの発見は，ジュンガル盆地でも行われた。中国国有石油会社は，新疆ウイグル自治区北部で確認埋蔵量1000億立方メートルの天然ガス田を発見した。中国石油天然ガス株式会社・新疆油田会社 (PetroChina Xinjiang Oilfield Company) の陳新発 Chen Xinfa 社長によると，克拉美爾地区は，ジュンガル盆地周辺でこれまでに発見された，この規模の埋蔵量を持つ最初のものである。同ガス田は，克拉瑪依 Karamay 市から250キロメートルの所に位置する。ジュンガル盆地は，2兆5000億立方メートルのガス埋蔵量を有すると言われるが，確認されているのはその10%以下である。新疆石油は，2010年までにそのガス生産量を年50億立方メートルに拡大する計画であった。新疆の天然ガス産出量は，2008年に240億立方メートルに達すると期待されている。中国国有石油会社の天然ガス生産量は，連続した3年間で20%以上増加した[274]。その上，克拉瑪依で新規に発見された瑪河 Mahe ガス田は，ほとんど300億立方メートルになる天然ガスを有し，その1日当た

り産出量は147万立方メートルである[275]。中国国有石油会社は，2011〜2015年の期間に青海省のガス田開発に230億元を投資することを目指しており，同省に対する年間ガス供給を150億立方メートルに拡大する計画である[276]。

オルドス盆地

オルドス盆地における天然ガスの地質学的累積確認埋蔵量は1兆8625億立方メートルであり，そのうちの5883億立方メートル（31.6％）が開発されている[277]。1999年初頭に，中国国有石油会社の長慶石油探査局（Changqing Petroleum Exploration Bureau）の長慶石油ガス田は，オルドス盆地のガス埋蔵量の評価を実施した。その結果，同田の地質学的ガス埋蔵量は，6兆〜8兆立方メートルに多分達するだろうという結論が出たが，その場合この量は，中国全体の20％にあたるであろう。1998年末までに，長慶石油ガス田は，累積確認ガス埋蔵量を3098億立方メートル，管理されたガス埋蔵量を1211億立方メートルと報告した。同石油ガス田の当初目標は，1兆立方メートルの確認埋蔵量を発見し，2005年までに年間100億立方メートルのガス生産能力を持つことであった[278]。長慶石油ガス田は，北京および周辺都市に天然ガスを供給する陝西－北京（陝京）天然ガスパイプラインの運営企業であり，ガス供給者である[279]。中国国有石油会社は，その長慶油田に120億立方メートルの総貯蔵容量をもつガス貯蔵タンクを建設する計画であったが，これは中国におけるこの型式の最大ガス貯蔵設備となるであろう[280]。

2006年3月始めに中国は，中国石油天然ガス株式会社がトタルと探査取引に署名した際に，中国の大規模天然ガス産業への門戸をさらに開いたのである。この取引は，オルドス盆地の蘇里格ガス田を開発するためのもので，このような契約としては，蘇里格と同じ盆地にある長北 Changbei 天然ガス田でのガス探査に関する，中国石油天然ガス株式会社とロイヤル・ダッチ・シェルとの間の2005年の契約に続く，2番目の協定であった。両社は，蘇里格の掘削に30ヶ月と2000万ドルを費やす意図であった。最大生産では，1日当たり4億立方フィートに達すると期待され，このガスは，20〜30年の間，パイプラインを通じて北京に供給することが意図されていた[281]。2004年に，オルドス盆地は75億立方メートルのガス，中国のガス総生産量の19％を生産した。同

盆地の可採埋蔵量は2904億立方メートルになる[282]。

蘇里格－6田：『中国石油・ガス・石油化学』では，次のように記述されている。

　　中国石油天然ガス株式会社は2001年1月下旬に，北京の北700キロメートルにある内モンゴル自治区の伊克昭盟 Ih Ju League で新ガス田を発見したと発表した。国土鉱物資源省（Ministry of Land and Mineral Resources）傘下の国家石油ガス評価事務室（State Oil and Gas Appraisal Office）によるこの報告は，蘇里格ガス田が2204億立方メートルのガス確認埋蔵量を持ち，このうちの1632億立方メートルは可採埋蔵量あることを指摘していた。2007年の同ガス田の確認埋蔵量は5336億立方メートルであった。中国石油天然ガス株式会社の長慶油田会社は，同ガス田の究極埋蔵量は7000億立方メートルを上回り，したがって単一では中国最大のガス田になるだろうと信じていた。この確信は，蘇里格地域の蘇Su－6の掘削において，上部古生界で高産出量のガス流出に突き当たったことの結果もたらされた。最盛期の1日当たりガス産出量は120万立方メートルに達した。他の7本の抗井は，報告されたあらゆる高水準か中位水準の商業的ガス流出量の評価を，後になって引き下げることとなった。48.1平方キロメートルしかない克拉－2ガス田とは異なり，蘇里格は，ガス賦存地域が5500平方キロメートル以上にわたり，しかも同地域はさらなる拡大を期待されている[283]。

　　2008年に，同ガス田の西部でまたしても5800億立方メートルが発見され，これによって，同ガス田は1兆立方メートルを超える確認埋蔵量を有する中国で最初のものとなった[284]。2008年までに全部で1145の坑井が掘削され，21ヶ所の集積基地が建設された。2010年の生産目標は年間100億立方メートルであった。長慶油田の開発プログラムによれば，蘇里格は2015年に長慶の総ガス生産の70％にあたる，350億立方メートルの生産規模に到達するであろう[285]。

中国国有石油会社は2008年5月に,同社が,蘇里格ガス田における天然ガスの新規処理施設に3億700万元(4390万ドル)をすでに投資していたことを発表した。同施設は,50億立方メートルの生産能力を持ち,当時東アジア最大であったが,2008年6月27日に操業を開始した。2006年に操業を開始した最初の処理施設は30億立方メートルの能力を持っていた。2009年夏に,蘇里格ガス田のための新規ガス処理施設が内モンゴルで完全操業を開始し,その結果,同ガス田の年間処理能力は,130億立方メートルに増加した。中国国有石油会社が蘇里格で建設したその種の第3の施設は,年間50億立方メートルのガスを処理し,陝西-北京ガスパイプラインの主要ガス供給源となるよう設計されていた[286]。中国国有石油会社は2010年10月下旬に,同社が,蘇里格ガス田に50億立方メートルの年間処理能力を持つ第5の天然ガス処理施設を建設する予定であり,これにより,蘇里格ガス田の年間総処理能力は230億立方メートルになると発表した[287]。

長北ガス田:同ガス田は,陝西省および内モンゴル自治区のオルドス盆地における毛烏素Maowusu砂漠の端に位置しており,陝西省の靖辺県北部から楡林市に至る1588平方キロメートルを包摂している。シェルは2005年5月18日に,掘削契約と,長北ガス田開発のための設計調達建設(EPC)契約の授与に関する合意書とに署名した。『ザ・エンジニア』(*the Engineer*)誌の記事によると,

　同[長北]プロジェクトの全期間の総開発費は約6億ドルとなり,これは,中央処理施設やガス田内パイプラインの建設と,10年以上に及ぶ50本の水平抗井・多枝抗井の開発掘削とを含んでいる。次の6年間にわたる約30坑井の掘削を含む掘削装置および関連サービスの契約は,遼河石油探査局第1掘削会社 No. 1 (Drilling Company of Liaohe Petroleum Exploration Bureau) に与えられた。4年間の傾斜掘り契約は,ハリバートン・エナジーサービス社(Haliburton Energy Services Ltd.)(天津)に授与されたが,掘削流体および関連サービスに関する3年契約の方は,長慶石油探査局工学技術研究所(Engineering Technology Research Institute of Changqing

Petroleum Exploration Bureau）に与えられた[288]。

　長北は2007年3月1日に，商業生産を開始した。中国石油天然ガス株式会社とシェルは，生産物分与契約に基づき，シェルを同ガス田開発操業担当者として，共同で同ガス田を開発している[289]。長北タイトガス田は，2010年9月下旬までに，30億立方メートルのガスを生産した[290]。

　同ガス田の可採埋蔵量は推定でガス220億立方メートルであり，ガス原始埋蔵量は730億立方メートルである。同ガス田は2009年に，その最盛期生産能力に到達し，33億立方メートルのガスを生産した。同田は，約20年間，つまり2026年まで存続すると予想されている。それは，余寿命間に（2010年1月1日から計算して），53億ドルの収益（割引なし）を生み，約30.4％の内部収益率をもたらすと期待されている[291]。

大牛地ガス田：中国石油化工会社は2005年11月初旬に，オルドス盆地の北部に位置し，ガス確認埋蔵量2615億立方メートルを持つ，同社の大牛地ガス田開発の第1期を完了した。このプロジェクトの第1期の間は，同ガス田は10億立方メートルのガス生産能力を持っていた。すなわち，248本の坑井が計画され，そのうち217本が完成され，2008年6月までに150本が操業を開始した[292]。単一坑井の最大産出量は50万立方メートルである。同ガス輸送プロジェクトには，オルドス盆地の塔巴廟Tabamiaoから陝西省の楡林市に至る30億立方メートルのパイプラインの建設と関連する，地上施設の建設が含まれている[293]。2010年に，同田の生産能力は，年間23億立方メートルと推定されたが，500億立方メートルの新規確認埋蔵量が追加された後では，2015年までに年30億立方メートルに到達すると予測されている[294]。

　中国石油化工会社の職員によれば，

　　同社は，それ自身の楡林－済南Jinanパイプライン―またの名を陝西－山東ガスパイプラインとしても知られる―を通じて，自社の大牛地ガス田で生産されたガスを輸送しなければならないだろう…同社は，大牛地ガス田の見通しの不確実性のために，楡林－済南経路の建設を2度にわたって延期し

ていた．同社は，2004年にそれを建設しようと意図していたが，しかし中央政府が，大牛地と，北京に至る中国石油天然ガス株式会社の幹線にガスをパイプで送り出す楡林との間の，ずっと短いパイプラインを建設するように同社を促したため，同計画を取り止めた．河南省の濮陽 Puyang から済南までの楡林－済南パイプラインの東部地区は，2009年11月より操業を開始することになっていた．中国石油化工会社は，2010年10月に計画されていた大牛地ガスの入手可能性を未決定のままにして，冬の間，山東省におけるガス不足を緩和するために，老朽化してきた中原石油・ガス田からガスを入手するであろう[295]．

四川盆地

李徳生 Li De-Sheng の記事は，四川盆地の特徴を次のように要約している．

　［同盆地は］中国の主要なガス地帯である．ガスの地質学的累積確認埋蔵量は，1兆5564億立方メートルであり，そのうち，開発済み埋蔵量は6689億立方メートル（総資源量の43％）を占める[296]．

他の記事では，李徳生は次のように述べている．

　同盆地は，23万平方キロメートルの地域を包摂している．この中・新生代盆地の進化は，西からのトランスユーラシア・テティス地殻変動，東からの環太平洋地殻変動の両方の影響を受けた．112のガス田のうち，中国石油天然ガス株式会社と中国石油化工会社は，四川－重慶地域を探査したが，このうち，78ヶ所は四川省東部の達州 Dazhou にあり，そこは3兆8000億立方メートルの天然ガス埋蔵量を有している[297]．

龍崗 Longgang ガス田：中国国有石油会社は2006年5月21日に，儀隴 Yilong 県でその最初の試掘井を正式に開始した．6500メートル以上の掘削の後，同社は，1日当たりガス生産量を約120万立方メートル，硫黄含有量を1立方メートル当たりわずか約30グラムと推定した．同社は，2006年11月と12月

に第2，第3の試掘井を完成して，同探査により，同地域における大規模天然ガス埋蔵量の存在が明らかにされたが，しかし正確な限度はまだ不明であると，その後公表した。大規模な潜在埋蔵量に刺激されて，中国石油天然ガス株式会社は，新しい龍崗ガス田の探査を加速させる決定を行ったが，同ガス田は，儀隴，営山 Yingshen，平昌 Pingchang の3県の境界に位置している。最も控えめな予測によると，同埋蔵量は3000億立方メートルを超えるであろうが，それは，5000億立方メートルにも，あるいは1兆立方メートルにさえなるかも知れず，これは石油10億トンに相当する。

中国国有石油会社の会議で，龍崗ガス田の探査を担当する同社の子会社，川慶鉆掘削会社（Chuanqing Drilling Engineering Company）の胥永傑 Xu Yongjie 社長は以下のように述べた。

同社は，2008年10月に埋蔵量の正確な数値を公開するために懸命に努力した。現在のところ，中国最大のガス埋蔵量は，確認埋蔵量5336億立方メートルを持つ中国国有石油会社の蘇里格ガス田で，第2に大きいのは，中国石油化工会社が四川盆地で発見した普光ガス田で，2007年2月時点での確認埋蔵量は3500億立方メートルである[298]。

2007年には，龍崗ガス田が，過去50年間における中国最大の天然ガスの発見と記述されていた[299]。中国国有石油会社の上級顧問，韓学功 Han Xuegong によると，龍崗ガス田として知られる新発見は，中国石油化工会社の普光ガス田の2〜3倍の埋蔵量を有する[300]。

龍崗は，7000億〜7500億立方メートルの確認埋蔵量を持つといって間違いない。同田の生産量は，2010年までに年40億立方メートルに到達することができた。ウッドマッケンジー・コンサルタンツによれば，「これは，疑いなく，2007年以来の東南アジアにおける最大のガス発見である」。ワン・イン Wang Ying およびイン・ルオ Ying Lou は『ブルームバーグ・オンライン』（Bloomberg online）上で，次のように述べた。

中国石油天然ガス株式会社と米国の天然ガス生産企業，ニューフィール

ド・エクスプロレーション社（Newfield Exploration Co.）とは，四川における威遠 Weiyuan ガス田の開発のために，2007 年遅くに，共同調査協定に署名しした。ニューフィールドの中国法人の首席代表である丁生 Ding Sheng は 2008 年 1 月 17 日に，両社は共同調査の 2010 年までの完了を目指していると述べた[301]。

しかしながら，業界筋によると，中国石油天然ガス株式会社は，2011 年にニューフィールド抜きで，最初の坑井の掘削に着手したようである。

普光ガス田：中国石油化工会社は 2006 年 4 月初旬に，同社が，四川省西北部の達州市に位置する普光ガス田を発見したと発表した。2005 年末までで，同ガス田の確認可採埋蔵量は 2511 億立方メートルに達していたが，2010 年には，同田の累積埋蔵量は 4051 億立方メートルに至った。同社は，中国最大の一貫生産の海洋性ガス田である普光ガス田の探査・開発に，400 億元を投資することを計画した[302]。同社は，2008 年に年間 40 億立方メートルの商業用ガスの生産を計画していたが，この数値は，2010 年には年 80 億立方メートルになると予測されていた。同ガス田の精製施設は，年に 120 億立方メートルの天然ガスを処理することができる[303]。四川省達州の当局者は，合計 3 兆 8000 億立方メートルの天然ガス鉱床が，四川盆地西部で発見されたと発表した。達州での埋蔵量には，2440 億立方メートルの既発見の確認可採埋蔵量が含まれている[304]。中国石油化工会社の重要な普光ガス田は，同社の普 Pu 202-2 井で生産性テストを，同社のそれまでで初めての試みを実施したと，2008 年 8 月に報告された。2008 年 10 月に国家発展改革委員会の国家エネルギー局は，普光ガス田が，普 302-2 井から始めて 9 本の開発井を含む，ガス生産性テストに着手したと述べた。『中国石油・ガス・石油化学』は，生産性テスト全体は 13 日間続けられ，520 万立方メートルのガス，78 万立方メートルの硫化水素，1990 トンの二酸化硫黄を生産したようであると報じた[305]。普光ガス田のある宣漢 Xuanhan 県におけるガス埋蔵量は，1 兆 5000 億立方メートルを上回ると予想され，このうち，少なくとも 1 兆立方メートルは採取可能である。中国石油化工会社の当初計画では，パイプラインは四川，重慶，湖北，河南を通り，山東

付録5.1　中国の4大ガス生産基盤　365

で終点となることが示されていた。しかしながら，中国石油天然ガス株式会社は，その埋蔵量とパイプラインの経済的実現可能性の両方についての不確実性のために，同ガス田の開発とパイプラインの実現可能性に疑念をもっていた。中国石油化工会社は，普光のガスを山東省に供給するというその考えを変更した。その代りに同社は，内モンゴルの大牛地ガス田からガスを先ず陝西省の楡林市に供給し，その後にできれば，山東省まで拡張することを目指した[306]。安平 Anping－済南ガスパイプラインが2006年5月に操業を開始した後，同社の山東省へのガス供給は（2005年に3億2500万立方メートルであった），2006年には6億立方メートル以上に達する予定であった。山東省には，他に4本の操業中のガスパイプライン，すなわち普光（河南省）－青島（山東省）パイプライン，東平 Dongping －済南（山東省）パイプライン，淄博 Zibo －莱蕪 Laiwu（山東省）パイプライン，および膠州－莱州 Laizhou（山東省）パイプラインがある。安平－済南ガスパイプラインが加わると，この結果山東省におけるパイプラインの総距離が1400キロメートルということになる[307]。

　実際，国家発展改革委員会は，中国石油化工会社の，普光ガス田から山東省済南に至るガスパイプライン建設計画を否認している。国家発展改革委員会は，同社に対し，揚子江デルタ地域におけるガス供給を確保するために，ガスを上海に送るように指示した[308]。四川－上海もしくは四川－東部パイプラインは1702キロメートルの距離を行き，達州（四川省）の普光ガス田から上海の青浦 Qingpu 区に至る。842キロメートルの支線は，湖北省宜昌 Yichang を河南省濮陽に連結するであろう。湖北省宜昌から上海に至る最初の1360キロメートル地区の建設は，2007年5月22日に開始され，2010年3月に完成された[309]。その投資額は，627億元（94億4000万ドル）になると推測されていた[310]。中国石油化工会社の江漢石油管理局（Jianghan Petroleum Administration Bureau）の張招平 Zhang Shaopin 局長は，同社は，武漢市の黔江 Qianjiang 区に3億立方メートルの貯蔵容量を持つ天然ガス貯蔵タンク1基を建設し，さらにもう1基のタンク（貯蔵容量未公表）は，東部江蘇省に建設されることになっている，と述べた[311]。同社は2010年に，四川省の元壩 Yuanba 鉱区で，8750億立方メートルの地質学的埋蔵量を発見したが，同社の役員は，元壩ガス田は，隣接する普光ガス田と規模の点で同程度であるかもし

れないと示唆した。同社は，2015年末までに同ガス田において，年間60億立方メートルのガス生産能力を構築する計画である[312]。

川東北 Chuandongbei ガス田：中国国有石油会社は2007年12月に，米国企業シェヴロンと，高硫黄含有量の天然ガスとして良く知られた，川東北ガス田の天然ガス共同開発に関する協力契約を結んだ（2003年に，羅家寨 Luojiazhai ガス田（下記参照）で硫化水素が噴出したため，243人の地元の人が亡くなった）。川東北ガス田は，2009年に操業開始を予定しており（後に2011年に繰り下げられた），2010年までに年間20億立方メートルのガス生産を，2015年までに年60億立方メートルのガス生産を目指していた[313]。シェヴロンと中国国有石油会社は2009年11月に，中国政府により，川東北天然ガスプロジェクトの開発継続を承認されたが，これには鉄山坡 Tieshanpo，渡口河 Dukouhe，七里北 Qilibei，磙子坪 Gunziping，羅家寨ガス田が含まれている。国家発展改革委員会は，その47億ドルプロジェクトの開発計画第1段階を承認した[314]。シェヴロンは，同鉱区の羅家寨と磙子坪の試掘を含む第1期開発の一環として，宣漢県 Xuanhan county で1日当たり300万立方メートルの生産能力を持つガス田の建設を開始した。47億ドルの第1期には，4基の坑井台における14本の生産井の掘削，2ヶ所のガス集積基地，11基のバルブボックス，約60キロメートルのパイプラインも含まれる。川東北鉱区は，1969平方キロメートルに及び，羅家寨ガス田の約600億立方メートルを含む，1760億立方メートルのガス確認埋蔵量を持っている[315]。

羅家寨ガス田：『成都タイム』（Chengdu Time）によれば，以下の通りである。

　米国シェヴロンは2007年8月14日に，四川盆地における天然ガス開発に関して中国国有石油会社と協力するための入札で勝利した。同協力は，7.13％から10.49％の範囲の高硫黄含有量を持つ，羅家寨ガス田を含むことになる。同ガス田は，581億1000万立方メートルのガス埋蔵量を持っている。中国国有石油会社は，2007年に同協力によって包摂される地域を合計4鉱区に拡大した。シェヴロンは，フランスのトタル，ロイヤル・ダッチ・

シェル，ノルウェーのスタットオイルといった競争相手に入札で勝利したのである。羅家寨は，中国国有石油会社の外資系協力者との 3 番目の天然ガス開発プロジェクトになった[316]。

羅家寨の他に，両社は鉄山坡と渡口河ガス田をも開発しており，これらは 733 億立方メートルの確認埋蔵量をもち，硫黄含有量はそれぞれ 14.19％と 15.27％である[317]。

『中国石油・ガス・石油化学製品』によれば，中国石油天然ガス株式会社は，2006～2010 年の間に，四川省の南西部の達州で 3 ヶ所の天然ガス精製施設を建設する計画であった。総投資額 160 億元で，3 施設は高硫黄含有量のガスを 1 日当たり 2400 万立方メートルを精製することができる。1 日当たり 900 万立方メートルの精製能力を持つ宣漢羅家寨精製施設は，2006 年末までの完成が期待されていた。万源 Wangyuan 鉄山坡精製施設は，1 日当たり 600 万立方メートルの処理能力で，2008 年 6 月に操業開始 2 番目となる予定であった。第 3 の宣漢渡口河施設は，1 日当たり 900 万立方メートルの処理能力をもち，2009 年末までに建設が完成する予定であった[318]。シェヴロンは 2010 年に，同プロジェクトの最初の天然ガス精製施設の建設を開始し，また羅家寨と磙子坪ガス田の開発を開始した。

海洋ガス

崖城 Yacheng 13-1 ガス田：崖城 13-1 は，中国の海洋地域最大のガス田であり，ガスとコンデンセートの確認された当初原始埋蔵量は，それぞれ約 982 億立方メートルと 374 万立方メートルである。同ガス田は，南シナ海の海南島の南，約 100 キロメートルに位置しており，2 本の幹線パイプラインで本土に結びつけられている。2 本のうち大型の方は，（800 キロメートル離れた）香港に年 30 億立方メートルのガスを供給する海底ラインであり，香港では 1994 年以降，そのガスが火力発電所のために使用されている。小型の方は，化学肥料施設の原料として使用するために，海南島の三亜 Sanya 市に年 5 億立方メートル供給する[319]。

春暁 Chunxiao ガス田：寧波から 350 キロメートルの東シナ海に位置するこのガス田は，2 万 2000 平方キロメートルの海域にわたり，総計 700 億立方メートルの天然ガス確認埋蔵量を持っている。中国海洋石油会社は 2006 年 8 月 7 日に，東シナ海の同社の春暁ガス田で試験生産に入った。同ガス田は，25 億立方メートルのガスを生産することができる。同田は，4 本のガス坑井から成り，上海および浙江省に海洋ガスを供給することが目的である。このために，洋上可動式掘削用構造物，海底パイプラインおよび受け入れ基地，ガス火力発電所，都市ガス網が建設された。中国海洋石油会社が中国石油化工会社と共に，東シナ海の沈降盆地を包摂する 3 件の探査と 2 件の開発契約をシェルおよびユノカル（Unocal）と締結した 2003 年 8 月 19 日より以前に，中国は同ガス田の準備作業に 10 年を費やしていた[320]。西側参加者は，後に，中国と日本との間の国境紛争のために同プロジェクトから撤退し，中国海洋石油会社は単独で同開発を続行することを決定した。中国と日本は，2004 年以来，東シナ海における紛争解決のために，何度も会談を行ってきた。両国はこの問題の早期解決に努力することで合意に達していたが，中国の胡錦濤国家主席が 2008 年 5 月に日本を公式訪問した際にも，紛争は続いている[321]。

楽東 Ledong 22-1 ガス田：2009 年 9 月 7 日，中国海洋石油会社のウェブサイトが次のことを発表した。

　同社独自のガス田である楽東 22-1 は，成功裏に生産を開始した。2009 年現在で，同ガス田は，5 本の坑井から 1 日約 3 万立方フィートの天然ガスを生産している。楽東 22-1 は，崖城 13-1 生産ガス田の東約 47 キロメートル，楽東 15-1 ガス田の西 20 キロメートルにあり，南シナ海西部の鶯歌海海盆に位置する。平均水深は約 93.5 メートルである。楽東 22-1 は，楽東 15-1 と一緒に開発される。東方（Dongfang）1-1 ガス受け入れ基地でさらに処理された後に，楽東 22-1 または 15-1 からの天然ガスは，精製施設，化学工場および都市ガスを含む海南省の顧客にパイプ輸送されることになる。楽東 22-1 や 15-1 の最盛期生産量は，1 日当たり約 1 億 5000 万立方フィートと期待されている。楽東 22-1 は楽東 15-1 と共に，2009 年 9 月に生産を開始し

た。最大限生産になれば，楽東22-1や15-1は，同社の中国海洋における第2の独自の大規模ガス田になるであろう[322]。

これらのガス田に基づき，中国国有石油会社は，中国の国内ガス生産が，2010年に950億立方メートル，2020年に2100億立方メートル，2030年に3000億立方メートルに到達することができると想定している。同社は，中国は国内天然ガスが優越する天然ガス供給様式を形成していくだろうと主張している[323]。しかしながら，国の方々に分散している乏しいガス確認埋蔵量を考慮すれば，2020年までに中国で2000億立方メートルの国内生産基盤を開発するとしたら，それは途方もない成果であろう。

付録5.2　国内液化天然ガス施設

中国は，1990年代以降，小規模の液化天然ガス施設を建設してきた。2008年末までに，国内の液化能力は約400万立方メートルに達した。最初の商業用設備である中原液化天然ガス施設は，2001年11月に完成したが，1年前に，最初の最大使用時需要対応の液化天然ガス設備である上海浦東Pudong液化天然ガス施設が完成していた。中国最大の陸上液化施設は，広滙実業投資集団によって新疆に設置されたが，同施設の液化能力は1日当たり150万立方メートルである。この液化天然ガスは，通常，鉄道あるいは幹線道路を通じて南東地域に輸送される。輸送費は比較的高いが，沿海地域は，最大使用時需要のための液化天然ガスを必要としている[324]。広滙実業投資集団によると，中国では22の小規模液化天然ガス施設が操業中であり，さらに20の小規模液化天然ガスプロジェクトが建設されたか，建設中である。2010年にそれらの総能力は250万トンであった。この数字は，2015年と2020年に，それぞれ年430〜570万トンと，年900万トンになるであろう[325]。

2010年8月に，中国石油天然ガス株式会社は，拉薩Lhasaの液化天然ガス供給プロジェクトの建設のために，3億元を投資する計画であると報じられた。この計画には，都市の経済開発区におけるガス受け入れ施設の建設，および38キロメートルの都市ガス網やガス充填基地の建設が含まれている。同社

は，2015年にパイプラインガスが到着するまでチベットにガスを供給する一時的計画の一環として，チベット当局と 2009 年末に，液化天然ガス施設の建設に関する協定を締結した。液化天然ガスは，ツァイダム盆地の青海ガス田からチベットに青海－チベット幹線道路経由か，並行する鉄道によって搬送されるであろう。2011 年 10 月 8 日に，同社の青海液化天然ガス処理施設の第 1 期で，操業が始まったと報じられた。ガス価格は，1 立方メートル当たり 4 元（0.60 ドル）になると予想された[326]。

四川省達州に新たに建設された滙鑫 Huixin 液化天然ガス施設は，すでにその液化天然ガスの販売を開始している。同施設は 2010 年 7 月に，（中国石油化工会社の普光ガス田産の原料で）1 日当たり 50 万立方メートル液化天然ガスを生産したが，この量には，中国石油化工会社に供給される 1 日当たり 10 万立方メートルと，雲南省の他の買い手用の残り 1 日当たり 40 万立方メートルが含まれていた。この施設が最大限操業能力に達すると，それは，液化天然ガスを 1 日当たり 100 万立方メートル生産するであろう。この販売価格は，1 立方メートル当たり 2.7〜2.8 元，あるいは 1 メートルトン当たり約 4000〜4150 元である[327]。2010 年 8 月に，同社の最初の液化天然ガスサービス基地が，貴

表 A.5.2　中国の国内液化天然ガス施設

	操業開始時期	供給日量 (100 万立方メートル)
中原油田の濮陽液化天然ガス施設，河南省	2001 年 11 月	0.15
広滙 LNG プラント，新疆地域	2004 年 9 月	1.50
福山ガス田の（海南）液化天然ガス施設，海南省	2005 年 4 月	0.30
新奥集団の涸洲島液化天然ガス施設，広西地域	2006 年 3 月	0.15
蘇州液化天然ガス施設，江蘇省	2007 年 11 月	0.09
泰安深燃液化天然ガス施設，山東省	2008 年 3 月	0.15
晋城港華液化天然ガス施設，山西省	2008 年 10 月	0.30
オルドス液化天然ガス施設，内モンゴル	2008 年 12 月	1.00
中海油珠海横琴島液化天然ガス施設，海南省	2008 年 12 月	0.60

出所：China Securities Journal (2010), p. 34.

州 Guizhou 省貴陽 Guiyang で操業を開始した。同サービス基地は，年間 766 万 5000 立方メートルのガス充填能力を持ち，200 台の液化天然ガス都市バスに毎日液化天然ガスを充填するサービスを提供することができる[328]。

地図 A.5.2　中国のガスパイプライン網の開発：2000年，2010年および2020年

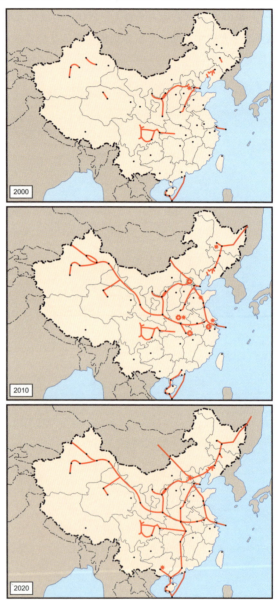

出所：中国国有石油会社。

付録 5.2 国内液化天然ガス施設 373

地図 A.5.3 1990年代後半の中国の予想ガス供給

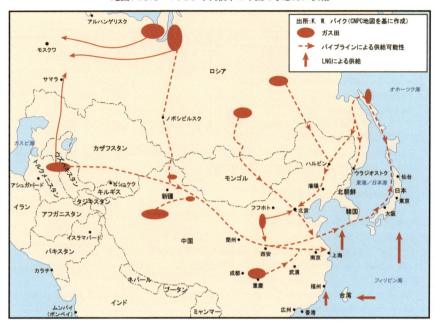

出所:著者編。

【注】

1. *BP Statistical Review of World Energy*, June 2011, pp. 20-23.
2. Development Research Centre 2004.
3. 同予測は，1990 年代後半に行われた。同予測数値は，中国のエネルギー研究所による 27.6 億標準石炭換算トンと中国科学院国情分析研究チームによる 28 億標準石炭換算トンの間であった。
4. 'China to cap energy use at 4b tons of coal equivalent by 2015', www.chinadaily.com.cn/business/2011-03/04/content_12117508.htm.
5. Fridley (2008), p. 43.
6. Xu Dingming (2002).
7. 第 2 次，第 3 次調査がそれぞれ 1994 年，2003 年に実施されたことを考慮すると，第 4 次調査は，2010 年代初頭に実施される可能性が非常に高い。
8. Chen Mingshuang (2006); 'China's energy reserves show potential', http://english.peopledaily.com.cn/200409/21/eng20040921_157704.html.
9. Yang Liu (2006c).
10. China Securities Journal (2010), p. 11.
11. Duan Zhaofang (2010).
12. China Securities Journal (2010), p. 14.
13. Jie Mingxun (2010).
14. CUCBM and Credit Suisse estimates, quoted in Credit Suisse Equity Research Report (Asia Pacific/China, Gas Utilities) on Asia Coalbed Methane Sector (18 October 2006); Jie Mingxun (2010).
15. Credit Suisse Equity Research Report on Asia Coalbed Methane Sector; *CSJ, CNGR*, p. 120.
16. China Securities Journal (2010), p. 119.
17. Chen Wenxian (2005c), p. 6-7.
18. Chen Wenxian (2008); Lin Fanjing (2008f).
19. Lin Fanjing (2008f).
20. Liu Yanan (2008d); *China ERW*, 10-16 July 2008, p. 5.
21. *China ERW*, 12-18 June 2008, Vol. VII, No. 23, p. 14.
22. Qiu Jun (2010c); Li Xiaohu (2010b).
23. China Securities Journal (2010), p. 120-1.
24. Hook (2010a). 国土資源省の張洪涛 Zhang Hongtao によると，同数値は，2020 年には，中国のエネルギー構成の 0.7％にあたる 230 億立方メートルになるであろう。'Unconventional gas demand set to soar by 2020', www.chinadaily.com.cn/business/2010-10/19/content_11427918.htm 参照。
25. 山西省の炭層メタン産出量は，2015 年までに 50 億立方メートル，2020 年までに 80 億立方メートルになるものと見積られている。*China Oil Gas & Petrochemicals*, 1 October 2009, p. 30 参照。
26. Li Xiaohui (2010a).
27. China Securities Journal (2010), p. 128.
28. Li Xiaohui (2011).
29. Liu Honglin et al. (2009); 'The Shale Gas Boom Shift to China', http://eneken.ieej.or.jp/data/3179.pdf; Jie Mingxun (2010); *China EW*, 19-25 August 2010, p. 11.
30. 'China's First Shale Gas Discovery Announced Today By PTR.V', www.stockhouse.com/blogs/ViewDetailedPost.aspx?p=91976

【注】 375

31 'Shell, PetroChina To Develop Shale Gas In Sichuan', www.dowjones.de/site/2009/11/shell-petrochina-to-develop-shale-gas-in-sichuan.html；Winning（2009）；Xu Wan（2010）；'Shell, PetroChina To Develop Shale Gas In Sichuan', http://royaldutchshellplc.com/2009/11/27/shell-petrochina-to-develop-shale-gas-in-sichuan/ も参照。
32 *China Energy Weekly*, 19-25 August 2010, p. 11.
33 Dyer & Hoyos（2010）.
34 *Ibid*. 2010年10月下旬に、BPと中国石油化工会社のシェールガス交渉に関する同様の報告がなされた（www.chinavestor.com/energy/72525-bp-sinopec-talk-shale-gas.html）。
35 'UPDATE 1-Statoil denies China shale-gas deal report', http://af.reuters.com/article/energyOilNews/idAFLDE70J18G20110120
36 Ward（2010）.
37 Gvarstein（2010）.
38 'China aims to sharply raise shale gas output by 2020', http://en.in-en.com/article/News/Gas/html/2010020215905.html；*IGR*, 15 February 2010, 5-6. CNPC is targeting 0.5 bcm of shale gas production before 2015. *China Oil Gas & Petrochemicals*, 15 July 2010, p. 17 参照。
39 'China blocks bid for shale gas development', www.energytimes.kr/news/articleView.html?idxno=10882；Chen Aizhu（2011）.
40 *China Energy Weekly*, 28 October-3 November 2010, p. 13.
41 Watts（2011）.
42 Hoyos（2010）.
43 Hoyos & Crooks（2010b）.
44 Duan Zhaofang（2010）.
45 China Securities Journal（2010）, p. 25；Qiu Jun（2010f）.
46 'China's natural gas market on fast track', www.chinadaily.com.cn/bizchina/2010-03/29/content_9658332.htm；on 9 June 2010, Zhou Jiping, general manager of PetroChina said China's natural gas consumption will account for 10% of total domestic primary energy consumption by 2020, up from 3.9% in 2010.（*China Energy Weekly*, 3-9 June 2010, p. 11 参照）
47 *China Oil Gas & Petrochemicals*, 15 November 1998, pp. 3-4；*China OGP*, 15 September 2008, p. 13.
48 *China Oil Gas & Petrochemicals*, 1 March 2008, p. 15.
49 *China Oil Gas & Petrochemicals*, 1 March 2008, p. 15；*China OGP*, 15 September p. 13.
50 Jie Mingxun（2010）.
51 'China to see gas demand soar by 20% in 2011', http:// english.peopledaily.com.cn/90001/90778/7276466.html；Qiu Jun（2010f）.
52 'Energy economic situation in the first half of 2010, full press conference', www.china5e.com/show.php?contentid=113567
53 Zhang Chunyan（2011）.
54 Wu Xiaobo（2011）.
55 同数値は、参考シナリオに基づいている。高成長シナリオによると4380億立方メートル、低成長シナリオによると3410億立方メートルとなる。Duan Zhaofang（2010）.
56 'China Gas Study: Strong Demand Growth Will Persist but Exporters Should Secure Contracts Before Unconventional Gas Constrains New LNG Imports', www.woodmacresearch.com/cgi-bin/corp/portal/corp/corpPressDetail.jsp?oid=2092548
57 Fridley（2008）, p. 31.

58 *Ibid.*, p. 19.
59 Higashi (2009).
60 2009年に，北京の普及率は65.1%，次いで天津が46.4%，上海が44.3%，重慶が25.5%，新疆が17.7%，遼寧省が17.4%，青海省が15.0%，寧夏が13.6%，黒龍江省が13.4%であった。平均はわずか11.0%であった。Goldman Sachs Global Investment Research (2011), p. 6 参照。
61 China Securities Journal (2010), p. 22-3.
62 Duan Zhaofang (2010).
63 *Ibid.*
64 *Ibid.*
65 China Securities Journal (2010), pp. 26-7.
66 2005年以前のガス価格改革の詳細については次を参照のこと。Quan & Paik (1998), pp. 66-71 ; *China Oil Gas & Petrochemicals*, pp. 198-202 ; Japan Banak for International Cooperation (2005).
67 Lin Fanjing (2005).
68 中国国有石油会社の幹部は，中国における原油と天然ガスと発電所用石炭との間の価格比は，1：0.24：0.17であるが，一方国際市場では，1：0.6：0.20であると指摘した。*Ibid.* 参照。
69 Lin Fanjing & Mo Lin (2006).
70 Jiang Lurong (2006).
71 Chen Wenxian (2006e).
72 *Ibid.*
73 *China Oil Gas & Petrochemicals*, 15 December 2006, p. 12.
74 Chen Wenxian (2007b).
75 Higashi (2009). 新疆から上海に至るパイプラインの全長は約3900kmであるので，100キロメートル単位の料金は，上海では1000立方メートル当たり3.6ドルと計算されている。
76 *China Daily*, 20 March 2009, www.china.org.cn/business/2009-03/20/content_17473104.htm
77 *Ibid.*
78 Lin Fanjing (2009a).
79 *Ibid.*
80 *Ibid.*
81 Lin Fanjing (2009e). 9月15日に，中国の国内石油情報のポータルサイトC1 Energyは，中国石油化工会社は，基準価格を，政府によって許可された最大値，1立方メートル当たり1.40元（0.21ドル）に設定したと報じた。*China Energy Report Weekly*, 10-16 September 2009, p. 3 参照。
82 Lin Fanjing (2009e) ; *China Energy Report Weekly*, 9-15 July 2009, p. 4. 2008年11月の価格改革以前は，上海の住民は，第1西東ガスパイプラインのガスに対し，2.1元（0.307米ドル）を支払っていた。2010年時点では，彼らは2.5元（0.366ドル）支払っている。*China Energy Report Weekly*, 11-17 March 2010, p. 3 参照。
83 Lin Fanjing (2009e).
84 *China Oil Gas & Petrochemicals*, 15 July 2010, pp. 20-21.
85 UBS (2009).
86 Lin Fanjing (2009e).
87 Petromin Pipeliner (2011).
88 *China Oil Gas & Petrochemicals*, 1 July 2009, p. 26.
89 Chen Wenxian (2007d).
90 Li Xiaohui (2010e).
91 *China Oil Gas & Petrochemicals*, 1, June 2010, pp. 1-3 ; 'China Finally Introduces Gas Price

Reform', www.woodmacresearch.com/content/portal/energy/highlights/wk5_Jun_10/WMBP_China_Gas_Price_Reform_Insight_June_2010.pdf?hls=true
92 *China Oil Gas & Petrochemicals*, 1 June 2010, pp. 1-3 ; *China EW*, 15-21 July 2010, pp. 22-23, and 27 May-2 June 2010, p. 9.
93 *China Energy Weekly*, 16-29 September 2010, p. 15.
94 Fridley (2002), p. 23.
95 *Ibid.*, p. 47.
96 *Ibid.*, p. 34.
97 International Energy Agency (2002), pp. 123-53.
98 Chun Chun-Ni (2007), p. 28.
99 'China electricity consumption to almost double by 2020', www.chinadaily.com.cn/business/2010-12/22/content_11737519.htm
100 資料は，中国国家発展改革委員会エネルギー研究所より入手した。国家エネルギー局の李治 Li Zhi は，天然ガスを燃料とする発電能力は，次の5年間で現在の28ギガワットから60ギガワットに上昇するだろうと強く示唆した。'China To Double Power Capacity Fueled By Gas In 2011-2015', www.energychinaforum.com/news/54586.shtml 参照。
101 *China Energy Weekly*, 22-8 September 2011, pp. 12-13.
102 2006年に，中国は発電用設備能力622ギガワットを持っていたが，そのうちの15.6ギガワットあるいは2.5%が天然ガスを燃料としていた。Fridley (2002), p. 34 参照。
103 Mao Yushi, Sheng Hong & Yang Fuqiang (2008), p. 16 (Table 3-1), 17 and 26 (Table 3-5)).
104 北京のクリーンエア・キャンペーンは2008年のオリンピック期間中に推進され，その際，北京市政府は，北京第4環状道路内のすべての石炭火力発電所を閉鎖した。同市には現在，6本の環状道路があるが，石炭火力発電所はわずか4ヶ所に過ぎず，それらは朝陽 Chaoyang 区および石景山区にある。2015年末までに，4ヶ所の内3ヶ所はガス燃焼に改造されるであろう。
105 'Third phase of Shaanxi-Beijing gas pipeline reaches Hebei', www.energychinaforum.com/news/44252.shtml ; 'Beijing to consume 7 bn. cubic metres of gas in 2010', www.energychinaforum.com/new_day/show.asp?id=777
106 分散型の発電所は，典型的には，最終需要者が独自の必要に合わせて建設する10～30メガワットの設備である。より大規模なガス燃焼施設は通常，200メガワットかそれ以上の発電能力を持ち，送電網に電力を販売している。中国では，発電能力35メガワットがより多くの施設を占めるが，2015年までにこれを60ギガワットに引き上げる計画がある。See 'China to boost natural gas use in small-scale power plants', www.energychinaforum.com/news/54617.shtml
107 *China Energy Weekly*, 22-8 September 2011, pp. 12-13.
108 欧州では，「都市ガス」は，石炭から精製される，コークス炉ガスと同様のガスのことを言う際に用いられ，これが天然ガスが大規模に入手可能になる以前に都市に供給するために利用されていた。しかしながら，ここで言う「都市ガス」は，一般に都市に配送されるガスのことを指している。
109 Yang Liu (2006b) ; Lin Fanjing & Lin Wei (2008).
110 Goldman Sachs Global Investment Research (2011).
111 2010年に天然ガスを全く利用していなかった人口100万人以上の都市は27ある—そのうち，6都市が500万人以上，4都市が300～500万人，17都市が100～300万人を有する。27都市を合わせると総人口は8700万人となる。Goldman Sachs Global Investment Research (2011), p. 17 参照。
112 百江ガスホールディングスは2006年に，26都市にガス供給を行なっていた。Lin Fanjing & Lin Wei (2008), pp. 4-7 参照。
113 香港上場のガス運営企業百江ガスは，単独で中国本土の都市ガス事業に従事していたが，主に

中国の東部, 中央部, 南西部の市場を開拓している。香港の大実業家, 李嘉誠 Lee Kai Shing のハチソン・ワンポア (Hutchison Whampoa) が同社の戦略的協力者であった。
114　Towngas home page, www.towngas.com/Eng/Corp/AbtTG/Overview/Index.aspx
115　China Gas, Natural gas, www.chinagasholdings.com.hk/en/natural/overview.jsp；Lin Fanjing and Lin Wei (2008)；'China Gas Holdings gets exclusive selling rights in 7 cities', www.chinadaily.com.cn/bizchina/2009-06/15/content_8285664.htm；*China Oil Gas & Petrochemicals*, 15 May 2009, p. 8.
116　Sun Huanjie (2006b).
117　Chen Wenxian (2007c).
118　Major shareholders of China Gas, www.chinagasholdings.com.hk/en/about/about.jsp?type=shareholders
119　'China Gas Inks Cooperation Deal With PetroChina Unit', www.energychinaforum.com/news/26986.shtml
120　Yang Liu (2006b)；Lin Fanjing & Lin Wei (2008).
121　ENN Energy Distribution, www.enn.cn/en/business/energy_supply_chain.html
122　'Zhengzhou Gas, China Resources Gas to launch JV', http://news.alibaba.com/article/detail/business-in-china/100134058-1-zhengzhou-gas % 252C-china-resources-gas.html. 華潤ガスは 2009 年 9 月 8 日に, 7 件の都市ガスプロジェクトを獲得した。この獲得に基づき, 華潤ガスのポートフォリオは, 合わせて 22 億立方メートルの年間ガス販売量を持つ 26 の都市ガスプロジェクトを含むものとなる。同社は, 8 省 (四川省, 江蘇省, 湖北省, 山東省, 山西省, 河北省, 江西省, 雲南省) 包摂し, 5 省都 (成都, 武漢, 昆明, 済南, 南京) を含んでいる。China Resources Gas Group Ltd 2009 Interim Results, www.crgas.com.hk/scripts/eng/relation/pdf/2009/sep/eng% 20R2% 209-9-2009.pdf 参照。
123　China Resources Gas Group Ltd Corporate Profile, www.crgas.com.hk/scripts/eng/corporate/eng_intro.asp
124　*China EW*, 24-30 June 2010, p. 7.
125　Beijing Enterprises Holdings Ltd, City Gas, www.behl.com.hk/eng/business/activities.htm
126　Li Yuling (2002b).
127　'Xinjiang gas to reach Shenzhen', www.chinadaily.com.cn/english/doc/2004-03/08/content_312774.htm
128　Chen Wenxian (2007e).
129　'Xinjiang Guanghui Gets LNG Pipeline Approval (China)', www.lngworldnews.com/xinjiang-guanghui-gets-lng-pipeline-approval-china/
130　*China Oil Gas & Petrochemicals*, 15 August 2008, pp. 16-17.
131　Lin Fanjing & Lin Wei (2008).
132　Sun Huanjie (2006b).
133　Chen Wenxian (2007c).
134　Chen Wenxian (2007e).
135　Sun Huanji (2008).
136　Lin Fanjing (2009c)；*China Oil Gas & Petrochemicals*, 1 June 2009, p. 21；*China Oil Gas & Petrochemicals*, 1 May 2009, pp. 27-8.
137　Qiu Jun (2009).
138　Lin Fanjing (2009g).
139　*China Oil Gas & Petrochemicals*, 15 June 2010, p. 18.

140 *China Energy Report Weekly*, 1-7 April 2010, p. 6.
141 *China Oil Gas & Petrochemicals*, 1 November 2010, pp. 31-2 ; *China OGP*, 1 September 2010, pp. 24-5.
142 Li Xiaohui (2010a) ; *China Oil Gas & Petrochemicals*, 1 November 2006, p. 29 ; Fridley (2008), p. 26 ; *China Energy Weekly*, 29 July-4 August, 2010, p. 7.
143 Qiu Jun (2010e), p. 6.
144 Quan & Paik (1998), p. 79.
145 'New Channels to Ease Beijing Energy Shortage', www.ccchina.gov.cn/cn/NewsInfo.asp?NewsId=4455 ; Communist Party of China News, http://english.people.com.cn/200404/13/eng20040413_140287.shtml
146 'China completes 3rd Shaanxi-Beijing natural gas pipeline', www.chinadaily.com.cn/bizchina/2011-01/01/content_11784953.htm
147 Qiu Jun (2010e), p. 6 ;『中国石油・ガス・石油化学1』November 2010, p. 29.
148 'Sebei-Xining section of the parallel Sebei-Xining-Lanzhou Pipeline becomes operational', www.cnpc.com.cn/en/press/newsreleases/Sebei%EF%BC%8DXiningsectionoftheparallelSebei%EF%BC%8DXining%EF%BC%8DLanzhouPipelinebecomesoperational.htm ; 'PetroChina's Sebei-Xining-Lanzhou Gas Pipeline Commences Operation', www.petrochina.com.cn/Ptr/News_and_Bulletin/News_Release/200512080027.htm
149 Qiu Jun (2006s).
150 'PetroChina to invest 20 billion yuan in laying 3rd Shaanxi-Beijing gas pipeline', www.istockanalyst.com/article/viewiStockNews/articleid/3164696 ; 'China completes 3rd Shaanxi-Beijing natural gas pipeline', www.chinadaily.com.cn/bizchina/2011-01/01/content_11784953.htm
151 *China Oil Gas & Petrochemicals*, 1 October 2009, p. 30.
152 Quan Lan (2000a) ; Quan Lan (1999e) ; Quan Lan (2000c) ; Quan Lan (2001b) ; Quan Lan (2001c) ; Ye Ming (2001) ; Quan Lan (2001d).
153 Japan Bank for International Cooperation (2005), pp. 170-4.
154 Fan Wenxin (2000) ; Quan Lan (2001g).
155 Qiu Jun (2006n), p. 13.
156 *China Energy Report Weekly*, 22-8 July 2010, p. 10.
157 *China Energy Report Weekly*, February-3 March 2010, p. 7.
158 Qiu Jun (2010e).
159 Quan Lan (2001i).
160 Li Yuling (2002d), p. 14.
161 Stroytransgaz home page, www.stroytransgaz.com
162 Li Xiaoming (2002a), pp. 4-8.
163 Qiu Jun (2004a).
164 Lin Fanjing (2006a) ; 'China proposes construction of 2nd west-east gas pipeline', http://english.peopledaily.com.cn/200603/11/print20060311_249910.html
165 Chen Wenxian (2007d) ; *China ERW*, 8-14 November 2007, p. 21.
166 *China Oil Gas & Petrochemicals*, 1 January 2008, p. 12.
167 Lin Fanjing (2008b) ; *China Oil Gas & Petrochemicals*, 1 May, 2008 ; China Securities Journal (2010), p. 53.
168 '2nd west-east natural gas pipeline to be tested', www.chinadaily.com.cn/business/2011-06/14/content_12689669.htm ; 'China's 2nd west-east gas pipeline goes into operation', www.

newsgd.com/news/homepagenews/content/2011-07/01/content_26232544.htm
169   Chen Wenxian (2007d).
170   Zhang Xuezeng and Zhao Dongrui (2009); Chen Wenxian (2007d); Lin Fanjing (2008b).
171   *Oil & Gas Journal Online*, 26 March 2009 ('PetroChina lets contract for WEPP II gas line', www.ogj.com/display_article/357368/7/ARTCL/none/none/PetroChina-lets-contract-for-WEPP-II-gas-line/?dcmp=OGJ.monthly.naturalgas); *Oil & Gas Journal*, 9 February 2009, p. 52.
172   'Second West-East Gas Pipeline Commercial Operation', www.gulfoilandgas.com/webprol/MAIN/Mainnews.asp?id=10299 (Jan 22, 2010)
173   Li Xiaohui (2009).
174   *China Energy Weekly*, 5-11 August 2010, p. 12.
175   '2nd west-east natural gas pipeline to be tested', www.chinadaily.com.cn/business/2011-06/14/content_12689669.htm
176   '2nd west-east natural gas pipeline to be tested', www.chinadaily.com.cn/business/2011-06/14/content_12689669.htm もしもロシアから中国への大規模（年 680 億立方メートル）ガス供給が現実になれば，単純計算で 1 億 5000 万トンの石炭燃焼が節約され得るであろう。
177   *China Energy Report Weekly*, 15-21 November 2007, p. 17.
178   *China Oil Gas & Petrochemicals*, 15 September 2008, p. 13.
179   'China Proposes Fourth West-East Natural Gas Pipeline', www.downstreamtoday.com/news/article.aspx?a_id=16896
180   'REFILE-UPDATE 1-China demand for fuels to plateau in rest of 2011-NEA', http://uk.reuters.com/article/2011/04/22/china-energy-idUKL3E7FM05Z20110422
181   NAGPF (2007); NAGPF (2009).
182   Lin Fanjing (2010a).
183   Chen Wenxian (2007d).
184   *China Energy Report Weekly*, 4-10 September 2008, pp. 16-18; 'China Studying Third West-East Gas Pipeline – Report', www.downstreamtoday.com/news/article.aspx?a_id=12755
185   *China Energy Report Weekly*, 8-14 April 2010, pp. 4-5.
186   *China Oil Gas & Petrochemicals*, 1 August 2010, p. 29.
187   Lin Fanjing (2008b).
188   *Ibid.*
189   *IPR* (?), 5-11 March 1999, pp. 4-6.
190   中国国有石油会社は 1997 年 7 月下旬に，サハネフチェガスとの連絡経路を開いたが，その際後者は，長距離ガスパイプラインに関する意見交換を行い，前者と協力してチャヤンディンスコエ・ガス田を開発する方法を検討するために，北京に代表団（サハネフチェガスのヴァシリー・エフィーモフ Vasiliy Efimov 社長が先導）を派遣した。当時，チャヤンディンスコエ田鉱区のガス確認埋蔵量は 7550 億立方メートルであり，そのうち 5350 億立方メートルは採取可能であった。
191   Quan Lan (1999a); *IPR*, 5-11 March 1999, pp. 4-6.
192   Quan Lan (2000f).
193   Quan Lan (2001h).
194   Paik (2005b), pp. 211-24.
195   中国国有石油会社は，中国－ミャンマー・パイプラインに加えて，雲南において，昆明－大理 Dali 石油製品パイプライン，昆明－蒙自 Mengzi パイプライン，昆明－普洱 Pu'er（プーアル）パイプライン，および昆明－曲靖 Qujing を含む石油製品パイプライン網も建設するであろう。Lin Fanjing (2008b) 参照。

196　*China Energy Report Weekly*, 19-25 June 2008, p. 15. シュウェ，シュウェビューおよびミャ・ガス田の埋蔵量は，それぞれ4兆〜6兆立方フィート，5兆立方フィート，2兆立方フィートと推測されている。*China Oil Gas & Petrochemicals*, 1 July 2008, pp. 9-10 参照。
197　Reuters, 25 August 2009.（'UPDATE 2-Daewoo in $5.6 bn Myanmar gas export deal to China', www.reuters.com/article/idUSSEO5594720090825）
198　*China Energy Weekly*, 9-15 September 2010, p. 4；*China Daily*, 4 June 2010.
199　'China: CNOOC Ups LNG Import Capacity by 9.4 MT in 2010', www.lngworldnews.com/china-cnooc-ups-lng-import-capacity-by-9-4-mt-in-2010/
200　*China Oil Gas & Petrochemicals*, 15 November 1998, pp. 1-3；*China OGP*, 1 March 1997, pp. 9-10.
201　Yang Liu（2005c）.
202　Quan Lan（1999b）.
203　Paik（2005b）.
204　Chen Dongyi（2006），p. 20；Yang Liu（2006d）. 福建 Fujian 液化天然ガス価格も，当初は中国海洋石油会社にとってかなり好ましいものであった。テイク・オア・ペイ協定は，2004年7月に署名されたが，そこで契約されたことは，同福建プロジェクトのために2007年から25年間，液化天然ガスを年260万トン，平均価格1バレル当たり23ドルで供給する点にあった。その価格は，後に，1バレル25ドルに調整された。しかしながら，インドネシア側は満足せず，中国海洋石油会社に対し，25ドルから35〜38ドルの範囲，40％以上引上げの，何処かに引き上げるように圧力をかけた。Qiu Jun（2006f）；*China Oil Gas & Petrochemicals*, 1 July 2006, p. 25；Zhan Lisheng（2006）参照。
205　China Securities Journal（2010），p. 36；'Terminal and Trunk-line Project', www.dplng.com/en/project/project_02.aspx
206　'Key Developments for Guangdong Dapeng LNG Company Ltd', http://investing.businessweek.com/research/stocks/private/snapshot.asp?privcapId=42622608
207　Paik（2005b）.
208　中国海洋石油会社は，タングーのガス埋蔵量を，確認埋蔵量基準で1000立方フィート当たり15米セントで，確定・推定・予想埋蔵量基準に基づき1000立方フィート当たり9米セントで買収した。*International Gas Report*, 11 October 2002, p. 26.
209　*China Oil Gas & Petrochemicals*, 1 February 2008, p. 28.
210　第1期建設の総投資額は119億8000万元であり，内訳は，受け入れ基地と幹線が43億3000万元，2ヶ所のガス火力発電所が56億元，5都市における都市ガス網の建設が20億5000万億元となる。
211　*China Oil Gas & Petrochemicals*, 1 January 2006, p. 21.
212　China Securities Journal（2010），p. 37.
213　www.cceec.com.cn/English/Project/China/2010/1108/13935.html（last accessed October 2011）
214　Wang Ying（2006）.
215　*China Daily*, 27 October 2004.
216　Qiu Jun（2006f）.
217　China Securities Journal（2010），p. 37.
218　Fridley（2008），pp. 23-4.
219　Qiu Jun（2006k）.
220　True（2009）；China Securities Journal（2010），p. 37.
221　China Securities Journal（2010），p. 37.

222 *China Energy Report Weekly*, 15-21 May 2008, p. 13. 2006年に, 上海のガス需要は29億立方メートルに達すると予想されるが, 契約済み量は22億立方メートルであった。*China Oil Gas & Petrochemicals*, 15 September 2006, p. 9 参照。
223 China Securities Journal (2010), p. 39.
224 Fridley (2008), pp. 23-4.
225 China Securities Journal (2010), p. 39.
226 Qiu Jun (2006p).
227 China Natural Gas Report: 2010, 38 *Xinhua News Agency*; *China OGP*, 1 November 2010, p. 33; *China Energy Report Weekly*, 22-8 May 2008, p. 11.
228 China Securities Journal (2010), p. 38.
229 *Shanghai Daily*, 19 March 2009 ('Dalian picked as base for LNG venture', www.china.org.cn/business/2009-03/19/content_17469277.htm); China Securities Journal (2010), p. 38; *China Energy Weekly*, 2-8 September 2010, p. 11.
230 中国石油化工会社はまた, オルドスから山東市場にガスを最大30億立方メートル運んでくるために, 楡林（陝西省）-済南（山東省）ガスパイプラインを建設する計画である。Chen Dongyi (2008d); China Securities Journal (2010), p. 40; *China Energy Weekly*, 9-15 September 2010, p. 6 を参照。
231 'China: NRDC Approves Tangshan LNG Terminal', www.lngworldnews.com/china-ndrc-approves-tangshan-lng-terminal/; 'Tangshan LNG gets official nod', www.fairplay.co.uk/login.aspx?reason=denied_empty&script_name=/secure/display.aspx&path_info=/secure/display.aspx&articlename=dn0020101108000011
232 *China Oil Gas & Petrochemicals*, 1 November 2010, p. 35; 'China's CNOOC starts building Zhuhai LNG terminal', www.reuters.com/article/idUSTOE69J04S20101020; 'Zhuhai Weekly Briefings', http://deltabridges.com/news/zhuhai-news/zhuhai-weekly-briefings-61; 'CNOOC Parent Starts Construction of Zhuhai LNG Import Terminal in China', www.bloomberg.com/news/2010-10-20/cnooc-parent-starts-construction-of-zhuhai-lng-import-terminal-in-china.html
233 China Securities Journal (2010), p. 40.
234 基となったプロジェクトの詳細については, 以下を参照。US Energy Information Administration, Country Analysis Brief, China, www.eia.doe.gov/emeu/cabs/China/NaturalGas.html (LNG Table); 'ExxonMobil and PetroChina Sign US $41-bil. Gorgon LNG Supply Contract', www.ihsglobalinsight.com/SDA/SDADetail17507.htm; 'China: Zhejiang LNG terminal project', www.cssm.net/info/20091127/2009112793650.shtml; 'CNOOC venture to build second LNG terminal in Guangdong', www.chinamining.org/Companies/2008-01-11/1200019367d8617.html; 'Sinopec, ExxonMobil ink Papua New Guinea LNG deal', http://www2.china-sd.com/News/2009-12/4_3926.html; 'CNOOC buys more LNG from Qatar', www.chinadaily.com.cn/bizchina/2009-11/14/content_8980907.htm; 'CNOOC Transmission Co. Ltd', www.cnoocgas.com/qidian/company.do;jsessionid=79AC30CB4502B04AA0E950798C9C9C30?actionMethod=list_company&lang=1&pk=200911160259027723012669622207230
235 International Energy Agency は, 中国は, その意欲的な第12次五ヶ年計画 (2011〜2015) を達成するために, 2015年に年間約500億〜600億立方メートルの液化天然ガスを輸入する必要があると予測した。IEA (2011a), p. 42 参照。
236 *China Oil Gas & Petrochemicals*, 1 November 2010, p. 35.
237 「Shipping China Energy 2008」会議で, 中国液化天然ガス海運会社（China LNG Shipping

Holdings Ltd.（CLNG））の燕偉平 Yan Weiping 社長は，ひとたび11すべての液化天然ガス受け入れ基地プロジェクトが完成すれば，中国は，それらに供給するために33隻の輸送船を必要とするであろうが，これは，世界の全液化天然ガス輸送船団の10％に相当すると述べた。換言すれば，各基地は適切な操業を行うためには3隻の輸送船を必要とすることになる。中国液化天然ガス海運会社は，2004年に中国遠洋運輸（集団）会社（COSCO Group）と招商局集団（China Merchants group）によって，液化天然ガス輸送船に関する投資と管理を行うために設立された。*China Energy Report Weekly*, 24-30 April, 2008 p. 13.
238 Li Yuling (2004b) ; Qiu Jun (2006m) ; Chen Dongyi (2006), p. 19 ; Chen Dongyi (2008c).
239 Chen Dongyi (2007c).
240 Lin Fanjing (2007b).
241 *Ibid.*
242 *Ibid.*
243 *China Energy Report Weekly*, 17-23 April 2008, p. 15.
244 中国海洋石油会社は，100万英国熱量単位当たり8から10ドルの間と高止まりしている価格のために，2007年11月以来，スポット市場からの液化天然ガス輸入を中止している。Lin Fanjing (2008e) 参照。
245 中国国内市場の液化天然ガス価格は上昇してきた。政府は，2007年10月以来，同価格に対する統制を強化してきたが，しかし南昌市 Nanchang や長沙市などのいくつかの都市における小売価格は上昇し続けており，2008年5月には1ボンベ当たり100元（14.45米ドル）以上に上昇した。*China Energy Report Weekly*, 5-11 June 2008, p. 4.
246 Arrow Energy home page, www.arrowenergy.com.au/
247 Smith (2010b).
248 Hoyos & Crooks (2010a).
249 Wan Zhihong (2010) ; Crooks (2009c) ; 'CNOOC Signs Landmark CBM-to-LNG Supply Deal with BG Group', www.ihsglobalinsight.com/SDA/SDADetail18454.htm
250 Qiu Jun & Yan Jinguang (2009).
251 インド最大の液化天然ガス輸入企業，ペトロネット（Petronet）はエクソン・モービルと2009年8月10日に，液化天然ガスをゴルゴン・プロジェクトから20年以上，年150万トン購入する協定を結んだ。ペトロネット向け液化天然ガス販売価格は，100万英国熱量単位当たり8.26米ドルから同じく20.8米ドルの間であったから，中国国有石油会社による合意価格より少なくとも23.8％低い。Qiu Jun & Yan Jinguang (2009) 参照。
252 Qiu Jun & Yan Jinguang (2009).
253 Hook (2010b).
254 2010年6月下旬までに，中国は，トルクメニスタンから15億立方メートルのガスを受け取った。2011年にその量は，170億立方メートルに達するだろう。（'China gets 1.5b cubic metres Turkmenistan gas in H1', www.chinadaily.com.cn/bizchina/2010-07/01/content_10045577. htm）；'Gas supply schedule via Turkmenistan-China gas pipeline for 2011 adopted', www. turkmenistan.ru/?page_id=3&lang_id=en&elem_id=17898&type=event&sort=date_desc
255 Qiu Jun & Zhang Zhengfu (2010).
256 *China Oil Gas & Petrochemicals*, 1 March 2010, p. 18.
257 Qiu Jun & Zhang Zhengfu (2010).
258 Qiu Jun (2010a).
259 *Ibid.*, p. 12.
260 Lin Fanjing (2010b).

384   5．中国のガス産業

261 *China Daily*, 29 March 2010 'China's natural gas market on fast track'. (www.chinadaily.com.
     cn/bizchina/2010-03/29/content_9658332.htm) 国家エネルギー局の呉吟副局長は，北京のエネル
     ギーフォーラムで，「天然ガスは，現在，中国のエネルギーのわずか4%を占めるに過ぎない。中
     国は，第12次五ヶ年計画期間（2011〜15）の間にそれを8%に引き上げるであろう」と述べた。
     See 'China to double natural gas weighting over 5 years', www.chinadaily.com.cn/china/2010-
     06/19/content_9992983.htm
262 Qiu Jun (2005l).
263 Yu, S. (2010).
264 *China Oil Gas & Petrochemicals*, 15 July 2010, p. 16. タリム油田会社（Tarim Oilfield
     Company）の宋文傑 Song Wenjie 副社長によると，タリム油田は，天然ガス 8400 億立方メート ル
     の当初確認原始埋蔵量の強固な資源基盤を確保しているとのことである。'PetroChina Announces
     The Completion and Production Initiation of Tarim Yingmaili Gas Fields', www.petrochina.com.
     cn/Ptr/News_and_Bulletin/News_Release/200707130023.htm 参照。
265 Jia Chengzao et al. (2002)；http://pg.geoscienceworld.org/cgi/content/abstract/10/2/95；Jia
     Chengzao & Li Qiming (2008).
266 Qiu Jun (2006n)；Quan Lan (2000e).
267 'Tarim Oil Province', www.cnpc.com.cn/en/aboutcnpc/ourbusinesses/explorationproduction/
     operatediol/Tarim_Oil_Province.htm
268 'PetroChina Kela-2 field gas output exceeds 50bln cubic metres in six years', http://new
     systocks.com/news/3673395
269 Quan Lan (2001f)；Qiu Jun (2005c)；*China Oil Gas & Petrochemicals*, 15 April 2008, p. 11；
     5 November 2009, p. 28；'A New Gas Source for the West-East Gas Pipeline -Dina-2 Gas Field
     put into production', www.cnpc.com.cn/en/aboutcnpc/ourbusinesses/explorationproduction/
     operatediol/Dina_2_Gas_Field.htm；*China Oil Gas & Petrochemicals*, 1 April 2008, p. 10.
270 'PetroChina Announces The Completion and Production Initiation of Tarim Yingmaili Gas
     Fields', www.petrochina.com.cn/Ptr/News_and_Bulletin/News_Release/200707130023.htm；'Gas
     Fields of the Source', http://china.org.cn/english/features/Gas-Pipeline/37516.htm；Qiu Jun
     (2005l).
271 Lin Fanjing (2010c)；'China: Sinopec boosts oil and gas reserves on Tahe field', www.
     energy-pedia.com/article.aspx?articleid=133019
272 http://china.platts.com/NewsFeatureDetail.aspx?xmlpath=IM.Platts.Content/InsightAnalysis/
     NewsFeature/2010/chinaoutlook/6.xml 参照。このガス田は中国石油化工会社の第2の規模
     であり，2008 年 12 月における原油 1 億 3500 万トンの確認埋蔵量の追加の結果，9 億 9600 万
     石油換算トンの可採埋蔵ポテンシャルをもつ。'China's CNPC and Sinopec Vow to Ramp Up
     Xinjiang Crude Output', www.ihs.com/products/global-insight/industry-economic-report.
     aspx?id=106595904；'China: Sinopec boosts oil and gas reserves on Tahe field', www.energy-
     pedia.com/article.aspx?articleid=133019
273 SINOPEC Northeast Company, http://english.sinopec.com/about_sinopec/subsidiaries/
     oilfields/20080326/3030.shtml；'China's CNPC and Sinopec Vow to Ramp Up Xinjiang Crude
     Output', www.ihsglobalinsight.com/SDA/SDADetail15795.htm；*China Oil Gas & Petrochemicals*,
     15 December 2005, p. 16.
274 Wan Zhihong (2008).
275 Chen Wenxian (2007a).
276 *China Oil Gas & Petrochemicals*, 15 June 2010, p. 14.

277 China Securities Journal (2010), p. 16 ; *China OGP*, 1 September 2010, p. 33.
278 Quan Lan (1999d).
279 'China's Changqing oilfield records highest annual natural gas output', www.energychinaforum.com/news/29463.shtml ; 'Changqing Oilfield's gas output to hit 20 bn. cubic metres this year', www.chinaknowledge.com/Newswires/News_Detail.aspx?type=1&NewsID=39206 ; 'Changqing oil field becomes China's 2nd largest onshore oil-gas field', www.chinamining.org/News/2009-12-23/1261551518d32649.html
280 Qiu Jun (2010e), p. 6.
281 Hoyos (2006).
282 Wang Ying (2006).
283 Quan Lan (2001a) ; *China Daily Online* (29 May 2007), http://english.peopledaily.com.cn/200705/29/eng20070529_378898.html
284 China Securities Journal (2010), p. 16.
285 'Daily output of Sulige Gas Field exceeds 20 million cubic meters', www.cnpc.com.cn/eng/press/newsreleases/DailyoutputofSuligeGasFieldexceeds20millioncubicmeters.htm ; 'China: PetroChina's 2010 gas output in Sulige to top 10 bcm', www.energy-pedia.com/article.aspx?articleid=140526
286 *China Oil Gas & Petrochemicals*, 1 July 2008, p. 12 ; 15 July 2008, p. 18 ; 1 August 2009, p. 30.
287 その第5施設は，中国国有石油会社とトタルによる共同開発鉱区からのガスを処理するであろうが，中国国有石油会社の鉱区は，蘇里格ガス田の南部および西部にある。*China Oil Gas & Petrochemicals*, 1 November 2010, p. 29 参照。
288 'Shell signs with PetroChina', www.theengineer.co.uk/news/shell-signs-with-petrochina/290868.article ; Kambara & Howe (2007), pp. 71-72.
289 *China Daily*, 2 March 2007. ('Changbei gas field starts', www.chinadaily.net/bizchina/2007-03/02/content_818128.htm)
290 *China Energy Weekly*, 30 September-13 October 2010, p. 13.
291 'Recent Study: Changbei Field, China, Commercial Asset Valuation and Forecast to 2026', www.pr-inside.com/recent-study-changbei-field-china-commercial-r2216461.htm
292 'Sinopec's Daniudi Gas Field in operation', http://business.highbeam.com/1757/article-1G1-180784875/sinopec-daniudi-gas-field-operation
293 Yang Liu (2005a).
294 China Securities Journal (2010), p. 16.
295 'China's giants use pipes to grab market', www.platts.com/newsfeature/2009/chinaoutlook09/index
296 China Securities Journal (2010), p. 15.
297 'The petroleum geologic characteristics of Sichuan basin, central China', www.osti.gov/energycitations/product.biblio.jsp?osti_id=7024946
298 'Huge New Natural Gas Field Strengthens China's Energy Security', www.chinastakes.com/story.aspx?id=565 (1 August 2008)
299 *China Oil Gas & Petrochemicals*, 15 August 2008, p. 17 ; Wang Ying and Ying Lou (2008).
300 *China Daily Online*, 29 May 2007. ('Largest gasfield discovery may be declared soon', http://english.peopledaily.com.cn/200705/29/eng20070529_378898.html)
301 Wang Ying & Ying Lou (2008) ; 'Factbox: China's fledgling shale gas sector', http://uk.reuters.com/article/2011/04/20/us-china-shale-factbox-idUKTRE73J13820110420

302　China Securities Journal (2010), p. 15.
303　Lin Fanjing (2010c).
304　'Largest gasfield discovery may be declared soon', http://english.peopledaily.com.cn/200705/29/eng20070529_378898.html ; *China Oil Gas & Petrochemicals*, 1 April 2006, p. 10 ; 15 April 2006, p. 10 ; 15 August 2008, p. 17 ; 1 October 2008, p. 14.
305　*China Oil Gas & Petrochemicals*, 15 August 2008, p. 17 ; 1 October 2008, p. 14.
306　'Sinopec nears completion of pipeline linking Daniudi Gasfield to Shaanxi Province', www.energychinaforum.com/news/54340.shtml
307　Chen Wenxian (2006d).
308　*China Oil Gas & Petrochemicals*, 1 August 2006, p. 10.
309　'Sinopec starts up Sichuan-East China gas project', www.reuters.com/article/2010/03/30/china-sinopec-gas-idUSTOE62T01I20100330 ; *China Energy Report Weekly*, 25-31 March 2010, p. 6.
310　*China Energy Report Weekly*, 9-15 July 2009, p. 4.
311　*China Oil Gas & Petrochemicals*, 15 July 2010, p. 20 ; *China OGP*, 15 March 2009, p. 27 ; 'Sinopec Sichuan-to-East gas pipeline goes into commercial operation', www.028time.com/news/1290.shtml?title=Sinopec+Sichuan-to-East+gas+pipeline+goes+into+commercial+operation
312　'Sinopec finds large geological gas reserves in Yuanba-report', www.reuters.com/article/2011/04/27/china-gas-sinopec-idUSL3E7FR05K20110427 ; 'Sinopec's Yuanba Endeavor', www.dailymarkets.com/stock/2010/12/28/sinopecs-yuanba-endeavor/
313　'Chevron to Partner With CNPC on Major Gas Project in China', www.chevron.com/news/press/Release/?id=2007-12-18 ; 'Gas explosion of Chuandongbei', www.economy-point.org/g/gas-explosion-of-chuandongbei.html
314　'Chevron, CNPC to begin development of Luojiazhai gas field', www.ogj.com/index/article-display/9394581572/articles/oil-gas-journal/drilling-production-2/production-operations/onshore-projects/2009/11/chevron_-cnpc_to_begin.html ; 'China: CNPC and Chevron to begin development of Sichuan gas field', www.energy-pedia.com/article.aspx?articleid=137702
315　Xu Yihe (2010a).
316　'CNPC, Chevron to develop Sichuan gas field', www.028time.com/news/703.shtml?title=CNPC,+Chevron+to+develop+Sichuan+gas+field
317　China Securities Journal (2010), p. 15.
318　*China Oil Gas & Petrochemicals*, 15 July 2006, p. 10.
319　Kambara & Howe (2007), pp. 74-7.
320　上海のガス需要は，2002年の4億立方メートルから2005年には約4倍の19億立方メートルに拡大した。See Qiu Jun (2006l) ; 'Production begin at Chunxiao gas field', www.chinadaily.net/china/2006-08/06/content_657939.htm
321　Kambara & Howe (2007), p. 76 (Figure 4.4) ; 'Progress made at East China Sea talks', www.china.org.cn/2008-06/17/content_15828163.htm ; 'China rebuffs protests over gas field activity', http://search.japantimes.co.jp/cgi-bin/nn20090105a2.html ; 'CNOOC Taps Gas Field Amid Border Flap With Japan', http://online.wsj.com/article/SB114422903166617531.html ; 'Chunxiao Oil/Gas Field to be completed this October', http://english.people.com.cn/200504/21/eng20050421_182179.html ; 'China tells Japan Chunxiao gas field activity is legal', www.energy-pedia.com/article.aspx?articleid=142123 ; 'UPDATE 1-Japan says eyeing China moves at disputed gas field', http://uk.reuters.com/article/2010/09/17/china-japan-

idUKTOE68G07C20100917
322 'The Start-up of Ledong Promotes CNOOC Ltd's Gas Production Growth', www.cnoocltd. com/encnoocltd/newszx/news/2009/1276.shtml；'China: CNOOC begins Ledong gas production', www.energy-pedia.com/article.aspx?articleid=136810
323 Duan Zhaofang (2010).
324 同施設は，15年協定に基づき，2003年12月1日から2017年12月31日までの期間，中国石油天然ガス株式会社の吐哈ガス田産ガス年間5億2000万立方メートルを原料とする。同協定が終了する時，同施設は，石炭ガスを原料として年間5億5000万立方メートルの液化天然ガスを生産し，副産物として年120万トン，あるいは年80万トンのジメチルエーテル・プロジェクトを行っているであろう。China Securities Journal (2010), p. 35 参照。
325 Wei Hong (2010).
326 Xu Yihe (2010b).
327 *China Oil Gas & Petrochemicals*, 5 July 2010, p. 23.
328 *China Oil Gas & Petrochemicals*, 1 September 2010, p. 33.

6. 中央アジアにおける中国の石油・ガス投資

　中国自身の石油・ガス産業が，国の需要に応えてその生産を拡大することができなくなって来るにつれて，石油・ガス資源の拡張を目的とした重要政策の導入が，中国には当初考えられていたよりも多くの選択肢のあることを，明示してきた。2大国（中国とロシア）間の諸関係を含む問題は，中央アジア諸共和国をも巻き込む一層複雑なものに転化されてきた，というのはこれらが中国にとって重要なエネルギー供給国となってきているからである。その上，中国の資本輸出が，ロシア，中央アジアや，さらに遠方からのエネルギー供給を促進する点で，重要な役割を果たし始めているのである。

中国の「走出去」政策

　「2つの資源と2つの市場」（石油とガス，国内と外国）を利用するという国家の要請に応じて，中国の上流部門独占企業，中国国有石油会社は，中国が石油輸入国に転じた年である1993年以来，国際的な探査と開発に取り組んできた。同社は，近年それ自身の東部油田における生産減少と懸命に格闘してきたから，国際的探査・開発を企業戦略として採用したのである。1991年以来，同社とその子会社は，カナダ，ペルー，ベネズエラ，インドネシア，タイ，ロシア，モンゴル，米国，インド，およびパキスタンにおける，石油探査・開発の公募を検討してきた。1992年春に，中国国有石油会社・カナダは，アスファルト可採埋蔵量2284万立方メートルの，地下テスト施設（UTF）研究プロジェクトを664万カナダドルで買収している。これは，中国国有石油会社の最初の海外油田株式保有であった。1992年10月に，トワイニング北 North Twinning 油田において，初めての海外産原油が同カナダ社により生産された。この海外操業の試験段階には，中国国有石油会社の子会社6社，中国国

有石油・ガス探査開発会社（CNODC），中国国有石油会社・インターナショナル（CNPC International（CNPCI）），中国国有石油会社・カナダ（CNPC Canada），中国国有石油会社・ラテンアメリカ（CNPC Latin America），中国国有石油・中央アジア（MC & CNPC Oil），中国国有石油会社・アジア＝パシフィック（CNPC Asia-Pacific）が参加している[1]。

中国国有石油会社は 1997 年に，いくつかの重要な国際的契約を結んだ。同社の周永康 Zhou Yongkang 社長が，イラクのラーシド Rashid 石油相と（アル・アフダブ Al-Ahdab 油田開発に関わる）生産物分与協定に署名したその同日（6月4日）に，同社の呉耀文 Wu Yaowen 副社長はカザフスタン第 3 の大手石油生産者アクチュビンスクムナイ（Aktyubinskmunai）の過半数株を取得することで合意している。この会社は約 1 億 3000 万トンの石油を保有し，1997 年にはおよそ 250 万トンを生産した。また，この事業の産出量が 2000 年までに年間 500 万トンに達すると期待して，中国国有石油会社は，今後 20 年間でアクチュビンスクムナイに対して 43 億ドルを投資することで合意した。このうち 5 億 8500 万ドルは，この会社における 60％の権益と引き換えに，1998 年から 2003 年の間に投資されることになっていた。中国国有石油会社は，さらに，35 億ドルかけて，テンギス Tengiz 油田からカザフスタンを通って中国との国境に至る 3000 キロメートルのパイプラインを建設する計画であった。同パイプラインは，総計で 6 年から 8 年続く 3 段階を経て，建設されることになっていた。カザフスタンのチムケント Chimkent 市から中国西部にかけての最初の区間は，約 3 年かかり，チムケントと，カザフスタンの都市アクチュビンスク Aktyubinsk 経由で，ウゼニとを結ぶ次の 2 区間は，さらに 4 年を要するであろう[2]。

1997 年 9 月 15 日に，中国国有石油会社の海外探査原油の積み荷第 1 号が中国北部の秦皇島港に到着した。中国の石油輸送船 Liu He が輸送したこの 6 万トンの石油は，同社が，ペルー国有石油会社ペトロペルー（PetroPeru）に対して，ペルーのタララ Talara 油田における利権石油を売却して得た資金で，東南アジア市場で購入したものである。中国国有石油株式会社は，1997 年までに，9 ヶ国すなわちペルー，スーダン，ベネズエラ，カナダ，タイ，クウェート，イラク，トルクメニスタン，およびカザフスタンにおいて，操業を

行っていた。1990年代半ばに，同社の黄炎 Huang Yan 副会長は，2000年までには，同社が海外操業における原油生産能力1200万トンを確保しており，そのうち，500万トンは同社の利権石油となることを期待していた[3]。この予想が実現されたかどうかは，言うことが難しい。それは，厳密な経験的予測としてよりも，むしろ事業規模の基調を設定するものとして解釈する方がよい。

しかしながら，1998年から2000年の間に，海外投資の流れに急激な減少が見られたのであって，これは，次のいくつかの出来事の組み合わせによって説明することができる[4]。すなわち，

・中国政府が1998年に実施した国有石油企業各社の再編
・ロシアやラテンアメリカに波及したアジア金融危機―実際，中国国有石油会社がカザフスタンのウゼニ油田開発に関する4億ドルの取引から撤退することを決定した際，同社はアジア金融不安のせいにした。
・また，1997～8年の時期にカザフスタンやベネズエラの取引で行った資金の使いすぎ，その結果，中国の国有石油企業各社は，対外投資戦略の再考を余儀なくされた。

2000年以降，ロシアと中央アジア（RCA）やアフリカでの投資は再び着実に増加してきている。2002年には，中国の「走出去」（訳注：対外進出）戦略の対象地域は，中央アジア，ロシア，中東，およびアフリカであった。中央アジアとロシアは，とくに注目を浴びていたが，その理由としては，これらの地域は供給経路を短縮し，中国の現行輸入構成を多様化することができただけでなく，積極的な地政学的意義を持つこともできたからである[5]。「走出去」政策を実施するために，国有の石油企業各社は，次の機関を利用していた。中国国有石油会社は，中国国有石油・ガス探査開発会社を利用し，中国石油天然ガス株式会社の国際的別称は，中国石油天然ガス株式会社インターナショナル株式会社や，中国石油天然ガス株式会社インターナショナル社である。中国石油化工会社は中国石油化工会社・国際石油探査・生産会社を利用し，中国海洋石油会社は中国海洋石油会社インターナショナル株式会社を利用していた。また，中国化工会社は，2002年に同石油探査・生産株式会社吸収し，上流部門事業を

重視し始めた(同社の海外上流部門事業は,2007～8年以降,多少の成果を示し始めた)[6]。

新しい一連の「走出去」政策における新しさは,中国が政府,石油会社,外交経路および貿易部門の活動を調整することによって,同国の利益を最大化することができるという考えに,それが熱心になって来た点にある。どんなエネルギー省も存在しなかったので,対外進出戦略を指揮することのできる中国政府部局が存在しなかった。国家発展計画委員会(現国家発展改革委員会),国家経済貿易委員会(現国務院国有資産監督管理委員会),および国土資源省が,石油産業を指導し,監督する責任を負うことになった[7]。これらには,後に国家エネルギー局と商務省が加わり,これら上位5機関が石油産業を監督する主要な役割を果たすことになった。

王立国際問題研究所で実施された研究では,1995～2006年の期間における投資は,限られた数の国に非常に集中していたことが示されている。例えば,スーダン,ナイジェリア,アンゴラが,アフリカにおける中国の国有石油企業の全投資の内,約94％の受け入れ国となっている。また,ロシアとカザフスタンは,ロシア・中央アジア地域内における全投資の83％を占めていた[8]。ロシア・中央アジア地域における中国国有石油会社の総投資額は,91億ドル以上の価値があったとはいえ,ロシアがその上流部門を開放することに乗り気ではなかったため,その大部分は,中央アジア諸共和国,とくにカザフスタンに集中していた。

中国の国有石油企業各社のM&A取引:2008～2010年

2000年代後半に,中国の国有石油企業各社の海外展開活動が強化された。2008年と2009年だけでも,中国による国境を越えた石油とガスの獲得は,280億ドルに達した。中国は,その世界的買収を促進し,上流,中流および下流部門においてより多くのプロジェクトに資金を供給するために,経済の低迷とより低い資産価値とを利用した。現在の資金調達戦略の1つは,長期的取引を確保する手段として,数ヶ国との間で,双務的な石油・貸借取引を利用することにある。業界関係者らによれば,この融資額は,約500億ドルに,つまり2008年以来の国有石油企業大手3社による総投資額の70％になる。この融資

は，いくつかの資源大国が資金不足であった時期（2008～9年の信用危機）にとくに効果的であった。

2008年と2009年に，中国のいくつかの国有石油企業は，関心を寄せる合併・買収の様式を広げた。それらは，もっぱら上流資産のみの取引をもはや求めるのではなく，石油サービスや石油精製部門に対しても関心を示し始めたのである。このことの最初の証拠としては，中海油田サービス会社（China Oilfield Services Limited（COSL））によるアウィルコ・オフショア（Awilco Offshore）買収取引がある。2008年7月に，中国海洋石油会社の子会社である中海油田サービス会社は，ノルウェーの石油サービス会社アウィルコ・オフ

表6.1 中国の主要な海外の石油・ガス企業買収状況（2005～2010年）

年月	買収アセット	投資企業	取引額 ($10億米ドル)
2009年6月	Addax Petroleum（スイス：100%）	SINOPEC	7.24
2010年10月	Repsol's Brazilian subsidiary（スペイン：40%）	SINOPEC	7.1
2010年11月	Pan American Energy（アルゼンチン：60%）	CNOOC	7.06
2010年4月	Syncrude（カナダ：9.03%）	SINOPEC	4.7
2005年8月	PetroKazakhstan（カザフスタン）	CNPC	4.2
2006年6月	Udmurtneft（ロシア：99.49%）：51%をRosneftへ転売	SINOPEC	3.7
2010年5月	Statoil's Peregrino（ブラジル：40%）	SINOCHEM	3.1
2010年3月	Bridas Corp（アルゼンチン：50%）	CNOOC	3.1
2010年3月	Arrow Energy（豪州：100%）：Shellと共同出資	CNPC	3.1
2009年4月	MangistauMunaiGaz（カザフスタン：100%）：50%をKMGへ転売	CNPC	2.6
2008年7月	Awilco（ノルウェー：100%）	CNOOC	2.5
2008年7月	Awilco Offshore（ノルウェー）	CNOOC	1.0
2010年12月	Occidentalのアルゼンチン子会社（100%）	SINOPEC	2.45
2009年5月	Singapore Petroleum（シンガポール：96%）	CNPC	2.4
2006年1月	OML 130 Akpo（ナイジェリア）：45%	CNOOC	2.3
2010年11月	Chesapeake（米：33.3%）	CNOOC	2.2
2004年10月	Shellのアンゴラの第18ブロック（50%）	CNPC	2.0
2006年10月	Nations Petroleum（カザフスタン：100%）	CITIC	1.9
2009年9月	Athabasca Oil Sands（カナダ：60%）	CNPC	1.9
2008年9月	Tanganyika Oil（シリア：100%）	SINOPEC	1.8
2006年9月	EnCanaのエクアドルのアセット100%	CNPC & SINOPEC	1.4
2009年7月	アンゴラの第32ブロック（Angola：20%）	CNOOC & SINOPEC	1.3

出所：Crooks (2009d)；Kong, B. (2010), p. 170-82；Jiang and Sinton (2011).

ショアの買収を提案した。この25億ドルの取引により，中海油田サービス会社は掘削技術が利用可能となり，同社の国際事業の展開が可能となった[9]。その様な様式を広げる投資の第2の例は，中国石油天然ガス株式会社の最初の海外下流部門資産の買収であるが，これについては，フィナンシャル・タイムズによって，次のように要約されている。

　中国石油天然ガス株式会社は，シンガポール・ペトロリアム社（Singapore Petroleum Company（SPC））の株式45.5％を取得するために10億ドル支払うことに合意したが，これは，下流部門エネルギー会社の中国最初の主要海外買収となるものであろう。これは，中国石油天然ガス株式会社による，公企業の国境を越えた最初の買収であり，アジアにおける中国最初の上場会社買収であり，さらに2001年以降シンガポールで行われた，最大の公開買収であろう[10]。

　近年における中国の国有石油企業各社の「走出去」戦略に見られるもう1つの特徴は，海外エネルギー資産の入札時に，国有石油企業各社が協力し始めている点にあるが，これは中国の海外資産蓄積戦略を維持しつつ，費用を削減する戦術に他ならない。この戦術は，アンゴラ第32石油鉱区の20％の株式取得に見られるが，その際，中国海洋石油会社インターナショナル株式会社と中国石油化工会社・国際石油探査・生産株式会社とが，13億ドル相当の入札のために合弁企業を設立したのである[11]。こうした大手3社の連携強化は，中国の米ドル準備高を実質的海外資産と交換したいという焦りを反映したものであり，その資産価値総額を保護するために計画された動きである[12]。

　中国の国有石油企業各社の「走出去」戦略によるこれまでで最大の獲得物は，中国国有石油会社が2009年夏と冬の一連の入札を通じて，超巨大なルメイラ Rumaila 油田とハルファヤ Halfaya 油田との双方において，強固な地位を確保した成功である。2009年6月末に，同社とBPは，ルメイラを開発するための20年請負作業契約を獲得したが，同油田は，クウェートとイラク南部に位置し，イラクの石油埋蔵量のおよそ15％を有すると推定されるものである。同油田は，170億バレルの埋蔵量をもつが，2010年6月時点で，1日当

たり96万バレルを生産しており，これは1日当たり240万バレルのイラク石油生産量の40％を占める。BP（38％）が主導するこの企業連合は，中国国有石油会社（37％）とイラク政府の代理としてイラク国営石油販売機構SOMO（25％）が共同出資者に加わり，ルメイラ油田の産出量をほぼ3倍にして，1日当たり285万バレルに拡大することを請け合っているが，これにより，同油田は世界第2の大規模生産油田となるであろう[13]。2009年12月には，確認埋蔵量41億バレルの超巨大ハルファヤ油田が，中国国有石油会社と，マレーシアのペトロナスおよびフランスのトタルとの企業連合に割当てられた。これは，ルメイラに次いで，中国国有石油会社が開発権を獲得した，第2の大規模油田であった[14]。これらの2大石油取引は，疑いもなく，同社にとって大きな一歩前進であった。しかしながら，中国石油化工会社は，2009年6月にアダックス・ペトロリアム（Addax Petroleum）の合併・買収取引に関与したため，イラクの一連の入札から閉め出されていた[15]。

2009年だけでも，国有石油企業各社を含む中国の国有会社は，世界中で最も速く成長する大規模経済の拡大する資源需要を満たすために，エネルギーと鉱山業の獲得に記録的な320億ドルを支出した。中国化工会社でさえも，石油資産の買収を図っている。2009年10月に，中国化工会社は，エメラルド・エナジー（Emerald Energy）の100％取得を完了し[16]，2010年5月には，ブラジルのペレグリノPeregrino海洋油田の権益40％のために，シュタットオイルに31億米ドルを支払うことに合意した[17]。こうした活動はすべて，中国の国有石油企業の海外における石油・ガス部門拡張が，継続していく可能性の非常に高いことを示す証左である。中国の急成長する資金調達能力は，この拡張をうまく処理する上で，同国を非常に良い立場に置くことになる。しかしながら，これがロシアにおける合併・買収取引になると，近い将来には，ほんの少数の選ばれた，予備的な協調取引しか実施されそうにない（ロシアにおける合併・買収取引の詳細については，第7章で検討される）。

中国の国有石油企業各社による合併・買収の焦点は，2009～10年の時期には，ラテンアメリカに移った。表6.2に示されるように，1992年から2009年の間には，南北アメリカにおける投資総額は，ほんの29億ドルに過ぎなかった。ブルームバーグが編集した資料によれば，2010年12月のオクシデンタ

表6.2 中国の海外石油投資額（1992〜2009年）（10億ドル）

	総計	アフリカ	MENA	RCA	アジア	米州
CNPC	25.257	7.599	5.555	9.182	0.810	2.111
SINOPEC	12.559	3.115	4.464	4.220	0.210	0.550
CNOOC	3.399	2.289	0.0	0.0	0.988	0.122
SINOCHEM	0.779	0.0	0.679	0.0	0.0	0.100
Zhenhua Oil	0.095	0.0	0.065	0.0	0.030	0.0
CITIC	1.997	0.0	0.0	0.0	1.997	0.0
総計	44.086	13.003	10.763	13.402	4.035	2.883

注：MENA＝中東と北アフリカ；RCA＝ロシアと中央アジア。
出所：Kong, B.（2010），p. 66.

ル（Occidental）のアルゼンチン組織買収に関する24億5000万ドルの取引により，2010年における中国の年間海外エネルギー資産獲得のための入札額が，記録的な388億ドルに至った。この取引に先立ち，中国石油化工会社と中国海洋石油会社などの諸会社は，2010年に南米の石油産業に130億ドル以上を投資していた。同11月には，中国海洋石油会社が，アルゼンチンのパン・アメリカン・エナジー合同会社（Pan American Energy LLC）の株式を70億6000万ドルで買収している。10月には，中国石油化工会社が，レプソル（Repsol）YPFのブラジル組織の株式40％に対して71億ドルを支払うことで合意した。それは，同社が2009年に83億カナダドル（72億4000万米ドル）でアダックス・ペトロリアムを買収して以来の，中国最大級の海外石油取引であった[18]。ラテンアメリカにおける中国の国有石油企業各社の投資規模は，経済的優先順位だけでなく，政治的優先順位をも反映している。しかし，アフリカからラテンアメリカへの優先順位の移動にもかかわらず，変わっていないのは，中央アジア諸共和国からの石油・ガス供給に対する北京の特別な注目である。

中央アジア諸共和国の石油・ガス供給の選択肢

中国-カザフスタン石油パイプラインによる原油供給

ある親密な観察者は，中国・カザフスタン関係の到来を次のように要約している。

1991年末に，中国とカザフスタンは，5年間の政府間経済・貿易協定に調印したが，これは，輸出入関税を削減し，80件の一層大規模な協力プロジェクトを提案するものであった。1994年までで，中国・カザフスタン貿易には強固な補完性のあることが明らかであった。新疆では，生産が需要超過であった。1991年に，ガソリンの生産量は1日当たり3万2800バレルに達したが，消費量は1日1万8300バレルに過ぎなかったし，ディーゼルの生産量は1日3万1000バレルであったのに対し，消費量は2万400バレルであった。北京は，カザフスタンを新疆の石油製品の市場と考えたのである。この新疆の余剰生産物はカザフスタンで必要とされている，というのはそこでは，ガソリン需要が供給を1日当たり1万4200バレル上回っており，ディーゼル燃料に関しては同じく2万7000バレル上回っていたからである。この不足分は輸入によって補填されなければならないが，この輸入は伝統的にロシアから，当てにならないことが度々の供給源から，行われてきた。新疆の余剰石油製品はというと，1000マイル離れた蘭州製油所へ鉄道輸送しなければならなかったのである[19]。

1994年春に，李鵬首相のカザフスタン・ビジネス訪問団の一員として同行した，中国国有石油会社の張永一副社長は，カザフスタン石油資源の探査と開発の双方における協力を提案した。1997年に，中国はカザフスタンの石油生産資産を買収するための大規模投資を決定した。新疆の独山子製油所は，海外原油を精製した同社の最初の製油所となったが，この原油は，1997年10月21日にカザフスタン産利権石油の第1回分1700トンが到着したものである。この石油は，同社が60％の株式を持つカザフ・アクチュビンスク油田産の同社最初の利権石油生産物であった。さらに15万〜20万トンの利権原油が同油田から2007年末以前に到着すると期待されていた。1997年6月に署名した契約に従い，同社は5年以内にカザフ油田の年間生産量を500万トン（2007年の260万トンから）に引き上げることを約束した。1997年9月に，中国は，中国とイランに原油を輸送するための，2本の別々のパイプラインを建設するという契約を，カザフスタンと調印した。この9月の契約によれば，中国国有石油会社は，ウゼニ油田の開発も約束していたが，同油田は，カスピ海から50キ

ロメートルの場所にあり，1997年から2002年の期間に，年間800万トン以上の石油を生産することができると推定されていた[20]。

1998年6月初旬に，新疆ウイグル自治区の独山子石化会社が備え付けた，メルカプタン除去施設が操業を開始する計画であった（カザフスタン石油は高比率のメルカプタンを含む）。時価総額21万ドルの同施設により，中国国有石油会社の子会社，独山子石化会社は，カザフスタンから輸入した原油30％をタリム盆地産石油70％と混合することが可能になった。独山子石化会社は，1997年からカザフ原油の処理を始めており，初期処理量は7万トンであった。この量は，1998年には50万トンに達すると予想されていた。中国国有石油会社のカザフスタン産利権石油は，独山子まで鉄道で輸送された。独山子によって生産された石油製品は，新疆の他の地域や，陝西省，四川省および内モンゴル自治区に輸送された[21]。

カザフスタン政府は，中国とカザフスタンが1998年9月に，ウゼニ油田から新疆自治区に至る，国境を越える石油パイプラインの建設を開始するだろうと発表した。この3700キロメートルのパイプラインは，カザフスタンで第2の規模を持つウゼニ油田から，年間2000万トンの原油を輸送するように設計されていた。1990年代遅くに，シェルは，ルナール（Lunar）と命名されたプロジェクトにおいて，カスピ海から新疆自治区までの石油・ガス並行パイプラインの可能性を調査し始めたが，しかしこれが実現されることはなかった。シェルと同様に，中国国有石油会社も大規模な長距離パイプラインを建設することに，全く自信を持っていなかった。

1999年夏に，中国政府は，カザフスタンと新疆ウイグル自治区との間の3277キロメートルの国境越え石油パイプラインの棚上げを決定したが，これには次の3つの理由がある。すなわち，予想される経済的収益の低さ，カザフスタンにおける原油資源の不足，新疆自治区の補助的インフラストラクチャの不十分さがそれである。実際に，中国国有石油会社の詳細な実現可能性調査によって，カザフスタン側（アクチュビンスク油田とウゼニ油田）からの原油供給が設計上のパイプライン能力2500万トンをはるかに下回り，年間わずか760万トンにすぎないことが判明したのである。このパイプラインを経済的に実行可能にするためには，中国への原油供給が，中東から調達する原油よ

り安く，1バレル当たり5ドルに価格設定されなければならないが，これも事実上不可能なことであった。これに加えて，1990年代遅くの引き続く石油価格の低迷も否定的効果を持った。たとえパイプラインのための投資額が24億ドルに釘付けされていたとしても，カザフ側はいかなる資金的貢献もいずれにせよ行わないであろう。こうした事情の下で，中国国有石油会社は，パイプラインの建設および運営企業として，共同出資者であるカザフスタンに対し，パイプラインが近い将来に建設される見込みは非常に僅かであると語った[22]。重要なことには，2001年3月に，カザフスタンのヌルスルタン・ナザルバエフNursultan Nazarbayev大統領が，米国に対し，BTC（バクー－トビリシ－ジェイハン）パイプラインに，その完成後には，カザフの石油を別途送ることを約束した時に，中国－カザフスタンのパイプライン・プロジェクトは完全に延期されたのであるが，それはカザフスタン政府が，中国側にパイプライン用として年間最低原油量2000万トンを保証することに不本意だったからである[23]。

段階的パイプライン開発の構想：ケンキヤクKenkiyak－アティラウAtrau地区

中国は，カザフスタンと中国との間の大規模長距離原油パイプラインを一挙に建設するのではなく，中国－カザフスタン石油パイプラインを多段階的開発として推し進めることを決定した。2002年に，ケンキヤク－アティラウ原油パイプラインの建設が開始されたのであるが，これはカザフスタンにおける中国最初のパイプライン・プロジェクトである。448.8キロメートルのこのパイプラインは，アクチュビンスク油田を起点として，欧州に向けて原油が出発するアティラウ港を終点とするものである。中国国有石油会社の中国石油パイプライン管理局は，ロシアのパイプライン建設請負業者に，建設の3分の1を下請けさせた。初期段階では，パイプラインの処理能力は年間600万トンであったが，第2段階が完了すれば，パイプラインの輸送能力は，年1000万トンの供給を処理する設計となっていた。カザフスタン原油は，新疆の阿拉山Alashanを経由して中国に入り，蘭州製油所で加工されることになる[24]。2003年3月に，その第1地区の操業が開始された。こうして，中国－カザフ

スタン・パイプラインは，1997年に初めて提案されたが，より多くの石油埋蔵量発見されるまで6年間延期されて，最終的に操業に至ったのである[25]。その1ヶ月後に，中国石油化工会社の湖北省の常州 Changzhou 製油所がカザフスタン原油の精製を開始した[26]。

　重要な合併・買収活動が，中国国有石油会社と中国石油化工会社の双方によって，カザフスタンで2003年に行われた。中国国有石油会社は，カザフスタンにおけるその資産基盤を大幅に拡大した。2003年5月に，同社は，政府の入札で中国国有石油会社・アクトベムナイガス（AktobeMunaiGaz）合弁企業における，カザフスタンの株式25.12%を落札した。同社は，20年間でこのプロジェクトに40億米ドルを，最初の5年間でその内5億4000万ドルを投資することを約束した。2002年末までに，同社はその投資義務を達成していた。ジャナジォル Zhanazhol 油田とケンキヤク油田の合計原始埋蔵量は5億7000万トンと推定されるが，これには可採埋蔵量約1億4000万トンが含まれる。2004年初頭で，ジャナジォル油田の残存可採埋蔵量は7800万トン以上であった。ケンキヤク油田では，原油埋蔵量はおおよそ7200万トン（岩塩層上）と2830万トン（岩塩層下）となっていた。2004年7月に，中国国有石油会社は，豊富な石油資源の発見を発表したが，この岩塩層下油田からは，1日当たり1110トンの原油を生産していた[27]。

　中国国有石油会社の資産と中国石油化工会社の新規開発権地域の双方とも，カスピ海に近い，カザフスタン西部に位置していた。生産された原油の輸送のためには，長距離パイプラインの開発が必要とされていた。したがって，ヤコヴレワ Yakovleva は次のように説明している。

　　…ケンキヤクーアラリスク Aralskークムコル Kumkol 支線が建設され，西部カザフスタンー中国の国境越え幹線と統合された後に初めて，中国の石油は，アタス Atasu－阿拉山口 Alashankou のパイプラインに入ることができる。クムコル油田は，カザフスタンで中国に最も近い炭化水素の供給源であった。ペトロカザフスタン（PetroKazakhstan）は，2001年半ばに，中国市場に鉄道で石油を供給し始めた。そのカナダ企業は，2002年に中国に約15万トンの石油を輸出したが，この数値は2003年には48万3000トンに

増加した。…トゥルガイ・ペトロリアム (Turgai Petroleum) 合弁企業の50％の株式を保有するルクオイルは，クムコルで生産された石油を輸出するために，カスピ海パイプラインコンソーシアム (CPC) のパイプラインを利用していた。同社は，アタス－阿拉山口プロジェクトを魅力的だと考えており，同パイプラインが建設される際には，その石油の一部を東方に方向転換する可能性を排除していなかった。しかしながら，クムコル産石油だけでは，このパイプラインを満たすには十分ではないであろう。ペトロカザフスタンとトゥルガイ・ペトロリアムの2004年の石油産出量は，それぞれ534万トンと334万トンであると予測されていた[28]。

中国国有石油会社は，3000キロメートルの原油パイプラインの開発を正当化するためには，少なくとも年間2000万トンの原油供給を確保しなければならなかったが，中国向けの大規模パイプラインを満たす生産的資産を発見するのは，容易な課題ではなかった。中国の国有石油企業各社が，カザフスタン内で年2000万トンの原油供給をなんとか確保するに至るまで，カザフスタンとロシアとの間の既存のパイプライン網を利用して，カザフスタンに西シベリア原油を割当てるか転送するようにロシアの石油会社を説得するその試みは，カザフスタン西部と中国の新疆自治区を結合するパイプラインに対する原油供給の暫定的補填を提供するものであった。ヤコヴレワは続けて，中国側は，

> 経路交換の提案に対するロシアの関心を高めることに望みをかけていた。中国国有石油会社は，カザフスタン西部のジャナジョル Zhanazhol 油田とケンキヤク油田からアティラウへ，そしてそこからサマーラ Samara に石油を供給することができたが，一方，ロシアの会社は，中国に向けて東方に輸送するために，オムスク Omsk－パヴロダール Pavlodar－シムケント Shymkent パイプライン経由で，同量の石油を供給することが出来た。北京は，ケンキヤクからクムコルに至る連結パイプラインを完成する前には，カザフスタン西部から中国西部に中国自身の石油を運んでくるために，ロシアの石油を必要とするであろう。2003年に，中国国有石油会社のカザフスタンにおける年間石油生産量は約600万トンであり，その内アクチュビ

ンスクが550万トンの供給源であり，約50万トンがネルソン・ブザチ・ペトロリアム B.V.（Nelson Buzachi Petroleum B.V.）合弁企業によるブザチ Buzachi 産である[29]。

中国石油化工会社と中国海洋石油会社との間の連携の中で，カザフスタン西部からの当てになる原油供給を確保する努力に，いくらか関心さえもたれた。

2003年3月に，[ヤコヴレワの記述によると］，中国石油化工会社の子会社の中国石油化工・国際石油生産会社（Sinopec International Petroleum and Production Corp.）と中国海洋石油会社とは，アジプ・カザフスタン・ノース・オパレイティング・カンパニー N.V.（Agip Kazakhstan North Operating Company N.V.（Agip KCO）），すなわちカザフスタンのカスピ海沿岸沖における巨大なカシャガン Kashagan 油田開発プロジェクトの運営企業における，BGグループの持つ16.7％の株式を購入することで，BGグループと協定に達した。取引額は12億3000万ドルと推定された。しかし，アジプ KCO の他の構成員，主として米国や欧州の会社が，その株式購入の先買権を行使して，中国側との取引を妨害した[30]。

この超巨大カシャガン・プロジェクトの西側企業連合構成員による最初の拒否権行使は，その株式が西側企業連合構成員にとって失うにはあまりに価値が大きすぎたので，予期されないことではなかった。この失敗により，中国石油化工会社は，カザフスタンに海路ではなく陸路から参入せざるを得なくなった。

2003年12月下旬に，[ヤコヴレワの結論では］，中国石油化工会社の子会社・勝利油田は，ビッグスカイエナジー・カザフスタン（Big Sky Energy Kazakhstan（BSEK））の50％の株式を買収したが，それは，カルガリーに登記する中国エナジー事業会社（China Energy Ventures Corp.）に属している[31]。

この事例は，カザフスタンにおける高品質石油生産資産を見いだすことの困難を裏付けている。

　中国国有石油会社と中国石油化工会社のカザフスタンにおける産油資産買収に対する関心は，カザフスタン・中国間の長距離原油パイプライン建設から得られる利益を最大化したいという，北京の切望を反映するものであった。北京のある計画立案者の観点からすると，利権石油の割合を増加させることが，その利益を最大化する最も容易な方法であった。2004年2月に，中国国有石油会社とカズムナイガス（KazMunaiGaz（KMG））は，中国国境内にある阿拉山口－独山子地区を同プロジェクトに追加することを決定した。パイプライン・プロジェクトは進行していたが，両国は二国間の事業提携を強化するために，ドストゥクDostyk－阿拉山口国境越え鉄道の輸送能力を年900万トンにまで拡大する可能性を調査していた。当時，鉄道の輸送能力は年750万トンであり，2003年には，カザフ産石油250万～300万トンが鉄道で中国に入っていた[32]。

　2000年代初期に，北京はアンガルスク－大慶原油パイプラインに大きな期待を抱いていたが，2003年のユーコスの破綻は，石油供給のカザフスタン選択肢を再活性化させる新たなはずみをもたらした。中国・ロシアエネルギー協力関係の一進一退や，中国の未開発な西部を活性化しようとするその決意を考慮に入れると，中国－カザフスタン石油パイプラインは，その戦略的意義が中国－ロシアパイプラインに劣らず重要であったから，促進されたのである。中国側は，中国－ロシア石油パイプラインに対して，現実的な立場を取った。中国国有石油会社のある役員は次のように述べている。

　　中国は2006年まで，ロシア産石油を大体年間1500万トン鉄道輸送で受け取るであろうが，それは中・ロ石油パイプラインの当初計画処理量，年2000万トンと比べてもずっと少ない量だという訳ではない。仮に中ロラインが実際に消え失せたとしても，そのことは，純粋に経済的な意味では，われわれにとってあまり面倒を引き起こすことはないであろう[33]。

　この見解は，中国国有石油会社が中国－ロシア石油パイプラインが進展しな

いことに対して深刻な欲求不満を抱いていたことを裏付けているが，それ故同社は，中国－カザフスタン石油パイプラインの開発を加速する他に，選択の余地がなかったのである。

アタス－阿拉山口地区の開発

中国国有石油会社とカズムナイガスは，2004年5月17日にアタス－阿拉山口パイプライン建設に関する協定に調印した，9月下旬に建設が開始された[34]。2004年7月半ばに，カズトランスオイル KazTransOil（国有石油輸送会社でカズムナイガスの子会社[35]）と中国国有石油開発会社[36]（中国国有石油会社の子会社）とは，両者がアタス－阿拉山口パイプライン建設のために均等出資の合弁企業を設立したと発表した。その計画は，カラガンダ Karaganda 州アタス駅の石油積込み施設からドゥルジバ・阿拉山口鉄道終着駅近くの中国国境まで，パイプラインを走らせるものであった。パイプラインの経路は，アタス－アガドゥィリ Agadyr－アクチャタウ Akchatau－アクトガイ Aktogai－ウチャラル Ucharal－阿拉山口であり，カラガンダ州・東カザフスタン州・アルマトゥイ州 Almaty を貫通することになっていた。その全長は988キロメートルとなるはずであった。第1期は2006年に稼働を開始しており，第2期は2013年に完成すると予想されている。813ミリメートル口径を持つパイプラインの年間輸送能力は，第1期において，1000万トンであり，第2期のそれは2000万トンである[37]。中国は，このパイプライン開発を通じて，次の2目標を追求していた，すなわち，中国への炭化水素の供給と，その石油供給源の多様化とがそれである[38]。

2005年8月に，中国国有石油会社が，クムコル油田の所有者であるペトロカザフスタンを41億8000万ドルで落札した。同社によるペトロカザフスタンの買収は，中国にとってカザフスタンの急成長石油事業への大飛躍として特徴づけられるが，中国では，私的所有のロシア大企業，ルクオイルに対する大勝利として，称賛された。この取引は，中央アジアにおけるこれまでで最も高価な石油購入であったが，中国国有石油会社に対して，中国国境からわずか1000キロメートルの中央カザフスタンにおける1日当たり15万バレルの石油生産を提供し，加えて，有望な探査用の工地の利用可能性をも提供する

ものであった。41億8000万ドルの価格は、確認埋蔵量3億9000万バレルが存在するので、同社を、石油換算1バレル当たりの企業価値で約9米ドルと評価するものであった。これは、同社の上場子会社・中国石油天然ガス株式会社が2005年8月に石油資産を買収するために支払った石油換算1バレル当たり企業価値3.70ドルや、石油換算1バレル当たり企業価値約8.10ドルと評価された、中国海洋石油会社の入札と比較になる。ペトロカザフスタンは、1990年代の私有化の時期にカザフの石油埋蔵資源を獲得していたが、チムケントで製油所を購入した[39]。中国国有石油会社は、ペトロカザフスタンの買収を通じて、カズゲルムナイ Kazgermunai 油田の50％の株式を取得したが、これはトルガイ Turgai 盆地でペトロカザフスタンにより生産される1日当たり15万バレルの原油に加えて、2005年には1日当たり4万バレルの原油を生産した[40]。

　2ヶ月後の2005年10月に、中国国有石油会社は、ペトロカザフスタンの買収を100％完了した。中国はこれを行う権利を与えられていたが、しかしカザフスタン政府は、ペトロカザフスタンの33％の株式は、カズムナイガスに譲渡もしくは売却されるべきだとする条件を課していた。このことは、中国国有石油会社とペトロカザフスタンとの間の10月19日付け暫定協定の核心部分である。カザフスタン議会は10月13日に、ペトロカザフスタン売却に対する政府介入を可能にするために、エネルギー法を修正した。中国国有石油会社は10月15日に、ペトロカザフスタンの株式の33％を1株55ドル、同社の最初の提示価格で、カズムナイガスに売却することでこれと合意に達した。一方では、カザフスタン政府による承認の対価として、中国国有石油会社は、ペトロカザフスタンのシムケント製油所をカズムナイガスと半々で共有しなければならなかった[41]。10月18日に同取引は決着したが、しかしルクオイルは、それが、合弁企業トゥルガイペトロリアムにおいてペトロカザフスタンが保有する株式を買収する先買権を持っていると主張し、しかもそれはペトロカザフスタンの総埋蔵量の20％を占めていた。しかしながら10月26日に正式許可が中国国有石油会社に与えられた[42]。

　2005年12月に、全長246キロメートルの阿拉山口－独山子原油パイプラインが完成し、中国－カザフスタン原油パイプラインの第1期を終えた。第1期

パイプラインのための投資額は、全部で約1兆460億元となった。このパイプラインは、全長962.2キロメートルのアタス－阿拉山口パイプラインと連結されることになっていたが、後者は2005年12月16日に運用を開始した。2006年5月25日に、カザフ原油の最初の流量が新疆の阿拉山口に到着し、9年間の夢が現実のものとなった。阿拉山口－独山子パイプラインは、2010年に第2期が完成されると、年間取扱能力が2000万トンとなるように設計されていた。最大取扱能力は5000万トンである。中国－カザフスタン原油パイプラインが操業を開始した後で、独山子石化会社は拡大し、精製能力年間1000万トン、エチレン分留能力年120万トンを持つことになる。既存の能力はそれぞれ年600万トンと年22万トンであった。2005年8月下旬に開始された独山子石化会社の拡張事業は2008年までに完了を予定しており、総投資額は270億元であった。この原油パイプライン開発の1つの長所は、それがロシアとの協力を認めていた点にある。実際、中国、カザフスタンおよびロシアは、西シベリア油田からロシア産石油を輸送するために、中国－カザフスタン・パイプラインを利用することに合意していた。2005年10月に、ロスネフチは、このパイプライン経由で原油120万トンを輸出するその計画を明らかにした[43]。

『グローバルインサイト』（Global Insight）が述べているように、パイプラインの開通は、大きな経済的影響をもった。

中国石油天然ガス株式会社は、独山子製油所を中国－カザフスタン・パイプラインからの原油輸入に90％依存させることを目指した。中国－カザフスタン石油パイプラインの第3地区および最終のクムコル－ケンキヤク地区の完成は、カザフスタンから独山子への石油輸入の大幅増加に道を開いた。同社は現在、独山子製油所における既存の1日12万バレルの原油蒸留装置（主に新疆からの原油を扱う）を棚上げにする計画であり、そのため独山子の施設は、目下、新疆の原油より軽質ではあるが、硫黄含有水準が高いカザフスタン原油の輸入量の拡大を支援するために、再構成しているところである。独山子製油所拡張計画は、20の処理装置と12の石油化学加工装置の建設から構成される。これは、政府の中国西部遠隔地域の開発促進戦略に沿って、地方市場に供給する製品の多様性の範囲をさらに広げることを保証する

であろう[44]。

　中国国家発展改革委員会エネルギー研究所の当時所長であった周大地 Zhou Dadi は，中国がカザフスタンから中国に至るアタス－阿拉山口－独山子パイプラインを満たす問題について，中国が懸念を抱いていたことを認めた。ロシアの会社が中国－カザフスタン石油パイプラインに石油を供給するという保証は何もなく，中国は，高くついたパイプラインが一部使用されないようなことになれば，それを遺憾に思うであろうと，彼は述べた。しかし，彼は，中国国有石油会社のジャナジョル油田の生産物に他の会社からの生産物も加わるために，長期的展望については楽観視していた[45]。

　計量問題をめぐる予定外の交渉が，石油の流れ具合に遅れをもたらした。両国は，それぞれ異なる原油流量を計算する異なった計量システムを使用する。その上，パイプライン輸送で混入したいくつかの不純物を除去するために，石油ろ過作業が必要とされた[46]。それでも，最終的に，2006年7月29日に中国－カザフスタン原油パイプラインは，その商業運転を確かに開始したのである[47]。

　もう1件の相当規模のカザフ石油資産の取得が不可避であった。2006年10月には，中国国営企業の中国国際信託投資会社が，カナダのネイションズ・エナジー（Nations Energy）が所有するカザフ石油資産に対して130億3000万元，すなわち19億米ドルを支払うことで合意した。ネイションズ・エナジー（旧トリトン・ヴコ（Triton-Vuko））は，1996年にカナダの民間会社として設立されたもので，旧ソ連カスピ海地域の石油・ガスプロジェクトを重点的に取り扱っていた。同社は1997年に，カザフスタン政府との株式買収協定を通じて，ブザチ半島（カザフスタン西部のマンギスタウ Mangistau 州）におけるカラジャンバス Karazhanbas 重質油田開発に関する炭化水素権から手を付けていた。ネイションズ・エナジーのカザフスタン子会社 JSC カラジャンバスムナイ Karazhanbasmunai が，マンギスタウ州におけるカラジャンバス石油・ガス田の開発権限を2020年まで保有した。同油田は，石油3億4000万バレル以上の確認埋蔵量を持ち，1日当たり5万バレルを超える生産を行う[48]。

　中国－カザフスタン原油パイプライン用のカザフ原油の供給が不足するた

め，ロシア産原油が同パイプラインを通じて中国に供給されることが避けられなかった。ロシアは 2006 年に，中国－カザフスタン石油パイプラインを通じて中国に原油 120 万トンを輸出することを計画した。アタス－阿拉山口パイプラインは，中国にロシア産原油を 500 万トン運搬することが可能である。2004 年にロシアは，中国に原油 600 万トンを鉄道で輸出していた[49]。TNK-BP は 2006 年 11 月に，カザフスタンのアタス－阿拉山口パイプラインを経由して，中国にロシア産石油を 2 ヶ月以内に供給する契約を結んだ。ロスネフチも，同一経路で中国へ石油を供給する計画を発表した。同社は，買い手と 150 万トン供給することで合意したと述べた[50]。

　ロシアのフリスチェンコ・エネルギー相は 2007 年夏に，ロシアは中国－カザフスタン原油パイプラインを通じて，中国にその原油を輸出することで合意に達したが，しかしロシアは，2004 年 9 月にこのパイプラインの建設が開始されるそのかなり以前に，そのことを言っていた，と述べた。このパイプラインは，もともとカザフスタン産とロシア産の混合原油を輸送するために設計されていた。ロシア原油が，この経路で中国に運ばれる場合，少なくとも 2 つの利点が伴う。第 1 は，年間設計取扱能力 1000 万トンを持つそのパイプラインに対する原油供給が十分に保証されることである。第 2 は，中国－ロシア原油パイプラインに関する交渉が，その緊急性をいくらか緩和されることである。中国の立場は，もし中国－ロシア石油パイプライン交渉になんの進展もないならば，カザフスタンからの石油・ガス両方のパイプライン開発が促進されることになるという点にある[51]。

ケンキヤク－クムコル地区の合意

　中国とカザフスタンは 2007 年 8 月 18 日に，中国－カザフスタン原油パイプライン第 2 期の建設と中国－カザフスタン天然ガスパイプライン・プロジェクトの建設のゴーサインを発表した[52]。中国の胡錦濤国家主席とカザフスタンのヌルスルタン・ナザルバエフ大統領の立会いの下で，中国国有石油会社は，原油パイプライン・プロジェクト第 2 期の建設・操業協定に署名したが，これは中国－カザフスタン原油パイプラインの取扱能力を年 1000 万トンから年 2000 万トンに倍増するものであった。カザフスタンは 2007 年前半に，同パイ

プラインを通じて中国に原油226万トンを供給したが,第1期パイプラインが2006年7月11日から商業運転を開始したので,2007年8月までに合計405万トンの原油が中国に到着した[53]。

ロシアのフリスチェンコ・エネルギー相は,2007年11月に,早ければ2008年にカザフスタン経由で中国に最大500万トンの石油を供給し始めるだろうと発表した。実際,これ以上の入手可能性は全くなかったのである。カザフスタンの新規油田開発は予定より遅れていたから,その石油不足は明白であった。このことが,カザフスタンのロシアに支援を求めて交渉した理由を説明していた。フリスチェンコ・エネルギー相は,ロシアとカザフスタンが,カスピ海石油パイプラインに関する政府間協定の起草をほぼ終了したところだと述べた。ロシアの石油パイプライン予定には,カザフスタン経由による中国への輸出が含まれていなかったが,カザフスタンに供給されるロシア産石油は輸出関税を課されることなく,中国に再輸出することができた[54]。

中国－カザフスタン原油パイプラインのロシア原油供給に対する依存にもかかわらず,中国国有石油会社によるそのカザフスタン石油事業に対する判断は肯定的であった。

　2008年4月に,当時同社の副総裁であった周吉平 Zhou Jiping は,両国従業員の共同の取り組みにより,カザフスタンで同社の投資した8件のプロジェクト(アクトベムナイガス,ペトロカザフスタン,KAM 油田,北ブザチ油田,ADM 油田,カザフスタン－中国原油パイプライン,北西原油パイプライン,および石油製品販売会社 (Oil Products Sales Company))は,探査,開発,精製,原油パイプライン輸送,および販売において,大きな成功を収めたと述べている。2007年に,その8件のプロジェクトから,同社は1862万トンの原油と,40億立方メートルの天然ガスとを生産したのである[55]。

同じ月に,ロシアの統一冶金会社(Unified Metallurgical Company (OMK))[56]のニジニノヴゴロド Nizhny Novgorod 州の子会社ヴィクサ冶金工場 VMZ が,カザフスタン・中国基幹石油パイプラインの第2段階の一環で

中央アジア諸共和国の石油・ガス供給の選択肢　409

地図6.1　中国へのカザフ石油パイプライン

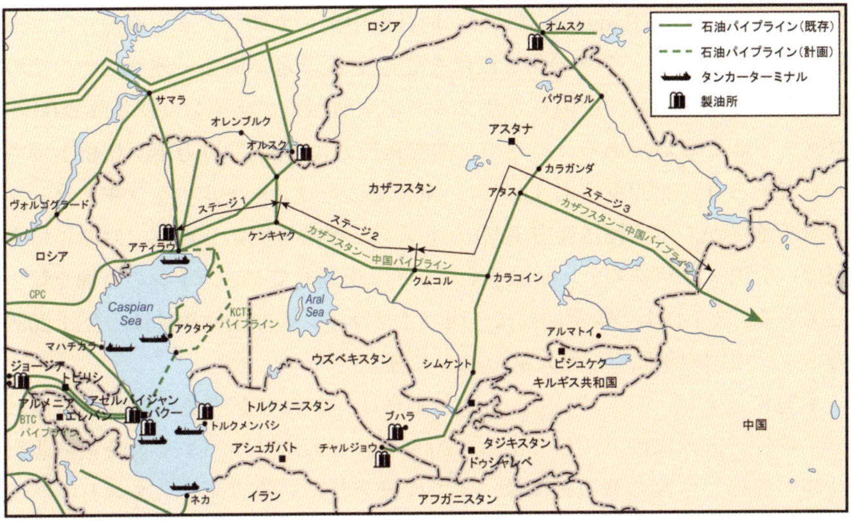

出所：国際エネルギー機関 IEA。

ある，ケンキヤク－クムコル石油パイプラインの建設のために，大径鋼管の納品を開始した。統一冶金会社は，2008年4月から7月の数ヶ月間に，ケンキヤク－クムコル向けに813ミリメートル径の鋼管3万4000トンを納品したと発表した。同鋼管は，外面防食ポリマー被覆処理が施してあり，厚さ9.5と11.9ミリメートルである。

　カザフスタン駐在中国大使・程国平 Qing Gopin は2009年4月に，中国は中国国境近くのカザフスタン内に製油所を建設する用意があると述べた。カザフスタンには3ヶ所の製油所があり，その総生産能力は石油1300万～1500万トンである。カザフスタンで操業しているカザフ・中国会社は2000万トン前後を生産し，このうち中国の持分は1300万トンである[57]。中国国有石油会社は，同社・アクトベムナイガスが2010年に石油・ガスを1000万トン以上生産すると期待していたが，しかしこのプロジェクトは，2011年前半にわずか311万トンしか生産しなかった[58]。アクトベ油田会社 Aktobe Oilfield Co. は，カザフスタン第5の石油企業であり，油田2ヶ所と埋蔵量3ヶ所の開発権を保有している[59]。

2009年9月下旬に、中国国有石油会社インターナショナルCNPCIのパイプライン部局Zhu Baogang局長は、同社が中国－カザフスタン原油パイプライン第2期プロジェクトの第2段階を建設する予定であると述べた[60]。その第2期が完成すれば、中国－カザフスタン原油パイプラインの長さは2800キロメートルとなるであろう。その石油輸送能力は年間2000万トンに格上げされるであろう。2009年7月11日に、全長792キロメートルのケンキヤク－クムコル地区が、年間輸送能力1000万トンで、操業を開始した[61]。2009年に中国は、中国－カザフスタン原油パイプラインを通じて773万トンの石油を輸入している。3年以上の操業期間に、同パイプラインの原油輸送量は、合計2039万トン、中国の年間原油輸入量の12％に達した[62]。

手短に言えば、アスタナAstanaと北京は、中央アジアからの石油の流れを、新しい方向に向けたのである。2009年4月のナザルバエフ大統領の北京訪問の間に、中国の報道機関は、すでに操業しているカザフスタン石油パイプラインと、当時調査中であった中国－カザフスタン天然ガスパイプライン[63]とが、歴史的重要性を持つものであり、両国はエネルギー部門と非エネルギー部門双方において、真の協力を行ってきたのだと報じた[64]。両国間の原油パイプライン開発は、それが中央アジアエネルギー資源の唯一の通過国であり買い手であった、ロシアの独占的地位の崩壊につながるものであったから、それにとって手痛い打撃であった。これは中国の意図したことではなかったが、しかしそれは、中国が中央アジア諸共和国、とくにカザフスタンで安定的原油供給資源を開発しようという、中国の決断がもたらした重要な予期せぬ帰結であった。中国が、新疆ウイグル自治区の中国製油所とカスピ海沿岸の石油資産を結びつける長距離原油パイプラインの建設に最高の優先順位を与えることには、十分な理由があるのである。年間2000万トンのパイプライン輸送能力を満たす確かな保証がなかった1990年代とは異なり、2000年代に発表されたカシャガン油田を含むカザフスタン主要油田の開発計画は、北京の計画立案者に対し、2200キロメートルの長距離パイプライン用原油供給の入手可能性に関して、保証を提供するものであった。

しかしながら、強調されるべきは、中国の計画立案者が中央アジア諸共和国からの原油供給を保証しようとする試みにおいて、便宜主義的であった訳では

ないという点である。中国の接近方法は、供給源を確定し、そして自分自身の投資を用いて、パイプラインを建設するというものであった。中国の計画立案者は、カザフスタンのカスピ海と中国西部とを連結する段階的パイプライン開発に大規模投資を投入することに、躊躇しなかった。このパイプラインは、新疆ウイグル自治区の中国国内原油パイプラインと容易に連結可能であり、また同時に、それは2000年初めに始まった中国国務院の中国西部経済発展という意欲的構想を促進するであろう。北京当局は、今後数十年間、カザフスタンからの原油供給の最大化を目指すであろうが、しかし、カザフスタンにおける利権石油の役割を拡大しようとする中国の試みは、カザフスタン当局からの強い抵抗に遭遇するであろう。この可能性は、カザフスタン政府の中に不安をもたらしたのである。2010年5月に、BBC報道によれば、

　　カザフスタンのサウアト・ミンバイェフ Sauat Mynbayev エネルギー相はカザフ議会において、中国はエネルギー部門の15社において50～100％の所有株を保持していると述べた。カザフ・エネルギー省によれば、カザフスタンが2010年に生産すると予想される原油8000万トンのうち、2570万トンが中国に行くであろう[65]。

仮にロシアにおける中国の利権石油選択肢の拡張に対するモスクワの立場が、2010年代の間に幾分か緩和されていたとしたら、カザフスタンにおける

表6.3　カスピ海における国別在来型石油・天然ガス資源、2009年末（10億バレルおよび兆立方メートル）

	確認埋蔵量		究極可採埋蔵量		累積生産量		残存可採埋蔵量	
	石油	天然ガス	石油	天然ガス	石油	天然ガス	石油	天然ガス
アゼルバイジャン	7.0	1.4	29.9	4.4	11.7	0.3	18.2	4.1
カザフスタン	39.8	2.0	78.2	6.1	9.2	0.4	68.9	5.8
トルクメニスタン	0.6	7.9	19.5	14.2	3.6	2.3	13.9	11.9
ウズベキスタン	0.6	1.7	5.5	5.2	1.1	1.5	4.3	3.7
その他カスピ海諸国*	-	0.2	1.4	0.3	0.2	0.0	1.3	0.3
総計	48.0	13.2	134.4	30.3	25.8	4.5	108.6	25.8
世界シェア（％）	3.5	7.2	3.9	6.5	2.3	5.0	4.7	6.9

注：*アルメニア、ジョージア、キルギス共和国、タジキスタン。
出所：IEA (2010), p. 500 and 524.

中国の利権石油選択肢の強化に対する予想された制限は、中国の国有石油企業各社と、ロスネフチや他のロシア大手石油会社との間の提携に一層積極的かつ精力的になるように、北京を促すであろう。

アジア横断ガスパイプラインを通じた天然ガス供給

中央アジア諸共和国におけるロシアの地位にとって最も手痛い打撃となったのは、中国に対するトルクメニスタン・ガス供給パイプラインの建設開始決定であった。北京は、長距離国境越えパイプラインを通じたトルクメニスタンからの天然ガス輸入の追求によって、ロシアを怒らせる危険を、十分に認識していたし、それこそが、新規のガス田を開発し、独自にパイプラインを建設することを中国が決定した理由に他ならない。この利権ガス（equity gas）の選択肢は、ロシアや欧州連合のいずれかによる不必要な批判から中国を守ったのである。トルクメニスタン産ガスは、中国・ロシアのガス協力の展望を根本的に変更してしまったのである。

トルクメニスタンのガス埋蔵量

トルクメニスタン政府の「石油・ガス産業発展計画2030」によると、同国の総埋蔵量は、22兆4000億立方メートルであり、これにはカスピ海トルクメニスタン領域の6兆2000億立方メートルが含まれる。トルクメニスタンのガス埋蔵量は、中央アジアのすべての埋蔵ガスと同様に、高い硫化水素含有量や他の不純物を有し、そのため大規模な処理が必要である。現行の生産に加えて、「石油・ガス産業発展計画2030」では、輸出用年間2000億立方メートルを含む年2500億立方メートルまでの増産が予測されている。大量のガス確認埋蔵量にもかかわらず、大規模な生産目標の達成は容易でないかもしれない。2015年に1400億立方メートルを生産し、2020年には2400億立方メートルを生産するという意欲的な目標が、広く引用されてきた[66]。トルクメニスタンの主要なガス生産地域は、国の南東部にある。そこでのガス田には、ダウレタバード Dauletabad ガス田（最大）[67]、シャトルイク Shatlyk ガス田（ソ連時代は最大であったが、衰退）、および新規に探査されているヨロテン・オスマン Yolotan-Osman ガス田が含まれている[68]。

表6.4 トルクメニスタンのガス生産と輸出（10億立方メートル）

	ガス生産量	ガス輸出量
2006	70	50
2010	120	100
2015	140	116
2020	240	140

出所：Ministry of Oil and Gas Industry and Mineral Resources of Turkmenistan, Denisova (2007), p. 46 より引用。

　トルクメニスタンの国営会社，トルクメンゲオローギア Turkmengeologiya によると，2005年におけるトルクメニスタンのガス可採資源量は20兆4750億立方メートルであった。探査作業によって，トルクメニスタンで147のガスおよびガスコンデンセート田が発見され，その埋蔵量は4兆8230億立方メートルと推定されている。埋蔵量に占める最も重要な割合（4兆4490億立方メートル）は，トルクメニスタンの南東部および中央部に位置する138ヶ所のガス田が持っている。残りの3379億立方メートルは，トルクメニスタン西部に，カスピ海トルクメニスタン領域内の9ヶ所の海洋ガス田に存在する[69]。トルクメニスタンは，埋蔵量2兆5130億立方メートルのガスを有する51ヶ所のガス田を開発していた。12のガス田ですでに開発準備が整っており，その埋蔵量はガス2795億立方メートルと推定されている。ガス埋蔵量1兆8950億立方メートルと推定される73ヶ所のガス田は探査中である。約1351億立方メートルのガス埋蔵量を持つ12ヶ所のガス田は，一時的に閉鎖されている。

　トルクメンゲオローギアは，同国東部におけるグノルタ Gunorta（南）ヨロテン田の発見が，2004年の主要な出来事の1つであったことを認めた。グノルタでは，岩塩下層炭酸塩堆積物が，1日当たり100万立方メートルを超える多量のガス流入をもたらす。中国国有石油会社による3次元震探を伴う極めて集約的な探査が，生産されたガスの中国に対する適時の供給を確保するために，行われて来たが，その結果中国は，2013年よりその巨大ガス田からガスを受けとる予定である。有望な新田は，2004年にテペ Tepe で発見された。最初の坑井による商業用ガス流入量は1日当たり20万立方メートルを超えていた。グトリゥィアヤク Gutlyayak では，炭化水素の相当量の流入（1日

当たり30万立方メートルとガスコンデンセート1日30トン）も発見されている。バガドジャ Bagadzha では，その数値は1日に100万立方メートルであった。有望なガス井が，イェルブルン Yerburun，ナラズウィム Narazym，ドルトグリデペ Dortgul'depe，および南（ユージニゥィ Yuzhny）ヨロテンの諸田で，掘削されつつある。中国は，2013年までにトルクメニスタン，とりわけグノルタ・ヨロテン田からのガスを極めて大規模に必要とする。この大規模供給を達成するために，有望な（試掘）井に加えて，生産のための補助的開発井がなくてはならない。最初の試掘井は，トランスウングズ・カラクーム Transsunguz Karakum で新たに発見されたブルグートリ Burgutli の用地で開始された。トルクメニスタンのガス埋蔵量は，2000年から2004年の間に，2900億立方メートルだけ増加した。トルクメニスタンは，2011年から2020年までで，既知埋蔵量の合計に，2兆立方メートル以上のガスを追加することを期待している[70]。

超巨大ガス田ユージニゥィ・ヨロテンの発見

国際会議「トルクメニスタンの石油・ガス2006年」（同年9月に開催）の会期中に，トルクメニスタン当局によって，ユージニゥィ・ヨロテン田の埋蔵量がガス1兆5000億立方メートル，石油1700万トンを超えることが明らかにされた。アシガバート Ashgabat の当初計画によれば，ガス田開発の第1段階におけるガス生産量は毎年150億立方メートルに達するはずで，結果的にその数値は，430億立方メートルにまで上昇するかも知れない。同田で2006年10月に掘削された新規試掘井で非常に大規模なガスの発見がもたらされ，この結果その当初計画が変更されることになった。年生産量は，新規埋蔵量7兆立方メートルの推定に基づくと，その工学的最大量2000億立方メートルに到達する可能性がある。2006年11月に，トルクメニスタンのサパルムラト・ニヤゾフ Saparmurat Niyazov 大統領は，ユージニゥィ・ヨロテン構造における，7兆立方メートルの埋蔵量を持つ巨大ガス田の発見を発表した。埋蔵量の当初推定は1兆5000億立方メートルであった。この巨大ガス田は，1兆3000億立方メートルの商業的埋蔵量を持つ，もう1ヶ所の厖大なガス田ダウレタバードに隣接していた。国有会社トルクメンゲオローギアは，2004～2005年にユー

ジニゥィ・ヨロテン構造で地震探査と試掘を行った。深度 4500 メートルまで掘削された最初の試掘井では，2005 年秋に日量で 140 万立方メートルの天然ガスを産出した。同地域では，ヤシュラール Yashlar とオスマンの土地の近くに，有望な構造が存在する。トルクメンゲオローギアのイシャングルィ・ヌルィエフ Ishanguly Nuryev 大臣兼社長によれば，この地域は 2020〜2025 年の期間において，トルクメニスタン・ガス生産拡大のための主要資源基盤となるであろう[71]。

トルクメニスタンのクルバングルィ・ベルドゥィムハメドフ Kurbanguly Berdymukhamedov 大統領（2006 年にニヤゾフの死の際に，彼の後を継いだ）が，2008 年 8 月 8 日に北京で中国国有石油会社の役員に述べたところでは，予備的資料が，トルクメニスタンの地表下資源における天然ガス埋蔵量は当初考えられていたよりもはるかに高率であることを示していた。この新事実に基づき，ベルドゥィムハメドフは，中国当局がトルクメニスタンから，政府間協定ですでに想定されていた 300 億立方メートルに加えて，毎年 100 億立方メートルの天然ガスを追加購入する可能性について，検討するように提案した。彼は，2009 年末までにトルクメニスタンから中国に至るガスパイプラインが完成されるが，これは 400 億立方メートルのガス輸送能力を持つ予定だと述べた。また彼は，英国のガフニー・クライン＆アソシエイツ（Gaffney, Cline & Associates）によって現在行われている評価も，アシガバートの信頼性のもう 1 つの指標であると付け加えた。中国国有石油会社は，トルクメニスタンの土地で炭化水素を探査・採取する許可を獲得した。トルクメニスタン・中国間協定の下で，探査がサマンデペ Samandepe，ヤシュィルデペ Yashyldepe，メテドジャン Metedzhan，およびゲンドジベク Gendzhibek の諸ガス田で遂行されるであろが，これらはバグトゥィヤルルィク Bagtyyarlyk という会社の契約領域の一部である。年間 130 億立方メートルの天然ガス生産を可能にするために，既存インフラストラクチャの近代化だけでなく，ガス田開発の早期開始に対しても，60 億米ドル以上が支出されるであろう。残りのガスは，新規ガス田の開発からもたらされるはずである。トルクメニスタンから中国への国境越えガスパイプラインにガスを供給する 2 ヶ所のガス処理施設のうち，1 ヶ所の建設が 2008 年 6 月に開始された[72]。

トルクメニスタン

トルクメニスタンから中国にガスを輸出するという構想は，中国国有石油会社が，三菱と一緒に，いわゆるエネルギー・シルクロード・プロジェクトを，これは時折汎アジア・ガスプロジェクトとして知られるが，提案するためにトルクメニスタンを訪問した，1992年12月に始まる。同月にアシガバートで開催されたトルクメンガス連合（Turkmengaz Association），三菱および中国国有石油会社の代表会合において，このパイプライン・プロジェクトの提案が開示された。1993～1995年の間に，中国国有石油会社，三菱およびトルクメニスタン政府は，トルクメニスタンと日本を，ウズベキスタン，カザフスタンおよび中国経由で結ぶ，7000キロメートルのガスパイプラインを開発する可能性を検討していた[73]。中国国有石油会社は1993年に，このプロジェクトを運営するために，中央アジアコーポレーション（Central Asia Corporation）を設立しているが，これは同社の張永一副社長により管理された。1993年に導入された当初計画では，トルクメニスタンから天津に近い塘沽港に至る陸上パイプラインの建設を目指しており，そこでガスが液化された後，日本に向けて出荷される予定であった。このプロジェクトは，同社が中国東部と南部の消費者に新疆のガスをパイプ輸送する上で重要な役割を果たすことができるので，その関心を喚起するものであった[74]。

李鵬首相が中央アジアを歴訪した1994年4月に，中国国有石油会社の張永一副総社長は，趣意書に署名し，中央アジア諸国との中国・中央アジア石油協力構想を広く後押しした。トルクメニスタンでは，トルクメニスタン－中国－日本の天然ガスパイプライン計画が調印され，同社とトルクメニスタンの石油・ガス省との間で，本件を検討する委員会の設置について趣意書が合意された[75]。1995年8月22日に，中国国有石油会社，エクソンおよび三菱は，トルクメニスタンからカザフスタンと中国（とくに江蘇省の連雲港）を経由して日本に至る，7000キロメートルのパイプラインに関する実現可能性調査に着手する旨の協定に署名した。投資見積額は118億ドルであった。エクソンと三菱の両社は，新疆ウイグル自治区で石油・ガスの探査・開発を実施していたが[76]，1996年末に両社による最終報告書が準備された。その判断は好ましいものではなく，開発のために当面なんら活動すべきでないと勧告するものであっ

た[77]。その後，トルクメニスタンのガスを中国に供給するという選択肢は，しばらくの間，完全に等閑視されることになった。

トルクメニスタンが上流部門の開発に関して中国と再び協力し始め，アムダリア川右岸の多数の鉱床において石油・ガスサービスを提供することに関して，中国国有石油会社と契約したのは，2003～2005年の時期のことであった。同社は，同地域の豊富な炭化水素埋蔵量の存在を確認する上で時間を浪費しなかった。中央アジア－中国のガスパイプラインの最初の案は，カザフスタン－中国ガスパイプラインとして提出されたが，これは，カザフスタン－中国石油パイプラインと同じ経路をたどることになっていた。2003年6月に，胡錦濤中国国家主席のカザフスタン訪問中に，同プロジェクトの評価をはかどらせるための協定が調印された[78]。トルクメニスタンのサパルムラト・ニヤゾフ大統領は2005年12月に，中国が1000立方メートル当たり80ドルの価格でガスを買い取ることに合意したことを明らかにさえした[79]。

中国・トルクメニスタンのガス枠組み協定の調印

最初の進展が見られたのは，トルクメニスタンと中国がガス部門に関する枠組み協定に調印した2006年4月初旬のことであり，それは，年間300億立方メートルの指定能力を持つ中国向けガスパイプラインの建設と，2009年から30年間のガス供給とを規定していた。ダウレタバード（1兆3000億立方メートル）とシャトルィク（1兆立方メートル）の巨大ガス田が発見されたアムダリヤ鉱床が，パイプラインのための資源基地として選ばれた。中国は，地域横断ガスパイプラインの建設に関して，ウズベキスタンおよびカザフスタンと必要な協定に達する責任を引き受けた[80]。ニヤゾフ大統領は，6日間の訪中の後，自国の政府職員に対して，天然ガスパイプラインは現代のシルクロードとなり，こうしてそれはトルクメニスタン経済に著しい貢献をもたらすとともに，中国とトルクメニスタンとの友好関係をさらに強化するだろうと語った[81]。二国間の枠組み協定によれば，天然ガス価格は，合理的かつ公正な取引に基づき，国際価格を参考に設定され，また米ドルが，望ましい支払い通貨であろう。トルクメニスタンがロシアに1000立方メートル当たり65ドルの価格で天然ガスを輸出している以上（2006年），ロシア向けよりも低い価格，たと

えば 60 ドルが,適用されると,想定された[82]。

トルクメニスタンは 2006 年 11 月に,グノルタ・ヨロテン・ガス鉱床の開発に対する中国国有石油会社の参加を認可した。トルクメニスタンの国有企業トルクメンゲオローギアは,中国国有石油会社・長慶石油探査局と,グノルタ・ヨロテンで最大深度 5000 メートルの 12 本の試験井を 1 億 5200 万ドルの費用で掘削する,業務契約に署名した。2006 年 12 月のニヤゾフ大統領の急逝[83]が,トルクメニスタンの中国に対する約束を変更することはなく,2007 年 7 月に,彼の後継者ベルドゥィムハメドフがそれまでのガス部門協定を確認し,アムダリア川右岸のバグトゥィヤルルィク地域を開発する,中国国有石油会社との生産物分与協定に署名した[84]。2 つの作業集団の設置は,1 つはアムダリア天然ガス会社(Amu Darya Natural Gas Company)の設立に,他は中央アジア天然ガスパイプライン会社(Central Asian Natural Gas Pipeline Company)に責任を持つものであるが,2006 年 4 月の中国公式訪問の間にニヤザフが調印した枠組み協定に対する,数点の具体的追加事項を含むものであった。2007 年 7 月に,2 件の補足協定がベルドゥィムハメドフ大統領によって,彼の最初の中国公式訪問に際して,調印された。中国国有石油会社の蒋潔敏社長によれば,同社は,トルクメニスタンのアムダリア川右岸で年間 130 億立方メートルのガスを生産しようと目指していた。残りの年間 170 億立方メートルのガスは,トルクメニスタンの他の地域から供給されるであろう。実際,同社の内部関係者の中には,トルクメニスタンが対中国販売用に入手可能なその様に大量のガスを持っているか懸念する者もいた。いつものように,残った問題は,価格であった。たとえ同社が価格を開示しなかったとしても,1000 立方メートル当たり 180 ドルより若干低いと,大方において想定されていた。同社の内部関係者の 1 人は,トルクメニスタン・ガスの設定価格は,ロシアの提示価格より断然低いと述べた[85]。

『中国石油・ガス・石油化学』は,2007 年 7 月のベルドゥィムハメドフの中国公式訪問を記念して,中国－トルクメニスタン・ガスパイプラインの今後の進展について興味深い記事を掲載している。ロシアはトルクメニスタンが中国に大量の天然ガスを供給するのを見たいと思っている訳ではないという主旨である。ガスプロムは,もしトルクメニスタンのガスが一定量以上中国に輸出さ

れるならば，ロシアへのガス輸出がもはや需要を満たせないのではないかと懸念していた。ロシアは2007年に，トルクメニスタンから年500億立方メートルのガスを輸入している。しかしながら，トルクメニスタンは，ロシアとのその取引の重要な均衡力として，中国とのエネルギー協力を深化させたいと望んでいた。だが中国は，あまりに多くの獲得を望む訳にはいかなかった。もしロシアが，トルクメニスタン・ガスの最大の購入者として，価格を妥当な水準にまで引き上げたならば，その時にはトルクメニスタンに対するロシアの影響力が増大するであろう。換言すれば，価格は，提案されている中国－トルクメニスタン・ガスパイプラインに関して，中国が何らかの厳しい交渉を行わなければならない問題となるであろう。第2に，米国も中央アジア諸国のエネルギー資源から目を離さないでおり，ロシアをこの地域におけるその主要な競争相手と見なしていた。それ故中国は，米国との起こりうる摩擦をも考慮に入れる必要があった。いずれにしても中国は，トルクメニスタンからパイプラインガスを入手するその取り組みを，あっさりと放棄することはないであろう。『中国石油・ガス・石油化学』は，中国－トルクメニスタンのガスパイプラインが中国－カザフスタン原油パイプラインのように円滑にあるいは速やかに決着するものではないと結論づけている。しかしながら，中国－トルクメニスタンのガスパイプラインは，中国－ロシアの原油・ガスパイプラインがそうであったように，ゆっくりかつ迷走しながら発展するものでもないであろう[86]。

　トルクメニスタンが，政治的協調よりむしろ相互的経済的利益に基づく，他国とのエネルギー協力を求めていたことは明らかであった。同国はまた，ガスプロムに対する依存を低減したいと思っていたし，自国の豊富な天然ガスを，国際価格より低い価格で他国に輸出する用意があった。しかし，トルクメニスタンが，ロシアに対して，特別に低い価格でガスを販売したいと思っている訳ではない以上，中国に対して低価格でガスを販売することも，同国にとって無意味であった。したがって，中国は，国際価格と同等の価格でガス提供を受ける準備をする必要があった[87]。

ロシアの独占に対するトルクメニスタンの立場によって報われた中国
　トルクメニスタンは2007年8月に，中国まで建設されつつあった輸出パイ

プラインに供給するために，同共和国東部におけるガス埋蔵量の開発権を中国に与えたが[88]，これは政策転換の兆候であった。オックスフォードエネルギー研究所（OIES）の調査は，この進展を次のように記述している。

　…トルクメニスタン－中国ガスパイプラインの建設が正式に着手される一方で，トルクメニスタンは，中国国有石油会社に対して，数件の探査・生産の認可を与えた。中国石油ガス探査開発会社（China National Oil & Gas Exploration & Development Company Ltd.（CNPC E&D））がパイプライン建設の責任を負っているが，このパイプラインは，トルクメニスタン・ウズベキスタン国境のゲダイム Gedaim を出発して，ウズベキスタンとカザフスタンを 1818 キロメートル走って，新疆のホルゴスに至り，そこで第 2 西東ガスパイプラインに接続するものである。アジア横断パイプラインのトルクメニスタン領内地区は，同国東部のマライ Malai ガス田からウズベキスタンとの国境までの 188 キロメートルを走るものであるが，ロシアのストロイトランスガスによって建設されるであろう。中国国有石油会社は，また，2008 年 4 月に，300 億立方メートルの年間処理能力を持つ 1300 キロメートルのパイプラインのカザフスタン地区の建設に関して，カズトランスガス（Kaz Trans Gas）と契約を結んだが，これはシムケントとアルマトゥィを経由して，ウズベキスタン・カザフスタンの国境地点とホルゴスとを結ぶものである[89]。

2005 年 4 月にはすでに提案されていた，中央アジア－中国天然ガスパイプラインは，2007 年中に大幅な進展を遂げた。中国の胡錦濤国家主席とトルクメニスタンのベルドゥィムハメドフ大統領は，7 月 17 日に，中国国有石油会社とトルクメニスタン国家炭化水素資源管理・利用庁（State Agency for Management and Use of Hydrocarbon Resources）とトルクメンガスとの間の，ガス生産物分与契約およびガス売買協定の調印に立ち会って，ともに北京にいた。これは，2006 年 4 月に両国間で調印されたガス協力枠組み協定によって開かれた道に沿う，一層の前進を記すものであった[90]。

中国石油天然ガス株式会社は，2007 年 12 月 28 日に，中国国有石油会社の

完全子会社中国石油・ガス探査・開発会社との協定に署名したが，そこでは両社が中国石油天然ガス株式会社の50％出資子会社である中国石油ガス探査開発会社にそれぞれ80億元ずつ現金で，注入することになっていた。この資金は計画されていた中央アジア－中国天然ガスパイプラインの建設のために提供されるであろう[91]。この目的のために，2007年11月に中国国有石油会社の完全子会社トランスアジアガス（Trans-Asia Gas）が設立され，こうして同企業がトルクメニスタンから，ウズベキスタンとカザフスタン経由で，中国北西部に通じる天然ガスパイプラインの開発・建設に責任を負っていた[92]。2008年夏に，最も有望なガス田の1つである，アムダリア川右岸のサマンデペで，ガス処理施設の建設が開始された。50億立方メートルのガス処理能力を有する近代的な工業複合体は，中国国有石油会社によって建設されるであろう[93]。

オリンピックの後，胡錦濤国家主席のトルクメニスタン，アシガバート訪問中に，トルクメニスタンと中国は，トルクメンガスと中国国有石油会社との間の枠組み協定を含む，5件の二国間文書に調印した。トルクメニスタン大統領は，両国が燃料とエネルギーをこのような協力の最優先課題として設定したことを述べた。彼は次のように付け加えた。

　…われわれの共同の努力のおかげで，トルクメニスタンの地質学者が大規模な石油・ガス田を発見したアムダリア川右岸を起点とする，トルクメニスタン－中国ガスパイプラインに目鼻がつきだした。この未来のパイプラインは，これで中国が当初計画されていた300億立方メートルではなく400億立方メートルのガスを受け取ることになるであろうし，当然のことながら世紀のプロジェクトと評されてきた。このことは，約7000キロメートルという前例のない長さ故だけではなく，世界エネルギー市場において，またアジアの地理的空間全体の統合過程において，それが果たすであろう役割のお陰でもある[94]。

両国はまた，共同声明に署名し，トルクメニスタン・中国協力会議，すなわち政府間協定によって裏付けされた決定を形成することに合意した。

ガス価格負担と利権ガスによる解決

中国国有石油会社が，トルクメニスタンからのガス輸入に関して合意した価格について，最も頻繁に引用される推定は，1000立方メートル当たり180ドルや195ドルである。この水準の国境価格では，100万英国熱量単位当たり3.8ドルの輸送料が付加されると，中国沿岸部における都市入り口価格との差は確実に同10ドル以上になる。この価格負荷にもかかわらず，北京は，中央アジア－中国ガスパイプラインの開発に許可を与えたのである。その重要な要因は，「利権ガス」という選択肢の利用可能性にあったが，これによって同社は高い国境価格の負担を相殺する十分な緩和策を与えられるであろう。これは，トルクメニスタンとロシアとの間の，ガス輸出に対する接近方法の基本的相違点である。中国は，トルクメニスタンの利権ガス選択肢を受け入れることに何ら躊躇しなかったのであるが，このことは，なぜ中国のロシアとのガス価格交渉が依然として膠着状態を打破できないのか，その理由を間接的に説明していた。

中国の中ロ間交渉相手とは異なり，中国－トルクメニスタン・ガス交渉は時間を何ら浪費せず，パイプライン開発に焦点を当てていた。それはロシアの「有言不実行」(NATO (No Action Talking Only))の態度と中国が呼んだものにいらだつ中国の政策によって推進された。2009年12月14日に，トルクメニスタンのアムダリア川右岸のガス施設で開催された，中央アジア－中国ガスパイプラインの竣工式において，中国の国家主席，トルクメニスタン，カザフスタンおよびウズベキスタンの大統領が一緒に，弁を開いて天然ガスを流した。中央アジア－中国ガスパイプラインは，トルクメニスタンとウズベキスタンの国境の町ゲダイムを出発し，中国の新疆ウイグル自治区のホルゴスに到達する前に，ウズベキスタン中央部とカザフスタン南部を走り抜ける。このガスパイプラインは，並行する複線をもち，それぞれ1833キロメートルの長さである。直径は，1067ミリメートルである。パイプラインの建設は，2008年7月に開始されたが，A線は2009年12月に操業開始となり，B線が2010年10月26日に続いた[95]。中国国有石油会社は，2010年9月15日に次のことを，すなわちB線の年間ガス輸送能力が90億立方メートルに達したが，同社はこれを2010年末までに150億立方メートルに拡大し，その後，2011年第1四半

期までに 177 億立方メートルにまで拡大すること希望していることをはっきりさせた[96]。2011 年末までに，年間供給能力は 300 億立方メートルに到達しなければならない[97]。

ウラジーミル・ソコル Vladimir Socor の言葉を借りれば，

> …トルクメニスタンのガス輸出多角化政策の一環として，中央アジア－中国ガスパイプラインにおいて見られたこの躍進は，欧州のガス取引においてだけでなく，アジアの 2 つの前線においてもロシアの地位を掘り崩すものであった。すなわちそれは，ロシアによるトルクメニスタン・ガスの将来の（減量される）輸入に関する交渉と，行われるうる東シベリアから中国へのロシア産ガス輸出に関する交渉とであった[98]。

中国の計画立案者は，南ヨロテン・ガス田の確認埋蔵量を確証しないで，利権ガスの選択肢という大胆な構想を採用することはなかったであろう。ガス供給の持続可能性は，中国の計画立案者にとって，パイプラインを正当化する最も重要な要因であった。

中国国有石油会社は 2010 年 9 月に，トルクメニスタンのアム Amu プロジェクトのガス生産量が，2010 年 10 月 1 日以前に，65 億 7000 万立方メートルに達するだろうと発表した（2009 年 12 月 14 日の操業開始以来，同プロジェクトの処理能力は 52 億 9000 万立方メートルに到達していた）。天然ガス施設 No. 1 は，操業開始以来，パイプラインに供給されるガス 23 億 2000 万立方メートルを含む，25 億 8000 万立方メートル程度を処理していた。アム・プロジェクトは，2010 年に 50 億立方メートルの生産能力に到達する予定で，2011 年末までには 130 億立方メートルに増大することになっていた[99]。しかしながら，南ヨロテン田のガス生産（第 1 期開発）は，多分 1, 2 年遅れて，2014〜15 年まで延期されるであろう。2009 年にトルクメンガスは，南ヨロテン第 1 期開発のための 100 億ドル近い掘削・建設請負契約を，中国国有石油会社，ペトロファク（Petrofac），ガルフオイル＆ガス，および LG インターナショナル（LG International）から構成される企業連合に与えた。2010 年 11 月にペトロファクは，ガスを 1 日当たり 97 億立方フィート（年間 100 億立方メート

6．中央アジアにおける中国の石油・ガス投資

地図 6.2　中央アジアー中国ガスパイプライン

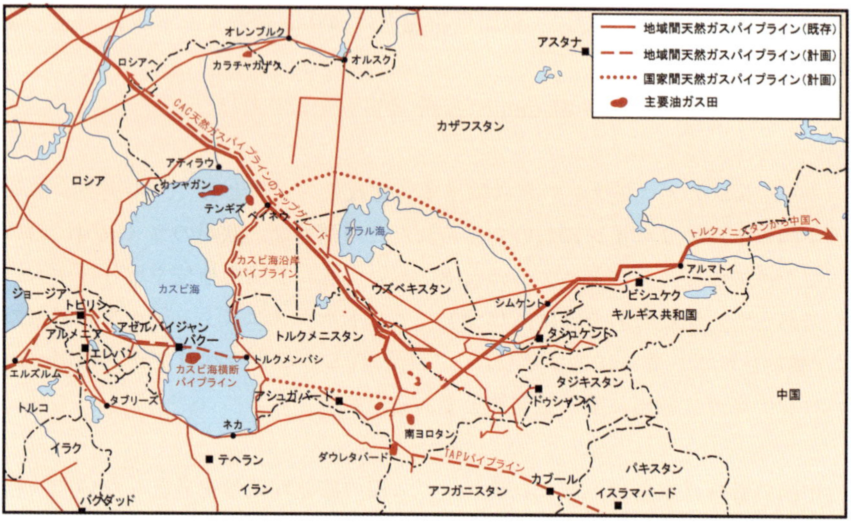

出所：IEA 地図を修正。

ル）まで生産するガス施設のための設計調達建設に若干の遅延が生じるであろう述べた。中国は 2018〜19 年までに，トルクメニスタンから全契約量となる年 300 億立方メートルを輸入するであろう[100]。

国家発展改革委員会の 2010 年 9 月 25 日付け官報によれば，中国国有石油会社は，中央アジアからのガス輸入において，同社が 2009 年末に当該地域からのガス輸入を開始して以来，巨額の損失を被ってきている。同委員会は，正確な数字を提示しなかったが，この損失は，輸入価格が国内市場のガス価格より高いことによるものだということを認めている[101]。この報告は，なぜ中国の計画立案者が，トルクメニスタンにおける利権ガス選択肢の重要性にいかに多くの注意を払ってきたか，その理由をさらに説明するものであった。

2011 年 3 月 1 日に国家発展改革委員会のウェブサイト公開情報は（ロイター報道による），同委員会の張平長官，劉鉄男 Liu Tienan 国家エネルギー局長および訪中していたトルクメニスタンのバイミィラート・ホジャムハムメドフ Baymyrat Hojamuhammedov 副首相の間で合意が成立していたと主張した。トルクメニスタンは，年間 400 億立方メートルのガス供給契約に加えて，ガス

を年200億立方メートル供給するだろうというものである。同委員会は，政府間枠組み協定が，それをまだ頓挫させ得る，価格やインフラストラクチャの問題などいくつかの要因が存在するが，2011年後半には署名されるであろうと，指摘した。2011年4月のウズベキスタンとの新契約（後述）と並行して，輸出量を年400億立方メートルから同600億立方メートルに拡大するトルクメニスタンとのこの新ガス契約は，もし発表通り実施されれば，中ロガス協力に多大な影響を持つであろう[102]。

ウズベキスタン

2005年初めに国連開発計画 (UNDP) によって，ウズベキスタンの潜在的ガス埋蔵量は，国際的に認知された可採埋蔵量より3.2倍以上多い，5兆9000億立方メートルと推定された。合計で193の炭化水素田が発見されていたが，そのうち，93ヶ所が探査中であり，67ヶ所が探査準備中であった。残りの33ヶ所で，地質学的調査作業やインフラストラクチャ開発が進行中であった。2000年代初めには，75％以上の生産がシュルタン Shurtan, ゼヴァルドゥィ Zevardy, デンギズクル・ハウザック Dengizkul-Khaouzak 田で行われ，20％がアラン Alan やコックドゥマラック Kokdumalak, パムック Pamouk, クルタック Koultak 田で生産されていた。ウズベキスタンのガスは品質が相対的に劣り，高濃度の硫黄，炭酸およびその他の酸性や毒性ガスを含有している。その上，ウズベキスタン最大のガス鉱床は，最大60メガパスカルの高い地圧が特徴になっている[103]。2000年代半ばに，同国は，年間600億立方メートル以上のガスを生産していたが，そのうち，年間約50億立方メートルがカザフスタン，キルギスタンおよびタジキスタンに輸出されていた。年間約80億立方メートルがロシアに供給され，年500億立方メートルが国内で消費されていた。ウズベキスタンがその生産を拡大しない限り，中国が入手できるものはこれ以上なかったのである[104]。

胡錦濤国家主席の2004年6月のウズベキスタン訪問に際して，中国国有石油会社とウズベクネフチェガス（Uzbekneftegaz）は，機会を利用して石油・ガスの調査・掘削に関する両国間の緊密な連携を発展させることについて，合意に達した。1年後，ウズベキスタンのイスラム・カリーモフ Islam Karimov

大統領は，2005年5月の訪中の際に，中国と6億ドルの石油取引に調印したことを発表した。これは，中国国有石油会社とウズベクネフチェガスの間の連携を改善するだけでなく，二国間のエネルギー協力をも促進しようとする努力の一環であった。予備交渉において中国国有石油会社は，合弁企業を設立することによって，初期探査・開発投資のために9600万ドルを保証するように求められたが，この企業はブハラBukharaやヒヴァKhiva周辺の，大部分が遠隔地で到達困難な地域に位置する油田に焦点を当てた，持株比率50対50の取り決めを実施するためのものである[105]。

ウズベキスタンは，その国際協力を拡大しようと試みてきている。

ウズベキスタンは2006年8月に，ウズベクネフチェガス，ルクオイル，ペトロナス，中国国有石油会社，および韓国の2社，韓国石油公社（KNOC）・ポスコ（POSCO）の間で，生産物分与協定を締結した。すべての会社が，同企業連合の株式を等分に所有するが，ただし，韓国の20％の株式は例外で，韓国石油公社（10.2％）とポスコ（9.8％）に分割されている。同企業連合に中国国有石油会社とペトロナスが参加したことにより，新規パイプラインに対してアラル海ガス田からガス供給を確保することが可能になったが，これはウズベキスタンにより支持された構想である。アラル海ガス生産は，2012年までに開始される予定であり，結局，最盛期には年間約250億立方メートルに達することになっている[106]。

この他，2006年6月に，中国国有石油会社とウズベクネフチェガスは，ナマンガンNamangan地域のミングブラックMingbulak油田を開発するために，ミングブラックネフティ（Mingbulakneft）という名の合弁企業創設に関する協定に署名した。ウズベクネフチェガス傘下企業アンディジャンネフティ（Andizhanneft）と中国石油・ガス探査・開発会社が同企業の設立者であったが，両社はそれを持分均等で所有している。ミングブラック油田は，ウズベキスタンのナマンガン地域のフェルガナFergana石油・ガス地区に位置しており，1992年に開設された。同油田は，ウズベキスタンの部門組織，ウズネフチェガスドブィチャ（Uzneftegazdobycha）により開発されてきた。これは，

中国国有石油会社のウズベキスタンにおける2番目の石油・ガス・プロジェクトである。中国石油・ガス探査・開発会社は2006年12月に，完全に中国資本からなる中国国有石油会社シルクロードという社名の子会社を創設した。同子会社は，ウズベキスタンで探査事業を実施することを目的としており，ウスチュルト Ustyurt やブハラ・ヒヴァ Bukhara-Khiva やフェルガナの石油・ガス地区内に5ヶ所の投資鉱床を探査する許可を持つ[107]。

この協力の水準は，ウズベキスタンと中国が「中央アジア－中国ガスパイプラインにおけるウズベキスタン地区の建設・操業に関わる」政府間協定に調印した2007年4月30日に，格上げされた。このパイプラインの長さは530キロメートルで，推定能力300億立方メートルとなるであろう。ウズベクネフチェガスは2008年夏に，ウズベキスタン・ブハラ地域のドジョンドル Dzhondor 地区のサイェト Sayet 村近くで建設が開始されたことを確認した。20億ドルの費用がかかったこのガスパイプラインの操業は，ウズベクネフチェガスと中国国有石油会社がパイプラインの設計・建設・操業のために設立した合弁企業アジア・トランス・ガス（Asia Trans Gas）が責任を負うであろう。同プロジェクトは，主要ガスパイプラインの2支線の建設を含んでいる。作業スケジュールによれば，第1支線とKS1圧縮基地は，2009年12月31日以前に完成され，2010年初めに操業を開始していた。第2支線とKS2とKS3の2ヶ所の圧縮基地は，2011年12月31日以前の完成と操業開始の予定となっている[108]。

2007年7月27日にウズベキスタン政府は，同国はガスパイプラインの建設を支援するつもりだと発表した。中国国有石油会社の蒋潔敏社長は，中国政府が，トルクメニスタンを起点とするパイプラインの円滑な建設のために，ウズベキスタンおよびカザフスタンと別々の協定に署名したと述べた[109]。2008年1月28日に，アジア・トランス・ガスの設立文書が正式に調印され，したがって中央アジア－中国ガスパイプラインのウズベク地区の建設と操業が進展し得ることになった[110]。2008年6月にウズベクネフチェガスは，中国国有石油会社とウズベク国有持ち株会社（Uzbek National Holding Company），ウズベクネフチェガスが，ミングブラック油田を共同で探査・開発する合弁企業ミングブラックネフティの創設に関する協定に署名したと述べた。中国国有石油

会社は，5年以内に地質学的調査に2億850万ドルを投資することになっていた[111]。2008年7月に，同社はウズベキスタン（ブハラ地域）から新疆のホルゴスまでの天然ガスパイプラインの建設に着手した[112]。

中国国有石油会社は2010年6月9日に，ウズベキスタンのウズベクネフチェガス国有持ち株会社から年間100億立方メートルの天然ガスを購入する枠組み協定に署名した。同協定にれば，ガスはウズベキスタン－中国ガスパイプラインを通じて輸入されるであろうが，何時輸入が開始されるかにつての時間制約は何ら与えられていなかった[113]。ドミトリー・メドヴェージェフ大統領の北京訪問中の9月27日に，ルクオイルのヴァギト・アレクペロフ Vagit Alekperov 最高経営責任者と中国国有石油会社の蒋潔敏社長は，両社の戦略的協力を拡大する協定に調印し，10月にアレクペロフは，ルクオイルが早ければ2014年にもウズベキスタンで生産したガスを年間約100億立方メートル，中国に供給するかも知れないことを示唆した[114]。

これに加えて，イスラム・カリーモフ大統領は，2011年4月の北京公式訪問中に，トルクメニスタン－中国ガスパイプライン第3構成部分のウズベク部分の建設と操業に関する政府間協定に調印した。この新規パイプラインは，ウズベキスタンの生産量の3分の1以上となる年間250億立方メートルの供給能力を有するであろう。22億ドルの建設費は，中国国家開発銀行（China Development Bank）からの融資で調達されるであろう[115]。年間100億立方メートルから250億立方メートルへのウズベクガス供給の拡大が，中国の第3，第4，第5西東ガス・パイプラインの開発予定表や中ロのガス協力にどのように影響するかは，まだ分からない。

カザフスタン

シャミル・イェニケイェフ Shamil Yenikeyeff は，カザフスタンにおける炭化水素の状況について，次のように記述している。

　カザフスタン国内の炭化水素埋蔵量は3兆3000億立方メートル～3兆7000億立方メートルと推定されるが，そのうち2兆5000億立方メートルが確認埋蔵量である。カザフスタンのガス潜在埋蔵量は，カスピ海において

資源開発がさらに進めば，6兆～8兆立方メートルに到達しうるであろう。6ヶ所の主要ガス田（カラチャガナク Karachaganak，テンギス，カシャガン，ジャナジョル，イマシェフスコエ Imashevskoye，ジェトゥィバイ Zhetybai）があり，その確認埋蔵量は最小ガス田における990億立方メートルから最大ガス田の1兆3700億立方メートルに及ぶ。カザフスタンのエネルギー・鉱物資源省は，カザフスタンが，2015年には600億～800億立方メートルを生産し，2020年には1000億立方メートルを生産するだろうと予測している[116]。

…

2007年8月18日に，カザフスタンと中国は，中国への新規ガスパイプラインの建設・操業に関して合意に達した。中国国有石油会社とカズムナイガスは11月8日に，カザフスタン－中国ガスパイプライン建設・操業に関する基本原則協定に調印した。暫定協定では，2本の幹線からなるアジア横断ガスパイプライン網が構想されていた。第1幹線（カザフスタン南部を通過）は，トルクメニスタン－中国ガスパイプラインのカザフ地区となるであろう。第2幹線は，カザフスタン西部から中国西部にガスを供給するであろう[117]。

…

トルクメニスタン－中国ガスパイプラインのカザフ地区は，ウズベク・カザフ国境からカザフの都市チムケントを経由し，中国とカザフスタンの国境に至り，新疆のホルゴスで終点となる。トルクメニスタン－中国パイプラインは，2本の並行した1067ミリメートル径のパイプラインと5ヶ所の圧縮基地から構成され，年間300億立方メートルの輸送が可能となるであろう。プロジェクト経費は，65億ドル以上と見積もられている。中国国有石油会社は，パイプラインのために100％の資金供給を提供するつもりであり，2010年までに中国地区の建設に着手することを希望している[118]。

第2の計画されていた中国向けガスパイプラインは，2005年に着手されたカザフスタン西部から中国西部（ベイネウ Beyneu－ボゾイ Bozoy－クィジルオルダ Kyzylorda－チムケント）に至るパイプラインで，全長1480キ

ロメートルとなり，1016～1067 ミリメートル径鋼管と，計画年間輸送能力 100 億立方メートルを持つであろう。カザフスタンと中国は当初，中央ルート（アティラウ（マカト Makat）－アクトベ Aktobe －ジャナジョル－チェルカル Chelkar －アタス－ドスティク Dostyk －阿拉山口）に沿ってパイプラインを建設する計画であり，年間 300 億立方メートルの輸送能力を持ち，2015 年までに年 400 億立方メートルに達することを予定していた。両当事国は，その後，経済的理由で年 100 億立方メートルに輸送能力を削減している。30 年にわたって回収するという 38 億 4000 万ドルの予備的経費見積りが，このパイプラインで輸送されるガスはウズベキスタンから輸入されるガスのほとんど 3 倍費用がかかるという，補足的見積りを考慮すると，中国投資家を躊躇させたのである[119]。

2010 年 10 月にカザフのサウアト・ミンバイェフ石油・ガス相は，北京がカザフスタン－中国ガスパイプラインの第 2 地区と見なしていたベイネウ－ボゾイ・パイプライン・プロジェクトが，2010 年 12 月に開始されるかも知れないと述べた。彼はさらに，ひとたびジャナジョルガス田の「ガスキャップ」に関する報告が国家埋蔵量委員会によって受理されれば，計画通り 2010 年 12 月に，中央開発委員会の通例の承認なしで，建設作業を開始することが可能となるべきだと付け加えた[120]。

アジア横断ガスパイプラインの優先
イェニケイェフによれば，

2008 年 2 月に，カズトランスガスとトランスアジア・ガスパイプライン社（Trans-Asia Gas Pipeline Ltd.）（中国石油・ガス探査・開発会社が所有）は，トルクメニスタン－中国パイプラインのカザフ地区の唯一の運営企業となるべき合弁企業を設立した。ウズベクやトルクメンの関連ガス会社との同様の合弁企業が，同ガスパイプラインのそれぞれの地区を運営するために，アジア横断ガスパイプライン社によって設立された[121]。

カザフスタンは，輸入に頼らずにその国内ガス需要が満たされ得るように保証する，エネルギー安全保障プロジェクトとして，中国へのパイプラインを見なしている。2008年11月初めに，中国国有石油会社とカズムナイガスは，カザフスタン西部－中国西部ガスパイプラインの建設に関する暫定協定に調印したが，同パイプラインは，中国に年間50億立方メートルのガスを送り，カザフスタン南部における使用のためにおおよそ年間50億立方メートルを送ることが計画されている[122]。

　カザフスタン－中国ガスパイプラインの建設開始を記念する起工式が，2008年7月9日にアルマトゥィ州において，アルマトゥィ－カプチャガイ Kapchagai 高速道路の42キロメートル地点近くで行われた。同じ日に，アジア横断ガスパイプラインのベイムベト・シャヤフメトフ Beimbet Shyakhmetov 社長は，カザフ－中国ガスパイプラインの建設費用が，圧縮装置や自動制御や補助装置に関連する設計・予算書類がたとえなくても，60億～65億ドルかかるだろうと述べた。この見積り額は，ウズベク－カザフ国境からホルゴスまで（1300キロメートル）の建設局面に言及したものである。彼はさらに，中国とトルクメニスタン間のガス輸送プロジェクトの総費用は，200億ドル前後と推定されると付け加えた。同ガス・パイプラインの運営企業，トランスアジアガスは，2008年夏までに15年返済の融資で少なくとも60億ドルを調達する計画であった。中国国有石油会社の企業保証は，最初の5年間は有効であろう。同プロジェクトの回収期間は，資金が15年期間で調達される場合，12年ないし13年となるであろう。国家財政資金はないので，全資金は融資となる。パイプラインの第1地区は，ウズベク・カザフ国境から南カザフスタン州における行政の中心地シムケント Shymkent（これまでのチムケント：訳注）を経て，カザフ－中国国境に至り，ホルゴスに達する。この地区は2008～9年の期間中に建設され，年間輸送能力400億立方メートル，全長1300キロメートルを持つと計画されていた。カザフ地区の建設工事は2008年7月9日に開始され，第1期は2009年7月に完成された。それは，中国国有石油会社とカズムナイガスの合弁企業であるアジアガスパイプライン（Asian Gas Pipeline）によって建設された。この地区の主要請負業者は，カズストロイサービス（KazStroyService）と，中国石油工事建設会社（China Petroleum

Engineering and Construction Corporation）であった。第2地区の建設は2010年12月に開始された。ベイネウーボゾイークィジルオルダーシムケントにわたる第2地区は，全長1480キロメートルで，年間輸送能力100億立方メートルとなる計画であった[123]。

カザフのウミルザク・シュケイエフ Umirzak Shukeyev 副首相は，カリム・マシモフ Karim Masimov 首相が2008年2月に同プロジェクトのための財政資金提供を承認しており，経済・財政計画化担当大臣に，同国の2009～11年の3ヶ年予算で必要な資金を配分するように命じたことを認めた。パイプライン開発の第1段階は，約34億ドルかかると見積られていたが，他方第2期の建設と始動は，3億8900万ドルの追加費用がかかると予想されていた。第1期は50億立方メートルの年間輸送能力を持ち，2009年から2011年の間に完成すると期待された。第2期は，2011年から2014年の間に完了した際には，最大100億立方メートルのパイプライン輸送能力をもたらすであろう[124]。マシモフと中国国有石油会社の汪東進副社長は2008年10月10日に会見し，ガスパイプライン・プロジェクトとその早期完成の可能性に関して検討した。2本の並行するパイプラインのうち最初の1本は，2009年に完成され，2本目は2010年末までに完成された。ガスパイプラインは全体で，年間処理能力400億立方メートルを持つように設計されていた。2011年9月に，両政府はパイプライン「C」のカザフ地区を建設することで合意したが，これはトルクメニスタンを起点として，ウズベキスタンを通り抜ける。パイプライン「C」の輸送能力は，2015年12月までに年間250億立方メートルに増加し，パイプライン網の輸送能力を550億立方メートルに拡大するであろう[125]。

1305キロメートルのカザフ地区の建設は2012年初めに始まると期待されており，パイプライン「C」は2014年1月までに，初期輸送能力年間150億立方メートルで使用できるようになる[126]。

イェニケイエフの主張するところでは，

　　…中国へのトランスアジア・ガスパイプラインの建設は，すべての通過パイプラインを統一システムに連結するという点で，カザフスタンにとって新たな機会を開くものであった。これは，異なる生産者とのガス交換とカザ

フスタン南部へのガス供給との点で,カザフスタンに一層大きな自由を許すであろう,もしトランスアジア・ガスパイプライン網の西南(カザフスタン西部－中国西部)支線が進展するとすればのことであるが[127]。

中国へのトランスアジア・ガスパイプライン開発の重要性は,それが中国の国内幹線ガスパイプラインに直接に接続されるという事実にある。これが,ロシアのまだ潜在的なアルタイ供給プロジェクトとの大きな相違点である。

結 論

中央アジア諸共和国からの長距離パイプラインガスの導入は,中国へのパイプラインガス供給を独占するというガスプロムの目的に対して,現実の挑戦を提起している。中ロのガス協力は,今後数十年間,この中国・中央アジアガス協力によって,厳しい影響を受けるであろう。中国がその国際的石油・ガス事業の拡張において採用した新しい取り組みは,同国の急増するエネルギー需要を充足する石油・ガス供給の持続可能性を確保する必要によって推進されたものであるが,かつまたその大量の外貨準備に由来する増える一方の資金力によって支えられていた。

中央アジア諸共和国で見られた最も顕著な進展は,関連するパイプライン開発とともに,石油・ガス上流部門の資産買収を通じるものであった。ロシアの供給源と比較して,中央アジア諸共和国は特別の地理的利点を何ら提供していなかった。それでは,何が中国人に中央アジア諸共和国を優先させたのであろうか? ロシアの石油・ガス・プロジェクトに対する中国の立場は,中央アジア諸共和国に対するその立場とは,明白に異なっていたのである。何がこの差異の決定要因となったのか?

まず第1に,2000年初めにおける,中国西部の経済発展を促進するという中国国務院の決定が,大規模天然ガスパイプライン,いわゆる第1西東ガスパイプラインの開発に道を開いた。確認ガス埋蔵量が大変乏しかった(4000キロメートルのパイプライン開発を正当化するのに必要とされる1兆立方メートルをかなり下回る)にもかかわらず,第1西東ガスパイプラインは2004年に

完成され，上流ガス部門開発における利権ガス選択肢の中国による採用をトルクメニスタンによって認可されて後間もなくして，第2西東ガスパイプラインが承認された。換言すれば，長距離幹線パイプラインの建設という中国の国内政策が，中央アジア諸共和国における石油・ガス供給資源の開発，とくに，カザフスタンの原油とトルクメニスタンの天然ガスの開発に，その焦点を集中させるのに役だったのである。たとえ第1および第2西東ガスパイプラインに匹敵する国内原油パイプラインが無かったとしても，同様の幹線ガスパイプラインの開発にはずみがつけられたのである（第3および第4WEP）。カズムナイガスのカイルゲルディ・カブィルディン Kairgeldy Kabyldin 社長は，第8回ロシア石油・ガス会議の席上で，中国政府は，カザフスタンから中国に至るパイプラインの輸送能力を年間300億〜400億立方メートルから年600億立方メートルに拡大すること提案したと述べた[128]。

2011年春これに続いたのは，ガス供給量の増加に関する2件の発表であった。すなわち，トルクメニスタン産ガスの年400億立方メートルから年600億立方メートルへの増加（2011年3月）と[129]，ウズベキスタン産ガスの年100億立方メートルから年250億立方メートルへの増加がそれである。この増加量だけでも，さらに年間350億立方メートルの西東ガスパイプライン輸送能力の開発を必要とする。2011年4月に，偶然の一致だが，中国の国家エネルギー局は，第3，第4および第5の西東ガスパイプラインの建設が次の5年間に開始されるだろうと述べた[130]。国家エネルギー局の計画の最重要主旨は，第4から第5西東ガスパイプラインに至る西東ガスパイプライン回廊の拡大である。いわゆる「西東ガスパイプライン回廊」の開発は，中国が中央アジア諸共和国とロシア双方からのガス輸入規模を最大化するのを可能にするであろう。

中国が模索してきたものは，ロシアからのその天然ガス輸入に中央アジアモデルを適用する方法である。しかしガスプロムは，ロシアからのガス供給に関連した事業における価値連鎖の発展の機会を中国に提供することを傲然と拒否している。要するに，中央アジア諸共和国における石油生産やガス資産買収の中国の新しい試みは，共和国には受け入れられたものの，ロシアは，中国の国有石油企業各社による石油・ガス買収を（たとえ2006年に買収が初めて承認されたとしても）阻止し続けてきた。カザフスタンにおける中国国有石油企業

や金融機関による一連の石油会社の買収は，中国の国有石油企業各社に与えられた利権ガスの選択肢とともに，北京の計画立案者が関連するパイプライン開発に傾倒することを可能にした。利権ガスの選択肢は，それが中国の国有石油企業各社に価値連鎖への参加を可能にするので，同企業各社にとって大きな誘因であった。すなわち，上流，中流，下流域の活動が確立され得たが，これは輸入ガスの高価格によって課せられる財政的負担を緩和するのに十分なものであろう。価値連鎖事業の開発は中央アジア・モデルの中核である。しかしながら，この中央アジア・モデルは，ロシア当局から決して肯定的に見られなかったのであり，そしてこのことが，なぜ石油融資の選択肢（これがロシア・モデルの主要コンセプトとなった）が中国の政策立案者らによって進められたのか，その理由であった。次章では，中ロの石油・ガス協力を通じて何が達成されたのかを示すつもりである。詳細な研究によって，何がこの協力の限界であったかを明らかにするであろう。

【注】
1 *China Oil Gas & Petrochemicals*, 15 September 1995, pp. 8-9；1 December 1993, p. 5（Table: China's Overseas Oil E&D Activities）；15 October 1997, pp. 11-12.
2 中国国有石油会社は，事業子会社中国石油・ガス探査・開発会社を，中国石油・ガス探査・開発会社集団として知られる呉耀文を社長とするグループ企業に拡大した。1998年の同社の内部再編の間に，中国石油・ガス探査・開発会社は，中国国有石油会社国際投資会社 International Investment Corporation（企業名不明）に改編された。*China Oil Gas & Petrochemicals*, 1 July 1997, pp. 1-3；15 January 1994, pp. 2-3；15 October 1998, pp. 10-11；Liu Haiying & Li Xiaoming (2002), pp. 1-3 を参照。
3 *China Oil Gas & Petrochemicals*, 15 September 1995, pp. 8-9；1 December 1993, p. 5（Table: China's Overseas Oil E&D Activities）；15 October 1997, pp. 11-12.
4 Paik et.al. (2007)；*Interfax Central Asia & Caucasus Business Report*, 16 February 2004.
5 Liu Haiying & Li Xiaoming (2002), pp. 1-3.
6 *Ibid*. および Li Yuling (2002a).
7 Liu Haiying & Li Xiaoming (2002), pp. 1-3.
8 Paik et.al. (2007)；Andrews-Speed & Dannreuther (2011).
9 Zhang Boling (2008)；Crooks (2008)；Dyer & Mitchell (2008).
10 Anderlini (2009).
11 「オバマ政権の北極圏エネルギー政策構想の概略」www.ogj.com/index/article-display/8838928569/s-articles/s-oil-gas-journal/s-exploration-development/s-articles/s-cnooc_-sinopec_sign.html；Waldmeir (2009).
12 Lin Fanjing (2009d).
13 「UPDATE 2-BP主導の企業連合，イラクのルメイラ Rumaila 油田に取り組み」www.reuters.com/article/idUSLU68290120090630；「BPと中国国有石油会社，イラクの超巨大 Rumaila 油田開

発」www.bp.com/genericarticle.do?categoryId=2012968&contentId=7057650;「中国国有石油会社とBPがイラクのルメイラ油田,活性化」www.cnpc.com.cn/en/press/Features/CNPC_and_BP_to_rejuvenate_Iraqs_Rumaila_Oilfield.htm
14 Hoyos (2009);「中国国有石油会社主導のグループ,イラクのハルファヤ油田契約を獲得」www.reuters.com/article/idUSGEE5BA04S20091211?type=marketsNews;「イラク,南部油田開発の暫定契約に署名」http://news.xinhuanet.com/english/2009-12/22/content_12690252.htm
15 Chazan (2009);Robinson (2009);「中国企業,中国石油化工会社,アダックス Addax へ50億ポンドを提示」www.guardian.co.uk/business/2009/jun/14/chinese-bid-swiss-oil-firm
16 中国化工会社の情報ページ www.sinochem.com/tabid/696/InfoID/10994/Default.aspx
17 「中国化工株式会社,ペレグリノの株買収に飛びつく」www.upstreamonline.com/live/article 215802.ece;Hook (2011).
18 「中国石油化工会社,24.5億ドルでオクシデンタルのアルゼンチン子会社の買収合意」www.bloomberg.com/news/2010-12-10/sinopec-agrees-to-purchase-occidental-s-argentina-unit-for-2-45-billion.html
19 Christoffersen (1998).
20 *China Oil Gas & Petrochemicals*, 1 November 1997, pp. 10-11;15 October 1997, pp. 10-11.
21 *China Oil Gas & Petrochemicals*, 1 June 1998, pp. 13-14.
22 Quan Lan (1999c). 中国-カザフ石油パイプライン開発に関する詳細な研究は Handke (2006) を参照。
23 Chung Chien-Peng (2004), p. 1002.
24 Li Yuling (2002c).
25 Xie Ye (2004);Qiu Jun (2006a);Chen Wenxian (2006c).
26 Yakovleva (2005).
27 *Ibid*. および *China Energy Report Weekly*, 3-9 April 2008, p. 9.
28 Yakovleva (2005).
29 *Ibid*.
30 *Ibid*.
31 *Ibid*.;Pala & Bradsher (2003);Campaner & Yenikeyeff (2008).
32 Li Yuling (2004e), pp. 2-3.
33 Li Yuling (2004e), pp. 1-2.
34 Barges (2004b), pp. 38-44;Yermukanov (2006).
35 KazMunaiGaz website, www.kmg.kz/en/
36 China National Oil and Gas Exploration and Development Corporation website, www.cnpcint.com/aboutus/welcome.html
37 Yakovleva (2005);Fishelson (2007).
38 Yakovleva (2005).
39 Tsui, E. (2005);Gorst (2005);Fishelson (2007).
40 Lin Fanjing (2007a).
41 Qiu Jun & An Bei (2005).
42 *Ibid*.;*China Oil Gas & Petrochemicals*, 15 July 2006, p. 10;Yang Liu (2006e).
43 2005年2月8日,独山子石化会社の拡張計画が中央政府によって承認されている。Qiu Jun (2006a);Chen Wenxian (2006c);Qiu Jun (2005b);「中国-カザフスタン・パイプライン経由の原油輸入,中国石油天然ガス株式会社の独山子製油所へ到着」http://161.207.5.4/Ptr/News_and_Bulletin/News_Release/200608010011.htm

【注】　*437*

44 「中国石油天然ガス株式会社，ロシアやカザフスタンからの輸入石油処理のため国内製油所の改良」www.ihsglobalinsight.com/SDA/SDADetail17488.htm
45 *China Energy Report Weekly*, 26 November-2 December 2005, p. 8.
46 1990年代遅くには原油価格1バレルは20ドルであったが，パイプラインが完成した2005年には，価格が1バレル60ドルになった。中国の専門家は，計量騒動をカザフスタンがパイプラインからのその利得を増加させた口実として説明していた。Qiu Jun & Wang Boyu（2006）を参照。
47 *China Oil Gas & Petrochemicals*, 1 August 2006, p. 11；「中国－カザフスタン・パイプライン経由の原油輸入，中国石油天然ガス株式会社の独山子製油所へ到着」www.petrochina.com.cn/Ptr/News_and_Bulletin/News_Release/200608010011.htm（リンク先が異なるが，注43と同HP）
48 Yeh Gorst & Aglionby（2006）；Yeh（2007）；*China Energy Report Weekly*, 14-20 August 2008, pp. 11-12；*Agence France Presse*, 26 October 2006.
49 Qiu Jun（2005i）.
50 「ロスネフチと中国石油天然ガス株式会社，合弁会社設立の作業完了」www.chinamining.org/Investment/2006-12-07/1165453663d2460.html
51 *Xinhua News Agency*, 9 July 2007.
52 Peyrouse, S.（2007）.
53 Chen Dongyi（2007d）.
54 2006年に中国は，カザフスタンからわずか400万トンの石油しか受け取っていなかった。*Russian Media Monitoring Agency*, 28 November 2007を参照。
55 1997年以来，中国国有石油会社は合計65億米ドルを投資し，カザフスタンで税金31億9000万米ドルを支払った。同社は，また，5000万米ドルの寄付を行い，地元の人々に1万8100人の雇用を創出した。2008年に北京で開催された中国－カザフスタン・シニア・ビジネス・フォーラムで同社の副理事長，周吉平が行った講演「相互利益を堅持し，共通の発展を達成すること」を参照。www.cnpc.com.cn/eng/press/speeches/2008China%EF%BC%8DKazakhstanSeniorBusinessForum.htm
56 ロシア統一冶金会社は，ロシアの鋼管・鉄道車輛およびその他のエネルギー・輸送・事業会社用金属製品の大手生産者の1社。OMK website, www.omk.ru/en/を参照。*China ERW*, 17-23 April 2008, p. 12.
57 2008年には，中国とカザフスタン間の販売高は175億5000万米ドルとなり，2007年比26.5％増となった。*Russia & CIS OGW*（*Oil & Gas Weekly*）, 9-15 April 2009, p. 24を参照。
58 「中国国有石油会社－アクトベムナイガスの上半期の石油生産量，300万トンを記録」www.interfax.cn/news/18487
59 *China Oil Gas & Petrochemicals*, 1 September 2010, p. 28.
60 「CNPC International Ltd（CNPCI），第2期中国－カザフスタン原油パイプラインを計画」www.energychinaforum.com/news/26531.shtml
61 「カザフスタン－中国原油パイプラインのケンキヤク－クムコル地区，操業開始へ」www.cnpc.com.cn/en/press/newsreleases/Kenkiyak_Kumkol_section_of_Kazakhstan%EF%BC%8DChina_Oil_Pipeline_becomes_operational.htm
62 中国－カザフスタン石油パイプラインは2006年7月に商業運転を開始したが，2006年にそれは176万トンの石油を輸送し，2007年には477万トンを輸送したが，2008年には600万トンを上回り，2009年には773万トンに達した。「中国－カザフスタン石油パイプライン，中国への原油輸送量，2000万トンを突破」を参照。www.sourcejuice.com/1299778/2010/01/26/Sino-Kazakhstan-oil-pipeline-China-amount-crude-oil-breaking/
63 中国は2011年9月に，カザフスタンと中央アジアから天然ガスを供給するパイプライン網の輸

送能力を80%以上拡大する旨の協定に調印した。
64 「ナザルバエフ，中国とカザフスタンとの関係の緊密化を呼びかけ」http://english.peopledaily.com.cn/90001/90776/90883/6636418.html
65 中国は，130億ドル近くの信用と融資を提供する見返りとして，2009年にエネルギー資源大国のカザフスタンにおけるその権益を大幅に拡大した。Demytrie (2010) を参照。カズムナイガスによれば，2010年末時点で，カザフスタンにおけるカズムナイガスとの提携会社による石油生産全体の中で中国の会社が占める割合は，15.4%であった。この比率は，2013年までに11%に，2020年までに5%に減少すると予想されている。*Russia & CIS OGW* (*Oil & Gas Weekly*), 5-11 May 2011, p. 19を参照。
66 Nuriev (2006).
67 トルクメン政府の某役員は2006年3月に，ダウレタバード・ガス田の埋蔵量は，外部監査の結果に基づくと，ほとんど3倍増加し総計4兆5000億立方メートルになったと述べている。Denisova (2007) を参照。
68 Pirani (2009), pp. 295-7.
69 Lukin (2005a).
70 *Ibid.*；「トルクメニスタン，中国とガス探査契約へ」www.rferl.org/content/article/1072876.html
71 Denisova (2007).
72 *China Energy Report Weekly*, 7-13 August 2008, p. 6.
73 Paik (1997)；Paik (2005a).
74 *China Oil Gas & Petrochemicals*, 1 July 1995, p. 5；15 December 1996, pp. 1-3.
75 Christoffersen (1998).
76 *China Oil Gas & Petrochemicals*, 15 June 1993, p. 2；1 September 1995, pp. 10-11. Essoは1996年6月1日，タリムで最初の試掘井を掘削し，タリム盆地で石油掘削装置を沈めた最初の外国石油会社となった。*China Oil Gas & Petrochemicals*, 15 June 1996, p. 7を参照。
77 Paik (1997).
78 「中国とカザフスタン，国境越えガスパイプライン交渉へ」www.china.org.cn/english/BAT/105031.htm
79 Qiu Jun (2005k), p. 7.
80 Pirani (2009), pp. 271-315；Miyamoto (1997)；Roberts (1996)；Skagen (1997).
81 Qiu Jun (2006e).
82 *Ibid.*
83 「トルクメニスタン・ニャゾフ大統領，66歳で死去」www.msnbc.msn.com/id/16307468/ns/world_news-south_and_central_asia/；http://en.wikipedia.org/wiki/Turkmenistan
84 Pirani (2009), pp. 295-7.
85 Chen Dongyi (2007d), p. 5.
86 Chen Dongyi (2007a).
87 Chen Dongyi (2007b).
88 Gorst Dombey & Morris (2007).
89 Pirani (2009), pp. 295-7.
90 Chen Dongyi (2007b).
91 *China Energy Report Weekly*, 26 December 2007-2 January 2008；*China Oil Gas & Petrochemicals*, 1 January 2008, p. 10.
92 Chen Dongyi (2008a).

93　*China Energy Report Weekly*, 26 June-2 July 2008, p. 7;「中央アジアからの天然ガス輸送」www.cnpc.com.cn/en/press/Features/Flow_of_natural_gas_from_Central_Asia_.htm
94　*China Energy Report Weekly*, 28 August-3 September 2008, p. 7.
95　*China Oil Gas & Petrochemicals*, 1 November 2010, p. 28.
96　*China Energy Weekly*, 16-29 September 2010, p. 16；*China Oil Gas & Petrochemicals*, 1 November 2010, p. 28.
97　「中央アジアからの天然ガス輸送」www.cnpc.com.cn/en/press/Features/Flow_of_natural_gas_from_Central_Asia_.htm；Gorst and Dyer（2009）;「中国－中央アジアのパイプラインは困難な作業の成果，展望」, http://news.xinhuanet.com/english/2009-12/15/content_12649941.htm；「胡主席，中国－中央アジア・ガス・パイプラインの竣工式に出席」http://english.peopledaily.com.cn/90001/90776/90883/6841793.html；「中国－中央アジア・ガス・パイプライン，まだ安定供給ならず」http://www2.chinadaily.com.cn/bizchina/2010-01/07/content_9281553.htm
98　Socor（2009）.
99　*China Oil Gas & Petrochemicals*, September 2010, p. 16. 中国国有石油会社は，第4圧縮基地の完成と共に，2010年末までに処理能力を年150億立方メートル（1日当たり14億5000万立方フィート）に引き上げる計画であった。8ヶ所の圧縮基地は，2011年末までに操業の計画であり，処理能力は年間300億立方メートル（1日当たり29億立方フィート）となる予定であった。Petromin Pipeliner（2011）を参照。
100　Petromin Pipeliner（2011）.
101　*China Energy Weekly*, 16-29 September 2010, p. 6.
102　「UPDATE 1－中国とトルクメニスタン，新規天然ガス供給で合意」http://uk.reuters.com/article/2011/03/02/china-turkmenistan-gas-idUKTOE72105F20110302；「トルクメニスタン，中国への天然ガス供給を拡大することに同意」http://news.xinhuanet.com/english2010/china/2011-03/02/c_13758150.htm
103　Zhukov（2009）, pp. 355-94. *China Oil Gas & Petrochemicals*の報道によれば，ウズベキスタンの天然ガスの総埋蔵量は6兆2500億立方メートルを超えると推定されており，1兆6200億立方メートル商業的埋蔵量が含まれる。Lin Fanjing（2007a）を参照。
104　Lin Fanjing（2007a）.
105　Qiu Jun（2005e）.
106　Yenikeyeff（2008）.
107　ウズベクネフチェガスは1998年に設立され，6社の持株会社を保有している。*China Energy Report Weekly*, 16-22 October 2008, p. 9；5-11 June 2008, p. 12；*Russia & CIS OGW*（*Oil & Gas Weekly*）, 16-22 October 2008, pp. 18-19を参照。
108　*China Energy Report Weekly*, 26 June-2 July 2008, pp. 14-15;「アジアトランスガス，12月にウズベキスタン－中国ガスパイプラインを完成」www.uzdaily.com/articles-id-6361.htm；「中央アジアからの天然ガスの流れ：中央アジア－中国ガスパイプライン操業」www.cnpc.com.cn/en/press/Features/Flow_of_natural_gas_from_Central_Asia_.htm
109　Chen Dongyi（2008a）.
110　「中央アジアからの天然ガスの流れ：中央アジア－中国ガスパイプライン操業」www.cnpc.com.cn/en/press/Features/Flow_of_natural_gas_from_Central_Asia_.htm
111　*China Energy Report Weekly*, 5-11 June 2008, p. 12；*Russia & CIS OGW*（*Oil & Gas Weekly*）, 16-22 October 2008, pp. 18-19.
112　*China Oil Gas & Petrochemicals*, 15 July 2008, p. 19.
113　*China Energy Weekly*, 10-16 June 2010, p. 10.

114 アルクペロフは「われわれは,ガス産出量から国内市場への供給分を差し引いて供給するであろう。2016 年までに,ルクオイルは,ウズベキスタンにおけるそのガス生産量を 160 億〜180 億立方メートルまで拡大する計画である」*China Energy Weekly*, 14-20 October 2010, p. 10；*China Oil Gas & Petrochemicals*, 15 June 2010, pp. 16-17 を参照。
115 *Russia & CIS OGW*（*Oil & Gas Weekly*）, 21-7 April 2011, p. 57；Gorst（2011a）。
116 Yenikeyeff（2008）, pp. 316-54.
117 Yenikeyeff（2009）；Yenikeyeff（2008）；*China Energy Weekly*, 24-30 June 2010, p. 15 を参照。
118 Yenikeyeff（2008）, pp. 346-7.
119 Yenikeyeff（2008）.
120 *China Energy Weekly*, 14-20 October 2010, p. 10.
121 Yenikeyeff（2009）；Yenikeyeff（2008）.
122 *Ibid*. および「中央アジアからの天然ガスの流れ：中央アジア－中国ガスパイプライン操業」www.cnpc.com.cn/en/press/Features/Flow_of_natural_gas_from_Central_Asia_.htm
123 *China Energy Weekly*, 16-22 December 2010, p. 10；*China Energy Report Weekly*, 10-16 July 2008, p. 13；31 July-6 August 2008, p. 14；*China Oil Gas & Petrochemicals*, 15 July 2008, p. 18.
124 *China Energy Report Weekly*, 31 July-6 August 2008, p. 14；*China Oil Gas & Petrochemicals*, 15 June 2010, p. 14.
125 *China Energy Report Weekly*, 9-15 October 2008, p. 9.
126 Baizhen（2011）.
127 Yenikeyeff（2008）, pp. 351-2.
128 *China Energy Weekly*, 17-23 June 2010, p. 11.
129 トルクメニスタンは,中央アジア－中国パイプラインの第 1 幹線を使用し,2010 年に中国へ 50 億立方メートルを輸出することを計画していたが,その後,2012 年までに年 400 億立方メートルにこの輸出を増大させる計画であった。北京とアシガバートは,2011 年 3 月 1 日の会合で,この総輸出量を年間 600 億立方メートルに増大させることで合意したと伝えられる。しかしながら,400 億立方メートルへの輸出増大の目標期日は,追加のパイプラインの建設が遅れたために,2015 年に延期されることになった（「トルクメニスタン・中国のエネルギー取引,依然として難航」www.eurasianet.org/node/63037）。
130 「REFILE-UPDATE 1 －中国の燃料需要,2011 年の残余期間は頭打ちに」uk.reuters.com/article/2011/04/22/china-energy-idUKL3E7FM05Z20110422

7．2000年以降の中ロの石油・ガス協力

　新世紀の最初の10年間に，中国は，世界最大の一次エネルギー消費者になった。その隣国ロシアが大規模な石油産業と大量のガス埋蔵量を有している点を考慮すると，中ロのエネルギー協力の必要性は説得的であるように思われる。仮にこの協力がロシア産ガスの大規模な対中国販売という明確な形態をまだ取っていないとしても，他の多くの形態で，伝統的なものや革新的なものを含め，既に具体化されていることは，驚くにあたらない。これらの一部は，ロシアから中国へのガス輸出の主要問題が解決されるかどうかに関わりなく，ダイナミックな発展の可能性を持っている。

石油部門

アンガルスク－大慶パイプライン

　1999年2月末の朱鎔基中国首相のロシア訪問は，中ロ二国間の石油・ガスパイプライン・プログラムに新たな熱意を注入した。朱とロシアの交渉相手イェヴゲーニ・プリマコーフとの第4回定例会合の後に署名された11件の協定のうち，3件は国境越え石油・ガスパイプライン（1本は石油，2本はガス）に関するものであった。石油関連の協定は，アンガルスク－大慶パイプラインの予備的実現可能性調査に関するものであった。暫定案によると，このパイプラインは，920ミリメートル径が予定され，内モンゴルの満洲里で中国領内に入り，大慶油田と接続されることになるが，そこからさらに石油は内陸諸省に輸送することができるであろう。

　その時点までロシアとのすべてのパイプライン交渉は，もっぱら中国国有石油会社によって担当されていたが，1990年代遅くには中国石油化工会社もロシアからの石油供給の可能性を模索し始めていた。中国国有石油会社がイル

クーツクからの天然ガス供給を重視していたのとは異なり，中国石油化工会社は原油パイプラインに一層の関心を持っていた。これには2つの可能な経路があった。1つは，ガスパイプラインに沿って東北3省を通過する東方経路であり，他は，モンゴルを通過し，内モンゴルで中国国境を越える西方経路であった。中国石油化工会社は，中国が2005年に600万トンの原油不足に，2010年には1000万トンの原油不足になると予測していた[1]。しかしながら，同社の新しい取り組みは，中国指導部の賛成を得ることができなかった。

2000年3月20日と21日に北京で開催された中口定例委員会のエネルギー協力分科会第2回会合の後に，国家発展計画委員会長官の曽培炎 Zeng Peiyanとロシアの燃料・エネルギー相ヴィクトル・カルィウジヌィー Victor Kalyuzhnyiとによって二国間協定が調印された。この協定には，東西シベリアから中国に年間3000万トンの石油を輸送するように設計された，国境越え石油パイプラインが含まれていた[2]。

ユーコス－中国国有石油会社による石油パイプラインの実現可能性調査

2001年7月17日に，ロシアから中国に至る石油パイプライン建設の実現可能性調査の企画に関する協定が，モスクワで（江沢民国家主席の訪問中に）調印された。同協定は，ロシア側ではエネルギー省，トランスネフチおよびユーコスによって署名され，中国側は国家発展計画委員会と中国国有石油会社が署名した。パイプラインの全長は2437キロメートルとなり，ロシア国内が1642キロメートル，中国国内が795キロメートルとなるはずであった。同プロジェクトの費用は，17億ドルであった。第1期（2005～2010年）は，年間2000万トンを，第2期（2010～2030年）は年3000万トンを取り扱うであろう[3]。双方は，比例的収益を放棄して折衷的価格決定方式をとることで合意した。一度価格付けに関する行き詰まりが江の訪ロ後に打開されれば，中ロ石油・ガス協力に関する国家指定の交渉者である中国国有石油会社が，ロシア側関係者であるユーコスおよびトランスネフチと共に，実現可能性調査[4]を実施するであろう。価格設定は，問題解決の全過程において最も困難な部分と見なされていたので，中国国有石油会社は，詳細な技術的作業を，予定された2003年の建設開始以前に執り行うことが，プロジェクト全体をより円滑に進める上で役立つ

であろうと考えていた．同パイプラインは，原油供給の入手先を東西シベリアの双方に見いだすであろう．西シベリアの3大油田が，最大2000万トンまでを負担し，10を超える限界的油田が残りを保証するであろう．それは，大慶における生産の枯渇を相殺するために，年間2000万トンの石油を中国東北部に送り出すであろう．中国石油天然ガス株式会社は，大連石油化工会社の精製能力を既存の年710万トンから年2000万トンに拡張するする計画を既に発表していた[5]。

2001年の中国の最優先事項は，ガスよりもむしろロシアからの石油供給にあった．中国国有石油会社は，中国－カザフスタン原油パイプラインの開発が，原油の入手可能性が乏しいために，計画通り実施できないことを学んでいた．アンガルスク－大慶原油パイプラインに関する同社の先進的取り組みと並行して，中国石油化工会社が，また中国化工会社でさえ，ロシアにおける探査・開発に対する彼らの関心を表明していた．もしロシアとのどんな石油関連交渉においても，もっぱら中国国有石油会社に対して排他的な権限を与えるという中国の国家発展計画委員会からの命令がなければ，中国石油化工会社はロシア側を説得して，アンガルスクを満洲里に結び，それから大慶に結びつける国境越え石油パイプラインの経路を再設計させていたかも知れない．中国石油化工会社は，中国北部のその製油所にパイプラインでロシア産石油を運んでくることに失敗したので，その望みを探査と開発にかけ，西シベリアのトムスク州が同社の目標とされていた．

埋蔵量枯渇と生産減少が急速に進むにつれて，大慶当局は，イルクーツク州のヴェルフネチョンスコエ油田にその目を向け始めた．大慶は，ユーコスおよびロスネフチと，中国国境から1000キロメートル北にあるヴェルフネチョンスコエ油田に技術と資金の両方を注入する協定に署名した．9月初旬に，同時に並行して，中国石油天然ガス株式会社は，中国石油インターナショナル（探査・開発）社（CPIC）という名称の全額出資子会社を創設した．この子会社は，中国石油天然ガス株式会社の海外探査・開発事業の全責任を負っている．ロシアとの初期の協力は，すべて中国国有石油会社によって実施されていたが，今では中国石油インターナショナル社が，大慶のロシア事業を管理するであろう．同社の寿鉉成 Shou Xuancheng 社長は，ロシアでの大慶による投資

の可能性に関する質問に対して，非常に慎重に回答した。寿は，「協力は予備的段階にあり，具体的な投資計画は今のところ何も決まっていない」と指摘した。これとは別に，中国国有石油会社は，ともにサハ共和国に存在するチャヤンディンスコエ・ガス田およびタラカンスコエ油田の開発プロジェクトに参画しようと試みていた。結果としてもたらされる生産物は，想定される中ロ石油・ガスパイプラインで中国市場に輸送されるであろう[6]。

二国間プロジェクトの中国側主席交渉者である史訓知は，実現可能性調査が，パイプライン建設の開始を計画している2003年までには，完了することができないと述べた。中国側にとって交渉における重要問題は，ロシアが25年間の石油供給に十分なだけの埋蔵量を確証する必要があるという点にあった。2年間の交渉の後，両者は，ブレント原油，ミナス原油およびオマーン原油の加重価格に基づいた価格算定方式を練り上げたが，これはロシア産原油が他の供給源からの輸入原油と競争力を持つように設計されていた[7]。

中国国有石油会社は，ユーコス経営陣との交渉の一環として，2002年8月14日にモスクワで，アンガルスク－大慶石油パイプラインのロシア地区建設のために，融資を提供する用意のあることを表明した。その後まもなく，中国石油天然ガス株式会社は，パイプライン建設に4億8300万ドルを投資するその意向を発表し，さらに，石油が供給されることになる油田の持分を取得したいというその希望を表明した。中国は，1996年から2002年にかけて，石油や政治における明らかなお気に入り，ユーコスに賭けることで，ロシアにおける事業拡張に有利な，勝利の戦術を選択したように見えた。ユーコスがロシアの有力者として放逐されるや否や，大慶への石油パイプラインの主要供給源であるタラカンスコエ油田は，スルグートネフチェガスに譲渡された[8]。その時までに，中国国有石油会社は大連製油所の拡張を開始しており，それは2005年までに年間2000万トンの計画能力に達するはずであった。

中国東北部に対するロシア産原油の供給と関連製油所改善にとってのその意義

中国石油天然ガス株式会社は，東シベリア産石油を輸入する準備のために，同社の東北部石油パイプライン網の一新に着手した。同社は，中国国有石油会社の社内コンサルタント会社に助言を求め，刷新に関する実現可能性調査を

依頼した。この調査は，いくつかの選択肢を検討したが，1つ確かなことは，524キロメートル，年1000万トンのパイプラインが既存の2本の大慶－鉄嶺Tieling線と並行して建設され，これにより，東北部石油パイプライン網の総輸送能力を5500万トンに拡大することであった。新規パイプラインは，2005年と2009年の間は大慶石油の輸送に使用され，2010年から後はロシア産石油輸送に切り替えられるであろう。国家発展計画委員会は，国境越えパイプラインで輸送される全ロシア産石油が，大慶油田と遼河油田の生産減少を補うために，中国東北部で消費されることに同意した[9]。

大連石油化工会社，大連西太平洋石油化工会社（WEPEC），錦州石油化工会社（Jinzhou Petrochemical）および錦西石油化工会社（Jinxi Petrochemical）は，北部消費市場への地理的近接性の故に，ロシア産石油精製の課題を割当てられたが，その量は2010年以前には年間2000万トン，その後は年3000万トンである。2003年の計画によれば，ロシア産石油は2010年以前には，主に大連の2ヶ所の製油所で，すなわち，年710万トンの精油能力の設備を複数もつ大連石油化工会社で年間1500万トンが，大連西太平洋石油化工会社で年間500万トンが処理されるであろう。当時，大連石油化工会社は，同社の精製装置の分解修理を実施し，2005年に到着が予想されるロシア産石油を受け入れ

表7.1　中国東北部のパイプライン

	径(mm)	長さ(km)	輸送能力(年100万トン)	状況
大慶 Daqing －鉄嶺 Tieling 第1	770	517	45	操業中
大慶 Daqing －鉄嶺 Tieling 第2	770	517	45	操業中
鉄嶺 Tieling －秦皇島 Qinhuangdao	720	454	20	操業中
鉄嶺 Tieling －大連 Dalian	720	460	20	操業中
鉄嶺 Tieling －撫順 Fushun	720	43.7	20	操業中
撫順 Fushun －鞍山 Anshan	426	117	5	中止
鞍山 Anshan －小松嵐 Xiaosonglan	529	279	10	一度も利用されず

出所：Li Yuling (2003c), p. 1.

るために，その能力を年2000万トンに拡張しつつあった。2010年以降は，合わせて年1100万トンの能力を持つ錦州石油化工会社と錦西石油化工会社が，ロシア産石油の追加分，年1000万トンを使用する。

中国石油天然ガス株式会社は，一部は同社の精製能力を向上させるために，一部はその諸石油化工会社を赤字から救済するために，吉林石油化工会社（年560万トンの原油処理が可能）にロシア産石油の一部を割当てることを考えていた。大連西太平洋石油化工会社が高硫黄分石油の処理能力を有する唯一の製油所であったので，大連石油化工会社，吉林石油化工会社，錦州石油化工会社および錦西石油化工会社の精製装置を刷新するには，巨額の資本が必要とされる。大連石油化工会社の改修には98億元が必要とされ，錦州石油化工と錦西石油化工は合わせて約50億元が必要であった。

中国石油天然ガス株式会社は，中国東北部においてロシア産石油の輸入から生じ得る余剰石油製品を移転するために，中国北部への製品パイプラインの建

表7.2 中国東北部の製油所

	製油所のタイプ	主要生産物	処理能力（年間100万トン）	原油処理後の硫黄含有量
大慶石化会社	燃料－潤滑油－石油化学	潤滑油，ワックスオイル	6	低
大慶石化会社製油所	燃料－潤滑油	潤滑油，ワックスオイル，添加剤	8	低
ハルビン石化会社	燃料	－	3	低
吉林石化会社	燃料－石油化学	基本的な有機化合物	5.6	低
前郭石化会社	燃料	－	9.2	低
撫順石化会社	燃料－潤滑油－石油化学	ワックスオイル，潤滑油，界面活性剤	5.5	低
遼陽石化会社	燃料－石油化学	繊維	5.5	低
遼河石化会社	燃料	瀝青，潤滑油	4.1	低
錦州石化会社	燃料	ニードルコークス	5.5	低
錦西石化会社	燃料	－	5.5	低
大連石油化工会社	燃料－潤滑油	潤滑油，ワックスオイル	7.1	低
大連西太平洋石油化工会社	燃料	－	5	高

出所：Li Yuling (2003c), p. 3.

設を検討していたが，それは東北部では市場が相対的に充足されていたからである。年間約1500万トンの製品が大連から南方に輸送されるのに対し，年間約650万トンの製品が2005年には中国北部市場に流入すると予想されていた。その製品は，中国北部市場で優位を占めている中国石油化工会社に向けられていた。中国石油天然ガス株式会社によると，中国東北部から中国北部への鉄道による製品輸送の運送料経費は，当時，トン当たり130元であった。パイプライン建設後は，その経費はトン当たり約50元に減少するであろう[10]。

　中国石油天然ガス株式会社は，輸入の増加に備えるために，同社のロシア産石油処理の主要中心施設となる中国東北部の遼陽 Liaoyang 製油所の拡張に着手した[11]。ロシアからの石油輸入の増加が予想されて，同社は石油貯蔵容量の大幅増加を引き受ける結果となった。同社は，大慶を終点とする東シベリア・太平洋石油パイプライン経由でロシア産原油の輸入量が拡大するのに備えるために，大慶油田における石油貯蔵能力を拡大した。同社は，ロシア産石油の積み下ろし用タンク2基を設置し終えていたが，さらに8基の2010年末までの完成が計画されており，その場合大慶の原油貯蔵能力は1000万バレル近くまで拡大されるであろう[12]。

　すべてこのことは，中国国有石油会社が，ロシア産原油は計画通り中国北東部に供給されると，すっかり確信していたことの証拠である。同社は，アンガルスク－大慶パイプライン計画の一時中断はいうまでもなく，いかなる遅延も全く予想していなかったが，これは，2002年にトランスネフチ主導で始まったパイプライン物語の端緒であった。

トランスネフチの低姿勢だが大胆な戦略

　トランスネフチは2002年4月2日に，ウラジオストクで，アンガルスクからロシア極東沿岸に至る輸出パイプラインの建設プロジェクトに関する最初の公開説明を行った。ここで，アンガルスク－ナホトカ原油パイプラインは，全長3765キロメートルで，1020～1200ミリメートル径，年間供給能力5000万トンを有すると想定されていた。同パイプラインの積出し埠頭は，400万立方メートルのタンク容量を持ち，載貨重量最大30万トンのタンカーを取り扱うことが可能である。22～29基（経路次第）の圧送施設が存在し，それには50

億~52億ドル費用がかかるであろう。トランスネフチの構想は，沿海地方行政にとって非常に魅力的であり，両者は，同パイプライン建設に関する意思表示に署名した。当時の沿海地方副知事，ユーリ・リホイダ Yuri Likhoyda の言葉によれば，

　…パイプラインからの収益だけで，同地方を存続させることができる。パイプラインの操業は，年間200億ルーブル（6億4500万ドル）の税収を生み出すであろうが，一方現在予算に流れ込む収入は約120億ルーブル（3億8700万ドル）である。この理由からわれわれは，ナホトカのわれわれの港ではなく，ハバロフスク地方のワニノ港がパイプラインの終点となる選択肢を求めて運動しているハバロフスク地方の挑戦を，受けて立つ用意がある[13]。

ウラジオストクへの代表団の団長をつとめた，トランスネフチ建設・戦略開発部門のアナトリー・ベズヴェルホフ Anatoly Bezverkhov 部長によれば，同構想は，プーチン大統領とロシア政府によって是認されていた。1週間後，プーチンは，トランスネフチのセミォン・ヴァインシュトック Semyon Vainshtok 社長をクレムリンで迎え，その際，議論の主要話題は，バルト海パイプライン・システム BPS にあったが，プーチンはトランスネフチの経路にも承認を与えた。しかし，セルゲイ・グリゴルィエフ Sergei Grigoryev（トランスネフチ副社長兼広報担当者）によると，同社は，日本海もしくは東海沿いのナホトカ港でパイプラインを終わらせたいと考えていた。行政当局者は，この趣旨に対する公式声明は何も発表しなかったが，それはロシアが以前にアンガルスク－大慶パイプライン建設を条件とする文書に中国との間で署名していたという事実のために，紛糾する可能性を回避するためであった。トランスネフチの実現可能性調査は，同社の子会社ギプロトルーボプロヴォード（Giprotruboprovod），すなわちモスクワを拠点とする幹線パイプライン設計研究所によって実施された。ベズヴェルホフによると，同プロジェクトは，トランスネフチの自己資金と貸入れ資金によって賄われる[14]。

何がトランスネフチをアンガルスク－ナホトカ原油パイプラインの提案に駆

り立てたのか？ 2002年4月3日に同社副社長セルゲイ・グリゴルィエフは，次のように述べた。

　…プロジェクトの費用よりもむしろ国際的な配慮が，人の考慮すべきものである。中国へのパイプラインは建設費が安いであろうが，それはただ1つの市場への参入機会を与えるだけであろう。そして，もし突然に，彼らがわれわれの石油をもはや必要としなくなったなら，どうなるか？　太平洋パイプは，米，日本，韓国，東南アジア，オーストラリア，そして中国においても，市場への参入機会を保証する。

　これがトランスネフチの大胆な戦略の背後にある，中核的思想であった[15]。
　2002年に，ナホトカの処理能力は，年間420万トンの石油や石油製品であった。もし十分に近代化されるならば，同港は，15万〜50万トンのスーパータンカーを取扱う能力を持つであろうが，そのためには，3.5キロメートルの新規の海面下パイプラインにより海岸と結合された新しい浮体式タンカー施設3基か，あるいは近代化しなければならない既存の送油埠頭5ヶ所かが，必要とされる。同パイプラインと港の石油積み出し基地は，40億〜50億ドルかかるであろう。パイプラインだけで，23億〜25億6000万ドル（経路次第）かかる。このプロジェクトは，パイプライン建設を完成する3年を含め，23年間に及ぶであろう。調査分析の専門家は，融資返済期間の当初10年間には，原油1トンをアンガルスクからナホトカに送り出すのに，最低25〜29ドルかかると考えていた。その後の段階では，輸送料はトン当たり14〜15ドルに下がると予想された[16]。
　トランスネフチによる予備的実現可能性調査に基づいて，ロシアは，2003年始めに採られた日本の新しい試みを歓迎したが，これは以下に概説する。トランスネフチの2002年の新しい試みは，ユーコスの破綻よりもかなり前に，ユーコスと中国国有石油会社によって進められていたアンガルスク－大慶原油パイプライン・プロジェクトに対する代替案を，モスクワがすでに検討していたことを間接的に裏付けるものである。

日本の新しい試みと中国の反応

プーチン大統領と小泉首相は，シベリアから東アジアに石油を輸出する4000キロメートルのパイプラインに関し協力するための協定を発表すると予想されることが，2003年1月初旬に報じられた。この50億ドルの事業は，ロシアのエネルギー生産のために，東アジアやゆくゆくは米国西海岸に対する最初の重要な販路を提供し，それら地域の中東生産者に対する依存度を低減するであろう[17]。同計画は，トランスネフチにより支持されていたが，東シベリアの石油を中国に供給するというロシアの石油集団ユーコスからの計画を，ロシア政府に再考させるものであった。トランスネフチ計画は，モスクワにより選好されると考えられていた。もう1つの想定は，同計画が，ロシアの石油供給を中国より広い市場に開放するから，米国によって支持されそうだというものであった。

日本の政府関係者は2003年1月13日に，予備的調査では，同プロジェクトが魅力的であることが示されており，いくつかの政府金融機関がその支援に参加するであろうと述べた。これは，ユーコスの反対に直面しているパイプラインをまだ推し進めるという，日本の決意の最も顕著な徴候であるが，ユーコスは，アンガルスクから大慶までの18億ドル，2400キロメートルの代替的パイプラインを建設するための議論をしていた[18]。

トランスネフチの提案の跡を追って，中国国有石油会社の馬富才社長は，アンガルスク－大慶ラインは両国にとって双方が満足できるプロジェクトだろうと，ロシアのある報道関係者に語った。ロシア側から見ると，同ラインを通じて中国に輸出される原油の船積み渡し価格は，欧州市場向けの販売価格より1バレル当たり0.5ドル高いのであって，石油価格に関する中国の頑強さがパイプラインを立ち往生させているという初期の噂とは好対照であった。彼はまた，ロシアからのガス輸入の準備が順調に進んでいることをも明らかにした。2003年1月にソウルで開催された会議で，ロシア，中国および韓国からの代表が，6月までにガスパイプラインの実現可能性調査を終えることで合意した[19]。

2003年3月初旬に，日本のエネルギー庁岡本巌長官は，アンガルスクとナホトカとを結び付ける件で話し合うために，ロシアのイゴール・ユスーフォ

フ・エネルギー相と会見した。この話し合いは，3月13日のロシア政府閣議を前に，妥協の兆候が見られる中で行われたが，同閣議では，太平洋接続とアンガルスクから大慶に至る競合プロジェクトとのどちらを採るか，決定する予定となっていた。ロシア当局者は，統合して，2本の支線，すなわち，ナホトカ（コズミノ）に至る主要支線と中国国有石油会社向けにスコヴォロジノから分岐する小規模支線とを有する，単一5000万トンパイプラインシステムとすることに，彼らの関心があることを示した。3月4日付けの『中国日報』は，ロシアが中国に十分な量の石油を供給するという公約を遵守するかぎり，当局は，日本へのパイプライン延長に合意し得ると述べた。日本は，ソフト・ローンの形態による直接政府支援を通じてか，あるいは国際協力銀行からの融資の提供によってか，日本が好ましいと思うパイプラインの支援方法を検討中であると言われていた[20]。

　ロシア政府は3月13日に，大慶ラインが優先されるが，同政府が両パイプライン（アンガルスク－大慶ラインとアンガルスク－ナホトカライン）を建設するつもりであることを，中国国有石油会社に通知した。中国石油天然ガス株式会社の関係者は，「（2ライン間の）競争に関連した騒動の大部分は収束した」と述べた[21]。それは，新華社が，中国石油天然ガス株式会社は，東シベリア産石油の到着に備えるために，同社の東北石油パイプライン網を改良する準備をしていると報じた時であった。

　ウラジーミル・プーチン大統領と彼の交渉相手である中国の胡錦濤国家主席は，2003年4月27日に，「エネルギー協力は，両国にとって圧倒的な重要性を持つ」ことを認める共同声明に署名した。同声明で両国首脳は，アンガルスク－大慶パイプラインの規模で石油・ガスプロジェクトを実施することが両国間のエネルギー協力の基礎となるべきだということで，意見が一致していた。これは，2002年4月に始まったいわゆる大慶・ナホトカ論争の出現以来，プーチンがロシア－中国パイプラインに対する彼の立場を公にした最初の時であった。プーチンの立場は，同ラインを推進するというロシア政府の最終的な決意を間接的に示しており，中ロ関係の何らかの事態を明らかにするものであった。プーチンは実用主義で国際的に有名な政治家であって，彼の同ラインに関する最終的同意は，ロシアの国益と整合的であった[22]。ロシア政府は，公式に

は綱引きを必要としていた，すなわちカシヤーノフ Kasyanov 首相が 4 月 29 日に，モスクワは中国向けラインの建設を優先するつもりだと発表したとしても，提案された 2 本のパイプライン（アンガルスク－大慶ラインとアンガルスク－ナホトカライン）のどちらかを最終的には選択しないですむ口実を，モスクワはいまだに探し求めていたのである[23]。

ユーコスと中国国有石油会社がアンガルスク－大慶パイプラインを経由して中国に石油を供給する長期契約のために，主要原則と了解事項に関する一般協定に決着をつけた 2003 年 5 月 28 日に，ロシアと中国は新たな一歩を踏み出した。同協定の下でロシアは，同パイプラインが 2005 年に稼動した後の 5 年間に，年間 2000 万トンの石油を中国に供給し，続く 20 年間にその量は年 3000 万トンまで増加するであろう。この 25 年契約は，総量 7 億トンを含み，当時 1500 億ドル相当の価値があると推定されていた。同じ日に，ユーコスと中国国有石油会社は，パイプライン操業開始前の当座しのぎとして，2003 年 6 月 1 日から 2006 年 6 月 1 日までロシア産石油 600 万トンを鉄道で輸出する 11 億ドルの契約にも署名した[24]。

日本は，中国東北部に入る競合経路の代わりに，シベリアを横断し太平洋に至る石油パイプラインを建設するようにロシアを説得するさらなる試みの中で，70 億ドル相当の新規の一括融資を提示した。ナホトカに至る 4000 キロメートルのパイプライン建設を支援する 50 億ドルに加えて，日本はシベリア油田開発のために，低金利融資という形態の相当な補助金で，さらに 20 億ドルを提案した[25]。9 月 2 日にロシア天然資源省は，環境上の理由を挙げて，アンガルスク－大慶パイプラインの提案された 2 経路をともに却下すると発表した。同パイプラインの北方経路はバイカル－アムール鉄道に沿って走るが，ロシアのツンキンスキー Tunkinsky 国立自然公園を通過するし，ユーコスにより提案された南方経路は，バイカル湖の南岸に沿って走る。ロシア側は，8 月 25 日の中ロ委員会のエネルギー協力分科会の定例会合に出席することさえ拒否した[26]。ミハイル・カシヤーノフ Mikail Kasyanov 首相は，ロシアはロシア－中国パイプラインに関するその約束に背かないつもりであるが，パイプラインを「技術的にも環境的にも」実行可能にするためには 3, 4 ヶ月は必要であると述べ，同時にロシアは，パイプラインの遅れの代償として，中国に対

する鉄道によるその石油供給を 2005 年までに現在の年 300 万トンから年 450 万〜500 万トンに増加させるつもりであると述べた[27]。

2003 年のパイプライン物語は，北京の計画立案者に彼らの戦略を再考させることになった。この頃中国は，その中央アジア石油供給の選択肢を再活性化することに決定した。中国は，カザフスタンとアタス－阿拉山口パイプラインすなわちカザフスタン－中国石油パイプライン第 2 期の建設開始に関して，合意に達した。中国石油天然ガス株式会社のパイプライン担当役員の 1 人は，「カザフスタン－中国石油パイプラインも，われわれの最優先課題である」と述べ，中央アジアの選択肢は「もやはロシア－中国パイプラインの予備ではない」と述べた[28]。これは，中国当局の忍耐が尽きて，それが中央アジアとのパイプライン開発を優先することに決定したことを裏付けるものであった。カシヤーノフ首相は，ロシアからのパイプラインに対する中国の立場の変化に気づかず，12 月 16 日に，もしアンガルスク－大慶ラインとアンガルスク－ナホトカラインを 1 本に統合できなかった場合，2 本の別々のパイプラインが建設されるだろうと述べた。一方は戦術的であり，他方は戦略的である，と彼は述べた。すなわち 2 本のラインは相補的なのである[29]。

ユーコスの台頭と破綻

ユーコスは，ミハイル・ホドルコフスキーによる富の獲得の基礎であった。それは，政府株抵当権付き融資制度の副産物であった。ホドルコフスキーは，いわゆるメナテップ（Menatep）（科学技術進歩産業間センターを意味する）の創立者の 1 人であり，メナテップは，その融資の担保物件としてユーコス（1992 年 11 月にロスネフチから分離独立した石油会社）の政府株を取得することで合意した[30]。ホドルコフスキーは，ユーコスの市場価値が 30 億から 50 億ドルの規模であったにもかかわらず，3 億 5000 万ドルの支払いで株の 88% を買収した。ユーコスは，その急速な拡大により，トランスネフチを含む数多くの敵を作った。

ユーコスの悲劇の種がまかれたのは，ホドルコフスキーがロシア欧州部におけるトランスネフチの独占を終わらせると脅して，同社と対決することを決めただけでなく，東シベリア・中国間のパイプライン建設運動をも始めた時で

あった，といって過言ではない．サクワは，「アンガルスク－大慶パイプラインは，石油輸送に関するトランスネフチの効果的な独占を壊してしまうことになるであろうし，したがって，国家が会社を管理することのできる最後の用具の1つを取り除いてしまうことになるであろう」と指摘した[31]．前述したように，ユーコスは，2003年5月28日に中国との20年間の石油供給契約に署名した．ホドルコフスキーとユーコスは，彼らがあたかも主権者であるかのように振舞ったが，一方でプーチンの観点から見れば，ホドルコフスキーの行ったこと（事実上中国に対する外交政策を行うこと）は，国家と彼（プーチン）の特権であり，オリガーキーのそれではなかった．ホドルコフスキーはあまりに図に乗り過ぎた．北方石油（Northern Oil）の買収に関しては[32]，彼はその資産に対するロスネフチ最高経営責任者セルゲイ・ボグダーンチコフの払いすぎに攻撃を仕掛けた．しかしながらプーチンは，ボグダーンチコフの立場を擁護し，ホドルコフスキーを罰することに決定したのである．2003年10月25日に，ホドルコフスキーはノヴォシビルスク空港で逮捕され，2004年12月に，ユーコスの最も価値ある資産，ユガンスクネフチェガス（Yuganskneftegaz）が，さらにもう1つの操られた競売において，無名の，これまでは未知の存在であったバイカル金融グループ Baikal Finance Group に，93億5000万ドルで売却されたが，同社は後に，ロスネフチのペーパーカンパニーであることが判明した[33]．後述するように，ユーコスの破綻とユガンスクネフチェガスの売却は，中国国有石油会社に対して，大規模な埋蔵量を有するが最小限の生産能力しか持たないロスネフチに，60億ドル融資するというめったにない機会を提供した．皮肉なことに，中国国有石油会社がユーコスのことをあまりにも真面目に受け止めるという過ちを犯したために，国有石油会社ロスネフチに対するその大規模融資が後に行われる結果となったのである．

モスクワは，賢明にも中立の立場に留まる

2004年春に，中国は，東シベリア・太平洋石油パイプライン（東シベリア－太平洋（ESPO））[34]の経路に対して強硬な立場を取った．中国国有石油会社は，中国は，大慶への支線を持たないタイシェット Taishet－ナホトカ石油パイプラインの建設には参加しないつもりであると述べた．大慶支線のないタイ

石油部門　455

シェット－ナホトカラインは，中国が投資しないならば，経済的な惨事となるであろう。日本は，ロシア極東から北アジアに至る100億ドルの石油パイプラインの経路めぐる，中国との一か八かの闘争に勝利することを期待していたが，ロシアに対し，タイシェット－ナホトカラインをとると確約するように説得する他の手段を何らを持っていなかった。トランスネフチの副最高経営責任者，セルゲイ・グリゴルィエフは，東シベリア・太平洋石油パイプラインの全体的構想が，1つのかごに入れる卵の数が多すぎることを回避することにある点を再度強調した。これは，日本へのパイプラインというよりもむしろ，アジア・太平洋地域のすべての国に対するパイプラインであった[35]。モスクワは，その最終決定に日本の希望が十分に反映されるかどうかに関して，いかなる徴候も示さなかった。

　ロシアは2004年夏に，一見したところでは，新規の輸出経路すなわちタイシェット－ナホトカラインの計画を立てているように見えた。この新規経路の実現可能性調査が進行中であり，関連作業は7月に完了することになっていた。同調査に基づいて，ロシア政府は，温家宝首相の9月のモスクワ訪問以前に，パイプラインの方向に関する最終決定を下すであろう[36]。しかしながら，中国の立場は非常に明確であった。中国石油天然ガス株式会社は，それが大慶への支線を持たないタイシェット－ナホトカ石油パイプラインの建設には参加しないことを繰り返し述べた[37]。2004年8月25日に北京で開催された定例中ロ委員会のエネルギー協力分科会第6回会合の間に，ロシア産業エネルギー相ヴィクトル・フリスチェンコは，タイシェット－ナホトカラインに対する代替案は全く存在しないと述べた。トランスネフチによるパイプラインの実現可能性調査は，2004年7月下旬に，関連国家機関に技術的，生態学的評価のために，提出されていた[38]。

　2004年9月には，中国の温家宝首相のロシア訪問の後でも，中ロエネルギー協力が実質的な前進を遂げたという報道機関の報告にもかかわらず，重要問題は未回答のままであった。温首相は，エネルギー部門における全面的協力を約束して，ロシア首相のミハエル・フラトコーフと共同声明に署名した。この共同声明は次の要点を含んでいた。ⅰ）ロシアは，中国との石油・ガス協力を強化し続けるつもりである。ⅱ）ロシアは，極東石油パイプラインの経路を

きちんと評価し，中国へのパイプラインの延長をその経路にかかわりなく検討する。iii）双方は，鉄道による石油取引量を増加させることで合意し，輸出は 2005 年に 1000 万トン，2006 年に 1500 万トンに達すると期待される。iv）できるだけ早期に，天然ガス開発計画を作成することが合意されたが，しかし具体的なプロジェクトに対する言及は何らなされなかった[39]。

経済発展貿易相ゲルマン・グレフ German Gref は，2004 年 9 月 25 日に，ロシア政府が，中国向け支線を持つタイシェット－ナホトカパイプラインの採用を決定したことを明らかにした。しかし，中国は，その支線の方が優先されることを望んでいた。新華社は，アンガルスク－大慶パイプラインの行き詰まりは，中国政府に深い教訓を，すなわち決して 1 つのかごにすべての卵を入れてはいけないという教訓を教えた，と報じた[40]。中国は，あらかじめ代替案を見つける必要性を感じていた。温家宝首相は，彼がカザフスタンのダニヤル・アフメートフ Daniyal Akhmetov 首相と会見した際（2004 年 9 月にビシケクで開催された上海協力機構（SCO）の第 3 回会議で），中国－カザフスタンのエネルギー協力は，両者が満足のいく状況にあると語り[41]，そうすることで中ロ石油パイプライン開発についての中国の欲求不満を間接的に裏付けた。

プーチン，ロシアの立場を詳述

ウラジーミル・プーチンは 2004 年 10 月 14 日に，大臣数名や軍関係者，ロシア極東 5 州・地方の知事を含む大規模代表団を伴い，中国への公式訪問に出発した。モスクワを発つ前に，プーチンは，彼が 2 プロジェクト間でどちらかを決定するように急かされていないことを明らかにした。すなわちシベリアのコヴィクタ・ガス田からの 180 億ドルのパイプラインともう 1 つのパイプラインがそれで，後者も日本によって求められていた。「私は，あなたがたに私を理解していただきたいのだが」，「私が誠実かつ率直に語るならば，われわれは何よりも先ず，われわれ自身の国益を満足させることが必要なのであり，つまり，われわれはロシア極東地域を開発しなければならないのだ」と述べた[42]。

この首脳会談の 2 日目に，プーチン大統領と胡錦濤国家主席との協議の後で，合計 13 件の文書が調印された。この文書には，中国国有石油会社とガス

プロムとの戦略的協力協定[43]，両首脳の共同宣言，ロシア－中国国境の東部地区に関する追加協定，タラバーロフ島 Tarabarov と大ウスリー島 Bolshoi Ussuriisky 付近でのロシアと中国の船舶による旅行についての政府間議定書，そしてお互いの商品やサービスに対し両国の市場を開放する件の協議終了の議定書が含まれていた[44]。しかしながら，プーチン大統領は，中国に対するエネルギー供給についての多くの重要問題を未回答のまま残した。とくに，石油パイプライン問題は，訪問中に全く議論されなかった。プーチンの経済専門家チームの代表アルカディ・ドヴォルコヴィッチ Arkady Dvorkovich は，中国向けパイプラインの建設が，ロシアにとって緊急課題ではないことを明らかにした[45]。

プーチン大統領が詳述したところによれば，

ロシア東部のパイプライン開発は，ロシアの当該地域や事業協力者達の利益のために行われる。1つの問題は，われわれのパイプライン輸送による運搬経路である。とりわけわれわれは，われわれの国益から判断して取りかからなければならないし，ロシア連邦の極東地域を開発しなければならないのであって，したがって，われわれはそれら地域における主要なインフラストラクチャ・プロジェクトを計画し実施しなければならないのである。それ故，いかなる最終的決定も，これらの考慮に基づいて採択されるが，われわれは，われわれの事業協力者の利益を考慮に入れている … われわれは，中華人民共和国が，このエネルギー源の消費者として，ロシア連邦の東部地域における輸送インフラストラクチャ（パイプライン輸送を含む）の開発に関心を持っているだけでなく，追加的地質学的探査業務の刺激剤としてのこの輸送インフラストラクチャの開発にも関心を持っていると考えている。このように，中国の消費者が中国経済の発展計画を検討する際に，彼らがロシアから，どのように，どのくらいの規模で，またどんな時間制約の下で，資源を輸入することが可能であるか，知ることができるように，ロシアのエネルギー資源は，きちんと評価されている … われわれは，われわれの中国の事業協力者と無条件に率直な対話を行う。われわれは，ロシア産エネルギー資源の安定的受領に対する中国の関心を認識している。そしてロシアは，

中国がエネルギー資源をますます必要とする，信頼できる安定した事業協力者であることに関心を抱いている。…［プーチンの主張によれば］ここには，エネルギーの分野におけるわれわれの関係の発展を妨げ得るような，政治的問題も，イデオロギー的問題も，経済的問題も存在しない。…われわれは，中国の北部，西北部，東北部地域の発展の展望を心に留めて，中国と共同で仕事をしたいし，またそうして行くであろうが，同時に中国にエネルギー原料を輸出する問題にも取り組んで行くであろう[46]。

ロシアの決定は，日本と中国のどちらにもえこひいきするものではなく，ロシア自身の利益を優先するものであった。

ロシアの延期戦略

2005年始めの対ロスネフチ60億ドル石油融資に関する決定の影響は，無視し難いものであった。中国と日本のどちらをも支持しないというロシアの立場は，日本にその戦略を再考させる結果となった。中川昭一経済産業相は2005年春に，もしモスクワが最初に中国への支線を建設する計画を追求するならば，東京は，シベリアからロシア太平洋沿岸に至る115億ドルの石油パイプラインのために資金調達を支援するという，その申し出を撤回するだろうと脅した。ロシアの産業エネルギー相ヴィクトル・フリスチェンコは，2008年終わり頃までにタイシェット（イルクーツク内）からスコヴォロジノ（アムール州の中国国境近く）に敷設されるパイプラインの第1期65億ドルを要請する指令に調印した。トランスネフチの副社長は，同社が日本の融資を必要とすることはないと述べたが，その理由は，バークレイズ・キャピタル（Barclays Capital）のサイラス・アルダラン Cyrus Ardalan 副会長によると，トランスネフチは，東シベリア・太平洋石油パイプラインのための資金調達に問題を抱えてはいないからであった。同社の規模，国有，ロシア経済のおけるその戦略的役割が結びついて，同社を魅力ある交渉相手にしていた[47]。

2005年6月30日から7月3日[48]までのロシア訪問の間に，胡錦濤国家主席は，プーチン大統領と，両国の国有会社である中国国有石油会社とロスネフチ，中国石油化工会社とロスネフチを媒介とした石油に関する戦略的協力協定

を策定した[49]。中国国有石油会社とロスネフチは，双方に有利な条件の下で，中国に対する石油供給を増加させる機会を検討することで合意し，一方ロスネフチと中国石油化工会社は，サハリン－3鉱区で共同の地質学的探査および調査を実施するための合弁企業を設立することを期待していた。1週間後，プーチン大統領は，ロシアがタイシェット－ナホトカ石油パイプラインからの石油供給の受領者として日本より中国を優先させることを確認した[50]。しかしながら，ロシア当局は，スコヴォロジノと大慶油田間のパイプライン開発を優先させるかどうかについて，まだ確認していなかった。

2005年11月に，ロシア首相の北京訪問は，宇宙探査，原子力および天然ガスに関して可能な協力を共同公約することで終わったが，原油パイプラインに関しては何らの合意もなかった。ロシアのフラトコーフ首相と中国の温家宝首相は，締めくくりの記者会見において，中国経由で太平洋沿岸に至る，まだ未開発の東シベリア産石油を輸出するパイプライン計画に関して，契約に至ったことについては，何ら示唆を与えなかった。フラトコーフは，火力および原子力発電所の建設が，ロシアの中国における投資の主要優先事項であると述べた。鉄道によるロシア産石油の対中国輸出は，2006年には少なくとも1億500万バレル（1500万トン）に達するとの合意があった[51]。

東シベリア・太平洋石油パイプラインの承認

ロシア政府とプーチン大統領は，東シベリア・太平洋石油パイプライン・プロジェクトを推進する決意を固めていたが，それは一部には石油の唯一の買い手，すなわち中国に対する依存を回避するための手段として，一部には太平洋地域におけるロシアの影響力を高める方法としてであり，一部には同パイプラインの建設が同国東部における社会・経済発展を加速させるからでもあった。ロシア東部地域の発展は，人口動態の悪化や，同地域に対する支配を喪失する脅威となる，しのび寄る中国人移民が原因で，とくに重要である[52]。

フリスチェンコ大臣は，東シベリア・太平洋石油パイプラインをアジアへの窓として，記述している。

「東方プロジェクト」は，太平洋沿岸に向けての販路を提供する。ここに

その本質があり，それは供給経路の多様化である。欧州市場は，ロシアにとって重要な市場空間であり続けるであろうが，それと同時に，ロシアの石油輸出におけるアジア太平洋諸国の比重は現在の3%から2015年には15〜18%に上昇するであろう[53]。

これは，ロシアの指導者が東シベリア・太平洋石油パイプライン開発に付与した重要性を裏付けるものである。

最終的に，ロシアのミハエル・フラトコーフ首相は2004年の大晦日に，東シベリア・太平洋石油パイプライン・システムの設計と建設に許可を与える指令第1737-Rに署名した[54]。同提案は，産業エネルギー省とトランスネフチから出されていた。両者の共同提案は，主要な連邦政府諸機関と調整されており，またプロジェクトに対する投資の正当化の根拠は，国家環境専門家審査委員会から好意的な評価を受けとっていた。

フラトコーフは，産業エネルギー省に対し，パイプラインの設計・建設を調整・監視・監督する課題と，6ヶ月ごとに進捗状況を報告する課題を与えた。同首相はまた，天然資源省に対し，地質学的調査のためのプログラムを策定し，東シベリアおよび極東の炭化水素鉱床を地下資源利用者に割り当てる作業を託した。天然資源省が産業エネルギー省および経済発展貿易省とプログラムの調整を行い，天然資源省が最終承認を与えるであろう。産業エネルギー省，経済発展貿易省および天然資源省はトランスネフチと協力して，2005年5月1日までに同パイプラインの建設段階に関する提案を行うよう要請されていた[55]。

要約すると，フラトコーフ首相は，次の指示を与えた。

・産業エネルギー省は，パイプラインの設計・建設を調整・監視・監督し，6ヶ月ごとに進捗状況を報告する。
・天然資源省は，地質学的調査計画を策定し，地下資源利用者に油田を割り当てる。
・天然資源省は，産業エネルギー省や経済発展貿易省とプログラムの調整を行い，同省が同プログラムに最終承認を与える。

・産業エネルギー省，経済発展貿易省および天然資源省は，トランスネフチと協力して，2005年5月1日までに東シベリア・太平洋原油パイプライン・システムの建設段階を決定する。
・運輸省と国防省は，航行の安全を確保するため，ペレヴォズナヤ湾の港に出入りする船舶の整理をすすめる。

フラトコーフは，運輸省に対し，公開株式会社ロシア鉄道の支援を得て，同パイプライン用建設資材の配送のための措置を開発し，実施する課題を割り当てた。彼はまた，連邦料金局（FTS）に対し，西シベリアからタイシェットに至るパイプラインの経費を含んだ石油輸送料金を設定するように命じた。彼は，同パイプラインの設計・建設に対する融資の資金調達費用を料金に含めるべきであることを連邦料金局に示唆した。

東シベリア・太平洋石油パイプライン建設

フリスチェンコ大臣は2005年4月26日に，同石油パイプライン・システムの建設段階を定める指令（第91号）に署名した。これは，東シベリア開発の新しい章の始まりであった。

　　私は，最大年間8000万トンの総輸送能力を持つ東シベリア・太平洋石油パイプラインの建設段階に関する，トランスネフチの提案の承認を命じる［とフリスチェンコは述べた］。これは，2004年12月31日に署名されたロシア政府の第1737-R指令を施行し，経済発展貿易省の見解を考慮して，同石油パイプラインの建設に関連する問題を解決するものである[56]。

第1期は，タイシェット（イルクーツク州）－ウスチ＝クート地区（イルクーツク）－カザチンスクコエ（イルクーツク）－トィンダ Tynda（アムール州）－スコヴォロジノ（アムール州）の経路に沿った石油パイプラインの建設となる[57]。

産業エネルギー省は2005年11月10日に，同石油パイプライン・システムの設計・建設の統合作業予定表を提出した。政府は，トランスネフチをこのパ

イプラインの設計・建設の管理者に任命した。同プロジェクトの実現可能性調査は，連邦環境・技術・原子力監督庁（Rostekhnadzor）すなわち国家の主要専門家審査委員会や，その他の環境影響評価の監督機関に提示されていた[58]。実現可能性調査の検討の結果とその承認は，2005年12月30日に完了を予定していた。ロシア連邦環境・技術・原子力監督庁は，12月28日までにその結論を提出することになっていた。天然資源省の2部門，連邦自然利用分野監督局と連邦地下資源利用庁は，2005年11月11日までにそれぞれの結論を届けることになっていた。

　トランスネフチの実現可能性調査は，2008年8月末以前にパイプラインの直線部分の建設・設置を完了することを目指していた。油圧施設は，9月10日よりも前に設置されることとなっており，ペレヴォズナヤ（コズミノではなく）の積み出し基地は，11月8日以前に完成されることになっていた。第1発送コンプレックスの稼働開始は2008年11月1日に予定された[59]。しかしながら，天然資源省は，トランスネフチの実現可能性調査に重大な異議を持っていた。第1に，天然資源省は，バイカル湖の端から800メートルのところを走る経路部分に反対であった。第2に，同省は，その経路の終点としてペレヴォズナヤ湾を選択することに反対した。ペレヴォズナヤ地域は，大きな生物学的多様性があり，絶滅の危機にあるアムールヒョウの生息地である。フラトコフ首相が，2004年12月31日に最終目的地としてペレヴォズナヤ湾を有するプロジェクトを受け入れたにもかかわらず，天然資源省は，同湾を終点とすることに反対し続けた。プーチン大統領は2005年10月に，同プロジェクトに関する根拠のない遅滞について政府をたしなめたが，クレムリンからのこうした介入により，天然資源省の異議は棚上げにされる結果となった[60]。

　プーチン大統領は2006年1月6日に，同石油パイプライン・プロジェクトの第1期建設は2006年夏に開始されると発表した。彼は「決定は下されたし」「私は，4月までにすべての契約が締結を終えて，われわれがこの夏からの開始を期待することができることを信じる」と述べた[61]。それ故，2006年3月には，トランスネフチと中国石油天然ガス株式会社は，ロシアのスコヴォロジノからロシア－中国国境に至る原油パイプライン建設に関する実現可能性調査の準備に関する覚書に署名した[62]。

パイプライン経路の難題

　実際の開発の前に，最後の障害が除去されなければならなかった。プーチン大統領は 2006 年 4 月 26 日に，パイプラインの経路を変更し，世界最大の淡水湖であるバイカル湖から，さらにそれを遠ざけるように命じた。当初の経路は，バイカル湖の 875 ヤード以内にそれを通しており，破裂した場合，湖の他に類を見ない生態系が危険にさらされる恐れがある，という懸念を引き起こしていた。トランスネフチのドミトリー・オグルチャンスキー Dmitry Ogulchansky は，パイプラインをバイカル湖の少なくとも 42 キロメートル北に経路変更する決定により，その長さが 1250 キロメートル拡大される恐れがあると述べた[63]。

　グリーンピースは，この環境的な懸念を次のように説明した。

　　ロシアの環境活動家は，トランスネフチの経路がバイカル湖（ユネスコ世界遺産登録地）をそれからわずか 800 メートルの地点で通過し，残存数が 30 頭のアムールヒョウの生息地である沿海地方のアムール湾に終着点が建設されるという事実に，真剣に恐れを抱いている。これ以上被害を与える経路を計画するのは難しい。このパイプラインは，大小 50 前後の河川，10 の車道や鉄道，マグニチュード最大 10〜11 の地震活動を伴う活発な地震帯を横断する。これは，高い山脈を通る通路や，極端な気候および生態学的な地理的条件と併せて，パイプラインの建設や利用，その安全対策に対して重大な脅威をもたらす。このパイプ経路は，バイカル盆地の最大河川ヴェルフナヤ・アンガラ川 Verkhnyaya Angara を横切る。パイプラインの破裂とこの河の汚染は，最終的にバイカル湖自体を汚染する結果になる。この経路はアムール河も横断しようとしている。アムール湾の場合，石油流出をもたらす事故の危険性は，代わりの積み出し基地がナホトカ近くや沿海地方南部の何処かに選択された場合に比べて，17 倍高い。ロシアの他のどの地域にも，このように保護地区の密度の高い所はない[64]。

　経路に対するグリーンピースの異議は正しかった。2004 年 2 月下旬にサハ共和国政府は，原油供給のためのナホトカへの新経路を，実際に提案してい

た[65]。サハ政府は，チャヤンダーナホトカ・ガスラインを持つ回廊にパイプラインを敷設し，将来はイルクーツク州のコヴィクチンスコエ，ドリスミンスコエおよびヤラクチンスコエ油田を結ぶパイプにそれを転換することも提案をした。サハ政府は，トランスネフチにより提案された経路は，生態学的に危険であると主張した。サハ政府のイェゴール・ボリーソフ Yegor Borisov 首長によると，その経路の 1100 キロメートル以上がバイカル岩礁帯の軸となる部分を通過し，同経路の 100 キロメートルはマグニチュード 9.0 以上の地面の揺れが起きやすい地帯を横断する。サハ共和国のヴャチェスラフ・シトゥィリョフ大統領（ボリーソフ首長の前任者：訳注）は，同共和国が提案した経路は，天然資源省，ガスプロム，スルグートネフチェガス，科学センター，および省庁や政府機関の大部分によって支持されたと主張した。そこで，プーチン大統領は，同共和国の利害関心を認識して（2004 年 2 月 26 日にハバロフスクで開催された極東における輸送インフラストラクチャの開発に関する会議で），サハ共和国大統領のヴャチェスラフ・シトゥィリョフを招待して，新規パイプラインの開発調査を提出するように求めた[66]。

実際に天然資源省は，バイカル湖にそのように近接するパイプラインの建設を，承認しない心積りであった。同省は，トランスネフチに対して，ユネスコにより世界遺産登録地として記載された広大な土地を横断する，パイプライン・システムの安全性を確保する包括的計画を提出するように，繰り返し要請していた。天然資源省はまた，ペレヴォズナヤ湾に石油積出し基地を建設することに異議を唱えていたが，それは同湾独特の気候や生態がこの計画を却下する根拠を提供していたからである[67]。同パイプラインをめぐる論争は，2006 年 4 月にプーチン大統領に下駄を預けられたが，彼は，ロシア連邦環境・技術・原子力監督局の新局長コンスタンチン・プリコフスキー Konstantin Pulikovsky に意見を求めた。プリコフスキーは，同パイプラインの最終経路を決定する，あるいは現行建設計画を修正する権限を与えられた[68]。プーチンは，同パイプライン経路の最終判断を下し，その結果として，東シベリアのブリヤートを通過する当初の経路は，サハ共和国を経由する一層北の経路に置き換えられた[69]。

ついにすべての障害が乗り越えられ，トランスネフチは尻込みすることはな

にもなかった。トランスネフチは 2007 年 4 月までに，中国へのその計画パイプラインの 3 分の 1（2700 キロメートルのうち 900 キロメートル以上）を既に建設しており，太平洋沿岸に向けてその経路を順調に拡張していた。2007 年 7 月 20 日にロシア政府は，連邦料金局，産業エネルギー省および経済発展貿易省に対して，2007 年 12 月 15 日までに石油輸送の当初価格を設定しなければならないと命じた[70]。

産業エネルギー省のアンドレイ・ディェメンチェフ Andrei Dementyev 副大臣は 2007 年 7 月に閣議会合で，太平洋沿岸への石油パイプライン建設計画は，少なくとも 2015 年までは，十中八九一時棚上げされるであろうと語った。政府は，石油会社が 2015 年までに当該地域において原油を 4000 万トン生産できるように期待しているが，一方，同パイプラインの第 2 部は 5000 万トンの輸送能力を有している，と彼は付け加えた。ロシアは，同パイプラインからアジア・太平洋市場の 6％を供給することができる[71]。この慎重な発言は，東シベリア・太平洋石油パイプライン開発の第 2 区間における遅延を告げていた。

トランスネフチ経営陣の交代

2007 年 9 月 12 日にトランスネフチのセミィオン・ヴァインシュトック社長は，プーチン大統領が彼を 2014 年ソチ冬季オリンピックの準備委員会委員長に任命した後で，辞職した。2007 年 10 月 12 日に，ニコライ・トーカレフ Nikolay Tokarev（ザルベージネフチ（Zarubezhneft）の社長）がトランスネフチの新社長に就任し，その後間もなく，彼は，同パイプラインの建設にからむ諸問題のため，少なくとも 2009 年第 4 四半期まで第 1 段階の稼働が遅れるだろうと宣言した。トーカレフは，クラスノダールストロイトランスガス（Krasnodarstroytransgaz）もストロイシスチェーマ（Stroisystema）も，満足に進んでおらず，したがってまた，第 1 段階の建設予定は破綻していると指摘した。すなわち直線部分は 40％完了している（計画は 67％を求めていた）が，他方石油圧送施設は 30％しか準備できていなかった（計画では 68％）。ストロイシスチェーマの状況はいく分良好であったが，期待されていたものの 40〜50％しか達成されていなかった[72]。

産業エネルギー省の元副大臣アンドレイ・ディェメンチェフは2008年4月半ばに，東シベリア・太平洋石油パイプラインの中国向け支線の計画案はほとんど完全に準備できているが，支線の建設は，ロスネフチと中国国有石油会社が石油の量と価格に関して合意に達するまでは開始されないだろうと述べた。5月末にドミトリー・メドヴェージェフ大統領は，ロシアと中国が，同パイプラインの中国向け支線の建設に関して原則的に合意に至ったと述べた[73]。

暫定的代替案：鉄道による中国への石油

ロシアのスコヴォロジノから大慶油田に至る支線が完成するまでは，ロシアから中国への鉄道による原油供給が引き続き重要であろう。ユーコスが完全に破綻する前に，同社は，有利な石油取引事業を鉄道によって救済しようと必死であった。2004年2月にユーコスは，2004〜2005年に中国に石油を供給する契約を締結した。2004年に同社は，中国国有石油会社に386万トン，中国石油化工会社に255万トンを供給することになっており，2005年の数値は，中国国有石油会社に対し550万トン，中国石油化工会社に対し300万〜350万トンになるであろう。3月下旬に両社の代表者は，ユーコス経営陣と，年間1500万トンの石油を中国に供給する7ヶ年契約の交渉を行った。同契約は，中国国有石油株式会社に年1000万トン，中国石油化工会社に年500万トンの石油を供給することを想定していた。

ロシア鉄道RZD[74]のゲンナドゥィ・ファディェーエフ Gennady Fadeyev 社長とユーコスのセミョーン・クーケス Simon Kukes 社長とは，2004年3月27日に，2011年までの期間にわたる，中国への石油鉄道輸送の組織化を含む，両社間の協力協定に署名したが，これによりユーコスは石油輸出量を劇的に拡大することが可能になるであろう。ファディェーエフによると，ロシア鉄道によるユーコスの石油発送量は，2004年に640万トン，2005年に860万トン，2006年にはほぼ1500万トンに達する予定であった。旧ソ連の原油輸出に対するロシアの（鉄道による）貢献量は，表7.3に示されるように減少する予定であることを考慮すると，鉄道によるロシアの対中国原油輸出の規模は，大慶油田への同パイプライン支線が一度完成すれば，大幅に減少しそうである。

ユーコスは，ブリヤートのナウシキ Naushki 国境横断地点を通って，モン

表7.3 旧ソ連の原油輸出に対するロシアの貢献（100万トン）

	トランスネフチ・システム		ロシア鉄道	カザフスタン鉄道		Atasu －阿拉山口
	総計	ロシア向け		総計	中国向け	
2000	128.477	116.353	14.069	–	–	
2001	142.134	125.817	15.644	–	–	
2002	147.240	128.887	25.759	–	–	
2003	159.305	139.548	38.223	0.820	0.817	
2004	188.738	167.253	36.382	1.165	0.810	
2005	204.922	181.061	20.791	0.795	0.795	
2006	206.435	182.335	15.640	1.570	1.570	1.845
2007	205.695	182.440	14.580	0.875	0.875	4.825
2008	196.906	173.267	14.250	0.840	0.840	6.014
2009	197.188	171.825	14.090	0.840	0.840	7.736

出所：Renaissance Capital (2010), p. 110.

ゴルを通過し，中国の二連浩特 Erenhot（エレンホト）市まで，月28万トン（総計250万トン）の原油を中国の中国石油化工会社に供給した。この経路は，ザバイカルスク Zabaikalsk －満洲里（ロシアと中国国境上）を経由して中国国有石油会社に供給する経路より採算性が高い。ユーコスのアレクサンドル・サプローノフ Alexandr Sapronov は，トランスネフチのパイプラインの終点であるアンガルスクからナウシキまでの距離は700キロメートルであり，輸送料はトン当たりほんの30ドル以上にすぎないと説明した。比較すると，アンガルスクから出発して1500キロメートルの距離があるザバイカルスク経路では，輸送料はトン当たりほとんど60ドルにもなる。ザバイカルスク－満洲里国境を通過する列車数は，2005年より1日14本から20本に増加し，グロデコヴォ Grodekovo－綏芬河で国境を通過する列車数は10本から12本に増加した[75]。

東シベリア・太平洋石油パイプラインの第1段階の操業と支線開発

トランスネフチは2008年10月4日に，東シベリア・太平洋石油パイプラインの最初の1100キロメートル部分の操業を開始した。開通式は，タラカン油田の第10圧送施設で行われた。イゴール・セーチン Igor Sechin 副首相，セルゲイ・シュマトコ産業・エネルギー相，ヴャチェスラフ・シトゥイリョフ・ヤクーチア大統領が出席した。「本日は」セーチンが述べるには，「東シベリ

ア・太平洋石油パイプライン・システムの生涯最初の日である。タラカンからタイシェットまでの1100キロメートルの部分は，操業の準備ができている」。彼は，同石油パイプラインを満たすのに必要とされる資源基盤は創出されるであろうし，そうすれば東シベリアの油田だけで，将来は年4000万〜4500万トンの原油を供給することができるであろうと付け加えた[76]。

同パイプラインのプロジェクト管理センターのアレクセイ・サプサイAlexei Sapsai 社長によると，

　　…パイプラインの最初の区間に沿った土地のすべては森林が切り開かれ，整地され，準備が整えられて，その2450キロメートルに及ぶパイプが敷設された。一連で1776キロメートルになるパイプは水圧試験され，1094キロメートルのパイプライン区間は石油で満たされた。7ヶ所の石油圧送施設（イルクーツク州のタイシェット，レチューシカ Rechushka やヤクーチアのアルダン Aldan 付近を含む）は，2700キロメートルの第1期タイシェット－スコヴォロジノ・パイプラインに沿って建設されるであろう。タイシェットの圧送施設に加えて，他2ヶ所の圧送施設が石油貯蔵所を持つ[77]。

同パイプラインは，大規模投資を必要としていたから，未曾有の規模で進行中の世界金融危機は，ロシアの国有会社に深刻な資金問題を引き起こした。ロシアは，トランスネフチとロスネフチ双方のために，中国からの巨額融資について，交渉するより他に選択の余地がなかった。あるロシア筋は次のように述べた。

　　…中国側は，現実的な融資条件を提示した。彼らは，固定金利を設定せず，ロンドン銀行間取引金利（LIBOR）+5％の変動金利で資金提供することを希望した。その際彼らは，資金を銀行ローンとして融資することを提案をした。彼らはまた，これらの融資のための複合的な保証，すなわち収益と石油供給とに関する保証を要求した。

要約すれば，同協議は，中国が変動金利を主張し，他方ロシアが固定金利

を希望したから，融資の金利に関する意見の相違のために，頓挫したのである[78]。妥協が成立したのは，ロスネフチおよびトランスネフチの代表と中国国有石油会社および中国開発銀行の代表とが協定に署名し，これによってロシアの会社が中国にロシア産原油を供給し，中国へのパイプライン支線の建設を保証する見返りとして，250億ドルを受け取ることになった2009年2月であった。政府間委員会の専門家セルゲイ・サナコーイェフ Sergey Sanakoyev によると，中国の銀行は通常，LIBOR+300～500ベーシスポイント（3～5％ポイント）で大規模プロジェクトに資金提供を行っている。2009年3月の水準は，LIBOR+4.24～6.24％であった。中国開発銀行は，5.5～6.0％の固定金利で合意したが，これはイゴール・セーチンでさえ低いと認め，「われわれは，今ではそのような金利を持っていない」と述べた[79]。

　2009年4月にロスネフチは，同社が4月半ばまでに，クラスノヤルスク地方の同社のヴァンコール巨大油田からトランスネフチ・パイプライン網へのパイプライン建設を完了するつもりだと述べた。ロスネフチの最高経営責任者，セルゲイ・ボグダーンチコフは，「われわれは，4月15日までに最後の溶接を終了するだろう，われわれが残しているのは，文字通りあと6キロメートルだ」と豪語した。彼はまた，ロスネフチとトランスネフチが，4月10日までに石油取引契約を締結し，同契約の下でロスネフチがトランスネフチに原油を販売することを計画し，後者はそれから中国の融資を返済するであろうと述べた[80]。

東シベリア・太平洋石油パイプラインの中国向け支線

　ロシアのイゴール・セーチン副首相と中国の王岐山 Wang Qishan 副総理は2009年4月21日に，北京で，石油協力に関する政府間協定に署名したが，それにしたがって両国は同パイプラインから中国への支線を建設する[81]。ロシアの都市スコヴォロジノから中国国境に至る計画された63.8キロメートルのパイプライン支線の最初の接合箇所は，4月27日に，イゴール・セーチンと中国国有石油会社の汪東進副社長の出席の下で溶接が行われた。同ラインの輸送能力を年間8000万トンに拡大する第2期は，「2014年に予定通り，完成されるべきである」とセーチンは述べた[82]。2009年5月18日に，中国領土におけ

る建設が黒龍江省漠河 Mohe 県で正式に着工され，その場で中国の王岐山副総理は，同石油パイプラインが，ロシアと中国間の石油・ガス協力における重要な戦略的プロジェクトであり，また，両国間の友好と協力の架け橋であることを述べた[83]。同パイプラインの初期段階では，東シベリアの生産量はパイプラインを満たすのに十分ではないであろう。したがって，同パイプライン（パイプライン輸送能力）を充足するためには，既存のオムスク－イルクーツク・パイプラインに加えて，東シベリアのトムスク州と西シベリアのハンティ・マンシ自治管区とから，石油が提供される必要がある。西シベリアの供給を容易にするために，オムスク－イルクーツク・パイプラインは，東シベリア・太平洋石油パイプラインの始点となるタイシェットで，同パイプラインに接続される必要があった[84]。

2009 年 6 月に，ロスネフチの年次総会は，中国開発銀行からの 150 億ドル融資を承認した。同パイプランの原油価格は，コズミノ港，もしくは，コズミノ経由の量が市場相場を保証するには少なすぎる場合は，プリモールスク Primorsk 港での，ロシア原油の市場相場に基づくであろう。コズミノ港に輸送される量が 1250 万トン未満の場合，量的不足分はプリモールスク港やノヴォロシースク Novorossiisk 港でのウラル原油の相場を使用して計算される。トランスネフチは 2007 年 12 月末に，日本海（東海）沿岸の石油ばら積み港創設プログラムの一環として，ナホトカに，企業スペツモルネフチポート・コズミノ（Spetsmornefteport Kozmino）を登記した[85]。石油供給は 2010 年 1 月に開始された。ロスネフチ－中国国有石油会社の協定の一環として供給される石油 900 万トンの総価値額は，1 バレル当たり平均石油価格 50 ドルに基づけば，20 年間で 650 億ドルになるであろう。トランスネフチ経由で供給される 600 万トンは，270 億ドル相当となるであろう。ロスネフチは，150 億ドルに対して平均年利 5.69％を 20 年間にわたって支払うことを予想していた[86]。

ロシア当局は 2009 年 11 月に，コズミノ港における陸上および洋上の石油輸出用全施設が完成したと発表した。承認された施設には，430 メートルの石油埠頭，タンカー係船柱のある船団用港湾埠頭 2 本，17 キロメートルの処理用パイプラインおよび 250 キロメートルのケーブル電線が含まれていた。また，同敷地内には，増圧ポンプ場，石油油量・品質測定施設，試料油貯蔵所 1 ヶ

所，排水貯蔵タンク1基も完成していた．それと同時に，8000トン以上の石油を積載した最初の列車が，コズミノへの供給のために，東シベリア・太平洋石油パイプラインの第1段階の終着点，スコヴォロジノを出発した．ヴォストークネフチェトランス社（Vostokneftetrans Company）の代表者によると，石油は，ヤクーチアからスコヴォロジノに供給されている[87]．

ロスネフチは2009年11月23日に，同パイプラインの最初の積荷を，フィンランドの会社，国際石油製品OY（International Petroleum Products OY）として登場した買い手との入札競売を通じて，プラッツ（Platts）社の12月平均ドバイ公表価格より50セント高値で，販売した．ロスネフチは，国際石油製品OYに対して，同パイプライン原油10万トンを12月27日から29日に積み込み，コズミノ基準本船渡し条件で落札させた．同入札には総勢15社が参加したが，2社が明確な差をつけて応札した[88]．

東シベリア・太平洋石油パイプライン第1段階の完了

最終的に，2009年12月2日に，ナホトカに近いコズミノでの新規石油基地の開設により，ロシアはそのエネルギー輸出多様化という戦略的な目標に近づくことになった[89]．新しい17億ドルの太平洋石油基地は，主要エネルギー輸入国である日本や中国や韓国への接近の機会を提供した．2010年第1四半期に，300万トン以上が新積み出し基地から輸出され[90]，同パイプラインが完成されれば，その量は今後数年で3倍になると期待される．プーチン首相は，香港のアジア顧客に供給するための最初のタンカーにシベリア産石油を注入するボタンを押したが，アジア市場への参入機会拡大の戦略的重要性を，次のように強調した．

　これは，まぎれもなく重大な出来事である．それは，戦略的プロジェクトである，というのは，それがわれわれに対し，成長しつつあって巨大な潜在力を持つ全く新しい市場，アジア・太平洋市場への参入機会を提供するからである．今日ロシアは，これらの市場に参加しているが，非常に小規模である．本日の開所式は，われわれに全く新しい可能性を提供する[91]．

この開所式は，パイプラインとコズミノ港の建設に費やされた4年間の作業の完了を記念するものであったが，それは合わせて4200億ルーブル（140億ドル）に値し，そうして欧州市場に対する石油産業の依存度を減少させるものである[92]。もう1つの式典がわずか8ヶ月後に開催された。ロシアは2010年8月29日に，プーチン首相が出席した開通式で，同パイプラインの中国向け支線に対する注入を開始したが，彼は今度は次のように述べた。

　もちろん，中国とのわれわれの協力は，単に炭化水素だけに限定されるものではないし…，エネルギーと言えば，ロシアは，原子力エネルギーの平和利用の分野で中国の主要な事業協力者であり，この分野の設備供給は数十億ドルに達する。

この支線の開通は，ロシアの輸出を多様化する鍵となり，またアジア・太平洋市場を伝統的な欧州の仕向先に対する均衡力として利用する鍵となるものと見られている[93]。メドヴェージェフ大統領と胡錦濤国家主席は，2010年9月27日に，完成したスコヴォロジノ－大慶ラインの開通式に出席した[94]。

　東シベリア・太平洋石油パイプライン開発の第2段階が操業していれば，一層多くのアジアの買い手が，ナホトカに近いコズミノ港から高品質の原油を購入するであろう。2010年3月初旬に，韓国第2の大手製油所を持つGSカルテックス（GS Caltex）は，同社がウラジオストクから同パイプライン石油を輸入したと発表した。推定輸入量は，少なくとも船荷1カーゴ73万バレル以上であり，交渉価格は，ドバイ原油価格より約2ドル低いと噂されている[95]。同パイプラインの技術的仕様は，硫黄分およびAPI比重の点で中東原油よりも優れており，輸送距離ははるかに短い（コズミノは韓国から1000キロメートルしか離れていないが，ペルシャ湾までの輸送距離は1万1000キロメートルである）から，したがって同パイプラインからの供給が大幅に拡大し得る好機が存在する。主な障害は，供給の入手可能性と品質の持続可能性にある。この2要因が保証され得るならば，日本と韓国の製油所は，中東原油供給に対する高い依存度を低下させることを何らためらわないであろう。新日本石油株式会社の予測したところでは，同パイプライン原油はアジアの標準原油となり得

るし(これにサハリン海洋ソーコル原油が加わった場合,その量は1日当たり140万~150万バレルに達する可能性がある),アジアの原油供給に重大な影響を及ぼし得ると予測した[96]。

東シベリア・太平洋石油パイプライン原油のアジア割増価格に対する挑戦

北東アジアの消費者は,買い手が欧州の消費者と同一等級の石油を購入しているという事実にもかかわらず,伝統的にいわゆる「アジア割増価格」を支払わなければならなかった[97]。過去20年間にわたって,平均で,割増価格は1バレル1.2ドルであったが,2008年にそれは同8.10ドルに達した。ロシア産供給の登場は,割増価格を縮小したが,TNK-BPは次のように述べた。

> …今後数年間に予想されるロシアの輸送能力の増加は,石油生産者に対し,東西仕向け地間の数量調整を可能にし,それ故初めて生産者の販売戦略に柔軟性を提供するであろう。ロシアは,2014年までに年間7800万トンの新規輸送能力の稼働を開始すると予想され,その時までに原油生産量はほぼ4000万トンに増加すると期待されている。ロシアの生産者は,何処の価格が有利であるかにしたがって,原油供給の方向を決定することができるであろう[98]。

ロシアのエネルギー省は,石油品質バンクの創設を提案していた。トランスネフチは,この枠組みの中で5等級の石油を指定する可能性を検討している。

表7.4 東シベリア・太平洋石油パイプライン原油スペック比較

	API(度)	硫黄分(%)
東シベリア・太平洋石油パイプライン原油	34.8	0.62
ブレント原油	37.5	0.46
フォーティーズ原油	40.6	0.59
ドバイ原油	30.4	2.13
オマーン原油	32.95	1.14
ウラル原油	31.55	1.30
ソコール原油	39.7	0.17
ヴィチャズ原油	34.4	0.22

出所:Platts(2010a).

石油は，その硫黄含有量と密度とに影響を与える供給源に従って，格付けされるであろう。諸等級を混合する現行方式を維持しつつ，同省は，ドゥルジバ・パイプラインによりウスチ・ルガ Ust-Luga 港経由で輸送される原油（硫黄含有率 1.5％）を，プリモールスク港（1.4％）やノヴォロシースク港（1.3％）やトゥアプセ Tuapse 港（0.58％）を通じて，ならびに東シベリア・太平洋石油パイプライン（0.75％）経由で供給される原油から，2010 年までに区別することを提案をしている[99]。エネルギー省から出された，同パイプラインのこの含有率は，プラッツ社により報告された 0.62％より高い。

課税と戦略的石油備蓄貯蔵

ロシア政府は 2009 年 11 月下旬に，東シベリア原油の輸出税を当面免除すると公表した。この免除は，遠隔の石油産地における開発を刺激するために立案されている。東シベリアで合計 13 ヶ所の孤立した油田が，ゼロ税率の資格をもつ。関税同盟委員会は 12 月半ばに，油田の一覧表を 22 ヶ所に拡大し，そしてこの税率に従う石油の品質分類を修正し，2010 年 1 月 19 日付けで発効するように決定した。1 月の輸出税を設定する 12 月 25 日政府決定は，どのようにしてこの一覧表が拡張されるべきかについての，メカニズムを規定していなかった。2 月の輸出税設定の決定は，22 の油田にゼロ税率を適用した[100]。

待望のゼロ税率は，摂氏 20℃ で 1 立方メートル当たり 694.7 キログラムから 872.4 キログラムの間の密度（摂氏 15.5℃ で API 比重 30〜70 にほぼ相当）を持ち，0.1％から 1％ の間の硫黄含有率を有する原油に適用される。エネルギー相は 2009 年 10 月下旬に，ゼロ税率は最低 5〜7 年は継続しそうであるが，政府はまだこれに関して最終決定には至っていないことを強く示唆した。

プラッツ社の報告によると，東シベリア・太平洋石油パイプラインのバレルは，一般に使用されている基準（プラッツ社ドバイ公表価格）に対する格差付けの形で，現在価格付けられているが，同パイプライン石油は，その位置，十分な生産水準および広範囲な株式所有者のお陰で，時間をかければ，それがアジアにおけるスポット市場石油の主要価格指標になるのを助長しうる要素がある。現在，コズミノの積み出し基地には，35 万立方メートル（260 万バレル近く）の貯蔵容量と，1 日当たり 30 万バレルの積出し能力を有する石油貯蔵

地区がある。トランスネフチ傘下企業，ヴォストークネフチェプロヴォード (Vostoknefteprovod) が，この新しいパイプラインを運営するために創設された。スコヴォロジノの発送施設は，8万トンの貯蔵容量を持ち，82両の鉄道輸送タンク用積出し設備を持つが，この設備は現在1日当たり3万5000トンの積み込み能力を有し，近い将来，同4万3000トン（1日32万3000バレル近く）に増加することが予想されている[101]。

コズミノで260万バレルの石油貯蔵地区を開発することは，韓国や日本などの北東アジア諸国に対する同パイプラインの原油輸出を促進することに加え，大規模な戦略的石油備蓄の貯蔵設備者を提供する上でも，役割を果たすことができるであろう。第5章で論じたように，北京は，戦略的石油備蓄の貯蔵タンク容量を拡大することにかかわっており，その究極目標は約40日間の消費量の貯蔵容量を持つことである（戦略的石油備蓄基盤の第2，第3期を建設した後，2020年までに100日分の消費量に相当する石油予備を構築する目標を持っていた）。自動車産業の現在の拡大が，今後十年間継続するならば，戦略的石油備蓄用貯蔵容量の深刻な不足の公算が，非常に重大になる。大胆な緊急事態対応計画がなければ，北京にとって，今後数年間で戦略的石油備蓄用貯蔵の発展に対処するのは，容易なことではないだろう。この文脈では，国連開発計画大図們江イニシアチブ（UNDP GTI）に基づいて，輸入国（韓国，日本および中国）によって共同で建設される，コズミノ近辺の戦略的石油備蓄の貯蔵基盤は，地域的な戦略的石油備蓄用貯蔵としての役割を果たすことができよう。もし戦略的石油備蓄開発に関して同イニシアチブ参加国間で合意が達成されるならば，これは，大図們江イニシアチブ地域内の戦略的石油備蓄用貯蔵の発展に向けた地域的多国間協力の機会を提供するであろう[102]。中国とロシア双方の伝統的な政策は，多国間協力よりはむしろ二国間協力に基づいていることを考慮すると，このタイプの新しい試みは，北京とモスクワ双方にとって困難な選択肢であり得よう。それにもかかわらず，最高レベルの政治的賛意があれば，中ロ石油協力の程度を根本的に変更し得る，試験的戦略的石油備蓄プロジェクトに，道が開かれるかもしれない。協力の水準が格上げされるだけでなく，新たな協議事項が加えられるであろう。もしそれが生じるならば，その場合，その後の十年間は，中ロの石油協力において全く異なる一章を見ることが

できるであろう。

　同パイプライン開発の第2段階は，中ロ石油協力に大きな影響を与えるであろう。しかしその第2段階が遂行された時，中国の国有石油企業や石油輸入業者によって購入される数量を予測するのは，時期尚早である。東シベリアにおける油田のさらなる発見の可能性がかなり高いので，コズミノ港への1日100万バレルあるいは年5000万トンの輸送能力を持つ，パイプラインの充足を達成することは困難ではないであろう。どのくらい速くこれが1日当たり160万バレルあるいは年間8000万トンに増加することができるかは，包括的な探査の結果次第である。より多くの原油が，コズミノから中国沿岸地域に船で供給されるであろうし，それ故中ロの石油協力は，この石油取引の増大や下流部門の関連協力によって，強化されるであろう。

東シベリア・太平洋石油パイプラインに関連する諸要因
料金問題

　同パイプラインの経済的存続可能性は，ロシアの定める輸送料率に著しく依存する。トランスネフチは2005年に，タイシェット―ペレヴォズナヤ経由で原油を輸送する際のトン当たり料金の暫定見積りを行っていたが，それはスコヴォロジノ―ペレヴォズナヤ地区の鉄道料金を含め，政府の譲歩を惜しげなく与えられていた。すなわち初期においては，その見積りはトン当たり4ドルであったが，プロジェクト融資の返済後は，その料金は半分に下がるかもしれない。このパイプラインの操業期間全体にわたる平均料金は，トン当たり38ドルと推定されていた。トランスネフチの計算は，石油会社が1バレル25ドルの世界価格を維持できるという仮定に基づいていた。トランスネフチは，ロスネフチからトン当たり47ドルの料金を受け取るが，これはロスネフチが西シベリアの原油を鉄道でコムソモールスク・ナ・アムーレの同社の製油所に供給するためである。2005年の時点で，ロシアの投資会社アトン（Aton）は，黒海もしくはバルト海港までの原油の鉄道輸送費は類似しており，トン当たり40～45ドル（1バレル5.5～6.0ドル）であると予測していた[103]。

　産業エネルギー省エネルギー政策局のサエーンコSaenko局長は，2005年11月3日に，西方への石油輸送料金はトン当たり22～24ドルだが，石油パイ

プラインと鉄道の組み合わせで東方に向け積み出される石油の輸送料金はおおよそ 100 ドルだろうと発表した。彼は，東方パイプラインがタイシェットからペレヴォズナヤ湾まで操業している場合でも，同料金は 38.80 ドルであろうとつけ加えた。西シベリアからタイシェットに石油を供給するには，さらに 11〜12 ドルかかる。トランスネフチは，東シベリア・太平洋石油パイプライン経由の石油輸送料金が，最終的に 49.90 ドルになるだろうと述べ，これらの数値を裏付けた。

表 7.5 は，輸送料のその 1998 年最低値からの上昇規模を示している。その時以降，100 トン・キロメートル当たり料金で評価された単位輸送料は，ドル換算で 6.8 倍（2009 年時点）に上昇した。積み出された原油 1 バレル当たりで評価しても，輸送料は 6.8 倍に上昇した。これは，輸出向け原油の輸送距離が生産量よりも速く増加したという事実を，単に反映しているだけである。このような上昇にもかかわらず，トランスネフチの輸送料はまだ依然として低い。たとえば，同社の 2007 年におけるバレル・マイル当たり 0.17 セントの単位輸送料金は，米国州間パイプラインのバレル・マイル当たりおおよそ 0.23 セントや，カスピ海パイプライン・コンソーシアム（Caspian Pipeline

表7.5 トランスネフチの料金（1998〜2010年）

	輸送収益（10億ドル）	バレル当たりの収益（ドル）	バレル・マイル当たりの収益（セント）	100トン・キロメートル当たりの収益（ドル）
1998	0.907	0.42	0.03	0.13
1999	0.947	0.43	0.03	0.14
2000	1.298	0.57	0.04	0.19
2001	2.020	0.81	0.05	0.25
2002	2.551	0.93	0.07	0.31
2003	3.469	1.15	0.08	0.35
2004	4.405	1.35	0.10	0.43
2005	5.488	1.68	0.11	0.52
2006	6.771	1.98	0.13	0.59
2007	7.760	2.29	0.15	0.68
2008	9,805	2.94	0.20	0.92
2009	9,580	2.87	0.20	0.89
2010*	12,214	3.61	0.25	1.12

注：* は推定。
出所：Renaissance Capital（2010），p. 177.

Consortium）の課すバレル・マイル当たり 0.54 セントに比べても，まさっている。

　2008 年 2 月末に連邦料金局は，ロシア政府に東シベリア・太平洋石油パイプラインによる一定時間内石油処理量の料金見積りを送付した。連邦料金局の計算によると，第 1 および第 2 段階の輸送料はトン当たり 38.80 ドルに達する。これは，2005 年に用意された料金と同額であった。当時，同プロジェクトの費用は 115 億ドルと推定されていた。3 年後に，タイシェットからスコヴォロジノまでの第 1 段階の費用見積りだけで，66 億ドルから 123 億ドルに倍増した。また，同パイプラインプロジェクトの第 1 段階には，少なくとも 460 億ルーブル（おおよそ 20 億ドル）の建設費を伴うコズミノ基地も含まれている[104]。同プロジェクト管理センターによれば，第 2 段階の建設は，約 130 億〜140 億ドルの費用がかかるであろう。輸送料に関しては，投資会社ソリッド（Solid）の分析専門家デニス・ボリーソフ Denis Borisov が計算したところによれば，パイプライン全体のトランスネフチの費用を補償するには，輸送料はトン当たり 55〜57 ドルとすべきである。もし輸送料が 38.80 ドルに維持され，費用が当初見積られた通り 115 億ドルであれば，同プロジェクトは，17 年の回収期間を必要とするであろう。輸送料がより高ければ，回収は 5〜7 年に改善される。しかしながら，専門家は，輸送料がより高ければ，誰もこのパイプラインを利用しないだろうと結論を下した。第 2 段階が完了するまで，石油会社は，スコヴォロジノからコズミノまでの石油輸送には鉄道料金を支払う方が良い。鉄道料金はまだ計算されていないが，暫定数値は，すべての経路を通るとトン当たり 60 ドルである。コズミノへの石油輸送の全体的な料金は，トン当たり 100 ドルをを超える可能性があるだろう[105]。

　トランスネフチは，2008 年末までにこのパイプラインの輸送料を最終決定することができず，依然として 2009 年上半期の最適な計算式を見つけようと努力していた。連邦料金局の石油・ガス部門規制主任のデニス・ヴォルコフ Denis Volkov は，「同パイプライン網の輸送料金がトン当たり 30〜32 ドルの範囲になるという確かな計算が今のところある」と述べた。その価格は，為替レートが 1 ドル 36 ルーブルであった 2 月に計算されたものであるが，ヴォルコフは，2008 年の金融危機とルーブルの減価が，同パイプラインの輸送料に

根本的な変化をもたらしたと述べた[106]。

　2009年秋にトランスネフチは，このパイプラインは，東部，西部，中央の輸出用輸送料金区域に分割されるべきであり，その際，東部区域経由で輸出される石油はトン当たり34ドル，西部区域経由の場合はトン当たり48ドル，中央区域経由の場合は42ドルを課金するよう提案していた。東部区域はタラカン油田から，西方区域はヴァンコール油田から（既存の石油パイプライン・システムを経由する石油圧送を含む），中央区域はクラスノヤルスク南部の油田から，石油を送り込むであろう。この提案は，連邦料金局に提出された。トランスネフチは，この間に，2010年の同パイプライン網の輸送料見積りを策定していたが，これは中国向けに積み込まれる1500万トンを含め，1500万トンの輸送量が2011年から始まって3000万トンに増加することを根拠としていた[107]。

　2009年12月下旬に，連邦料金局は，東シベリア・太平洋石油パイプラインの終点，コズミノ港での石油積替えに対し，トン当たり155ルーブルの別料金を設定するように提案した。連邦料金局の広報担当者アンナ・マルトゥィーノヴァ Anna Martynova によると，これは，行われるタンカー船積みのために，同パイプライン網の輸送料が設定される以前に，課す必要がある別料金である。連邦料金局は，同パイプラインによる原油供給の一貫輸送料金をトン当たり1598ルーブル（トン当たり52.68ドル，あるいは1バレル7.21ドル）とすることを承認した。同パイプラインの輸送料には，同パイプラインと鉄道による原油供給業務，さらに，コズミノ海港における前方への輸出用再積み込みを含む，積み替え地点での原油再積み込み業務が含まれている[108]。同輸送料は，2010年12月1からトン当たり1815ルーブル（同61ドル）に上昇したが，これは，まだトランスネフチの見積った経済的原価トン当たり130ドルの半分以下であった[109]。

　2010年に連邦料金局は，中国向け同パイプライン・システムを通じた対中国石油輸送料は，8月1日からトン当たり1651ルーブルであると発表した[110]。提案された原油価格は，基準ブレント相場に，バレル当たり3ドルの割引で，設定された。ロスネフチは2007年11月に，提案された価格を1バレル当たり0.675ドルだけ引き上げた（その結果としてブレント原油に対する割

引率は 2.325 ドルに削減された)。この割引をこれ以上削減することは不可能であった。新規契約(これによりロスネフチは,中国に対して 20 年間にわたり 3 億トンを提供しければならない)によると,同価格は,アーガスとプラッツ社提供のコズミノ港相場に基づき,毎月の変動を条件とする[111]。

東方(Vostok)製油所

ロスネフチの最高経営責任者,セルゲイ・ボグダーンチコフは,2007 年 12 月 17 日に,同社は同パイプラインの沿岸地点に製油所を独力で建設することを目指しているが,このプロジェクトのための事業協力者は必要としないと述べた。ロスネフチは,また,コズミノから数キロメートル離れたイェリザロフ岬 Yelizarov に建設用台地を選択し,予備的な実現可能性報告書を作成した[112]。同パイプラインの終点は年間 1500 万トンの処理能力を有していたが,同パイプラインは 3000 万トンを運ぶことができた。当初の計画は,この 1500 万トンの開きを 67 キロメートルの支線パイプラインで中国に供給することを求めていた。もし支線の問題が,2009 年遅くに同パイプラインの始動の準備ができる時までに,解決されないならば,余剰の石油をコムソモールスクやハバロフスクの製油所に供給することができると,トランスネフチは考えていた。730 万トンの処理能力(2010 年には 800 万トンに増加の予定)を持つコムソモールスク製油所の所有者であるロスネフチと,350 万トンの処理能力を持つハバロフスク製油所の所有者である西シベリア資源社(West Siberian Resources)は,両社が精製可能な量の石油を同パイプラインから獲得することができるであろう[113]。

2008 年にロスネフチは,東方あるいは東部製油所(仮称)の費用が,50 億~70 億ドルかかると見積っていた。ロスネフチは,2 段階で製油所を建設することを検討しており,それぞれ年間 1000 万トンの処理能力を持つはずであった。輸出が,製油所の生産量の 90%を占めるであろう。計画では,2012 年までに製油所の第 1 段階が操業開始することを求めている。17 キロメートルのパイプラインが,製油所から港に石油製品を輸送し,80 万立方メートルの総容量を持つ追加的石油貯蔵基地が処理能力の増加を可能にするであろう。製油所からわずか 2 キロメートルに位置するヴォストーク湾の新規海洋基地

が，最大15万トンのタンカーを収容できる[114]。

その目標の場所は，ナホトカ近くのイェリザロフ岬であった。第1段階の建設費は49億ドルとなるが，2013年の完成を予定している。概算の処理能力は年間2000万トン，最初の提案の2倍である。第2段階は，90億ドルかかると予想されている。しかしながら，2010年3月末に，ロシア連邦環境・技術・原子力監督庁は，同製油所に関する設計書類の国家生態学的調査の後に，専門家委員会からの否定的結論を公表した。沿海地方の環境保護論者は，提案された場所では環境に取り返しのつかない損害を蒙ると主張し，同製油所の建設に反対していた。生態学的安全性と経済的な実現可能性の両方の観点から見て，ヴォストーク港の東に，すなわちプルーディハ Prudikha やクラーコフカ Krakovka 湾の同社の石油ターミナルの近くか，あるいはナホトカの東部に，製油所を置く方が良いであろう。プルーディハは，すでに操業している港や鉄道のすぐ近くに位置している[115]。ロスネフチの取締役会は2010年末に，ナホトカ近くに石油化学施設を建設する基本構想を承認した。計画された一定時間内処理能力は年間で340万トンであるが，これは，コムソモーリスクやアチンスク Achinsk の製油所，また，アンガルスク石油会社から来るナフサと液化炭化水素から構成される。しかしながら，ロスネフチの真の意図が何であるかは，明確でない。

石油融資
ロスネフチに対する最初の60億ドル融資

ロシアのヴェードモスチ紙は2005年初めに，中国国有石油会社が，ロスネフチに対して，そのユガンスクネフチェガス買収資金として60億ドルまで融資する用意があると報じた。双方は，今後6年間にわたって，約4840万トン（または3億5400万バレル）の石油を中国に供給することを担保とする融資に関して協議した[116]。連邦エネルギー庁のセルゲイ・オガネシヤーン Sergei Oganesyan 長官によると，ロスネフチは，ユガンスクネフチェガスを買収するためにロシアの銀行から60億ドルの信用を受け取り，そしてロシア開発対外経済銀行（Vnesheconombank）が今度はこの信用のための資金を中国の一連の銀行から，中国への石油供給と引き換えに受けとった[117]。

新華社はまた，ロスネフチが，中国国有石油会社と供給契約に調印し，さらにロシア鉄道公開株式会社と，中国に鉄道で2010年までに5000万トンの原油を供給する関連輸送協定に署名した，と報じた。新華社は，中国国有石油会社が，1バレル当たり25〜30ドルの原油輸入価格と，ユガンスクにおけるその株式保有の20％から25％プラス1株への引上げとを目指して，交渉しようとしてきたことを付け加えた。この輸出は，2005年2月1日に開始されることになっており，2005年には概算で合計400万トンに達するであろう[118]。また，中国国有石油会社にユガンスクの株式を取得させることは，もしそうでなければ国有化に等しい取引に，正当性の口実を提供するのに役立つであろうと，分析専門家が述べていることも報じられた。ユガンスクの20％の株式は，中国側にとって40億ドルもの経費がかかるかも知れなかった[119]。

明らかに，60億ドルの融資を提供するという中国の決定は，ロスネフチに命綱を提供するのみならず，1年後のロスネフチによる株式公開IPOの成功にとって基礎を与えるものでもあった。ロスネフチと中国国有石油企業との間で，多くの協定が2005年に調印されたことは，偶然の一致ではない。これらを通じて，中国は，絶望的であったロスネフチに数十億ドルを貸与することの真の影響力を学んだ。5月に，13年間の勤務を終えて，北京を離任することになっていた在中国ロシア大使は，60億ドル融資の影響力を，「何よりも先ず，石油が中国に行くであろうし，さらにその後，第2段階において東［つまり，日本や韓国］に行くであろう」という予言を述べて，間接的に，裏付けていた[120]。

2006年7月19日に中国国有石油会社は，同社がロスネフチの株式6622万4200株を5億ドル（1株7.55ドル）で購入したことを発表した。これは，ロスネフチの約0.5％の株式に相当する（株式公開の際に売却された13億8000万株は，同社の資本の13％であるという，このロシア社の声明より推定）。中国国有石油会社は，30億ドル相当の株式の注文を申し出たが，受け取ったのは6分の1に過ぎなかった[121]。60億ドルの融資がなかったならば，この僅かな株式の購入でさえ，考えられなかったであろう。

石油向けの第2の融資

　2009年初めから，中国が，その膨大な外貨準備高の故に，石油取引の世界的様式を変更し始めたのは，偶然の一致ではない。2009年2月に，中国とロシアは，石油パイプラインや長期的原油取引に関する，総じて「融資による原油購入」として知られる一連の取り決めに調印した。中国は，250億ドルの融資（ロスネフチに150億ドル，トランスネフチに100億ドル）を，石油積み荷と交換に，提供することに合意した。すなわちロシアは，2011年から2030年の間に，中国に対し3億トンの原油を輸出することを約束した。中国の国営報道機関は，融資による原油購入取引は双方が満足のいく取り決めだと見なしていた。ロシアは，その石油輸出を多様化する上で，大きな一歩を踏み出しているであろうし，他方中国は，ロシアの巨大で便利なところにある油田からの安定した石油供給を確保し，こうすることでその石油輸入を多様化しているであろう。3億トンの原油は，中国における現在の需要の約4%を充足するであろうし，それは約1600億ドルに相当するのである[122]。

　『財経時報』によると，2011年から始まるロシア産原油の対中国供給は，スポット市場価格に従って価格設定されそうである。同ニュースは中国国有石油会社の関係者の話を引用しながら，中国とロシアは，市場の風評が示唆するように，港に供給される1バレル当たり20ドルの固定価格ではなく，スポット価格を基準として石油価格を設定するだろうと述べた。この情報源は，その価格が原油の品質に連動することを付け加えた。中国社会科学院のロシア問題専門家，姜毅 Jiang Yi は次のように述べた。すなわち「中ロの石油交渉は，原油価格に関する意見の相違によって，近年目立った進展を遂げていない。中国にとって，この融資による原油購入は，主としてパイプラインに関するものである。一度パイプラインが完成すれば，中国側が，優位に立つであろう」と[123]。

　しかしながら，中国のカザフスタンとの新事業は，「融資による原油購入」方式からは乖離していた。中国国有石油会社からの50億ドルの融資は，中国の石油諸企業にカザフスタン最大の民間石油・ガス会社マンギスタウムナイガス（Mangistau Munai Gaz（MMG））の50%の株式を提供するであろう。この取引は，これまでの3件の契約の場合のように，「約束された石油供給に対

する融資」の1つというより,「石油資産に対する融資」である。中国国有石油会社は,共同所有のマンギスタウムナイガスにより生産される石油の半分を受け取る。この様式は,買収に対する資金提供を好む中国政府の選好に一層調和している,というのは,中国の国有石油企業が外国の国有石油企業に,保証された石油供給に対してか,あるいは将来の探査プロジェクトに対する特別の参加可能性に対してだけ融資を提供できる,他の3件の取引とは対照的に,それが中国の国有石油企業に資源の直接的所有権を提供するからである[124]。

ガス部門

コヴィクタ・ガス輸出構想

2000~2年の間に,中国の天然ガス部門の拡大に根本的に影響する2つ重要決定がなされた。第1は,2000年初めの第1西東ガスパイプライン開発に関する決定であり,第2は,2002年8月のことで,広東省および福建省双方の液化天然ガス輸入基地に承認を与える決定であった(第5章を参照)。さらに,韓国ガス公社は,2000年11月に,中ロのイルクーツク・ガス供給プロジェクトに参加したが,それは,コヴィクタ・ガスパイプライン・プロジェクトに関する3年間の実現可能性調査のための基礎を築いた。3者調査は,中国国有石油会社の最優先事項であったが,しかし経路や価格の問題など多くの障害がまだ未解決であった。

中国はなぜ東方経路を選んだのか？ 1つの主要な理由は,中国が政治的リスクを最小限に抑え,通過国を回避して通過料の支払い節約することをむしろ好んだからである。もう1つの理由は,パイプラインによりもたらされる経済的利益が,突然に,モンゴルを内モンゴルより一層裕福にする可能性があり,内モンゴル自治区の安定性に潜在的に否定的な影響を与え得るからである。第3の理由は,中国がパイプラインの経済的利益を東北部に,中ロパイプラインのもたらし得る経済的・社会的利益を切実に必要としている地域に,集中することができるという点にある。要するに,中国は,そのモンゴルとの関係を優先させるより,東北地域の経済に活力を注入することの方を選択したのである[125]。

石油パイプラインの東方経路の選択を考慮に入れると、並行するガスパイプラインの実行可能性は著しく高められた。中国国有石油会社は、コヴィクタ・ガスプロジェクトの株主間で意見の内部的不一致があり、このためプロジェクトの進行が一時期麻痺状態になったことを理解した。中国側は、自国がそのガスの主要需要家として強い立場にあることを信じて、忍耐強く待っていた。ロシア政府は2002年4月に、コヴィクタ・プロジェクトに関する会議を招集したが、これは2つの決定に達した。すなわちロシアは、中国との交渉を再開し、ルシア・ペトロリアムがまとめ役となり、中国国有石油会社との交渉を主導する。ルシア・ペトロリアムの社長が、韓国ガス公社企業連合の代表と共に、北京を訪問した。この訪問中にルシア・ペトロリアムと中国国有石油株式会社は、作業の次の段階に移ることが決定されたが、それは協力方式の計画化、プロジェクトの全般的設計、パイプラインの経路、ガス価格、および供給の規模や予定表からなる。価格交渉は、最も困難な問題であろう[126]。この実現可能性調査が2002年秋以前に完了できるというのは、不可能なように思われた。

2002年4月に新華社は、ロシア－中国－韓国のガスパイプライン・プロジェクトに関連して、さらなる不確実性が生じた、と報じた。ロシアの報道機関が示唆したところでは、ロシア政府はBPに対する認可を取り消し、コヴィクタ・ガスはすべて国内で消費されるべきだとするガスプロムの提案を、採用することについて検討していた。それにもかかわらず、3者の実現可能性調査は継続していた。2ヶ月後、新華社は、ガス価格、パイプラインの経路設定およびBPの輸出権についての問題や、ガスパイプラインの運命に必ず影響する、ロシア－中国石油パイプラインの将来についての不確実性を提起した[127]。

2002年の間の出来事は、ロシアのガス埋蔵量の規模に関する中国のエネルギー計画立案者の懸念を著しく和らげるものであった。第3章で論じたように、2002年にモスクワの天然資源省埋蔵量中央委員会は、チャヤンダ・ガスの確認ガス埋蔵量の修正値を1兆2400億立方メートルとして承認した。これに加えて、2002年10月に、ガスプロムとサハ共和国政府は、チャヤンダ・ガス田とサハ共和国の他のガス田における開発権の合弁企業入札に着手した。チャヤンダ・ガスに対するガスプロムの新しい取り組みは、あまり周知されて

いなかったが，1兆2400億立方メートルの確認埋蔵量の確定は，ロシアアジア部分の統一ガス供給システムの発展に対するガスプロムとモスクワの意思決定者との信頼を，際立たせるものだったと言っても差し支えない．

2003年末に，中国や黄海経由で韓国に対する，コヴィクタ・ガスの供給に関する3年間の実現可能性調査の結果は，プロジェクトが技術的・経済的に実行可能であることを確証していたが，それは，承認を求めてそれぞれの政府に提出された．新華社の意見は，ガスプロムの新しい取り組みは，BPを恐喝するために企画された巧妙な政治的・経済的仕掛けだというものであった．2003年初めに，ガスプロムはコヴィクタに強い関心を示し始め，天然資源省は，BPへの認可を取り消すことを誓った．BPは，コヴィクタの11%の普通株の売却を申し出たが，それはガスプロムにとってふさわしいものではなかった．この方向転換は，中国国有石油会社にとってなんら驚きではなかった．石油パイプラインと比較して，ガスラインはそれほど急を要するものではなかった．実際中国側は，もし石油ラインが建設されないならば，その場合にはガスラインも断念されるかも知れないという考えを，長い間抱いてきた[128]．

実現可能性調査の重要問題の1つが，パイプライン経路であったことは，注目に値する．報道機関は，ロシア－中国－韓国のガスパイプラインは，間違いなく北朝鮮を迂回するだろうと報じた．しかしながら，中国石油天然ガス株式会社の上級情報筋は，同ラインの経路設定と価格問題が決定されていないことを知らせようとした[129]．韓国では2003年前半に，韓国に対する黄海を通じたコヴィクタ・ガスの供給の代わりに，朝鮮半島に対するサハリンからのガス供給が，極めて真剣に検討された[130]．この接近方法の非常に大きな政治的含意に加え（なぜならば，それは北朝鮮の問題に対する何らかの解決と関連づけられなければならなかったからである），それは北東アジア諸国への輸出に対するロシア当局の立場にも影響を与えた．

その時までは，ほんの数人の専門家が，ロシアの対アジアガス政策の核心に何があるか理解しているに過ぎなかった．それについての最初の示唆は，ロシアの声明書「2020年までの期間のエネルギー戦略」[131]の中に現れていたが，なお一層明確な手がかりは，2003年6月初旬の第22回世界ガス会議の基調演説の中で，ガスプロムの最高経営責任者アレクセイ・ミレルがもたらし

た[132]。彼の発表は，サハリン島のコルサコフに加えて，2ヶ所の液化天然ガス施設，1ヶ所はウラジオストク，もう1ヶ所はワニノを示していた。だが，輸出供給源としてのコヴィクタ・プロジェクトへの言及は全くなかった。しかしながら，この講演は，あまり注目を集めず，当時は誰も，ロシアの対アジアガス輸出の現実的青写真を暴露したものとは，それを見なさなかった。

中ロのガスパイプライン協力の運命に影響を与えたかも知れない隠れた要因は，2003年11月の新華社報道で明るみに出た。産業界で尋ねられた共通の質問は次の点にあった。すなわち，もし中国人が，西東ガスパイプラインを単独で管理することができると証明されているのならば，なぜ外国の会社がまだ必要とされるのか？ 10月1日に陝西省の靖辺県で開催された開通式で，中国石油天然ガス株式会社の関係者が尋ねた。「われわれは，なぜ熟成した果実（西東パイプライン）を，そのために働きもせず，汗をかきもしなかった者と分かち合う必要があるのか？」と[133]。この意見は，シェル主導の国際企業連合の見込みが一層少なくなりつつあったことを強く示唆していた。したがって，第1西東ガスパイプラインの開発を通じて，中国ガス市場に進出しようとするガスプロムの試みは，挫折させられることになっていた。

否定的な続報が2004年初めに，中国石油天然ガス株式会社とシェル主導国際企業連合との間で行き詰まっていた第1西東ガスパイプライン[134]交渉の破綻という形でもたらされたが，外国企業連合によって設置された作業場は既に解体していた。これは，第1西東ガスパイプラインに対する外国会社の参加に終止符の打たれた可能性が全く高いことを表していた。中国ガス市場に参入するガスプロムの戦略も破綻した。2004年3月8日に，国家発展改革委員会の張国宝副長官は，合弁企業や関連する資源配分の条件面での不一致が，交渉の立ち往生をもたらしたことをすでに指摘していた。張は，同プロジェクトが全く順調に進んでいると叙述したにもかかわらず，中国石油天然ガス株式会社は，8月初旬に西側事業協力者との交渉の終了を発表した[135]。ガスプロムは，すぐさま，黄海横断パイプラインを支援しないことを韓国ガス公社に通知した。これは，ガスプロムの韓国カードと見なすことができたし，またパイプライン政治の相互作用が，北東アジア諸国に対するロシアのパイプラインガス輸出にいかに影響したかを示す好例であった。

ガスプロムのアジア統一ガス供給システム構想とサハリン-1の選択肢

2004年後半に,ガスプロムの戦略開発部は,いわゆる「包括的な討議資料」を広め始めた。これには,「中国や他のアジア・太平洋諸国の市場に対する輸出の可能性を有する,東シベリアと極東における統一ガス生産・輸送・供給システムの創設プログラムを開発する,省庁間作業集団」という,自明の表題が付いていた。この統一システム計画を完成するのに3年かかったが,最終的に2007年9月3日に,産業エネルギー省は,2兆4000億ルーブルの「東方プログラム」を承認した。ロシアのコンメルサント紙は,「ガス田の開発と輸出の日程は,ガスプロムと中国や韓国の買い手との交渉の結果次第であろう。中国によるロシアの条件の拒否が,同プログラムの輸出部分を台無しにするだろう」と報じた[136]。ガスプロムの焦点は,3件の主要選択肢すなわち西方,中央,東方ラインの評価に,集中された。

中国国有石油会社が,2004年10月にガスプロムとの戦略的協力協定を結んだにもかかわらず,11月2日にエクソン・モービルは,同社がサハリン-1プロジェクトからのガス販売の可能性について,中国国有石油会社と協議中であることを確認した。同じ日に新華社は,ガスプロムがアジアへのガス輸出でエクソン・モービルとの協力を検討している,と述べたことを報じた。エクソン・モービルのリー・レイモンド会長は,サハリン-1企業連合が,液化天然ガスとパイプラインの両方を含むいくつかの選択肢を検討していることに言及した[137]。これらの報道は,エクソン・モービルと中国国有石油会社のどちらも,ロシアの対アジアガス輸出の唯一の交渉者として,ガスプロムの排他的地位を受け入れる用意がないことを間接的に裏付けていた。中国と韓国に対するコヴィクタ・ガス輸出に関する3ヶ国調査に関して国家的承認を得る過程は,とくにロシアにおいては,ガスプロムの野心的「東方プログラム」のために,完全に影が薄くなった。2005年4月15日にロシア産業エネルギー省は,それが「東方経路」計画を,中国と韓国にロシアの東シベリアや極東のガスを輸送するための最善の選択と見なしていることを発表した。換言すれば,コヴィクタ・ガスパイプラインにたいする中国の希望は,幻想のように見え始めたのであり,このことは北京にとって大きな失望であった[138]。

2006年晩秋に中国国有石油会社は,サハリン-1プロジェクトから天然ガ

スを購入するために，エクソン・モービルとの暫定協定に署名した[139]。これは，クレムリンとガスプロムにとって，アジア・太平洋諸国とのガス輸出交渉におけるガスプロムの独占的地位に対する間接的な挑戦であった。中国国有石油会社が愚直であって，ガスプロムが演じている妨害的役割を単に過小評価していただけなのかどうかは，判断するのが難しい[140]。いずれにせよ，モスクワは，案の定，この新しい取り組みに反対した。1 年後，モスクワによる東方ガスプログラムの最終承認は，ガスプロムに，ロシアアジア部分におけるすべてのガス供給に関して正式の優先権が付与されたことを裏付けていた。

ガスプロムによる 2005 年の北京のインタビュー

2005 年 7 月サミットの期間中，天然ガスパイプライン協力に関するどんな特別な発表もなかったが，この欠如は，2005 年 9 月 21 日に北京で持たれたガスプロム副社長，アレクサンドル・メドヴェージェフの記者会見によって，埋め合わせされた。彼は，中国国有石油会社との協議は，2 つの経路の内どちらが優先されるべきかを確認することや，いずれの供給開始にしてもその時機の選択を確定することが目的になると述べた。彼は，その問題は，交渉の初期段階にあると付け加えた。「われわれは，パイプラインが空のまま横たわっている時を好まないし」，「したがって，われわれは，どちらが優先プロジェクトであるのかを，確認すべきである。ロシア側と中国側は，それぞれの国内区間のパイプライン建設に，各々責任を負っているであろう」と彼は述べた。彼はまた，もし中国政府がそれを許すのであれば，ガスプロムは，中国におけるインフラストラクチャへの投資にも関心を持つであろうと述べた。彼は，中国市場で販売される資源のどんな価格も，ガスや液化天然ガスの国際市場の「現実」を考慮に入れなければならないと述べることにより，価格問題の重要性を際立たせた。彼は，興味深いことに，ガスプロムは，将来サハリンから中国に液化天然ガスを供給することを検討するであろうし，また，中国の発電所に対する投資にも関心を持っていると述べた[141]。

中国の報道機関は，ガスプロムが，考えられる他のどんな供給者よりも多くのガスを中国に供給することができるという，メドヴェージェフの保証（ロシアの供給能力に関する中国側の不安を軽減するために与えられた）を強調し

た．ロシア産ガスは，中国に対して，まず東方経路を通じてサハリンから黒龍江省の省都ハルビンに供給されるという点で，意見が一致している．しかしながら，メドヴェージェフは，ガスプロムと中国国有石油会社は，2つの代替的選択肢，東方経路と西方経路の評価をまだ行っていると述べた[142]．

ガスプロムの青写真によると，両経路は，年間200億～300億立方メートルの輸送能力を持つように設計されている．同社は，2010年から中国へのガス供給が開始されることを希望していた．もし2経路が建設されるならば，中国に対するロシアのガス供給量は年間約600億立方メートルに達するであろう．ガスプロムは，ガスパイプラインが，ロシア側はロシアによって資金調達され，中国側は中国によって資金調達されるべきことを示唆した．パイプラインガス供給の選択肢とは別に，ガスプロムは，中国に液化天然ガスを直接供給する可能性を除外しなかった．ガスプロムは，中国の発電部門への参加に対するその関心をも明らかにした．メドヴェージェフは，同社が，中国の電力会社，とくにガス発電部門におけるそれと提携することを熱望していると繰り返し述べた[143]．

中国国有石油会社の気のない反応

同社は，ガス輸入源を多様化することの重要性に，十分気づいていた．中央アジア諸共和国産ガスを中国に運ぶガスパイプラインの建設プロジェクトに関する交渉は，円滑かつ急速に進行していたが，このことは，実際，ガスプロムにかなりの重圧を与えていた．実を言うと，中国－カザフスタン原油パイプラインの迅速な建設は，ガス部門において（石油におけると同様に），中国は「1つのかごにそのすべての卵を入れ」ないとロシアに警告しておく必要があった．中国国有石油会社は，中国－カザフスタン・ガスパイプラインと東方の中ロ・ガスパイプラインは，西東ガスパイプラインと共に，ことによると3本の並列ラインになり得て，それらは，3本が連結される可能性も含めて，中国の東部や中部のようなガス消費中心地に天然ガスを運ぶという同一の課題を，共に遂行するだろうと述べた[144]．ガスプロムは，単に協議しているだけであったが，中国は，ウズベキスタンにおけるガス探査・開発で前進していた．中国の指導者が示したかったのは，彼らは言葉を行動に転換することができると

いうことであった。新華社は，対中国天然ガス供給の契約の事例は，中ロ石油パイプラインの事例と類似していると，皮肉たっぷりに示唆した。中国は，長時間繰り返す交渉を運命づけられていた。2005年12月に，ガスプロム・中国国有石油会社の共同作業集団と合同調整委員会の会議が，石油ドーム任-11 Zhen-11 に地下ガス貯蔵施設を設計する契約の調印に繋がった145。しかしながら，この結果は，中国のガス計画立案者のガスプロムに対する，「話ばかり多くて実際の行動がない」という否定的認識を変えるには，十分ではなかった。

プーチンの過剰に宣伝された中国への旅行

プーチン大統領は，2006年3月中国への旅行前夜に，エネルギー部門における協力は，中ロ貿易・経済関係の最重要要素の1つであり，またそれは首尾よく成長しているし，良好な長期的潜在力を有していると述べた146。胡国家主席も，協力の本質に言及した。彼はテレビ放映された演説の中で，中国とロシアは，現在の貿易中心の協力様式から，生産と加工をもっと重視する協力様式に転換すべきであると述べた147。2006年3月訪問の間に結ばれた，エネルギー部門の最重要協定は，次のものであった148。

・「ロスネフチとの間で石油分野での協力を深化させるために，ロシア連邦と中華人民共和国の領土において合弁企業を設立する場合の主要指針」に関する協定。
・「東シベリア・太平洋石油パイプラインから中国への支線の建設」に関するトランスネフチと中国国有石油会社間の議定書。
・ロシア連邦から中華人民共和国に電力を供給するプロジェクトの実現可能性調査を設計するための，ロシア統一エネルギーシステム社（ROA UES）と中国国家電力網会社（State Grid Corporation of China）間の協定。
・天然ガスの供給と2本のガスパイプライン建設に関するガスプロムと中国国有石油会社間の覚書。

年間600億～800億立方メートルを運ぶ能力のある中国への2本のガスパイ

プラインを建設するという上記の最後の協定（ロシアから中華人民共和国への天然ガス供給に関する議定書）は，プーチン大統領の中国公式訪問の目玉であった。ガスは，2011年から中国に輸送されるであろうし，またガスプロムの最高経営責任者，アレクセイ・ミレルは，300億立方メートルの年間輸送能力を持つ西方パイプラインが最初に考慮されるだろう，と述べた[149]。

中国国有石油会社の周吉平副社長は2006年5月12日に，ガスプロムを訪問して，同社副社長，アレクサンドル・メドヴェージェフと会見し，両者は，提案されたガスパイプラインに関する将来の通商協議の手はずを整えることで合意した。西シベリア産ガスの最初の供給が，2011年までに中国に到着するように，両者は，2006年末までに通商交渉を完了することを目指したが，しかし再び，何らの突破口も開かれなかった[150]。ガスプロムと中国国有石油会社との合同調整委員会の第4回会議が，7月末にサンクトペテルブルクで開催された。今回は，周の交渉相手は，合同調整委員会（JCC）の共同議長アレクサンドル・アナネーンコフであり，彼はガスプロム経営委員会の副議長であった。したがってロシア側では，ガス輸出の責任者（メドヴェージェフ）が，戦略的国際関係の責任者（アナネーンコフ）と同一ではなかった[151]。

しかし，中国の計画立案者らは失望し，彼らがガス供給に関してロシアから聞いていた約束が実現できそうにない，と引き続き考えた。ガスプロムは，協議を継続した。2007年11月に，メドヴェージェフは次のように述べた。

> 東シベリアおよび極東のガス産業発展プログラムの採択と，ガスプロムが近い将来にコヴィクタ・プロジェクトに参加する契約の履行を期待しているという事実との2つの要因は，当然，東方諸国向けのガス販売に影響を及ぼす。その契約は，まだ履行されていないので，われわれは，コヴィクタがわれわれの計画にどのように影響し得るかについて試算しかしていない。…ロシアから中国へのガスパイプラインの東部地区の建設の完了日程は，通商交渉の中で決定されるであろう。しかし，いずれにせよ，コヴィクタ・ガス田の開発計画は，天然資源省にすでに提出されている[152]。

中国の計画立案者の欲求不満が募ってきた。

2009年まで大きな進展なし

　中国中央テレビは，2008年5月に，ロシア首相になって以降初めての，プーチンの北京訪問は実り多いものであった，と報じた。この訪問は，中ロ国交樹立60周年と，中国のロシア語年に当たっていた。プーチンの訪問は，一層密接で一層躍動的な関係を象徴するものと見られた。『中国日報』（*China Daily*）も，プーチン首相の2009年10月の北京訪問中に，ロシア企業は，輸送，インフラストラクチャ，建設および鉱物採取における共同プロジェクトの資金調達のために，中国開発銀行とそのロシア版，対外経済銀行との間で結ばれた5億ドルの融資協定から多岐に及ぶ，55億ドル以上に相当する契約に調印する計画である，と報じた[153]。この報道は，例によって外交的なものであったが，価格交渉は，妥協に向けて何の進展もなかった。

　ファイナンシャル・タイムズ紙の報道によると，プーチン首相は温首相との会談中に，35億ドルの契約に署名したが，しかし両国は，ロシアの対中国ガス供給についての主要取引に関しては，価格や供給源の問題を未回答に残したまま，暫定協定に調印しただけで，実質的な進展を遂げることはできなかった。同紙は，ガス供給協定は同会談の眼目であり，プーチン首相はそれを，金融危機に良く耐えて成長している戦略的連携の一環として歓迎したが，しかしこの金融危機のせいでロシア経済は，その東側隣国の経済に比べると立ち往生したままであった。ガスプロムの最高経営責任者アレクセイ・ミレルは，その協定によって，シベリアおよびサハリンのガス田から中国に年間700億立方メートルのガスを供給する道が開かれ得る，と述べたが，中国国有石油会社の蒋潔敏社長は，ガス供給量や価格に関する取引は何もなかったと述べた。ロシアのイゴール・セーチン Igor Sechin 副首相は，価格に関しては2010年に合意に達することができ，供給は2014年か2015年に開始することができると述べた[154]。同氏は，2009年には中国へのロシアの石炭積み出し量は10億ドル相当に達するだろうと付け加えた[155]。

　ガス部門の協力に関する唯一の積極的展開は，2009年10月に，中ロ合弁企業，中ロ投資会社（China-Russia Investment Co., Ltd. (CRICL)）が，ロシアの石油・ガス会社スンタルネフチェガス（Suntarneftegaz）の51％の株式を買収したことであった。同合弁企業は，ベレゾフスキー Berezovsky および南

チェレジェイスキー South Cheredeisky ガス田に対する探査・開発権を許与されたが，同ガス田は 600 億立方メートル以上の総埋蔵量を有する。中ロ投資会社は，3 ヶ所のガス田開発に 3 億ドルを投資する計画であるが，このガス田は提案された西シベリア・太平洋ガスパイプラインの近くに位置している[156]。

アルタイ・パイプライン・プロジェクト

2006 年 9 月に，ガスプロムの輸送・貯蔵部のボグダーン・ブドズルィアーク Bogdan Budzulyak 部長は，西方経路（アルタイ・ガスパイプライン）の予測経費が，計画された 40 億ドルから 50 億ドルに上昇したと示唆した[157]。アルタイ共和国当局は，サンクトペテルブルクを拠点とするガスプロムの子会社，ギプロスペツガス研究所（Giprospetsgaz）により設計された，西シベリアから中国に至るガス幹線パイプラインの建設プロジェクトを承認した。同パイプラインの経路は，アルタイ地方からシェバリンスキー Shebalinsky，それからチュイスキー Chuisky 地区，オングダイスキー Ongudaisky およびウラガンスキー Ulagansky 地域を通り，コシュ・アガチスキー Kosh-Agachsky 地域に沿って中国国境まで伸びるであろう。ゴルノ・アルタイ地方におけるガスパイプラインの全長は 500 キロメートルになるであろう[158]。

しかしながら，ロシアの燃料・エネルギー省が，アルタイ・プロジェクトは 2030 年までのガス開発戦略草案から基本的に除外されていると述べたという報告により，多少の混乱が生じた。この報告は，ガスプロムが執筆し，2008 年 10 月 7 日に公表したもので，アルタイ・プロジェクト実施の可能性はまだ存在するが，ただし，経済条件が満足いく場合に限り，中国との貿易協定が合意され得る場合で，また環境面での制約が解消されるならばという条件つきであった。同報告は，次のことを付け加えた。

　　…液化天然ガス供給と比較して，パイプラインガス供給は，中国における目的市場までの距離が 6000 キロメートルを超えることを考慮に入れると，競争力が大幅に劣る。その上，同プロジェクトは，トルクメニスタンからウズベキスタンとカザフスタン経由で中国に供給されるパイプラインガスと競合するであろう。中国はすでに，天然ガス提供の組織化の問題で，トル

クメニスタンとある一定水準の相互理解に達している。アルタイのもう1つの難問は，同パイプラインに供給する西シベリア・ガス田から欧州への輸出との，ネットバック価値の平衡を達成することである。中国は，ロシア産ガ

地図7.1　中国向けアルタイ・ガス

出所：ガスプロム。

ス供給の効率化と競争力を確保する,市場に基づいた価格設定のための経済的基盤を現在持っていない[159]。

それにもかかわらず,アルタイ供給の選択肢は放棄されなかった。2008年11月に,ガスプロムの副社長,アレクサンドル・メドヴェージェフ率いるガスプロムの代表団は,中国国有石油会社と,中国に対するロシア産天然ガスの積み出しに関する営業上の単独協議を上海で開催した。同代表団は,価格,数量,経路および時間制約について検討した。ガスは,2経路を経由して輸送され,西方経路を通じて300億立方メートル,東方経路通じて380億立方メートルが運ばれることになっていた。西方選択肢は,入手可能で準備のできている埋蔵量や,発展したインフラストラクチャや,ガス処理能力の存在を考慮すると,比較的迅速に実施される可能性があった[160]。

2009年12月に,ガスプロムの別の新聞発表も,アルタイ・プロジェクトがまだ生きていることを裏付けた。メドヴェージェフ率いる交渉団は,中国国有石油会社の代表団と対中国天然ガス供給の組織化をめぐる,さらに一連の取引交渉を行った。両企業は,「西方」回廊経由でロシアから中国にガスを供給するのに必要とされる,方策について検討した。この協議には,価格設定問題および供給の技術的側面が含まれていた[161]。中国へのアルタイ・ガス輸出の優先は,ガスプロムにその欧州向け余剰を中国に転送させる,パイプラインを建設しようとするモスクワの決意を,明らかに反映するものである。しかしながら,中国は,疑わしく不信の念を抱かせるロシアの戦略に,引き続き失望していた[162]。

そういう訳で,結局,2009年までに中ロガス協力に大きな進展は何もなかったが,それと対照的に中ロ石油協力は,250億ドルの融資による原油購入のお陰で,もう1つの大進展を遂げていた。2003〜9年の間の中ロガス協力は,空のグラス同然であったのに対し,中ロ石油協力の方は,少なくとも半分まで満ちたグラスであった。中国に対するロスネフチの実利的接近方法は,2005年から2009年までの融資を通じて,危機に瀕した関係を救済したが,一方で,中国に対するガスプロムの,その独占的地位に基づく硬直的な姿勢は,ガス価格の妥協の達成を遅延させ,中央アジア共和国,とくにトルクメニスタンから

のガス供給という選択肢を優先する，強い刺激を中国に対して与えた，といっても過言ではない．

中国の計画立案者にとって，ガスプロムが中国に対して東シベリアガス（もしくは東方ガス）の輸出よりもむしろアルタイ・プロジェクトを推進することは，ガスプロムの隠された意図に関する深刻な疑問を提起する．なぜアルタイが最初か？ アルタイ・プロジェクトの開始は，欧州市場の需要が縮小した場合，ガスプロムに対しより多くのガスを中国に再配分することを可能にするであろう．欧州の観測者も中国側もともに，この見方を共有するが，ロシア側はそうではない．アルタイ・プロジェクトからのガス供給は，東シベリア・太平洋石油パイプライン経由でアジアに対して石油を輸出する立場と同様に，ガスプロムに振り替え供給者（スイング・サプライヤー）の地位を与えることができるであろう．西シベリアの現在のガス埋蔵量は，今後数年間で急減することになっていることを考慮すると，北極圏のヤマル半島の大規模ガス埋蔵量の開発が加速されるであろう[163]．スターンの指摘によれば，ヤマルでの最初の生産が2012年第3四半期に開始される事実や，独立系のガス生産が急速に台頭している事実や，同時にガスプロムの市場（国内，CISおよび欧州の）が回復しつつあるが不確実でしかないといった事実を考慮すると，ガス余剰の方が，不足よりも起こりそうに思われる．非常に明確なことは，費用負担が増大することになっている点である．表A.7.1で述べたように，ガスプロムは，中国への供給源として西シベリアのボルシェヘツカヤ地区を強調するのが常であった．しかしながら，ボルシェヘツカヤの開発は，その潜在的生産能力が年間最大300億～400億立方メートルあると推定されているにもかかわらず，もはやガスプロムによってではなく，ルクオイルによって主導されている[164]．たとえガスプロムが，アルタイ輸出のための代替的供給源についてあれこれ言わないとしても，別の供給源が西方経路のために結局必要とされることは確かなように思われる．アルタイ・プロジェクトが，欧州と中国の両方の消費者を従順にさせようとするガスプロムの野心に非常に効果的に合致している，と認識しているため，中国は，アルタイ・ガス輸出を優先するロシア独占企業の野心的計画を拒否し続けている．厳密に言えば，中国には中央アジアからの一層魅力的なガス供給があり，それ故東方パイプラインの優先を希望しているのであ

る。中国は，第3西東パイプラインがガス供給に割当てられる場合にのみ，アルタイ輸出が進められ得るということを，この上なく良く知っている。

2010年には何の妥協もなし

2010年前半にはガス価格交渉において，たとえ何1つ進展がなかったとしても，ガスプロムはその意欲的な東方ガスプログラムから，中国への2支線構想（一方はアムール地域から，他方は沿海地方から）を提案していた。ガスプロムは，北東アジアのガス消費者向けに割引ガス価格を提示する意図を全く持っていない，なぜならば同社は，それが欧州消費者に課しているのと同様の価格を，可能ならもっと高い価格を，受け取りたいと望んでいるからである。ハバロフスクに対して，ガスプロムは2010年に，1000立方メートル当たり1万〜1万2000ルーブル（330〜400ドル）の価格を提示した。これは，欧州に対して設定した価格より高いであろう。スターンは，1バレル100〜120ドルの石油価格では，ロシア産ガスの2011年価格は欧州諸国にとって，1000立方メートル当たり350〜450ドルとなり，その様な燃料費では，極東産業の多くは競争力を持たないだろう，と著者に指摘した。東欧ガス分析（East European Gas Analysis）のミハイル・コルチェームキン Mikhail Korchemkin 所長は，サハリン－ハバロフスク－ウラジオストク・パイプライン（その建設費はガスプロムにとり750億ルーブルになろう）での経済的に容認されるガス供給価格は，1000立方メートル当たり350〜500ドルであろうと概算している[165]。

ガスプロムの副社長メドヴェージェフは，2010年1月下旬に，同社は，2015年から天然ガスを中国に供給するために，2011年に中国と契約を締結すると述べた[166]。価格面の妥協達成の遅れは，中国とロシアが価格交渉で長引いているという中国日報の報道によって，2月初旬に確認された。「天然ガスの供給は，まだ議論の最中であり」，「双方は依然として価格交渉をしているところであって，どんな重要プロジェクトも開始され得る以前である」と，ロシアの中国における通商代表セルゲイ・ツィプラコーフ Sergey Tsyplakov は述べた。しかし双方が暫定ガス契約に調印してから3年以上経っているが，それでも2010年の協定は，価格設定に関する意見の相違と，これまでのところ

具体的な進展を妨げてきた条件とを解決できていなかった[167]。ガスプロムの2010年の年次総会で，メドヴェージェフは，ガスプロムが現在，2011年半ばまでにガス価格合意に達することを目指していると述べ，イゴール・セーチン副首相は，中国へのロシア産ガス供給の価格算定式が，2010年9月までに合意されるかも知れないと示唆した[168]。

　2010年9月26日にガスプロムは，同社が中国国有石油会社と天然ガス供給契約の主要条件に合意したことを発表した。同新聞発表によると，法的拘束力を持つこの協定は，「西方経路」での対中国ロシア産ガス供給の主要商業変数を設定するものである。この変数には，数量，日程，テイク・オア・ペイの水準，供給増加の期間，保証金支払いの水準が含まれている。実際の輸出契約は，2011年半ばに締結される予定となっており，供給は，2015年遅くの開始が予定されていた。この法的拘束力を持つ契約は，30年間有効であり，年間300億立方メートルの供給を伴うであろう[169]。両社は，ガス価格を除くすべてに関して合意に到達していた。しかし契約は，この後，2011年7月以前に締結されるものと期待されていたが（これは実現されていない），メドヴェージェフは，ガスプロムが2011年末にアルタイ・パイプラインの建設を開始する計画であると述べた[170]。

価格の教訓

　ロシアが，パイプラインガス価格の交渉に石炭基準の標準価格を使用する中国の戦略について，非常に不満であったことはよく知られている（第3章を参照）。コヴィクタ産ガスに関する3年間の実現可能性調査が完了した直後に，ガスプロムは，その実現可能性調査がコヴィクタにおける生産費の詳細を明らかにしたが故に，その早期開発には，大反対であると噂された。当時，中国国有石油会社と韓国ガス公社の双方は，1000立方メートル当たり約20～30ドルの支払いを提示していたのに対し，ルシア・ペトロリアムは1000立方メートル当たり100ドルを期待していた[171]。ガスプロムは，中国に安いコヴィクタ・ガスを供給することに何の関心もなかったし，また，同社が中国国有石油会社の石炭基準の標準価格を受け入れる意思がなく，中国へのそのガス輸出に国際市場価格を適用するつもりであることを，非常に明確に示した。

2008 年 1 月に，中国石油天然ガス株式会社は 2010 年から，1 バレル当たり 45 ドルの原油価格に基づき，トルクメニスタンに 1000 立方メートル当たり 195 米ドルの井戸元価格を支払うだろうと報道された。この価格は，ガスプロムの対中国ガス輸出の標準価格を設定し，中国南部と東部におけるその値頃感を試すであろう[172]。これは，同年におけるガスプロムの対欧州ガス販売価格の 1000 立方メートル当たり 250 ドル以上と同程度に見えた[173]。中国国有石油会社の関係者は，ガスプロムが中国の買い手に対し，欧州国境価格を受け入れるように要請しているが，その価格では，中国の消費者にとって都市入り口価格が高くなりすぎる，と不平を述べた。提案された価格についての発言の一部は矛盾していた。中国国有石油会社の代表団は，2007 年 6 月に，サンクトペテルブルクでのガスプロムとの会合の間に，中国が 1000 立方メートル当たり 100 ドル以上支払う余裕のないことを強く示唆したが[174]，これに対して中国石油天然ガス株式会社の経営者は 2006 年 11 月に，1000 立方メートル当たり最大 180 ドルまで支払うことができると述べた[175]。同社の天然ガス・パイプライン社の副社長によると，中国国境のホルゴス市のガス価格は，パイプライン輸送料を含めて，1000 立方メートル当たり 245 米ドルとなり，税込み価格は平均で 1 立方メートル当たり 2.02 元（100 万英国熱量単位当たり 8.2 ドル）となるであろう。パイプラインの中国国内区間輸送料を含めると，トルクメニスタン・ガスは，1 立方メートル当たり 3.1 元（100 万英国熱量単位当たり 12.6 ドル）となるであろう（バレル当たり 100 ドルの原油価格水準に基づく）[176]。

この顛末のもう 1 つの関連部分は，2010 年初頭の中国石油天然ガス株式会社とウッドサイド・ペトロリアムとの間の液化天然ガス供給契約の破綻であった[177]。価格負担が高すぎるのである。中国石油天然ガス株式会社は 2007 年 9 月に，シェルおよびウッドサイドと 2 件の長期液化天然ガス購入契約を結んだ。中国石油天然ガス株式会社のウッドサイドとの契約価格は，100 万英国熱量単位当たり 10 米ドルだと明らかにされた[178]。ガスプロムのメドヴェージェフは，「中国による市場価格の支払いは，われわれの討議にとって望ましい」と論評した。しかしながら，中国国有石油会社と中国石油天然ガス株式会社の職員は，同数字は中国が支払うことのできる域を超えていると異議を唱え，受諾可能な水準は 100 万英国熱量単位当たり約 7.0 ドルだと主張した[179]。2008

年春に，カタール産液化天然ガス年500万トン関する2件の重要契約が，中国石油天然ガス株式会と中国海洋石油会社によって署名されたが，価格に関する手掛かりは何も与えられなかった。このことは，価格負担にもかかわらず，液化天然ガス供給に対して世界市場価格を支払う必要性について，北京の計画立案者が認め始めていることを，確認するものであった[180]。しかしながら，『中国石油・ガス・石油化学』は，「中国海洋石油会社が100万英国熱量単位当たり10.0ドル以上支払う可能性を全く持たないことを考慮すると，現実的価格は，液化天然ガス供給が一層逼迫する傾向にある環境では，100万英国熱量単位当たり6～8ドルになるものと予想される」と強力に主張した[181]。この報道によって，中国は日本や韓国によって支払われている液化天然ガス価格を受け入れる上で，問題をかかえていることが裏付けられたのである。

　中ロガス協力の実質的進展を評価する上で，価格は引き続き主要な要因であった。2007年11月にメドヴェージェフは，中国国有石油会社の周吉平副社長との北京における3時間に及ぶ会議の後で，「価格は，まだ合意に至っていない。交渉は，高い専門家水準で進行中である」と述べた。彼は，「同協議の重要な主題は，パイプやサービスの価格にあるが，それについてガスプロムと中国国有石油会社のどちらも，満足していない。これは，世界市場と両国の国内市場の両者のことをいっているのだ」と付け加えた。メドヴェージェフは，同交渉が価格算定式の開発の点で重要な進歩を遂げたことを述べたが，しかし次の点を提起した。「中国は，世界価格で石油や石油製品を購入する，それならなぜ中国は，ガスをより安く購入すべきなのか？」[182]

　しかしながら，ガス価格交渉に対する中国国有石油会社の立場に，重要な変化が生じていた。何よりも先ず，同社は，ガス価格に石炭の標準価格を適用する戦略を完全に放棄した。第2に，同社は，液化天然ガス価格が沿岸地域によって異なるという問題にもかかわらず，液化天然ガスの標準価格を使用し始めた。同社の価格交渉戦略は，ずっと現実的なものになった。すなわち，アルタイ・ガス価格算定式の確定の出発点として，ガスプロムが欧州に天然ガスを販売する際の価格を使用しているからである。中国国有石油会社の代表は，ガスプロムにより提案された算定式は，アルタイ・ガスを，欧州価格より高値にすることになり，同社が間違いなく受け入れることのできないものにしてい

る，と考えていた。中国側は，彼らがトルクメニスタンから 1000 立方メートル当たり 195 ドルでガスを購入することに合意したと主張する報告に驚かされた。中国の交渉担当者は非公式な会話の中で，これは，ロシア向けガス価格の引上げを望む，トルクメニスタン専門家の戦術であると述べた。

2009 年夏までに，ロシアは，中国に至るガスパイプラインの建設計画が，北京と価格設定の点で契約に至らないために，ひどく遅れていることを示唆した。

ガスプロムの副最高経営責任者，アレクサンドル・アナネーンコフは，「2011 年の対中国ガス供給については，もう誰も話していない」と述べた。この発言は，2009 年 6 月に，ロシアのメドヴェージェフ大統領とプーチン首相が中国の胡錦濤国家主席と，彼のロシア公式訪問中に会見した時に，なされたものであった。2006 年にモスクワと北京が，中国に東西シベリアのガスを最大 800 億立方メートルまで積み出す 2 本のパイプラインを建設することに合意して以来，価格設定は主要なつまずきの石となってきた。中国は，その時以来，旧ソ連共和国のカザフスタンとトルクメニスタンからガスを購入することで合意し，その後数年の内に供給が開始されることになっていた。アナネーンコフは，世界経済危機に由来するロシアや海外での需要減少が，巨大な東シベリア・コヴィクタ・ガス田の発進を 2017 年まで延期するように，ロシアを促すかも知れないと示唆した。このような状況は，ガスプロムとの協議における北京の立場を強化するかも知れないし，ガスプロムがすでに需要の 4 分の 1 を供給している欧州市場から分散多様化しようとするその望みを，阻害するかも知れないという憶測が流れた[183]。

しかし，2009 年遅くに，ひょっとすると現状打破になりそうなニュースが入ってきた。セルゲイ・ラーゾフ Sergey Razov 在中国ロシア大使は，10 月 16 日に『財経時報』との会見で，中国とロシアが，ロシアから中国に輸出される天然ガスの価格について合意に達したと語った。それは，アジア市場における原油価格の組み合わせにくぎ付けされるであろう，と彼は述べ，また彼は，中国への天然ガス輸出から得る経済的利益は，欧州への輸出から得る利益

を下回ってはならないということも強調した[184]。しかしながら，この多幸感は短命であった。2010年初めにガスプロムは，先に述べたように，同価格は2011年夏までは決められないであろうという立場に，逆戻りしたのである。

　2010年9月下旬に，ガスプロムと中国国有石油会社は，ロシアから中国への天然ガス供給に関する広範囲の主要条件に署名した。この文書は，「西方」経路を通じた中華人民共和国市場に対する，来るべき天然ガス供給の主要商業変数を設定するものである。すなわち，輸出開始のための数量や時間制約，テイク・オア・ペイの水準，供給増加期間，保証金の水準がそれである。この協定は法的拘束力を有する[185]。

　この交渉のさらなる詳細は次の通りであった。

　国家発展改革委員会の張国宝副長官は，中国とロシアとの間には，ロシア産ガスの積み出し用パイプラインの建設に関して，意見の不一致が残存しており，中国は東方経路の建設を優先し，ロシアは西方経路を優先していることを，はっきりさせた。張は，「中国は，すでに西方パイプラインからガスを受け取っているのであって，それには，中国東部にガスを運んで行く，中国西部の新疆ウイグル自治区を起点とするパイプラインや，トルクメニスタン，カザフスタンからのパイプラインも含まれる。したがって，新疆へのガス供給の増加は，中国にとってそれほど重要ではない」と述べた。彼は，「東方経路に関しては，1億人以上の人口を持ち，その上深刻なガス不足を経験している中国東北部に，ガスを供給することが意図されている。東方ガスパイプライン経由のガスの積み出しは，多数の地方産業などにとって，ガス不足の問題を解決するかも知れない。ガスは，単一パイプライン経由で，そこに供給される訳ではない。ロシアは，厳しい立場を取って来ており，この問題に関して協議することを望んでいない … ロシアは，ガスパイプラインの西方延伸を最初に建設することを主張しているが，これはガスがロシア国境からわずか90キロメートルにすぎない新疆のアルタイに，西シベリアから供給されることになるからである」と付け加えた。張はまた，ガス価格がまだ交渉されていないことも述べた。もちろん，われわれは西方パイプラインにも関心を抱いている。しかし，ロシアは，1000立方メートル当たり

300ドル以上の価格を提示している。われわれは，中央アジアのガスをロシアの提示価格よりはるかに低い，1000立方メートル当たり200〜210ドルの価格で購入している[186]。

『中国石油・ガス・石油化学』は，中国国有石油会社の内部関係者が，中国にとって受け入れ可能な価格は，中国が天然ガスパイプラインの建設に投資することを条件として，またトルクメニスタンから輸入される天然ガスの価格を考慮に入れることを条件として，1000立方メートル当たり150ドルであることを明らかにした，と報じた[187]。張の意見と中国国有石油会社の言うガス価格とは，ロシアと中国との乖離がまだかなり大きく，経路と価格についての決着なしには，2011年の中ロガス協力の大きな進展は何もなさそうであることを，明確に裏付けるものである。

　ガスプロムは，そのガス輸出の標準ガス価格を設定するために，韓国カードを再び切ることで対応した。ガスプロムと中国国有石油会社との間でガス価格について何ら決着がついていなかったので，ガスプロムは，中国の交渉者に対する間接的圧力源として，この韓国カードを取り入れることに熱心であった。2010年11月初め，ガスプロム最高経営責任者ミレルは，同社が2017年から韓国に年間100億立方メートルものガスを供給するつもりであると発表した。ミレルは，2009年に合意された追加的ガス供給の調査は既に完了していると付け加えた。次の取引段階への転換に関する極めて重要な協定（ガス売買協定の条件についての商業的協議を含む）が，韓国ガス公社最高経営責任者との11月10日の会合で達成された。この商業的協議は12月に開始されることになっていた。ミレルはまた，すべての価格が，日本一括の石油化学製品にくぎ付けされることで合意されたと述べた。彼は，続けて，次のことを確認した。

　　…プロジェクトに先立つ調査の過程で，われわれは，韓国に対するガス供給の選択肢を分析してきた。とくに，われわれは，加圧および液化ガス供給用のパイプラインを検討した。両社は，これらの選択肢を分析し，それを検討のためにお互いに提示しあった。最終的供給方法は，さらなる交渉を通じて決定されるであろう…他の選択肢の中でも，韓国へのパイプラインガ

ス供給は可能である[188]。

パイプライン建設の資金調達に関して，ミレルは次の点を述べた。

　…ロシア領土内の施設建設に関わるすべては，ロシアによって資金調達されることになっており，韓国における施設の建設に関するものは，韓国によって資金調達されるべきであるという合意がある[189]。

　ガスパイプラインに関する決定は，韓国に対するロシア産ガスの現物供給を2017年に開始させるのに十分間に合うように，すぐに行われるだろう[190]。しかしながら，ガスプロムの韓国カードは，もし北京が中国東北地方のために年間300億〜380億立方メートルのガスを受け取ることに同意するならば，容易に回避することができ，韓国への年100億立方メートルの供給はないことになる。しかしながら，躓きの石は，中国向けの数量ではなくて，価格にある。

　珍しいことに，2010年11月半ばに，国家エネルギー管理庁国際部副部長，顧駿 Gu Jun は，温家宝首相の2010年11月22日から25日までのロシアとタジキスタン訪問に関するニュース説明の中で，この問題について論評した。顧は，両国の会社は，その問題を解決するために，多大な努力をしてきたが，ロシアから輸入される天然ガスの価格設定に関して，疑う余地のない差異が依然として存在している，と述べた（1000立方メートル当たり100ドルが言及された）。顧は，価格協議でさらなる誠意を示すように，双方の側に求めた[191]。首相のモスクワ旅行についての簡単な報告で，ガス価格のような単一の具体的問題に，このようにとくに焦点をあてることは，極めて稀であり，中国がガス価格契約の遅延を非常に憂慮していることを明確に示すものである。

　2011年1月に，上海で開催された第3回中国液化天然ガス受け入れ基地・サミット2011において，より多くの情報が明らかになった。中国エネルギー戦略研究センターの夏義善所長は，その価格差は，1000立方メートル当たり300ドルから同260ドルに下落し，したがってガス協議は，2011年10月には決着がつけられるであろうと，このサミットの期間中に述べた[192]。実際，2011年6月のメドヴェージェフ大統領と胡錦濤国家主席との頂上会談に大き

な期待が集まった。しかし,再び彼らは失望し,頂上会談は,価格差がほとんど全く縮小されなかったため,ガス価格契約に関する良いニュースを発表できなかった(ガスプロムは1000立方メートル当たり350ドルを主張し,中国国有石油会社は同じく約235〜250ドルを語っていた)[193]。

価格差を埋める方法として,オックスフォードエネルギー研究所(OIES)のある調査は,もしガスプロムと中国国有石油会社が,ロシア産ガスの輸入が西方経路ではなく東方経路経由で開始されるべきであることを受け入れるならば,1000立方メートル当たり100ドルの価格差を埋めることは可能だろう,と示唆した。同調査では,トルクメニスタン産の輸入価格に当然伴う,上海の都市入り口価格が標準価格として採用されるならば,その時には中国国有石油会社は,西方経路を通じるガスに1000立方メートル当たり250ドルをわずかに上回る価格をロシアに支払うことができるが,東シベリア産ガスに対しては,輸送の距離や経費が減少するために,この価格を315ドルまで引き上げ得ることが示唆されていた[194]。この巧妙な提案が,同社による400億ドルの前払いと組み合わされた場合[195],価格差は解決される可能性がある。

中口のM&A取引と戦略的連携:失敗と成功

中国国有石油会社によるスラブネフチ買収の試みとロシアの粗野な対応

ロシアは,中国国有石油会社にとって,上流部門資産を開発する希望を持って参入するには,容易な国ではなかった。新華社の報道によると,同社はロシア第8位の大手石油会社スラブネフチの支配株買収入札に参加するために,2002年11月下旬にクレムリンに招待され,また,2002年12月15日の応札申請期限前の段階で,同社は唯一の外国競争者であった。しかしながら,その数日後に,ロシア立法府が中国国有石油会社の適格性を問う特別会議を開催した時,事態は同社にとって不利になった。ロシア国会下院は255票対63票で,いかなる外国企業も25%以上国家所有の場合,ロシア企業の私有化に参加することを禁止するという,法案を成立させたのである[196]。

この一件に詳しい人によると,2002年遅くに,中国国有石油会社がロシア政府の持つスラブネフチの株に対する入札を準備していた時,中国の職員の1

人がモスクワで拉致された。同社は，この事件後すぐに，競売から手を引いた。その職員は，スラブネフチの競売のためにモスクワを訪問していた同社代表団の構成員であった。この職員は，空港で拉致され，車に押し込まれ，連れ去られたが，明らかに，これは入札から身を引くように同社を納得させる，ロシアの努力の一環に他ならない。同社が競売から下りた時に，同職員は解放された。ロシアの石油会社 2 社，シブネフチとチュメニ石油は，18 億 6000 万ドルでスラブネフチを，引き続き購入しようとしたが，これは，中国国有石油会社がロシア政府の持つ 75％の株式に対し支払う用意をしていたと，一部の分析専門家が言う，30 億ドルには遠く及ばなかった[197]。この話を取り上げた他の報道機関は 1 つもなかった。それは，同社にとって非常に手痛い経験であり，ロシアの上流部門に対する中国の参入は，決して容易ではないという，大変強烈な警告の合図であった。

中国国有石油会社のスティムル（Stimul）社購入という不幸な試み

その後すぐに，同社は，ロシア連邦の上流部門資産を購入しようとする第 2 の試みを行った。2003 年 12 月 12 日に同社は，オレンブルグ Orenburg の石油・ガス会社スティムルの 61.8％の株を同社が 2 億ドルで取得したことを発表した。この取引以前には，海外の会社ヴィクトリー・オイル（Victory Oil）（オランダ）が支配株を保有していた。ガスプロムの子会社オレンブルグ・ガスプロム（Orenburg Gazprom）は，スティムル社の株式の残り 38.2％を保有し続けていた。スティムルの好機は，2003 年夏に，ヴィクトリー・オイルがそのスティムル社株を市場に出すことを決定した時に訪れた。中国国有石油会社の他に，バーゾヴィ・エレメント（Bazovy Element）（ロシア），トタル，マエルスク（Maersk）（デンマーク），および TNK-BP がスティムル社の購入に関心を表明した。しかしながら，ガスプロムは，スティムルの支配株を購入する先買権を享受していた[198]。

このプロジェクトは，比較的小規模であり，中国国有石油会社は，この買収取引からさらなる問題が発生するとは予期していなかった。実際，同社は，同社がスティムル社支配株の購入取引の至近距離にいると信じていた。『財経時報』によると，同社は，スティムル株購入の承認を得るために，申請書をロシ

ア政府に提出したが，2ヶ月以上，何の知らせも聞かなかった（通常，このような手続きは1ヶ月かかる）。最も有力な推測は，ガスプロムが，中国国有石油会社の購入を未然に防ぐため，ロシア政府に対する同社の政治的影響力だけでなく，その先買権をも行使したかも知れない，という点にある[199]。ロシアの石油資産購入の2度の失敗は，ロシアの上流部門資産に対する接近の機会を持つ唯一の方法は，国営会社，ロスネフチ（石油のため）やガスプロム（ガスのため）と一緒に働くことであると，中国国有石油会社を確信させた。

ロスネフチの中国国有石油会社と中国石油化工会社との戦略的連携

合併・買収取引の失敗にもかかわらず，北京は2005年2月に，ロスネフチに対して60億ドルを融資することで合意したが，この融資の肯定的影響が見えるまでに，長い時間はかからなかった。ロスネフチと中国国有石油会社は，2005年6月6日に，長期協力協定を締結した。両社の最高経営責任者は，全面的で長期の互恵的協力関係を共にし，共同開発に参加する意思を表明した文書に調印した。両社は，相互に有利な商業的条件で，中国に対する石油輸出を拡大する新たな方法を確定することを決定したが，これにはアタス－阿拉山口およびタイシェット－スコヴォロジノ・パイプラインを利用する可能性が含まれていた。

ロスネフチの新聞発表は，同社の中国との協力の詳細を，さらに明らかにした。

　　同協定の下で，両社は，中国に供給されるサハリン産天然ガスの量を拡大することに関心を表明した。中国国有石油会社は，相互に有利な商業的条件に基づくサハリン－1プロジェクト（ロスネフチも参加者）産ガスの供給に関する合意達成に向けて，その最善の努力をしていくことになる。同社はまた，2005年秋に，同プロジェクト参加企業とプロジェクトの実施に関する文書に調印する意向である。
　　…
　　[2005年6月7日付け] ロスネフチと中国石油化工会社とは，7月1日にヴェーニンスキー区域（サハリン－3プロジェクト）の探査および調査のた

め合弁企業を設立する協定に調印した。同協定は，ロスネフチの最高経営責任者，セルゲイ・ボグダーンチコフと中国石油化工会社の同じく陳同海 Chen Tonghai によって署名された[200]。

中国石油化工会社との提案された合弁企業の株式は，ロスネフチが49.8％，中国石油化工会社が25.1％，サハリン石油株式会社が25.1％であった。2003年にロスネフチは，サハリン－3プロジェクトのヴェーニンスキー鉱区の地質学的探査を進める5年間の認可を取得したが，2006年2月に天然資源省は，その探査権をロスネフチからヴェーニネフチ（Venineft）に，後者が同鉱区の探査権を確実に保有するようにするために，移管した[201]。

ロスネフチは2005年8月30日に，サハリン海洋探査のために，中国石油化工会社と暫定融資協定に署名した。同文書によると，中国石油化工会社は，ヴェーニンスキー鉱区における地質学的調査段階で，75％の費用を資金供給することになっていた（同鉱区は石油1億6940万トンおよびガス2581億立方メートルを持つと推定されている）。ロスネフチは，自己資金で費用の25％の資金を供給することに，責任を負う[202]。

ロスネフチと中国石油化工会社は2007年3月29日に，サハリン－3プロジェクトのヴェーニンスキー鉱区における探査・開発の共同事業に関連した法人・株主協定を打ち立てた。2007年3月26日にモスクワで調印されたその文書によると，ロスネフチ・インターナショナル（Rosneft International）社と中国石油化工海外石油ガス（SINOPEC Overseas Oil and Gas）社は，2006年10月に設立されたヴェーニン・ホールディング（Venin Holding）社の所有者になるであろう。ヴェーニン・ホールディング社の方は，ヴェーニネフチの唯一の株主となり，サハリン－3プロジェクトの開発権所有者および作業当事者となるであろう。ロスネフチは，このプロジェクトの74.9％の株式を保有し，残りの25.1％は中国石油化工株式会社に行くことになる。換言すれば，ロスネフチは，同プロジェクトからサハリン石油株式会社を排除したのである[203]。

2009年におけるヴェーニンスキー地域の北ヴェーニンスコエ第2坑井の掘削は，第1坑井の掘削の結果として2008年に発見された，北ヴェーニンスコエ田のより正確な埋蔵量推定を可能にした。北ヴェーニン・ガスコンデンセー

ト田のロシアのカテゴリ C1+C2 埋蔵量は，ガス 340 億立方メートルとコンデンセート 280 万トンと推定されている。ヴェーニンスカヤ第 3 坑井の掘削は，控えめな規模の新ヴェーニンスコエ石油・ガスコンデンセート田を発見した[204]。

張国宝による中国の落胆のめったにない表明

北京の観点から言えば，戦略的連携協定の調印は 1 つのことであったが，それと実際の進展とは別物である。2006 年初めまで，進捗不足が北京の計画立案者を非常に落胆させていた。国家改革発展委員会の張国宝副長官はインターファックスとの会見で，ロシアは中国第 4 の原油供給国であるにもかかわらず，中国のエネルギー必要条件を理解しておらず，競争力に欠け，エネルギー部門において中国と全面的に協力することを望んで来なかった，と述べた。張は，一連の例を挙げた。

> ［彼は］ロシア旅行での経験を語った。張が言うには，中国国有石油会社の前社長，馬富才は，シベリアから中国に至る石油パイプラインの建設の約束の代わりに，中国が，江蘇省における連雲港原子力発電所の原子炉技術の対価を支払うという取引を，提示されていた。張は，同施設の購入に 14 億ドル支払うことを中国政府によって許可されていたが，彼は政府の部局を次から次に回ったにもかかわらず，契約交渉できる相手を見つけられなかった。それは無駄な旅であったと，彼は述べた。
>
> …
>
> 提案されていた石油パイプラインに関する協定に両国間で調印することは困難である，というのはロシア側見解が天気予報士のように変わり，ある日は彼らは合意に達したと言うかと思えば，次の日には合意は全くないと言う，有様だからである。
>
> …
>
> ロシアは，中国に対し西シベリアにおける油田の購入を許すことも，望んでこなかった。「中国は，ロシアに投資することを望んでいる。しかし，問題は，ロシアがわれわれにそうさせてくれるだろうか，ということだ」と，

張は問うた。
　…
　[彼]はまた，中国は，ロシアの石油会社に中国で製油所を建設させる用意があるが，ロシアの会社は，中国における製油所の建設に興味を持つのに時間がかかる，とも述べた[205]。

　このように張は，山とある実質的協力が，彼の見解では，まだ微々たるものであり，過程全体が不満足なものであることを，明らかにした[206]。このようなめったにないあからさまな懸念表明は，中ロの石油・ガス協力の遅々とした進展に対する中国の欲求不満によって誘発されたものである。

中国石油化工会社によるウドムールトネフチでの躍進

　しかしながら，ロスネフチと中国石油化工会社間の上流部門の強化された結び付きは，買収の領域にまで進んだ。2006年3月に北京で，ロスネフチと中国石油化工会社は，協力に関する覚書に署名し，ウドムールトネフチの資産の一部を共同で買収することで合意したが，ウドムールトネフチは，同名の石油・ガス生産部門を基礎に1973年に設立され，1994年以来公開型株式会社として操業していた。ウドムールトネフチは，ウドムールト共和国の主要石油生産企業であり，ヴォルガ・ウラル Volga-Ural 地帯における石油の60％以上を生産していた。2005年に同社は，石油598万トン（4360万バレル）を生産し，1日当たり生産量は，1万6400トン（11万5000バレル）であった。2005年12月31日時点で，ウドムールトネフチの確認埋蔵量は7840万トン（5億5100万バレル），あるいは石油換算の確認および推定埋蔵量がドゴリヤー・アンド・マクノートンの推計通り，1億3100万トン（9億2200万バレル）以上であった[207]。

　2006年4月に，ロスネフチと中国石油化工会社は，後者がTNK-BPからウドムールトネフチ資産を買収する入札で落札した場合，ロスネフチが同社からウドムールトネフチの株を取得するという選択権付き契約を締結した。実際，ウドムールトネフチ売却の条件は，中国石油化工会社がウドムールトネフチの株51％を無償でロスネフチに提供するいうものであった。中国石油化工会

社は，ガスプロムを出し抜いたのであるが，ガスプロムの方は，ハンガリー企業，MOLが費用の一番大きい部分を負担することに合意する限り，これと一緒になって，共同入札に参加する用意があると，6月19日に発表していた[208]。

中国石油化工会社は2006年6月20日に許可を受けた。この取引は，ロシアにおける石油生産会社の中国石油会社による最初の大規模買収となった。8月に，中国石油化工会社の子会社，同海外石油・ガス会社は，ウドムールトネフチの普通株99.49％を買収する契約を成立させた[209]。新華社は，ロシアの上流部門市場に対する中国企業の最初の参入となるこの取引を，画期的な出来事だと見なした[210]。この取引によって，外国企業は，選ばれたロシア側事業協力者との合弁企業を通じてのみ，ロシアの石油・ガス部門に参入でき，しかもその際，少数株の保有に限られるということの徴候が示されたのである[211]。

ロスネフチと中国石油化工会社は2006年11月11日に，共同経営の原則を定めた株主間協定に調印し，ウドムールトネフチの株を同合弁会社に移転する契約を成立させた。12月12日のその臨時総会で，ウドムールトネフチの株主は新たな9名からなる取締役会を選出し，5名がロスネフチの代表，4名が中国石油化工会社の代表から成っていた[212]。ロスネフチによると，中国石油化工会社が単独でこの買収費用を支払い，現金流入額からそれ自身に払い戻すであろう。この動きは，ロシア石油部門への中国の戦略的参入を示すものであった。

東部エネルギー社：中国国有石油会社のロシア上流部門への参入

ロスネフチと中国国有石油会社は，2006年10月16日にモスクワで，東部エネルギー社設立に関する議定書に署名した。この合弁会社の定款資本金は1000万ルーブル（約37万7400ドル）に設定され，ロスネフチが51％，中国国有石油会社が49％を保有し，5人の取締役会は前者から3人，後者から2人とされた。この会社の主要目的は，ロシア領土における地質学的調査と探査の業務を引き受け，鉱物産地を探索し，様々なタイプの地下資源利用の認可を取得することであった。ロシア連邦における外国投資の増加を促進し，ロシア市民に新たな雇用機会を創出することが意図されていた。ロスネフチ最高経営責

任者，ボグダーンチコフは北京で，東部エネルギー社は，次の3年から5年の間に石油を年1000万トン以上生産すべきであると述べたが，その際，東部エネルギー社は，当時建設中であった東シベリア・太平洋石油パイプラインの経路にできるだけ近い所で操業すべきであると付け加えた[213]。

中国国有石油会社は，ヴァンコール・プロジェクトに関心を示したが，ロスネフチ副社長，ミハイル・スタフスキー Mikhail Stavsky は，ロスネフチと中国国有石油会社の合弁企業は，ユルブチェノ・トホムスカヤ Yurubcheno-Tokhomskaya 油田地帯に関心を持っていることを示唆した[214]。中国国有石油会社によるロスネフチとのヴァンコール共同開発の提案は，2007年にも再度出されたが，肯定的な反応は何もなかった[215]。これは，同社による上流部門目標の選択が，ロスネフチによって全面的に受け入れられるには，まだ時期尚早であることを裏付けていた。

2007年7月に東部エネルギー社は，イルクーツク州の2ヶ所の炭化水素田の開発をめぐる競売で落札した。東部エネルギー社は，開始価格8500万ルーブル（332万ドル）の西チョンスキーに対し，3億9950万ルーブル（1561万ドル）の値をつけ，開始価格1億ルーブル（391万ドル）のヴェルフネイチェルスキーに対し，7億8000万ルーブル（3048万ドル）の値をつけた。イルクーツク州カタンガ地区にある西チョンスキー田は，東シベリア・太平洋パイプラインの西120キロメートルに位置している。同炭化水素田の有望資源量C3は，鉱物資源の国家登記簿に記載されたように，2005年1月1日時点で500万トンとなっていた。予備的な予想資源量D1には，石油3000万トンとガス150億立方メートルが含まれていた。ヴェルフネイチェルスキー田はカタンガ地区にあり，ウスチ＝クートの北東250キロメートルにある。東シベリア・太平洋石油パイプラインは，東方に90キロメートル離れている。同田の予想埋蔵量D1は，燃料換算で1億4000万トンに達し，石油5000万トン，ガス900億立方メートルが含まれる。プレオブラジェンスキー田の埋蔵量は，石油7200万トン，ガス700億立方メートルと推定されている[216]。潜在的埋蔵量が比較的大きいとはいえ，東部エネルギー社の2炭化水素田の確認埋蔵量は小規模である。

東部エネルギー社の最高責任者ニコライ・スュートキン Nikolai Syutkin

は，これらが同社により落札された最初の開発権であると述べた。東部エネルギー社は，東シベリアに専心するが，他の地域も検討していくと，彼は付け加えた。彼はまた，同社が，9月に競売にかけられる予定のイグニャリンスキー Ignyalinsky 田とヴァクナイスキー Vakunaisky 田に入札したことも，報告した。イルクーツク州の地表下資源局（Irkutsknedra）は 2007 年 8 月 15 日に，ロスネフチと東部エネルギー社が，2007 年 9 月 12 日に競売を予定しているイグニャリンスキーとヴァクナイスキー炭化水素地区の買収のために入札したことを，明らかにした[217]。これは，イルクーツク州地表下資源局が，チェフエネルゴ（TekhEnergo），メタル・ゲオローギア（Metall-Geologia）およびヴォストーク・ミネラル（Vostok-Mineral）から払い下げ請求のあった，ウスチ・イグリンスキー地区も競売にかけ，さらにアンテイ（Antei），メタル・ゲオローギアおよびヴォストーク・ミネラルにより払い下げ請求のあった，南クィトィムスキー South Kytymsky 地区をも競売にかけるのと，同じ日であった。入札の提出期限が 8 月 10 日に切れ，保証金の支払い締切日は 9 月 7 日であった。落札者は，向こう 25 年間の認可区域における炭化水素の総合的利用（地質学的調査と採掘）権を獲得するであろう。ヴァクナイスキー区域とイグニャリンスキー区域の初回支払額は，それぞれ 6 億 6500 万ルーブルと 3 億 3000 万ルーブルであった[218]。9 月 12 日の競売の結果，エネルギー大手ガスプロムの石油生産子会社ガスプロムネフチの報告によれば，同じく子会社のホルモゴルネフチェガス（Kholmogorneftegaz）が，東シベリアの 2 油田の探鉱と開発に関する入札で落札した。

　ロスネフチによると，

　　…2009 年に有限責任会社東部エネルギー社は，西チョンスキーにおいて直線 593 キロメートルの二次元震探を実施したが，これには西チョンスキー認可地域の直線 345 キロメートルとヴェルフネイチェルスキー地域の直線 248 キロメートルが含まれていた。西チョンスキー地域の探鉱井の掘削は，2010 年に予定されている[219]。

2010 年 9 月に中国国有石油会社は，同社がロスネフチとの合弁に基づく場

合にだけ，ロシアの油田開発の入札に応札するつもりでいることを明らかにした[220]。2010年11月下旬に，中国国有石油会社とロスネフチは，マガダン港近くのオホーツク海における事業展開の可能性を検討している，と報じられた。イゴール・セーチン副首相によると，両社は，東部エネルギー社が東シベリアにおける中小規模の炭化水素田数ヶ所を取得することで合意した。この協議には，マガダン大陸棚における探査事業に中国国有石油会社が参加する可能性についても含まれていた[221]。この報告の発表時期の選択は興味深かった，というのは，それが，2010年8月の天津製油所プロジェクトの承認に対するモスクワの感謝のしるしと見なされる可能性があったからである。東部エネルギー社によって探査されている炭化水素田の生産規模が見えてくるには，時間がかかるであろう。

中ロ東方石化会社：中国下流部門へのロスネフチの参入

ロスネフチの最高経営責任者，ボグダーンチコフは2006年11月10日に北京で，中国における石油精製と石油製品販売のためのロスネフチと中国国有石油会社間の第2の合弁企業，中ロ東方石化会社（Chinese-Russian Eastern Retrochemical Company (CREPC)）の登記が完了間近であると発表した。ロスネフチの中国代表事務所のセルゲイ・ゴンチャローフ Sergei Goncharov によると，中国国有石油会社は，その子会社中国石油天然ガス株式会社を通じて，この合弁企業の51％を保有し，ロスネフチが残りの49％を保有する。この企業の一部は，年間処理能力1000万トンを持つ中国での製油所となる。製油所とは別に，ロスネフチは，中国において300ヶ所ものガソリンスタンドを持ちたいと望むであろう。

同合弁企業は2007年末までに，最初の数十件のガソリンスタンドを取得すると予想された。製油所は，建設に約30億ドルが必要になると見積られていた。ガソリンスタンド300ヶ所の建設や購入は，さらに1億5000万～2億ドルかかるであろう。証券アナリストのデニス・ボリーソフは，ガソリン網のお陰で，同合弁企業が小売販売から追加利益を得ることが可能になるだろうと考えた。中国における卸売価格と小売価格の差異は，1バレル当たり1～2ドルであった。それにもかかわらず，北京は精製品の価格を規制したので，利益の

保証は何もなかった。ガソリンは，ロシアより中国においての方が，バレル当たり15セント安かった。中国政府が2007年末にガソリン価格の国家規制を撤回するまで，ロスネフチは，小売市場に参入する計画を全く持っていなかった[222]。2010年に許可が与えられた。

　中国国家エネルギー局の張国宝局長は，2010年8月下旬に，この合弁企業製油所は，その石油の70％をロシアの会社から受け取るが，残りの30％は国際市場から調達されるだろうと述べた。ロシア・エネルギー相シュマトコによると，同製油所は，東シベリア・太平洋石油パイプラインの支線経由で2011年1月1日からその石油を受け取るであろう。ロスネフチの石油・石油製品輸出部門のセルゲイ・アンドローノフ Sergei Andronov 部長は，ロシアの石油がコズミノで購入され，東シベリア・太平洋石油パイプライン・ブランドの原油現物取引価格で，同パイプラインを通じて供給されるだろう，と述べた。この変種は，実現可能性調査を必要とした，というのは同製油所は，それが異なる石油の混合を必要とするように設計されていたからである[223]。2010年9月にイゴール・セーチンは，中国国有石油会社とロスネフチの両社が，天津市における50億ドルの製油所プロジェクトに関する調査を開始することで，合意したと述べた。合弁企業中ロ東方石化会社は，1300万トンの潜在的年間原油処理量を持つ製油所の建設を目指していた。実現可能性調査，設計および建設の後に，第2段階は，中国北部における500ヶ所の給油所網の建設を伴うであろう。中国の王岐山副総理は，同製油所が2015年までに建設され，同所向け石油の70％をロシアから入手し，残りはアラブ諸国から受け取るだろうと述べた[224]。2011年5月に，建設作業がついに開始された[225]。

シノペトロ（SINOPETRO）のユージウラルネフチ（Yuzhuralneft）との事業

　2006年11月21日に，中国国有石油会社のロシア子会社シノペトロとオレンブルグ州に登記されたユージウラルネフチは，合弁会社を設立するさらにもう一件の契約を発表した。ユージウラルネフチは，1992年に創設されており，発見困難な埋蔵量を持つ小規模油田での石油の地質学的探査と生産を専門としている。同社の資産には，原油を月におよそ2000〜3000トンを生産する20本

の坑井が含まれていた。同社は，生産を徐々に増やし，石油積出し鉄道基地を建設する計画であった。ユージウラルネフチの資産は，この中ロ会社の背骨を形成し，そして中国国有石油会社は投資家として行動するであろう。株式と想定される投資規模は明らかにされていないが，しかし中国の投入額は，多くて総額 700 万～750 万ドルにすぎないかもしれないと，分析専門家は見積っていた[226]。TNK-BP がユージウラルネフチを買収したと，2008 年初めに報じられた[227]。同企業の規模は小さかったとは云え，それは，中国国有石油会社のロシア事業発展における報告された失敗の一例であった。

スンタルネフチェガスにおけるルスエネルギー（RusEnergy）の持ち株

2009 年 4 月に，中ロ・ルスエネルギー投資集団（RusEnergy Investment Group）は，その子会社中ロ投資エネルギーを通じて，サハ共和国に拠点を置くスンタルネフチェガスの 51％の株式を買収した。スンタルネフチェガスによって署名された投資協定は，同社の株式資本に対する中国投資家の参加を考慮に入れていたが，それはスンタルネフチェガスが管理する鉱床の開発に同社が長期的投資を行うという条件付きであった。2010 年から 2011 年の間に，ルスエネルギーは，鉱床の開発にほぼ 3 億ドルを投資することになっていた。ロシアの専門家によると，スンタルネフチェガスの 51％の株式は，多分，約 2 億～3 億ドルの値段であり，この取引がクレムリンの承認なしに行われたようには思われない。スンタルネフチェガスは，2006 年に設立され，合計 600 億立方メートルガス埋蔵量を持つ東シベリアのユージノ・ベレゾフスキー Yuzhno-Berezovsky とチェレジェイスキー Cheredeisky 鉱区の権利を所有している。年間総生産量は，ほぼ 300 億立方メートルに達するはずである[228]。

ノーベルオイル（Nobel Oil）における中国投資会社の株式

2009 年 10 月 16 日に中国投資会社（CIC）[229] は，1991 年に設立されたノーベルオイル集団（Nobel Oil Group）の株式 45％の購入を発表したが，同集団はロシアで，推定される埋蔵量 1 億 5000 万バレル（2050 万トン）を持つ，3 ヶ所の操業中油田を有する。ノーベル・ホールディングス・インヴェストメント（Nobel Holdings Investments）がロシアにおけるノーベルオイルの全

資産を所有している。3億ドルの投資が2期に分けて行われることになっていた。2009年9月末までに終了する第1期では，中国投資会社は，このロシア石油会社の株を購入するために1億ドルを支出し，さらにその油田の事業費として5000万ドルを支出した。この購入協定に基づき，中国投資会社は，ノーベルオイルの株45％を，同ロシア社が50％を保有し，残りの5％は，元中国の政府関係者が所有・管理している香港投資集団東英金融集団（Oriental Patron）のものになるであろう。この買収は，香港における同ロシア社の上場株を手に入れる裏口経路のように思われる。香港に拠点を置く金融会社，東英金融集団（Oriental Patron Financial Group）は，ノーベル・ホールディングスと香港上場の凱順エネルギー集団（Kaisun Energy Group）双方の株主である[230]。

上記の取引すべては，中国石油化工会社によるウドムールトネフチの買収は別として，成功した中ロ取引に限れば，比較的小規模であったことを，われわれに物語っている。ロシア当局は，チャヤンダやコヴィクタやサハリン－3のガス開発に参加すべく外国事業協力者を招致する差し迫った必要を何ら認めていなかったことを考慮すると[231]，中国とガスプロムとの上流部門事業協力は，とてもありそうにないと思われる。

結　論

1993年から2010年の期間，中ロ石油・ガス協力には，盛衰の浮き沈みがあった。ロシアは大規模な石油・ガス資源を持ち，一方これらの商品に対する中国市場は非常に大規模で，拡大しつつあるのだから，このような協力の強固な基盤が存在している。成り行きはこれまでのところ，石油部門ではかなり成功しているが，ガス部門では極めて不成功となっている。石油部門の協力は正しい軌道に乗っており，さらなる拡大の機会が沢山ある。一方，天然ガス部門の協力は，未だに，価格に関して決着付けられかった度重なる失敗のかたにとられているが，価格こそは，この関係における一層深い問題の最も明瞭な徴候であるかも知れない。

成功した中ロ石油協力は，中国の石油輸入拡大の避けられない必要によっ

て，生み出されてきた。このことは，ロシアと中央アジア諸共和国の双方から原油供給を確保するために，中国の計画立案者が採ってきた体系的接近方法を説明するのに役立つ。中国は，1997年からカザフスタンの産油資産を買収し始めたが，その取得は，年間2000万トンの生産能力水準には，決して到達しなかった。表A.7.2に示されるように，北京は，石油・ガスの供給をロシアと中央アジア諸共和国の双方から同時に得ようとした。1999～2002年の期間，北京の最優先事項は，アンガルスク－大慶原油パイプラインを建設することであった。それにもかかわらず，2002年に，2003年のユーコス破綻のかなり前に，北京は中国国有石油会社に対し，ケンキヤク－アティラウ石油パイプライン開発の開始を認可した。アンガルスク－大慶パイプライン開発が東シベリア・太平洋石油パイプラインの構想によって置き換えられることになりそうだと，2004年の間に非常に明確になった時に，中国はぐずぐずせずに，アタス－阿拉山口石油パイプライン区間を開始し，それを2005年に完成させた。同じ年に，中国国有石油会社は，ペトロ・カザフスタンの石油資産を買収し，ロスネフチに60億ドルの融資を行なった。換言すれば，2000年代の前半は，アンガルスク－大慶原油パイプラインと中国－カザフスタン石油パイプラインとが，事実上等しく重視されていたが，ユーコスの破綻が北京の注意をカザフスタンとのパイプライン開発に傾斜させたのである。

　2000年代後半に，中国は，中央アジア諸共和国産の石油・ガス供給に対するその注目を高めた。実際，北京は，トルクメニスタンが2006年に南ヨロテン巨大ガス田における中国国有石油会社の上流部門参加を承認したことによって，大いに励まされたが，その上翌年に，ケンキヤク－クムコル・パイプラインの建設が合意された[232]。2009年末までに，カザフスタン西部と中国西部とを結ぶほぼ3000キロメートルのパイプラインが完成した。12年の交渉と準備作業の後，中国－カザフスタン原油パイプラインを通じた中国西部へのカザフ原油の供給も，2009年末に現実のものとなった。中ロの石油パイプライン開発については，スコヴォロジノ－漠河－大慶パイプラインが，2010年9月末に操業を開始した[233]。

　BBCは2010年5月に，次のように報じた。

カザフスタンのサウアト・ミンバイェフ・エネルギー相は，カザフ国会議員に，中国がカザフスタンのエネルギー部門に従事している15社の50～100％の株式を保有していると語った。カザフ・エネルギー省によれば，2010年にカザフスタンが生産すると期待される原油8000万トンの内，2570万トンが中国に行くであろう[234]。

1年後ファイナンシャル・タイムズ紙は，「中国の会社は，カザフ石油生産の22％を支配しており，24％の持分を有する米国の石油メジャーよりは少ない」と報じた[235]。このように，産油資産を確保するために徹底的調査や大規模投資を12年間行った後，中国は，年間2000万トンをはるかに超える生産能力をなんとか確保したが，これはカザフスタンのカスピ海側から，中国・新疆とのその東部国境まで3000キロメートルのパイプライン開発を正当化するのに十分であった。中国の計画立案者の目的は，価値連鎖事業であり，利権石油参加を最大化し，中国におけるパイプライン網に連結する関連原油パイプラインのインフラストラクチャを建設することにある。これは，「中央アジア・モデル」と呼ばれ得たが，それは中央アジア諸共和国における石油・ガス開発，とくにカザフの石油およびトルクメンのガスに対する中国の大規模投資を正当化するものである。

しかしながら，中央アジア・モデルはロシアでは機能しなかった，というのはモスクワ当局が当初，中国によるロシア産油資産を買収するいかなる試みも拒否し，中国による上流資産買収に対して極めて限定的な承認しか与えなかったからである。スラヴネフチの競売やスティムル社の事例は，中国の国有石油企業にいかなる資本参加も許可しないというロシア政府の決意を示した。しかし，中国石油化工会社によるウドムールトネフチの買収は，あらかじめ調整された取引は，必ずしもモスクワによって拒否されないということを裏付けていた。これは，いかに，融資による原油購入の選択肢が中国の計画立案者によって利用されたかを示しているが，しかしその彼らも，以前には，ロシアの石油取引における資金調達の重要性を認識していなかったのである。「融資による原油購入」あるいは「長期的供給の安全を保障するための目標供給源に対する資金提供」は，「ロシア・モデル」における秘訣の中核となった。2005年の60

億ドルの融資や 2009 年の 250 億ドルの融資は，中ロ石油協力の基盤を強固にするために生み出された。

　ガス部門に関しては，2000 年代の中ロ協力は，「有言不実行」（NATO）の形を取ったが，一方，中国－トルクメニスタンのガス協力は，中国－ウズベク・ガス協力や中国－カザフ・ガス協力の方向にさらに動いていた。大きな突破口となったのは，2006 年のトルクメニスタン政府の決定により，中国国有石油会社に対し，トルクメニスタンにおけるガス探査・生産の上流部門の位置に就くことを，関連するガスパイプライン開発と共に，認めたことであった。北京は，ロシアとの長期的に遅延したガス価格交渉を決着させるために「融資によるガス購入」の選択肢を適用しようとは決して試みなかった。しかしながら，ロシアから中国に対する年間約 600 億〜800 億立方メートルのガス供給が 2011 年より利用可能になるだろうという発表によって，2006 年春に，中国国有石油会社の期待が高まった。しかし，国境価格問題に関しては，どのような妥協の兆しもまだ全くなかった。ロシアは，中国は，欧州国境価格を支払うべきだと主張したが，このことはガスが中国の多くの都市に到達する時点までに，その値段が欧州価格よりもさらに高くなることを意味した。

　中国国有石油会社が受け入れたトルクメニスタン・ガスの価格は安くはなかったが，少なくともトルクメニスタン当局は，同社が利権ガスの選択肢を用いることを認め，そうすることで財政負担を軽減した。利権ガスの選択肢により，同社の計画立案者が高輸入価格の財政負担を緩和することが可能になった。しかし，ガスプロムは，中国国有石油会社に対し利権ガスを完全に除外し，非常に高価格の財政負担を相殺する代替案を何も提示しなかった。

　ガスプロムはその強硬路線を変更しそうにないので，この膠着状態を打開する唯一の機会は，中国当局の対応の変化にある。厳密に言えば，中国国有石油会社は，価格交渉でいかなる妥協を行う権限も一切持っていない。同社が 2000 年代に行った 1 つの妥協は，石炭に基づくその標準価格を放棄し，液化天然ガスに基づく標準価格を採用することであった。広東省や福建省の，さらに上海や大連（遼寧省）の受け入れ基地によって，いくつもの異なる液化天然ガス価格が存在するが，相互に受け容れ可能な液化天然ガス標準価格を見いだすことは容易ではないであろう。最終価格の最終決定は，国家発展改革委員会

の価格局からのものでなければならない。たとえ国家発展改革委員会が，段階的ガス価格改革を確実に追求するとしても，これが，国内ガス価格と液化天然ガス輸入価格との乖離を縮小するために十分なほど，価格を引上げることはないだろう。いかなる種類の欧州価格水準に基づくものだとしても，国境越えパイプラインのガス価格に，中国国内ガス価格を適合させるには，かなり時間がかかるであろう。

　ロシア産ガス輸入の価格負担を軽減する方法として，中国国有石油会社は，中ロガス協力の現状打破にロシア・モデルを適用する可能性を模索した。しかしながら，ガスプロムの副最高経営責任者アレクサンドル・メドヴェージェフは，中国の融資をガス輸出供給取引の一環として協議することをそっけなく退け，ガスプロムはパイプライン建設の資金調達に何ら問題を抱えないであろうと主張した[236]。このような意見は，石油からガスへのロシア・モデルの移行を除外するように思われた。しかしながら前述のように，メドヴェージェフの発言から1ヶ月後には，報道によると，ガスパイプライン開発に向けた400億ドルの前払いは，あたかもそれがガスプロムの立場の変化を示唆するかのように思われた。

　しかしながら，ガスプロムが中国市場には東シベリア・極東産ガスよりもアルタイ（西シベリア）産ガスを優先しようとしているので，中国国有石油会社は，ガスプロムに対して第3西東ガスパイプラインの梃子の使用を試みるように思われる。第3西東ガスパイプラインのためにアルタイ・ガスと中央アジアガスとのどちらかを選択することは，2010年代の中ロガス協力の将来を基本的に規定するであろう。最近完成された第2西東ガスパイプラインは，中国に対するトルクメニスタン・ガスの供給のために建設されたが，しかし第3西東ガスパイプラインの供給源についてはまだ何も決まっていない。しかしながら，もし中央アジア諸共和国からのガス供給が年間400億立方メートルないし600億立方メートルから増加するならば，これは，第3西東ガスパイプラインからアルタイ・ガスを除外することになりそうである。中央アジア諸共和国から第3西東ガスパイプラインに対して年間さらにもう300億立方メートルの供給が配分されるならば，それによって，第2西東ガスパイプラインの完成直後には，アルタイ・ガスの大幅な遅延が引き受けられる。中央アジア諸共和国か

らの供給増加の可能性が2010年に明らかにされるまでは，第3西東ガスパイプラインにとってのこれらの代替案は適切に評価されていなかった。

　概括的に言えば，1993～2010年の時期の中口石油協力に関する判断は，一度上流・下流部門の合弁企業が操業を開始すれば，その協力範囲を拡大する大きな可能性を残しているとはいえ，肯定的なものである。ロシアから中国への原油供給の規模は，もし東シベリア・太平洋石油パイプラインの第2段階が完了すると，拡大する可能性が非常に高い。年間2400万トンの原油供給，すなわち，スコヴォロジノから大慶に至るパイプライン経由の年間1500万トンと，天津製油所に対する年900万トンとは別にして，中国の買い手は，コズミノからの追加原油の獲得を目指すであろう。ロシア産石油をめぐる日本，韓国および中国間の見えざる競争は不可避なように見えるが，しかし同時に，この地域における多国間協力を促進する真の機会が存在する。1つの可能性は，東シベリア・太平洋石油パイプラインからコズミノへの原油供給と連結した，戦略的石油備蓄貯蔵の発展にある。中国自動車産業の現在の成長率が続くようであれば，戦略的石油備蓄容量の深刻な不足が生じる公算が非常に高い。北京は，戦略的石油備蓄の貯蔵開発のために危機管理計画を必要としており，そして，国連開発計画大図們江イニシアチブ体制に基づくコズミノ近くの施設は，地域的計画としての役割を果たすことができよう。最高水準での政治的合意は，大図們江イニシアチブ地域の戦略的石油備蓄の試行プロジェクトに道を開くことになるであろうし，それ故これは，中口石油協力の水準を根本的に変えることができよう。

　それとは対照的に，1993～2010年の間の中ロガス協力は大きな失望であったし，また多くの西側観測者は，2010年代後半にロシアから中国に何らかの大規模なガス供給が行われるかどうかについては，全く懐疑的である。2011年半ばに，ガス価格交渉の引き続く膠着状態は，中口ガス協力の現状打破が，大統領か首相水準の政治的合意なしには，生じないだろうということを示唆していた。中国に対するロシア産ガス供給のさらなる遅延は，中国のパイプラインガス市場の拡大を制限するであろう。中口ガス協力の重要性は，中国におけるガス拡大が，その石炭依存の減小を促すから，いくら強調してもし過ぎることはない。2009年だけでも，中国は，それ自身の膨大な生産にもかかわらず，

1億3000万トンもの石炭を輸入した。たとえ中国が，再生可能エネルギーの方を選んで強力に推進し始めたとしても，その重度の石炭依存は，今後数十年持続するであろう[237]。しかしながら，重要な点は，国内開発と輸入に関してガスのなし得ることが，どんなことでも，石炭需要の増加を，絶対量の点で，また中国の一次エネルギーの割合としても，抑制することができるかどうかにある。

　2000年代における中ロの石油協力とガス協力の異なる結末は，中国とロシアの接近方法の不整合（表7.6）によってもたらされたと言っても，過言ではない。中ロの石油協力は，深刻な必要に迫られて推進されたものであるが，中ロのガス協力は，協力に関して双方の側が持つ期待のかなりの相違によって，妨げられた。ロシアの優先事項は，西シベリアからの（アルタイ・パイプラインによる）供給と，輸出価格の最大化にあった。中国の優先事項は，西方に対しては，資本参加を伴う中央アジアの供給にあり，東方に対しては，優先事項は，東シベリアから中国東北諸省への供給であろう。2000年代の間，ロシアは，中国から発せられる鍵となる情報内容を理解するのが非常に遅かったが，

表7.6　中国とロシアのアプローチのミスマッチ：2000年代の話

ロシア	中国
石油・ガス	
契約の締結を急がず，終わりのない交渉に従事することを望んだ	速やかな協定と建設が続く真剣な交渉を望んだ
外国人に重要な株式を持たせることには乗り気ではなく，自国の領土のすべての開発に責任を負うことを主張したが，外部の大規模投資資本を必要としていた	開発時期を指図するために，全面的価値連鎖―大規模資本参加―に責任を負うことを主張した。他の条件ではいずれの場合も，実質的な投資貢献を行うことを望まなかったが，しかし石油部門では極端な必要のせいで妥協を余儀なくされた
ガスのみ	
欧州（価格）と韓国（供給）に関して，交渉の立場を調整した	液化天然ガスの代替供給，中央アジアやミャンマーやおそらく長期的には国内（シェール）ガスの利用可能性に関して，交渉の立場を調整した
西シベリアの余剰生産を利用するために，最初のプロジェクトはアルタイ経路を希望した	最初のプロジェクトは東方プロジェクト（コヴィクタ）を希望した

出所：著者作成。

それは次の点に，すなわち，もしロシア産ガスの条件が好ましくなければ，液化天然ガスの代替的供給（多様な供給源からの）と，中央アジアやミャンマーからのパイプラインガスとが，相対的に短い時間制約の中で手配できるであろうという点にあった。換言すれば，中国は，それが持つ他の選択肢を考慮に入れると，ガスプロムの条件でロシア産ガスを輸入することは望んでいなかったのである[238]。その結果，2015年までに中国は少なくとも年間700億立方メートルのガスを輸入している可能性があったが，その中にはロシアから来るものは何もないように思われる。

ロシアからの石炭輸入は，同様の事例を提供している。中国は近年，大規模な石炭輸入を開始し，2009〜11年の輸入量は，それぞれ1億3000万トン，1億6500万トン，1億8200万トンを記録したが，このうち，ロシアから輸入された石炭は，2009年と2010年にそれぞれ1200万トンと1300万トンであった。スタンフォード大学の調査では，「中国の石炭購買行動は，『費用最小化』の論理に従っており，それ故中国の石炭輸入は，国内石炭価格と国際石炭価格との間の裁定取引格差に応じて変動する」と指摘されていた[239]。これは，エネルギー取引事業に対する，中国の非常に実利的な立場を明確に反映しており，中ロのガス価格交渉にとって重要な含意を持つものである。

中国の計画立案者にとって，ロシアからのパイプラインによるガス輸入は，依然としてはなはだ重要である。2011年半ばまでに，価格に関して合意に達することができなかったにもかかわらず，双方は，彼らの意見の不一致が解決され得るという期待を，今でも持っている。先に論じたように，もしも前払いの提示が，中国に対する東シベリアからの（西シベリアからではなく）ガス輸出という選択肢と結びつけられるならば，価格乖離に橋渡しする非常に良い機会が存在する。2011年の中ロガス交渉の結果は，大問題である，というのはそれが，今後数十年にわたる中ロエネルギー協力の水準に対して，肯定的にであれ否定的にであれ，あるいは多分その両面で，根本的に影響を及ぼすだろうからである。

付　表

表A.7.1　ガスプロムのアジア政策概観

1997年2月	ガスプロムの最高経営責任者，レム・ヴァーヒレフは，同社が，利益の見込めるアジアガス市場に進出するための包括的政策を策定する意図のあることを発表した。彼は，ガスプロムの成長にとっての主要な市場を，競争が絶対的に無いか欠けているガス市場のあるアジアに見いだしていると述べた。400億ドルのヤマル・プロジェクトから生産物の一部が，アジアに供給されうるであろう[240]。これは，ガスプロムのアジア政策の最初の発表であった。
1997年6月	ヴァーヒレフは，世界ガス会議での演説で，ガスプロムの「新」アジア構想の詳細な青写真を明らかにした。彼は，ガスプロムが，国内消費と東アジアへの輸出のために東シベリア・ガスを開発する一連の提案を支援していることを述べた。彼の見解によれば，ロシア産炭化水素に対するアジアの短期的（当面の）需要は，液化天然ガスの輸入によって満たすことが可能である。しかしながら，2005～7年の時期よりも後になると，アジアは，天然ガス埋蔵量の追加的供給源を必要とするであろう。この目的のために，2000年以降のどこかで，新規のガス生産施設がイルクーツク州東部に建設されるであろう。この生産センターは，最終的には，幹線パイプラインによって中国，北朝鮮，韓国および日本に結びつけられるであろう。
1997年8月	ガスプロムと中国国有石油会社は，ガス部門における「協力」協定に署名した。
1997年10月	ガスプロムの副議長，ワレリー・レーミゾフ Valery Remizov は，ガスプロムが西シベリア産資源を中国に輸出するための的確な手段を，まだ決めていないという事実をはっきりさせた。検討中の選択肢に含まれていたのは，ⅰ）上海に至る6000キロメートルパイプラインの建設，ⅱ）液化天然ガスの輸出拡大を促す中国南部の「新規」受け入れ基地の建設である。
1997年11月	ロシアのボリス・エリツィン大統領は，中国で開催された「第5回ロシア・中国サミット」に出席した。訪問中に，ボリス・ネムツォフ第1副首相と中国側交渉相手，李嵐清は，経済・科学・技術協力の最重要分野における相互理解の覚書に署名した。この覚書は，ロシアと中国間の長期的関係のための強固で実質ある基盤を創出する手段として，「大規模」エネルギープロジェクトを最優先事項に指定した。「大規模」エネルギープロジェクトとは，ⅰ）イルクーツク－中国ガスパイプライン・プロジェクト，ⅱ）西シベリア－中国ガスパイプライン・プロジェクト，ⅲ）イルクーツクから中国への電力輸出であった。
1997年12月	ガスプロムと中国国有石油会社は，ロシア産天然ガスを中国東部地域に供給するプロジェクトの実施に関する，「ガスプロムと中国国有石油会社との交渉に関する覚書」を承認した。
1998年2月	定例の政府間サミット会議の準備に関するロ中委員会の第2回会合が1998年2月16～17日に開催された。同委員会は，B. F. ネムツォフと李嵐清が共同議長を務め，西シベリアから中国東部地域に至るガスパイプライン建設プロジェクトの実施における支援業務を両国の関連部門に委任した。

付　表　*527*

1998 年 7 月	ガスプロムとトムスク州行政府は，産業インフラを強化する 5 ヶ年協力協定に署名した。同協定によれば，ガスプロムは，トムスク州に次の分野で支援を提供する。ⅰ）トムスクの田園地区および都市部の家庭を主要ガス配送網と連結するパイプライン・システムの建設，ⅱ）西シベリアにおける一連のガスパイプラインの建設，ⅲ）輸送用ガスエンジン燃料の促進。
1998 年 8 月	ガスプロムは，西シベリアから中国への輸出に関する予備的実現可能性調査の結果が有望であると発表した。もっと具体的に云えば，西シベリアのボルシェヘツカヤの死水領域は，天然ガス埋蔵量約 3 兆立方メートルを保持していたが，これには，カテゴリー C1 埋蔵量 7500 億立方メートル，C2 埋蔵量 6000 億立方メートル，C3 埋蔵量 1 兆 2000 億立方メートルが含まれる。この天然ガス埋蔵量は，年間約 300 億立方メートルの対中国天然ガス輸出を維持するのに十分であり，したがって，潜在的に利益が見込める中国市場までの 6714 キロメートルのパイプライン建設を正当化出来るであろう[241]。
1998 年 11 月	ヴャーヒレフは，クアラルンプールのサミット会議で中国に対する 2 つの有望な輸出選択肢の詳細を明らかにした。ⅰ）アルタイ・プロジェクト：新疆ウイグル自治区を経由して中国の上海地域に至る西シベリア産ガスの輸出を想定，ⅱ）バイカル・プロジェクト：クラスノヤルスク，イルクーツク，モンゴルおよび北京を通過する 6467 キロメートルのパイプラインによる上海地域への西シベリア産ガスの輸出を想定。
1999 年 2 月	両国政府は，中国・上海地域に対する西シベリア産ガスの輸出に関する実現可能性調査の作業に着手することで合意した。
1999 年 10 月	トムスク州に拠点を置くヴォストークガスプロムが，ガスプロム（49%）と，ガスプロムがそのガスプロム銀行を通じて一部所有するハンガリーに拠点を置くジェネラルバンキング＆トラスト株式会社（General Banking & Trust Co., Ltd.）（51%）とによって設立された。
2001 年 3 月	中国石油天然ガス株式会社は，西側の 19 社が事前資格評価に合格したと公表した。ガスプロムは，この評価リストに含まれていた。
2001 年 5 月	中国石油天然ガス株式会社は，西東ガスパイプライン・プロジェクトに対する 7 件の投資提案（19 社のうち）の評価報告書を国家発展計画委員会に提出し，2001 年 6 月に，国家発展計画委員会がその選択を承認した。
2001 年夏	ガスプロムは，東方プログラムに関する作業を一新したが，その正式名称が，「中国や他のアジア・太平洋地域諸国の市場に対するガス輸出の可能性を伴った，東シベリアと極東におけるガスの採取・輸送およびガス供給の統一システムを創設するプログラム」となった。
2002 年 6 月	東シベリアおよび極東におけるガス開発の制度的基盤が，2002 年 6 月に根本的に変更されたが，それはこの時，ロシア政府が連邦政府令第 975-R 号を公布し，そこで東シベリアと極東におけるガスの生産・輸送・流通の統一システムのためのプログラムを策定するように，エネルギー省とガスプロムに指令したからである。
2002 年 7 月	2002 年 7 月 4 日に，中国石油天然ガス株式会社は，国際的事業協力者 3 社と，西東ガスパイプライン・プロジェクトのために，プロジェクトのリスクを分有させ，その国際的経験，資金力および技術・操業面の経験を活用する目的で，合弁企業に関

	する覚書に，最終的に署名した。この3社は，ⅰ）ロイヤル・ダッチ・シェルグループ＋香港中華ガス会社（HK & China Gas Co），ⅱ）エクソン・モービル社＋中電ホールディングス（CLP Holdings），ⅲ）ガスプロム株式会社＋ストロイトランスガスである。
	2002年7月16日付け政府指令は，ガスプロムとエネルギー省に対し，共同でこの文書を作成する権限を付与したが，同一指令でガスプロムに対し同プログラムの実施を調整する課題を与えた。政府は2003年5月13日に，同プログラムの主要な項目に合意した。
2003年3月	統一ガス供給システムの東部支部を創設するための同プログラムの最初の草案は，ロシア産業・エネルギー省およびガスプロムによって共同で準備され，また承認された。
2003年6月	第22回世界ガス会議におけるガスプロムの最高経営責任者，アレクセイ・ミレルの基調講演は，2010年に東シベリアおよびサハリン島のガス生産が260億立方メートルとなり，この数字は2020年には1,100億立方メートルに達する可能性のあることを示唆していた。彼は，ガスプロムが，政府によってガス生産・輸送統一システムの構築を調整する権限を付与されていたことを付け加えた。彼の発表は，また，サハリン島のコルサコフに加え，ウラジオストクとワニノにおける2ヶ所の液化天然ガス施設をも示唆し，ガスプロムの真の意図がどこにあるかをはっきりとさせていた。
2004年3月	ガスプロムは，2億立方メートルの天然ガス地下貯蔵所の建設協定に，重慶市ガス集団（Chongqing Municipal Gas Group）と署名した。提案された場所は，重慶市の江北Jiangbei区であった。投資見積り額は，2億元以上であった。
2004年5月	中国ガスホールディング会社（China Gas Holdings Limited）は，中国におけるガスプロジェクトの共同開発のための，またガスプロムが中国のパイプガス供給者に対する戦略的投資家になるための，趣意書にガスプロムと署名した。中国ガスは，中国の中流・下流部門の合計25の合弁事業を取扱っており，中国におけるその市場占有率は，2010年に約20％であった。
2004年6月	ガスプロムは，同社がロシア唯一のガス輸出業者に留まるであろうし，また同社の100％子会社ガスエクスポート（Gazexport）が，潜在的顧客と数量，予定表およびガス価格算定式に関して交渉するだろうと，正式に発表した。
2004年7月	中国石油天然ガス株式会社と中国国有石油会社は，同企業が，外国グループ，すなわちシェル，エクソン・モービルおよびガスプロムとの，180億ドルの西東ガスパイプライン開発に対するその参加をめぐる，合弁企業交渉を終了させることに決定したと発表した。それは，新疆ウイグル自治区の中国国内ガス資源が枯渇した時に，西シベリア産ガスと西東ガス・パイプラインとを結びつけるというガスプロムの計画にとって，大きな挫折であった。
2004年8月	ガスプロムは，外国グループとの合弁企業交渉を終わらせるという中国石油天然ガス株式会社の決定に反応して，8月初旬にモスクワでの韓国ガス公社との会合において，コヴィクタ・ガスは，中国と韓国には供給され得ないと述べた。ガスプロムは，同企業が，ナホトカに向かい，その後海洋経路で韓国に向かう，ガスパイプラインを進めることを非常に明確にした。

2004年9月	ガスプロムの戦略開発部門は，イルクーツクで「東シベリア・極東における天然ガス生産・輸送の選択肢の経済的実現可能性調査」に関する発表を行った。その後，これは，いわゆる「中国や他のアジア・太平洋諸国における市場への潜在的輸出を含む，東シベリア・極東における統一ガス生産・輸送・供給システムの創設プログラムを発展させる，省庁間作業集団のための包括的な討議資料」となった。
2004年10月	10月14日，ガスプロムと中国国有石油会社は，北京で戦略的連携協定を締結することに合意した。
2004年11月	ガスプロムと中国国有石油会社は，主要な協力方法をめぐって設置された合同作業集団の下で，継続的協議を開始することで合意し，ガスプロムと中国国有石油会社の合同調整委員会の第1回会合が三亜 Sanya 市で開催された。同会合は，当事者間の戦略的協力契約における合意点の実施を目的としていた。
2005年9月	ガスプロム経営委員会の副議長，アレクサンドル・メドヴェージェフは，同社が，毎年最大600億立方メートルを国境を越えて輸送するために，2本のパイプラインを建設することで中国国有石油会社と交渉中であることを確認した。
2005年10月	ガスプロムは，同社の副最高経営責任者，アレクサンドル・アナネーンコフが率いるガスプロム代表団の訪中時に，中国の地下ガス貯蔵所を設計する契約を落札した（同協定は，2004年10月14日に北京で，ロシア大統領ウラジミール・プーチンの訪問中に調印された。同協定は，ガスプロムのロシアから中国に対するガス輸出の組織化を含む，多様な協力形態に関する規定を設けた。同協定の実施を調整する課題を担う合同調整委員会は，一般的な共同作業集団と，協力の主要形態別個別作業集団とを設立した）。ガスプロムは，報道関係者向け公式発表で，同設計プロジェクトは，ガスプロムの主要研究・開発センターである天然ガス・ガステクノロジー科学調査研究所に委ねられることになると述べた。この訪問には，ガスプロムと中国国有石油会社との共同作業集団および合同調整委員会の定例会合が含まれていた。その会合で，両社は，2005年における戦略的協力協定実施の前進について話し合い，2006年の計画を承認した。
2006年3月	2006年3月21日に，ガスプロムと中国国有石油会社との間で，天然ガス供給と2本のガスパイプライン建設に関する覚書が調印された。中国への2本のガスパイプラインを建設するという協定（ロシアから中華人民共和国に対する天然ガス供給に関する議定書）がプーチンの中国公式訪問の中核を成したが，それは年間600億～800億立方メートル運ぶ能力を持ち，建設に100億ドルかかるというものである。
2006年7～8月	7月31日と8月1日に，ガスプロムと中国国有石油会社との間の戦略的協力協定の枠組み内で，ガスプロムと中国国有石油会社間の合同調整委員会の第4回会合がサンクトペテルブルクで開催された。
2007年6月	6月15日に，ロシア政府燃料エネルギー部門委員会（FES）は，産業エネルギー省に東方プログラムを承認するように指示した。
2007年9月	ロシア産業エネルギー相ヴィクトル・フリスチェンコは，東方ガスプログラム（EGP）を策定する省令（第340号）承認の署名をした。
2008年4月	2008年4月16日付けロシア政府指令にしたがって，チャヤンダ石油・ガスコンデンセート田の開発権が，統一ガス供給システムの所有者であるガスプロムに付与された。

	4月25日に，ガスプロム・インヴェスト・ヴォストーク242（ガスプロムのロシア東部プログラムを実施するために，2007年7月に設立されたガスプロムの完全子会社）は，ガスプロムの東方ガスプログラムを実施するよう命じられた。同社は後に，東シベリア・極東における統合ガス生産・輸送・供給システムの開発プログラムの一環として，ガスプロムのプロジェクトを推進する課題も託された。この役割の中で，同社は，中国および他のアジア・太平洋諸国に対するガス輸出の大規模発展も目指した。
2008年9月	2008年9月1日に，ロシア政府は，サハリン－3の3鉱区—キリンスキー，ヴォストーチノ・オドプチンスキーおよびアヤシスキー—をガスプロムに移譲するという命令を出した。
2009年2月	2月18日に，サハリン－2プロジェクトの一環として，最初のロシアの液化天然ガス施設が操業を開始した。
2009年3月	3月10日に，ロシア政府は，南ヤクーチア開発に関するプロジェクト文書の策定を許可する，包括的投資プロジェクトのための投資証明書を採択した。
2009年7月	7月2日に，ガスプロムは，キリンスコエ・ガス田の探査掘削を開始し，7月31日に，ハバロフスクは，サハリン－ハバロフスク－ウラジオストク・ガス輸送システムにおける最初の結合部の溶接を祝う式典を主催した。
2009年10月	10月12～14日の間，中国国有石油会社とガスプロムは，価格や供給源の問題には未回答のまま，暫定協定に署名した。ガスプロムの最高経営責任者，アレクセイ・ミレルは，同協定が，シベリアとサハリンのガス田から中国に年間700億立方メートルのガスを供給する道を開く可能性があると述べたが，中国国有石油会社の蔣潔敏社長は，供給されるガス量や価格に関する取引は全くなかったと述べた。
2009年11月	11月1～2日の間に，上海で，ガスプロム代表団は，中国国有石油会社と一連の商業的交渉を行った。ガスプロムの副最高経営責任者，アレクサンドル・メドヴェージェフと中国国有石油会社の汪東進副社長は，極東におけるガス化学複合体の設立プロジェクトへの共同参加に取り組むために，ガスプロムと中国国有石油会社から専門家の作業集団を組織することで合意した。
2009年12月	ガスプロムは，アレクサンドル・メドヴェージェフ率いるガスプロム代表団が，12月22～7日に，西方および東方経路で中国に対するロシア産ガスの供給を計画することに関連し，その年の最終回の商業的協議を中国で中国国有石油会社と持つ予定であると発表した。
2010年9月	ガスプロムは，報道関係者向け公式発表で，中国国有石油会社との天然ガス供給の契約期間を延長する協定に署名したと発表した。この発表によると，法的拘束力を有する同協定は，「西方経路」による将来的な対中国ロシア産ガス供給の主要な商業的媒介変数を設定するものである。これらの変数には，数量と日程，テイク・オア・ペイの水準，供給拡大の期間，および保証された支払いの水準が含まれる。実際の輸出契約は，2011年半ばに締結される予定となっており，供給は，2015年遅くに開始を予定されていた。この契約は現在の条件の下で30年間有効であり，年間300億立方メートルの供給を伴うであろう。すなわち両社は，ガス価格を除くすべてに関して合意に達していた。

出所：Paik, K-W. (2002b)；株式会社国際協力銀行（JBIC）(2005)；1993～2009年間の中ロエネ

付　表　531

ルギー協力年表の項は，*Russian Petroleum Investor, Interfax China Energy Weekly, Interfax Russia & CIS Oil and Gas Weekly, China Oil Gas & Petrochemicals* の様々な号からとった．

表 A.7.2　中ロ対中国・中央アジア諸国の石油・ガス協力

	中ロ		中国・中央アジア諸国	
	石油	ガス	石油	ガス
1992年	イルクーツク探査鉱区			トルクメニスタン・ガスの実現可能性調査
1995年				中国国有石油会社，エクソンおよび三菱商事，中国向けトルクメニスタン・ガスに関する共同実現可能性調査を開始
1997年		コヴィクタ・ガスの予備的実現可能性調査	中国国有石油会社，カザフスタンのアクチュビンスクおよびウゼニ油田を買収	
1999年	アンガルスク－大慶ラインの実現可能性調査	コヴィクタ・ガスおよびアルタイ・ガス両方の予備的実現可能性調査	中国，3000キロメートル石油パイプライン・プロジェクトの棚上げ決定	
2002年	中国，広東省と福建省を液化天然ガス供給源に選定。中国，モンゴル通過のパイプラインを除外			
	中国国有石油会社，スラブネフチの入札過程から撤退を余儀なくされる		中国国有石油会社，ケンキヤク・アトラウ石油パイプラインの建設に着手	
2003年	日本の石油パイプライン経路の構想	ロシアのエネルギー2030年戦略	ケンキヤク・アトラウ石油パイプライン完成	中国国有石油会社，カザフスタンからのガス供給の3つの選択肢を調査開始
	中国国有石油会社，スティムルの試みで失敗		中国国有石油会社，北ブザチ田を買収	
			中国石油化工会社と中国海洋石油会社，BGのカシャガンの株式16.7%の買収を試	

			みる	
2004年	東シベリア・太平洋石油パイプライン，ナホトカ方向に決定	中国国有石油会社・ガスプロムの戦略的協力協定	中国国有石油会社，アタスー阿拉山口パイプラインの建設を決定	
	中国石油天然ガス株式会社は，西東ガス・パイプラインに関して西側の国際石油会社とのその交渉を終結			
2005年	中国，ロスネフチ，及びその中国石油化工会社とのヴェニンスキー契約に対する60億ドルの融資		・中国国有石油会社，ペトロ・カザフスタンの石油資産を買収 ・アタスー阿拉山口区間完成	中国国有石油会社，ウズベキスタンのガス探査を重視し始める
2006年		ガスプロム，年間600億～800億立方メートルの対中国ガス輸出を発表		・トルクメニスタンと中国，ガス部門における枠組み協定に署名 ・トルクメニスタン，グノルタ・ヨロテンガス鉱床の開発に対する中国国有石油会社の参加を許可
	・中国石油化工会社，ウドムールトネフチ買収 ・中国国有石油会社，ロスネフチの株式買収 ・上流部門合弁企業会社，東部エネルギー社と，下流部門の合弁企業，東方石油化工会社設立			
2007年			ケンキヤクークムコル区間の建設で合意	
2009年	ロスネフチとトランスネフチに対する中国の250億ドル融資による原油購入	ガス価格協定，まだ何ら達成されず	ケンキヤクークムコル区間完成	中央アジアー中国ガスパイプライン記念式典開催
2010年	スコヴォロジノー大慶ライン結合	ガス価格協議，何ら前進なし		ガス輸入量，年間400億立方メートルから600億立方メートルに拡張決定

出所：著者により考案され編集されている。

【注】

1 中国石油化工会社経路調査によると，西方ラインは，イルクーツクからウランバートルおよび二連浩特（エレンホト）（内モンゴル）を経由し，同社の北京燕山石油化工会社（Yanshan Petrochemical Corporation/YPC）を終点とする。*China Oil Gas & Petrochemicals, 15 November 1999*, pp. 1-2 参照。．
2 Quan Lan (2000b)．
3 同プロジェクトの組織的および法的部分は，遅くとも 2002 年 7 月までに確定されることになっていた。同パイプラインのロシア側区間の実現可能性調査は，完了までに少なくとも 3000 万ドルの費用がかかると見積られていた。2003 年 7 月までに，ユーコス，トランスネフチおよび中国国有石油会社は，実現可能性調査の一環として，同パイプラインの図面および設置場所に関して合意する計画であった。ロシア側は，2001～10 年の期間に，12 億 2000 万ドルを投資することになっていた。*Russian Petroleum Investor*, May 2002, pp. 17-24 参照。
4 2001 年に，「ロシア－中国石油パイプラインに関する実現可能性調査策定の主要指針」と題された文書が署名された。この合意は，アンガルスク－大慶石油パイプライン建設の一般的協定の基礎となった。Barges (2004b), pp. 38-44 参照。
5 Quan Lan (2001e)．
6 Quan Lan (2001j)．
7 Li Xiaoming (2002b), pp. 6-8．
8 Barges (2004b), pp. 38-44．
9 Li Yuling (2003c)．
10 *Ibid*.
11 遼陽の同施設は，現在，ベネズエラ石油とロシア石油の混合物が供給されているが，しかしながら，一度東シベリア・太平洋石油パイプラインの支線が完成すれば，ロシア産石油の輸入量が増大する結果，結局のところ，同施設はロシア石油に 100％依存するであろう。ロシアの当局者は，同パイプライン輸送量の主要源泉は，東シベリア油田からの軽質スイート原油となるであろうと述べたが，*China Oil and Gas Monitor* によれば，同油田は依然として相対的に未開発であり，したがって当初の供給はロシアの主要輸出等級である，中質サワー・ウラルスブレンドから構成されるように思われる。Bai & Chen (2009) 参照。
12 'PetroChina Upgrades Domestic Refineries to Process Imported Oil from Russia, Kazakhstan', www.ihsglobalinsight.com/SDA/SDADetail17488.htm
13 Baidashin (2002)．
14 *Ibid*.
15 *Ibid*.
16 トランスネフチは 2001 年 9 月に，オーストリア・ライファイゼン中央銀行が主導する西側銀行集団から，1 億 5000 万ドルの協調融資を獲得することができた。この融資の他に，トランスネフチの投資プログラムは，最大 5 億ドルと見積もられるユーロ債だけでなく，総額 1 億 6700 万ドル相当の 1 年もの内国債を発行し，さらに米国約束手形を発行をすることをも求めていた。トランスネフチは，同社の株式の 75％が国家によって所有されているので，担保物件として同社の資産を利用することを禁じられている。*Ibid*.
17 Peel & Jack (2003)；Pilling & Jack (2003)．
18 Jack (2003)．
19 Li Yuling (2003b)．
20 Jack & Rahman (2003)．
21 Li Yuling (2003c)．

22　Li Yuling (2003f).
23　Li Yuling (2003e); *China Energy Report*, Dow Jones, 2 May 2003, pp. 1-3.
24　Li Yuling (2003f); Barges (2004b), pp. 38-44.
25　2003年9月に、ロシアのミハイル・カシヤーノフ首相は、中国訪問中に、パイプラインの経路については、環境調査の結果を待つ間、どんな決定もまだ行われていないと述べ、その不確実性を想起させた。イゴール・ユスーフォフ・エネルギー相は10月初旬に、日本側は、建設費用の大部分について資金提供する用意があり、ロシア政府の保証を求めないことに同意していると述べた。Rahman & Jack (2003) 参照。
26　Li Yuling (2003h).
27　Li Yuling (2003i).
28　*Ibid.*
29　Liu Haiying (2004).
30　ユーコスは、生産合同ユガンスクネフチェガスとクイブイシェフネフチェオルグシンチェーズ製油所 (KuybyshevnefteOrgSintez (Kos)) との合併の産物であった。
31　Sakwa (2009), pp. 133-8.
32　マーシャル・ゴールドマン教授によると、ホドルコフスキーとプーチン政府との対立は、ホドルコフスキーがロスネフチの最高経営責任者、セルゲイ・ボグダーンチコフを非難すると決めた時に頂点に達した。2003年2月のテレビの生放送で、ホドルコフスキーは、プーチンの親友ボグダーンチコフが国の経費で談合を画策したと、プーチンに対して不満を述べた。ホドルコフスキーによると、彼のライバルであるボグダーンチコフは、北方石油、すなわちアンドレイ・ヴァヴィーロフ Andrei Vavilov の支配する会社のために、6億2260万米ドルをも余計に支払ったが、その彼は連邦会議の上院議員で、元副財務相である、内部関係者であった。ホドルコフスキーの暗示したことは、要するに、ボグダーンチコフとヴァヴィーロフは相互に結託しており、彼ら自身を富ますために国家資金を利用していた、という点にある。
33　Goldman (2008), pp. 93-135; Aron (2003); 'Timeline of the Yukos Affair', www.khodorkovskycenter.com/media-center/timeline-yukos-affair
34　'Energizing the future', www.stroytransgaz.com/projects/russia/vsto_oil_pipeline
35　McGregor, Pilling & Ostrovsky (2004).
36　Li Yuling (2004g); Feng Yujun (no date).
37　Li Yuling (2004h).
38　Barges (2004b), pp. 38-44.
39　Chen Wenxian (2004b).
40　*Ibid.*
41　Chen Wenxian (2004c).
42　プーチンは、中国報道機関との会見で、「両国間の貿易額は、2003年の157億ドルに比べ、2004年に200億米ドル (160億ユーロ、110億ポンド) に拡大すると予想され、この10年間の末までに600億ドルに達する可能性がある」と述べた。以下を参照。McGregor (2004); 'Oil dominates Russia-China talks', http://news.bbc.co.uk/1/hi/world/asia-pacific/3741118.stm; Xia Yishan (2004).
43　'Gazprom and CNPC signed a Cooperation agreement', www.gazprom.com/press/news/2004/october/article62935/; 'Putin's China visit leaves behind a chance for bilateral oil/gas cooperation', http://english.people.com.cn/200410/20/eng20041020_160887.html
44　他の文書には、ガスプロムと中国国有石油会社の戦略的協力協定、ロシア開発対外経済銀行 (ロシアの輸出入銀行) と中国輸出信用保険会社 (Chinese Export Credit Insurance Corporation)

と中国開発銀行との間の協力協定，ロシア外国貿易銀行（Vneshcorgbank）と中国農業銀行（Agricature Bank of China）との間の協定，ロシアのシェルバンク（Sherbank）と中国銀行（Bank of China）との間の協力協定，中ロのビジネス協議会設立に関する協定が含まれていた。*China Energy Report Weekly*, 8-15 October 2004 参照。
45 Qiu Jun (2004i).
46 *Interfax Petroleum Report (IPR)*, 7-13 Oct 2004, pp. 7-8.
47 バークレイズ・キャピタルは，19行の海外銀行団（3行の日本の融資者を含む）をまとめ，トランスネフチに，ロシアの石油輸出システム拡張のための資金調達を支援する，2億5000万ドルを融資した。ロンドン銀行間取引金利LIBOR＋1.15%の金利は，ロシアに対する無担保法人融資としては記録的な低さであった。トランスネフチは，めったに国債市場で借り入れをしない。Pilling & Gorst (2005) を参照。.
48 同サミットは，「21世紀の世界秩序に関する宣言」を発表した。胡国家主席は，「この宣言は，われわれ二国間の戦略的協力を深化させる上で大きな重要性をもつ」と述べた。中ロの提携は，長期にわたる国境紛争の最終決着に関する，2004年の調印，2005年の批准によって，活気を与えられた。Blagov (2005) を参照。
49 厳密に言えば，ロスネフチと中国国有石油会社は，2005年7月1日に長期協力協定に署名したが，ロスネフチと中国石油化工会社の戦略的協力の枠組み協定は，それより後の2005年11月に署名された（'We Support the Rosneft IPO from Strategic Considerations', www.kommersant.com/p658821/r_1/We_Support_the_Rosneft_IPO_from_Strategic_Considerations/）。
50 Qiu Jun (2005g); Helmer (2005).
51 2005年にロシア鉄道は，連邦構成ブリヤートのナウシキ駅へ輸送される石油にトン当たり39ドルの料金を課し，チタ州のザバイカルスク駅まではトン当たり56ドルの料金を課したが，両駅共にロシア・中国の国境に位置している。ロスネフチ，ルクオイル，シブネフチも中国に鉄道で輸出する。*China Energy Report*, Dow Jones, 11 November 2005, p. 10 参照。
52 Glazkov (2006b); Trenin (2002), pp. 204-13.
53 *Ibid*.
54 Chernyshov (2005b); Qiu Jun (2005h).
55 Chernyshov (2005b).
56 *Interfax Petroleum Report (IPR)*, 21-7 April 2005.
57 Lukin (2004), pp. 11-18.
58 Baidashin (2006a).
59 *Ibid*.
60 *Ibid*.; 'Russian ministers oppose Perevoznaya as final point of Pacific pipeline', http://pipelinesinternational.com/news/russian_ministers_oppose_perevoznaya_as_final_point_of_pacific_pipeline/010401/#
61 *China Oil Gas & Petrochemicals*, 15 January 2006, pp. 14-15.
62 *China Industry Daily News*, 31 October 2006; Gaiduk (2006).
63 Meyer (2006).
64 From Greenpeace webpage no longer accessible.
65 ニジニャヤ・ポイマーユルプチェノートホムスコエ田ーヴェルフネチョンスコエ田ータラカンスコエ田ーチャヤンジンスコエ田ーレンスクーオレクミンスクーアルダンーネルィウングリートゥインダースコヴォロジノーナホトカ経由。
66 Chernyshov (2004d).
67 Baidashin (2006a).

68 Qiu Jun (2005k).
69 'Russia approves new ESPO pipeline route', http://en.rian.ru/russia/20080303/100502195.html
70 Baidashin (2008a).
71 Medetsky (2007a).
72 Gaiduk (2008a). 東シベリア・太平洋石油パイプライン建設に対する中国会社の参加に関する協定が，2007年4月に調印された。同社は，170キロメートルの長さのパイプラインを敷設することになっていた。同作業全体は，2008年10月25日以前に完了することになっていた。しかしながら，トランスネフチは，同パイプラインの建設請負業者による作業の質に立腹していたが，一方，同パイプラインの総合請負業者であるクラスノダール・ストロイトランスガス・ヴォストーク (Krasnodar Stroytransgaz-Vostok) は，中国石油天然ガスパイプライン局 CPP との契約を一時停止するように言われている。*China Energy Report Weekly*, 26 June-2 July 2008, p. 12 参照。
73 *China Energy Report Weekly*, 26 June-2 July 2008, p. 12.
74 Baidashin (2004b); Russian Railways Co. (RZD) website, http://eng.rzd.ru/
75 Baidashin (2005a). ペトロリアム・アーガス (Petroleum Argus) によると，2004年にアンガルスク−ナウシキ（モンゴルとの国境上の駅）経路の料金は，トン当たり27ドルであり，アンガルスク−ザバイカルスク（中国との国境上）の経路はトン当たり51ドルであったが，ほんの2000年には，これらの料金はそれぞれわずか6ドルと14ドルにすぎなかった。Baidashin (2004b) 参照。
76 *Russia & CIS Oil and Gas Weekly*, 2-8 October 2008, p. 13 & 15. *Oil & Gas Journal* は，2008年10月24日に同パイプラインの第1区間が操業を開始したと報じた。最初の10万トンの石油は，2008年10月にタラカンとヴェルフネチョンスク油田から供給され，2009年には，タラカンからの18万トンとヴェルフネチョンスクからの約4万トンを含むさらなる22万トンが，供給される予定であった。*Oil & Gas Journal Online*, 25 February 2009. ('First leg of Russia's ESPO line nears completion', www.ogj.com/display_article/354508/7/ARTCL/none/none/First-leg-of-Russia's-ESPO-line-nears-completion/?dcmp=OGJ.monthly.pipeline)
77 *Oil & Gas Journal Online*, 25 February 2009. ('First leg of Russia's ESPO line nears completion', www.ogj.com/display_article/354508/7/ARTCL/none/none/First-leg-of-Russia's-ESPO-line-nears-completion/?dcmp=OGJ.monthly.pipeline)
78 *Russia & CIS Oil and Gas Weekly*, 20-26 November 2008, pp. 8-9.
79 Gaiduk (2009a), p. 42.
80 1日当たり10本もの列車が，石油輸送のため，スコヴォロジノからロシア太平洋沿岸のコズミノ輸出基地に向けて出発するであろう。次を参照。*Oil & Gas Journal Online*, 8 April 2009. ('Putin: Russia to complete ESPO's first phase "within weeks"', www.ogj.com/display_article/358716/7/ARTCL/none/none/Putin:-Russia-to-complete-ESPO's-first-phase-'within-weeks'/?dcmp=OGJ.Daily.Update); *China Energy Report Weekly*, 9-15 April 2009, p. 6.
81 Gaiduk (2009b), p. 33.
82 *Oil & Gas Journal Online*, 28 April 2009. ('ESPO line sees further developments by Chinese, Russians', www.ogj.com/display_article/360471/7/ARTCL/none/none/ESPO-line-sees-further-developments-by-Chinese,-Russians/?dcmp=OGJ.Daily.Update ; 17 February 2009. ('Russia's Transneft plans to start on Chinese pipeline leg in 2010', http://en.rian.ru/russia/20090217/120190194.html)
83 *Russia & CIS Oil and Gas Weekly*, 14-20 May 2009, p. 21 ; *Oil & Gas Journal Online*, 5 May 2009. ('China to begin construction of 992-km ESPO "extension"', www.ogj.com/display_article/361235/7/ARTCL/none/none/China-to-begin-construction-of-992-km-ESPO-'extension'/?dcmp=OGJ.Daily.Update)

84　*Ibid.*
85　Baidashin（2008a）.
86　*Russia & CIS Oil and Gas Weekly*, 27 August-2 September 2009, p. 8.
87　Watkins（2009b）.
88　Platts（2010a）.
89　東シベリア・太平洋石油パイプラインの第1段階の 2757 キロメートル（1713 マイル）は，システマ・スペクストロイ（Systema Spec Stroy）社，クラスノダールストロイトランスガス社，ヴォストーク・ストロイ（Vostok Stroy）社，プロムストロイ（Promstroy）社，アメルコ・インターナショナル（Amerco Int.）社，IP Set Spb 社によって建設された．'ESPO Pipeline, Siberia, Russian Federation', www.hydrocarbons-technology.com/projects/espopipeline/ 参照．
90　積荷割当の詳細は，Platts に記載されている（2010b）．
91　'Kozmino oil terminal opens up Asian crude markets', http://rt.com/Business/2009-12-28/kozmino-oil-terminal-opens.html
92　同パイプラインの開発費用は 122 億 7000 万ドルであり，輸出基地は 17 億 4000 万ドルかかった．以下を参照．'Kozmino oil terminal opens up Asian crude markets', http://rt.com/Business/2009-12-28/kozmino-oil-terminal-opens.html；'Putin Launches Pacific Oil Terminal', www.themoscowtimes.com/business/article/putin-launches-pacific-oil-terminal/396936.html；Bryanski（2009b）．
93　トランスネフチの子会社，ヴォストークネフチェプロヴォード有限責任会社は，同パイプラインのスコヴォロジノ-中国国境区間（720 ミリメートル径，長さ 63.58 キロメートル）を正式に委託する書類を 2009 年 9 月署名されるように提出した．建設は 2009 年 4 月に開始された．プロムストロイ社が総合請負業者である．*Russia & CIS Oil and Gas Weekly*, 2010, pp. 4-7；26 August-1 September pp. 4-7 を参照．
94　*China Energy Weekly*, 16-29 September 2010, p. 5.
95　ジョナサン・コッレク Jonathan Kollek によると，2010 年，東シベリア・太平洋石油パイプラインの原油は，中東標準価格のオマーン／ドバイ・ブレンドより 1 バレル当たり 1.50 米ドル安値で取引された．彼は，同パイプラインの原油価格は，同ブレンドの品質と供給の安定性が確認されるに従って，上昇するだろうと述べた．硫黄含有率が低いため，同パイプライン原油は，割り増し評価を得て，2，3 年以内に価格標準となりそうである．Nezhina & Kirillova（2010），p. 25 参照．
96　*The Energy Times News*（published in Korean), 4 March 2010 and 16 March 2010；Yamanaka（2008）．
97　Motomura（2010）．
98　Nezhina & Kirillova（2010），p. 25．
99　ロシアの国内市場で使用されるのは，サマラ，カザンおよびウファの精製施設で硫黄分 1.8〜3.5% をもつ原油であろう．Gaiduk（2009b）を参照．
100　22 の油田は，ヴァンコール，ユルブチェノ・トホムスコエ，タラカンスコエ（東部鉱床を含む），アリンスコエ，スレドネ・ボトウビンスコエ，ドゥリスミンスコエ，ヴェルフネチョンスコエ，クユムビンスコエ，セーヴェロ・タラカンスコエ，ヴォストーチノ・アリンスコエ，ヴェルフネペレドゥイスコエ，ピリュウディンスコエ，スタナフスコエ，ヤラクティンスコエ，ダニロフスコエ，マルコフスコエ，ザーパドノ・アヤンスコエ，タグルスコエ，スズンスコエ，ユージノ・タラカンスコエ，チャヤンディンスコエ，およびヴァクナイスコエである．*Russia & CIS Oil and Gas Weekly*, 4-10 March 2010, p. 28 参照．
101　Platts（2010a）．
102　国連開発計画（UNDP）の専門家会議のメンバーとして，大図們江イニシアチブのエネルギー

委員会は，戦略的石油備蓄貯蔵開発の協議事項を検討するように同委員会に勧告したが，同案件は，委員会のどの会議の協議事項にも含まれることはなかった。
103　Chernyshov (2005b).
104　Gaiduk (2008a).
105　トランスネフチは，2008年4月2日に，東シベリア・太平洋石油パイプラインの最初に完成された区間—出発地点から238キロメートルまで—をタイシェット近くの地点にあるパイプライン操作システムに接合した。*Ibid.* 参照。
106　*Oil & Gas Journal Online*, 28 April 2009；17 February 2009.
107　*Russia & CIS Oil and Gas Weekly*, 6-11 November 2009, p. 10；Glazkov, S. (2006b).
108　Platts (2010a)；*Russia & CIS Oil and Gas Weekly*, 24-30 December 2009, p. 8.
109　Henderson (2011a), p. 16；Tabata and Liu (2012).
110　*China Energy Weekly*, 29 July-4 August 2010, p. 7.
111　Nezhina & Kirillova (2010), p. 21.
112　Baidashin (2008a).
113　*Russia & CIS Oil and Gas Weekly*, 9-15 October 2008, p. 19.
114　Baidashin (2008a).
115　Milyaeva (2010), p. 18.
116　*China Energy Report*, Dow Jones, 21 January 2005, p. 9.
117　Baidashin (2007a)；History of Vnesheconombank, www.veb.ru/en/about/history/
118　Qiu Jun (2005a).
119　*CER*, 7 January 2005, p. 4.
120　Qiu Jun (2005f).
121　McDonald (2006)；Chung & Tucker (2006)；Qiu Jun (2006o)；Yang Liu (2006e).
122　Zhang Aifang (2009)；*China OGP*, 1 March 2009, pp. 22-3.
123　習近平国家副主席は2009年2月18日に，ベネズエラ訪問の際，受け入れ側と12の協力協定に署名し，両国の共同投資資金を120億米ドルに倍増した。Zhang Aifang (2009) 参照。
124　Jiang Wenran (2009).
125　Liu Haiying (2002).
126　*Ibid.*
127　Li Yuling (2003d)；Li Yuling (2003g).
128　Li Yuling (2004f).
129　Li Yuling (2003k).
130　Paik (2008), pp. 201-8；UPEACE (2005).
131　*Interfax Petrolum Report (IPR)*, 30 May-5 June 2003.
132　Miller (2003).
133　Li Yuling (2003j).
134　McGregor & Hoyos (2004).
135　Li Yuling (2004c)；McGregor & Hoyos (2004).
136　*Kommersant*, 10 September 2007；Sinyugin (2005)；Gazprom (2004).
137　Mo Lin (2004).
138　Qiu Jun (2005d).
139　*China Oil Gas & Petrochemicals*, 1 November 2006, p. 16.
140　しかし，中国国有石油会社は，ガスプロムが，政府により与えられた特別の権限を享受しているという，明確な理解を持っていた。

141 McGregor (2005) ; *China ERW*, 17-23 September 2005.
142 Chen Wenxian (2005a) ; Wang Ying (2005).
143 Chen Wenxian (2005a).
144 *Ibid.*
145 同施設は，ガスプロムの主要研究センターである天然ガス・ガステクノロジー科学調査研究所によって設計されるであろう。*China Energy Report Weekly*, 17-23 December 2005, pp. 17-18.
146 Kramer (2006).
147 Miles & Beck (2006).
148 Gaiduk (2006) ; Qiu Jun (2006c).
149 *China Oil Gas & Petrochemicals*, 1 July 2006, p. 10 ; Glazkov (2007a).
150 Qiu Jun (2006g).
151 Russia News Wire, 'Gazprom and CNPC report on 4th meeting of Joint Coordinating Committee', 4 August 2006 ; SKRIN Newswire, www.skrin.com, 'Gazprom and CNPC meeting', 8 August 2008.
152 *Russia & CIS Oil and Gas Weekly*, 15-21 November 2007, pp. 9-10 ; *China Energy Report Weekly*, 15-21 November 2007, p. 18.
153 'Putin's China visit to bring $5.5b in deals', www.chinadaily.com.cn/world/2009-10/11/content_8777112.htm ; 'Putin's 1st official visit to Beijing enthuses Russian media', www.chinadaily.com.cn/world/2009-10/16/content_8804159.htm
154 Belton & Dyer (2009).
155 *China Energy Report Weekly*, 1-14 October 2009, p. 3. 実際，ロシアの大手石炭生産企業，シベリア石炭エネルギー会社（SUEK）は，2009年に中国への積み出しを10倍に増やす計画を持っていると以前に述べた。
156 *China Energy Report Weekly*, 1-14 October 2009, pp. 11-12.
157 *RBC Daily*, 11 July2007 ; *Ria Novosti*, 21 September 2006 ; Qiu Jun (2006q), p. 18.
158 Glazkov (2007a).
159 *Russia & CIS Oil and Gas Weekly*, 2-8 October 2008, p. 38.
160 *Russia & CIS Oil and Gas Weekly*, 6-11 November 2009, p. 11 ; 'Altai project: Strategy', www.gazprom.com/production/projects/pipelines/altai/
161 'Negotiations between Gazprom and CNPC held', www.gazprom.com/press/news/2009/december/article72659/
162 1995年3月の東京国際会議で，当時中国国有石油公司の社長補佐役であった史訓知は，中国は，ガスを東西シベリアおよび極東から，イルクーツク州と中国をモンゴル経由で結びつける新規ガスパイプラインを通じて，輸入することを検討していると述べた。しかしながら，西シベリアのヴォストーチノ・ウレンゴイ・ガス田から中国にガスを輸出するという，二国間作業団による提案は，ガスプロムからの反対にあっていた，というのはガスプロムは，すべての西シベリア産ガスは，西側の欧州に輸送されるか，もしくは，ロシアの国内消費のために確保されるべきであると考えていたからである。Shi Xunzhi (1995) 参照。
163 2015年までのロシアガス供給の詳細に関しては，Stern (2009) を参照。
164 Mitrova (2011).
165 Milyaeva (2010), p. 20.
166 *China Oil Gas & Petrochemicals*, 1 February 2010, p. 33.
167 Chen & Miles (2010) ; Cheng Guangjin (2010).
168 *China Energy Weekly*, 24-30 June 2010, p. 14 ; 13-19 May 2010, pp. 8-9.

169　'Gazprom and CNPC sign Extended Major Terms of Gas Supply from Russia to China', www.gazprom.com/press/news/2010/september/article103507/；*China EW*, 16-30 September 2010, p. 16.
170　*China Energy Weekly*, 30 September-13 October 2010, p. 12.
171　中国側の提示額は，1000立方メートル当たり20〜25米ドルであった。2004年と2005年に，著者は，TNK-BP，中国国有石油会社および韓国ガス公社の関係者との会見で，当時の価格を確認することができた。それ以降著者は，中国国有石油会社の計画立案者たちに，石炭価格標準を捨てて，液化天然ガスの価格標準を採用するように説得しようと，絶えず試みてきた。
172　Graham-Harrison (2008).
173　ガスプロムは，その価格が2008年に1000立方メートル当たり354米ドルに達すると期待していた。トルクメニスタンは2007年に，1000立方メートル当たり100米ドル課した。しかし，ガスプロムは，2008年上半期に1000立方メートル当たり130米ドル，2008年下半期に150ドルを支払うことになっていた。Medetsky (2007b) 参照。
174　ガスプロムは2011年以降国内市場において，125ドルでガスを販売する計画であったから，ガスの100ドルでの販売は，採算がとれないのであろう。*Kommersant*, 13 June 2007.
175　*International Gas Report, Platts*, 17 November 2006, p. 19；26 February 2007, pp. 9-10.
176　2008年に，中国の広東省のガス会社によって支払われた価格は1立方メートル当たり約3元であり，広東省の発電所は，新疆広匯液化天然ガス会社から1立方メートル当たり2.9元で液化天然ガスを購入していた。Xu Yihe (2008) 参照。
177　Smith (2010a).
178　Smith (2007)．中国国有石油会社とシェルのとの間で締結されたLNG枠組み協定に基づき，内部関係者は，運賃保険料込み価格の上限が100万英国熱量単位当たり10ドル，あるいは1立方メートル当たり2.7元であろうと明らかにした。Chen Dongyi (2007c), p. 2；*China Energy Report Weekly*, 8-14 November 2007, p. 7 and 20 参照。
179　2007年12月6日の北京における中国国有石油会社のガス専門家との会見。
180　Hoyos & McGregor (2008).
181　Lin Fanjing (2008e).
182　*China Energy Report Weekly*, 15-21 November 2007, pp. 17-18.
183　Reuters, 'Gazprom says pipeline to China delayed due pricing', 17 June 2009.
184　'China, Russia agree on export gas price', www.china.org.cn/business/2009-10/16/content_18717284.htm
185　'Gazprom and CNPC sign Extended Major Terms of Gas Supply from Russia to China', www.gazprom.com/press/news/2010/september/article103507/
186　*China Energy Weekly*, 30 September-13 October 2010, pp. 11-12；*Moscow Times*, 19 November 2010. ('China's Premier to Seek Fuel, Markets', www.themoscowtimes.com/business/article/chinas-premier-to-seek-fuel-markets/423826.html)
187　Li Xiaohui (2010f).
188　*Russia & CIS Oil and Gas Weekly*, 4-10 November 2010, pp. 4-6.
189　*Russia & CIS Oil and Gas Weekly*, 4-10 November 2010, pp. 4-6.
190　*Russia & CIS Oil and Gas Weekly*, 4-10 November 2010, pp. 4-6.
191　'China hopes for narrowing price difference of Russian gas', www.chinadaily.com.cn/business/2010-11/19/content_11577675.htm
192　*China Energy Weekly*, 13-19 January 2011, p. 9.
193　'Gas officials still optimistic', www.energychinaforum.com/news/52251.shtml；'China

and Russia to restart gas price negotiations Russia', http://news.sina.com.cn/c/2011-08-04/103522933258.shtml; 'Hu meets Putin to resolve gas supply dispute', www.chinadaily.com.cn/business/2011-06/18/content_12728933.htm

194 この革新的な分析は, Hendersonによってなされた (2011c)。
195 近似価格1000立方メートル当たり250ドルと2015年からの契約量年間300億立方メートルとを仮定すると, 400億米ドルの中国の前払いは, 5年以上を賄うであろう。別の仮定は, 400億米ドルには年利6％以下が適用されるというものである。その場合, 輸出価格に対する割引き規模は, 1000立方メートル当たり50ドルに達する可能性がある。Daly (2011) 参照。
196 Li Yuling (2003a)。
197 Murphy (2003), p. 5.
198 Barges (2004a), pp. 38-45; Wonacott & White (2004).
199 Li Yuling (2004d), pp. 12-13.
200 Online document, no longer available.
201 Glazkov (2006c); Baidashin (2007a).
202 中国石油化工公司は2006年に, ヴェニンスキー鉱区のユージノ・アヤシスカヤ地域で石油探査を開始した。掘削は, 上海海洋掘削会社が所有するカンタン-3 (勘探三号) 半潜水型で実施された。その後の計画には, セーヴェロ・ヴェニンスキー構造の第2探査井やアヤシスカヤグループの構造の1つにおける第3探査井の掘削が含まれていた。*Russia & CIS Oil and Gas Weekly*, 29 March-4 April 2007, p. 22; *China Oil Gas & Petrochemicals*, 15 August 2006, pp. 11-12.
203 *Russia & CIS Oil and Gas Weekly*, 29 March-4 April 2007, p. 46.
204 'Sakhalin-3', www.rosneft.com/Upstream/Exploration/russia_far_east/sakhalin-3/
205 *China Energy Report Weekly*, 25 February-3 March 2006, p. 4.
206 White & Oster (2006)。
207 Qiu Jun (2006j). For DeGolyer and McNaughton, see www.demac.com/
208 Walters & Faucon (2006); Agence France Presse, 'Russia's TNK-BP sells Russia asset to Chinese firm', 20 June 2006. この入札における主要競争相手は石油天然ガス公社 (ONGC) である。その子会社 ONGC Videsh 通じて, ONGC とイテラ (Itera) が共同入札を行った。新華社通信, 12 June 2006.
209 *SKRIN Newswire*, 28 September 2006; Qiu Jun (2006q), p. 17.
210 *Ibid.*
211 モスクワに拠点を置く証券ブローカー会社 Aton の石油分析専門家ドミトリー・ロウカショフ Dmitry Loukashov は, ウドムールトネフチの適正価格は, 生産の停滞や埋蔵量の枯渇を考慮すると, 25億ドル近くだと見積っていた。この取引にあたり, Dresdner Kleinwort Wasserstein が中国石油化工公司に助言した。UBS銀行とドイツ銀行はTNK-BPに助言した。
212 Baidashin (2007a); Qiu Jun (2006q)。
213 Baidashin (2007a)。
214 Prime-TASS Energy Service, 'Exec says Rosneft mulls JV with CNPC to develop East Siberian fields', 3 October 2006.
215 Kirillova (2008a), pp. 28-29.
216 *Interfax Petroleum Report* (*IPR*), 26 July-1 August 2007, p. 9.
217 チュメニ・ネフチェガス, ノヴォシビルスクネフチェガス (両社とも TNK子会社), およびホルモゴルネフチェガス (Gazprom Neft の構成組織) によっても, 入札が提示された。ヴァクナイスキー地区の他の入札者は, Fakel Company であった。
218 ヴァクナイスキー地区とイグヌィアリンスキー地区の埋蔵量の詳細については, *Interfax*

Petroleum Report（*IPR*），16-23 August 2007, p. 9. を参照。
219 'Licensed Blocks in the Irkutsk Region and Evenkia', www.rosneft.com/Upstream/Exploration/easternsiberia/evenkia/
220 *China Energy Weekly*, 9-15 September 2010, p. 9.
221 ロスネフチは，オホーツク海のマガダン－1，2および3ブロックの開発に関心を持っていた。ロシアの連邦地下資源利用庁は，ロスネフチに入札なしのベースで同ブロックのライセンスを付与するという政府への提案をすでに起草していた。See *China EW*, 25 November-1 December 2010, p. 8.
222 Baidashin (2007a).
223 *China Energy Weekly*, 26 August-1 September 2010, p. 10 ; Nezhina & Kirillova (2010), pp. 22-23.
224 *China Energy Weekly*, 16-29 September 2010, p. 12.
225 'Sino-Russian refinery to start construction', www.chinadaily.com.cn/business/2011-05/23/content_12559792.htm
226 Baidashin (2007a).
227 'TNK-BP will own half of the oil assets Lebedev', http://rusmergers.com/en/mna/249-tnk-bp-stanet-vladelcem-poloviny-neftyanyx-aktivov-lebedeva.html ; Rusneftesnab Press Centre, http://en.rusneftesnab.ru/news/?id_news=64
228 Kedrov & Gaiduk (2009), p. 40 ; RusEnergy, www.rusenergy.com/en/Black% 20list.php
229 China Investment Corporation, www.china-inv.cn/cicen/ To understand CIC's mandate see Cognato (2008) ; Cohen (2009).
230 'China sovereign fund buys 45% stake in Russian oil company', http://news.xinhuanet.com/english/2009-10/16/content_12251556.htm ; 'China sovereign fund buys stake in Nobel Oil Group', www.china.org.cn/business/2009-10/17/content_18718707.htm ; Kedrov & Gaiduk (2009), p. 38.
231 *Russia & CIS Oil and Gas Weekly*, 26 May-1 June 2011, p. 12.
232 'Kazakhstan-China oil Pipeline', www.kmg.kz/en/manufacturing/oil/kazakhstan_china/
233 'Russia-China Crude Pipeline completed', www.cnpc.com.cn/en/aboutcnpc/ourbusinesses/naturalgaspipelines/Russia%ef%bc%8dChina_Crude_Pipeline_2.htm ; The section of Skovorodino-Mohe pipeline was completed by the end of August 2010. See 'Chinese section of Sino-Russia oil pipeline to complete by Oct', www.chinadaily.com.cn/bizchina/2010-09/02/content_11249328.htm
234 中国は，130億ドル近くの信用・融資の見返りとして，2009年にエネルギー資源豊富なカザフスタンにおける権益を大幅に拡大した。Demytrie (2010) を参照。
235 Gorst (2011b).
236 Reuters, 1 June 2011, quoted in www.energychinaforum.com/news/51469.shtml（UPDATE 2-Russia, China to wrap up gas deal before Hu visit'）
237 中国は，第11次五ヶ年計画（2006～10年）の期間中に，エネルギーを節約し，排気ガスを削減する計画に総額2兆元（3010億ドル）投資した。石炭火力発電所の70％以上に排煙脱硫（FGD）システムが設置された。国家発展改革委員会の環境・資源局の何炳光 He Bingguang 副局長によると，中国政府は，省エネルギー，排気ガス削減および環境保護のために，2000億元以上を割当てたが，このことは，その結果として，2兆元以上を社会の全部門から動員し，関連産業に注入する結果となった。'China pushes to develop green economy', www.chinadaily.com.cn/business/2010-11/23/content_11594441.htm

238 国家発展改革委員会の張国宝副長官によれば，2010年に中国のロシアからの石炭輸入量は，1300万トンに達すると予想された。2008年まで，中国はロシアから70万トンの石炭を輸入していたに過ぎない。2009年に，中国はロシア産石炭を購入し始め，1206万トンを輸入した。ロシアは現在，オーストラリア，インドネシアおよびベトナムに次ぐ，中国第4の石炭供給国である。*China Energy Weekly*, 30 September-13 October 2010, p. 14 ; also Zhu, Meyer & Wang (2010) 参照。
239 Morse & He (2010).
240 Vyakhirev (1997).
241 同地域は，約3兆立方メートルのガス埋蔵量をもつが，そのうち，7500億立方メートルがC1埋蔵量，6000億立方メートルがC2埋蔵量，1兆2000億立方メートルがC3埋蔵量となっている。NAGPF (2004) 参照。ロシア科学アカデミー・エネルギー研究所のタチアナ・ミトローヴァ Tatiana Mitrovaの発表によれば，ボルシェヘツカヤの開発はルクオイルによって推進されている。Mitrova (2011) 参照。
242 'Gazprom invest Vostok', www.gazprom.com/about/subsidiaries/list-items/gazprom-invest-vostok

8. 結　論

　ロシア産ガスの対中国大量販売の価格やその他の側面に関する問題が最初に浮上してきてから，ほとんど4分の1世紀にわたり，多くの場合たとえ交渉の大詰めが来たように見えても，それは相変わらず未解決のままであり，人の気をじらすかのようである。その遅れ具合は，巨大な国際契約となるものに含まれる利益と損失の相対的規模を測る尺度なのである。どちらの側も決定的妥協を行う用意がまだ無いのであるが，そのような妥協が成立すれば，両国間の関係においてだけでなく，世界エネルギー市場においても，並外れて大きな変化がもたらされるだろう。

　1990年代初頭に著者は，冷戦の崩壊に続いた環境の変化が，北東アジア地域における二国間と多国間協力の組み合わせからなる，新しい様式のエネルギー協力，とくに石油とガスにおける協力の先導役を務めるだろうという，大きな期待を持った。このようなことは冷戦中には考えられなかったが，1990年代の変化した環境は，中ロ二国間の石油・ガス協力にとって，さらに北東アジアにおける，地域史上初めての多国間協力へのその拡張にとって，極めて好ましいはずであった。しかしながら，その進捗は非常に遅く，期待外れであった。われわれは，多くの協議や多くの調査を目撃したが，協力の実例はほとんど見ることがなかった。本書は，それから20年後に，1990年代と2000年代の中ロ石油・ガス協力の成果を分析し，なぜこの成果が期待していたものとそんなにも違っていたのかを説明し，さらに，どのように過去20年間の発展が2010年代に進化していくのかを予測しようとする，試みである。本書はこうした根本的な疑問点をめぐって構成されており，本章ではその結論の概要を述べる。

　1990年代に，中ロ石油・ガス協力を通じて達成されたものは何か？　1994年と1997年に署名された2つの了解覚え書きによって，ロシアと中国は，ロ

シア東シベリアの石油・ガス田から中国の北部人口密集諸省に至る，なかでも北京－天津市の地域を目指す，長距離石油・ガスパイプラインの建設に対する，双方の深い利害関心を認めた。最も確実で重要な成果は，アンガルスク－大慶・原油パイプラインと，2本の天然ガスパイプライン（1本はコヴィクタ・ガスを北京に運ぶもの，他はアルタイ・ガスを中国西部に運ぶためのもの）に関する3件の実現可能性調査計であった。この調査を実施するための協定は，1999年初めに，中ロの両首相により調印された。指定された供給源の確認埋蔵量の規模については，その交渉者にとって納得のいくものではなかったが，この3件の調査が重要であったのは，それが中国側のパイプライン開発続行に対する強い関心を反映していたからである。原則的には，中国がロシアの石油とガスに関心を抱いていたのは，地理的な近さが比較的安価で安全なパイプライン輸送の選択肢を可能にするからである。しかし中国は，実現可能性調査が実施される前に，プロジェクトにかかわってしまうほどに，熱望してやまないという訳ではなかった。

石　　油

　2000年代前半は準備過程が続いていたが，この時期における中ロの石油・ガス協力は，ほとんど具体的な成果をもたらさなかった。この10年間の半ばには，いくつかの有意義な取引が行われ，そしてついに，2000年代後半に協力はいくつかの明確な成果をもたらし始めたのであるが，もっともそれは，1990年に期待されたような重要性を持つものではなく，また相当な代償を払ってもたらされたのであった。2000年代前半に，広く宣伝されたアンガルスク－大慶パイプライン・プロジェクトは「ユーコス事件」の犠牲となったが，それはホドルコフスキーの逮捕と，結果としてのユーコスの解体を伴っていた。この事件は，アルガンスク－大慶プロジェクトの完全な凍結という形で，重大な損失を強いた上に，ロシアが東シベリア・太平洋石油パイプラインの第1区間に対してその最終承認を与えるのに，さらに2年が必要であった。

　最も明確な成果は，2009年末に東シベリア・太平洋石油パイプラインの第1区間が完成したことであり，これは2010年8月末における中国への支線パ

イプラインの完成を伴っていた。同パイプラインの第1段階は，タイシェトからスコヴォロジノまで1日当たり60万バレルを供給する能力があり，さらに2016年までに1日100万バレルに，2025年までに同じく160万バレルに達すると予測されていた。2010年10月における漠河－大慶区間の完成によって，1日30万バレルの原油が2011年初頭から中国に流れ始めた。もう1つの主要で明確な前進は，2011年5月に建設が開始された，中国国有石油会社とロスネフチによる合弁企業天津製油所である[1]。ロシアは，処理能力が年間1300万トンの合弁製油所に対し，石油の70％を供給しなければならないが，このことは，その建設工事が終了する2015年から，さらに年間900万トンのロシア産原油が中国に供給されなければならないことを意味する。2010年代半ばまでに，中国だけで合計2400万トンの石油をロシアから受け取ることができるであろう。中国東北3省（黒龍江省，吉林省，遼寧省）の油田における生産減少，とくに大慶油田の衰退により，ロシアから黒龍江省への原油供給は，中国にとって最優先事項であった。たとえ大慶油田の生産低下の速度が幾分鈍化したとしても，中国の計画立案者は大慶の石油供給源を多様化するため，ロシアからの輸入規模の最大化を切望していた。海路による石油輸入に対する中国の重度の依存を考慮すると，同国の計画立案者にとって，パイプラインによる供給は，その多様化戦略の一環として，緊急問題となった。

　ロシアから中国への石油供給をさらに拡大する可能性は，少しでもあるのだろうか？　当分の間，その機会は少なそうに見える。2008年にシベリア地質学地球物理学鉱物資源科学調査研究所は，たとえ産業エネルギー省が東シベリア・太平洋石油パイプラインの第2段階を2015～2017年に稼働させることを望み，その時までに東シベリア鉱床が同パイプラインにほぼ5600万トンを提供しているはずだとしても，東シベリアにおける年間8000万トンの水準は，2025年までは達成され得ない，という強い警告を出した。同研究所の指摘によれば，この水準にまで生産を拡大し，それを30年間維持するには，15億トンの生産を必要とするが，他方2008年に探査済み埋蔵量は合計5億2000万トンにすぎなかった。同研究所は，15億トンの石油埋蔵量を達成するためには，国は開発に向けてほぼ200の鉱区を地下資源利用者に移譲すべきであると示唆した。しかし，2008年初頭までに配分されていたのは，70鉱床に過ぎなかっ

た。東シベリアおよびクラスノヤルスク地方の主要生産基地における確認埋蔵量がこの水準に到達しうるまでに，一体どの程度の期間を要するのか，明らかではない。ヴァンコールにおける最盛期の生産が2014年までに2500万トンに到達し，他方ヴェルフネチョンスコエ油田が2015〜2017年までに900万トンに，タラカンスコエが2016年までに600万トン達することを考慮すると，2010年代半ば頃に，年間5000万トン水準の生産を達成することには，何ら困難はないであろう。残る年間1000万トンは，東シベリアとクラスノヤルスク地方に散在する多数の油田によって埋め合わせることができるが，これには最盛期生産が2000万トンに達しうるユルブチェノ・トホムスコエ油田も含まれる。しかしながら，中国がコズミノからのロシア産石油輸出の内，一層高い配分を受けとる保証は全くない，というのは日本や韓国のような他の北東アジア消費国がロシアから一層大きな供給量を確保したいと切望しているからである。

　それにもかかわらず，今後20年にわたる中ロ石油協力の展望は，中ロガス協力の展望よりも，ずっと有望である。2つの要因のために，石油部門の協力が中ロエネルギー関係における最優先事項となっている。まず第1に，中国は大慶油田における生産量の急減のために，ロシアからの原油輸入交渉を開始するより他に，選択肢を持っていなかった。その生産量の減少は初期の予測が示唆していたほどには，深刻なものではなかったが，北京の計画立案者は代替的供給源を見いださなければならなかったし，ロシア産原油のパイプライン供給は，理想的な選択肢であった。東北諸省における精油所の中には，ロシア産原油を受け入れるために，既に改修をすませたものもあったから，中国は少なくともロシア産原油の最低量を確保しなければならなかった。ここに，2005年初頭に中国が60億ドルの融資による石油購入，すなわちロスネフチの新規株式公開方式を救済する融資を，申し出た理由がある。2009年初頭における2度目の融資による石油購入は，ロスネフチとトランスネフチ両社に対する報酬として合計250億ドルを伴っていたが，それは2010年から2030年の間の3億トンの石油供給を包含するものであった。それは，ロシアと中国の両方にとって満足のいく取引であった。すなわち，ロシアは中国に対するかなり大きな原油供給との交換に，多額の融資を確保し，中国はその見返りにロシアからの原

油供給を確保したのである。

　第2に，中ロ間原油取引の価格交渉は，何ら大きな障害を引き起こさなかった（2009〜2011年の時期に，原油価格上昇の結果，当初の価格協定の再交渉が行われたとはいえ）。国際的な石油価格設定が中国で既に受け容れられていたから，両国にとって相互に受諾しうる価格算定式を見いだすのに，何ら障害がなかったのである。中国指導者の観点から見れば，原油供給の信頼性が最優先事項であり，それ故ロシアからの輸入量を拡大するのに必要な，どんな方法をも講じる用意があった。ロシアにおける一連の買収取引，すなわち2002年のスラブネフチ取引や2003年のスティムル取引に失敗したにもかかわらず，またロシア油田における株式所有の可能性は何も無かったにもかかわらず，北京は最低限の原油供給を確保しようと苦心し，それ故2005年初頭に融資による石油購入を導入したのであるが，その方法は、中国が2009年初頭により大量の石油供給の確保を必要とした時に，再度適用されたのである。

　要するに，中ロの石油協力は，中国がその原油供給をロシアから確保する必要性によって推進されていた。この必要は，今後数十年にわたり，大変強力にとどまるであろうし，ここになぜ，北京が中国国有石油会社とロスネフチとの間の合弁製油所の承認に関して，ぐずぐずしているのかその理由がある。それは，同製油所用原油の70％がロシア産原油でまかなわれることを確かめるためなのである。

　2010年代半ばまでに東シベリア・太平洋石油パイプラインの第2段階が完成されれば，同パイプラインとサハリンー1およびサハリンー2との組み合わせによる中国や北東アジア諸国への原油供給量は，少なくとも1日当たり130万バレルになるであろう。北東アジア市場に対する同パイプライン原油の参入は，中東産原油の「アジア割増価格」に対する挑戦となっている。もし2010年代における包括的探査活動が同パイプラインの第2段階の拡張を正当化して，その供給能力を1日当たり160万バレルに引き上げるならば，北東アジア消費者への供給源の多様化における同パイプラインの役割は，一層重要になるであろう。それ故，2005年と2008年の間に生じた包括的探査の気運が，2008年の世界金融危機の結果衰退してしまったのは，遺憾なことである。東シベリアにおけるこの気運が，いかにして，またいつ復活するかは，時が経ってみな

いと分からない。

　2000年代の中ロ石油協力は，次のように要約できる。

・中国は2000年代前半におけるアンガルスク－大慶パイプラインの失敗に非常に落胆したが，ロシアをこの決定に導いた内部的ならびに外部的な政治力学を十分に理解していなかった。
・すさまじい石油供給への欲求と，現実に大規模な代替案の欠如（中央アジアにおける）とのために，中国はロシアの上流部門プロジェクトにおいて持分権の地位を獲得することが何ら許可されないまま，供給とインフラストラクチャに対する資金供給だけでなく，大規模投資に対しても，同意せざるを得なかったのである。
・中国の中ロ石油協力に対する積極的な姿勢は，ロシアへのその真の信頼を反映しておらず，中国の石油供給事情の緊急性を表現していた。
・結局，ロシア側は彼らが望むもののほとんどを，すなわち，東シベリアにおける大規模インフラストラクチャの開発に加えてアジアに対するその石油輸出における一層の多様性をも手に入れた。
・中国は，それが望んでいたほど大規模で確実な量の石油を獲得しなかった。

天然ガス

　2000年以降の10年間に，天然ガス部門における中ロ協力は，実質的な進展をほとんど示さなかった。この10年間の後半の発表の中には，あまりにも楽天的だと判明したものもあった。TNK-BPによるコヴィクタ・ガス田の所有権に起因する政治的問題の後で，モスクワは，ガスプロムに割り当てられていた，サハ共和国のチャヤンダ・ガス田および周辺の4大ガス田の開発を優先する決定を下した[2]。これらのガス田の埋蔵量は，1兆7910億立方メートルと，コヴィクタ・ガス田の2兆立方メートルには及ばないが，チャヤンダ・ガス単独で，ガスプロムによる年間300億立方メートルの長距離パイプライン開発の推進が可能になるほどに十分豊富である。サハ共和国の埋蔵量確認の結果，状況は，北京が3000～4000キロメートルのパイプライン開発に十分な確認埋蔵

量があるかどうかに，依然として本気で関心を持っていた1990年代とは，著しくかけ離れている。2011年にガスプロムがコヴィクタ・ガス田を取得しさえすれば，同社は，価格問題が解決できる限り，中国と韓国に対し年間300億立方メートルのガスを供給するのに十分な資源を保有していた。2000年代に，中国のガス需要は著増し，この10年間の前半における，とくに西東パイプラインの開発が，中国の天然ガス拡張のための堅固な基盤を築いた。2000年代後半におけるトルクメニスタンからの大量ガス輸入を促進する，西東パイプラインーII建設の決定は，第12次五ヶ年計画の期間における西東パイプライン回廊（WEP-III，IVおよびV）を発展させる上で，役立ったのである。

ガスプロムはアルタイ（西シベリア）ガスの中国西部への輸出を優先していた。しかし，アルタイからの輸出の発展は，北京の当局者達によってあまり肯定的に見なされていなかった，というのは彼らは，東シベリア産ガスの中国北東部への供給にずっと高い優先度を与えていたからである。最初のアルタイ構想は，それがたとえ北京に望ましい供給選択肢ではなかったとしても，説得力があったし，もしそれが十分に魅力的であったとすれば，北京はアルタイ・ガスを第3西東パイプラインに割り当てることに躊躇しなかったであろう。しかしながら，中国は中央アジア（とくにトルクメニスタン）ガスを利権ガス供給源として優先することを決定していたから，アルタイ・ガスは中国にとってもはや「必需の」選択肢ではないように思われる。アルタイ・ガスは，もしそれが2010年代半ばまでに中国のガス市場に入り込むことになっているとしても，この問題を克服しなければならない。たとえ，価格問題が2011年に解決されることになったとしても，2016年以前にアルタイ・ガスを供給することは，容易でないかも知れないし，2017〜2018年が多分より現実的な期日であろう。

したがって，天然ガス部門の協力に関する判断は，好ましいものではないが，それは主として，ロシアからのパイプラインガスに対する北京の必要が，ロシア産石油に対するその必要ほどに深刻ではないからである。天然ガスは，発電用の最も高価な燃料源といまだにみなされており，発電用は2008年における中国のガス消費合計の約15％を占めるに過ぎない。天然ガスは，ベース負荷ではなく，ピーク負荷のエネルギー供給源として，扱われる傾向にある。

たとえ北京が，将来より多くの天然ガスが「ガス発電部門」で使用されるだろうと論じたとしても，歪曲された電力，ガスおよび石炭価格システムの改革なしには，発電にガスを使用する財政的負担は，大きすぎるのである。中央アジア諸共和国からパイプラインガスを受け取っているのは，「電力用ガス」部門ではなく，むしろ都市ガス部門なのである。

　ここに，中国国有石油会社がガスプロムの要求している，石油連関国境価格を受け容れることができない理由が存在するのである。中国の計画立案者はガスプロムの要求が過大であると見ているが，それは，国家発展改革委員会の価格局により厳格に統制されている国内ガス価格を，同社は引き上げることができないからである。この価格の膠着状態が続くであろうことが明らかになるや否や，北京は中央アジアからガスを運んでくるための第2西東パイプラインを建設する最終的決定を下した。トルクメニスタン当局から提示された利権ガスの選択肢は，高い国境輸入価格を相殺するのに十分であった。

　ガスプロムの現在の立場は次の点に，すなわち，ロシアは，もし中国が買いたいならそれは良いことだろうし，もしそうでなければ他の国がそうすることで満足するであろうと見なして，その石油と液化天然ガスを「アジア」に輸出する事に着手するつもりだという点にある。それと同時に，ロシアは（中央アジアや世界の他の多くの国とは異なり），石油・ガス田とパイプライン開発のいかなる部分をも中国に所有させることを拒否している。この頑なな姿勢こそが，なぜ北京はガスプロムの商業的条件を受け容れてこなかったのかを説明する，理由の重要部分である。

　北京の計画立案者は，東シベリアよりもむしろアルタイのガス輸出を優先する，ガスプロムの戦略に巻き込まれる危険を十分知っており，それ故ガスプロムの「スイング・サプライヤー」（操作可能な地位を有する供給者：訳注）の戦略を非常に不愉快に思っている。2008年の世界金融危機以後，EUのロシア産ガスに対する欲求が縮小し，これによってガスプロムはより積極的な対アジアガス輸出政策を余儀なくさせられた。中国は，ガスプロムの戦術に従って，欧州ガス市場と分け合うガス供給を求めて，交渉することはしなかった。しかし，東シベリアが開発されたパイプライン構造を欠いたままである限り，アルタイ・ガス輸出は，その対欧州ガス輸出を中国に転換するガスプロムの戦略にぴった

りあてはまるのである。この構想は，東シベリア・太平洋石油パイプラインに類似している，というのはそれは，ロシアにその原油をアジア市場に直接に，ただ欧州の買い手に依存するだけではなく，輸出することを可能にしたからである。

　西側報道機関やエネルギー安全保障の専門家らは，プーチンはガス輸出を欧州の買い手に対する脅しの武器として利用していると論じている。ウクライナやベラルーシへのガス供給が中断された時はいつでも，プーチンの敵対的姿勢に言及がなされてきた。ガスの中断が発生すると，ロシアはガス輸出の方向を中国に向けようと欲する。これまでのところ，これは欧州の買い手にとって，言葉の上だけの脅威であったが，一度必要なアルタイ経路のパイプライン・インフラストラクチャが完成されれば，それは一層現実的なものになるであろう。しかしながら，仮にアルタイ経路によるロシアから中国へのガス輸出が開始されるならば，西側報道機関は，アルタイ輸出の選択肢がロシアの交渉力（欧州の買い手に対する）をいかに強化するかを，指摘するであろう。だが，中国の計画立案者は，実際のところロシア産ガスをアルタイからではなく東シベリアから買うことをむしろ望んでいるので，欧州の買い手から彼らのガスを「盗む」と非難されることは全く望んでいない。中国側は，中央アジアのガスを獲得できるので，西東パイプラインシステムを稼働させるためにアルタイを必要としていない，というのが鍵となる点である。中国側は東シベリアのガスを必要としているが，それは中国東北3省における地域のガス生産能力が相対的に小さいからであり，もし東シベリアあるいはサハリンの利用可能性が無ければ，代替案は液化天然ガスの大規模輸入となるのである。

　要約すると，今世紀最初の10年間における中ロガス協力は，非常に限定されたものであったが，それはロシアが石油輸出のその経験を再現しようと試みたが，しかし中国は同意したがらないことが分かったからである。この抵抗には，4つの主要要因がある。第1に，ロシアがガス田やパイプライン・プロジェクトにおける利権の許可を拒否し，したがってまた中国による価値連鎖のいかなる管理をも拒否したからであるが，それこそは中国側が望んだことなのである。第2に，ロシアは，魅力のない高価格を要求した。第3に，中国は国内生産拡大の潜在能力だけでなく，代替的輸入選択肢（中央アジア諸共和国，

ミャンマーおよび液化天然ガス輸入）を持っていた。そして第4に，両者における信頼の欠如があった。ロシアは市場としての中国に完全に依存するのを回避したいと望んでいたし，中国は供給源としてロシアに対する過度の依存を避けたかった。価格交渉の失敗は，これらの問題すべての反映なのである

　中ロガス価格契約を取り結ぼうとする直近の試みは2011年6月に行われたが，ガスプロムと中国国有石油会社との交渉と並行して，イーゴル・セーチン副首相と王岐山副首相との間で交渉と準備がなされたにもかかわらず，肯定的な成果は何ら達成されなかった。価格の点での乖離は，この執筆の時期にも，両者が交渉を継続することになっているが，まだあまりに大きい。しかしながら，妥協のためには，両者における姿勢の変化が必要であり，もしこの変化が2011年末までに生じないならば，それは中ロガス協力の行き詰まりを意味し得るであろう。ロシア側は，彼らと対等の地位にいる中国側の人々の自信の程度を過小評価していたのかも知れないが，しかし中国側の人々は彼らの供給代替案が彼らに強固な梃子を与えると信じているのである。このような評価が維持される限り，中国は今後20年間にわたり，ロシアからのパイプラインガス供給に関して，最大限ではなくむしろ最小限の機会を，提示しそうに思われる。

2030年までの石油・ガス貿易進展の可能性

　それでは，今後20年間に中ロ石油・ガス協力から何が現れて来るであろうか？　どの程度協力が発展するかを予言することは，容易ではないであろうが，次の3つの可能性，すなわち「通常業務」シナリオ，楽観的シナリオおよび悲観的シナリオに注目することによって，境界を画することができる。その3つのシナリオは，両国間の石油・ガス貿易の予測を用いて計算されるが，それらは併せて，今後20年間の中ロ石油・ガス協力の限界を描写する。

　「通常業務」シナリオの下では，ロシアと中国の間の石油貿易の規模は，2020年に年間およそ2500万〜3000万トンであろう。この年間2500万〜3000万トンのうち，1500万トンはスコヴォロジノから大慶に延びるパイプラインを通じて供給され，年900万トンは東シベリア・太平洋石油パイプラインに

表 8.1 中ロの石油貿易予測，2020 年と 2030 年（年間 100 万トン）

	2020	2030
通常業務シナリオ（BAU シナリオ）	25-30	25-30
楽観的なシナリオ	30-35	40-45
悲観的なシナリオ	15	15

出所：著者による予測。

表 8.2 中ロのガス貿易予測，2020 年と 2030 年（年間 10 億立方メートル）

	2020	2030
通常業務シナリオ（BAU シナリオ）	30	40
楽観的なシナリオ	68	68
悲観的なシナリオ	0	20

出所：著者による予測。

よって，中ロ東方石油化学会社の天津を拠点とする製油所に供給されるであろう。残りの年 500 万トンは，鉄道によるか，あるいは中国－カザフスタン石油パイプラインを通じて，輸入されるであろう。東シベリア・太平洋石油パイプラインの供給能力が年間 5000 万トンにとどまる限り，この貿易量は 2030 年まで変化しそうにない。

ロシアから中国への天然ガス輸出の場合，2020 年にロシアは，たとえ中国のガス需要が 3000 億立方メートルにも達するとしても，年間 600 億～700 億立方メートルに到達することはできないであろう。ガス輸出の規模は，1 本のパイプラインを通じて，2020 年までに，せいぜい年間 300 億立方メートルであろう。中国が中央アジア諸共和国からの年間 400 億～600 億立方メートルのガス供給と，液化天然ガスのより多くの輸入とを優先するので，ロシアの対中国パイプラインガスの潜在的市場は，大幅に圧縮されるであろう。中国の液化天然ガス輸入は，2030 年までに，年間 600 億立方メートルを優に超えるであろうが，しかしロシアからの供給は，年間 100 億立方メートル以上には，とてもなりそうにない。2030 年までのロシアから中国へのガス供給量は，年間およそ 400 億立方メートル程度と思われる（300 億立方メートルはパイプラインガスで 100 億立方メートルが液化天然ガス）。

楽観的シナリオの下では，二国間の石油貿易の規模は，年間 3000 万～3500 万トンに到達しうるが，その内，年 1500 万トンは大慶に，900 万トンは天津の製油所に輸送されるであろう。残りの年間 600 万～1100 万トンの石油は，東シベリアからの供給が増加するにつれて，コズミノから中国沿岸地帯に，船舶輸送で供給されうるであろう。中国への天然ガス供給の場合，もし 2011 年に輸出価格について大きな前進が見られれば[3]，また中国がロシア産ガスを 2 本のパイプラインで輸入することに同意すれば，合計貿易量は年間 680 億立方メートルにもなり得るし，ロシアによるアルタイ・パイプラインの優先を反映して，その内アルタイ・ガス年 300 億立方メートルが 2016～2018 年までに供給され，残りの年 380 億立方メートルのシベリアガスは，東シベリアからのパイプライン開発の遅れのために，2018～2020 年までに供給されうるでろう。

悲観的シナリオでは，二国間の石油取引規模は，度重なる価格交渉の失敗のせいで天津製油所に対する年 900 万トンの供給計画が棚上げされ，年間 1500 万トンにとどまるであろう。東シベリア・太平洋石油パイプラインの輸送能力が 8000 万トンに到達できないため，コズミノから中国沿岸地帯に対する船舶輸送による追加の原油供給は行われないであろう。天然ガス供給の場合は，引き続き価格面で妥協できないために，中国へのガス輸出量が最小化されるであろう。パイプラインによるガス輸入量は，2020 年までには目標の年間 300 億立方メートルから 0 に，2030 年までに年 200 億立方メートルに，著しく縮小され得るであろう。この場合中国は，年間 500 億立方メートルを優に超える液化天然ガスを輸入し，国内の炭層ガスやシェールガスの開発を加速させるであろう。

一国的，地域的および世界的帰結

一国的帰結

中ロの石油・ガス協力は極めて重大な試みとなる可能性がある。しかしながら，2000 年代の成果は，1990 年代の希望をかなえていないし，今日，2010 年代と 2020 年代の期間の中ロ石油協力の展望は，依然として期待できそうに見えるが，ガス協力は従前通り，ガス価格交渉の結果次第である。

8. 結論

　今後20年間における中ロ石油・ガス協力の成功と失敗の，一国的，地域的，および世界的帰結とは何であろうか？　中ロ石油・ガス協力に関する限り，2010年代には現在の接近方法に重大な変化は何もなさそうである。しかしながら既に検討した通り，もし2020年代に北極海航路貿易の選択肢が現実のものとなれば，北極海航路を通じるロシアと中国の間の石油貿易は，除外することができない。中国のGDPのおよそ半分は，海運に依存していると考えられている。上海からハンブルグまでの北極海経路（東のベーリング海峡から西のノーヴァヤ・ゼムリャ Novay Zemlya までロシアの北岸沿いに進む）行程は，マラッカ海峡とスエズ運河を経由する航路より6400キロメートル短いから，北極航路による石油輸送は，もし商業的な実現可能性が証明されれば，中国にとって大変魅力的な選択肢となるであろう。この様な変化は，マラッカ海峡を通じる海上交通路にとって大きな影響を持つであろう。

　炭層ガスやシェールガスを含め，国内ガス生産を拡大しようとする中国の努力は，中ロガス協力の行く末にかかわりなく，強化されるであろう。2010年代初頭に協力が前進しようとして失敗すればする程に，中央アジア諸共和国からのガス供給と液化天然ガス供給とに対する中国の依存が高まるであろう。こうした遅延は，2010年代に中国東北諸省の経済発展を活性化するために，東シベリア産ガスを活用しようとする北京の計画に，否定的影響をもたらすであろう。2020年代にノヴァテックのヤマルガス田から北極海経由で中国に液化天然ガスを供給するという選択肢は，北極海航路による原油貿易と並行して，確実に調査されるだろうという点は，言及に値する。仮にその結果が肯定的であれば，バレンツ海の超巨大シュトックマン・ガス田から北極海航路で中国に液化天然ガスを供給するという選択肢も，調査が行われうるであろう。

地域的な帰結

　中ロ石油・ガス協力の地域的な帰結は何であろうか？　プラッツ社の世界市場報告編集長であるジョージ・モンテピーク Jorge Montepeque は次のように論じている。

　　東シベリア・太平洋石油パイプラインの原油の流れは，益々重要な地域的

流れとなりつつあるだけでなく，中東を含む多くの地域から注目を集めつつある。同パイプライン原油は，北方アジアにおける重要価格指標となっているが，その理由の大部分は，この原油の持つ品質と量の特質のお陰で，時が経つにつれて，この原油がアジアにおけるスポット石油取引高の主要な均一価格指標になることができる，という点にある[4]。

現在までのところ，東アジア地域は中東からの石油輸入に依存してきており，その価格設定はドバイ原油に基づいているが，こちらはまたブレント価格に密接に結びついている。ロシアのこのパイプラインを経由して，この地域に出荷される石油は，その様な状況を根本的に変化させるであろう[5]。このことは10年前には，想像もできなかったのである。

ガス価格に対するガスプロムの強硬姿勢の最大受益者は，中央アジア諸共和国である。アジア横断ガスパイプライン開発の重要性は，年間400億立方メートルの新パイプライン供給の開発が，中央アジア諸共和国からのガス購入者としてロシアが有するほとんど独占的な地位に，終止符を打ったという事実にある。ロシアは中央アジアの石油との関わりでは単に通過国に過ぎないのであるが，それとは異なり，中央アジア地域のガスは，ロシア領土を単に横断して輸送されるだけではなく，ロシアの会社によって，購入時よりもかなりの高価格でウクライナや欧州に再販売することが意図されている。この操作による採算性は，単純な石油輸送よりも高い。ジョナサン・スターンの指摘によれば，これは2009年以前の場合のことであるが，この年にロシアはトルクメン・ガスの輸入を大幅に削減しており，これは主として，景気後退による市場需要の縮小が原因であった。またこの年に，調達価格は「欧州の正味価格水準」といって良いようなものに上昇した。その結果として，ガスプロムが，生産物分与協定や合弁事業協定の一環ではない中央アジア産ガスを少しでも輸入したいと望むことは，とてもありそうにない。

しかし2006年に北京が契約に調印した時，それは，既に生産されたガスのトルクメニスタンから中国への流用を求めることで，ロシアを憤慨させる危険に十分気がついていた。それでもなお，中国は新たなガス田を開発し，自分でパイプラインを建設する決定を下したのである。このいわゆる「利権ガス構

表 8.3 中国の「中央アジアモデル」対「ロシアモデル」の特徴

	中央アジアモデル	ロシアモデル
石油部門	・石油資産の買収または石油会社の買収（主にカザフスタン）	・融資による石油購入（2005 および 2009 年） ・石油企業の買収（2006 年ウドムールネフチ） ・上流部門における石油合弁企業の許可（東部エネルギー）
天然ガス部門	・トルクメニスタンおよびウズベキスタンでの利権ガス ・パイプライン建設 ・価値連鎖事業発展の可能性	・上流・中流部門での利権ガスの不許可 ・しかし，ガスプロムと中国国有石油の会社との間では融資によるガス購入が報告（2011 年 7 月現在）[6]

出所：著者の考案による。

想」によって，中国はロシアのどんな圧力からも完全に解放されることができ，上述のように，比較的高いガス輸入価格の財政的負担も相殺されることができたのである。

　利権参加は，中国国有石油企業の中央アジアにおける上・中流部門天然ガス輸入のビジネスモデルの基礎となった。既に検討したように，ロシアモデルはガスプロムの次の主張により押しつけられたものである。すなわち，中国の投資家はロシア連邦領土内において利権ガスの選択肢を利用することは許されるべきではないし，価格は欧州におけると同様に石油に関連づけられていなけばならないという規則にはどんな例外もあり得ない，という主張がそれである。中央アジアモデルとロシアモデルの相違は，利権ガスという選択肢の利用可能性に，換言すれば，上流部門や中流部門における価値連鎖への参加の機会にある。

　ウラジーミル・プーチンは，中国のガスに対する必要を知っていると公言し，ロシアは中国とのエネルギーに関する緊密な結び付きを維持するだけではないと主張する。「われわれは，彼らとの協力を拡大することをも提案する。トルクメニスタンから中国に至る将来のガスパイプラインがわれわれの計画を損なうとは考えない」と彼は述べた[7]。しかしながら，トルクメン・ガスの中国に対する大規模（年間 400 億立方メートル）供給は，中国に対するパイプラインガス供給を独占しようというガスプロムの野心的計画が失敗したことを，

事実上確認するものであり、したがってまた北京の計画立案者は中国のガス輸入源を、とくに中央アジア諸共和国からの輸入によって、多様化する決意であることを、事実上確認するものであった。2010年にロシアは、中国政府が中央アジアからの輸入能力を年間300億〜400億立方メートルから年600億立方メートルにまで拡大するように提案していることを知った[8]。モスクワの当局者とガスプロムは、中国へのアルタイ・ガス輸出の遅れが第3西東パイプラインをトルクメン・ガスあるいはウズベク・ガスに割り当てる結果になるという危険に、常に十分気がついていた。しかし、彼らはトルクメニスタンのガス確認埋蔵量の規模を過小評価する傾向を経験していた。英国のコンサルタント会社ガフニー・クライン・アソシエーツ（GCA）が、トルクメニスタンの南ヨロテン田は世界第2の大規模ガス田であり、最大21兆2000億立方メートルの埋蔵量を持つという同国の主張を確認したというニュースは、モスクワにとって衝撃として受け止められたに違いない[9]。

　第6章で考察した通り、中国に対するトルクメニスタンとウズベキスタンからのガス供給が拡大されることになっていると、2011年3〜4月に発表された。これに加えて同年4月に、中国の国家エネルギー管理局は、北京が2011〜2015年の時期に、第3、第4、および第5西東パイプラインの建設を進めることを確認した。ガスプロムやロシアにとってその主旨は、必ずしも肯定的なものではなかった、というのは第3西東パイプラインがアルタイガス輸出に割り当てられるという北京による保証が何ら無かったからである。サンクトペテルブルクの6月サミットの間に、メドヴェージェフ大統領と胡錦濤国家主席との間で、価格協定に到達出来なかったことは、ロシアに「韓国カードを切らせる」、すなわちアジア市場へのロシア産ガス輸出に関して標準価格を設定させる結果になった。8月下旬に、ウラン・ウデ Ulan-Ude におけるメドヴェージェフ大統領と北朝鮮（DPRK）の指導者金正日 Kim Jongil との頂上会談は、シベリアから北朝鮮を縦断して韓国に至るパイプラインを建設するという、長く頓挫していた協定に向けての前進を発表した[10]。しかしながら、仮にこれが、中国はロシアとのガス協定の調印における遅延に終止符を打つべきだという、ロシアが中国に伝えたいことであったとしても、中国が2015年までに中央アジアから7000キロメートルの新規パイプラインを建設するつもり

であると発表すると，なおこれは中央アジア諸共和国からの中国ガス輸入を年間300億立方メートルから600億立方メートルに倍増させるというものであるが[11]，すぐに期待はずれの結果になった。言い換えれば，第3西東パイプラインは，アルタイ・ガスよりもむしろ中央アジアのガス供給に実際に割り当てられるであろうし，その結果アルタイ・ガスはさらなる遅延に直面するにちがいない。中国に対する中央アジア産ガスの輸出量が950億立方メートルにも達し得る（トルクメニスタンから600億，ウズベキスタンから250億，カザフスタンから100億）ことを考慮すると，結局中国が西シベリアと中央アジア諸共和国から獲得できる総量は，年間1250億立方メートルに到達する可能性があるであろう。第2および第3西東パイプラインは既に中央アジア諸共和国から年間600億立方メートルを輸送することを約束しているから，中国は残る650億立方メートルの全ガスを輸入するために，さらに2本の幹線パイプラインを必要とする。2020年より以前の予測需要は年間1000億立方メートルに到達しそうにないから，中国が2020年までに1250億立方メートルものパイプラインガスを輸入することができるかどうか明らかでないが，しかし2011年春に北京が，今後5年間に着手されるべきプロジェクトの一覧表に第5西東パイプラインを初めて掲載した理由は，ここにあるかも知れない。第5西東パイプラインは，2020年以前より2020年以降の必要に対し供給するものとして考えることの方が，一層現実的である。パイプラインガスの輸入を600億立方メートルから900億立方メートルに拡大するために，第4西東パイプラインの建設を加速させるという決定は，中国沿岸部諸省にとっての液化天然ガスの入手可能性によって影響されるであろう。液化天然ガス輸入価格があまりに高ければ，2020年以前にパイプラインガスをさらに年間300億立方メートル増加させることが望ましいという状況は，排除できない。しかしながら第4西東パイプラインに許可が与えられているとしても，アルタイ・ガスと中央アジア産ガスとの間の内在的競争は避けられないであろう。アルタイ・ガスにとっての最悪のシナリオは，中国が第4西東パイプラインを中央アジア諸共和国からの残る年間350億立方メートルに割り当てる決定をして，アルタイ・ガスを全く拒否することである。

　モスクワは，価格合意の緊急性に完全に気づいていた。2011年4月に，メ

ドヴェージェフ大統領が，ガス協定は「二国間の唯一の最重要経済問題であり，2011 年半ばまでに解決されなければならない」と述べたが[12]，しかしサンクトペテルブルク・サミットでも契約を結ぶことはできなかった。もしも 2011 年末を超えてもこの失敗が続くなら，それは中ロガス協力にとって，大きな挫折であろう。

　中央アジア諸共和国は，中ロ石油・ガス協力で繰り返される浮き沈みの，最大の受益者となった。東シベリア・太平洋石油パイプラインの第 1 段階の開発は，中ロ石油協力にとっても，日本や韓国のようなこの地域の国々にとっても，現実の収穫であったが，しかし北東アジア地域は 2000 年代に中ロガス協力から何の利益も引き出すことができなかった。中ロ石油・ガス協力は，今後 20 年間に北東アジア地域における多国間協力に貢献するであろうか？　政治的環境が変化したにもかかわらず，北東アジア地域は，この地域のエネルギーインフラストラクチャの開発，とくにロシア極東地域の長距離天然ガスパイプラインの開発における，待望の改善に立ち会うことができなかった。ロシアも中国も，試されていない多国間協力の選択肢に対する真剣な探求よりも，むしろ伝統的な二国間協力重視の姿勢の方を選好していた。しかもロシアの資源ナショナリズムは，最近の 20 年間，多国間協力に対して門戸を閉ざしたままであった。たとえコヴィクタ・ガスの輸出について三国間協力が 2000〜2003 年の時期に，それが失敗する前に，とにかく探求されたとしても，チャヤンダ－ハバロフスク－ウラジオストクのガスパイプラインに関して三国間あるいは多国間協力の可能性は，まだ探求されてもいない。

　地域協力へのガスプロムの姿勢は，大変重要な要因である。2011 年 6 月に，同社のアナネーンコフ副最高経営責任者は，同社がサハリン－ 3，コヴィクタおよびチャヤンダの操業と開発について，海外の協力者を誘致する差し迫った必要は無いとみてい見ているが，しかし同社は石油化学プロジェクトのための外資には関心を持つと述べた[13]。2011 年 3 月の日本における大震災の 1 ヶ月後，ガスプロムと極東ロシアガス事業調査株式会社（Japan Far East Gas Co., Ltd.）（伊藤忠，Japex，丸紅，Inpex，Cieco を含む）は，液化天然ガス設備と関連する石油化学施設を建設するための，協力の可能性を調査することで合意した。後にガスプロムは，同社が 2017 年までにウラジオストクに年間 1000

万トンの処理能力を持つ液化天然ガス施設を建設する計画であることを発表した[14]。しかし，この二国間協力の事例は，合弁石油化学施設のための地域的多国間計画に拡張されそうには思われない。

　北東アジア地域における多国間協力の，可能性のあるもう1つの分野は，大図們江デルタ地帯での戦略的石油備蓄の貯蔵所開発である。2009年9月に，国連開発計画の大図們江イニシアチブ・エネルギー委員会による第1回会合が，構成国（ロシア，中国，モンゴル，北朝鮮，韓国）間の協力の選択肢を調査する目的で，モンゴルで開催された。第2章で考察したように，中国はその戦略的石油備蓄の能力を急速に拡大することを目指している。これまでのところ，その努力は，中国領土内の戦略的石油備蓄の発展に限定されてきた。しかしながら，中国は，考慮に入れなければならない多数の制約があるので，単独で貯蔵所を建設することはできない。仮に中国の石油需要が，私的自動車所有の急増のせいで，一層急速に増加するとしたら，石油需要の莫大な増加を充足すると同時に戦略的石油備蓄の貯蔵を拡大することは不可能であろう。だがこれは，2030年代には現実の可能性となり得るであろう。北京は中国の「長吉図」（Chang Ji Tu）地域[15]（長春市，吉林市の一部および図們江）の開発に特別の注意を払っているので，同イニシアチブ参加国による共同活動を通じた，大図們江イニシアチブ地域における戦略的貯蔵開発の可能性がある。たとえ多国間協力に基づいた貯蔵プロジェクトは，容易に拒否されることがあり得たとしても，というのは各国はその自国の利益を追求しているからであるが，ロシアと中国は，同地域におけるかなり大きな戦略的石油備蓄設備の最大の受益者となるであろう。国連開発計画大図們江イニシアチブの組織は，国際的に認められた機構であり，日本は参加国ではないが，ロシアと中国は正式参加国である。天然ガスパイプライン・プロジェクトの場合とは異なり，日本もまた，この戦略的石油備蓄プロジェクトの受益者となり得るであろう。もしこのプロジェクトが最重要な大図們江イニシアチブ・エネルギープロジェクトとして格上げされれば，それは北東アジア地域にける先例のない多国間協力プロジェクトの基盤を形成することができるであろう。しかし，中国を抜きにしては，北東アジアにおける三ヶ国間あるいは多国間のどんな石油・ガス協力も，考えられないし現実的でもない。

過去の問題，将来への疑問，世界的な帰結

2000年代の，どちらかといえばうまく行かなかった中ロ石油・ガス協力によって提起される疑問には，次のものがある。すなわち，ⅰ）「いずれの側も相手側の望むものを理解していなかった」ということが問題なのか？ あるいは，ⅱ）「いずれの側も相手側の望むものを理解はするが，しかし妥協するつもりはない」ということが問題であったのか？ そしてⅲ）もし問題が後者であるとすれば，それは2010年代にも存続する宿命なのか？ この場合は，どちらの側も相手側が望むことを理解はするが，しかし問題は，とくにガスの場合，妥協する用意が無い点にあることは，かなり明らかなように思われる。

もう1組の主要な疑問は，将来に関するものである。すなわちⅰ）中国側はロシアのガス供給を，彼らが譲歩するほどに十分に切望するであろうか？ ⅱ）ロシア側は主要なアジアパイプライン市場の創出を，その獲得のために妥協するほどに，切望するであろうか？ あるいはⅲ）どちらの側も，ロシア極東の液化天然ガス供給に依存することを結局は決定するのだろうか？

これらの質問がどのように答えられようとも，石油とガスとの間には，中国，ロシア，中ロ関係および世界の他の地域に対する，その影響の与え方の点で，重大な相違のあることは明らかである。第1に，東シベリアとロシア極東からのロシア産石油の供給は重要であるが，しかし中東の石油供給に対する中国の依存も，世界的石油供給の趨勢も，もし新たな石油の発見が非常に豊富なために第2の東シベリア・太平洋石油パイプラインを正当化するのでなければ，根本的に変化しないであろう。両国間の関係が改善しなければ，東シベリアや極東産のロシア石油の多くは，日本や韓国のようなアジアの主要石油輸入国に行く可能性が高い。しかしこの場合もまた，世界石油事情を根本的に変えるものではないであろう。第2に，対照的であるが，東シベリアと極東におけるロシアのガス埋蔵量は非常に莫大で，途方に暮れるほど（すなわち近くに市場がない場合）なので，中国におけるガス産業を変容させる可能性がある。ロシアは，年間1500億〜2000億立方メートルをパイプラインでガス田から輸出することができるであろうが，もしそうしなければ，このガス田は，何十年にもわたって引き続き取り残されたままであろう。中国による大規模パイプライン輸入は，ほとんど遅滞なく，拡大し得るであろうが，それはガス田とパイプ

ラインの経路が、既に大規模に調査されており、その上、中国はその様なプロジェクトに資金供給する投資資金を持っているからである。もし中ロ両国が液化天然ガスに依存することを決定すれば、このことは同じ規模でも同じ速度でも、生じることはないではないだろう。

　現時点における展望は、石油の潜在力の大部分は実現されるであろうが、しかしこのことは、中国にとってあるいは世界石油市場にとって、大きな差異をもたらすものではないということであり、またガスの潜在力は大部分実現されず、したがって中国ガス市場は、もしそうでなければあり得た場合よりも、ずっと小さいであろうし、大規模なロシアガス埋蔵量は何十年にもわたって取り残されるであろうということである。しかし、もし現在の展望が変化し、その潜在力が一層完全に実現されれば、それは世界ガス市場に対して大きな差異をもたらし得るであろう。ロシアからの大規模ガスパイプライン輸入を達成できなければ、中国は液化天然ガスの輸入を大幅に拡大せざるを得なくなるであろう。これは北東アジア地域における液化天然ガス輸入国（日本、韓国および台湾）の間だけでなく、欧州のように遠く離れた地域における他の液化天然ガス購入者にとっても、液化天然ガス供給をめぐる競争を激化させるであろう。したがって、中ロガス関係の失敗は、両国からそのエネルギー・開発問題に対する双方が満足の行く潜在的解決を奪い去り、そして液化天然ガス市場における将来の世界的競争を拡大するであろう。

【注】
1　'Foundation laid of the China-Russia joint venture refinery in Tianjin', http://news.everychina.com/wz40380b/foundation_laid_of_the_china_russia_joint_venture_refinery_in_tianjin.html
2　チャヤンダ・ガスの1兆2400億立方メートルは、B+C1が3800億立方メートル、C2が8610億立方メートルから構成されている。他の4つのガス田の内訳は次のとおりである。スレードネチュングスコエ1620億立方メートル（B+C1が1530億立方メートル、C2が90億立方メートル）、タース・ユリィアフスコエ1140億立方メートル（B+C1が1030億立方メートル、C2が110億立方メートル）、ソボロフ・ネドジェリンスコエ650億立方メートル（B+C1が640億立方メートル、C2が10億立方メートル）、ヴェルフネヴィルィウチャンスコエ2100億立方メートル（B+C1が1400億立方メートル C2が700億立方メートル）。
3　何ら合意は達成されなかった。
4　Russia's ESPO crude advances as an oil and gas price reference for Asia', 22 February, 2011. (www.youroilandgasnews.com/russia's+espo+crude+advances+as+an+oil+and+gas+price+refer

ence+for+asia_59744.html）；Demongeot（2009）．
5 'Time For An Asian Benchmark Price For Oil'，http://chinabystander.wordpress.com/2011/06/02/time-for-an-asian-benchmark-price-for-oil/
6 Daly（2011）．
7 *Russia & CIS Oil and Gas Weekly*, 3-9 December 2009, p. 19.
8 *China Energy Weekly*, 17-23 June 2010, p. 11.
9 Nefte Compass, 13 October 2011. （'Turkmen Gas Field Hailed as World's Second Biggest'，www.energyintel.com/Pages/Eig_Article.aspx?DocId=739463）；Gurt（2011）．
10 Asia Today, 27 September 2011. （'Gas pipeline business challenges'，http://kr.news.yahoo.com/service/news/shellview.htm?linkid=432&articleid=20110927205553460j3&newssetid=5）
11 Gorst（2011c）．
12 Gorst（2011a）．
13 *Russia & CIS Oil and Gas Weekly*, 26 May-1 June 2011, p. 12.
14 *Russia & CIS Oil and Gas Weekly*, 21-27 April 2011, p. 58；also 26 May-1 June, 2011, p. 58.
15 'Direct Customs Clearance for Exports in "Chang Ji Tu" Region of China'，www.e-to-china.com/tariff_changes/china_customs_practice/2010/0612/80023.html；'Outline of China's Tumen River Area Cooperative Development Plan'，http://china.globaltimes.cn/news/2010-09/569262.html；http://www.tumenprogramme.org/

日本語版あとがき

　2012年8月下旬にオックスフォード大学出版（OUP）から筆者の著作が出版されて以来，中国・ロシアの石油・ガス協力は重要な進展が目撃され，しかし2014年夏の石油価格の暴落により難しい時に直面している。2013年3月に中国の新しい首脳として習主席がロシアを訪問した際，中国国有石油会社はロスネフチと2700億米ドル相当の原油供給取引を締結した。6ヶ月後，850億米ドル相当のもう1つの原油供給取引が中国石油化工会社とロスネフチの間で結ばれた。次に続いたのは，長く待たれたガス供給取引の進展であった。2014年5月，ウクライナ危機をきっかけに，4000億米ドル相当，年間380億立方メートルのパイプラインガス供給取引が中国国有石油会社とガスプロムの間で締結された。このシベリアの力（Power of Siberia）-1のガス取引は，ロシアのアジア政策の軸となる中心プロジェクトとして位置付けられる。皮肉なことに，ロシアに対する米国とEUの連続した制裁が中国をウクライナ危機の最大の受益者にしたのは，ロシアが世界的な事柄からの完全な孤立を回避するには，中国とのエネルギーの結びつきを強めるほかに選択肢がなかったからである。2014年11月，ガスプロムは，西シベリアから中国西部に供給するアルタイルートによる，さらに300億立方メートルの中国国有石油会社とのガス供給取引について，了解覚書の締結に持ち込んだ。しかしながら，これらの進展の意義は2014年夏の石油価格の暴落によって暗雲をもたらされた。

　この石油価格の暴落は中国・ロシアの石油・ガス協力に明らかに深刻な影響をもたらすものであるが，石油協力は，東シベリア・太平洋石油パイプラインを通じた原油供給を最大化する中国の需要によって基本的に影響されるものではないであろう。ロシアは，中国へはスコヴォロディノを通じて，アジアの買い手にはコズミノを通じて，原油供給量のバランスを取るように努めていく必要があるだろう。それでもなお，陸上パイプラインの石油供給は中国指導者層

にとって最重要事項であるため，中国・ロシアの強化された石油協力は引き続き維持されるだろう。石油価格の暴落によって最も深刻に影響されたことは，ロシアにおける中国国有石油会社の上流資産買い取り主導権であった。実際，中国国有石油会社は3つの主要な上流の目標を持っていた。1つはタース・ユリアフ石油・ガス田（中国国有石油会社は株の49％の買い取りを狙ったが，石油価格の暴落後，中国国有石油会社とロスネフチの間での評価額の大きな違いが交渉の停止を招き，そのことがロスネフチに20％株をBPに売却させることとなった），2つ目はヴァンコール田の10％株の買い取り，3つ目がロスネフチの19.5％株の買い取りである。しかし，石油価格が1バレル70〜75米ドル水準にまで戻れば，2つの主要な目標は再開されそうである。とくに，もしロスネフチの19.5％株の利益が中国に配分されれば，中国・ロシアの石油協力が戦略的水準の協力に移っていく助けになるであろう。

中国・ロシアのガス協力においては，中国の停滞する経済が，中国国有石油会社にアルタイ了解覚書を法的拘束力のあるものへと転換することを延期させている。より悪いことに，ガスプロムは，中国東北部へのシベリアの力−1のガス供給でさえも1〜4年供給が遅れるであろうことを示した。2014年5月のガス取引でもっとも重要なことは，実際のところ，中国東北部諸省のパイプラインガス市場が，中国の渤海湾北部地域のガス市場とともに，液化天然ガス供給の猛攻撃から守られたことにある。シベリアの力−1供給の1〜2年の遅れは警戒するほどではないであろうが，3〜4年の遅れは，中国における年間380億立方メートルのガス市場が以前に描かれたように守られるかどうか，保証できない。率直に言えば，シベリアの力−1の年間380億立方メートル市場は，2つの市場に分けられる。1つは黒龍江，吉林，遼寧における年間200億立方メートル市場で，残りの年間180億立方メートル市場は河北省（北京と天津が位置する），山東省，そして江蘇省であり，そこでは競合的に値付けされた液化天然ガス供給がパイプラインガス市場を簡単に切り開くことができる。ガスプロムは，投資額550億米ドルの1つのパッケージとして，チャヤンダ・ガスとコヴィクタ・ガス開発の両方を追求することができないのは明らかなので，まず年間250億立方メートルのチャヤンダ・ガスを優先させ，次に年間350億

立法メートルのコヴィクタ・ガスとする段階的な開発にすることが理想的であろう。シベリアの力－1輸出のこれ以上の遅れを許さないことがもっとも実践的なことである。鍵となる疑問は，年間130億立方メートルの供給の差異がサハリン海洋ガスまたは東シベリア，とくにサハ共和国からのその他の生産（ロスネフチとスルグートネフチェガス）で賄われるかどうかである。このことは，ガスプロムのアジアにおけるパイプラインガス輸出の独占権が維持されるかどうか，あるいはロスネフチとスルグートネフチェガスによるシベリアの力－1への第三者の接近が許されるかどうかという疑問と関連する。ロシアがどの選択肢を選び，それがアジア政策の軸としていかに作用するかは，時が教えてくれるであろう。

　中国のガス拡大は持続趨勢にあるが，パイプラインガスと液化天然ガスの輸入は基本的に中国の国内生産―とくに中国におけるシェールガス革命に影響されるであろう。シェールガス生産は，北京当局の2010年代末までの当初の，しかし非常に野心的な目標には届かないようである。2020年代前半における中国のシェールガス生産規模は，パイプラインガスと液化天然ガスの輸入規模を決定する中国の計画に基本的な影響力を持つであろう。中国の西東ガスパイプライン回廊の拡大計画は，単なるインフラストラクチャ開発プロジェクトではなく，新シルクロード経済帯構想を推進する北京の野心を助長する一環のものである。ロシアと中央アジア諸共和国からのパイプラインガスの最大供給の影響は，2020年代中頃までの中国の液化天然ガス輸入と比べ，小さいものではないであろう。

　副次的なアルタイ取引がもし実現すれば，それはロシアを欧州とアジアとの間を行き来する供給者（スウィング・サプライヤー）にすることになるだろうが，主要な問題は供給の物理的な迂回というよりはむしろ両市場への同一輸出価格の適用であり，欧州市場への影響はきわめて限定的となるであろう。重要な点は，アルタイ取引が中国へのパイプラインガスと液化天然ガスの供給の目に見えない競合を強く煽ることであり，それはロシアの「アジア軸」政策と，米国やカナダの（北太平洋エネルギー貿易の大規模拡大を目指す）「アジ

ア軸」政策との激しい競合の前兆となるであろう。このような競合は，アジアの液化天然ガス割増価格を減じる助けになるであろうことから，必ずしも否定的なものではない。このことは中国の大量石炭使用への過度の依存を減らす上で有用であろう。もし，2030年までの中国の電源構成に石炭の占める割合が50％を下回ることができれば，世界の気候変動の取り組みにとって最も大きな達成事項となるだろう。もし，ロシアのパイプラインガスの中国への供給がこの特別な目標に貢献することができれば，アルタイ取引の利点が過小評価されることはないであろう。

中国・ロシアのガス取引（シベリアの力−1，2）は基本的に地域と世界のガス貿易の様式に影響を及ぼすであろう。オーストラリア，カナダと米国，ロシア，そしてアジア市場を目標とする東アフリカからの一連の液化天然ガスプロジェクトは，中国の液化天然ガス市場がそれらの液化天然ガス供給者が期待したよりも小さいものであろうことから，非常に深刻な影響を受けるであろう。価格競争力は，アジアのガス市場を突き進むためのもっとも有効な手段となるだろう。日本と韓国との液化天然ガス協力はすでに存在しており，アジアの天然ガス割増価格を減じるために，もし日本，韓国，中国間の協力の必要性について意見の一致がなされれば，アジアのガス消費国協力を創設する扉を開くことになるであろう。

謝　辞

　筆者は，この日本版出版に対するERINAの，とくに西村博士の献身と熱心な仕事に心からの謝意を表したい。筆者はまた，この日本語版出版に資金的支援をいただいたラゴス（ナイジェリア）を拠点とするバクラング・グループ（Baklang Group）とジェトロ・ロンドン事務所に感謝の意を表したい。

参考文献，その他出典

[参考文献]
Aalto, P. (2012). Aalto, P., ed., Russia's Energy Policy: National, Interregional and Global Dimensions (Cheltenham: Edward Elgar, 2012 forthcoming).
Aden, N., Fridley, D., and Zheng, N. (2009). 'China's Coal: Demand, Constraints and Externalities,' Ernest Orlando Lawrence Berkeley National Laboratory, LBNL-2334E. (http://china.lbl.gov/sites/china.lbl.gov/files/LBNL-2334E.pdf).
Ahn, S-H. and Jones, M. T. (2008). 'Northeast Asia's Kovykta Conundrum: A Decade of Promise and Peril,' National Bureau of Asian Research (NBR)'s *Asia Policy*, no. 5, 105-40.
Aleksashenko, S. (2010). 'Russia's Budget Dilemma,' *Carnegie Endowment for International Peace, International Economic Bulletin*, 19 May. (http://carnegieendowment.org/publications/index.cfm?fa=view&id=40817).
Anderlini, J. (2009). 'Chinese oil major in $1bn offshore deal,' *Financial Times*, 25 May 2009.
Andrews-Speed, P. and Dannreuther, R. (2011). *China, Oil and Global Politics*, London: Routledge.
Aron, L. (2003). 'The Yukos Affair,' *American Enterprise Institute for Public Policy Research* (website). (www.aei.org/outlook/19368).
Aslund, A. (2007). *Russia's Capitalist Revolution: Why Market Reform Succeeded and Democracy failed*, Washington, D.C.: Peterson Institute for International Economics.
Bai, J. and Chen, A. (2009) 'PetroChina adds refining facilities for Russian oil,' *Reuters*, 16 July 2009. (www.reuters.com/article/idUSPEK21059320090716).
Bai, J. and Miles, T. (2011). 'China demand for fuels to plateau in rest of 2011—NEA,' *Reuters*, 22 April 2011. (http://uk.reuters.com/article/2011/04/22/china-energy-idUKL3E7FM05Z20110422).
Baidashin, V. (2002). 'Dueling Pipelines,' *RPI*, May 2002, 17-24.
Baidashin, V. (2004a). 'Budgeted spending on Sakhalin-1 Project for 2004 endorsed at $1.37 billion: ExxonMobil Milestone,' *RPI*, May 2004, 27-34.
Baidashin, V. (2004b). 'Yukos to Quadruple Rail-Based Oil Exports to China to 15 Million Tons by 2006: Railway Bridge to China,' *RPI*, June/July 2004, 12-21.
Baidashin, V. (2005a). 'Railway Road to China,' *RPI*, February 2005, 35-41.
Baidashin, V. (2005b). 'Sakhalin 2-Made in Russia,' *RPI*, March 2005, 31-37.
Baidashin, V. (2005c). 'New Siberian Mega-Basin,' *RPI*, August 2005, 23-28.
Baidashin, V. (2005d). 'Sakhalin-3 Attracts Majors,' *RPI*, August 2005, 50-54.
Baidashin, V. (2006a). 'Eastern Pipeline - the Rubicon Is Crossed,' *RPI*, February 2006, 21-7.
Baidashin, V. (2006b). 'Environmental Approval: Positive,' *RPI*, May 2006, 24-9.
Baidashin, V. (2006c). 'Planned Pipeline Sparks Interest in East Siberian Fields,' *RPI*, June/July 2006, 44-9.
Baidashin, V. (2006d). 'Surgutneftegaz Plans for East Siberia,' *RPI*, September 2006, 31-7.

Baidashin, V. (2006e). 'Sakhalin - Far East Offshore Centre?,' *RPI*, October 2006, 42-9.
Baidashin, V. (2007a). 'Rosneft Moves Slowly on Chinese Agreements,' *RPI*, February 2007, 10-16.
Baidashin, V. (2007b). 'Rosneft Declares ONGC a Strategic Partner,' *RPI*, March 2007, 5-10.
Baidashin, V. (2007c). 'Will There be Sufficient Crude Oil for the ESPO pipeline?,' *RPI*, June/July 2007, 12-17.
Baidashin, V. (2007d). 'Gazprom Neft Offers Statoil Sakhalin Position,' *RPI*, September 2007, 5-10.
Baidashin, V. (2007e). 'Eastern Gas Programme Approved,' *RPI*, November/December 2007, 10-15.
Baidashin, V. (2008a). 'ESPO Faces Delay,' *RPI*, February 2008, 28-32.
Baidashin, V. (2008b). 'Russia Commits to Strong Exploration Programme,' *RPI*, May 2008, 11-15.
Baizhen, Chua. (2011). 'China, Kazakhstan Sign Accord to Expand Gas Pipeline Network,' Bloomberg Newswire, 8 September 2011. (www.bloomberg.com/news/2011-09-08/china-kazakhstan-sign-accord-to-expand-gas-pipeline-network-1-.html)
Bal, M. (2010). 'Turkmen tactics,' *Industrial Fuels and Power*, 7 April 2010. (www.ifandp.com/article/003226.html).
Balzer, H. (2005). 'The Putin Thesis and Russian Energy Policy,' *Post-Soviet Affairs*, July-September, 210-25.
Barges, I. (2004a). 'Chinese State Corporation CNPC Makes a Successful Acquisition in Russia: Chinese Ventures,' *RPI*, April 2004, 38-45.
Barges, I. (2004b). 'Politics Key Hurdle in Developing Energy Relations Between Russia and China: Great Russian-Chinese Wall,' *RPI*, October 2004, 38-44.
Barnett, A. D. (1993). *China's Far West: Four Decades of Change*, Boulder: Westview Press.
Bellacqua, J. (2010). Bellacqua, J, ed., *The Future of China Russia Relations*, Kentucky: The University Press of Kentucky, 2010.
Belton, C, and Wagstyl, S. (2009). 'Battle erupts over budget crisis,' *Financial Times*, 6 February 2009.
Belton, C. (2007). 'Kremlin power grows in TNK-BP Siberian gas deal,' *Financial Times*, 23 & 24 June 2007.
Belton, C. (2008). 'The Putin Defence,' *Financial Times*, 29 December 2008.
Belton, C. (2010). 'TNK-BP gas field saga shows difficulties of doing business in Russia,' *Financial Times*, 7 June 2010. (http://blogs.ft.com/beyond-brics/2010/06/07/tnk-bp-gas-field-saga-shows-difficulties-of-doing-business-in-russia/).
Belton, C. and Dyer, G. (2009). 'Russian gas supply deal stalls,' *Financial Times*, 14 October 2009.
Bergsten, C. F., Freeman, C., Lardy, N. R., and Mitchell, D. J. (2009). *China's Rise: Challenges and Opportunities*, Washington, D.C.: Peterson Institute for International Economics and Centre for Strategic and International Studies.
Berrah, N., Feng, F., Priddle, R., and Wang, L. (2007). *Sustainable Energy in China: The Closing Window of Opportunity*, Washington DC: The World Bank.
Blagov, S. (2004). 'Russia stirs up Sakhalin projects,' *Asia Times*, 4 February 2004 (www.atimes.com/atimes/Central_Asia/FB04Ag01.html).
Blagov, S. (2005). 'China knocking on Russia's door,' *Asia Times*, 6 July 2005.
Blagov, S. (2006). 'Russian Oil to flow to China even before pipeline completed,' *Eurasia Daily Monitor*, vol. 3, no. 84, 1 May 2006. (www.jamestown.org/single/?no_cache=1&tx_

ttnews%5Btt_news%5D=31637).
Blair, B., Chen Y., and Hagt, E. (2006). 'The Oil Weapon: Myth of China's Vulnerability,' *China Security*, summer issue, 32–63.
BP Statistical Review of World Energy (various years).
Bradshaw, M. (2010). 'A New Energy Age in Pacific Russia: Lessons from the Sakhalin Oil and Gas Projects,' *Eurasian Geography and Economics*, vol. 51, no. 3, 330–59.
Bradsher, K. (2009). 'China Outpaces US in cleaner Coal-Fired Plants,' *NYT*, 10 May 2009. (www.nytimes.com/2009/05/11/world/asia/11coal.html)
Bradsher, K. (2010). 'China's Energy Use Threatens Goals on Warming,' *NYT*, 6 May 2010.
Bryanski, G. (2009a). 'Russia launches Far East pipeline, eyes Exxon gas,' *Reuters*, 31 July 2009. www.reuters.com/article/idUSLV7139820090731 (www.reuters.com/article/idUSLV7139820090731).
Bryanski, G. (2009b). 'Russia's Putin launches new Pacific oil terminal,' *Reuters*, 28 Dec 2009. (http://uk.reuters.com/article/idUKLDE5BR00F20091228)
Calder, K. E. (2004). 'The Geopolitics of Energy in Northeast Asia,' presented at Korea Energy Economics Institute, Seoul, 16-17 March.
Campaner, N. and Yenikeyeff, S. (2008). 'The Kashagan Field: A Test Case for Kazakhstan's Governance of Its Oil and Gas Sector,' IFRI, October 2008. (www.ifri.org/?page=detail-contribution&id=182&id_provenance=97).
Chan, Yvonne, (2009). 'China's first clean coal plant underway,' Businessgreen, 29 June 2009.
Chazan, G. (2009). 'Sinopec is in talks to buy Addax: Surging Oil Price is fueling pursuit of U.K.-Listed exploration firm with fields in Northern Iraq,' *Wall Street Journal*, 15 June 2009. (http://online.wsj.com/article/SB124499901463513231.html).
Chen Aizhu, and Graham-Harrison, E. (2008). 'UPDATE 2-China reshuffles energy sector, little change seen,' *Reuters*, 11 March. (http://uk.reuters.com/article/2008/03/11/china-energy-commission-idUKPEK25296020080311).
Chen Aizhu. (2011). 'China set to unearth Shale Power,' *Reuters Special Report*, 20 April. (http://graphics.thomsonreuters.com/AS/pdf/chinashaledk.pdf).
Chen Dongyi. (2006). 'CNOOC broadens LNG viewpoint,' *China OGP*, 15 December 2006, 19–20.
Chen Dongyi. (2007a). 'Sino-Turkmenistan gas pipeline expects further progress,' *China OGP*, 15 July 2007, 17–19.
Chen Dongyi. (2007b). 'Sino-Turkmenistan gas cooperation strikes ahead among uncertainties,' *China OGP*, 1 August 2007, 26–8.
Chen Dongyi. (2007c). 'CNPC settles first LNG source,' *China OGP*, 15 September 2007, 1–3.
Chen Dongyi. (2007d). 'Sino-Kazakhstan energy cooperation is heated,' *China OGP*, 1 September 2007, 4–5.
Chen Dongyi. (2008a). 'CNPC injects capital for advancing Central Asia-China gas pipeline,' *China OGP*, 15 January 2008, 23–4.
Chen Dongyi. (2008b). 'Sinopec outlines four strategies for developing into a globalised oil company,' *China OGP*, 1 March 2008, 3–7.
Chen Dongyi. (2008c). 'CNPC possibly secures overseas gas for Dalian LNG project,' *China OGP*, 1 March 2008, 24–6.
Chen Dongyi. (2008d). 'Sinopec's planned Shandong LNG project moves ahead,' *China OGP*, 15 June 2008, 9–10.

Chen Mingshuang. (2006). 'Future Oil & Gas Resources of China,' presented at 7th Sino-US Oil and Gas Industry Forum, 11-12 September 2006, Hangzhou.
Chen Minshuang. (2004). Future Oil & Gas Resources of China, presented at 7th Sino-US Oil and Gas Industry Forum, 11-12 September, Hangzhou.
Chen Wenxian. (2004a). 'Silk Road revisited,' *China OGP*, 15 September 2004, 1-2.
Chen Wenxian. (2004b). 'Chinese Premier's energy visit to Russia,' *China OGP*, 1 October 2004, 1-2.
Chen Wenxian. (2004c). 'Sino-Kazakhstan pipeline starts construction,' *China OGP*, 1 October 2004, 2-3.
Chen Wenxian. (2005a). 'China and Russia's gas ties tightened,' *China OGP*, 1 October 2005, 1-3.
Chen Wenxian. (2005b). 'Chinese and Canadian firms to jointly tap CBM in Guizhou,' *China OGP*, 1 October 2005, 18-19.
Chen Wenxian. (2005c). 'China stresses energy development in next five years,' *China OGP*, 1 November 2005, 5-7
Chen Wenxian. (2006a). 'China and Canada cooperate on Xinjiang's CBM E&D,' *China OGP*, 1 January 2006, 12.
Chen Wenxian. (2006b). 'Chinese and Canadian firms to jointly develop CBM resources in Anhui,' *China OGP*, 15 March 2006, 23-4.
Chen Wenxian. (2006c). 'Sino-Kazakhstan crude pipeline under operation,' *China OGP*, 1 June 2006, 24.
Chen Wenxian. (2006d). 'Necessary for Puguang gasfield to serve Shandong market?,' *China OGP*, 15 June 2006, 7-9 & 12.
Chen Wenxian. (2006e). 'Gas price awaits a further adjustment,' *China OGP*, 15 November 2006, 1-3.
Chen Wenxian. (2007a). 'CNPC's big oil/gas discoveries floating in the air,' *China OGP*, 1 June 2007, 5-8.
Chen Wenxian. (2007b). 'Hard to separate gas pipelines from E&D and terminal marketing,'
Chen Wenxian. (2007c). 'Towngas market expansion for China Gas and CNPC,' *China OGP*, 1 August 2007, 8-9.
Chen Wenxian. (2007d). 'A V-shape W-E gas pipeline to carry Central Asian gas to east and south China,' *China OGP*, 1 September 2007, 1-4.
Chen Wenxian. (2007e). 'Natural gas to promote as really expensive gas,' *China OGP*, 15 September 2007, 5.
Chen Wenxian. (2008). 'A new era for China's CBM industry,' *China OGP*, 15 June 2008, 1-5.
Chen, E, and Miles, T. (2010). 'China still stuck with Russia over gas price,' 10 February 2010.
Cheng Guangjin. (2010). 'Gas still under discussion,' *China Daily*, 10 February 2010. (www.chinadaily.com.cn/world/2010-02/10/content_9454139.htm).
Chernyshov, S. (2002). 'Key to Yakutia,' *RPI*, September 2002, 29-36.
Chernyshov, S. (2003a). 'Battle Lines,' *RPI*, April 2003, 31-36.
Chernyshov, S. (2003b). 'Gazprom Prevails Again,' *RPI*, May 2003, 13-19.
Chernyshov, S. (2003c). 'Rancor over Vankor,' *RPI*, August 2003, 31-7.
Chernyshov, S. (2004a). 'Despite Completion of Feasibility Study, Kovykta Project's Prospects Remain Uncertain: Cloudy Outlook,' *RPI*, January 2004, 33-7.
Chernyshov, S. (2004b). 'Predictions of Rosneft and BP for Sakhalin Shelf Potential Fail to bear

Out: First Setbacks,' *RPI*, February 2004, 18-22.
Chernyshov, S. (2004c). 'Sakhalin-3 Ruling Illustrates Government's Cooling Attitude toward Foreign Investors,' *RPI*, April 2004, 6-12.
Chernyshov, S. (2004d). 'Proposed Eastern Oil Transportation Project Changes Name and Route: Long-Suffering Projects,' *RPI*, April 2004, 15-22.
Chernyshov, S. (2004e). 'Russian Ministry of Natural Resources Decides to Sell Yakutia's Subsoil Blocks: Long-Awaited Seed-up,' *RPI*, August 2004, 5-12.
Chernyshov, S. (2004f). 'TNK-BP Makes New Concessions to Gazprom in the Kovykta Project: Collapse of TNK-BP Strategy,' *RPI*, September 2004, 44-9.
Chernyshov, S. (2005a). 'Gas to the East,' *RPI*, February 2005, 19-22.
Chernyshov, S. (2005b). 'Eastern Pipelines Progress,' *RPI*, March 2005, 44-8.
Chernyshov, S. (2005c). 'TNK-BP Shifts Strategy for Kovykta,' *RPI*, May 2005, 31-4.
Chernyshov, S. (2005d). 'Surgutneftegaz: the Recluse Awakens,' *RPI*, August 2005, 29-34.
Chernyshov, S. (2007). 'East Siberian Projects Face State Pressure and Lack of Oilfield Services,' *RPI*, September 2007, 11-17.
Chernyshov, S. (2008). 'Projections Improve for Verkhnechonskoye,' *RPI*, February 2008, 23-27.
China Energy Statistical Yearbook, Beijing: China Statistics Press, 1998 and 2001.
China OGP, Xinhua News Agency, China Natural Gas Report : A 2002 Update (Beijing : *Xinhua News Agency*, 2002).
China Securities Journal. (2010). *China Natural Gas Report: 2010*, Beijing: *Xinhua News Agency*.
China Statistical Yearbook, Beijing: China Statistics Press, Annual.
Chow, E. et al. (2010). Pipeline Politics in Asia: The Interaction of Demand, Energy Market, and Supply Routes, *NBR Special Report*, no. 23.
Christoffersen, G. (1998). 'China's Intentions for Russian and Central Asian Oil and Gas,' *NBR Analysis*, vol. 9, no. 2.
Christoffersen, G. (2008). 'East Asian Energy Cooperation: China's Expanding Role,' *China and Eurasia Forum Quarterly*, volume 6, no. 3, 141-68.
Chun Chun-Ni. (2007). 'China's Natural Gas Industry and Gas to Power Generation,' Institute of Energy Economics, Japan, July 2007. (http://eneken.ieej.or.jp/en/data/pdf/397.pdf).
Chung, Chien-Peng (2004). 'The Shanghai Co-operation Organisation: China's Changing Influence in Central Asia,' *The China Quarterly*, December.
Chung, J. and Tucker, S. (2006). 'China National Petroleum eyes £3 bn take in Rosneft,' *Financial Times*, 5 July 2006.
Clover, C and Buckley, N. (2011). 'Shades of difference,' *Financial Times*, 13 May 2011.
Clover, C. (2008). 'Onward to 1998,' *Financial Times*, 27 October 2008.
Clover, C. (2009). 'Russia to back floored rouble,' *Financial Times*, 3 February 2009.
Clover, C. and Belton, C. (2008). 'Retreat from Moscow: Investors take flight as global fears stoke a Russian crisis,' *Financial Times*, 18 December 2008.
CNPC RIE & T. (2008). 'China's Natural Gas Market: Today and Tomorrow,' CNPC Research Institute of Economics & Technology, presented at a Tokyo conference, 5 December 2008.
Cognato, M. H. (2008). 'China Investment Corporation: Threat or Opportunity?,' in 'Understanding China's New Sovereign Wealth Fund,' *NBR Analysis*, vol. 19, no. 1, 9-36.
Cohen, B. J. (2009). 'Sovereign Wealth Funds & National Security,' *International Affairs*, July Issue, 713-31.

Considine, J. I., and Kerr, W. A. (2002). *The Russian Oil Economy*, Cheltenham: Edward Elgar.
CPCC (2003). *China Petroleum and Petrochemical Industry Economics Research Annual Report 2003*, China Petroleum Consulting Company.
Credit Suisse Equity Research Report (Asia Pacific/China, Gas Utilities). 2006. 'Asia Coalbed Methane Sector: Massive gas supply potential,' 18 October.
Crooks, E. (2006a). 'BP and Rosneft sign US $ 700m Sakhalin deal,' *Financial Times*, 23 November 2006.
Crooks, E. (2006b). 'The 'elephant project' still on thin ice,' *Financial Times*, 12 December 2006.
Crooks, E. (2007). 'End of dispute means BP can continue to do business in Russia,' *Financial Times*, 23 & 24 June 2007.
Crooks, E. (2008). 'China's move signals offshore ambitions,' *Financial Times*, 8 July 2008.
Crooks, E. (2009a). 'Gazprom battles to restore its reputation,' *Financial Times*, 8 January 2009.
Crooks, E. (2009b). 'Shell savors bittersweet first LNG delivery from Sakhalin-2,' *Financial Times*, 1 April 2009.
Crooks, E. (2009c). 'CNOOC signs 20-year BG deal,' *Financial Times*, 14 May 2009.
Crooks, E. (2009d) 'China's oil ambitions take it to new frontiers,' *Financial Times*, 3 July 2009.
Crooks, E. and Kwong, R. (2007). 'PetroChina has the right to look Exxon in the eye,' *Financial Times*, 7 November 2007.
CSCAP (2010). 'Going East: Russia's Asia-Pacific Strategy,' the Russian National Committee of the Council for Security Cooperation in Asia Pacific (CSCAP), *Russian in Global Affairs*, Oct/Dec, no. 4, 2010.
Daly, T. (2011). 'China tests Russian Resolve with gas prepayment offer,' Nefte Compass, 14 July 2011. (http://www.energyintel.com/pages/Eig_Article.aspx?DocId-727329-).
Demongeot, Maryelle (2006). 'Russia's Sakhalin crude oil to reroute Asian trades,' *Reuters News*, 3 July 2006.
Demongeot, M. (2009). 'The Asian oil premium? Almost gone, no coming back,' *Reuters*, 23 April 2009. (www.reuters.com/article/2009/04/23/us-asia-oil-premium-analysis-idUSTRE53M1Y020090423).
Demytrie, R. (2010). 'Struggle for Central Asian energy riches,' *BBC Online*, 3 June 2010. (http://news.bbc.co.uk/1/hi/world/asia_pacific/10175847.stm).
Denisova, Irina (2007). 'Turkmen Sensation,' *RPI*, January 2007, 44-8.
Department of Communications and Energy (1997). State Planning Commission of P.R.China, *1997 Energy Report of China*, Beijing: China Prices Publishing House.
Dittmer, L. (1990). *Sino-Soviet Normalization and Its International implications, 1945-1990*, Seattle: University of Washington Press.
Dow Jones Deutschland (2010). 'TNK-BP: Kovykta Field Operator Files For Bankruptcy,' 3 June 2010. (www.dowjones.de/site/2010/06/tnkbp-kovykta-field-operator-files-for-bankruptcy.html).
Downs, E. S. (2007). 'China's Energy Bureaucracy: The Challenge of Getting the Institutions Right,' in Meidan (2007, 64-89).
Downs, E.S. (2004). 'The Chinese Energy Security Debate,' *The China Quarterly*, no. 177, 21-41.
DRC (2004). *Research on National Energy Strategy and Policy in China* (Zhonguo Nengyuan Fazhan Zhanliu Yu Zhengce Yanjiu), Development Research Centre (DRC), China State Council, 2004, Economic Science Press, Beijing.

Duan, Zhaofang (2010). 'China's Natural Gas Market Outlook,' presented at the 4th CNPC/IEEJ Press Conference of Oil Market Research (10 December).
Duce, J. and Wang, Y. (2010). 'PetroChina Plans $60 Billion of Overseas Expansion,' *Bloomberg News*, 29 March 2010. (www.bloomberg.com/apps/news?pid=20601087&sid=autWB1u6AAR8&pos=5).
Dyer, G and Hoyos, C. (2010). 'BP and Sinopec join forces in shale gas talks,' *Financial Times*, 18 January 2010.
Dyer, G, and Mitchell, T. (2008). 'COSL in $2.5 bn deal for Awilco,' *Financial Times*, 8 July 2008.
Ebel, R. E. (2005). *China's Energy Future: The Middle Kingdom Seeks Its Place in the Sun*, Washington, D.C: The CSIS Press.
Ebina, M. (2006). 'Pipeline Project a Necessity for Japan and Russia,' *RPI*, October 2006, 50–3.
Ebinger, C. K. and Zambekakis, E. (2009). 'The Geopolitics of Arctic Melt,' *International Affairs*, November, 1215–32.
Economy, E. C. (2011). 'China's Energy Future: An Introductory Comment,' *Eurasian Geography and Economics*, vol. 52, no. 4, 461–3.
Economy, Elizabeth C. (2004). *The River Runs Black. The Environmental Challenge to China's Future*, Ithaca, N.Y.: Cornell University Press.
ECS (2008). 'Fostering LNG Trade: Role of the Energy Charter,' Energy Charter Secretariat, 2008.
ECS (2009). Fostering LNG Trade: Development in LNG Trade and Pricing, Energy Charter Secretariat.
Egyed, P. (1983). 'Western Participation in the Development of Siberian Energy Resources: Case Studies,' *Carleton University East-West Commercial Relations Series Research Report*, no. 22.
Ellman, M. (2006). *Russia's Oil and Natural Gas: Bonanza or Curse?*, London: Anthem Press.
Erikson, A. S., and Collins, G. B. (2010). 'China's Oil Security Pipe Dream: The Reality, and Strategic Consequences of Seaborne Imports,' *Naval War College Review*, vol. 63, no. 2, 1–24.
Erochkine, V. and Erochkine, P. (2006). *Russia's Oil Industry: Current Problems and Future Trends*, London: The Centre for Global Studies.
Fan Wenxin (2000). 'Materialising the WGTE Programme,' *China OGP*, 1 April 2000, 3–5.
Faucon, B. and Smith, G. (2007). 'BP joint ventures sells stake in gas field to Gazprom,' *Wall Street Journal*, 25 June 2007.
Feng Yujun (no date). 'Russia's Oil Pipeline Saga,' (www.bjreview.cn/EN/200430/World-200430(A).htm).
Fishelson, J. (2007). 'From the Silk Road to Chevron: The Geopolitics of Oil Pipelines in Central Asia,' The School of Russian and Asian Studies, 12 December 2007). (www.sras.org/geopolitics_of_oil_pipelines_in_central_asia).
Fjaetoft, D. B. (2009). 'Russian Gas—Has the 2009 economic crisis changed Russian gas fundamentals?,' Institute for Economies in Transition, Bank of Finland, *BOFIT Online*.
French, P., and Chambers, C. (2010). *Oil on Water: Tankers, Pirates and the Rise of China*, London: Zed Books.
Fridley, D. (2002). 'Natural Gas in China' in *Natural Gas in Asia: The Challenges of Growth in China, India, Japan and Korea*, Wybrew-Bond, I. and Stern, J. eds., Oxford: Oxford University Press, 2002. 5–65.
Fridley, D. (2008). 'Natural Gas in China,' in Stern, J. ed. 2008, 7–65.

Fu, C. (2007). 'Changbei gas field starts,' *China Daily*, 2 March 2007. (www.chinadaily.com.cn/bizchina/2007-03/02/content_818128.htm).
Gaiduk, I. (2005). 'The Ministry of Natural Resources Reorients,' *RPI*, January 2005, 23-9.
Gaiduk, I. (2006). 'Asia as Alternative to Europe,' *RPI*, May 2006, 6-11.
Gaiduk, I. (2007a). 'Gazprom and TNK-BP Settle Kovykta,' *RPI*, August 2007, 33-9.
Gaiduk, I. (2007b). 'Gazprom Moving Ahead in the Russian East,' *RPI*, September 2007, 38-43.
Gaiduk, I. (2007c). 'Russian State Companies Continue to Strengthen Position,' *RPI*, November/December 2007, 16-20.
Gaiduk, I. (2008a). 'New Transneft Leadership Revising Approach to Projects,' *RPI*, April 2008, 40-45.
Gaiduk, I. (2008b). 'Gazprom Set to Control Strategic Gas Reserves,' *RPI*, June/July 2008, 11-17.
Gaiduk, I. (2008c). 'Repsol wants to join Rosneft on Sakhalin,' *RPI*, September 2008, 17-22.
Gaiduk, I. (2009a). 'Russia and China Reach Oil Export,' *RPI*, March 2009, 41-6.
Gaiduk, I. (2009b). 'Russia Turns Oil Flow Eastward,' *RPI*, May 2009, 33-9.
Gaiduk, I. (2009c). 'Russia Adopts an Energy Strategy through 2030,' *RPI*, October 2009, 5-11.
Gaiduk, I., and Kirillova, E. (2006). 'Potential for the Asian Leap,' *RPI*, May 2006, 35-41.
Gaiduk, I., and Kirillova, E. (2007). 'New Russian Companies Vie for Major Status,' *RPI*, February 2007, 17-19.
Garnett, S. W. (2000). *Rapprochement Or Rivalry?: Russia-China Relations in a Changing Asia*, Garnett, S. W. ed., Washington, D.C.: Carnegie Endowment for International Peace.
Gazprom (2004). 'Discussion Package for the Interagency Working Group to develop a Programme for creating a Unified Gas Production, Transportation and Supply System in East Siberia and the Far East with potential exports to markets in China and other countries in Asia and the Pacific,' Gazprom, Strategic Development Department, September 2004. (Unpublished.)
Glazkov, S. (2003). 'Great Sale,' *RPI*, February 2003, 14-19.
Glazkov, S. (2004a). 'Russia Targets Fast-Track Licensing of Petroleum Projects for Eastern Pipelines,' *RPI*, January 2004, 27-32.
Glazkov, S. (2004b). 'Gazprom's Delay in Joining Kovykta Project Boosts Prospects for Rail-based Exports: Alternative Approach,' *RPI*, February 2004, 31-7.
Glazkov, S. (2004c). 'Rosneft's Sakhalin Activities Show How Foreigners Can Gain Access to Russian Reserves: Model for Investors,' *RPI*, May 2004, 35-8.
Glazkov, S. (2004d). 'ExxonMobil to Begin Supplying Gas to Russia's Khabarovsk Territory under PSA: Gas for Russia,' *RPI*, August 2004, 34-9.
Glazkov, S. (2005). 'Which Direction for Vankor Oil?,' *RPI*, October 2005, 43-6.
Glazkov, S. (2006a). 'Rosneft Joins Verkhnechonskoye,' *RPI*, April 2006, 43-7.
Glazkov, S. (2006b). 'Eastern Pipeline Will Provide New Options,' *RPI*, June/July 2006, 20-25.
Glazkov, S. (2006c). 'Gazprom pushes into Sakhalin Projects,' *RPI*, August 2006, 28-34. Glazkov, S. (2007b). 'Gazprom to Liquefy Sakhalin gas?,' *RPI*, February 2007, 24-30.
Glazkov, S. (2009). 'Developments in the Main Russian Oil and Gas Regions,' *RPI*, March 2009, 13-18.
Glazkov, S. (2010). 'Gazprom Eastern Gas Program Taking Shape,' *RPI*, April 2010, 11-17.
Glazkov, Sergei. (2007a). 'Far Eastern Intrigues,' *RPI*, January 2007, 16-20.
Goldman, Marshall (2008). *Oilopoly: Putin, Power and the Rise of the New Russia*, Oxford:

Oneworld.
Gorst, I. (2005). 'China takes a great leap forward into its neighbour's oil business,' *Financial Times*, 23 August 2005.
Gorst, I. (2011a). 'China-Uzbekistan: Gas Diplomacy,' *Financial Times*, 22 April 2011. (http://blogs.ft.com/beyond-brics/2011/04/22/china-uzbekistan-gas-diplomacy/)
Gorst, I. (2011b). 'Oil: Kazakhs fear China at the gate,' *Financial Times*, 11 May 2011. (http://blogs.ft.com/beyond-brics/2011/05/11/oil-kazakhs-fear-china-at-the-gate/#axzz1VnMyNYeJ).
Gorst, I. (2011c). 'Russia, China, two Koreas: gas games,' *Financial Times*, 26 August 2011. (http://blogs.ft.com/beyond-brics/2011/08/26/china-calls-medvedevs-gas-bluff/#axzz1WAg8nMS4).
Gorst, I. and Dyer, G. (2009). 'Pipeline brings Asian gas to China,' *Financial Times*, 14 December 2009. (www.ft.com/cms/s/0/38fc5d14-e8d1-11de-a756-00144feab49a.html).
Gorst, I., Dombey, D., and Morris, H. (2007). 'Turkmenistan opens gas and oil fields to west,' *Financial Times*, 27 September 2007.
Grace, J. D. (2005). *Russian Oil Supply: Performance and Prospects*, Oxford: Oxford University Press.
Graham-Harrison, E. (2008). 'China-Turkmen gas price seen setting new benchmark,' *Reuters*, 22 January 2008.
Grigorenko, Y. (2004). 'Offshore Oil Provides a Powerful Pull for Shelf Development: Locomotive for the Shelf,' *RPI*, October 2004, 20–25.
GSGIR (2011). 'China: Energy: Gas,' Goldman Sachs Global Investment Research, 25 May 2011.
Gurt, M. (2011). 'Turkmen S.Iolotan gas field is world's No.2—auditor,' *Reuters*, 11 October 2011. (www.reuters.com/article/2011/10/11/gas-turkmenistan-idUSL5E7LB06V20111011).
Gvarstein, J. P. (2010). 'Shale Gas—An Emerging Factor in the Chinese Energy Mix,' Statoil, 2010. (http://xynteo.com/uploads/Jens-PetterKvarstein.pdf)
Handke, S. (2006). 'Securing and Fuelling China's Ascent to Power: The Geopolitics of the Chinese-Kazakh Oil Pipeline,' *Clingendael International Energy Programme*.
Hanson, P. (2009). 'The Resistible Rise of State Control in the Russian Oil Industry,' *Eurasian Geography & Economics*, vol. 50, no. 1, 14–27.
Harrison, S. S. (1977). *China, Oil, and Asia: Conflict Ahead?*, New York: Columbia University Press.
Hart, T. G. (1987). *Sino-Soviet Relations: Re-examining the prospects for Normalization*, Aldershot: Gower.
Haukala, H. and Jakobson, L. (2009). 'The Myth of a Sino-Russian Challenge to the West,' *The International Spectator*, vol. 44, no. 3, 59–76.
Hausmann, R. and Rigobon, R. (2002). 'An Alternative interpretation of the "resource curse": theory and policy implications,' presented at the Conference on Fiscal Policy Formulation and Implementation in Oil Producing Countries by the IMF on 5–6 June.
Helmer, J. (2005). 'China to get first crack at Russian oil: Putin,' *Asia Times*, 16 July 2005.
Henderson, J. (2010). Non-Gazprom Gas Producers in Russia, *Oxford Institute for Energy Studies (OIES), NG 45*.
Henderson, J. (2011a). 'The Strategic Implications of Russia's Eastern Oil Resources,' *Oxford Institute for Energy Studies, WPM 41*.
Henderson, J. (2011b). Domestic Gas Prices in Russia—Towards Export Netback?, *Oxford Institute*

for Energy Studies (OIES), NG 57.
Henderson, J. (2011c). The Pricing Debate over Russian Gas Export to China, *Oxford Institute for Energy Studies* (OIES) NG 56.
Higashi, N. (2009). Natural Gas in China: Market Revolution and Strategy, *IEA Working Papers Series*.
Hill, F. and Gaddy, C. (2003). *The Siberian Curse: How Communist Planners left Russia out in the Cold*, Washington D.C.: Brookings Institution Press.
Hook, L. (2010a). 'Doubts over Chinese coal-bed methane,' *Financial Times*, 28 August 2010. (www.ft.com/cms/s/0/cfd6258a-b38d-11df-81aa-00144feabdc0.html#axzz1NBfizQM3).
Hook, L. (2010b). 'Home supplies to cut imports,' *Financial Times*, 13 September 2010.
Hook, L. (2011). 'Latin moves in China's rush for oil,' *Financial Times*, 5 April 2011. (www.ft.com/cms/s/2/05230786-5ec8-11e0-8e7d-00144feab49a.html#axzz1cs1Fwegd).
Houser, T. (2008). 'The roots of Chinese oil investment abroad,' *Asia Policy* 5, 141-66.
Hoyos, C, and McGregor, Richard. (2008). 'China Sings two big LNG deals with Qatar,' *Financial Times*, 11 April 2008.
Hoyos, C. (2006). 'PetroChina signs exploration deal with Total,' *Financial Times*, 3 March 2006.
Hoyos, C. (2009). 'Shell wins 'gold rush' Iraqi oilfield auction,' *Financial Times*, 12/13 December 2009.
Hoyos, C. and Crooks, E. (2010a). 'World leader has chosen a well-placed partner,' *Financial Times*, 9 March 2010.
Hoyos, C. and Crooks, E. (2010b). 'A foot on the gas,' *Financial Times*, 12 March 2010.
Hoyos, Carla. (2010). 'Europe the new frontier in shale gas rush,' *Financial Times*, 8 March 2010.
IEA (2000). 'China's Worldwide Quest for Energy Security,' International Energy Agency, Paris: IEA.
IEA (2002). 'Developing China's Natural Gas Market: The Energy Policy Challenges,' International Energy Agency. Paris: IEA.
IEA (2007). *World Energy Outlook 2007*, International Energy Agency. Paris: IEA.
IEA (2009). *World Energy Outlook 2009*, International Energy Agency. Paris: IEA
IEA (2010). *World Energy Outlook 2010*, International Energy Agency. Paris: IEA.
IEA (2011a). Special Report: 'Are we entering a golden gas usage?'
IEA (2011b). *World Energy Outlook 2011*, International Energy Agency. Paris: IEA.
Illarionov, A. (2004). 'Russia's Latest Auction Farce Eerily Familiar,' *Moscow Times*, 21 December 2004.
Inozemtsev, V. (2009). The 'Resource Curse' and Russia's Economic Crisis, *Chatham House REP Roundtable Summary*, 10 March.
Jack, A. and Rahman, B. (2003). 'Japan to push case for Siberia-Pacific pipeline,' *Financial Times*, 5 March 2003.
Jack, Andrew. (2003). 'Japan offers pipeline funding,' *Financial Times*, 14 January 2003.
Jakobson, L. (2010). 'China prepares for an ice-free Arctic,' SIPRI Insights on Peace and Security, no. 2010/2, March.
JBIC (2005). *The Future of the Natural Gas Market in East Asia*, Vol. 1 (Chapter 2: 'The Implications of China's Gas Expansion towards the Natural Gas Market in Asia'), Japan Bank for International Cooperation (JBIC), January 2005.
Jensen, J. T. (2011a). 'Natural Gas Pricing: Current Pattern and Future Trends,' a Presentation to

the Beijing Energy Club, Shanghai, 18 February.
Jensen, J. T. (2011b). 'Emerging LNG Market Demand: China,' a presentation to the LNG Value Chain Conference, Rotterdam, 15 June.
Jensen, R. G., Shabad, T., and Wright, A. W. (1983). *Soviet Natural Resources in the World Economy*, Chicago: The University of Chicago Press.
Jentleson, B. W. (1986). *Pipeline Politics: The Complex Political Economy of East-West Energy Trade*, Ithaca: Cornell University Press.
Jia Chengzao et al. (2002). 'Petroleum geological characteristics of Kela-2 gas field,' *Chinese Science Bulletin*, vol. 47, supplement 1, December issue, 94-9. (www.springerlink.com/content/d86543163125231w/fulltext.pdf).
Jia, Chengzao, and Li, Qiming. (2008). 'Petroleum geology of Kela-2, the most productive gas field in China,' *Marine and Petroleum Geology*, April-May, 335-43.
Jiang Lurong (2006). 'China starts new round of price hike of gas,' *China OGP*, 15 September 2006, 1-3.
Jiang Wenran (2009). 'China Makes Strides in Energy "Go-out" Strategy,' *China Brief* (The Jamestown Foundation), vol. 9, no. 15.
Jiang, J., and Sinton, J. (2011). 'Overseas Investments Chinese national Oil Companies: Assessing the drivers and impacts,' *IEA Information Paper*.
Jiao, W. (2011). 'China, Russia vow to boost relations,' *China Daily*, 14 April 2011. (www.chinadaily.com.cn/china/brics2011/2011-04/14/content_12322482.htm)
Jie Mingxun (2010). 'Status & Outlook of Unconventional Gas Development in China,' presented at China Oil and Gas Industry Summit (under Thirteenth China Beijing International High-Tec EXPO, 28 May).
Kalashnikov, V. D. (2004). 'Russian Far East Energy Sector Development and Cooperation Strategies towards Northeast Asia,' presented at 2004 SRC (Slavic Research Centre)'s Summer International Symposium on Siberia and the Russian Far East in the 21st Century: Partners in the Community of Asia, 14-16 July, Sapporo, Hokkaido.
Kalici, J. H. and Goldwyn, D. L. (2005). *Energy and Security: Toward a New Foreign Policy Strategy*, Kalici, J. H. and Goldwyn, D. L. ed. Baltimore: The Johns Hopkins University Press, 2005.
Kambara, T. and Howe, C. (2007). *China and the Global Energy Crisis: Development and Prospects for China's Oil and Natural Gas*, Cheltenham: Edward Elgar.
Karaganov, S. (2011). 'Russia's Asian Strategy,' *Russia in Global Affairs*, 2 July. (http://eng.globalaffairs.ru/pubcol/Russias-Asian-Strategy-15254).
Kedrov, I., and Gaiduk, I. (2009). 'China Becomes Russia's Main Energy Partner,' *RPI*, November/December 2009, 35-40.
Kempton, D.R. (1996). 'The Republic of Sakha (Yakutia): The evolution of centre-periphery relations in the Russian Federation,' Europe-Asia Studies 1996, vol. 48, no. 4, 587-613.
Kirillova, E. (2006). 'Gazprom Squeezes TNK-BP Out of Kovykta,' *RPI*, November/December 2006, 51-6.
Kirillova, E. (2008a). 'Krasnoyarsk Emerging as an Oil and Gas Region,' *RPI*, August 2008, 24-30.
Kirillova, E. (2008b). 'JOGMEC Eyes East Siberian Resources,' *RPI*, October 2008, 22-7.
Kirillova, E. and Gaiduk, I. (2009). 'Russia Offers Japan Joint Energy Initiatives,' *RPI*, June/July 2009, 5-10.

Kleveman, L. (2003). *The New Great Game: Blood and Oil and Central Asia*, New York: Atlantic Monthly Press.

Kokhanovskaya, Y. (2006). 'Official: Helium will delay Kovykta work,' *Moscow Times*, 10 April 2006.

Kong, Bo (2010). *China's International Petroleum Policy*, Santa Barbara: ABC-CLIO, LLC.

Konovalov, S. (2008). 'YANR Becoming Strategic Centre for Russian Gas Extraction,' *RPI*, September 2008, 11-16.

Kontorovich, A. E. and Eder, L. V. (2009). 'Oil and Gas from Russia will be delivered to the Asian-Pacific Market,' in the proceedings of the 11th International Conference on 'Northeast Asian Natural Gas and Pipelines,' organized by NAGPF & APRSJ, 27-8 October 2009, Tokyo.

Kramer, A. E. (2006). 'For China, a long wait for Russian gas supply,' *New York Times*, 21 March 2006.

Kramer, A. E. (2009a). 'Putin's Grasp of Energy Drives Russian Agenda,' *New York Times*, 28 January 2009. (www.nytimes.com/2009/01/29/world/europe/29putin.html).

Kramer, A. E. (2009b). 'Falling Gas Prices Deny Russia a Lever of Power,' *New York Times*, 15 May 2009. (www.nytimes.com/2009/05/16/world/europe/16gazprom.html).

Kravets, V. (2006). 'Evenkia Awaits Development,' *RPI*, January 2006, 17-23.

Kroutikhin, M. (2004). 'Russian Bear in China Shop: Gazprom leaves no room for foreign players in eastern Siberia,' *The Russian Energy*, vol. 3, no. 118, June 2004.

Kryukov, V. and Moe, A. (1996). 'Gazprom: Internal Structure, Management Principles and Financial Flows,' London: The Royal Institute of International Affairs.

Kynge, J. (2006). *China Shakes The World: The Rise of a Hungary Nation*, London: Phoenix.

Larionov, V. (1995). 'Deposits of Natural Gas in the Sakha Republic (Yakutia), Current Situation and Prospects of their Use in the Context of the Republic's Energy Policy, paper presented at the International Conference on NANGP,' convened by NPRSJ, 3 March, Tokyo.

Li Xiaohui (2009). 'Guangdong to step up distribution of natural gas pipeline network,' *China OGP*, 15 February 2009, 11-12.

Li Xiaohui (2010a). 'Gas pipeline interconnection and construction, a way to ease China's gas shortage,' *China OGP*, 1 February 2010, 13-14.

Li Xiaohui (2010b). 'CNPC to step up implementation of CBM strategy,' *China OGP*, 1 February 2010, 16-18.

Li Xiaohui (2010c). 'Second-batch SPR bases will allow China to feed 100-day demand,' *China OGP*, 1 April 2010, 3-5.

Li Xiaohui (2010d). 'China's blueprint for refining industry,' *China OGP*, 15 May 2010, 6-8.

Li Xiaohui (2010e). 'Competition in CBM industry aggravated by natural gas price adjustment,' *China OGP*, 15 June 2010, 1-3.

Li Xiaohui (2010f). 'China, Russia in new era of energy cooperation,' *China OGP*, 1 October 2010, 4.

Li Xiaohui (2011). 'China CBM industry to see booming development in 2011-15,' *China OGP*, 1 June 2011, 7-9.

Li Xiaoming (2002a). 'West-East pipeline framework agreement signed,' *China OGP*, 15 July 2002, 4-8.

Li Xiaoming (2002b). 'Review of Sino-Russian oil and gas cooperation,' *China OGP*, 15 August 2002, 6-8.

Li Xiaoming (2004). 'CNOOC-Sinopec trading venture becomes the fifth Chinese state oil importer,' *China OGP*, 1 July 2004, 1-2.
Li Yuling (2002a). 'Sinchem wins first overseas upstream project,' *China OGP*, 1 February 2002, 7.
Li Yuling (2002b). 'Chinese tycoon launches private W-E gas project,' *China OGP*, 15 June 2002, 13-15.
Li Yuling (2002c). 'China builds pipeline in Kazakhstan,' *China OGP*, 15 June 2002, 15.
Li Yuling (2002d). 'BP's gas ambition beyond W-E pipeline,' *China OGP*, 15 July 2002, 9 and 14.
Li Yuling (2003a). 'CNPC retreats from Slavneft auction,' *China OGP*, 15 January 2003, 1-3.
Li Yuling (2003b). 'A U-turn of the Russia-China oil pipeline,' *China OGP*, 1 March 2003, 4-5.
Li Yuling (2003c). 'Preparing for the arrival of Russian oil,' *China OGP*, 1 April 2003, 1-3.
Li Yuling (2003d). 'FS of Russia-China-South Korea gas pipeline goes on amid upstream uncertainties,' *China OGP*, 15 April 2003, 4-6.
Li Yuling (2003e). 'Moscow makes up its mind on Angarsk-Daqing oil pipeline,' *China OGP*, 15 May 2003, 2-3.
Li Yuling (2003f). 'Russia, China step closer on clinching Angarsk-Daqing deal,' *China OGP*, 1 June 2003, 1-3.
Li Yuling (2003g). 'Russia-China-South Korea gas pipeline: fraught with question marks,' *China OGP*, 15 July 2003, 1-3.
Li Yuling (2003h). 'CNPC: China awaits Russia's official decision on the Angarsk-Daqing pipeline,' *China OGP*, 15 September 2003, 3-4.
Li Yuling (2003i). 'PetroChina: confident in the economics of the Angarsk-Daqing pipeline,' *China OGP*, 1 October 2003, 1-2.
Li Yuling (2003j). 'Shell's bargaining power in W-E gas pipeline dwindles,' *China OGP*, 1 November 2003, 4-5.
Li Yuling (2003k). 'Route of Russia-China-South Korea gas pipeline still undecided,' *China OGP*, 15 November 2003, 5-6.
Li Yuling (2004a). 'China, Kazakhstan to sign transborder pipeline contract in May,' *China OGP*, 1 March 2004, 1-2.
Li Yuling (2004b). 'China to import LNG from Iran,' *China OGP*, 15 March 2004, 1-3.
Li Yuling (2004c). 'Sino-foreign negotiations on W-E gas pipeline on the verge of falling through,' *China OGP*, 15 March 2004, 5-6.
Li Yuling (2004d). 'CNPC's Stimul project in Russia at stake,' *China OGP*, 15 March 2004, 12-13.
Li Yuling (2004e). 'CNPC eyes ownership of Atasu-Alashankou-Dushanzi,' *China OGP*, 15 April 2004, 1-3.
Li Yuling (2004f). 'Wrangles within Russia cloud Russia-China-South Korea gas pipeline,' *China OGP*, 15 April 2004, 3-5.
Li Yuling (2004g). 'New route, old question: where will the Russian oil go?,' *China OGP*, 1 July 2004, 2-4.
Li Yuling (2004h). 'PetroChina: Co-investment with Japan in a No-Daqing Taishet-Nakhodka pipeline unlikely,' *China OGP*, 1 August 2004, 1-2.
Lieberthal, K., and Oksenberg, M. (1988). *Policy Making in China: Leaders, Structures, and Processes*, Princeton, New Jersey: Princeton University Press.
Lieberthal, K. G., and Herberg, M. (2006). 'China's Search for Energy Security: Implications for US

Policy,' *NBR Analysis*, vol. 17. no. 1, 5-42.
Lin Fanjing (2005). 'Certain for a higher natural gas price in China,' *China OGP*, 1 December 2005, 1-4.
Lin Fanjing (2006a). 'Xinjiang-Guangzhou gas pipeline, possible?,' *China OGP*, 1 January 2006, 11.
Lin Fanjing (2006b). 'PetroChina to build two oil product pipelines for central China market,' *China OGP*, 1 February 2006, 7-9.
Lin Fanjing (2006c). 'How long from imagination to reality?,' *China OGP*, 15 March 2006, 7.
Lin Fanjing (2007a). 'Heading toward Central Asia with two-handed preparations,' *China OGP*, 1 June 2007, 31-3.
Lin Fanjing (2007b). 'China's LNG industry embarrassed by high-cost import,' *China OGP*, 1 October 2007, 1-3.
Lin Fanjing (2008a). 'China's pipelines construction to enter heyday,' *China OGP*, 15 January 2008, 3.
Lin Fanjing (2008b). 'Updates of CNPC-launched pipelines,' *China OGP*, 1 March 2008, 13.
Lin Fanjing (2008c). 'Thorough Reshuffle of China's energy sector ahead,' *China OGP*, 15 March 2008, 1-3.
Lin Fanjing (2008d). 'Uncertainties in front of China's newly founded State Bureau of Energy,' *China OGP*, 1 April 2008, 4-5.
Lin Fanjing (2008e). 'CNPC, CNOOC ink worthwhile deals with Qatargas,' *China OGP*, 15 April 2008, 1-3.
Lin Fanjing (2008f). 'China's CBM industry asks for more favorable policies and investment,' *China OGP*, 15 April 2008, 18-21.
Lin Fanjing (2008g). 'China pays record-high price for LNG spot imports in May,' *China OGP*, 1 July 2008, 1-3.
Lin Fanjing (2009a). 'China to launch natural gas pricing reform this year, insider,' *China OGP*, 15 March 2009, 1-3.
Lin Fanjing (2009b). 'Update of China's pipeline construction,' *China OGP*, 15 April 2009, 3-7.
Lin Fanjing (2009c). 'China's towngas market reshuffling with newcomers participating,' *China OGP*, 15 May 2009, 7-8.
Lin Fanjing (2009d). 'Chinese oil firms team up for overseas acquisitions,' *China OGP*, 1 August 2009, 7-9.
Lin Fanjing (2009e). 'Sichuan-to-East pipeline pricing structure signals start of China's gas price reforms,' *China OGP*, 1 September 2009, 1-3.
Lin Fanjing (2009f). 'China launches building of 2nd phase SPR bases,' *China OGP*, 1 October 2009, 13-14.
Lin Fanjing (2009g). 'CNPC steps up integrating towngas in a bid to aggressively expand business,' *China OGP*, 15 December 2009, 9.
Lin Fanjing (2010a). 'PetroChina targets domestic gas sources to hedge overseas supplies,' *China OGP*, 15 January 2010, 11-12.
Lin Fanjing (2010b). 'China's natural gas pricing reform may further delay under inflationary pressure,' *China OGP*, 1 March 2010, 2-4.
Lin Fanjing (2010c). 'Sinopec paves the way for growth of natural gas,' *China OGP*, 15 July 2010, 5.
Lin Fanjing (2010d). 'Oversupply of refining capacity, a long-term issue for China,' *China OGP*, 1

August 2010, 1-5.
Lin Fanjing and Lin Wei (2008). 'A race for towngas distribution,' *China OGP*, 15 August 2008, 4-7.
Lin Fanjing and Mo Lin (2006). 'A higher price, a healthier market,' *China OGP*, 1 January 2006, 4.
Liu Haiying (2002). 'China, Russia resume talks on Irkutsk gas development,' *China OGP*, 15 May 2002, 1-2.
Liu Haiying (2004). 'Russia's solution to pipeline impasse,' *China OGP*, 1 January 2004, 1-3.
Liu Haiying and Li Xiaoming (2002). 'Going-out rouses reflections on national oil strategy,' *China OGP*, 15 April 2002, 1-3.
Liu Honglin, et.al. (2009). 'Shale gas in China: new important role of Energy in 21st Century,' presented at 2009 International Coalbed & Shale Gas Symposium. (www.petromin.ca/sites/petromin/files/media/reports/shale%20gas/Shale_Gas_in_China_Tuscaloosa_2009.pdf).
Liu Xiaoli (2011). 'China's Oil Outlook and Oil Security Issue,' presented at an International Conference on Russian-Asian Oil Summit, organized by Vostok Capital, 18-20 May 2011, Singapore.
Liu Yanan (2008a). 'China Petroleum Reserve Center launched to secure energy safety,' *China OGP*, 1 January 2008, 8-9 and 15.
Liu Yanan (2008b). 'CNOOC reshaped as an integrated energy giant,' *China OGP*, 1 March 2008, 8-9.
Liu Yanan (2008c). 'China's 4th largest oil company strives for more living space,' *China OGP*, 1 May 2008, 5-7.
Liu Yanan (2008d). 'Competitive mechanism expected in China's CBM industry,' *China OGP*, 15 June 2008, 1-2.
Liu Yanan (2009). 'China to edge out 50 mln tons of 'teapot' refining capacity by 2011,' *China OGP*, 15 May 2009, 5-6.
Liu, Yiyu and Zhou, Siyu (2011). 'China pushes to develop green economy,' *China Daily*, 23 November 2011. (www.chinadaily.com.cn/business/2010-11/23/content_11594441.htm).
Lo, B. (2008). *Axis of Convenience: Moscow, Beijing and the New Geopolitics*, London & Washington: Chatham House & Brookings Institution Press.
Lukin, A. (2003). *The Bear watches the Dragon: Russia's Perceptions of China and the Evolution of Russian-Chinese Relations Since the Eighteenth Century*, Armonk, New York: M. E. Sharpe.
Lukin, O. (2004). 'East Siberian Incentives Needed,' *RPI*, June/July 2004, 11-18.
Lukin, O. (2005a). 'Trekking East with Gas,' *RPI*, March 2005, 56-60.
Lukin, O. (2005b). 'East Siberian Incentives Needed,' *RPI*, June/July 2005, 11-18.
Lukin, O. (2005c). 'MNR Forcing TNK-BP to Abandon Licenses for Kovyktinskoye and Verkhnechonskoye Fields: Deferred Offensive,' *RPI*, September 2005, 13-20.
Ma Xin. (2008). *National Oil Company Reform from the Perspective of its Relationship with Governments: The Case of China*, a PhD thesis submitted to the University of Dundee (Centre for Energy, Petroleum & Mineral Law, and Policy: CEPMLP).
Mai, T. (2005). 'Power Panel,' *China Daily* Business Weekly, 6-12 June 2005.
Mainwaring, J. (2011). 'Urals Energy temporarily abandons Well no. 51 at Petrosakh,' *Proactiveinvestors*, 23 September 2011. (www.proactiveinvestors.co.uk/companies/news/33505/urals-energy-temporarily-abandons-well-51-at-petrosakh-33505.html).

Manning, R. A. (2000). *The Asian Energy Factor*, New York: Palgrave.
Mao Yushi, Sheng Hong, and Yang Fuqiang (2008). 'The True Cost of Coal,' Greenpeace. (www.greenpeace.org/eastasia/PageFiles/301168/the-true-cost-of-coal.pdf).
Marcel, V. (2006). *Oil Titans: National Oil Companies in the Middle East*, London: Chatham House, 2006.
Marcel, V. and Xu, Y. (2008). 'Key Issues for Rising National Oil Companies,' prepared for KPMG International.
McDonald, J. (2006). 'Chinese state oil giant buys $500 million stake in Russia's Rosneft,' *Associated Press*, 19 July 2006.
McGregor, R, and Hoyos, C. (2004). 'Pipeline pullout embarrasses PetroChina,' *Financial Times*, 4 August 2004.
McGregor, R. (2004). 'Putin resists Chinese pressure to approve big oil projects,' *Financial Times*, 15 October 2004.
McGregor, R. (2005). 'Gazprom in talks over new China pipelines,' *Financial Times*, 22 September 2005
McGregor, R., Pilling, D., and Ostrovsky, A. (2004). 'Japan likely to win on pipeline route,' *Financial Times*, 24 March 2004.
Medetsky, A. (2007a). 'Pacific Pipeline Delayed Until 2015,' *Moscow Times*, 20 July 2007.
Medetsky, A. (2007b). 'Turkmens Tack On 2nd Gas Price Hike,' *Moscow Times*, 28 November 2007.
Medetsky, A. (2009). 'Putin Launches Pacific Oil Terminal,' *Moscow Times*, 29 December 2009.
Meidan, M. (2007). *Shaping China's Energy Security: The Inside Perspective*, Michal Meidan, ed., Paris: Asia Centre—Centre études Asie.
Meidan, M., Andrew-Speed, P., and Ma Xin (2007). 'Shaping China's Energy Security: Actors and Policies,' in Michal Meidan, ed., *Shaping China's Energy Security: The Inside Perspective*, (Asia Centre – Centre études Asie, 2007), 33-63.
Meyer, H. (2006). 'Russian Oil Pipeline construction begins,' *Associated Press*, 28 April 2006.
Miles, T. and Beck, L. (2006). 'Russia opens energy tap, China wants more,' *Reuters*, 22 March 2006.
Miller, A. B. (2003). 'Eurasian Direction of the Russia's Gas Strategy,' presented at 22nd World Gas Conference Tokyo 2003, Key Note Address (KA 1-5), 4 June 2003.
Milyaeva, S. (2008a). 'Future Oil Production: Officials Are Optimistic: Oil Companies Are Not,' *RPI*, May 2008, 19-24.
Milyaeva, S. (2008b). 'Investors Eye East Siberia,' *RPI*, June/July 2008, 40-47.
Milyaeva, S. (2008c). 'Russian Deposit Licensing Unresolved,' *RPI*, October 2008, 28-33.
Milyaeva, S. (2010). 'Gazprom Begins Push into the Asian-Pacific Region,' *RPI*, May 2010, 17-21.
Minakir, P. A. (2007). *Economic Cooperation between the Russian Far East and Asia-Pacific Countries*, P. A. Minakir, ed., Khabarovsk: RIOTIP.
Ministry of Energy, Russian Federation (2010). *Energy Strategy of Russia: for the period up to 2030* (approved by Decree N 1715r of the Government of the Russian Federation, dated 13 November 2009). Published by Institute of Energy Strategy, Moscow, 2010.
Mironova, I. (2010). 'Russia gas in China: Complex Issues in Cross-Border Pipeline Negotiations,' *Energy Charter Secretariat*.
Mitchell, J. (1996). *The New Geopolitics of Energy*, London: The Royal Institute of International

参考文献, その他出典　587

Affairs.
Mitchell, J., and Lahn, G. (2007). 'Oil for Asia,' *Chatham House Briefing Paper*, London, Chatham House.
Mitrova, T. (2011). 'The Domestic Context: Russian Gas Production,' presented at an International conference on 'Russian Oil and Gas: New Trends and Implications,' organized by Chatham House, London, 28-9 March.
Miyamoto, A. (1997). *Natural Gas in Central Asia: Industries, Markets and Export Options of Kazakhstan, Turkmenistan and Uzbekistan*, London: The Royal Institute of International Affairs.
Mo Lin (2004). 'Russia's changing mind,' *China OGP*, 14 November 2004, 6-7.
Morse, R.K. and Gang He (2010). 'The World's Greatest Coal Arbitrage: China's Coal Import Behavior and Implications for the Global Coal Market,' Programme on Energy and Sustainable Development, Freeman Spogli Institute for International Studies, Stanford University, Working Paper No. 94, August 2010.
Motomura, M. (2008). 'Japan's Energy Relations with Russia and Central Asia,' presented at Clingendael Conference on 'The Geopolitics of Energy in Eurasia: Russia as an Energy Lynch Pin,' The Hague, 23 January 2008.
Motomura, M. (2010). 'Evaluation of ESPO Crude in Japan and Japan's Strategy for East Siberia development,' presented At Oil Terminal 2010 conference organized by Vostok Capital at St. Petersburg, 25-6 November.
Murphy, D. (2003). 'CNPC Official Kidnapped During Slavneft Auction, Sources Say,' *China Energy Report, Dow Jones Newsletters*, 14 March 2003.
NAGPF (2004). 'Proceedings of 4th Forum,' Northeast Asian Gas and Pipeline Forum conference held in Ulan Baartar, 16-18 August 1998.
NAGPF (2005, 2007). 'A Long-Term Vision of Natural Gas Infrastructure in Northeast Asia: 2005 version and 2007 Version,' September 2005 and September 2007.
NAGPF (2007). 'Proceedings of 10th Forum,' Northeast Asian Gas and Pipeline Forum, Novosibirsk, 18-19 September 2007.
NAGPF (2009). 'Proceedings of 11th Forum,' Northeast Asian Gas and Pipeline Forum, Tokyo, 27-8 October 2009.
NAGPF (2011). 'Proceedings of 12th forum,' Northeast Asian Gas and Pipeline Forum, Ulaanbaatar, 29-30 August 2011.
NEAGPF, APRSJ (2009). 'Proceedings of the 11th International Conference on Northeast Asian Natural Gas and Pipeline: 'Multilateral Cooperation in Natural Gas and Pipeline in Northeast Asia,' Northeast Asian Gas and Pipeline Forum and Asian Pipeline Research Society of Japan (organizers). 27-8 October 2009, Tokyo.
Nemtsov, B. and Milov, V. (2008). 'Putin and Gazprom: An Independent expert report,' Moscow, translated from the Russian by Dave Essel, 1-28. (www.europeanenergyreview.eu/data/docs/Viewpoints/Putin%20and%20Gazprom_Nemtsov%20en%20Milov.pdf).
Nezhina, V. (2009a). 'First Russian LNG Plant Headlines Shelf Developments,' *RPI*, March 2009, 19-23.
Nezhina, V. (2009b). 'Gazprom Changes Priorities,' *RPI*, August 2009, 44-50.
Nezhina, V. (2009c). 'Vankor begins Active Phase of East Siberian Development,' *RPI*, October 2009, 32-8.

Nezhina, V. and Kirillova, E. (2010). 'ESPO Prepares to Move Crude to China,' *RPI*, June/July 2010, 21-6.

Norman, J. R. (2008). *The Oil Card: Global Economic Warfare in the 21st Century*, Walterville: Trine Day.

Nuriev, A. (2006). 'Riches of "Blue Fuel" Reserves,' *Turkmenistan*, August 2006, no. 7-8 (16-17). (www.turkmenistaninfo.ru/?page_id=6&type=article&elem_id=page_6/magazine_35/278&lang_id=en).

Olcott, M. B. (2004). 'The Energy Dimension in Russian Global Strategy: Vladimir Putin and the Geopolitics of Oil,' Paper presented at the Baker Institute for Public Policy, Rice University, October.

Ostrovsky, A. (2006a). 'Out on a limb: how the Kremlin has been making life difficult on Sakhalin,' *Financial Times*, 23 November 2006.

Ostrovsky, A. (2006b). 'Shell offers Gazprom control of Sakhalin-2,' *Financial Times*, 12 December 2006.

Ostrovsky, A. (2006c). 'Gazprom to pay $7.45 bn to control Sakhalin-2,' *Financial Times*, 22 December 2006.

Ostrovsky, A. and Buckley, N. (2006). 'In Russia, control justifies the means,' *Financial Times*, 12 December 2006.

Paik, K-W. (1995). *Gas and Oil in Northeast Asia: Policies, projects and prospects*, London: The Royal Institute of International Affairs.

Paik, K-W. (1996). 'Energy Cooperation in Sino-Russian relations: the importance of oil and gas,' *The Pacific Review*, vol. 9, no. 1, 77- 95.

Paik, K-W. (1997). 'Tarim Basin Energy Development: Implications for Russian and Central Asian Oil and Gas Exports to China,' *The Royal Institute of International Affairs' Central Asian and Caucasian Prospects (CACP) Briefing*, No. 14.

Paik, K-W. (2002a). 'Natural gas Expansion in Korea,' in *Natural Gas in Asia: The Challenges of Growth in China, India, Japan and Korea*, Wybrew-Bond, I. and Stern, J. eds., Oxford: Oxford University Press, 2002, 188-229.

Paik, K-W. (2002b). 'Sino-Russian Oil and Gas Relationship: Implications for Economic Development in Northeast Asia,' presented at Northeast Asia Cooperation Dialogue XIII: Infrastructure and Economic Development Workshop organized by Institute for Far Eastern Affairs, Russian Academy of Sciences, and Institute of Global Conflict and Cooperation, University of California, Moscow, 4 October.

Paik, K-W. (2005a). 'Russia's Oil and Gas Export to northeast Asia,' *Asia-Pacific Review*, vol. 12, no. 2, 58-70.

Paik, K-W. (2005b). 'The implications of China's Gas Expansion towards Natural Gas Markets in Asia,' in JBIC, *The Future of the Natural Gas Market in East Asia*, Vol. 1 (Chapter 2: the Implications of China's Gas Expansion towards the Natural Gas Market in Asia), January 2005 (unpublished).

Paik, K-W. (2008). 'Natural Gas in Korea,' in Stern, J. ed. *Natural Gas in Asia: The Challenges of Growth in China, India, Japan, and Korea*, 2008, Oxford: Oxford Institute for Energy Studies, 174-219.

Paik, K-W., Marcel,V., Lahn, G., Mitchell, John V., and Adylov, E. (2007). 'Trends in Asian NOC Investments Overseas,' *Chatham House Working background paper*. (www.chathamhouse.

org/sites/default/files/public/Research/Energy, % 20Environment % 20and % 20Development/r0307anoc.pdf).
Pala, C. and Bradsher, K. (2003). 'Beijing and Caspian Oil Fields,' *New York Times*, 1 April 2003. (www.nytimes.com/2003/04/01/business/beijing-and-caspian-oil-fields.html?src=pm).
Peel, Q. and Jack, A. (2003). 'Japan and Russia set to back pipeline,' *Financial Times*, 10 January 2003.
Petromin Pipeliner (2011). 'China's Pipeline Gas Imports: Current Situation and Outlook to 2025,' Jan-March 2011. (www.pm-pipeliner.safan.com/mag/ppl0311/r06.pdf)
Peyrouse, Sebastien. 'The Economic Aspects of the Chinese-Central Asia Rapproachment,' Central Asia-Caucasus Institute and Silk Road Studies program, 2007. www.silkroadstudies. org/new/docs/Silkroadpapers/2007/0709China-Central_Asia.pdf.
Pilling, D. and Tsui, E. (2004). 'Japan risks missing out on Russian island's gas,' *Financial Times*, 3 November 2004.
Pilling, David (2010). 'Poised for a shift,' *Financial Times*, 23 November 2010.
Pilling, David and Gorst, I. (2005). 'Tokyo in threat to withdraw from $11bn oil pipeline,' *Financial Times*, 30 April-1 May 2005.
Pilling, David and Jack, Andrew. (2003). 'Oil fuels Japan's drive to bring a thaw to relations with Russia,' *Financial Times*, 10 January 2003.
Pirani, S. (2009). *Russian and CIS Gas Markets and their Impact on Europe*, Pirani, S. ed., Oxford: Oxford University Press.
Pirani, Simon. (2010). *Change in Putin's Russia: Power, Money and People*, London: Pluto Press.
Platts (2010a). 'Russian crude oil exports to the Far East—ESPO starts flowing,' Platts Special Report, February 2010. (www.platts.com/IM.Platts.Content/InsightAnalysis/IndustrySolutionPapers/espo_ip_0210.pdf).
Platts (2010b). 'Russian Crude Oil Exports to the Pacific Basin—ESPO Starts Flowing,' Platts Special Report, May 2010. (www.platts.com/IM.Platts.Content/InsightAnalysis/IndustrySolutionPapers/espoupdate0510.pdf).
Poussenkova, N. (2007a). 'Lord of the Rigs: Rosneft as a mirror of Russia's Evolution,' prepared in conjunction with an energy study sponsored by the James A. Baker III Institute for Public Policy and Japan Petroleum Energy Centre, Rice University.
Poussenkova, N. (2007b). 'The Wild, Wild East: East Siberia and the Far East: A New Petroleum Centre?,' *Carnegie Moscow Centre, Working Papers*, No. 4.
Putin, V. (1999). 'Mineral Natural Resources in the Strategy for Development of the Russian Economy,' *Zapiski Gornogo Instituta* Vol. 144, 1999, 3-9.
Qiu Jun (2004a). 'West-East JV negotiation falls through,' *China OGP*, 15 August 2004, 2-3.
Qiu Jun (2004b). 'New hope and old questions in Sino-Russian energy cooperation,' *China OGP*, 1 November 2004, 8-9.
Qiu Jun (2005a). 'Rosneft promises to supply China with 50 m tons of crude by 2010,' *China OGP*, 1 February 2005, 6-8.
Qiu Jun (2005b). 'Dushazi petrochemical project goes in high gear,' *China OGP*, 1 March 2005, 5-6.
Qiu Jun (2005c). 'Dina gasfield construction launched to fulfill 40% of W-E gas supply,' *China OGP*, 15 March 2005, 18-19.
Qiu Jun (2005d). 'Kovykta's gas may kiss goodbye to China,' *China OGP*, 1 May 2005, 8-9.

Qiu Jun (2005e). 'CNPC makes headway in Uzbekistan,' *China OGP*, 1 June 2005, 18-19.
Qiu Jun (2005f). 'Sino-Russia oil pipeline is conceiving new uncertainties,' *China OGP*, 15 June 2005, 5-6.
Qiu Jun (2005g). 'Sino-Russian oil pipeline update,' *China OGP*, 15 July 2005, 14-15.
Qiu Jun (2005h). 'First section of Taishet-Nakhodka pipeline to start construction in December,' *China OGP*, 1 August 2005, 9-11.
Qiu Jun (2005i). 'Russia to export crude through Sino-Kazakhstan oil pipeline,' *China OGP*, 1 November 2005, 8-9.
Qiu Jun (2005j). 'National oil reserves in second stage,' *China OGP*, 1 November 2005, 9-11.
Qiu Jun (2005k). 'T-N pipeline still pending,' *China OGP*, 15 December, 2005, 5-7.
Qiu Jun (2005l). 'China's largest condensate gasfield cluster construction debuts,' *China OGP*, 15 December 2005, 17.
Qiu Jun (2006a). 'Atasu-Dushanzi crude pipeline completed,' *China OGP*, 1 January 2006, 5-6.
Qiu Jun (2006b). 'Petroleum industry's outstanding role in governmental agenda,' *China OGP*, 15 March 2006, 12-16.
Qiu Jun (2006c). 'China Russia sign deals to build gas pipelines,' *China OGP*, 1 April 2006, 1-4.
Qiu Jun (2006d). 'The 1st government-initiated oil and gas survey under way,' *China OGP*, 1 April 2006, 8-9.
Qiu Jun (2006e). 'China and Turkmenistan ink natural gas pipeline agreement,' *China OGP*, 15 April 2006, 12-15.
Qiu Jun (2006f). 'China's LNG projects under price and source pressure,' *China OGP*, 1 June 2006, 9 & 12-14.
Qiu Jun (2006g). 'CNPC and Gazprom to hasten gas pipeline,' *China OGP*, 1 June 2006, 24-5.
Qiu Jun (2006h). 'Sinopec teams up with Rosneft to bid for Russian oil assets,' *China OGP*, 15 June 2006, 12-14.
Qiu Jun (2006i). 'Sinopec expects new overseas headways,' *China OGP*, 1 July 2006, 7-9 and 14.
Qiu Jun (2006j). 'Doomed closer ties with Russian counterparts,' *China OGP*, 15 July 2006, 16-19.
Qiu Jun (2006k). 'Petronas likely to supply LNG for CNOOC's Shanghai LNG terminal,' *China OGP*, 1 August 2006, 4-7.
Qiu Jun (2006l). 'Chunxiao begins production through disputes exist,' *China OGP*, 15 August 2006, 14-16.
Qiu Jun (2006m). 'Sinopec to hook Iran LNG for Shandong,' *China OGP*, 15 August 2006, 16-19.
Qiu Jun (2006n). 'New gas findings ensure supply to W-E gas pipeline,' *China OGP*, 15 September 2006, 8-9 & 13.
Qiu Jun (2006o). 'Sino-Russia energy cooperation: new developments,' *China OGP*, 15 September 2006, 16.
Qiu Jun (2006p). 'Domestic LNG players' trio orchestral in Jiangsu,' *China OGP*, 1 October 2006, 20-3.
Qiu Jun (2006q). 'Sino-Russia energy cooperation approaches harvest season,' *China OGP*, 1 November 2006, 16-19.
Qiu Jun (2006r). 'PetroChina starts construction of end station of its western crude pipeline,' *China OGP*, 15 November 2006, 20-21.
Qiu Jun (2006s). 'CNPC constructs gas pipeline grid in northeast China,' *China OGP*, 15 December 2006, 8-9 and 13-14.

Qiu Jun (2008). 'A local oil company emerges in Shaanxi,' *China OGP*, 1 October 2008, 17.
Qiu Jun (2009). 'CNPC integrates downstream natural gas sales business prior to price reform,' *China OGP*, 15 December 2009, 3-7.
Qiu Jun (2010a). 'Guesswork on China's natural gas pricing mechanism reform,' *China OGP*, 1 February 2010, 9.
Qiu Jun (2010b). 'China sets up national energy commission headed by Premier,' *China OGP*, 1 February 2010, 15-16.
Qiu Jun (2010c). 'China's CBM industry prospects in next decade,' *China OGP*, 15 June 2010, 3-6.
Qiu Jun (2010d). 'One more oil firm acquires state-run crude oil import license,' *China OGP*, 1 July 2010, 12-15.
Qiu Jun (2010e). 'Chinese oil majors beef up efforts to ensure natural gas supply,' *China OGP*, 1 October 2010, 6-7.
Qiu Jun (2010f). 'China' s natural gas supply to remain tight despite 25 pct rise in supply,' *China OGP*, 1 November 2010, 1-3.
Qiu Jun and An Bei (2005). 'CNPC completes takeover deal with PK,' *China OGP*, 1 November 2005, 1-3.
Qiu Jun and Liu Shuyun (2006). 'Yanchang Petroleum Group: a truly new and strong force,' *China OGP*, 1 August 2006, 26-29.
Qiu Jun and Wang Boyu (2006). 'Metering quarrel blocks Kazakh oil into China,' *China OGP*, 1 July 2006, 1-4.
Qiu Jun and Yan Jinguang (2009). 'CNPC buys expensive overseas LNG, criticized for forcing up domestic prices,' *China OGP*, 15 September 2009, 1-5.
Qiu Jun and Zhang Zhengfu (2010). 'Natural gas shortage stings China,' *China OGP*, 15 January 2010, 1-5.
Quan Lan (1999e). 'CNPC revises west-to-east gas grid design,' *China OGP*, 1 October 1999, 1-4.
Quan Lan (2000a). 'China pushed ahead West-Gas-To-East project,' *China OGP*, 15 March 2000, 1-5.
Quan Lan (2000b). 'China to start first transnational oil pipeline in 2003,' *China OGP*, 1 April 2000, 5-6.
Quan Lan (2000c). 'State offers preferential policies to attract foreign funds to trunk gas pipeline,' *China OGP*, 1 April 2000, 6-7.
Quan Lan (2000d). 'China to start the third round of national hydrocarbon resources appraisal,' *China OGP*, 15 June 2000, 15.
Quan Lan (2000e). 'Tarim, what to offer next?,' *China OGP*, 1 September 2000, 5-7 & 9.
Quan Lan (2000f). 'Foreign fund for the transnational pipeline construction,' *China OGP*, 15 September 2000, 4-5.
Quan Lan (2001a). 'New gasfield backs up West-East Gas Pipeline,' *China OGP*, 15 February 2001, 15-16.
Quan Lan (2001b). 'PetroChina to select seven for second round bidding on West-East gas pipeline,' *China OGP*, 15 March 2001, 12.
Quan Lan (2001c). 'PetroChina signs gas LOIs with 33 enterprises,' *China OGP*, 15 March 2001, 13.
Quan Lan (2001d). 'PetroChina shortlists three foreign investors for West-East pipeline project,' *China OGP*, 15 June 2001, 9.

Quan Lan (2001e). 'Presidential visit to shovel ahead Sino-Russia oil pipeline,' *China OGP*, 1 July 2001, 1-3.
Quan Lan (2001f). 'PetroChina locates new reserves for W-E pipeline,' *China OGP*, 1 August 2001, 12.
Quan Lan (2001g). 'PetroChina gets new boost for its W-E pipeline,' *China OGP*, 1 August 2001, 13.
Quan Lan (2001h). 'Shell ties up with Gazprom for W-E pipeline,' *China OGP*, 1 September 2001, 7-8.
Quan Lan (2001i). 'BP pulls out of W-E pipeline bidding,' *China OGP*, 15 September 2001, 2.
Quan Lan (2001j). 'How Russia fits into China's energy blueprint,' *China OGP*, 1 October 2001, 1-3.
Quan Lan (1999a). 'Premier's visit refuels transnational pipeline scheme,' *China OGP*, 15 March 1999, 1-3.
Quan Lan (1999b). 'LNG project appraisal to wind up,' *China OGP*, 15 June 1999, 5-6.
Quan Lan (1999c). 'Transnational oil pipeline shelved,' *China OGP*, 15 August 1999, 2-3.
Quan Lan (1999d). 'Changqing's gas bearing zone expands,' *China OGP*, 15 September 1999, 11-12.
Quan, L, and Paik, K-W. (1998). *China Natural Gas Report*, London: *Xinhua News Agency* and The Royal Institute of International Affairs.
Quested, R. (2005). *Sino-Russian Relations: a short history*, Abingdon: Routledge.
Rahman, B. and Jack, A. (2003). 'Japan lures Russia with $7 bn offer on pipeline,' *Financial Times*, 14 October 2003.
RC (2008). 'Oil & Gas Yearbook 2008: Crosswind,' Renaissance Capital (Equity Research), 29 July 2008.
RC (2010). 'Oil and Gas Yearbook 2010: Stand and deliver,' Renaissance Capital, 27 July 2010.
Roberts, J. (1996). *Caspian Pipelines, Former Soviet South Project*, London: The Royal Institute of International Affairs.
Roberts, J. (2008). 'The Geopolitics of the Caspian and Central Asian Energy,' presented at a seminar organized by Oxford Institute for Energy Studies and St. Anthony's College, Oxford University, 27 February 2008.
Robinson, G. (2009). 'Sinopec swoops on oil explorer—or does it?,' *Financial Times*, 15 June 2009. (http://ftalphaville.ft.com/blog/2009/06/15/57006/sinopec-swoops-on-oil-explorer-or-does-it/).
Rosen D. H. and Houser T. (2007). *China Energy: A Guide for the Perplexed*. Washington D.C., Peterson Institute for International Economics.
Rosner, K. (2010). 'Sino-Russian energy relations in perspective,' *Journal of Energy Security*, 29 September.
Rozman, G. (2010). 'The Sino-Russian Strategic Partnership: How Close? Where To?,' in Bellacqua (2010), 13-32.
Rutledge, I. (2004). 'The Sakhalin II PSA—a Production 'Non-Sharing' Agreement: Analysis of Revenue Distribution'. (www.foe.co.uk/resource/reports/sakhalin_psa.pdf).
Sakwa, R. (2009). *The Quality of Freedom: Khodorkovsky, Putin and the Yukos Affairs*, Oxford: Oxford University Press.
Shevtsova, L. (2005). *Putin's Russia*, Washington D.C.: Carnegie Endowment for International

Peace.
Shi Xunzhi (1995). 'Present Situation and Forecast of Natural Gas Exploitation and Utilization in China,' paper presented at the international conference on Northeast Asian Natural Gas Pipeline, convened by Natural Pipeline Research Society of Japan, Tokyo, 3 March.
Shlyapnikov, A., Glazkov, S., and Gaiduk, I. (2007). 'Eastward Expansion Kicks Off,' *RPI*, January 2007, 37-43.
Simonia, N. (2004). 'Russian Energy Policy in East Siberia and the Far East,' prepared in conjunction with an Energy Study sponsored by the Petroleum Energy Centre of Japan and the James A. Baker III Institute for Public Policy, Rice University.
Simpfendorfer, B. (2009). *The New Silk Road: How a rising Arab World is turning away from the West and rediscovering China*, Basingstoke: Palgrave Macmillan.
Sinyugin, O. (2005). 'Eastern Dimension of Russia's unified Gas Supply System,' *Northeast Asia Energy Focus (KEEI)*, Vol. 2, No. 4.
Sixsmith, M. (2010). *Putin's Oil: The Yukos Affair and the Struggle for Russia*, London: Continuum International.
Skagen, Ottar (1997). *Caspian Gas, Former Soviet South Project*, London: The Royal Institute of International Affairs.
Slavinskaya, L. (2008a). 'Gazprom Establishes Parameters for Foreign Investors,' *RPI*, March 2008, 5-9.
Slavinskaya, L. (2008b). 'Russia Likely to Have Limited Impact on the Global LNG Market,' *RPI*, March 2008, 19-23.
Smith, M. A. (2010). 'Medvedev and the Modernisation Dilemma,' Defence Academy of the United Kingdom, Russian series 10/15, November 2010.
Smith, P. (2007). 'China's LNG deals 'good' for Gazprom discussions,' *Financial Times*, 10 September 2007
Smith, P. (2010a). 'Woodside's A $45bn LNG deal with PetroChina expires,' *Financial Times*, 5 January 2010. (www.ft.com/cms/s/0/9f0d43f6-f999-11de-8085-00144feab49a.html).
Smith, P. (2010b). 'Shell and PetroChina in Arrow bid,' *Financial Times*, 9 March 2010.
Socor, V. (2009). 'Strategic Implications of the Central Asia-China Gas Pipeline,' *Eurasia Daily Monitor*, volume no. 6, issue no. 233, 18 December. (www.jamestown.org/single/?no_cache=1&tx_ttnews%5Btt_news%5D=35856&tx_ttnews%5BbackPid%5D=13&cHash=4b0f4138d8).
Soldatkin, V., and Akin, M. (2011). 'Gazprom gets upper hand on China export with field win,' *Reuters*, 1 March 2011.
Stares, P. B. (2000). *Rethinking Energy Security in East Asia*, ed. P. B. Stares, Tokyo: Japan Center for International Exchange.
Stephan, J. J. (1994). *The Russian Far East: A History*, Stanford: Stanford University Press.
Stern, J. (2002). 'Russian and Central Asian Gas Supply for Asia,' in *Natural Gas in Asia: The Challenges of Growth in China, India, Japan, and Korea*, Wybrew-Bond, I. and Stern, J. eds., Oxford: Oxford University Press, 230-76.
Stern, J. (2005). *The Future of Russian Gas and Gazprom*, Oxford: Oxford University Press.
Stern, J. (2009). 'The Russian Gas Balance to 2015: Difficult Years Ahead,' in *Russian and CIS Gas Markets and their Impact on Europe*, Pirani, S. ed., Oxford: Oxford University Press, 2009, 54-92.

594   参考文献，その他出典

Stern, J. and Bradshaw, M. (2008). 'Russian and Central Asian Gas Supply for Asia,' in Stern, J. ed., *Natural Gas in Asia: The Challenges of Growth in China, India, Japan, and Korea*, Oxford: Oxford Institute for Energy Studies, 2008, 220-78.

Stern, J. ed. (2008). *Natural Gas in Asia: The Challenges of Growth in China, India, Japan, and Korea*, Oxford: Oxford Institute for Energy Studies.

Sun Huanjie (2006a). 'New pipeline operation reinforces PetroChina's market presence,' *China OGP*, 1 November 2006, 13-16.

Sun Huanjie (2006b). 'Towngas market expects more competition,' *China OGP*, 15 December 2006, 14-18.

Sun Huanjie (2008). 'Towngas market, new battlefield for Chinese oil giants,' *China OGP*, 1 March 2008, 20-22.

Swartz, S., and Oster, S. (2010). 'China Tops U.S. in Energy Use: Asian Giant Emerges as No. 1 Consumer of Power, Reshaping Oil Markets, Diplomacy,' *Wall Street Journal*, 18 July. (http://online.wsj.com/article/SB10001424052748703720504575376712353150310.html).

Swearingen, R. (1987). 'Siberia and the Soviet Far East: Strategic Dimensions in Multinational Perspective,' Rodger Swearingen, ed., Stanford: Hoover Institution Press.

Tabata, S, and Liu, X. (2012). 'Russia's energy policy in the far east and East Siberia,' in Pami Aalto ed., *Russia's Energy Policy: National, Interregional and Global Dimensions*, (Cheltenham: Edward Elgar, forthcoming).

Tompson, W. (2005). 'A frozen Venezuela?: The "Resource Curse" and Russian Politics,' in Ellman, M. ed. *Russia's Oil and Natural Gas: Bonanza or Curse?*, London: Anthem Press. 2006. (http://eprints.bbk.ac.uk/256/1/Frozen_Venezuela.pdf).

Topham, J. (2010). 'Sakhalin-1 production to get boost: Japex,' *Reuters*, 25 May 2010. (www.reuters.com/article/idUSTRE64O2N120100525).

Treisman, D. (2011). *The Return: Russia's Journey from Gorbachev to Medvedev*, New York: Free Press.

Trenin, D. (2002). *The End of Eurasia: Russia on the Border between Geopolitics and Globalisation*, Washington D.C: Carnegie Endowment for International Peace.

Trenin, D. (2010). 'A Genuine Bilateral Relationship,' *China Daily*, 28 September 2010. (http://carnegie.ru/publications/?fa=41637).

Trenin, D. (2011). 'China Russia ties on sound base,' *China Daily*, 14 June 2011. (www.chinadaily.com.cn/cndy/2011-06/14/content_12687237.htm).

True, W. R. (2009). 'China begins commissioning third LNG terminal,' *OGJ*, 20 October 2009. (www.ogj.com/index/article-display/2711102928/articles/oil-gas-journal/transportation-2/lng/2009/10/china-begins_commissioning.html).

Tsui, E. (2005). 'Expensive offer with an eye to Kazakhstan's wealth in reserve,' *Financial Times*, 23 August 2005.

Tsui, E. and Pilling, D. (2004). 'Exxon rethinks natural gas delivery options,' *Financial Times*, 5 November 2004.

Tsui, M. X. (2007). Blue Book of Energy (Tsui, M. X. ed), 2007. *The Energy Development Report of China, 2007*, Beijing, Social Sciences Academic Press.

UBS (2009). *Investment Research on China Oil & Gas*, 9 September 2009.

UPEACE (2005). 'Energy Demand Projections and Supply Options for the DPRK,' Report of the Working Group on Energy for the Democratic People's Republic of Korea: Phase 1, University

for Peace, July 2005.
Vyakhirev, R. I. (1997). 'The Perspectives of Russian Natural Gas. Role at the World Gas Market,' presented at the 20th World Gas Conference, Copenhagen.
Vygon, G. (2009). 'Problems and Development Directions in the Russian Oil Sector,' *RPI*, September 2009, 10-15.
Wagstyl, S. (2007). 'Diversification is elusive key to success,' *Financial Times*, Special Report Russia, 20 April 2007.
Wagstyl, S. and Ostrovsky, A. (2004). 'Kremlin man but no fan of state control,' *Financial Times*, 7 October 2004.
Waldmeir, P. (2009). 'Chinese groups to buy Angolan oil field stake,' *Financial Times*, 20 July 2009.
Walter, A. (2011). 'Global economic governance after the crisis: The G2, the G20, and global imbalances,' Bank of Korea Working Papers, 2011. (http://personal.lse.ac.uk/wyattwal/images/Globaleconomicgovernanceafterthecrisis.pdf).
Walters, G. and Faucon, B. (2006). 'SINOPEC sets deal for Russian oil, aided by Rosneft,' *Wall Street Journal*, 21 June 2006.
Wan Zhihong (2008). 'CNPC finds big gas reserve in Xinjiang,' *China Daily*, 16 December 2008.
Wan Zhihong (2009). 'CNOOC buys more LNG from Qatar,' *China Daily*, 14 November 2009. (www.chinadaily.com.cn/bizchina/2009-11/14/content_8980907.htm)
Wan, Zhihong (2010). 'Big LNG deal signals better Canberra ties,' *China Daily*, 25 March 2010. (www.chinadaily.com.cn/china/2010-03/25/content_9637967.htm).
Wang Ying (2005). 'Firms mull China-Russia gas pipeline,' *China Daily*, 21 September 2005.
Wang Ying (2006). 'French oil giant explore Erdos Basin gas field,' *China Daily*, 22 February 2006.
Wang Ying and Ying Lou (2008). 'PetroChina Longgang May Be Nation's Largest Gas Field,' *Bloomberg*, 17 January 2008. (www.bloomberg.com/apps/news?pid=newsarchive&sid=af3t9d7hr7t8).
Ward, A. (2010). 'Statoil near deal on China Shale gas,' *Financial Times*, 4 November 2010.
Watkins, E. (2009a). 'Putin touts Russia's oil reserves; seeks funding,' *OGJ*, 7 September 2009, 30-31.
Watkins, E. (2009b). 'Russians complete ESPO oil export terminal at Kozmino,' *OGJ Online*, 12 November 2009. (www.ogj.com/index/article-display/5926685803/articles/oil-gas-journal/transportation-2/pipelines/construction/2009/11/russians-complete/s-QP129867/s-cmpid=Enl PipelineNovember232009.html).
Watts, J. (2011). 'China takes step towards tapping shale gas potential with first well,' *The Guardian*, 21 April 2011. (www.guardian.co.uk/environment/2011/apr/21/china-shale-gas-well).
Way, B. (2009). 'Oil & Gas Linking China and Central Asia,' BNP Paribas Research Paper.
Wei Hong (2010). 'The Role of the Mini LNG in the Natural Gas Supply of LNG,' presented at US-China Oil & Gas Industry Forum, Fort Worth, Texas, 14-16 September 2010.
White, G. L. and Oster, S. (2006). 'China puts energy at top of agenda for Putin's visit,' *Wall Street Journal*, 20 March 2006.
Whiting, A. (1981). *Siberian Development and East Asia: Threat or Promise?*, Stanford: Stanford University Press.

Wilson, J. L. (2004). *Strategic Partners: Russian-Chinese Relations in the Post-Soviet Era*, Armonk, New York: M. E Sharpe.
Winning, D. (2009). 'China Starts First Shale Gas Project,' *Wall Street Journal*, 27 November 2009. (http://online.wsj.com/article/SB10001424052748703499404574560842604208828.html).
Wishnick, E. (2001). *Mending Fences: The Evolution of Moscow's China's Policy from Brezhnev to Yeltsin*, Seattle: University of Washington Press.
Wonacott, P. and White, G. (2004). 'CNPC To Buying Controlling Stake In Stimul Oil Project In Southern Russia,' *China Energy Report*, 9 January, 1 and 5.
Woodard, K. (1980). *The International Energy Relations of China*, Stanford: Stanford University Press.
Wu Xiaobo (2011). 'China targets annual natural gas supply of 240 bcm by 2015,' *China OGP*, 1 April 2011, 7-8.
Wybrew-Bond, I. and Stern, J. (2002). *Natural Gas in Asia: The Challenges of Growth in China, India, Japan and Korea*, Wybrew-Bond, I. and Stern, J. eds., Oxford: Oxford University Press.
Xia, Y. S. (2009). *China's Perspective on International Energy Development Strategy* (*Zhongguo Guoji Nengyuan Fazhan Zhanlue Yanjiu*), Beijing: Shihchieh Chihshih Chupanshe.
Xia, Yishan (2004). 'Sino-Russian Relations in the Year 2004: Achievements, Problems and Prospects,' prepared for Chinese People's Institute of Foreign Affairs (CPIFA).
Xia, Yishan (2011). 'China's Foreign Energy Policy,' in Ramsay. C. and Lesourne. J. eds., *Chinese Climate Policy Institutions and Intent*, Paris, IFRI.
Xie Ye (2004). 'Sino-Kazakh oil pipeline to begin construction,' *China Daily*, 11 March 2004. (www.chinadaily.com.cn/english/doc/2004-03/11/content_313825.htm).
Xu Dingming (2002). 'China's Natural Gas Industry in Development,' presented at the Fourth USA—China Oil and Gas Industry Forum, jointly sponsored by the State Development Planning Commission, The US Department of Energy, and the US Department of Commerce, Houston, 18-19 July 2002.
Xu Wan (2010). 'Sinopec, BP Discuss Shale-Gas Exploration in China,' *Wall Street Journal*, 18 January 2010. (http://online.wsj.com/article/SB10001424052748703626604575010322184894544.html).
Xu Yihe (2008). 'PetroChina to Pay $195/mcm For Turkmen Gas,' *Upstream*, 25 January 2008.
Xu Yihe (2010a). 'Chevron steps up Chuandongbei bid,' *Upstream*, 20 August 2010.
Xu Yihe (2010b). 'PetroChina eyes LNG for Tibet,' *Upstream*, 20 August 2010.
Yakovleva, Maria (2005). 'China Thirsts for Kazakh Oil,' *RPI*, January 2005, 67-72.
Yamanaka, M. (2008). 'Nippon Oil Buys Crude From Sakhalin-1 Under Long Term Contract,' *Bloomberg*, 18 February 2008. (www.bloomberg.com/apps/news?pid=20601080&sid=a0WJUYqVZ6so&refer=asia).
Yang Liu (2005a). 'Sinopec's largest gas field onstream,' *China OGP*, 15 November 2005, 16.
Yang Liu (2005b). 'Ningbo-Shanghai-Nanjing crude pipeline operates,' *China OGP*, 1 December 2005, 8-9.
Yang Liu (2005c). 'Update of LNG development in China,' *China OGP*, 15 December 2005, 9-10.
Yang Liu (2006a). 'China's energy policies during Eleventh Five-year Plan,' *China OGP*, 15 January 2006, 1-2.
Yang Liu (2006b). 'Private capital marches into towngas market,' *China OGP*, 15 June 2006, 16-18.

Yang Liu (2006c). 'China proves more oil and gas reserves,' *China OGP*, 1 October 2006, 31-4.

Yang Liu (2006d). 'China's energy consumption mix optimizes as gas demand increases,' *China OGP*, 1 November 2006, 30-31.

Yang Liu (2006e). 'Chinese oil companies live up and down when going overseas,' *China OGP*, 15 December 2006, 21.

Yang Liu (2007). 'Should China exploit Nanpu oilfield soon?,' *China OGP*, 1 September 2007, 25-7.

Ye Ming (2001). 'Keeping economic benefits of pipeline domestic,' *China OGP*, 1 May 2001, 13.

Yeh, A. (2007). 'Citic completes Kazakh oil assets deal,' *Financial Times*, 2 January 2007.

Yeh, A., Gorst, I., and Aglionby, J. (2006). 'Citic to invest $1.9 bn in Kazakh oil field,' *Financial Times*, 27 October 2006.

Yenikeyeff, S. M. (2008). 'Kazakhstan's Gas: Export Markets and Export Routes,' Oxford Institute for Energy Studies NG 25.

Yenikeyeff, S. M. (2009). 'Kazakh export plans affect regional producers, buyers,' *OGJ*, 5 January, 56-9.

Yergin, D. (2011). *The Quest: Energy, Security and the Remaking of the Modern World*, London: Allen Lane (Penguin Books).

Yergin, D. and Gustafson, T. (1993). *Russia 2010 and What It Means for the World*, New York: Random House.

Yermukanov, M. (2006). 'Atasu-Alashankou Pipeline Cements "Strategic Alliance" between Beijing and Astana,' *EDM*, vol. 3, no. 1, 3 January 2006. (www.jamestown.org/single/?no_cache=1&tx_ttnews% 5Btt_news% 5D=31239).

Yu, Silvia (2010). 'PetroChina raises gas output Xinjiang's Tarim Basin by 8%,' *Platts*, 3 November 2010. (www.platts.com/RSSFeedDetailedNews/RSSFeed/Oil/6564843).

Yusuf, S. and Saich, T. (2008). *China Urbanises: Consequences, Strategies, and Policies*, Washington, D.C.: The World Bank.

Zhan, Lisheng (2006). 'Natural gas import from Australia to help energy shortage,' *China Daily Business Weekly*, 24 February 2006.

Zhang Aifang (2009). 'Analysis: China changing oil trade pattern with vast forex surplus,' *China OGP*, 1 March 2009, 5-8.

Zhang Boling (2008). 'CNOOC Eyes Global Market, Deep Sea Oil,' *Caijing Magazine*, 29 July 2008. (http://english.caijing.com.cn/2008-07-29/100076835.html).

Zhang Chunyan (2011). 'IEA hails China's new policy for gas usage,' *China Daily*, 8 June 2011. (www.chinadaily.com.cn/business/2011-06/08/content_12657487.htm).

Zhang Jian (2011). 'China's Energy Security: Prospects, Challenges, and Opportunities,' Brookings Institute CNAPS (Centre for Northeast Asian Policy Studies) Visiting Fellow Working Paper.

Zhang Qiang (2005). 'China's crude production to reach 200 million tons in 2010,' *China OGP*, 15 December 2005, 8-9.

Zhang Xuegang (2008). 'China's Energy Corridors in South East Asia,' *China Brief*, 4 February. (www.jamestown.org/programs/chinabrief/single/?tx_ttnews%5Btt_news%5D=4693&tx_ttnews%5BbackPid%5D=168&no_cache=1).

Zhang Xuezeng and Zhao Dongrui (2009). 'Pipeline Technologies: New Development in China,' in 'Proceedings of 11th Forum,' Northeast Asian Gas and Pipeline Forum, Tokyo, 27-8 October 2009.

Zhang, Yuqing (2002). 'The Current Situation, Future and Policies of Chinese Gas Industry,'

presented at 4th US-China Oil and Gas Industry Forum, Houston, 18-19 July.
Zhao, Tingting (2011). 'China's coal imports up 31% in 2010,' *China Daily*, 27 January 2011. (www.chinadaily.com.cn/business/2011-01/27/content_11926703.htm).
Zhou Yan (2011). 'CNPC plans to extend pipeline network,' *China Daily*, 22 February 2011. (www.chinadaily.com.cn/bizchina/2011-02/22/content_12056227.htm).
Zhu Qiwen (2008). 'Time to take a fresh look at oil subsidies,' *China Daily*, 21 March 2008. (www.chinadaily.com.cn/opinion/2008-03/21/content_6554797.htm).
Zhu Zhu (2007). 'Forecast of China's oil supply and demand,' *China OGP*, 1 October 2007, 34-7.
Zhu Zhu (2008). 'China's Energy Conditions and Policies, White Paper,' *China OGP*, 1 January 2008, 25-9.
Zhu, W., Meyer, H., and Wang Y. (2010). 'China to import more Russian coal, lend $6 billion,' *Bloomberg News*, 7 September 2010. (www.bloomberg.com/news/2010-09-07/china-will-take-more-russian-coal-imports-in-next-25-years-arrange-loan.html).
Zhukov, S. (2009). 'Uzbekistan: a domestically oriented gas producer' in *Russian and CIS Gas Markets and their Impact on Europe*, Pirani, S. ed., Oxford: Oxford University Press, 2009.

[新聞，雑誌，ウェブサイト]
Agence France Presse (*AFP*)：http://www.afp.com/afpcom/en/
Asia Times (*AT*)：http://www.atimes.com/
BBC Online：http://www.bbc.co.uk/
Bloomberg News：http://www.bloomberg.com/news/
Caijing：http://english.caijing.com.cn/
Carnegie Moscow Centre：http://carnegie.ru/?lang=en
Chatham House：http://www.chathamhouse.org/
China Brief, The Jamestown Foundation：http://www.jamestown.org/programs/chinabrief/
China Daily (*CD*)：www.chinadaily.com.cn/index.html
China Energy Report (*CER*), *Dow Jones*：http://www.dowjones.com/commodities/China-Energy-Report.asp
China National Offshore Oil Corporation (*CNOOC*)：http://www.cnoocltd.com/encnoocltd/default.shtml
China National Oil and Gas Exploration and Development Corporation (*CNODC*)：http://www.cnpcint.com/aboutus/welcome.html
China National Petroleum Corporation (*CNPC*)：http://www.cnpc.com.cn/eng/
China Oil, Gas and PetroChemical (*China OGP*), *Xinhua News Agency* (*XNA*)：
China Petrochemical Corporation (*SINOPEC*)：http://english.sinopec.com/
China Securities Journal (*CSJ*), *Xinhua News Agency* (*XNA*)：http://www.cs.com.cn/english/
China Security：http://www.chinasecurity.us/
Chinese Science Bulletin：http://www.worldscinet.com/csb/csb.shtml
Credit Suisse Equity Research：https://www.credit-suisse.com/investment_banking/research/en/
Deutsche Bank Research：http://www.dbresearch.com/
Energy Charter Secretariat：http://www.encharter.org/
Energy Information Administration：http://www.eia.doe.gov
Energy Research Institute (*ERI*)：http://www.eri.org.cn/#
EnergyChinaForum：http://www.energychinaforum.com/

Eurasia Daily Monitor（*EDM*）：http://www.jamestown.org/programs/edm/
Eurasian Geography and Economics（*EGE*）：http://www.bellpub.com/psge/index.htm
Financial Times（*FT*）：http://www.ft.com/home/uk
Foreign Affairs：http://www.foreignaffairs.com/
Gazprom Export：http://gazpromexport.ru
Gazprom：http://www.gazprom.ru
Goldman Sachs（*GS*）*Global Investment Research*：http://www2.goldmansachs.com/careers/choose-your-path/our-divisions/global-investment-research/index.html
Greenpeace, Climate-Energy：http://www.greenpeace.org/eastasia/campaigns/climate-energy/
IFRI（*French Institute of International Relation*）：http://www.ifri.org/?a=b&lang=uk
IHS Global Insight：http://www.ihs.com/products/global-insight/
Industrial Fuels and Power：http://www.ifandp.com/
Institute for Economies in Transition, Bank of Finland：http://www.suomenpankki.fi/bofit_en/Pages/default.aspx
Institute of Energy Economics, Japan：http://eneken.ieej.or.jp/en/
Institute of Energy Strategy, Moscow：http://translate.google.co.uk/translate?hl=en&sl=ru&tl=en&u=http%3A%2F%2Fwww.energystrategy.ru%2F
Interfax China Energy Report Weekly（*China ERW*）：http://www.interfax.com/
Interfax China Energy Weekly（*China Weekly*）：http://www.interfax.com/
Interfax Petroleum Report（*IPR*）：http://www.interfax.com/
Interfax Russia & CIS Oil and Gas Weekly（*Russia & CIS OGW*）：http://www.interfax.com/
International Economic Bulletin, Carnegie Endowment for International Peace：http://carnegieendowment.org/ieb/
International Energy Agency（*IEA*）：http://iea.com
International Gas Report（*IGR*），*Platts*：http://www.platts.com/Products/internationalgasreport
International Oil Daily（*IOD*）：http://www.energyintel.com/pages/NewsLetters.aspx?PubId=31
Itar Tass News：http://www.itar-tass.com/en/
James A. Baker III Institute for Public Policy：http://bakerinstitute.org/
Japan Bank for International Cooperation（*JBIC*）：http://www.jbic.go.jp/en/
Japan Oil, Gas and Metals National Corporation（*JOGMEC*）：http://www.jogmec.go.jp/english/index.html
Journal of Energy Security：http://www.ensec.org/
KazMunaiGaz：http://www.kmg.kz/en/
Kaztransgaz：http://kaztransgas.kz
Kommersant：http://www.kommersant.com/
Korea Energy Economics Institute（*KEEI*）：http://www.keei.re.kr/main.nsf/index_en.html
Korea Gas Corporation（*Kogas*）：http://www.kogas.or.kr/kogas_eng/html/main/main.jsp
Korea National Oil Corporation（*KNOC*）：http://www.knoc.co.kr/ENG/main.jsp
LNG World News：http://www.lngworldnews.com/
Lukoil：http://www.lukoil.ru
National Bureau of Asian Research（*NBR*）：http://www.nbr.org/
National Development and Reform Commission（*NDRC*）：http://en.ndrc.gov.cn/
Naval War College Review：http://www.usnwc.edu/Publications/Naval-War-College-Review.aspx
NBR Analysis：http://www.nbr.org/Publications/issue.aspx?id=224

Nefte Compass：http://www.energyintel.com/Pages/About_NCM.aspx
Oil & Gas Journal（*OGJ*）：http://www.ogj.com/index.html
Oil and Gas National Corporation Limited（*ONGC*）：http://www.ongcindia.com/
Oxford Institute for Energy Studies：http://www.oxfordenergy.org
PetroChina：http://petrochina.com
Petroleum Economist：http://www.petroleum-economist.com/
Petroleum Intelligence Weekly（*PIW*）：http://www.energyintel.com/Pages/About_PIW.aspx
RBC Daily：http://www.rbcnews.com/news.shtml
Renaissance Capital（*Equity Research*）：http://www.renaissancecapital.com/RenCap/AboutUs/AboutUs.aspx
Reuters：http://www.reuters.com/news
Ria Novosti：http://en.rian.ru/
Rosneft：http://www.rosneft.com/
RusEnergy（*RE*）：http://www.rusenergy.com/en/
Russia in Global Affairs（*RGA*）：http://eng.globalaffairs.ru/
Russian Petroleum Investor（*RPI*）：http://www.eng.rpi-inc.ru/
Sakha Republic（*Yakutia*）：http://www.yakutia.org/
Sakhalin-1 project：http://www.sakhalin1.ru/Sakhalin/Russia-English/Upstream/default.aspx
Sakhalin Energy Investment Company：http://www.sakhalinenergy.com/en/
Shanghai Daily（*SD*）：http://www.shanghaidaily.com/
Slavic Research Centre（*SRC*）：http://src-h.slav.hokudai.ac.jp/index-e.html
Surgutneftegaz：http://www.surgutneftegas.ru/en/
The Associated Press（*AP*）：http://www.ap.org/
The China and Eurasia Forum Quarterly：http://www.silkroadstudies.org/new/inside/publications/CEF_quarterly.htm
The China Quarterly（*CQ*）, SOAS：http://www.soas.ac.uk/research/publications/journals/chinaq/
The Moscow Times（*MT*）：http://www.themoscowtimes.com/index.php
The New York Time（*NYT*）：http://global.nytimes.com/
The New York Times：http://global.nytimes.com/
The Royal Institute of International Affairs（*RIIA*）：http://www.chathamhouse.org/
The School of Russian and Asian Studies（*SRAS*）：http://www.sras.org/
The Wall Street Journal（*WSJ*）：http://europe.wsj.com/home-page
TNK-BP：http://www.tnk-bp.ru/
Transneft：http://www.transneft.ru/（in Russian）
UBS Investment Research：http://www.ubs.com/1/e/about/research.html
Upstream：http://www.upstreamonline.com/about_upstream/
US-China Oil & Gas Industry Forum：http://www.uschinaogf.org/
West East Gas Pipeline Project：http://www.china.org.cn/english/features/Gas-Pipeline/37313.htm
Wood MacKenzie：http://www.woodmacresearch.com/cgi-bin/wmprod/portal/corp/corpAboutUs.jsp
World Gas Intelligence（*WGI*）：http://www.energyintel.com/Pages/About_WGI.aspx
Xinhua News：http://www.xinhuanet.com/english2010/

図表一覧

〈表〉

1.1	中国とロシアの比較（2010年）	4
1.2	中国・ソ連／ロシアの石油・ガス協力（1989〜1999年）	13
2.1	ロシアの石油およびガス輸出	27
2.2	石油・ガス部門からの統合歳入金額	28
2.3	ロシアの地域別石油生産量（2008年）	38
2.4	シベリアと極東における2030年までの石油生産量	39
2.5	太平洋市場向け石油輸出量（2010〜2030年）	40
2.6	連邦政府予算の東シベリアにおける探査費用の構成（2007〜2020年）	44
2.7	探査への投資（2005〜2020年）	46
2.8	東シベリアにおける石油とガスの企業別生産量（2008年）	48
2.9	北側・南側利用経路別ヴァンコール・プロジェクト経済指標	73
2.10	ヴァンコールネフチの主要な業務内容	76
2.11	東シベリア・太平洋石油パイプライン向けの主要生産油田	81
2.12	東シベリア・太平洋石油パイプライン地域において必要な資源基盤	93
A.2.1	ロシア石油産業の指標	96
A.2.2	ロシアの原油およびコンデンセート会社別生産量	96
A.2.3	ロシアの石油・ガス部門における資本支出	97
A.2.4	シベリアおよび極東における2030年までの石油生産量	97
A.2.5	東シベリアおよびサハ共和国における地下資源利用者	97-98
3.1	ロシアの地域別ガス生産量（2008年）	106
3.2	2030年までのシベリアおよび極東の天然ガス生産量	107
3.3	太平洋市場への天然ガス輸出：2010〜2030年	109

3.4	ヴォストーク-50計画のシナリオ	120
3.5	2030年までの戦略的ガス・バランス指標	124
3.6	ロシアの地域別ガス生産予測	125
3.7	2030年までのロシアのガス・バランス	127
3.8	2030年までのシベリアおよび極東のガス生産量	127
3.9	東シベリアおよびヤクーチア・ガス田の天然ガスの構成	144
A.3.1	ロシアのガス産業指標	185
A.3.2	ロシアの会社別ガスコンデンセート生産量	185
A.3.3	東シベリアにおける2008年の会社別ガス生産量	186
A.3.4	2030年までのシベリアおよび極東のガス生産量	186
A.3.5	サハ共和国における油・ガス田（2010年）	187-188
4.1	中国における一次エネルギー生産量と消費量	198
4.2	中国の中国国有企業（2010年）	211
4.3	中国の原油生産量	214
4.4	中国の石油埋蔵量，評価結果	216
4.5	地域別の石油埋蔵量予測	217
4.6	中国東北部における油田の予想生産量（2005～2015年）	220
4.7	タリム盆地の油田	222
4.8	中国の原油輸入量，地域別（1998～2010年）	229
4.9	ロシアおよびカザフスタンからの中国の原油輸入量（2001～2010年）	229
4.10	中国の原油・石油製品パイプライン（2007～2010年）	235
4.11	中国国有石油会社と中国石油天然ガス株式会社のパイプライン事業関連会社	236
4.12	中国石油化工会社の石油製品パイプライン	238
4.13	中国の1000万トン／年の精油能力を超える精製基盤	242
4.14	中国の戦略的石油備蓄（SPR）第1期・第2期	245
5.1	中国のガス埋蔵量評価結果	262
5.2	第3次調査による中国の天然ガス資源量（2003年）	263
5.3	盆地別天然ガス資源量	264

5.4	天然ガス生産量	265
5.5	中国の天然ガス生産予測	266
5.6	ガス需要予測	275
5.7	地域別天然ガス消費	278
5.8	2030年の地域別天然ガス消費構成	279
5.9	中国の天然ガス消費構成（1995～2030年）	280
5.10	等級1の天然ガス標準価格, 2006年1月1日	284
5.11	ガス田別, 部門別工場渡し価格（2008年）	286
5.12	オルドス－北京パイプラインガス（2008年）	287
5.13	第1西東ガスパイプラインガス（2008年）	287
5.14	主要中国都市の天然ガス価格（2008年)	288
5.15	四川－東部パイプラインの生産者および都市入り口価格（2009年）	292
5.16	第1西東ガスパイプラインの都市入り口価格	292
5.17	主要都市の住宅用都市ガス価格（2009年5月）	292
5.18	推定輸入ガス価格	293
5.19	上海におけるガス推定価格（2009年）	294
5.20	広東省のガス推定価格（2009年）	295
5.21	パイプライン輸送料金	296
5.22	大規模ガス田別中国の工場引き渡し基準価格：2007年と2010年	297
5.23	上海の供給源別都市入り口価格（2010年）	298
5.24	2010年の最終需要別天然ガス販売量	305
5.25	2009年の昆侖ガス会社による買収	310
5.26	2001～2009年の間に操業した中国石油天然ガス株式会社のガスパイプライン	312
5.27	第1西東ガスパイプライン・プロジェクトのための国家発展計画委員会ワーキング・グループ	315
5.28	中国の液化天然ガス輸入プロジェクト	341
5.29	既存の長期液化天然ガス売買協定	342
5.30	中国国有石油会社と中部電力による取引比較	348

A.5.1	タリム盆地のガス田	354
A.5.2	中国の国内液化天然ガス施設	370
6.1	中国の主要な海外の石油・ガス企業買収状況（2005～2010年）	392
6.2	中国の海外石油投資額（1992～2009年）	395
6.3	カスピ海における国別在来型石油・天然ガス資源，2009年末	411
6.4	トルクメニスタンのガス生産と輸出	413
7.1	中国東北部のパイプライン	445
7.2	中国東北部の製油所	446
7.3	旧ソ連の原油輸出に対するロシアの貢献	467
7.4	東シベリア・太平洋石油パイプライン原油スペック比較	473
7.5	トランスネフチの料金（1998～2010年）	477
7.6	中国とロシアのアプローチのミスマッチ：2000年代の話	524
A.7.1	ガスプロムのアジア政策概観	526-531
A.7.2	中ロ対中国・中央アジア諸国の石油・ガス協力	531-532
8.1	中ロの石油貿易予測，2020年と2030年	554
8.2	中ロのガス貿易予測，2020年と2030年	554
8.3	中国の「中央アジアモデル」対「ロシアモデル」の特徴	558

〈地図〉

2.1	東シベリアおよびロシア極東	51
2.2	ヴァンコール油田と東シベリア・太平洋石油パイプライン	75
2.3	サハリンの洋上鉱区	84
3.1	東方ガスプログラム	122
3.2	サハ共和国のガス田・油田	181
5.1	西東ガスパイプライン（WEP／西気東輸）ルート（回廊）	321
A.5.1	中国の盆地別ガス配置	355
A.5.2	中国のガスパイプライン網の開発：2000年，2010年および2020年	372
A.5.3	1990年代後半の中国の予想ガス供給	373
6.1	中国へのカザフ石油パイプライン	409

| 6.2 | 中央アジア—中国ガスパイプライン | 424 |
| 7.1 | 中国向けアルタイ・ガス | 495 |

〈図〉

A.4.1	規制および産業の枠組みの進化（1976〜1993年）	248
A.4.2	規制および産業の枠組み（1978〜1993年）	249
A.4.3	新規の規制枠組みおよび産業構造	250
A.4.4	規制の枠組み（1998〜2003年）	251
A.4.5	規制の枠組み（2007年）	252

索　引

【数字・アルファベット】

2008年の世界経済危機　26, 30, 199
5カ国の実現可能性調査　17
BP（ブリティッシュ・ペトロリアム）　88, 89, 136, 146, 169, 272, 317, 331, 392
TNK-BP（チュメニ石油会社－ブリテッシュ・ペトロリアム）　35, 37, 130, 407, 517
　——ヴェルフネチョンスコエとの関係　50, 51, 52, 53, 57
　——コヴィクタとの関係　142-151, 549
　——サハリンとの関係　90, 116

【ア行】

アウィルコ・オフショア　392
アクチュビンスク油田　17, 396, 397, 398
アジア横断ガスパイプライン　412-433, 557
アジア割増価格　548
アストラハノフスカヤ構造　169
アタス－阿拉山口パイプライン　399-407, 453, 508, 509
アダックス・ペトロリアム　393, 395
アナネーンコフ，アレクサンドル　48, 134, 140, 144, 159, 161, 167, 177, 179, 492, 502, 529, 561
アフメートフ，ダニヤル　456
アムダリヤ鉱床　417
阿拉山口－独山子原油パイプライン　404
アルクトゥン・ダギ　85
アルタイ共和国のガス化　128-130
アルタイ・パイプラインプロジェクト　17, 434, 494-498, 499, 522, 545, 550, 551, 559-560
アレクセーエフ，ゲンナディ　179
アロー・エナジー　345

アンガルスク－大慶原油パイプライン　35, 140, 328, 402, 441-447, 449-453, 456, 545, 549
アンガルスク－ナホトカ石油パイプライン　447-449
アンゴラ　228, 391, 393
安塞油田　217
安平－済南ガスパイプライン　365
威遠ガス田（四川）　20
イシャーエフ，ヴィクトル　83, 153, 156
イラク　16, 247, 389, 393
イラリオーノフ，アンドレイ　34, 35
イラン　14, 17, 340, 396
イルクーツク（ガス供給）センター　121, 122
イルクーツク州　14, 15, 23, 26, 76, 125, 128, 136, 137, 149
　——開発権　42, 43, 64-65, 75, 98, 147
　——ガス　15, 106, 173, 174
　——ガス化プログラム　128, 130, 143
　——石油生産　38, 48
　——石油埋蔵量　49, 50-64
　——パイプライン　138, 178, 326, 442, 458, 461, 470
イルクーツク石油会社　48, 60, 61, 63, 186
ヴァインシュトック，セミォン　448, 465
ヴァンコール田　71-78, 81, 92, 94, 469, 547
ヴァンコール－プルペ・パイプライン　74, 77
ヴィゴン，グリゴリー　93
ヴィチャズ原油　84, 86
ヴィリュウイスク地域　173
ヴェクセルバーグ，ヴィクトル　142, 146
ヴェーニン鉱区　508
ヴェルフネチョンスクネフチェガス　51, 52, 53, 55
ヴェルフネチョンスコエ田　14, 50-57, 81, 94,

索引 607

443
ヴォストシブネフチガス 79
ウズベキスタン 416, 425-428, 490, 494, 559
ウズベクネフチェガス 425
ウゼニ油田 17
内モンゴル（自治区） 13, 15, 138, 210, 215, 219, 243, 359, 360, 484
ウッドサイド・ペトロリアム社 346, 348, 500
ウドムールトネフチ 145, 511-512, 520
ヴァーヒレフ，レム 114, 526, 527
ウラルス・エナジー 58-60, 92
ウルムチ－蘭州パイプライン 233
永清－唐山－秦皇島ガスパイプライン 311
英買力ガス田 356
液化天然ガス 108, 116, 121, 124, 373
　——中国の基地 321, 330
　——サハリン生産 88, 107, 109, 118, 152, 154, 160-161, 164, 165, 166
　——炭層メタンとの関係 345-348
　——中国での生産 307, 369-371
　——中国の価格 282, 294-296, 299, 347, 348
　——中国の拡大 260, 330-348
　——中国の発電 333-335
　——中国の輸入 276, 285, 286, 290, 306, 310, 319, 343-345
　——標準価格 501
エクソン 84, 151, 155, 416
エクソン・ネフチェガス社 82, 151, 153, 156, 158, 165
エクソン・モービル 154, 157, 159, 165, 167, 343, 347, 488, 489
エネルギー安全保障 12, 202, 207, 212, 228, 230
エネルギー局 201, 206
エネルギー・シルクロード・プロジェクト 416
エリツィン，ボリス 1, 2, 16, 35, 36, 137
エルヴァリ・ネフチェガス 170, 171
沿海地方 132, 133, 182, 448
オイルサンド 216
王岐山 469, 516, 553
欧州正味価格 294
王涛 15, 16, 19
汪東進 432, 469, 530

オーストラリア液化天然ガス 332-333, 343
オクルジノエ田 59
オムスク州の石油生産 38
オルドス－北京パイプライン（ガス価格） 287
オルドス盆地 217, 261, 264, 265, 355, 358
卸売発電会社－3 148, 149
温家宝 201, 207, 209, 224, 445, 456, 493, 505

【カ行】
崖城 13-1 ガス田 367
滙鑫液化天然ガス施設 370
海南液化天然ガス 341
カザフスタン 16, 389, 390, 417, 425, 428-430, 432, 494, 495
　——ガス埋蔵量 428
　——石油埋蔵量 395-412, 429, 434
　——中国 395-398, 399, 407, 408-409, 420, 429, 519, 520
　——中国国有石油会社 16, 389, 392, 396, 397, 398-399, 404, 407-408
　——中国へのガス輸出 308, 329
　——中国への石油輸出 229, 233, 247, 399-401, 405, 406, 407, 434
　——投資 392, 406
　——ロシア 400, 405, 407, 412, 419
カザフスタン－中国ガスパイプライン 405, 410, 417, 422, 429, 430, 490
カザフスタン－中国石油パイプライン 16-17, 40, 244, 328, 395-412, 417, 443, 453, 519
カシヤーノフ，ミハイル 452, 453
カシャガン油田 401
カズトランスガス 430
カスピ海・石油・ガス生産 412
ガスプロム 17, 29, 30, 105, 110, 125, 128, 134, 154, 327, 433, 434, 456
　——TNK-BP 35, 142, 145-148
　——アジア政策 105, 110, 114-117, 183-184, 489-494, 498-499, 526-531, 561
　——アルタイ・パイプライン・プロジェクト 129, 183, 494-498
　——液化天然ガス液化生産施設 161, 182
　——ガス生産の減少 111, 119, 185
　——ガス田の開発 110, 111, 122, 123
　——ガス輸出者（独占権） 140, 150, 154,

608　索引

488, 550-551, 557
――韓国　134, 504
――コヴィクタガス　138-151, 182-184
――サハ共和国　66, 67, 97, 110, 132, 135, 175-183, 187-188
――サハリン　88, 90, 110, 157-172, 183
――サハリン－ハバロフスク－ウラジオストク（SKV）パイプライン　133-136, 158
――「スイング・サプライヤー」（振り替え供給者）戦略　497, 551
――スティムルの先買権　507
――第1西東ガスパイプラインとの関係　317-318, 328
――地域的な協力　561-562
――地下資源利用者　90, 97-98, 177-178, 187-188
――チャヤンダ・ガス　135, 150, 176-178, 182, 183
――中国国有石油会社　491-492, 497, 500, 502-506, 522
――中国との関係　488-490, 522, 551, 561
――東部部面の統一ガス供給システム　110, 115, 117-136, 488-489
――東方ガスプログラム　117, 118, 122, 132, 139, 177, 182, 488, 489, 498
――トルクメニスタン　419
――東シベリア　48, 97-98, 113, 117, 182, 183, 186
――東シベリア，極東のガス化　128-131, 135, 182
――ヘリウム抽出　57, 142
――「包括的な討議資料」　488-489
――輸出価格　498-499
――ロスネフチとの論争　157-158
ガスプロム・インヴェスト・ヴォストーク　177, 178
ガスプロムネフチ　37, 90, 91, 96, 171, 185
カズムナイガス　402, 403, 404, 429, 431
カタール　294, 295, 338, 342, 345, 501
カムチャツカ地方のガス供給プロジェクト　123, 129, 133, 177, 180
華油集団　308
カラジャンバスムナイ重質油田　406
カリーモフ，イスラム　425, 428

韓国　134, 547, 559
――ロシアガス輸入　86, 108, 486, 505
韓国ガス公社　115, 134, 139, 142, 484, 485, 487, 504
甘粛石油ガス田　215
広東省液化天然ガスプロジェクト　331-333, 341
広東省のガス価格　290, 295
広東省パイプラインネットワーク　323
キリンスコエ・ガス田　135, 180
錦州－長沙パイプライン　233
錦州－鄭州パイプライン　233
クイーンズランド・カーティス LNG プロジェクト　337, 342, 346
クシュクスコエ・ガス田　129
クドリャショーフ，セルゲイ　52, 57
クバンガスプロム　145
クムコル田　399-400, 403
クユムビンスコエ田　49, 80
クラスノヤルスク・ガス生産センター　121, 122
クラスノヤルスク地方　17, 26, 92, 125, 131, 469
――開発権　42, 43, 66, 97
――ガス生産　106, 131, 178
――石油生産　38, 68-81, 93
――石油埋蔵量　48
グリーンピースと東シベリア・太平洋石油パイプライン経路　463
グリゴルィエフ，セルゲイ　448
クリンディンスキー田　76
グレフ，ゲルマン　69, 456
経済発展貿易省と東シベリア・太平洋石油パイプライン　460-461
克拉 Kela－2 ガス田　353
ケンキヤク－アティラウ石油パイプライン　398-403, 519
ケンキヤク－クムコルパイプライン　407-412, 519
ケンキヤク油田　399
原子力（中国）　202
コヴィクタ・ガス　16, 35, 105, 115, 130, 136-151, 174, 456, 499, 549
――TNK-BP　140-148

索引　609

──ガスプロム　139-142, 145-148, 148-151, 154, 183
──国内または輸出市場　485, 486
──商業的困難　136-142
──中国・ロシア交渉　138
──ヘリウム除去　140, 142, 143, 144
コヴィクター北京ガスパイプラインイニシアチブ　16, 23, 545
コヴィクチンスコエ・ガスコンデンセート田　14, 119, 136, 138, 174, 175
広滙実業投資集団　307
鋼管の質　321, 322
膠州─日照パイプライン　339
合成天然ガス　270
江蘇液化天然ガス　338, 342
江沢民　2, 207, 442
ゴールペフ、ヴァレーリ　129, 136, 149, 170
胡錦濤　207, 343, 368, 407, 417, 420, 421, 425, 451, 472, 502, 505, 559
国土資源省　218
五号溝液化天然ガス施設　336
コスイギン、アレクセイ　21
コズミノ　75, 94, 470, 471, 472, 474, 475, 476
国家エネルギー委員会　208
国家エネルギー局　208, 209, 289
国家エネルギー指導小集団　201, 202, 206, 207
国家エネルギー事務局　201, 206, 207
国家経済貿易委員会　210
国家石油備蓄センター　244
国家電力会社　223
国家発展改革委員会　16, 201, 208, 209, 330
──ガス価格との関係　282, 284, 296
──天然ガス利用政策　281, 308
国家発展計画委員会　315
コムソモールスク・ナ・アムーレ─ハバロフスク・ガスパイプライン　132, 157
ゴルバチョフ、ミハイル　1, 2
昆明ガス価格　296
昆崙エネルギー　309, 340
昆崙都市ガス　309

【サ行】

ザーパドノ・ヤラクチンスキー田　60, 61, 62
再生可能エネルギー（中国）　202
西東ガスパイプライン　314-326, 336, 433, 490, 550
──ガス価格　287, 289, 292, 297
──第1西東ガスパイプライン　115, 314-318, 320, 327, 487
──第2西東ガスパイプライン　288, 290, 298, 318-323
──第3西東ガスパイプライン　320, 323-326, 522, 559, 560
──第4西東ガスパイプライン　323-326, 559, 560
──第5西東ガスパイプライン　323-326, 559, 560
サウジアラビア（中国への輸出）　228
サハ共和国　15, 22, 26, 38, 64-68, 92, 94, 549
──開発権　41, 42
──ガス　22, 110, 144, 172-182, 485
──ガス化プロジェクト　131, 132, 183
──ガス石油田　47, 48, 64-68
──東シベリア・太平洋石油パイプラインとの関係　463-465
サハトランスネフチェガス　48, 98, 176
サハネフチェガス　65, 173, 174, 175, 327
サハのガス（パイプライン経路）　174, 175
サハリン　26, 132, 133, 158
──ガス　22, 106, 107, 109, 116, 118, 151-172, 186, 488-489
──ガス生産センター　121
──石油　38, 82-92
サハリン－1プロジェクト　82-85, 122, 151-160, 508
サハリン－2プロジェクト　35, 85-87, 156, 158, 160-165
サハリン－3プロジェクト　88, 134, 165-169, 508, 518
サハリン－4, 5, 6プロジェクト　59, 89-91, 169-172
サハリン・エネルギー　87, 160, 161, 162, 164, 165
サハリン─韓国ガスパイプライン　21-22
サハリン石油ガス株式会社とサハリン　84
サハリン─ハバロフスク─ウラジオストク・ガスパイプライン　110, 122, 133, 134, 135,

498
サハリン－北海道パイプラインシステム 21
産業エネルギー省と東シベリア・太平洋石油パイプライン 459, 461
山東・青島液化天然ガス 341, 399
シェヴロン 267, 337, 347, 365, 367
シェールガス 271-273
シェル 35, 72, 88, 160, 161, 163, 343, 345, 358, 360
志靖油田 217
四川－上海パイプライン 336, 365
四川－重慶ガス田 282, 284, 298
四川－東部パイプライン 213, 290, 291, 297, 311
四川盆地 20, 215, 262, 264, 265, 266, 273, 355, 362-368
シダンコ 15, 137
シトゥイリョーフ，ヴャチェスラフ 64, 176, 177, 178, 464
冀東 Jidong 南堡 Nanpu 油田 224, 225
シノペトロ 517
シベリア 97, 186
シャトルイク田 412
ジャナジョル田 399
上海液化天然ガスプロジェクト 335-336, 341
上海ガス価格 283, 292, 293, 299
周永康 389
周吉平 408, 492, 501
重慶－武漢ガスパイプライン 311
珠海液化天然ガス 340, 341
珠海市パイプライン会社 308
珠海振戎会社 213
珠江デルタ石油製品パイプライン 233
シュマトコ，セルゲイ 126, 467, 516
朱鎔基 13, 138, 207, 326, 441
ジュンガル盆地 355, 357
蒋潔敏 225, 247, 418, 427, 428, 493, 530
焦方正 223
勝利油田 214, 215, 224
徐錠明 174, 202, 206
新奥エネルギー 304, 306
新奥集団 303, 306
シンガポール・ペトロリアム社 393
新疆 14, 19, 215, 221, 298

──ガス価格 282, 283, 286
沁水盆地と炭層メタン 267
深圳（液化天然ガス火力発電所） 333
スコヴォロジノ－漠河－大慶パイプライン 519
スタットオイル 90, 272
スティムル 507, 520
ズブコフ，ヴィクトル 167
スラブネフチ 70, 79, 506, 520
蘇里格ガス田 138, 284, 358, 360
スルグートネフチェガス 37, 65, 185, 186, 187, 188, 444
スレドネ・ボトゥオビンスコエ石油ガス鉱床 58, 60
スンタルネフチェガス 98, 493, 517
青海ガス価格 282, 284, 286, 298
西峰油田 217
セーヴェルノ・モグディンスキー田 60-64
セーチン，イゴール 467, 469, 493, 499, 515, 516, 553
石炭価格 283, 299, 301
石炭基準の標準価格 499, 501, 521
石油安定化基金（ロシア） 29
石油天然ガス・金属鉱物資源機構 60-64
浙江液化天然ガス 337, 341
渋北（Sebei）－西寧－蘭州ガスパイプライン 313
陝西－北京ガスパイプライン 297, 311, 312, 351, 358
川東北ガス田 366
川渝ガス価格 286
「走出去」政策 247, 388-395
ソコール原油 83
ソビンスコエ石油鉱床 49
ソビンスコ－チェチェリンスキ・センター 49
ソボレボ－ペトロパヴロフスク－カムチャツキーガス幹線 129

【タ行】
第2長慶西東ガスパイプライン 311, 312
第3次国家石油・ガス調査 215-218
大宇インターナショナル社 329
大牛地ガス田 361
大慶－ハルビン・ガスパイプライン 235, 313

索引 611

大慶油田 13, 20, 214, 215, 218-221, 224, 265, 441
——減産 218, 220, 443, 547
——石油生産 218-220
——石油増進回収(EOR) 218
——パイプライン 235, 236, 312, 313, 445, 447-456
——東シベリア・太平洋石油パイプラインの支線 75, 466, 472
——ロシアの石油との関係 443, 447
大港－棗庄石油製品パイプライン 234, 235
大港のガス価格 282, 286, 297
タイシェット－ナホトカライン 454, 455
大鵬液化天然ガス基地 290, 333
大連液化天然ガス 338, 341, 344
大連製油所 444
ダウレタバード田 412, 415
タラカン－ヴェルフネチョンスキー・センター 49
タラカンスコエ油田 49, 64, 65, 66, 81, 444, 547
タリム盆地 19, 221, 222, 223, 261, 262, 264, 265, 266, 314, 316, 353, 355, 357
ダルトランスガス 157, 158
タングー(インドネシア) 332, 334, 335, 342
炭層メタン 216, 267-271, 345-348
チェルノムィルジン, ヴィクトル 13, 16
チェレジェイスキー田 494, 517
遅国敬 289
チベットの液化天然ガス施設 370
チモシーロフ, ヴィクトル 158, 167, 179
チャイヴォ田 83, 84
チャヤンダ・オイルリム 123, 135
チャヤンダ・ガスプロジェクト 132, 150, 169, 173, 175-184, 485, 549, 561
チャヤンダ－ナホトカガスライン 464
チャヤンダ－ハバロフスク－ウラジオストク・ガスパイプライン 561
チャヤンディンスコエ田 64, 75, 118-121, 141, 172-174, 177, 179, 187, 444
中央アジアコーポレーション 14
中央アジア－中国ガスパイプライン 321, 420-425, 427
中央アジア(中国のエネルギー投資) 388-440

中央アジアのガス 326, 351, 433-435, 550-551, 557-558
中原ガス価格 286, 297
忠県－武漢ガスパイプライン 297, 313, 325
中国 3-24, 203-205, 247, 260, 349-353, 433-435, 510-511, 518-531, 544-564
——液化天然ガス 330-348, 352, 369-371, 500, 556
——エネルギー消費量 198-199, 204, 261
——エネルギー政策 200-209, 248-252
——エネルギー生産 198-199, 213-215
——エネルギー白書 203-206
——エネルギーバランス 197-200
——エネルギー不足 206-208, 350
——海外石油投資 395
——海洋ガス 367-369
——海洋石油 217, 224-228
——カザフスタンとの関係 395-399, 402, 407-412, 428, 498-499, 526-531
——ガス価格 281-303, 352-353, 499-506
——ガス需要 273-281
——ガス消費 276-281, 373
——ガス生産 20, 202, 264-267, 353-369, 373, 400
——ガス田配置 335
——ガスパイプライン 117, 118, 119, 372, 480-490
——ガスパイプライン料金 294-296
——ガス発電 299-303
——ガスプロムのアジア政策 114-117, 489-494, 498-499, 526-531
——ガス埋蔵量 18-21, 260-265
——ガス輸入 108-110, 115, 116, 120, 121, 152-153, 373, 558-559
——下流部門(ロシアの投資) 515-516
——環境保護 204
——合成天然ガス(SNG) 270
——シェールガス 271-273
——石炭 199, 525
——石油産業 197-246, 248-252
——石油産業の再構築 210-213
——石油需要 228-239
——石油生産 20, 213-215
——石油精製 239-243, 443, 445, 446

612 索　引

——石油の戦略的な埋蔵量　243-246, 475
——石油パイプライン　232-239, 441-465, 467, 474
——石油埋蔵量　18-21, 203-204, 217-228, 230
——石油輸入　12, 40, 213, 228-231, 246
——「走出去」政策　247, 391-395
——炭層メタン　267-271
——中央アジア諸共和国との関係　395-435
——中央アジアモデル　433-435, 558
——中国国有石油企業の世界展開　247
——都市ガス価格　282, 283, 284, 288, 292, 297
——都市ガスの拡大　303-310
——都市別ガス価格　288, 292
——トルクメニスタンとの関係　417-419, 422, 428, 560
——ロシアガス向け融資の拒否　521
——ロシア石油向け融資　248, 481-484, 520, 548
——ロシアモデル　558
中国・ウズベク・ガス協力　521
中国海洋石油会社（中国海洋石油総公司）　211, 231, 242, 248-252, 342, 390, 401
——液化天然ガス輸入　289, 295, 330-343, 344-345
——海洋油ガス田の発見　226-227, 369
——ガス生産　265, 267, 368, 369
——石油生産　211-212, 214
——「走出去」政策　391-395
——炭層メタン・液化天然ガス購入　345-347
中国化工会社（中国化工集団公司）　212, 249, 250, 390, 394
中国・カザフ・エネルギー協力　456, 519-520
中国ガスホールディング会社　303, 305
中国国際信託投資会社（中国中信集団公司）　212, 406
中国国有石油会社（中国石油天然気集団公司）　13, 14, 19, 212, 246-252, 272, 302, 366, 388, 526-532
——アジア横断ガスパイプライン　412, 430, 431
——アンガルスク－大慶パイプライン　441-447, 448, 449
——ウズベキスタン　425, 426, 427
——液化天然ガス輸入　330-335, 342-348, 490
——オルドス盆地　358-359
——カザフスタン　16, 389, 395-412, 428, 429
——ガス価格　122, 282-286
——ガス生産　264, 265, 266, 275, 375
——ガス備蓄施設　311, 350
——ガスプロム　116, 456, 488, 491-494, 497, 499, 500, 501-506, 521, 550
——ガス輸入　14, 490
——コヴィクタ・ガス　136, 137, 138, 139, 140, 141, 484, 485, 486
——西東ガスパイプライン　314-320, 323
——サハネフチェガス　173, 174, 327
——サハリン　154, 488
——四川盆地　362-364
——シノペトロ　516
——スティムル　507-508
——スラブネフチ　506-507
——石油生産　213, 214, 221, 224
——石油精製　239, 512-516, 525-546
——「走出去」政策　16, 388, 394
——タリム盆地　221, 354, 356
——中国のパイプライン　232-239, 270, 311-314
——中国－ビルマパイプライン　229, 328-330
——中国－ロシアパイプライン　15, 138, 326-328, 441, 442, 490, 519
——東部エネルギー社　76, 512-515
——都市ガス供給　304, 305, 306, 307, 308-310
——トルクメニスタン　122, 412, 413-425, 434
——東シベリア・太平洋石油パイプラインへの融資　468
——ペトロカザフスタン買収　399, 400, 519
——ミャンマー　299, 328-330
——ロスネフチ　454, 458, 481, 508-510, 512-515, 515-516
中国国有石油会社パイプラインガス投資会社

索引 613

308
中国石油天然ガス株式会社（中国石油天然気股
　份有限公司）　115, 207, 210, 212, 213, 216,
　217, 225, 247, 326, 367, 393
――アンガルスク－大慶パイプライン　444,
　446, 447
――液化天然ガス輸入　338, 341, 342, 343,
　345, 349, 497
――カザフ石油　406
――ガス価格　289-290, 296, 299
――ガスパイプライン　312
――シェルとの関係　359, 361
――石油パイプライン　233, 239, 487
――石油備蓄貯蔵　246
――タイシェット－ナホトカ石油パイプライ
　ン　455
――炭層メタンとの関係　269, 340-349
――トルクメニスタン・ガス価格　500
――都市ガス供給　309
中国石油天然ガス株式会社・天然ガスパイプラ
　イン社　313
中国西部精製石油パイプライン　232, 233
中国石油インターナショナル（探査・開発）社
　443
中国石油化工会社（中国石油化工集団公司）
　207, 210, 211, 212, 218, 226, 305, 326
――ウドムールトネフチの買収　511-512,
　520
――液化天然ガス輸入プロジェクト　330,
　335, 339-340, 342, 344
――カザフスタン　399, 401
――ガス価格　285, 291, 297
――ガス生産　265, 266
――ガス田　356, 362, 364
――サハリン－3　169
――石油生産　214
――石油パイプライン　233, 234, 235, 237
――「走出去」政策　391-395
――タリム盆地　223
――ロシア石油供給　441, 442-443
――ロスネフチ　508-510, 511-512
中国石油パイプライン管理局　308
中国電力企業連合会　301
中国投資会社　517

中国・トルクメニスタン・ガス協力　521, 522
中国・トルクメニスタンのガス枠組み協定
　417-419
中国－ビルマ（ミャンマー）石油パイプライン
　229
中国・ミャンマー・ガスパイプライン　328,
　330
中国連合炭層メタン株式会社　268, 269
中国・ロシア・エネルギー協力　12-24, 248,
　455, 491-494, 544
中国・ロシア価格交渉　499-506
中国・ロシア・ガス協力　484-518, 518-525
　――展望　553-562
中国・ロシア・ガスパイプライン　328-330,
　486, 488-489, 503
中国・ロシア関係　1-12, 455
中国・ロシア石油協力　441-484, 496, 506-507,
　523, 524, 547-548, 549-553
　――展望　553-562
中国・ロシア（定例）委員会　442, 455
中国・ロシアと中国・中央アジア協力　531-
　532
中東への依存の減少　16, 63, 84, 155, 459, 472,
　557
忠武パイプラインガス価格　286
中ロ善隣友好協力条約　2, 5
中ロ投資会社　493
中ロ東方石化会社　515
張永一　13, 14, 396, 416
長慶ガス価格　282-286, 298, 352
長慶ガス田　220, 235, 265, 358
長慶油田　213, 214, 220, 302, 358
張国宝　208, 209, 244, 261, 289, 487, 503, 510-
　515
中東から中国への石油輸出　228, 229, 246
張平　200, 209, 424
長北ガス田　358, 360
チョン・ジュヨン　22
鎮海石油備蓄基地　244
沈降盆地　217, 368
ツルトネフ，ユーリ　46, 142, 143, 147, 148,
　162, 167
ディェメンチェフ，アンドレイ　118, 465, 466
鄭州ガス株式会社　304, 306

614　索引

鄭州－錦州パイプライン　239
鄭州－長沙の連結　239
迪那 Dina－2 ガス田　355
デ＝カストリ石油ターミナル　82, 152
デリパスカ，オレグ　30
電気料金とガス発電の利用　300
天津製油所　515, 546, 555
天然ガス利用政策　281, 308
天然資源省　41, 42, 43, 45, 50, 64
統一ガス供給システム（東部面部）　110, 115, 117-136, 488-489
塔河ガス田　356
唐山液化天然ガス　339, 341
鄧小平　2
東部エネルギー社　73, 512-515
東方ガスプログラム　116, 117-123, 139, 182, 498
　——サハ共和国との関係　177, 180, 182
東方計画　22, 23
ドゥリスミンスコエ石油ガス鉱床　47, 58
トーカレフ，ニコライ　465
独山子製油所　396, 405
独山子戦略石油備蓄基地　244
都市ガス　303
トタル　72, 358, 394
トムスク州　38, 39, 69, 131
トムスク石油・ガス科学研究・設計研究所　54, 55, 79
大図們江イニシアチブ　523, 562
トランスネフチ　442, 447, 448, 449, 453
　——東シベリア・太平洋石油パイプラインとの関係　460, 461, 462, 463, 464, 465, 468
トルクメニスタン　14, 412, 417, 418, 494, 496, 521
　——ガス　289, 293, 294, 296, 413, 434
　——ガス価格　417, 418, 419, 422-425
　——ガス生産　412-414
　——ガス埋蔵量　412-415
　——ガス輸出　16-17, 122, 328, 413, 416-417
　——中国との関係　417-421, 521, 557, 558
　——中国・ロシアの争い　418-419
トルクメニスタン－中国ガスパイプライン　428
トルクメニスタン・中国協力会議　421

トルクメン・ガス　421

【ナ行】

ナザルバエフ，ヌルスルタン　398, 407, 410
ナディム・プール・ターズ地域　111, 112
ニージニィェ・クヴァクチクスコエ田　129
ニコライ・サヴォスチャノフ油田　57-58
西シベリア　38, 77
　——ガス生産　106, 110, 111, 186, 497
　——ガス輸出　109, 324, 442
日本　8, 14, 16, 17, 23, 38, 345, 416, 547
　——アンガルスク－ナホトカ石油パイプライン　447-453
　——サハリン－1 ガス輸入構想　21, 151, 155
　——サハリン－ハバロフスク－ウラジオストク　134
　——東方計画　22, 23
　——東シベリア鉱床　22, 23, 452
　——東シベリア・太平洋石油パイプライン　63, 64, 94, 455, 458
　——ロシアからのガス輸入　109
　——ロシアからの石油輸入　40, 84, 87, 71
　——ロシアとの貿易関係　108-110
ニヤゾフ，サパルムラト　414, 415, 417, 418
任-11 ガス貯蔵施設　491
ネプスコ・ボトゥオビンスカヤ地域　173
ネムツォフ，ボリス　17, 28, 526
燃料・エネルギー省　15
ノヴォシビルスク州　38
ノーベルオイル　517

【ハ行】

バイカルエコガス　136, 137
バイカル湖と東シベリア・太平洋石油パイプライン経路　463
バイギンスコエ石油鉱床　49
賈承造　274, 353
パイプライン「C」　432
パイプライン輸送費用　238
パイプライン輸送料金　296
発電（ガス利用）　299-303
ハバロフスク地方ガス供給　125, 132, 152, 156, 498
ハルファヤ油田と中国国有石油会社　393

汎アジア・ガスプロジェクト 416
東シベリア 12, 13, 14, 15, 16, 18, 93
　——ガス生産 48, 106, 107, 127, 144, 182-183, 186
　——ガス埋蔵量 42-43, 51
　——ガス輸出 109, 442, 550, 551
　——石油生産 38, 39, 48, 92-94, 546
　——石油埋蔵量 42-43, 49, 51
　——探査プログラム 41-47, 50
　——地下資源利用者 97-98
東シベリアガス会社 52, 53, 130
東シベリア・太平洋石油パイプライン 26, 35, 38, 59, 60, 74, 78, 461, 495, 523, 545
　——ヴァンコール油田 71, 72, 77, 469
　——経路 75, 454-456, 463
　——建設 461-462, 466
　——資金調達 458, 468-469
　——主要生産油田 81, 92-95
　——第1期 39, 456, 466, 467-469, 471, 545
　——第2期 47, 57, 523, 548
　——中国向け支線 75, 447, 454, 466, 469-471, 516
　——西シベリア 50
　——東シベリアの石油 35, 43, 47-57, 78
　——ロシア石油輸出 49, 63, 64, 94-95, 548-549, 557
ピルトン・アストフスコエ 160, 162
プーチン、ウラジミール 2, 11, 30, 116, 451, 454, 458, 552
　——クラスノヤルスク 70-71
　——コヴィクタ開発権許可のコメント 146-147
　——サハリン-2に関するコメント 163-164
　——中国とのエネルギー協力 491-492
　——中国パイプライン 456-462, 558
　——天然資源政策 32-36
　——トランスネフチのパイプライン 448, 450
　——東シベリア・太平洋石油パイプラインの最終経路 464
福建液化天然ガスプロジェクト 333, 334, 341
普光ガス田 290, 363, 364
撫順・永川シェールガス鉱区プロジェクト

索引　615

271
ブラウス液化天然ガスプロジェクト 342, 343, 348
フラトコーフ、ミハエル 167, 455, 459, 460, 461
フリスチェンコ、ヴィクトル 118, 164, 166, 407, 408, 455, 458, 459, 461, 529
プリマコーフ、イェヴゲーニ 13, 326, 441
北京 2, 210, 226, 237, 302, 308, 328, 350
　——ガス価格 283, 285, 288, 293, 297, 349-351
　——ガスパイプライン 23, 237, 311, 313
北京企業 304, 307
ペトロカザフスタン 403, 404
ペトロサハ 58, 91, 171
ペトロナス 336, 394, 426
ベネズエラ 16
ヘリウム抽出 56, 140-144
ベルドゥイムハメドフ、クルバングルィ 415, 418, 420
ペレヴォズナヤ湾 462, 464
ボヴァネンコフスコエ－ウフタ・ガスパイプライン 135
蓬莱19-3油田 227
ボグダーンチコフ、セルゲイ 175, 454, 469, 480, 509, 513, 515
ポグラニーチヌイ鉱区 59
渤海湾 206, 212, 215, 224, 225
北極海経路 556
渤中油田 227
莆田液化天然ガス基地 334
ボトゥオビンスキー石油生産センター 49
ホドルコフスキー、ミハイル 34, 35, 453, 454, 545
ボリーソフ、イェゴール 132, 182, 464
ボルシェティルスキー鉱区 60, 62
ボルシェヘツカヤ 50, 497
香港中華ガス株式会社 304-305

【マ行】

馬凱 206, 284
マシモフ、カリム 432
馬富才 206, 274, 450, 510
マラーホフ、イヴァン 162

マルコフスコエ 60, 61
マレーシア液化天然ガス 293
満洲里 138, 328, 441
三井 160, 161, 163, 164
三菱 160, 163-164, 416
南シナ海海盆 215, 266
南ヤクーチア 135
南ヨロテン田 413, 418, 423, 519, 559
ミャンマー－昆明ガスパイプライン 295, 328-330
ミレル，アレクセイ 110, 115, 117, 131, 132, 134, 142, 145, 149, 175, 176, 178, 180, 182, 486, 492, 493, 504, 528, 530
ミングブラック油田 426, 427
メドヴェージェフ，アレクサンドル 90, 118, 145, 158, 489, 492, 496, 498, 499, 500, 501, 522, 529, 530
メドヴェージェフ，ドミトリー 8, 11, 176, 178, 428, 466, 472, 502, 505, 559, 560
モンゴル 17, 23, 138, 139, 326, 328, 388, 484

【ヤ・ユ・ヨ】

ヤクーツクガス生産センター 121, 122, 136, 180
ヤクーツク－ナホトカ・パイプライン計画 21
ヤクーツク（ヤクーチア）－ハバロフスク－ウラジオストク・ガスパイプライン 123, 178, 180
雅克拉 Yakera・大澇壩 Dalaoba ガス田 356
ヤマル－クラスノヤルスク・プログラム 92
ヤマル半島ガス田 111, 497
ヤマロ・ネネツ自治管区 17, 38, 69, 92, 111
ヤラクティンスコエ 60, 61
ユーコス 34, 35, 37, 402, 442, 443, 453, 519
　──アンガルスク－大慶パイプライン 442, 448, 451
　──サハ共和国との関係 65, 175
　──衰退 453, 545
　──トランスネフチ・パイプラインとの争い 447-449
ユージウラルネフチ 516
ユージニゥイ・ヨロテン超巨大ガス田 414
ユージノ・フィルチュイェ田 231
ユガンスクネフチェガス 454

ユダヤ自治州 44, 121
ユルブチェノ・トホムスコエクユムビンスキー・センター 49
ユルブチェノ・トホムスコエ（トホムスカヤ）田 49, 69, 78-81, 93, 513, 547
ヨロテン・オスマン・ガス田 412

【ラ行】

羅家寨ガス田 366
楽東 22-1 田 368
ラテンアメリカへの中国の投資 394
蘭州－銀川ガスパイプライン 234
蘭州－成都－重慶石油パイプライン 233, 239
蘭州－鄭州－長沙石油パイプライン 233, 235, 239
リー，レイモンド 154, 448
利権ガス 18, 422, 423, 424, 434, 521
李鵬 15, 16, 17, 396, 416
龍崗ガス田 362-364
リュブーシキン，ヴィクトール 156
遼河のガス価格 282, 286, 297
李嵐清 17, 526
ルクオイル 37, 73, 96, 154, 185, 400, 403, 404, 426, 497
ルシア・ペトロリアムとコヴィクタ・ガス 137, 138, 139, 140, 142, 143, 146, 148
ルスエネルギー投資集団 517
ルメイラ油田と中国国有石油会社 393
レナネフチェガス 65
連雲港液化天然ガス基地 338
連雲港原子力発電所 510
連邦環境・技術・原子力監督庁 462
連邦地下資源利用庁 43, 67, 75, 90, 145, 146, 148, 177, 462
連邦天然資源省自然利用分野監督局 90, 162, 462
ロシア 3-24, 30, 36, 92, 94, 96, 97, 182-184, 433-435, 486-487, 516-525
　──エネルギー政策 32-36
　──エネルギー戦略 92, 126-128
　──ガス化プログラム 128-133
　──ガス産業 96, 97, 105-109, 123-128, 185
　──ガス資源 136-182
　──ガス生産 106, 107, 110-114, 125, 185,

索引 *617*

186
——ガスバランス 124, 127
——ガス部門（中国との協力） 484-506, 531-532
——ガスプロム系以外の生産 113
——ガスプロムのアジア政策 105, 110, 114-118, 182, 489-494, 498-499, 526-531, 561
——ガス輸出 21, 26-31, 106-110, 123, 126-128, 154, 325-327
——経済における石油とガスの役割 26-36
——サハ共和国 64-68, 98, 172-182, 187-188
——サハリン 81-91, 151-172
——資源ナショナリズム 36, 561
——上流部門への中国の投資 506-508, 512-515
——垂直統合石油会社 37
——石油産業 26-98
——石油生産 36-40, 96, 97
——石油部門（中国との協力） 441-484, 531-532
——石油向け融資 248, 481-484, 520, 548
——石油輸出 26-31, 40, 72-74, 94-95, 229, 407, 466-467
——中央アジア 388, 400, 405-412, 418-425, 433-435
——中国への石炭輸出 493, 525
——中国向け液化天然ガス輸出 489, 490
——統一ガス供給システム（東部部面）
110, 115, 117-136, 488-489
——東方（ガス）プログラム 117, 118, 119, 122, 133, 139, 177, 182, 488-489, 498
——東シベリア構想 69-81, 97, 98, 186
——東シベリア・太平洋石油パイプライン 459-481
ロシア極東 18-19, 38, 39, 51, 92, 94
ロシア－中国－韓国ガスパイプライン 485, 486
ロシア鉄道 466, 467
ロシアのガス化プログラム 128-133
ロシアモデル 520, 522, 558
ロスネフチ 35, 37, 57, 59, 169, 407, 491, 496
——ヴァンコール田 71-78
——ヴェルフネチョンスコエ 51, 57, 443
——極東ガス輸送システム 156-157
——サハリン 88-91, 166, 169
——中国国有石油会社 454, 508-510, 512, 515-516
——中国石油化工会社 362, 364
——中国の下流部門 515-516
——東部エネルギー社 512-515
——東シベリア・太平洋石油パイプライン融資 468, 469, 470
——ユルブチェノ・トホムスコエ鉱床 78-81

【ワ】

和佐田演愼 60, 62, 63

【原著者紹介】

パイク・グンウク（Keun-Wook Paik）

1959 年生まれ。
英国アバーディーン大学にて博士号取得。
1995 年王立国際問題研究所参加。
2007 年からオックスフォード・エネルギー研究所シニアリサーチフェロー。
この間，中国国有石油会社（CNPC）顧問，サハ共和国顧問，慶熙大学校客員教授，延世大学校助教授，中国石油大学助教授，吉林大学招聘客員教授等務める。

【訳者紹介】

西村 可明（にしむら よしあき）

1942 年東京生まれ。
一橋大学大学院経済学研究科博士課程単位修得。
一橋大学経済研究所教授，一橋大学経済研究所所長，一橋大学副学長を歴任。
2009 年公益財団法人環日本海経済研究所（ERINA）所長。2010 年 9 月から ERINA 代表理事兼所長。
主な著書：『社会主義から資本主義へ―ソ連・東欧における市場化政策の展開―』（日本評論社，1995）『ロシア・東欧経済―市場経済移行の到達点―』（編著，日本国際問題研究所，2004）

公益財団法人 環日本海経済研究所（ERINA）

1993 年，新潟市に経済産業省（当時：通商産業省）の認可により財団法人として設立。2010 年，内閣総理大臣の認定により公益財団法人に移行。
北東アジア経済の調査研究およびこの地域の経済交流支援を行っている。

中ロの石油・ガス協力
その実際と影響

| 2016年2月15日　第1版第1刷発行 | 検印省略 |

著　者　パイク・グンウク
訳　者　西　村　可　明
　　　　公益財団法人 環日本海経済研究所
発行者　前　野　　　隆
発行所　株式会社 文　眞　堂
　　　　東京都新宿区早稲田鶴巻町533
　　　　電　話　03(3202)8480
　　　　ＦＡＸ　03(3203)2638
　　　　http://www.bunshin-do.co.jp/
　　　　〒162-0041 振替00120-2-96437

製作・モリモト印刷
©2016
定価はカバー裏に表示してあります
ISBN978-4-8309-4893-0　C3033